Jetzt mit barrierefreiem Farbkonzept
Mehr Informationen auf *cornelsen.de/bf*

Differenziert vertiefen: **Weiterführende Aufgaben** erhöhen das Niveau und vertiefen Ihr Verständnis.

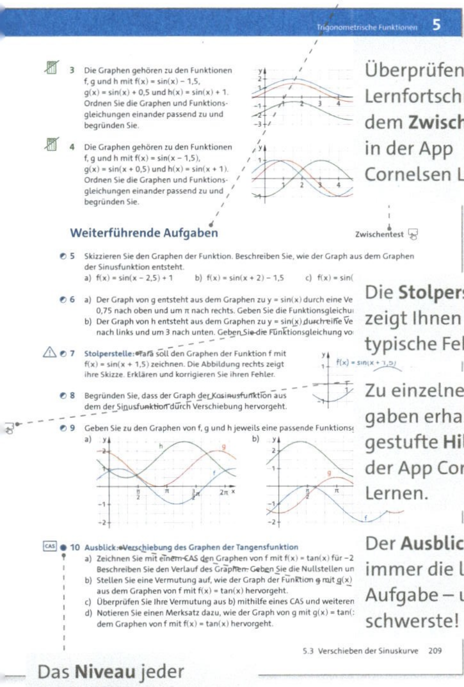

Überprüfen Sie Ihre Lernfortschritte mit dem **Zwischentest** in der App Cornelsen Lernen.

Die **Stolperstelle** zeigt Ihnen typische Fehler.

Zu einzelnen Aufgaben erhalten Sie gestufte **Hilfen** in der App Cornelsen Lernen.

Der **Ausblick** ist immer die letzte Aufgabe – und die schwerste!

Das **Niveau** jeder Aufgabe gibt Ihnen ein Symbol an.
◐ = mittel,
● = schwer

Weitere Symbole:

- Aufgabe ohne Hilfsmittel
- Taschenrechner
- TK Tabellenkalkulation
- MK Medieneinsatz
- Partnerarbeit
- Gruppenarbeit

Sichern

Sind Sie sicher? **Prüfen Sie Ihr neues Fundament** mit den **Testaufgaben**. Vergleichen Sie Ihre Ergebnisse mit den Lösungen im Anhang und schätzen Sie sich selbstständig ein.

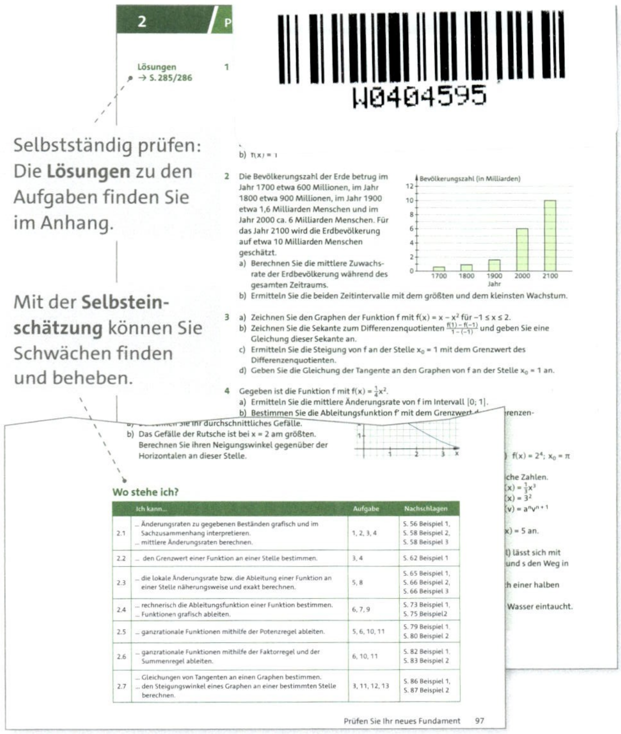

Selbstständig prüfen: Die **Lösungen** zu den Aufgaben finden Sie im Anhang.

Mit der **Selbsteinschätzung** können Sie Schwächen finden und beheben.

Wissen kompakt

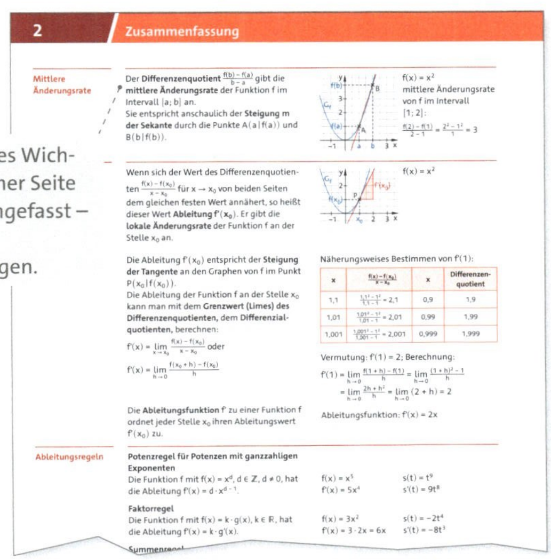

Hier ist alles Wichtige auf einer Seite zusammengefasst – ideal zum Nachschlagen.

Fundamente der Mathematik

E

Hessen
Gymnasium
Einführungsphase

Dieses Schulbuch finden Sie auch in der App **Cornelsen Lernen**.

Wenn Sie eines dieser Symbole im Schulbuch sehen, finden Sie in der App …

Zwischentest	**Zwischentests** zur Selbsteinschätzung,
Hilfe	gestufte **Hilfen** zu ausgewählten Aufgaben,
Erklärvideo	Lösungen der Beispiele werden im **Video erklärt**,
Beispiel	zusätzliche **Beispiele** passend zur Aufgabe.

Cornelsen

Inhaltsverzeichnis

195·0

*) Die Kapitel 6 und 7 entsprechen den Themenfeldern E.6 und E.7 des KCGO, die nicht verbindliche Grundlage des Unterrichts sind.

Teile eines der Kapitel 4 und 5 (Themenfelder E.4 und E.5) können in das Kurshalbjahr Q1 verschoben werden.

1

Funktionen und ihre Darstellung

Nach diesem Kapitel können Sie

- → Eigenschaften von Potenzfunktionen mit ganzzahligen oder rationalen Exponenten beschreiben,
- → Graphen ganzrationaler Funktionen als Überlagerung von Graphen von Potenzfunktionen deuten,
- → Nullstellen ganzrationaler Funktionen berechnen,
- → ganzrationale Funktionen auf Globalverhalten, Monotonie, Extrema und Symmetrie untersuchen.

Lösungen
→ S. 282

Erklärvideo

Mit Potenzen und Wurzeln rechnen

1 Berechnen Sie.

a) 4^{-2} b) $\left(\frac{1}{5}\right)^{-2}$ c) $-\left(\frac{1}{2}\right)^{3}$ d) $\frac{2}{2^3}$ e) $\left(\frac{3}{4}\right)^{-2}$

f) -2^4 g) $(-2)^4$ h) $(-1)^{893}$ i) 4^0 j) $(-1001)^0$

2 Berechnen Sie, falls möglich.

a) $\sqrt{4}$ b) $\sqrt[5]{1}$ c) $\sqrt[3]{\frac{2}{54}}$ d) $\sqrt{-16}$ e) $\frac{49}{\sqrt{49}}$ f) $\left(\sqrt{3}-\sqrt{0}\right)^2$

g) $\sqrt{3}\cdot\sqrt{27}$ h) $\frac{\sqrt[3]{3}}{\sqrt[3]{81}}$ i) $\frac{3}{\sqrt{3}}\cdot\frac{2}{\sqrt{3}}$ j) $64^{\frac{1}{3}}:4^{\frac{1}{2}}$ k) $\frac{-3}{\sqrt{8}\cdot\sqrt{2}}$ l) $125^{-\frac{1}{3}}$

3 Berechnen Sie den Wert des Terms für die in Klammern stehenden Werte von x.

a) $2\cdot x^4$ $(0;-1;2)$ b) $(x+1)^3$ $(-2;0;1)$ c) $x^2+0{,}5$ $\left(-\frac{1}{2};0;0{,}2\right)$ d) $(0{,}1x)^3$ $(-1;0;2)$

Erklärvideo

Gleichungen lösen

4 Bestimmen Sie die Lösungsmenge der Gleichung.

a) $2x+3=5x-2$ b) $5(x+3)=2(x+1)+x$ c) $5x+2-2x=2+3x+2$
d) $x^2-2x+1=0$ e) $x^2+4=0$ f) $x^2-0{,}25=0$
g) $x^2-4x-5=0$ h) $x^2-9=0$ i) $x-\sqrt{9}=0$

5 Lösen Sie die Gleichung.

a) $3x-4=2x+1$ b) $x^2+4{,}2x=0$ c) $2x^2=0{,}18$
d) $x(x^2-1)=0$ e) $(a-3)(a+3)\cdot a=0$ f) $z^2+2=1$
g) $(k+4)^2=0$ h) $2t+4=2(t+2)$ i) $2x^2-6=4x$

6 Setzen Sie für A in der Gleichung $2x+4=3x+A$ einen Term ein, sodass die Gleichung genau eine Lösung, keine Lösung oder unendlich viele Lösungen hat.

Erklärvideo

Quadratische Funktionen

7 Zeichnen Sie den Graphen der Funktion f mithilfe einer Wertetabelle.

a) $f(x)=x^2$ b) $f(x)=-x^2$ c) $f(x)=2x^2$ d) $f(x)=0{,}5x^2$ e) $f(x)=-2x^2$

8 Bestimmen Sie t so, dass die quadratische Funktion f mit der Funktionsgleichung $f(x)=(x-3)^2+t$ keine Nullstelle (genau eine Nullstelle, zwei Nullstellen) hat.

9 Gegeben ist die Funktion f mit $f(x)=-x^2-4x-2$. Lösen Sie die Gleichungen $f(x)=0$, $f(0)=y$ sowie $f(x)=-2$ und interpretieren Sie jeweils das Ergebnis.

10 a) Bestimmen Sie, welche quadratische Gleichung durch die Abbildung grafisch gelöst werden kann.
b) Lesen Sie die dargestellte Lösung ab und überprüfen Sie diese, indem Sie die Gleichung rechnerisch lösen. Geben Sie dabei auch die zweite Lösung an.

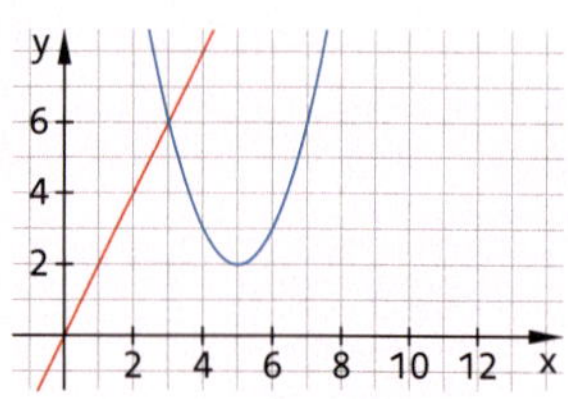

11 Eine Parabel enthält die Punkte $P(1\,|\,-3)$, $Q(0\,|\,0)$ und $R(-1\,|\,5)$. Bestimmen Sie die zugehörige Funktionsgleichung $f(x)=ax^2+bx+c$ mithilfe eines linearen Gleichungssystems.

Lösungen
→ S. 282/283

12 Die Funktionsgleichung einer quadratischen Funktion f mit den Nullstellen x_1 und x_2 kann in der Form $f(x) = a \cdot (x - x_1)(x - x_2)$ dargestellt werden.
Bestimmen Sie eine Gleichung der quadratischen Funktion f, die die angegebenen Bedingungen erfüllt. Geben Sie sie auch in der allgemeinen Form $f(x) = ax^2 + bx + c$ an.
a) f hat die Nullstellen $x_1 = 2$ und $x_2 = -1$, der Graph von f enthält den Punkt A(0 | 6).
b) f hat die Nullstellen $x_1 = 0$ und $x_2 = 4$, der Graph von f enthält den Punkt A(5 | 10).
c) f hat die Nullstellen $x_1 = -3$ und $x_2 = -5$, der Graph von f enthält den Punkt A(−1 | −4).

Vermischtes

13 Gegeben ist die Funktion f mit $f(x) = \sqrt{(x + 4)}$. Bestimmen Sie ihren Definitions- und Wertebereich, die Schnittpunkte mit den Koordinatenachsen, den Funktionswert an der Stelle $x_1 = 5$ und die Stelle x_2 mit $f(x_2) = 5$.

14 Berechnen Sie die Nullstellen der Funktion f.
a) $f(x) = 3(x - 1) + 2$ b) $f(x) = x^4$ c) $x \mapsto x^2 + 2$
d) $f(x) = (x + 2)^2 - 4$ e) $f(x) = (x - 2)(x + 5)$ f) $f(x) = -0{,}5x^2 - 2x - 6$
g) $f(x) = x^3 - 8$ h) $x \mapsto x^{-2} - 4$ i) $f(x) = x^2 + x + \frac{1}{4}$

15 Gegeben ist die Funktion f mit $f(x) = -x^4 + b$. Geben Sie an, für welche b die Funktion f
a) genau zwei Nullstellen, b) genau eine Nullstelle, c) keine Nullstelle hat.

16 Begründen Sie, ob der Graph einer
a) linearen Funktion, b) quadratischen Funktion
punktsymmetrisch zum Ursprung oder achsensymmetrisch zur y-Achse sein kann.

17 Ersetzen Sie die Platzhalter ■ durch passende Terme, sodass die Aussage wahr ist.
a) $(■ + y)^2 = x^2 + 2xy + y^2$ b) $4x^2 + 12xy + 9y^2 = (■ + ■)^2$
c) $d^2 + 8d + ■ = (■ + ■)^2$ d) $(■ + 2a)(■ - ■) = 9b^2 - 4a^2$
e) $64a^2 - 48ab + ■ = (■ - ■)^2$ f) $81x^2 - 49y^2 = ■ \cdot ■$

18 Schreiben Sie die Summe als Produkt.
a) $x^2 - 2x$ b) $y^2 - 4xy + 4x^2$ c) $4z^2 - \frac{1}{4}x^2$ d) $2n^3 + 4n^2$

19 Faktorisieren Sie den Term.
a) $x^5 + 2x^4 - x^3$ b) $-6x^4 + 3x^2 - 12x^5$ c) $x^2 + 18x + 81$ d) $x^4 - 25$

20 Die Abbildung zeigt die Graphen von linearen und quadratischen Funktionen.
Geben Sie die Koordinaten der gemeinsamen Punkte je zweier Graphen an. Stellen Sie dann Funktionsgleichungen zu den Graphen auf und bestimmen Sie rechnerisch die Schnittpunkte der Graphen. Vergleichen Sie mit den von Ihnen abgelesenen Werten.

a)
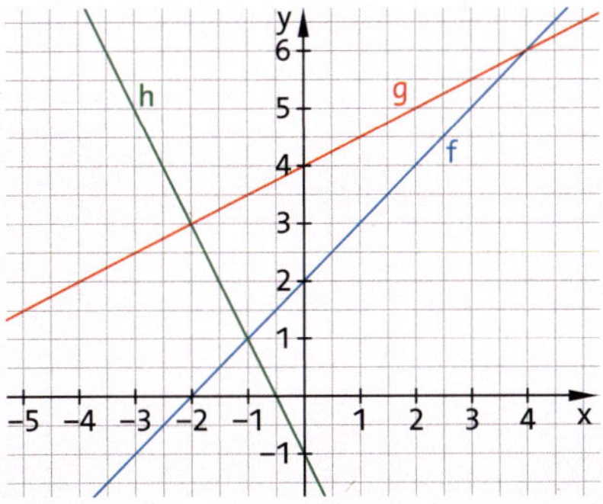

b)
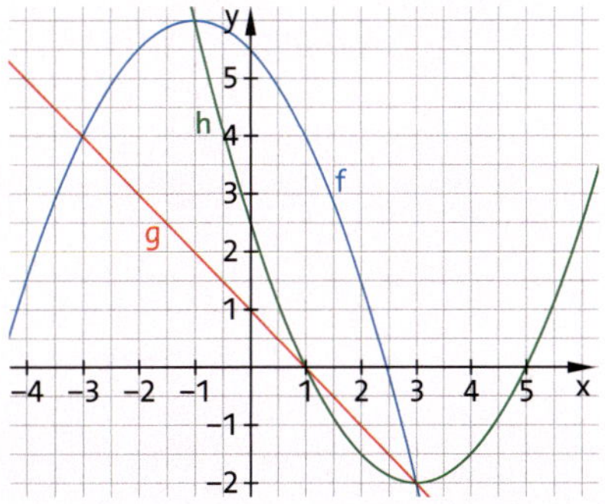

1.1 Wiederholung: Grundlagen zu Funktionen

Sina will Pizza backen und hat für sich Teig kreisrund ausgerollt. Der Kreis hat einen Radius von 10 cm. Da kommt ihre Schwester Aglaia vorbei, die meint: „Für uns beide muss die Pizza einen Radius von 20 cm haben!“ Untersuchen Sie den Zusammenhang von Radius und Größe der Pizza.

Zwei Größen, die voneinander abhängig sind, können in einem funktionalen Zusammenhang stehen.

Datum → Besucherzahl eines Museums
Radius → Flächeninhalt eines Kreises
Kantenlänge → Volumen eines Würfels

Hinweis

Definitionsmenge und **Wertemenge** werden allgemein statt Definitionsbereich und Wertebereich verwendet.
Der Graph einer Funktion f kann mit f oder mit G_f beschriftet werden.

Definition

Eine **reelle Funktion** f ordnet jeder reellen Zahl x aus einem Definitionsbereich D **genau eine** reelle Zahl f(x) zu. Alle Funktionswerte zusammen ergeben den Wertebereich W.

Funktionen lassen sich auf verschiedene Weisen darstellen:

Zuordnungsvorschrift

$x \mapsto x^2, x \in \mathbb{R}$

Wertetabelle

x	−2	−1	0	1	2	5
f(x)	4	1	0	1	4	25

Graph

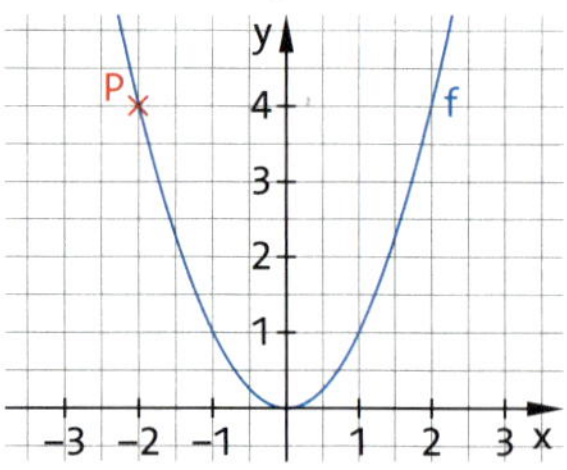

Funktionsgleichung

$f(x) = x^2$

Verbalisierung

Jeder reellen Zahl wird ihre Quadratzahl zugeordnet.

Durch Einsetzen einer Zahl für die Variable x in den **Funktionsterm** x^2 berechnet man den **Funktionswert** f(x) an der Stelle x, z. B. $f(-2) = (-2)^2 = 4$. Den x-Wert, den man in den Funktionsterm einsetzt, nennt man auch **Stelle** oder **Argument**. Der zum Wertepaar $(-2 \mid 4)$ zugehörige Punkt $P(-2 \mid 4)$ liegt auf dem **Graphen** der Funktion f.

Beispiel 1

Gegeben ist die Funktion f mit der Funktionsgleichung $f(x) = 0{,}5x^2 - 1$.

a) Berechnen Sie den Funktionswert $f(-2)$ und erstellen Sie eine Wertetabelle.

b) Prüfen Sie rechnerisch, ob der Punkt $P(-1{,}5 \mid 0{,}125)$ zum Graphen von f gehört, und zeichnen Sie den Graphen von f.

Lösung:

a) Setzen Sie −2 in die Funktionsgleichung ein. Setzen Sie weitere Werte ein, um die Wertetabelle zu erstellen.

$f(-2) = 0{,}5 \cdot (-2)^2 - 1 = 2 - 1 = 1$

x	−2	−1	0	1	2
f(x)	1	−0,5	−1	−0,5	1

b) Setzen Sie die x-Koordinate von P in die Funktionsgleichung ein. Es ergibt sich die y-Koordinate von P, also liegt P auf dem Graphen von f.

$f(-1{,}5)$
$= 0{,}5 \cdot (-1{,}5)^2 - 1$
$= 1{,}125 - 1$
$= 0{,}125$

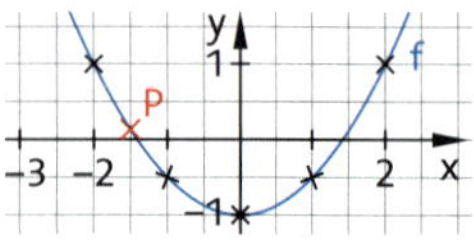

In Sachsituationen beschreibt eine Funktion den Sachverhalt häufig nur für einen Teilbereich der reellen Zahlen. Dieser Teilbereich wird dann als Definitionsbereich der Funktion gewählt.

Hinweis

Beispiele für Kurzschreibweisen einiger Teilbereiche der reellen Zahlen:
$\mathbb{R}^+$: alle $x \in \mathbb{R}$ mit $x > 0$
$\mathbb{R}_0^+$: alle $x \in \mathbb{R}$ mit $x \geq 0$
$\mathbb{R}\setminus\{0\}$: alle $x \in \mathbb{R}$ mit $x \neq 0$

Das **abgeschlossene Intervall** $[a; b]$ mit $a < b$ ist die Menge aller reellen Zahlen x mit $a \leq x \leq b$.

Es gilt $2{,}3 \in [1; 3]$.

Gehört eine Zahl x zu einer Menge M, schreibt man $x \in M$ (sprich: „x **Element** M").
Beim **offenen Intervall** $]a; b[$ sind die Randwerte a und b nicht Teil des Intervalls, es ist also die Menge aller reellen Zahlen x mit $a < x < b$. Zu **halboffenen Intervallen** gehören alle x mit $a \leq x < b$ für $[a; b[$ bzw. $a < x \leq b$ für $]a; b]$.
Man kann Intervalle auch in der Form $x \leq 0$, $x < 5$ oder $-2 < x < 3$ schreiben. Für Intervalle wie $x < 5$ schreibt man auch $]-\infty; 5[$; die „liegende 8" ist das Zeichen für „unendlich". „Unendlich" ist keine Zahl, deshalb gibt es keine abgeschlossenen Intervalle mit ∞.

Erklärvideo

Beispiel 2 Eine 10 cm lange Kerze wird angezündet und brennt vollständig ab. Die Funktionsgleichung $k(t) = 10 - \frac{5}{8}t$ beschreibt die Länge der Kerze zum Zeitpunkt t (t in h). Geben Sie einen sinnvollen Definitionsbereich und den zugehörigen Wertebereich für k an.

Lösung:

Die Kerze brennt ab $t = 0$ so lange, bis $k(t) = 0$ gilt. Berechnen Sie so den Zeitpunkt, zu dem sie abgebrannt ist. Geben Sie den Definitionsbereich an.	$k(t) = 0 \Rightarrow 10 - \frac{5}{8}t = 0 \Rightarrow 10 = \frac{5}{8}t$ $\Rightarrow t = 16$ Definitionsbereich: $D = [0; 16]$
Die Kerze ist zwischen 0 cm und 10 cm lang. Geben Sie den Wertebereich an.	Wertebereich: $[0; 10]$

Basisaufgaben

1 Begründen Sie, dass es sich bei der Zuordnung nicht um eine Funktion handelt.

a)

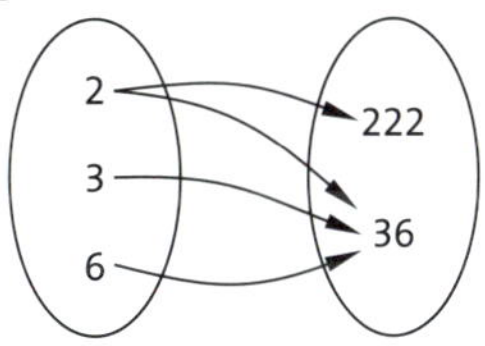

b)

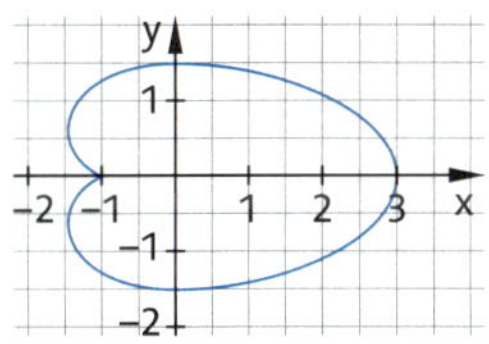

c)

x	−1	−1	0	2	3
y	3	2	3	−1	4

d) Geburtsdatum ↦ Person

2 Gegeben sind die Funktionen f und g mit $f(x) = -8x + 7$ und $g(x) = (x - 4)^2 + 2$.
a) Berechnen Sie die Funktionswerte $f(2)$, $f(-5)$, $f\left(\frac{1}{4}\right)$ und $g(-1)$, $g(4)$, $g(0)$.
b) Prüfen Sie, ob der Punkt $P(1\,|\,1)$ auf dem Graphen von f und ob der Punkt $Q(-2\,|\,-38)$ auf dem Graphen von g liegt.
c) Erstellen Sie Wertetabellen und plotten Sie die Graphen von f und g.

3 Ein Elektroauto fährt mit 60 km/h auf eine Autobahn und beschleunigt pro Sekunde um 15 km/h, bis eine Geschwindigkeit von 150 km/h erreicht ist. Geben Sie eine Funktionsgleichung für die Geschwindigkeit v während der Beschleunigungsphase an. Geben Sie einen sinnvollen Definitionsbereich und den zugehörigen Wertebereich an.

4 Geben Sie an, welche Kärtchen den gleichen Bereich der reellen Zahlen beschreiben.

① alle x mit $0 \leq x \leq 7$
② $\{x \in \mathbb{R} \mid x \leq 7\}$
③ alle positiven Zahlen
④ $\mathbb{R}\setminus\{7\}$
⑤ $\mathbb{R}^+$
⑥ alle Zahlen außer 7
⑦ $[0; 7]$
⑧ alle x mit $x \leq 7$

5 Betrachten Sie die Funktion g mit $g(x) = \frac{1}{4}x + 1$. Bestimmen Sie Definitions- und Wertebereich dieser Funktion. Erläutern Sie Ihre Angaben anhand einer Skizze des Graphen.

6 Betrachten Sie die Funktion f mit $y = \frac{1}{4}x^2$.
a) Geben Sie den Namen der Funktion, die Funktionsgleichung und einen Punkt P auf dem Graphen der Funktion an.
b) Prüfen Sie, ob der Punkt $Q(-4\,|\,-4)$ auf dem Graphen liegt.
c) Bestimmen Sie den Definitions- und Wertebereich dieser Funktion.
d) Überprüfen Sie Ihre Angabe mithilfe einer Skizze des Funktionsgraphen.

7 Skizzieren Sie den Graphen von f mit $f(x) = 4x^2 + 1$. Geben Sie Definitions- und Wertebereich von f an.

8 Skizzieren Sie den Graphen von f mit $f(x) = \sqrt{x} + 1$. Bestimmen Sie Definitions- und Wertebereich von f.

9 Erstellen Sie für die unten beschriebenen Zuordnungen jeweils eine Wertetabelle, bestimmen Sie die Funktionsgleichung und skizzieren Sie den Graphen.
Ordnen Sie der Maßzahl der Seitenlänge eines Quadrates
a) die Maßzahl seines Umfangs zu,
b) die Maßzahl seines Flächeninhalts zu.

Weiterführende Aufgaben

10 Der Graph gehört zur Zuordnung f mit $f(x) = \frac{1}{4}x^3$.
a) Erläutern Sie, dass es sich um eine Funktion handelt.
b) Zeigen Sie, dass der Graph punktsymmetrisch zum Koordinatenursprung ist.

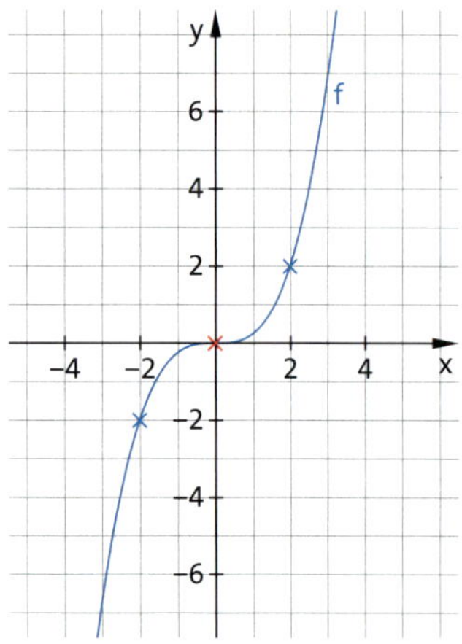

11 Gegeben sind die Funktionen f und g durch $f(x) = 3x - 2$ und $g(x) = 2x^2 - 4x - 2$.
a) Zeichnen Sie den Graphen von f in ein Koordinatensystem.
b) Erstellen Sie mit einer Mathematik-Software eine Wertetabelle von g und zeichnen Sie den Graphen von g in dasselbe Koordinatensystem.
c) Berechnen Sie die Koordinaten der Schnittpunkte der Graphen von f und g. Kontrollieren Sie Ihre Rechnung mithilfe einer Mathematik-Software.

12 **Stolperstelle:** Leah hat geschrieben, dass für f mit $f(x) = \frac{1}{2}(x-3)^2$ gilt: $D = \mathbb{R}_0^+$, $W = \mathbb{R}$. Kontrollieren Sie ihr Ergebnis.

13 Gegeben sind die Funktionen f, g und h mit $f(x) = -2$, $g(x) = 2x$, $h(x) = x^2 - 3$.
a) Geben Sie jeweils den Definitions- und Wertebereich an.
b) Begründen Sie anhand der Funktionsgleichung, welche Symmetrie ggf. vorliegt.
c) Bestimmen Sie jeweils die Schnittpunkte zweier Graphen.
d) Zeichnen Sie die drei Graphen in ein Koordinatensystem.

14 **Ausblick:** Bestimmen Sie für f mit $f(x) = \frac{1}{2}\sqrt{x-2} + 1$ den Definitions- und Wertebereich.

1.2 Wiederholung: Lineare und quadratische Funktionen

Die Straße Ffordd Pen Llech in Wales gilt als eine der steilsten Straßen der Welt. Das Straßenschild weist eine Steigung von rund 40 % aus. Da bergauf fahrende Autos hier Probleme bekommen können, ist sie nur als Einbahnstraße in Abwärtsrichtung befahrbar.
Zeichnen Sie eine Gerade mit derselben Steigung in ein Koordinatensystem ein und bestimmen Sie eine passende Funktionsgleichung.

Lineare Funktionen

Hinweis

In $f(x) = mx + b$ wird b auch **y-Achsenabschnitt** genannt.

Wissen

Eine Funktion f mit einer Funktionsgleichung $\mathbf{f(x) = mx + b}$ heißt **lineare Funktion** ($m, b \in \mathbb{R}$). Ihr Graph ist eine **Gerade**, die die y-Achse im Punkt $(\mathbf{0}\,|\,\mathbf{b})$ schneidet. Die **Steigung m** gibt die Änderung des Funktionswerts an, wenn der x-Wert um 1 vergrößert wird.

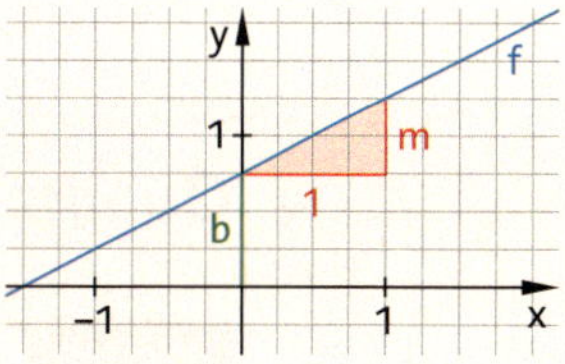

Erklärvideo

Beispiel 1

a) Bestimmen Sie eine Funktionsgleichung zum abgebildeten Graphen.
b) Prüfen Sie rechnerisch, ob der Punkt A(8 | 5) auf dem Graphen liegt.

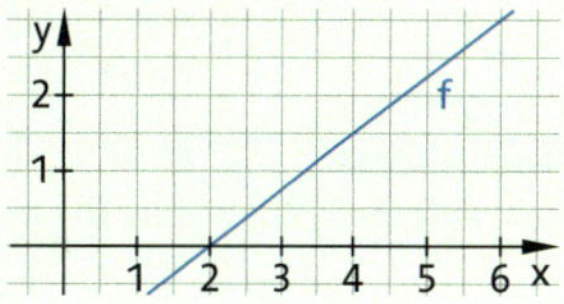

Lösung:

a) Da der Graph eine Gerade ist, handelt es sich um eine lineare Funktion. Lesen Sie zwei Punkte der Geraden ab. Berechnen Sie m, indem Sie die Differenz ihrer y-Koordinaten durch die Differenz ihrer x-Koordinaten teilen. Berechnen Sie b, indem Sie die Koordinaten eines Punktes (hier P) in die Funktionsgleichung einsetzen.

Ansatz: $f(x) = mx + b$

Punkte auf der Geraden: $P(2\,|\,0)$ und $Q(4\,|\,1{,}5)$

$m = \frac{\Delta y}{\Delta x} = \frac{1{,}5 - 0}{4 - 2} = 0{,}75$

$f(x) = m \cdot x + b$

$0 = 0{,}75 \cdot 2 + b$ also $b = -1{,}5$

$f(x) = 0{,}75x - 1{,}5$

b) Setzen Sie die x-Koordinate von A in f(x) ein und prüfen Sie, ob das Ergebnis mit der y-Koordinate von A übereinstimmt.

Punktprobe mit $A(8\,|\,5)$:
$f(8) = 0{,}75 \cdot 8 - 1{,}5 = 4{,}5 \neq 5$
A liegt nicht auf dem Graphen.

Erinnerung

Die Steigung m einer Geraden kann mithilfe eines Steigungsdreiecks bestimmt werden:
$m = \frac{\Delta y}{\Delta x}$ (für Δx: Differenz der x-Werte und Δy: Differenz der y-Werte)

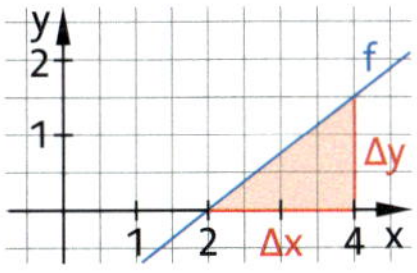

Basisaufgaben

1 Prüfen Sie, ob der Punkt auf dem Graphen der Funktion f liegt.
a) $f(x) = -8x + 7$; $P(1\,|\,1)$ b) $f(x) = \frac{1}{3}x - \frac{2}{9}$; $Q\left(4\,\middle|\,\frac{10}{9}\right)$ c) $f(a) = 0{,}3a$; $R(0{,}3\,|\,0{,}09)$

2 Ermitteln Sie eine Gleichung der Geraden mit der Steigung m, die durch P verläuft.
a) $m = 2$; $P(0\,|\,5)$ b) $m = -3$; $P(2\,|\,3)$ c) $m = 0{,}5$; $P(-4\,|\,1)$

3 Die Abbildung rechts zeigt die Graphen der linearen Funktionen f, g, h und i. Bestimmen Sie eine Funktionsgleichung für jeden Graphen.

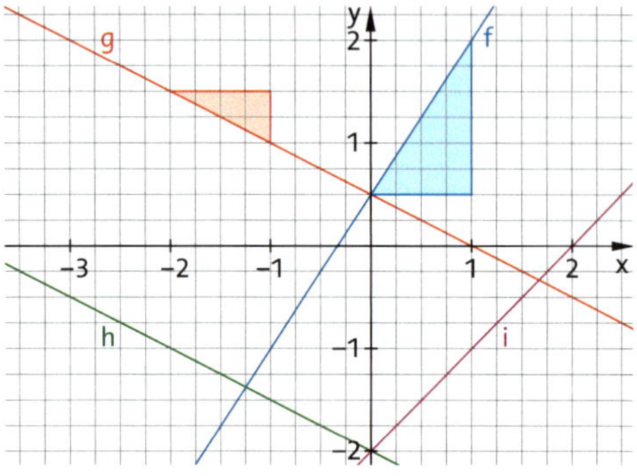

Beispiel

4 Zeichnen Sie die Graphen von f und g mit $f(x) = -3x + 2$ und $g(x) = \frac{4}{5}x - 3$
a) mithilfe des y-Achsenabschnitts und eines Steigungsdreiecks.
b) mithilfe zweier Punkte, die Sie rechnerisch bestimmen.

5 Geben Sie jeweils Funktionsgleichungen zu zwei Geraden an, die
a) durch den Koordinatenursprung gehen,
b) parallel zur x-Achse verlaufen,
c) den gleichen y-Achsenabschnitt haben,
d) parallel zueinander verlaufen.

Beispiel

6 Ermitteln Sie eine Gleichung der Geraden durch die Punkte A und B.
a) $A(0|3)$; $B(1|5)$
b) $A(-2|1)$; $B(1|-3)$
c) $A(-7|2)$; $B(5|2)$

Quadratische Funktionen

Hinweis
Aus $f(x) = ax^2 + bx + c$ lässt sich der Schnittpunkt mit der y-Achse $P(0|c)$ direkt ablesen.

Wissen
Eine Funktion f mit $f(x) = ax^2 + bx + c$ und **Streckfaktor** $\mathbf{a \neq 0}$ heißt **quadratische Funktion** ($a, b, c \in \mathbb{R}$).
Ihr Graph ist eine **Parabel.** Die Funktionsgleichung lässt sich auch in die **Scheitelpunktform** $f(x) = a(x - d)^2 + e$ umformen.
Aus ihr kann man direkt den **Scheitelpunkt S(d|e)** ablesen.

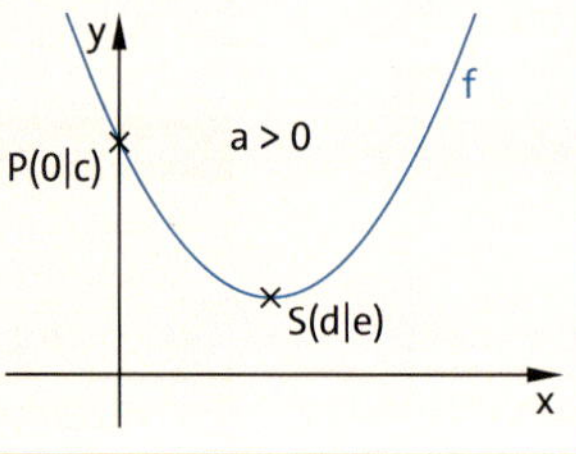

Die Scheitelpunktform eignet sich dazu, die Lage und Form der Parabel zu beschreiben: Gegenüber der **Normalparabel** mit $y = x^2$ ist die Parabel zu $f(x) = a(x - d)^2 + e$ **gestreckt** (falls $|a| > 1$) oder **gestaucht** (falls $|a| < 1$), an der x-Achse **gespiegelt** (falls $a < 0$) und entlang der Koordinatenachsen **verschoben** (um d Einheiten in x-Richtung und e Einheiten in y-Richtung).

Erklärvideo

Beispiel 2 Normalparabel stauchen, spiegeln und verschieben
Die Normalparabel wird mit dem Faktor 0,5 gestaucht, an der x-Achse gespiegelt, um 3 Einheiten nach links und 1 Einheit nach oben verschoben. Geben Sie eine Funktionsgleichung an und skizzieren Sie den Graphen, der entsteht.

Lösung:
Der Ansatz in Scheitelpunktform lautet $f(x) = a(x - d)^2 + e$.
Für den Streckfaktor gilt $a = -0{,}5$, da die Parabel um 0,5 gestaucht und an der x-Achse gespiegelt wird.
Die Verschiebungen um 3 Einheiten nach links und 1 Einheit nach oben führen auf $d = -3$ und $e = 1$. Der Scheitelpunkt der Parabel liegt bei $S(-3|1)$.
Skizzieren Sie von dort aus die nach unten geöffnete, gestauchte Parabel.

$f(x) = -0{,}5(x + 3)^2 + 1$

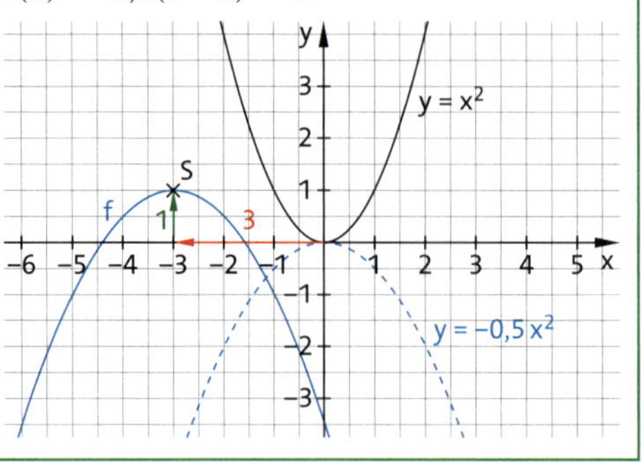

Erklärvideo

Beispiel 3 **Nullstellen quadratischer Funktionen bestimmen**

Bestimmen Sie rechnerisch die Nullstellen der Funktion f.

a) $f(x) = -2(x-5)^2 + 32$ b) $f(x) = 5x^2 - 10x$ c) $f(x) = 2x^2 - 4x - 6$

Lösung:

a) Stellen Sie nach dem quadratischen Term um und ziehen Sie die Wurzel. Es ergibt sich eine positive und eine negative Lösung. Stellen Sie nach x um.

$-2(x-5)^2 + 32 = 0 \quad |-32 \quad |:(-2)$
$(x-5)^2 = 16$
$x - 5 = \pm 4$
Nullstellen: $x_1 = 9$ und $x_2 = 1$

b) Klammern Sie x aus und berechnen Sie die Werte von x, für welche die einzelnen Faktoren null werden.

$5x^2 - 10x = 0 \quad |$ x ausklammern
$x(5x - 10) = 0$
$x = 0$ oder $5x - 10 = 0$
Nullstellen: $x_1 = 0$ und $x_2 = 2$

c) Teilen Sie die Gleichung durch den Faktor vor x^2.
Wenden Sie die p-q-Formel an und berechnen Sie die Nullstellen.

$2x^2 - 4x - 6 = 0 \quad |:2$
$x^2 - 2x - 3 = 0$
$x_{1/2} = 1 \pm \sqrt{1+3} = 1 \pm 2$
Nullstellen: $x_1 = 3$ und $x_2 = -1$

Erinnerung

p-q-Formel:
Die Gleichung
$x^2 + px + q = 0$
hat die Lösungen
$x_{1/2} = -\frac{p}{2} \pm \sqrt{\left(\frac{p}{2}\right)^2 - q}$.

Basisaufgaben

7 Skizzieren Sie den Graphen, der durch die beschriebenen Transformationen entsteht. Geben Sie eine Funktionsgleichung zum Graphen an.

a) Die Normalparabel wird mit dem Faktor 2 gestreckt und um 2 Einheiten nach unten verschoben.

b) Die Normalparabel wird mit dem Faktor $\frac{1}{2}$ gestaucht, um 3 Einheiten nach links und um 2 Einheiten nach oben verschoben.

c) Die Normalparabel wird mit dem Faktor 0,25 gestaucht, an der x-Achse gespiegelt, um 1,5 Einheiten nach rechts und 2,5 Einheiten nach oben verschoben.

Beispiel

Hinweis zu 8

Betrachten Sie zur Ermittlung des Streckfaktors, wie sich der Funktionswert ändert, wenn Sie vom Scheitelpunkt aus eine Einheit nach rechts oder links gehen.

8 a) Ermitteln Sie zu jeder der abgebildeten Parabeln den Scheitelpunkt und den Streckfaktor. Achten Sie darauf, ob die Parabel nach oben oder unten geöffnet ist. Geben Sie dann die Scheitelpunktform der Parabel an.

b) Erläutern Sie, wie man an der Gleichung einer quadratischen Funktion erkennen kann, ob die Parabel nach oben oder nach unten geöffnet ist.

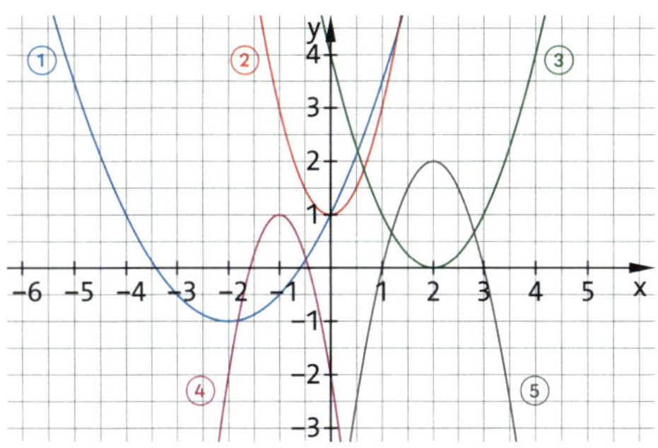

9 Untersuchen Sie die Funktion rechnerisch auf Nullstellen. Machen Sie eine Probe, indem Sie Ihre Ergebnisse in die Funktionsgleichung einsetzen.

a) $f(x) = -x^2 + 16$ b) $f(x) = -x^2 - 16$ c) $f(x) = 7(x+1)^2 - 7$
d) $f(x) = x^2 + 2x$ e) $f(t) = 7t^2 - 8t$ f) $f(x) = x^2 - 8x + 16$
g) $f(x) = 3x^2 - 18x + 24$ h) $f(x) = -2x^2 + 2x - 2$ i) $f(x) = 0{,}5x^2 - 7x - 1$

Lösungen zu 10

−3 3,5 0 −5 4,5 4 5 2 1,5

10 Der Punkt P soll auf dem Graphen der Funktion f liegen. Berechnen Sie alle möglichen Werte für die fehlende x-Koordinate. Stellen Sie dazu eine Gleichung auf und lösen Sie sie. Machen Sie eine Probe.

a) $f(x) = -2x^2$; P(■|−50) b) $f(x) = 5x^2 - 20x - 6$; P(■|−6)
c) $f(x) = 3x^2 + 3x - 8$; P(■|10) d) $f(x) = 2(x-3)^2 - 1$; P(■|3,5)

Mit linearen und quadratischen Funktionen modellieren

Wissen **Modellierungskreislauf**

① Problem analysieren: Informationen zum Problem sammeln
② Modell bilden: die reale Situation in eine Funktion übersetzen
③ Lösung im Modell bestimmen: den Funktionswert zu einer bestimmten Stelle oder die Stelle zu einem bestimmten Funktionswert bestimmen
④ Interpretation: die Lösung interpretieren und überprüfen, ob sie realistisch ist

Beispiel 4

Eine Seilbahn fährt von einer 220 m hoch gelegenen Plattform ins Tal. Pro Minute verliert sie 8 Meter an Höhe. Ermittle, wie lange die Fahrt bis zum Boden dauert.

Lösung:

① Problem analysieren:
Notieren Sie die gegebenen Informationen.

Gegeben: Starthöhe: 220 m
Höhenverlust pro min: 8 m

② Modell bilden:
Stellen Sie eine Funktionsgleichung auf, die die Fahrt der Seilbahn beschreibt.

t: Zeit in min seit dem Start
Ansatz: lineare Funktion f mit $f(t) = mt + b$
gegeben: $f(0) = 220$, also $b = 220$
Es gilt $f(1) = 212$, also $m = \frac{212 - 220}{1 - 0} = -8$
Funktionsgleichung: $f(t) = -8t + 220$

③ Lösung im Modell bestimmen:
Berechnen Sie die Nullstelle der Funktion. Sie entspricht dem Zeitpunkt, zu dem die Seilbahn am Boden ankommt.

$0 = -8t + 220 \quad | + 8t$
$8t = 220 \quad | : 8$
$t = 27{,}5$

④ Interpretation:
Geben Sie an, was die Lösung im Modell für das Problem bedeutet. Überprüfen Sie, ob die Lösung sinnvoll ist.

Die Seilbahn erreicht nach etwa 27,5 Minuten den Boden. Die Fahrt dauert rund eine halbe Stunde. Das ist realistisch.

Basisaufgaben

11 Die Zündschnur eines Silvesterböllers ist 3 cm lang. Pro Sekunde brennen 4 mm ab. Ermitteln Sie, wie viel Zeit man nach dem Zünden hat, um sich in Sicherheit zu bringen.

12 Der Tank eines Autos fasst 48 ℓ Benzin. Das Auto verbraucht durchschnittlich 8,5 ℓ Benzin auf 100 km. Ermitteln Sie, wie weit das Auto mit einer Tankfüllung fahren kann.

13 Leila lässt von einem Boot ihren Fuß ins Wasser hängen. Ein 450 m entfernter Delfin nimmt die Bewegung wahr und nimmt mit 12 km/h Kurs auf den Fuß. Ermitteln Sie, wann die Delfinnase gegen Leilas Fuß stupst.

14 Der Graph von h mit $h(x) = -0{,}1x^2 + x + 1$ beschreibt die Flugbahn eines Tennisballs.
a) Erklären Sie die Bedeutungen von x, h(x) und der Gleichung $h(1) = 1{,}9$.
b) Geben Sie an, welcher Wert sich über den Ausdruck $h(0)$ berechnen lässt.
c) Geben Sie einen rechnerischen Ansatz an, um die Flugweite des Balls zu bestimmen.
d) Geben Sie an, wie man die maximale Flughöhe des Balls bestimmen kann.

Weiterführende Aufgaben

Hinweis

Setzt man eine Schnittstelle der Graphen von f und g in f(x) oder g(x) ein, so erhält man die y-Koordinate des zugehörigen Schnittpunktes.

15 **Schnittpunkte:** Lösen Sie die Gleichung $f(x) = g(x)$ und berechnen Sie, falls vorhanden, die Schnittpunkte der Graphen von f und g.

a) $f(x) = x^2 + 2x$
$g(x) = -2x - 4$

b) $f(x) = 6x^2 - 1$
$g(x) = 3$

c) $f(x) = 0{,}25x^2 + x - 5$
$g(x) = -x - 8$

d) $f(x) = 3x^2 + 1$
$g(x) = 2x^2 + 2x$

e) $f(x) = x^2 - 9$
$g(x) = -x^2 + 5$

f) $f(x) = -0{,}25x^2 - 1$
$g(x) = x^2 + 3$

16 **Faktorisierte Form:** Hat eine quadratische Funktion f die Nullstellen m und n, so kann man die Funktionsgleichung auch in der faktorisierten Form $f(x) = a(x - m)(x - n)$ schreiben.

a) Geben Sie die Nullstellen der Funktion an.
① $f(x) = (x - 5)(x + 3)$ ② $f(x) = 7(x - 4)(x - 2{,}5)$ ③ $f(x) = -3x(x + 7)$

b) Berechnen Sie die Nullstellen und damit eine Funktionsgleichung in faktorisierter Form.
① $f(x) = 6x^2 - 5x$ ② $f(x) = x^2 - 10x + 25$ ③ $f(x) = -3x^2 + 12$

17 **Stolperstelle:** Erläutern Sie die Fehler, die Lara bzw. Jan gemacht haben.

a) Lara bestimmt die Nullstelle der Funktion f mit $f(x) = 3x - 2$.

b) Jan beschreibt, wie der Graph von f mit $f(x) = (x - 2)^2 + 1$ aus der Normalparabel entsteht.

Lara: $f(0) = 3 \cdot 0 - 2 = -2$
Die Nullstelle von f liegt bei $N(-2|0)$.

Jan: Die Normalparabel wurde um zwei Einheiten nach links und eine Einheit nach oben verschoben.

18 Berechnen Sie die Nullstelle der Gerade g mit $g(x) = 3x + 2$. Geben Sie eine quadratische Funktion mit derselben Nullstelle (bzw. mit dieser und einer weiteren Nullstelle) an.

19 Zuletzt stieg der Meeresspiegel auf der Erde durchschnittlich um 3,1 mm pro Jahr. Malé, die Hauptstadt der Malediven, liegt momentan einen Meter über dem Meeresspiegel.

a) Ermitteln Sie mithilfe einer Funktionsgleichung, wie lange es dauern würde, bis Malé überschwemmt wird, wenn der Meeresspiegel weiterhin gleichmäßig steigt.

b) Forscher gehen davon aus, dass der Meeresspiegel künftig schneller ansteigen wird. Nehmen Sie an, dass er noch für zehn Jahre um 3,1 mm pro Jahr ansteigt und danach um 5 mm pro Jahr. Ermitteln Sie, wie lange es dann noch dauert, bis Malé überschwemmt wird.

c) Ein weiterer Forscher sagt vorher, dass sich der Anstieg des Meeresspiegels alle 3 Jahre um 1 mm pro Jahr erhöhen wird. Ermitteln Sie mithilfe einer Tabellenkalkulation, wann Malé unter diesen Umständen überschwemmt wird.

20 Ein Frosch springt von einem Ast in einen Tümpel. Die Flugbahn wird durch den Graphen der Funktion h mit $h(x) = -\frac{5}{100}(x - 3)^2 + 2$ beschrieben. Dabei gibt x die horizontale Entfernung vom Absprungort und h die Höhe über dem Tümpel an (beides in dm).

a) Bestimmen Sie die Absprunghöhe des Froschs und seine maximale Höhe über dem Tümpel.

b) Berechnen Sie, in welcher horizontalen Entfernung vom Absprungort der Frosch auf dem Tümpel aufkommt. Skizzieren Sie seine Flugbahn.

c) Der Frosch hat eine 15 cm lange Zunge. Prüfen Sie, ob er damit im Flug eine Schwebfliege fangen kann, die in 25 cm Entfernung vom Absprungort 32 cm über dem Tümpel in der Luft steht.

21 Ein Feuerwerkskörper bewegt sich auf einer Flugbahn, die annähernd durch die Funktionsgleichung $f(x) = -0{,}24x^2 + 12x$ beschrieben werden kann. Dabei ist x die Entfernung vom Abschussort (in m) und der Funktionswert gibt die Höhe (in m) an.

a) Interpretieren Sie den Funktionswert f(0).
b) Berechnen Sie die Höhe des Feuerwerkskörpers bei einer horizontalen Entfernung von 10 m vom Abschussort.
c) Ermitteln Sie die Höhe, die der Feuerwerkskörper maximal erreichen kann.
d) Berechnen Sie, in welcher horizontalen Entfernung vom Abschussort der abgebrannte Rest des Feuerwerkskörpers auf der Erde landen wird.

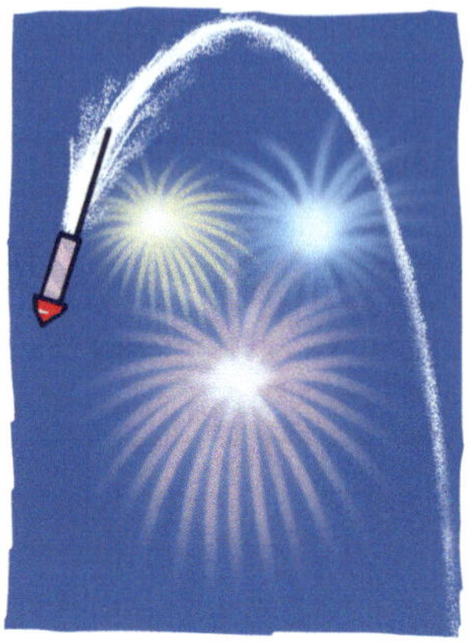

Erinnerung

Eine **Tangente** berührt einen Graphen in einem Punkt. Eine **Sekante** schneidet einen Graphen in mindestens zwei Punkten.

22 Betrachten Sie die Graphen der Funktionen f und g.

a) Ermitteln Sie die Gleichungen der Funktionen f und g.
b) Beschreiben Sie möglichst viele Arten, wie man durch die Veränderung von jeweils einem Wert in einer der Funktionsgleichungen erreichen kann, dass die Gerade g eine Tangente des Graphen von f ist.
c) Wiederholen Sie das Vorgehen aus b) so, dass g eine Sekante des Graphen von f ist.

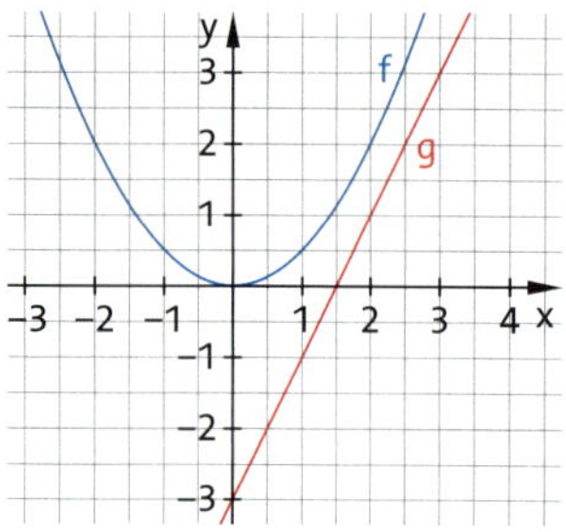

23 Die Seilbahn „Unterstell" in Südtirol befördert Wanderer zur Bergstation am Meraner Höhenweg.
Bestimmen Sie eine lineare Funktion, die eine Fahrt hinauf beschreibt, und eine Funktion, die eine Fahrt hinab beschreibt. Dabei soll x die Minuten seit Fahrtbeginn und y die Höhe in Metern beschreiben.

Höhe Bergstation	1282 m
Höhenunterschied zwischen den Stationen	774,62 m
Länge der schrägen Fahrstrecke	1304,89 m
Fahrgeschwindigkeit	6 Meter pro Sekunde

24 Bei einem Golfschlag ist die Flughöhe des Balls gegeben durch $h(x) = -0{,}01x^2 + 1{,}4x$ (x: horizontale Entfernung vom Abschlag in Meter; h(x) Höhe in Meter).

a) Berechnen Sie die Flughöhe nach 40 m und einen sinnvollen Definitionsbereich.
b) Erstellen Sie eine Wertetabelle und skizzieren Sie die Flugbahn.
c) Berechnen Sie, bei welchen Entfernungen vom Abschlag die Flughöhe 33 m beträgt.

25 **Ausblick:** Die Brücke über eine Schlucht soll durch einen Bogen gestützt werden, der durch die Punkte A und B verläuft und dessen Form durch den Graphen von f mit $f(x) = -x^2 + bx + c$ modelliert werden kann.

a) Das Einsetzen der Koordinaten von A(4 | 1) in f(x) ergibt $1 = -16 + 4b + c$. Setzen Sie die Koordinaten von B ein und lösen Sie das lineare Gleichungssystem mit den Unbekannten b und c.
b) Berechnen Sie die Koordinaten des Scheitelpunktes der in a) erhaltenen Parabel exakt und überprüfen Sie diese mithilfe der Abbildung.

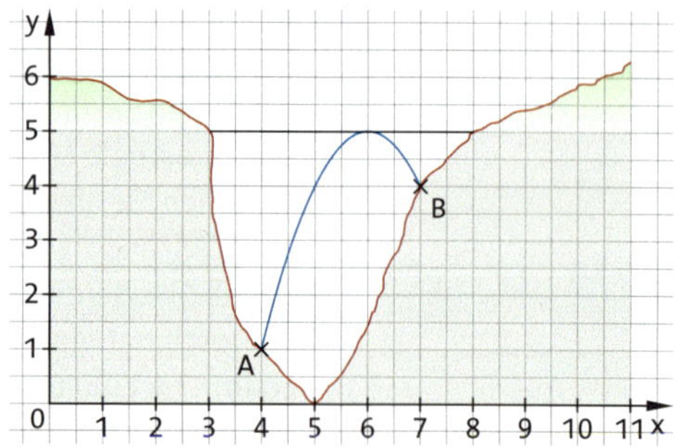

1.3 Wiederholung: Potenzfunktionen mit ganzzahligen Exponenten

Ordnen Sie die Funktionsgleichungen $f(x) = x^3$, $g(x) = x^4$ und $h(x) = x^5$ den Graphen ① bis ③ passend zu. Beschreiben Sie Gemeinsamkeiten und Unterschiede zwischen den Graphen auch mithilfe der zugehörigen Funktionsgleichungen.

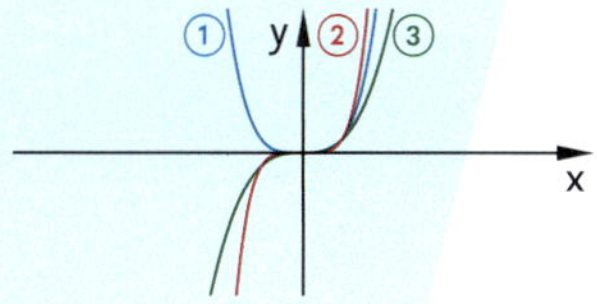

Im Funktionsterm von linearen Funktionen steht die Variable x mit einfacher Potenz: $y = mx + b = mx^1 + b$. Bei quadratischen Funktionen steht die zweite Potenz von x im Funktionsterm: $y = ax^2 + bx + c$. Es gibt auch Funktionen, bei denen x mit einer höheren oder einer negativen Potenz im Funktionsterm steht.

Definition

Eine Funktion f mit $f(x) = x^n$ und $n \in \mathbb{Z}$, $n \neq 0$, heißt **Potenzfunktion**.

Hinweis

$\mathbb{R}$ enthält keine größte oder kleinste Zahl. Den Vorgang, dass Zahlen beliebig groß (klein) werden, beschreibt man als „strebt gegen (minus) unendlich".

Die Eigenschaften von Potenzfunktionen und ihren Graphen hängen davon ab, ob der Exponent positiv oder negativ und gerade oder ungerade ist.
Um das **Globalverhalten** der Graphen zu vergleichen, lässt man die x-Werte beliebig groß oder klein werden. Man schreibt $x \to \infty$ (sprich „x gegen unendlich") oder $x \to -\infty$. Werden dann die Funktionswerte beliebig groß oder klein, schreibt man $f(x) \to \infty$ bzw. $f(x) \to -\infty$.

positive Exponenten

gerade

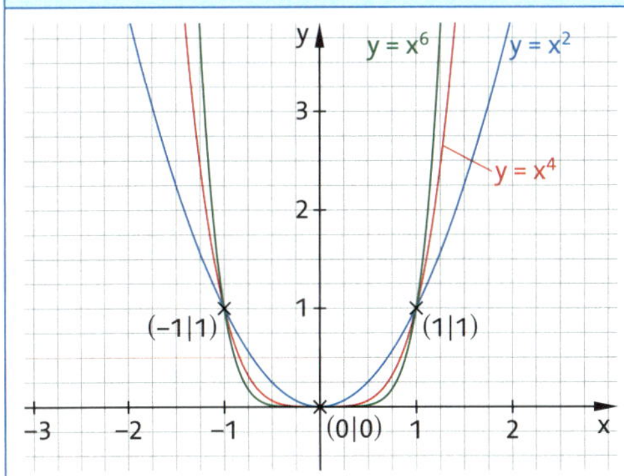

ungerade

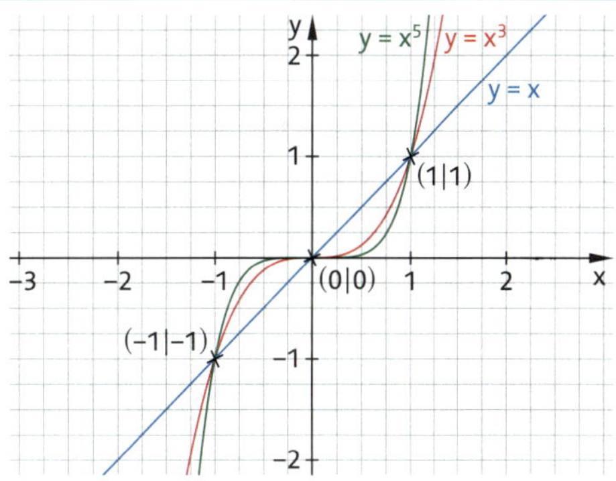

gerade		ungerade
$D = \mathbb{R}$ überall definiert	**Definitionsbereich (x-Werte)**	$D = \mathbb{R}$ überall definiert
$W = \mathbb{R}_0^+$ positiv oder null	**Wertebereich (y-Werte)**	$W = \mathbb{R}$ alle Werte
(−1|1), (0|0), (1|1)	**Gemeinsame Punkte**	(−1|−1), (0|0), (1|1)
achsensymmetrisch zur y-Achse	**Symmetrie der Graphen**	punktsymmetrisch zum Ursprung
	Verlauf der Graphen	
Funktionswerte fallen	für $x < 0$	Funktionswerte steigen
Funktionswerte steigen	für $x > 0$	Funktionswerte steigen
$f(x) \to \infty$	für $x \to \infty$	$f(x) \to \infty$
$f(x) \to \infty$	für $x \to -\infty$	$f(x) \to -\infty$

Für negative Exponenten lässt sich der Funktionsterm umformen: $x^{-n} = \frac{1}{x^n}$
Man erkennt, dass solche Funktionen für $x = 0$ nicht definiert sind. Diese **Definitionslücke** führt dazu, dass sich der Graph (die **Hyperbel**) in **zwei Äste** unterteilt.

negative Exponenten

gerade	ungerade
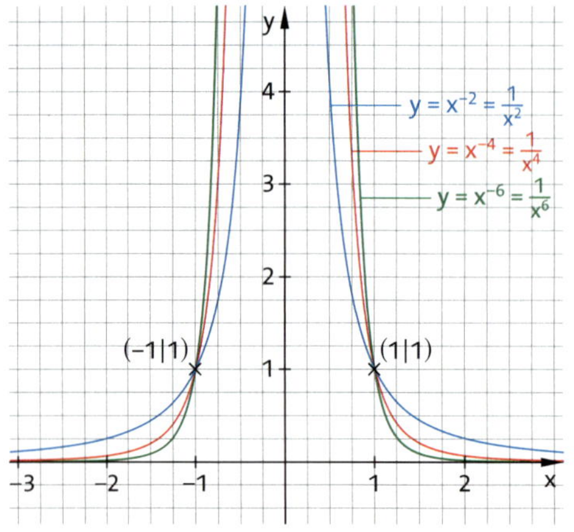	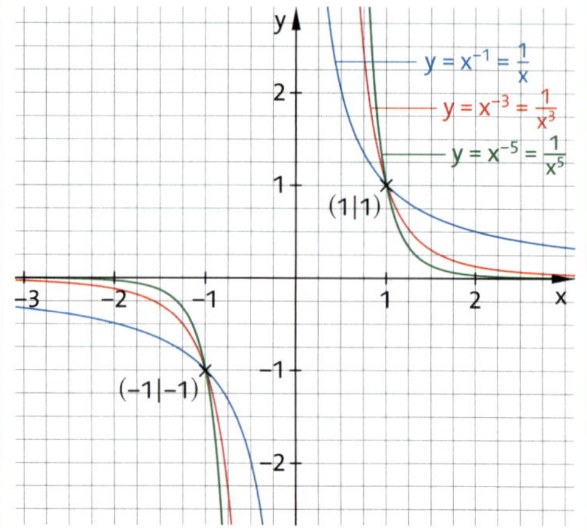

gerade		ungerade
$D = \mathbb{R}\setminus\{0\}$ für $x = 0$ nicht definiert	**Definitionsbereich (x-Werte)**	$D = \mathbb{R}\setminus\{0\}$ für $x = 0$ nicht definiert
$W = \mathbb{R}^+$ nur positive Werte	**Wertebereich (y-Werte)**	$W = \mathbb{R}\setminus\{0\}$ alle Werte außer $y = 0$
(−1 | 1), (1 | 1)	**Gemeinsame Punkte**	(−1 | −1), (1 | 1)
achsensymmetrisch zur y-Achse	**Symmetrie der Graphen**	punktsymmetrisch zum Ursprung
Funktionswerte steigen Funktionswerte fallen	**Verlauf der Graphen** für $x < 0$ für $x > 0$	Funktionswerte fallen Funktionswerte fallen
x-Achse y-Achse	**Asymptoten** waagerechte Asymptote senkrechte Asymptote	x-Achse y-Achse

Erinnerung

Eine **Asymptote** ist eine Gerade, an die sich ein Funktionsgraph im Unendlichen immer weiter annähert.

Erklärvideo

Beispiel 1

Die Abbildung zeigt die Graphen dreier Potenzfunktionen. Zu jedem Graphen sind zwei Funktionsgleichungen angegeben, von denen nur eine richtig ist.

① Blauer Graph: $f(x) = x^5$ oder $g(x) = x^6$
② Roter Graph: $h(x) = x^{-3}$ oder $i(x) = x^3$
③ Grüner Graph: $j(x) = x^{-3}$ oder $k(x) = x^{-1}$

Ordnen Sie passend zu und begründen Sie Ihre Wahl.

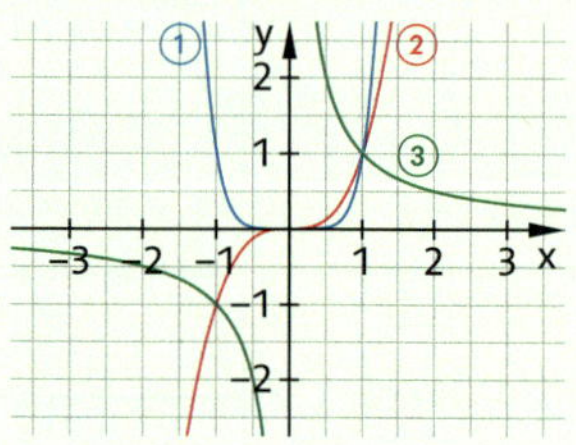

Lösung:

① Untersuchen Sie den Graphen auf Symmetrie. Folgern Sie daraus, ob der Exponent gerade oder ungerade ist.

Der Graph ist achsensymmetrisch zur y-Achse, daher muss der Exponent gerade sein. Also ist $g(x) = x^6$ richtig.

② Prüfen Sie, ob der Graph durch den Ursprung verläuft. Folgern Sie daraus, ob der Exponent positiv oder negativ ist.

Der Graph verläuft durch den Ursprung, also hat die Funktion dort keine Definitionslücke. Daher ist der Exponent positiv. Also ist $i(x) = x^3$ richtig.

③ Bestimmen Sie die passende Funktion mit einer Punktprobe, indem Sie die Koordinaten eines Punktes ablesen und in die Funktionsgleichungen einsetzen.

Punkt auf dem Graphen: z. B. P(2 | 0,5)
$j(2) = 2^{-3} = \frac{1}{2^3} = \frac{1}{8} \neq 0{,}5$
$k(2) = 2^{-1} = 0{,}5$
Also ist $k(x) = x^{-1}$ richtig.

Basisaufgaben

1 Die Abbildung zeigt die Graphen dreier Potenzfunktionen. Zu jedem Graphen sind zwei Funktionsgleichungen angegeben, von denen nur eine richtig ist.
① Blauer Graph: $f(x) = x^6$ oder $g(x) = x^5$
② Roter Graph: $h(x) = x^{-2}$ oder $i(x) = x^2$
③ Grüner Graph: $j(x) = x^2$ oder $k(x) = x^4$
Ordnen Sie die Funktionsgleichungen passend zu und begründen Sie Ihre Wahl.

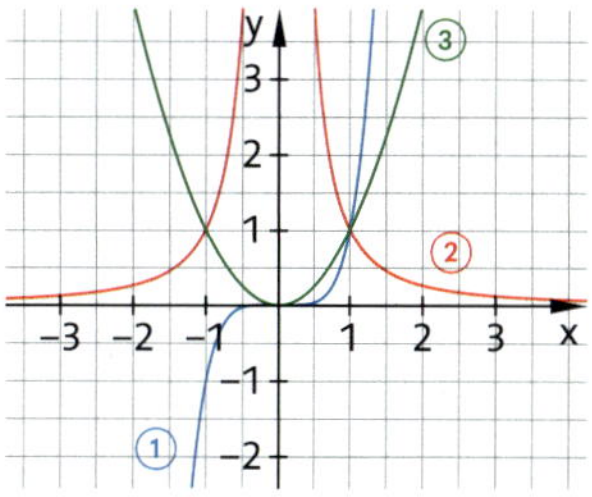

2 Vervollständigen Sie die Tabelle und zeichnen Sie die Graphen in ein gemeinsames Koordinatensystem.

x	−2	−1	$-\frac{1}{2}$	0	$\frac{1}{2}$	1	2
$f(x) = x^2$							
$g(x) = x^3$							
$h(x) = x^{-2}$							
$i(x) = x^{-3}$							

3 Geben Sie den Definitions- sowie Wertebereich der Funktion f an. Beschreiben Sie den Verlauf des Graphen und geben Sie an, ob der Graph achsensymmetrisch zur y-Achse oder punktsymmetrisch zum Ursprung ist.
Entscheiden Sie, ob sich der Graph asymptotisch verhält, und geben Sie gegebenenfalls die Asymptoten an.
a) $f(x) = x^8$ b) $f(x) = x^{-5}$ c) $f(x) = x^7$ d) $f(x) = \frac{1}{x^4}$

Beispiel

4 Von den abgebildeten vier Graphen sind drei Funktionsgleichungen bekannt:
$f(x) = \frac{1}{x}$; $g(x) = x^3$; $h(x) = x^5$
a) Ordnen Sie jeder Funktionsgleichung den passenden Graphen zu. Begründen Sie Ihre Entscheidung.
b) Geben Sie eine passende Funktionsgleichung für den vierten Graphen an.

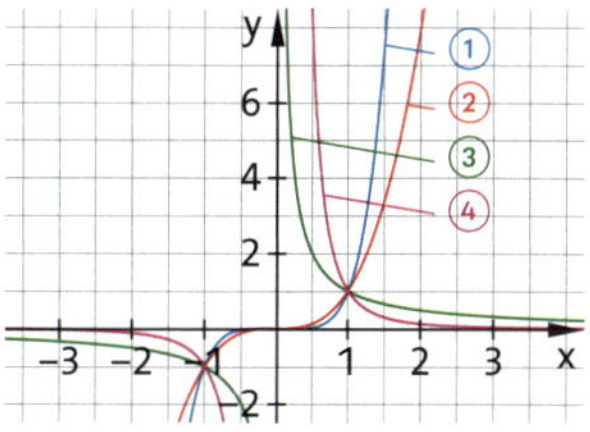

5 Prüfen Sie, ob die Aussage wahr oder falsch ist, und begründen Sie. Korrigieren Sie, falls die Aussage falsch ist.
a) Eine Potenzfunktion mit geradem Exponenten hat keine negativen Funktionswerte.
b) Der Graph jeder Potenzfunktion ist achsensymmetrisch zur y-Achse.
c) Für alle Potenzfunktionen mit ungeraden Exponenten gilt: Zu jedem Funktionswert gehört genau ein x-Wert.
d) Für alle Potenzfunktionen f mit ungeraden Exponenten gilt: Für jede reelle Zahl y gibt es genau eine Zahl x mit $f(x) = y$.
e) Für alle Potenzfunktionen f mit geraden Exponenten gilt: Für jede reelle Zahl y gibt es zwei verschiedene Zahlen x und z mit $f(x) = f(z) = y$.
f) Der Graph jeder Potenzfunktion mit negativem Exponenten verhält sich asymptotisch.
g) Bei allen Potenzfunktionen f mit positiven Exponenten gilt $f(x) \to -\infty$ für $x \to -\infty$.

6 Zeichnen Sie die Graphen der angegebenen Potenzfunktionen im Bereich $-2 \leq x \leq 2$ mit einer geeigneten Mathematik-Software. Beschreiben Sie, wie sich die Graphen mit größer werdenden Beträgen der Exponenten verändern.
a) $f(x) = x^2$; $g(x) = x^4$; $h(x) = x^6$
b) $f(x) = x^3$; $g(x) = x^5$; $h(x) = x^7$
c) $f(x) = x^{-2}$; $g(x) = x^{-4}$; $h(x) = x^{-6}$
d) $f(x) = x^{-1}$; $g(x) = x^{-3}$; $h(x) = x^{-5}$

Weiterführende Aufgaben

Zwischentest

Hilfe

7 a) Zeigen Sie, dass die Punkte A(1 | 1) und B(−1 | 1) auf den Graphen der Potenzfunktionen f und g mit $f(x) = x^4$ und $g(x) = x^{-8}$ liegen.
b) Begründen Sie, dass die Punkte A(1 | 1) und B(−1 | 1) auf den Graphen von allen Potenzfunktionen der Form $f(x) = x^n$ mit geraden Exponenten n liegen.
c) Formulieren und begründen Sie eine entsprechende Aussage für Potenzfunktionen der Form $f(x) = x^n$ mit ungeraden Exponenten.

8 **Stolperstelle:** Pascal untersucht die Funktion f mit $f(x) = \frac{1}{x^2}$: *„Da der Exponent positiv und gerade ist, verläuft der Graph durch den Ursprung und ist achsensymmetrisch zur y-Achse."* Nehmen Sie Stellung.

9 Vervollständigen Sie die Tabelle und begründen Sie damit, dass sich der Graph von f asymptotisch an die Koordinatenachsen annähert.

x	−1000	−100	$-\frac{1}{100}$	$-\frac{1}{1000}$	$\frac{1}{1000}$	$\frac{1}{100}$	100	1000
$\mathbf{f(x) = x^{-3}}$								

10 Untersuchen Sie, wie sich der Funktionswert ändert, wenn der x-Wert verdoppelt (mit −1 multipliziert) wird.
a) $f(x) = x^3$ b) $f(x) = x^4$ c) $f(x) = \frac{1}{x^2}$ d) $f(x) = \frac{1}{x^3}$

11 a) Erläutern Sie anhand der Grafik, wie viele Lösungen die Gleichung $x^n = a$ haben kann, wenn n positiv und gerade ist.

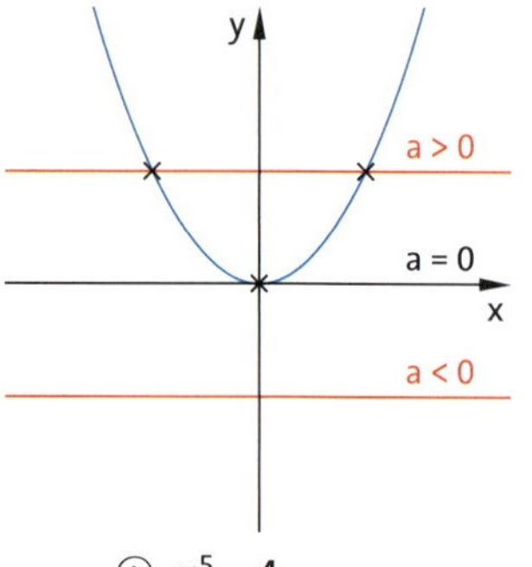

b) Lösen Sie die Gleichung, falls möglich.
① $x^4 = 81$ ② $x^6 = -64$
③ $x^4 = 0$ ④ $x^4 = 4$
c) Erstellen Sie für den Fall $x^n = a$ mit ungeradem und positivem n eine vergleichbare Grafik und erläutern Sie daran, wie viele Lösungen die Gleichung haben kann.
d) Lösen Sie die Gleichung.
① $x^3 = 125$ ② $x^3 = -27$ ③ $x^5 + 1 = 1$ ④ $x^5 = 4$

12 Die Intensität von Licht, das von einer punktförmigen Lichtquelle ausgestrahlt wird, nimmt mit zunehmendem Abstand r zur Lichtquelle ab. Für die Lichtintensität E gilt $E(r) = \frac{1}{r^2}$ (r > 0 in m).

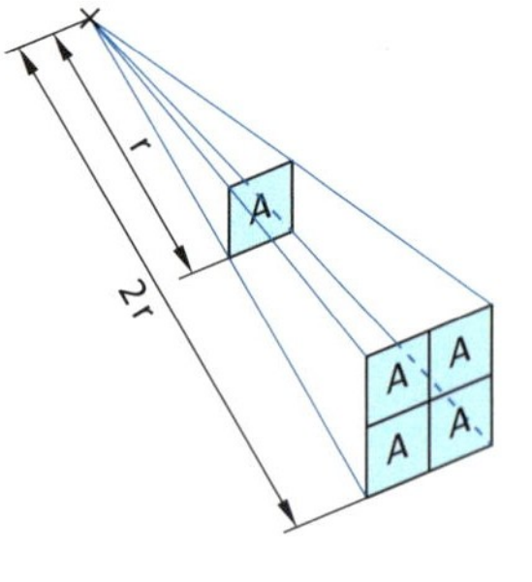

a) Skizzieren Sie den Graphen von E und beschreiben Sie seine Merkmale.
b) Berechnen Sie, auf das Wievielfache man einen beliebigen Abstand zur Lichtquelle vergrößern muss, damit die Lichtintensität auf 1 % abnimmt.

13 **Ausblick: Minimaler Oberflächeninhalt**
a) Die Funktion h beschreibt die Höhe einer zylindrischen Dose mit dem Volumen 1 dm³ in Abhängigkeit vom Radius r (in dm). Begründen Sie, dass gilt: $h(r) = \frac{1}{\pi r^2}$
b) Skizzieren Sie den Graphen von h. Schränken Sie den Definitionsbereich sinnvoll ein.
c) Bestimmen Sie eine Gleichung einer Funktion A(r), die den Oberflächeninhalt (in dm²) der Dose in Abhängigkeit vom Radius angibt. Bestimmen Sie mithilfe einer Mathematik-Software, für welchen Radius der Oberflächeninhalt am kleinsten ist.

1.4 Wiederholung: Wurzelfunktionen

Den Flächeninhalt eines Quadrats mit der Seitenlänge a berechnet man als $A = a^2$.

a) Geben Sie eine Funktion an, mit der man die Seitenlänge eines Quadrats aus dem Flächeninhalt berechnen kann.

b) Formen Sie den Funktionsterm um und begründen Sie, dass es sich um eine Potenzfunktion handelt.

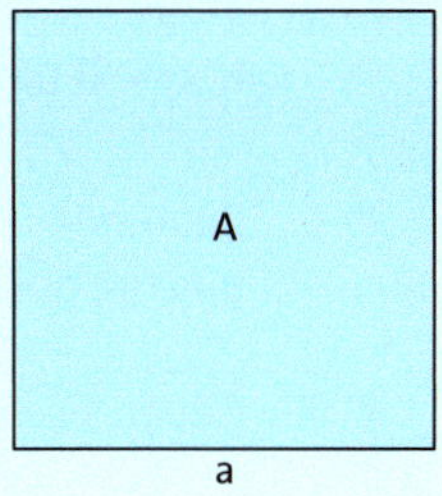

Auch Funktionen mit Gleichungen der Form $f(x) = x^{\frac{1}{n}} = \sqrt[n]{x}$ mit n = 2, 3, 4 ... zählen zur Klasse der Potenzfunktionen. Man nennt sie **Wurzelfunktionen**. Für ihren Definitionsbereich gilt $D = \mathbb{R}_0^+$, da Wurzeln für negative Zahlen nicht definiert sind.

Definition

Eine Funktion f mit $f(x) = x^{\frac{1}{n}} = \sqrt[n]{x}$ und $n \in \mathbb{N}$, $n \geq 2$, heißt **Wurzelfunktion**.

- **Definitionsbereich:** $D = \mathbb{R}_0^+$
- **Wertebereich:** $W = \mathbb{R}_0^+$
- **Gemeinsame Punkte:** (0 | 0), (1 | 1)
- **Symmetrie der Graphen:** keine
- **Verlauf der Graphen:** Funktionswerte steigen. Für $x \to \infty$ gilt $f(x) \to \infty$.

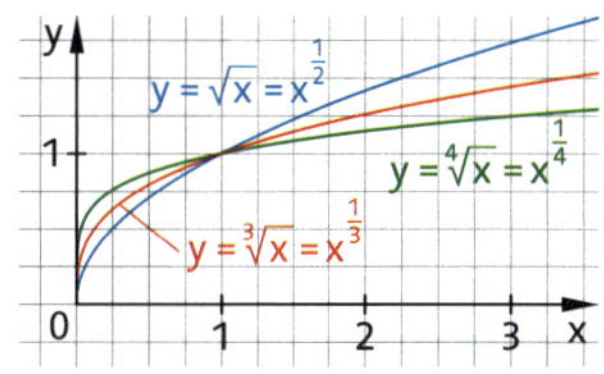

Basisaufgaben

1 In der Wertetabelle sind gerundete Funktionswerte der quadratischen ($f(x) = \sqrt{x}$) und der kubischen ($f(x) = \sqrt[3]{x}$) Wurzelfunktion angegeben.

x	0	$\frac{1}{8}$	$\frac{1}{4}$	$\frac{1}{2}$	1	2	4	8
$\sqrt{x}$		0,35		0,71		1,41		2,83
$\sqrt[3]{x}$			0,63	0,79		1,26	1,59	

a) Vervollständigen Sie die Wertetabelle.

b) Zeichnen Sie die Graphen in ein gemeinsames Koordinatensystem und beschreiben Sie Gemeinsamkeiten und Unterschiede.

2 Ordnen Sie die Funktionsterme den abgebildeten Graphen ① bis ⑤ zu. Begründen Sie.

x^1 $x^{\frac{1}{2}}$ x^3 x^2 $x^{\frac{1}{3}}$

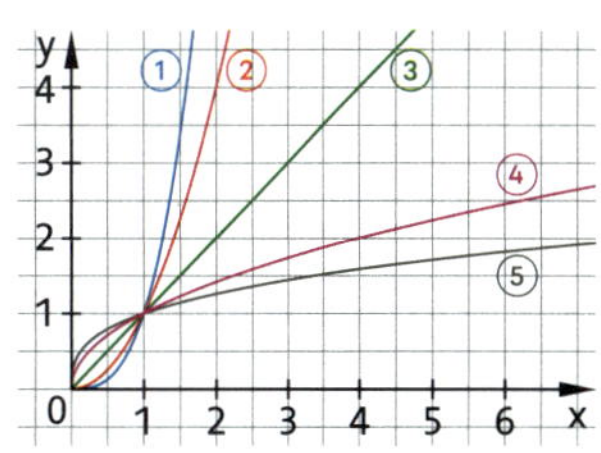

3 Berechnen Sie, falls möglich, die fehlenden Koordinaten der Punkte, sodass diese auf dem Graphen der angegebenen Funktion liegen.

a) $f(x) = \sqrt{x}$	A(0,25 | ■)	B(■ | 4)	C(■ | 0)	D(■ | −9)
b) $g(x) = \sqrt[3]{x}$	A(8 | ■)	B(0,125 | ■)	C(■ | 1)	D(■ | 9)
c) $h(x) = x^{\frac{1}{5}}$	A(1 | ■)	B(0 | ■)	C(■ | −1)	D$\left(■ \middle\| \frac{1}{2}\right)$

4 Zeichnen Sie den Graphen der Funktion f mit $f(x) = \sqrt[5]{x}$ und beschreiben Sie ihn.

Weiterführende Aufgaben

5 Vergleichen Sie die Graphen der Funktionen f, g, h und k mit $f(x) = \sqrt[4]{x}$, $g(x) = x^{0,5}$, $h(x) = x^{\frac{1}{3}}$ und $k(x) = x^4$.

6 Begründen Sie, dass die Graphen von Wurzelfunktionen weder achsensymmetrisch zur y-Achse noch punktsymmetrisch zum Ursprung sind.

7 Geben Sie den Definitionsbereich der Funktion an.
a) $f(x) = \sqrt{x-2}$ b) $f(x) = \sqrt{x^2+2}$ c) $f(x) = \sqrt{x-a}$ d) $f(x) = \sqrt{x^2+a}$
e) $f(x) = \sqrt[3]{x+3}$ f) $f(x) = \sqrt[3]{x^2-4}$ g) $f(x) = \sqrt[4]{x^3+x}$ h) $f(x) = \sqrt[11]{x-11}$

8 Bei gutem Wetter gilt für die Sichtweite s in Kilometern auf der Erde näherungsweise $s(h) = 3{,}57\sqrt{h}$. Dabei ist h die Höhe des Betrachters über NHN (Normalhöhennull) in Metern.
a) Berechnen Sie, wie weit man von der Zugspitze (2962 m) aus sehen kann.
b) Untersuchen Sie, ob man vom Gipfel der Zugspitze bis nach Nürnberg (Luftlinie 226 km) sehen könnte, wenn die Zugspitze so hoch wie der Mont Blanc (4808 m) wäre.

9 **Stolperstelle: Wurzelfunktionen und Umkehrfunktionen**
a) Zeichnen Sie den Graphen von f mit $f(x) = x^3$ für $-2 \le x \le 2$ in ein Koordinatensystem.
b) Spiegeln Sie den Graphen an der Winkelhalbierenden des ersten Quadranten.
c) Erläutern Sie, dass der so entstehende Graph nicht der Graph von g mit $g(x) = \sqrt[3]{x}$ ist.
d) Skizzieren Sie den Graphen von h mit $h(x) = x^{\frac{3}{2}}$ und dazu den Graphen der Umkehrzuordnung k. Geben Sie zu k, wenn möglich, eine Funktionsgleichung sowie den Definitions- und Wertebereich an.

10 Die Normalparabel besteht aus allen Punkten $(x \mid x^2)$ für $x \in \mathbb{R}$. Begründen Sie die Aussage.
a) Der Graph der quadratischen Wurzelfunktion besteht aus den Punkten $(x \mid \sqrt{x})$, $x \ge 0$.
b) Die Punkte des Graphen der quadratischen Wurzelfunktion lassen sich auch darstellen als $(x^2 \mid x)$ mit $x \ge 0$.
c) Spiegelt man den Graphen der quadratischen Wurzelfunktion an der x-Achse, so erhält man die um 90° gedrehte Normalparabel.

11 a) Berechnen Sie die gemeinsamen Punkte des Graphen der Funktion f mit $f(x) = \sqrt{x}$ mit den Graphen folgender Funktionen: $g(x) = \frac{1}{4}x + \frac{3}{4}$, $h(x) = \frac{1}{4}x + 1$, $k(x) = \frac{1}{4}x - 3$.
b) Ordnen Sie, den Graphen von g, h und k die Begriffe Sekante und Tangente zu.
c) Bestimmen Sie eine Zahl $a > 0$, sodass der Graph der Funktion p mit $p(x) = \frac{1}{4}x + a$ mit dem Graphen von f keine gemeinsamen Punkte besitzt.

12 **Ausblick:**
a) Skizzieren Sie den Graphen von f mit $f(x) = \sqrt[3]{x}$.
b) Ein Funktionenplotter liefert das nebenstehende Bild. Vergleichen Sie mit Ihrem Graphen aus a). Erläutern Sie, wie es zu dem Unterschied kommen kann.

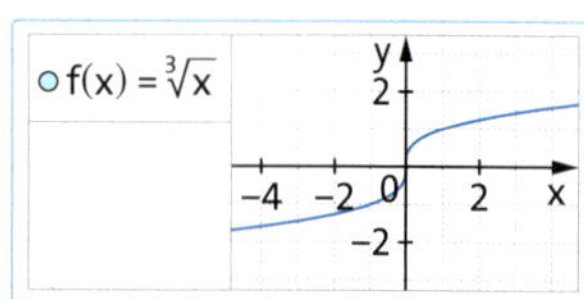

1.5 Verschieben und Strecken von Funktionsgraphen

In der Abbildung sehen Sie verschiedene Funktionsgraphen. Beschreiben Sie die Gemeinsamkeiten und Unterschiede der Funktionsgraphen.
Erläutern Sie, wie die Graphen g_1 bis g_4 aus dem Graphen von f entstehen.

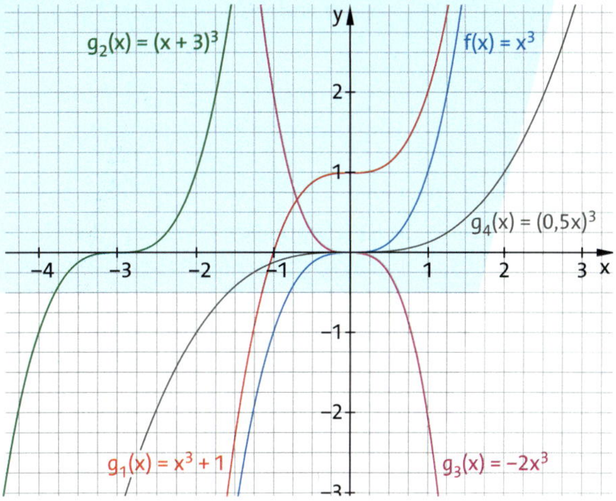

Verschieben

Verschiebt man den Funktionsgraphen einer Funktion f, so erhält man den Graphen einer neuen Funktion g, deren Gleichung aus der von f hervorgeht.

$f(x) = x^{-2}$ $\quad g(x) = x^{-2} + 1$

x	−2	−1	0	1	2
f(x)	0,25	1	–	1	0,25
g(x)	1,25	2	–	2	1,25

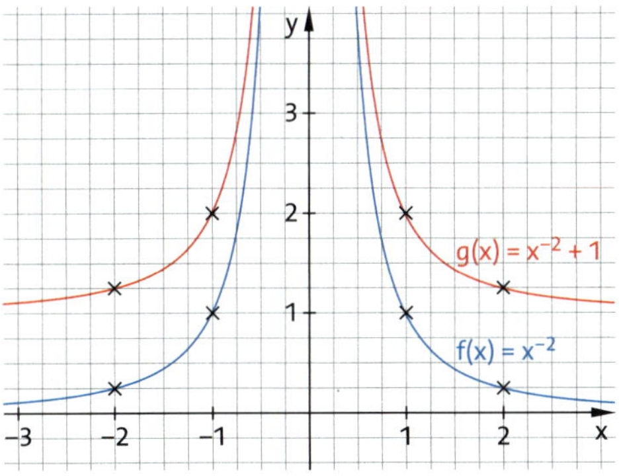

Der Graph von f wurde um 1 Einheit nach oben verschoben.

$f(x) = x^{-2}$ $\quad g(x) = (x + 1)^{-2}$

x	−2	−1	0	1	2
f(x)	0,25	1	–	1	0,25
g(x)	1	–	1	0,25	$0,\overline{1}$

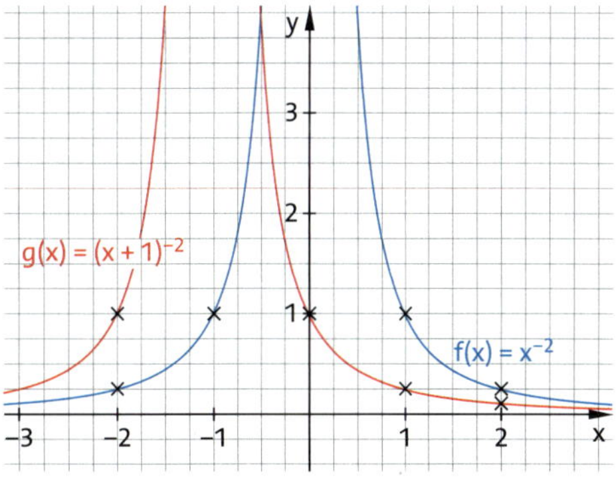

Der Graph von f wurde um 1 Einheit nach links verschoben.

Satz **Verschieben in y- und x-Richtung**

Der Graph der Funktion g mit $g(x) = f(x) + d$ geht aus dem Graphen von f durch **Verschieben** um $|d|$ Einheiten in **y-Richtung** hervor.
$d > 0$: Verschiebung **nach oben**
$d < 0$: Verschiebung **nach unten**

Der Graph der Funktion g mit $g(x) = f(x - c)$ geht aus dem Graphen von f durch **Verschieben** um $|c|$ Einheiten in **x-Richtung** hervor.
$c > 0$: Verschiebung **nach rechts**
$c < 0$: Verschiebung **nach links**

Beispiel 1 Gegeben sind die Funktion f mit $f(x) = x^5$ sowie die Funktionen g und h mit $g(x) = f(x - 3)$ und $h(x) = g(x) + 1$.

a) Geben Sie Funktionsgleichungen von g und h an.

b) Zeichnen Sie die Graphen von f, g und h und beschreiben Sie die Lage der Graphen zueinander.

Lösung:

a) g: Setzen Sie x – 3 in die Funktionsgleichung $f(x) = x^5$ von f ein. $g(x) = (x - 3)^5$

h: Addieren Sie 1 zu g(x). $h(x) = (x - 3)^5 + 1$

b) Der Graph von f wird um 3 Einheiten nach rechts verschoben. So ergibt sich der Graph von g.
Wird dieser dann um 1 Einheit nach oben verschoben, ergibt sich der Graph von h.

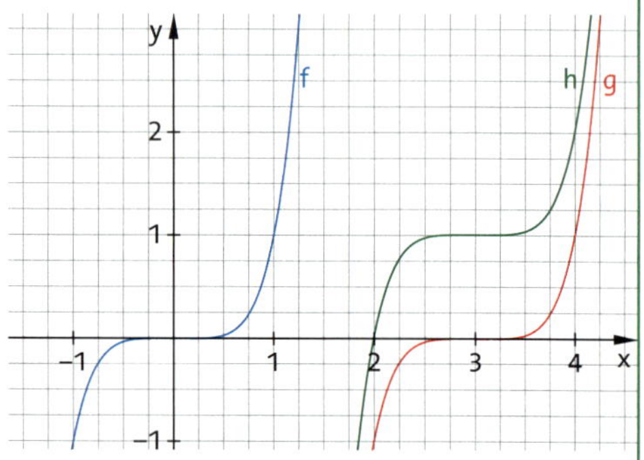

Basisaufgaben

1 Gegeben sind die Funktionen f mit $f(x) = x^3$ und g mit $g(x) = (x - 2)^3$. Erstellen Sie eine Wertetabelle. Begründen Sie anhand dieser, dass der Graph von g aus dem Graphen von f durch eine Verschiebung um 2 Einheiten nach rechts entsteht.

2 Der Graph von f wird verschoben. Geben Sie eine Funktionsgleichung des verschobenen Graphen an.

a) $f(x) = x^5$; Verschiebung um 3 Einheiten nach unten

b) $f(x) = \frac{1}{x^2}$; Verschiebung um 2 Einheiten nach links

c) $f(x) = x^{-1}$; Verschiebung um 1,5 Einheiten nach oben

d) $f(x) = x^4$; Verschiebung um 1 Einheit nach oben und 6 Einheiten nach links

e) $f(x) = \frac{1}{x^3}$; Verschiebung um 2,5 Einheiten nach unten und 5 Einheiten nach rechts

3 Ordnen Sie die Graphen den Funktionsgleichungen zu. Begründen Sie Ihre Auswahl.

$f(x) = (x + 2)^4 - 1$ $g(x) = (x - 2)^4 - 1$ $h(x) = (x - 1)^4 + 2$ $i(x) = (x - 1)^4 - 2$

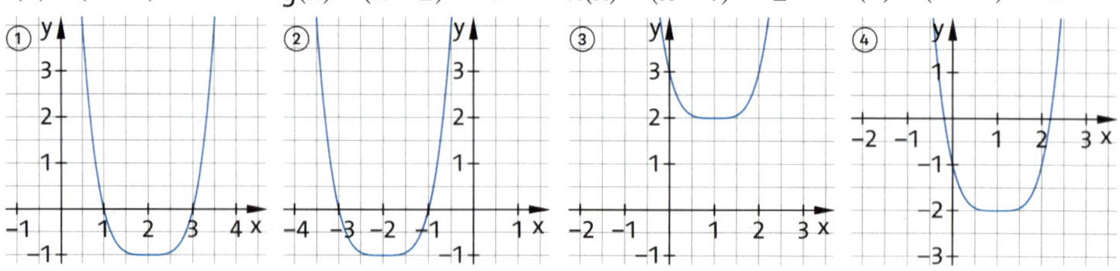

4 Skizzieren Sie den Graphen der Funktion. Zeichnen Sie zur Kontrolle den Graphen mit einer Mathematik-Software.

a) $f(x) = (x - 3)^2 + 2$

b) $g(x) = (x + 3)^{-2} - 2$

c) $h(x) = (x + 2,5)^3 - 5$

d) $i(x) = (x - 2,5)^{-3} - 5$

5 Geben Sie eine Funktionsgleichung von g an. Stellen Sie die Graphen von f und g mit einer Mathematik-Software dar und beschreiben Sie die Lage der Graphen zueinander.

a) $f(x) = x^2$ $g(x) = f(x) - 3$ b) $f(x) = x^5$ $g(x) = f(x + 2)$
c) $f(x) = x^{-1}$ $g(x) = f(x + 2) + 3$ d) $f(x) = \frac{1}{x^2}$ $g(x) = f(x - 1) - 2$

Beispiel

6 Gegeben sind die Funktionen f und h. Beschreiben Sie, wie man den Graphen von f verschieben muss, um den Graphen von h zu erhalten.

a) $f(x) = x^{-3} + 5$ $h(x) = (x + 3)^{-3}$ b) $f(x) = (x + 2)^4$ $h(x) = (x - 3)^4$
c) $f(x) = (x - 1)^{-3} + 2$ $h(x) = x^{-3} - 1$ d) $f(x) = \frac{1}{x-5} - 2$ $h(x) = \frac{1}{x+2} - 4$

Strecken und Stauchen in y-Richtung

Untersucht werden die Funktionen f, g, h und i mit $f(x) = x^3$, $g(x) = 2x^3$, $h(x) = \frac{1}{2}x^3$ und $i(x) = -x^3$.

x	−2	−1	0	1	2
$f(x) = x^3$	−8	−1	0	1	8
$g(x) = 2x^3$	−16	−2	0	2	16
$h(x) = \frac{1}{2}x^3$	−4	−0,5	0	0,5	4
$i(x) = -x^3$	8	1	0	−1	−8

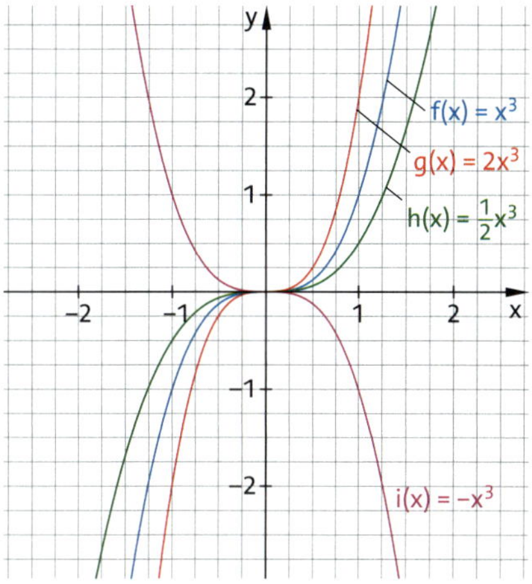

Der Faktor 2 bewirkt bei g eine Streckung und der Faktor $\frac{1}{2}$ bei h eine Stauchung des Graphen in y-Richtung.
Durch den Faktor −1 bei $i(x) = -x^3 = (-1) \cdot x^3$ wird der Graph von f an der x-Achse gespiegelt.

Satz **Strecken und Stauchen in y-Richtung**

Der Graph der Funktion g mit $g(x) = a \cdot f(x)$ und $a \neq 0$ geht aus dem Graphen von f durch **Strecken/Stauchen** mit dem **Streckfaktor a in y-Richtung** hervor.

$|a| > 1$: **Streckung** $|a| < 1$: **Stauchung**

Ist $a < 0$, wird der Graph zusätzlich an der x-Achse gespiegelt.

Beispiel 2 Der Graph der Funktion g geht aus dem Graphen von f mit $f(x) = x^5$ hervor.
Bestimmen Sie eine Funktionsgleichung von g, wenn der Graph von f

a) mit dem Faktor 3 in y-Richtung gestreckt und an der x-Achse gespiegelt wird,
b) so in y-Richtung gestreckt bzw. gestaucht wird, dass er durch den Punkt $P\left(\frac{1}{2}\middle|\frac{1}{8}\right)$ verläuft.

Lösung:

a) Eine Streckung mit dem Faktor 3 in y-Richtung führt zum Faktor 3 in der Funktionsgleichung. Die zusätzliche Spiegelung an der y-Achse ergibt den Faktor −3.

$g(x) = (-3) \cdot x^5 = -3x^5$

b) Der Graph verläuft durch P, wenn $g\left(\frac{1}{2}\right) = \frac{1}{8}$ gilt. Setzen Sie die Koordinaten von P in die allgemeine Form $g(x) = a \cdot f(x)$ ein. Lösen Sie die Gleichung nach a auf und setzen Sie den Wert von a in die Funktionsgleichung von g ein.

$g(x) = a \cdot x^5$ und $g\left(\frac{1}{2}\right) = \frac{1}{8}$

$\frac{1}{8} = a \cdot \left(\frac{1}{2}\right)^5 = a \cdot \frac{1}{32} \quad | \cdot 32$

$a = \frac{32}{8} = 4$

$g(x) = 4x^5$

Basisaufgaben

7 Der Graph der Funktion g geht aus dem Graphen von f mit $f(x) = x^4$ hervor. Bestimmen Sie eine Funktionsgleichung von g, wenn der Graph von f
a) mit dem Faktor 2 in y-Richtung gestreckt wird,
b) mit dem Faktor $\frac{1}{3}$ in y-Richtung gestaucht wird,
c) mit dem Faktor $\frac{1}{4}$ in y-Richtung gestaucht und zusätzlich an der x-Achse gespiegelt wird,
d) mit dem Faktor 4 in y-Richtung gestreckt und zusätzlich an der x-Achse gespiegelt wird.

8 a) Skizzieren Sie die Graphen von f, g, h und i in einem gemeinsamen Koordinatensystem und kontrollieren Sie ihren Verlauf mit einer Mathematik-Software.
$f(x) = x^3$ $\quad g(x) = 4x^3$ $\quad h(x) = \frac{1}{4}x^3$ $\quad i(x) = -\frac{1}{4}x^3$
b) Untersuchen Sie mit einer Mathematik-Software den Einfluss des Parameters a auf den Graphen der Funktion f mit $f(x) = ax^6$ und der Funktion g mit $g(x) = \frac{a}{x}$.

Beispiel

9 Ordnen Sie jeder Funktionsgleichung den passenden Graphen zu. Begründen Sie Ihre Auswahl. Geben Sie eine Funktionsgleichung für den überzähligen Graphen an.
a) $f(x) = -3x^4$ $\quad g(x) = 3x^4$ $\quad h(x) = \frac{1}{3}x^4$ b) $f(x) = -2x^{-2}$ $\quad g(x) = 2x^{-2}$ $\quad h(x) = -\frac{1}{2}x^{-2}$

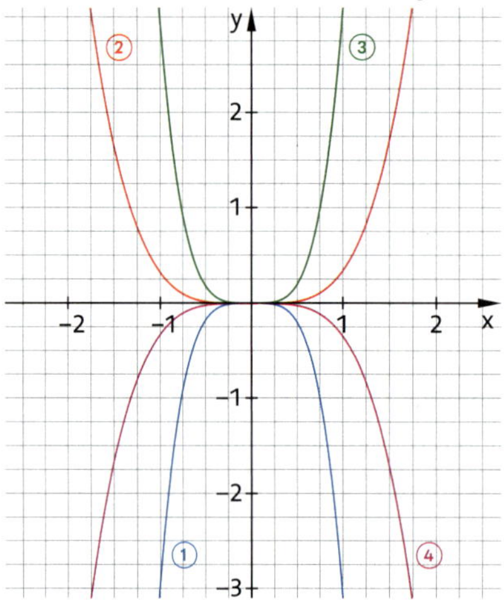

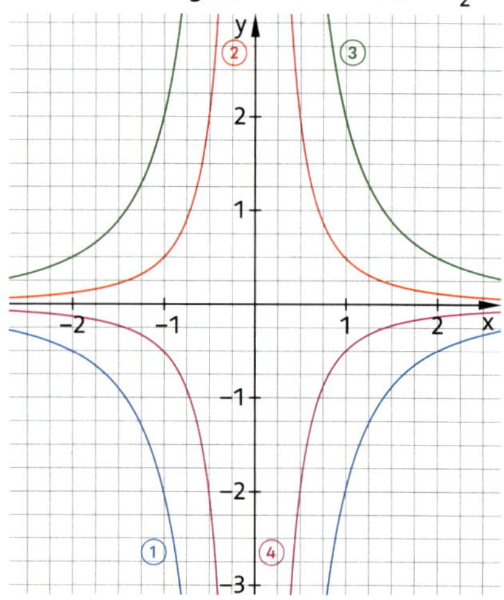

Hinweis zu 10

Hier finden Sie die Werte für a.

$-\frac{1}{4}$ 5 2 $\frac{2}{9}$

10 Der Graph der Funktion h mit $h(x) = ax^3$ und $a \in \mathbb{R}$ verläuft durch den Punkt P. Berechnen Sie den Wert von a und geben Sie eine Funktionsgleichung von h an.
a) $P(1|5)$ b) $P(2|-2)$ c) $P\left(\frac{1}{2}\middle|\frac{1}{4}\right)$ d) $P(-3|-6)$

11 Gegeben ist die Funktion f mit $f(x) = ax^n$ und $a \in \mathbb{R}$, $a \neq 0$ sowie $n \in \mathbb{N}$, $n \geq 1$.
Untersuchen Sie das Verhalten der Funktionswerte für $x \to \infty$ und $x \to -\infty$ in Abhängigkeit von a und n. Unterscheiden Sie die Fälle $a > 0$ und $a < 0$ sowie n gerade und n ungerade. Formulieren Sie auf der Basis Ihrer Ergebnisse eine Regel.

12 Spiegeln eines Funktionsgraphen an der x-Achse:
Der Graph der Funktion g mit $g(x) = -f(x)$ geht aus dem Graphen von f durch Spiegelung an der x-Achse hervor.
Bestimmen Sie zur angegebenen Funktion f eine Funktionsgleichung von g. Zeichnen Sie zur Kontrolle die Graphen von f und g mit einer Mathematik-Software.
a) $f(x) = 3x^2$ b) $f(x) = -x^{-4}$
c) $f(x) = \frac{1}{x} + 2$ d) $f(x) = -0{,}5(x-2)^3 - 1$

Weiterführende Aufgaben

Zwischentest

13 Untersuchen Sie, welche der gegebenen Funktionen die angegebene Eigenschaft erfüllen. Begründen Sie Ihre Antworten.

$f_1(x) = 3x^4$ $f_2(x) = -4x^3$ $f_3(x) = x^6 - 2$ $f_4(x) = (x-2)^5$

$f_5(x) = 2x^{-3}$ $f_6(x) = x^{-1} - 10$ $f_7(x) = (0{,}3x)^{-2}$ $f_8(x) = (x+100)^{-8}$

a) Der Graph ist achsensymmetrisch zur y-Achse.
b) Der Graph ist punktsymmetrisch zum Ursprung.
c) Für $x \to -\infty$ gilt $f(x) \to \infty$.
d) Der Graph schmiegt sich bei $x = 0$ asymptotisch an die y-Achse an.
e) Der Graph steigt für $x > 0$.

14 Geben Sie drei Funktionen f mit $f(x) = ax^n$ an, sodass der Punkt $P(-3\,|\,12)$ auf den zugehörigen Graphen liegt.

15 Geben Sie an, welche der nebenstehenden Eigenschaften des Graphen zu $f(x) = x^n$ mit $n \in \mathbb{N}$ sich ändern, wenn der Graph
a) in y-Richtung verschoben wird,
b) in x-Richtung verschoben wird,
c) in y-Richtung gestreckt wird,
d) an der x-Achse gespiegelt wird.
Unterscheiden Sie zwischen geradem und ungeradem n.

① Definitionsbereich
② Wertebereich
③ Nullstellen
④ Achsensymmetrie zur y-Achse
⑤ Punktsymmetrie zum Ursprung
⑥ Verhalten für $x \to \infty$
⑦ Verhalten für $x \to -\infty$

16 Bearbeiten Sie Aufgabe 15 für $f(x) = x^n$ mit negativem ganzzahligen Exponenten n. Betrachten Sie zusätzlich die Asymptoten und das Verhalten für $x \to 0$.

Hilfe

17 Paul behauptet: „Der Graph von g mit $g(x) = (3x)^3$ entsteht aus dem Graphen von f mit $f(x) = x^3$ durch …" Isa meint dazu: „Nein, denn es gilt doch $(3x)^3 = 3^3 \cdot x^3 = 27x^3$. Also entsteht der Graph von g aus dem Graphen von f durch …"
a) Vervollständigen Sie die Aussagen so, dass beide recht haben.
b) Beschreiben Sie zwei Möglichkeiten, wie der Graph von $g(x) = \frac{1}{16}x^4$ aus dem Graphen von f mit $f(x) = x^4$ entsteht. Veranschaulichen Sie Ihre Ergebnisse mithilfe einer Software.
c) Erläutern Sie allgemein, wie der Graph der Funktion g mit $g(x) = (bx)^n$ $(b > 0)$ durch Streckung in y-Richtung aus dem Graphen von f mit $f(x) = x^n$ $(n \in \mathbb{N}\setminus\{0\})$ hervorgeht.
d) Erläutern Sie, was sich in c) ändert, wenn auch $b < 0$ zugelassen wird.

18 Skizzieren Sie den Graphen der Funktion f mit $f(x) = -(0{,}5(x+4))^3 - 3$ schrittweise. Skizzieren Sie dazu nacheinander die Graphen der Funktionen f_1, f_2, f_3, f_4 und f. Kontrollieren Sie anschließend mit einer Mathematik-Software.

$f_1(x) = x^3$ $f_2(x) = (0{,}5x)^3$ $f_3(x) = -(0{,}5x)^3$ $f_4(x) = -(0{,}5\,(x+4))^3$

19 Skizzieren Sie den Graphen der Funktion. Kontrollieren Sie mit einer Mathematik-Software.

a) $f(x) = \frac{1}{2}(x-3)^3 + 2$ b) $f(x) = -2(x+1)^{-2} + 3$ c) $f(x) = \frac{2}{x+3} + 1$

20 **Stolperstelle:** Der Graph der Funktion f mit $f(x) = x^4$ soll um 2 Einheiten nach oben verschoben und an der x-Achse gespiegelt werden. Hans meint: „Es ist egal, ob ich zuerst verschiebe und dann spiegle oder umgekehrt." Beurteilen Sie die Aussage. Skizzieren Sie die entstehenden Funktionsgraphen und bestimmen Sie jeweils Funktionsgleichungen.

21 Finden Sie zu den Graphen ① bis ④ jeweils die passende der angegebenen Funktionsgleichungen.

$f(x) = \frac{2}{x+2} - 1$ $g(x) = \frac{1}{x+1} + 2$ $h(x) = 2(x-2)^3 + 1$ $i(x) = \frac{1}{x+1} + 1$

$j(x) = -2(x+2)^3 + 1$ $k(x) = \frac{2}{x-2} - 2$ $l(x) = 2(-(x-3))^3 + 1$ $m(x) = 2(-(x+3))^3 + 1$

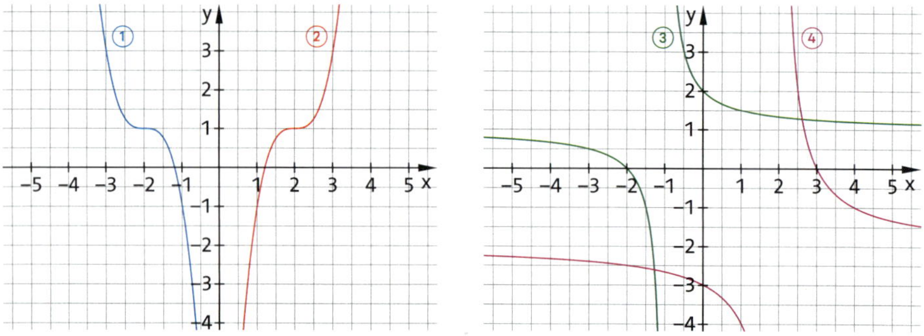

22 a) Zeigen Sie, dass bei Potenzfunktionen jede Streckung (Stauchung) des Graphen in x-Richtung auch als Stauchung (Streckung) in y-Richtung gedeutet werden kann. Betrachten Sie hierzu zunächst die Graphen der Funktionen f und g mit $f(x) = (2x)^3$ und $g(x) = 8x^3$.

b) Stellen Sie durch Vereinfachen die Scheitelpunktform her: $f(x) = 3(2(x-5))^2 + 7$.

c) Vereinfachen Sie die Funktionsterme $f(x) = -0{,}5\,(2(x-1))^3 + 4$ und $g(x) = \frac{16}{(2(x+1))^3} - 7$.

23 Bei einer Heizanlage reicht der Ölvorrat 150 Tage, wenn der Ölverbrauch 50 ℓ pro Tag beträgt.

a) Geben Sie eine Funktion f an, die die Zeitdauer, welche der Vorrat reicht, in Abhängigkeit vom täglichen Verbrauch beschreibt.

b) Beschreiben Sie, wie der Graph von f aus dem Graphen einer Potenzfunktion hervorgeht.

c) Berechnen Sie, wie viel Öl pro Tag verbraucht werden darf, damit der Vorrat 180 Tage reicht.

24 **Ausblick:** Gegeben ist die Funktion f mit $f(x) = \frac{1}{2}(x+1)^4 - 3$ für $x \geq -1$. Die Kette der Rechenschritte (Operatorkette) zu f(x) ist in der ersten Zeile dargestellt und wird in der 2. Zeile rückgängig gemacht. Es ergibt sich die Funktionsgleichung $g(x) = \sqrt[4]{2(x+3)} - 1$.

$$x \xrightarrow{+1} (x+1) \xrightarrow{(\ )^4} (x+1)^4 \xrightarrow{\cdot\frac{1}{2}} \tfrac{1}{2}(x+1)^4 \xrightarrow{-3} \tfrac{1}{2}(x+1)^4 - 3$$

$$\sqrt[4]{2(x+3)} - 1 \xleftarrow[-1]{} \sqrt[4]{2(x+3)} \xleftarrow[\sqrt[4]{\ }]{} 2(x+3) \xleftarrow[\cdot 2]{} x+3 \xleftarrow[+3]{} x$$

a) Zeigen Sie, dass für $x \geq -3$ gilt: $f(g(x)) = x$. Setzen Sie dazu den Funktionsterm von g(x) in die Funktionsgleichung von f ein.

b) Beschreiben Sie, wie die Graphen von f und g aus den Graphen zu $f_0(x) = x^4$ bzw. $g_0(x) = \sqrt[4]{x}$ hervorgehen.

c) Zeichnen Sie beide Graphen mit einer Mathematik-Software und beschreiben Sie ihre Lage zueinander.

1.6 Ganzrationale Funktionen

Ein Auto fährt mit konstanter Geschwindigkeit hinter einem Traktor her. Der zurückgelegte Weg wird durch s mit $s(t) = 14t$ (t: Zeit in s; s(t): Strecke in m) beschrieben. Als das Auto beschleunigt, um den Traktor zu überholen, wächst der zurückgelegte Weg in Abhängigkeit von der Zeit zusätzlich um $2t^2$. Berechnen Sie den zurückgelegten Weg des Autos 5 Sekunden nach Beginn des Überholvorgangs.

Potenzfunktionen und deren Vielfache kann man addieren oder subtrahieren.
Aus den Funktionen g und h mit $g(x) = x^3$ und $h(x) = 0{,}7x$ kann man die Funktion f mit $f(x) = g(x) + h(x) = x^3 + 0{,}7x$ bilden, indem man für jedes x die zugehörigen Funktionswerte von g und h addiert.
Durch solche Additionen und Subtraktionen entsteht eine neue Funktionsklasse.

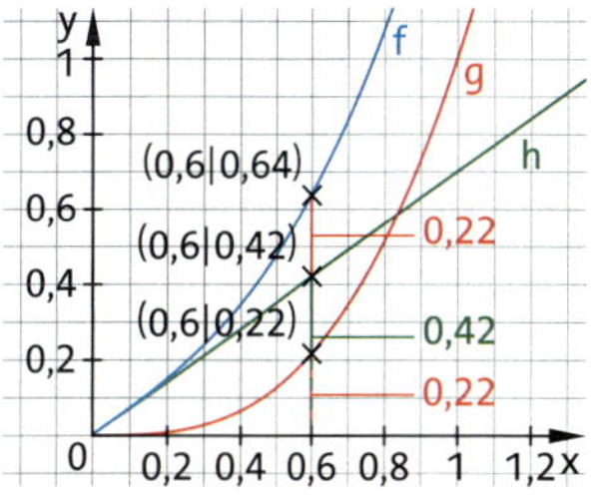

Definition **Ganzrationale Funktion, Koeffizient, Grad**
Eine Funktion f mit der Gleichung $f(x) = a_n x^n + a_{n-1}x^{n-1} + \ldots + a_2x^2 + a_1x + a_0$ (mit $n \in \mathbb{N}$, $a_0, \ldots, a_n \in \mathbb{R}$) heißt **ganzrationale Funktion.**
Der höchste Exponent n mit $a_n \neq 0$ heißt **Grad** von f; a_0 bis a_n sind die **Koeffizienten.**

Hinweis

Die ganzrationalen Funktionen mit Grad 0 sind konstante Funktionen, die mit Grad 1 lineare Funktionen und die mit Grad 2 quadratische Funktionen.

Jede Potenzfunktion mit natürlichen Exponenten ist ebenfalls eine ganzrationale Funktion.

Beispiel 1 Geben Sie den Grad und die Koeffizienten der Funktion f mit $f(x) = x^3 - x^2 - 4x + 5$ an. Zeichnen Sie auch den Graphen von f.

Lösung:

Bestimmen Sie den Grad aus dem Exponenten der höchsten Potenz von x.

$f(x) = x^3 - x^2 - 4x + 5$
Grad: 3

Lesen Sie die Koeffizienten aus den Faktoren der Potenzen ab. Beachten Sie die Vorzeichen. Eine Potenz ohne sichtbaren Vorfaktor hat den Koeffizienten 1 oder −1.

Koeffizienten:
$a_3 = 1$, $a_2 = -1$,
$a_1 = -4$, $a_0 = 5$

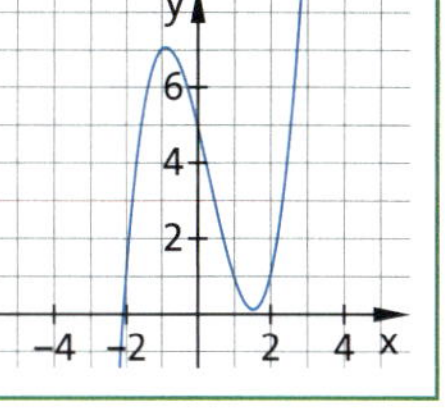

Hinweis

Der Term a_0 heißt **Absolutglied** der ganzrationalen Funktion.

Basisaufgaben

1 Geben Sie den Grad und die Koeffizienten der ganzrationalen Funktion an. Lösen Sie gegebenenfalls erst die Klammern auf.
a) $f(x) = -4x^4 + 7x^2$ b) $f(x) = 4x - 2{,}5x^3$ c) $f(x) = 1 + x + x^2$
d) $f(x) = 1 - x$ e) $f(x) = 2x(x^2 - 3)$ f) $f(x) = (2x - 1)(x^3 + 2)$

2 Entscheiden und begründen Sie, ob die Funktion ganzrational ist.
a) $f(x) = 3x^4 - 5x$ b) $f(x) = x^2$ c) $f(x) = \sin(x)$ d) $f(x) = 2x^5(1 + x^3)$

3 Prüfen Sie, ob der Punkt P auf dem Graphen von f mit $f(x) = 2x^3 + 3x^2$ liegt.
Falls nicht, geben Sie an, ob P oberhalb oder unterhalb des Graphen von f liegt.
a) P(1 | 5) b) P(−2 | 3) c) P(4 | 2) d) P(10 | 2300)

4 Bestimmen Sie alle möglichen Werte der fehlenden Koordinate, sodass der Punkt auf dem Graphen der Funktion f mit $f(x) = x^2 - 2x$ liegt.

a) P(4 | ■) b) Q(−4 | ■) c) R(■ | −1) d) S(■ | 48)

5 Gegeben sind die Funktionen f, g und h mit $f(x) = 2x^3$, $g(x) = 4x$ und $h(x) = -2x^2$. Geben Sie eine Funktionsgleichung der Funktion an, die sich aus f, g und h ergibt.

a) $i(x) = f(x) + g(x)$
b) $j(x) = f(x) - g(x)$
c) $k(x) = f(x) + h(x)$
d) $l(x) = f(x) - h(x)$
e) $m(x) = f(x) + g(x) - h(x)$
f) $n(x) = 4 \cdot f(x) - 2 \cdot (g(x) - h(x))$

6 Der Graph von g geht aus dem Graphen von f mit $f(x) = x^2$ durch Verschiebung um zwei Einheiten nach rechts und eine Einheit nach unten hervor.
Geben Sie eine Funktionsgleichung von g an und stellen Sie sie ohne Klammern dar.
Skizzieren Sie den Graphen von g.

7 Überprüfen Sie, ob die Aussage wahr oder falsch ist. Begründen Sie Ihre Antwort oder geben Sie ein Gegenbeispiel an.

a) Jede Potenzfunktion ist eine ganzrationale Funktion.
b) Alle linearen und quadratischen Funktionen sind ganzrationale Funktionen.
c) Sämtliche Additionen, Subtraktionen, Multiplikationen und Divisionen von Potenzfunktionen mit natürlichen Exponenten führen zu ganzrationalen Funktionen.
d) Additionen und Subtraktionen von ganzrationalen Funktionen ergeben ganzrationale Funktionen.

Weiterführende Aufgaben

Zwischentest

8 Gegeben sind die Potenzfunktionen f, g und h:
$f(x) = x$
$g(x) = x^2$
$h(x) = x^3$
Die Funktion k geht nur durch Addition und Subtraktion aus f, g und h hervor. Bestimmen Sie Funktionsgleichungen zu den Graphen.

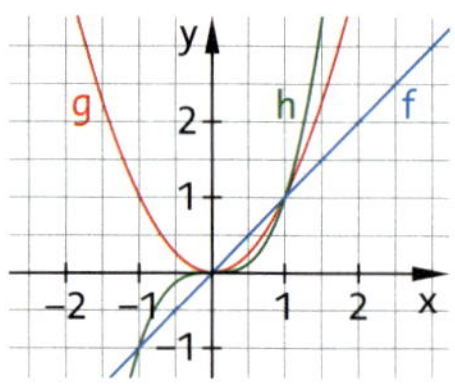

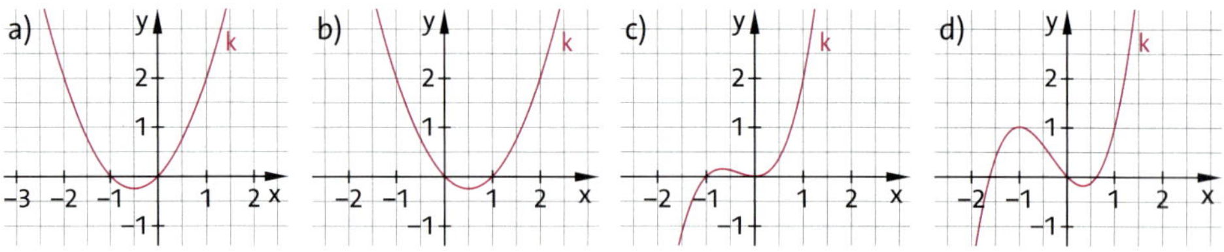

9 **Stolperstelle:** Timo sagt: „Der Grad von $f(x) = 2x^3 - 8x^5 + 5x$ ist 3, weil der erste Exponent 3 ist.“ Nehmen Sie Stellung.

Hilfe

10 Durch einen Quader mit der Breite 2x, der Höhe x und der Tiefe x wurde ein Loch der Breite x und der Höhe 1 LE gefräst.

a) Geben Sie einen Funktionsterm zur Berechnung des Körpervolumens an.
b) Berechnen Sie das Volumen des Körpers für x = 2, x = 6 und x = 9.

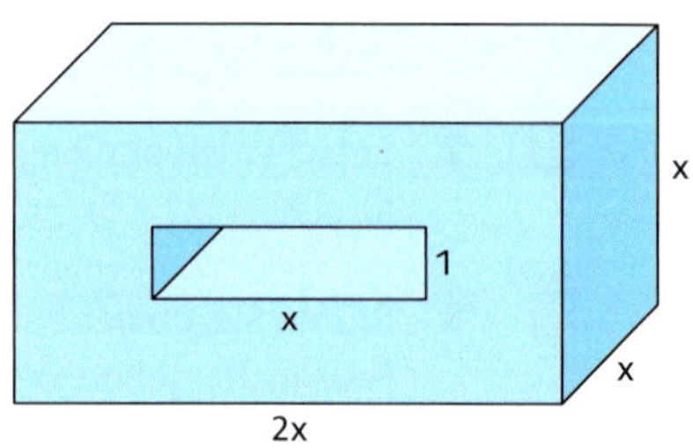

11 Der Streichholzkarton soll zusammengefaltet werden. Dazu werden an den Ecken Quadrate der Länge x herausgeschnitten.

a) Geben Sie einen Funktionsterm an, der das Volumen der Streichholzschachtel beschreibt. Begründen Sie, dass es sich um eine ganzrationale Funktion handelt.

b) Berechnen Sie das Volumen der Schachtel für eine Schachtelhöhe von 3 cm.

c) Untersuchen Sie, ob die Schachtel ein Volumen von $250\,cm^3$ fassen kann.

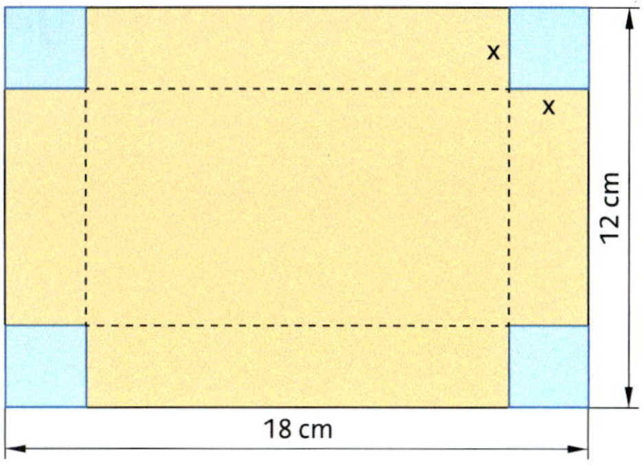

Hinweis zu 12

Diese Vorgehensweise lässt sich auch auf ganzrationale Funktionen höheren Grades übertragen.

12 Ganzrationale Funktion mit linearem Gleichungssystem bestimmen:
Gesucht ist eine Gleichung einer ganzrationalen Funktion f dritten Grades, deren Graph durch $(0\,|\,0)$ verläuft und der die Punkte P, Q und R enthält.

a) Erläutern Sie eine Rechnung.

b) Bestimmen Sie die Gleichung von f für $P(-1\,|\,1)$, $Q(1\,|\,7)$ und $R(2\,|\,10)$.

Ansatz: $f(x) = ax^3 + bx^2 + cx$

Einsetzen der Punkte $P(-1\,|\,-6)$, $Q(1\,|\,2)$ und $R(2\,|\,6)$ auf dem Graphen:

$$\left|\begin{array}{l} -a + b - c = -6 \\ a + b + c = 2 \\ 8a + 4b + 2c = 6 \end{array}\right| \Leftrightarrow \ldots \Leftrightarrow \left|\begin{array}{l} a = 1 \\ b = -2 \\ c = 3 \end{array}\right|$$

Also gilt $f(x) = x^3 - 2x^2 + 3x$.

Hilfe

13 Die Flugbahn einer Kugel beim Kugelstoßen verläuft parabelförmig und kann durch eine ganzrationale Funktion zweiten Grades beschrieben werden.

a) Ermitteln Sie eine Funktionsgleichung der Flugbahn, wenn die Abwurfhöhe des Athleten 1,60 m, die Wurfweite 8 m beträgt und die Kugel nach einer horizontalen Entfernung von 2 m eine Höhe von 2,40 m erreicht.

b) Berechnen Sie die maximale Höhe der Kugel.

14 Die Preisentwicklung eines Ventilators kann über 12 Monate mithilfe der Durchschnittspreise in den einzelnen Elektrofachgeschäften beobachtet werden. Der Ventilator kostete im Dezember 13,56 € und im folgenden Jahr im März 14,37 €, im August 16,12 € und im Dezember wieder 13,56 €.

a) Bestimmen Sie eine Funktionsgleichung einer ganzrationalen Funktion dritten Grades, die die Preisentwicklung modelliert. Stellen Sie dazu ein lineares Gleichungssystem auf und lösen Sie es mit einer Mathematik-Software.

b) Berechnen Sie den Durchschnittspreis im Oktober nach diesem Modell.

15 Ausblick: Die Funktion f mit $f(t) = -0{,}08t^3 + 2t^2 - 9t + 90$ beschreibt die Höhe f(t) eines Paragliders in Metern in Abhängigkeit von der Zeit t in Minuten.

a) Zeichnen Sie den Graphen von f mit einer Mathematik-Software. Begründen Sie, in welchem Intervall die Funktion den Höhenverlauf des Paragliders realistisch beschreiben kann, wenn er zum Zeitpunkt $t = 0$ startet.

b) Berechnen Sie die größte Höhe, die der Paraglider erreicht.

c) Geben Sie an, in welchen Zeitintervallen der Paraglider sinkt und in welchen er steigt.

d) Schätzen Sie ab, nach wie vielen Minuten die Höhenzunahme des Paragliders maximal wird.

1.7 Nullstellen ganzrationaler Funktionen

Die Funktion f mit $f(x) = -0{,}005x(x-4)(x-9)(x-13)$ modelliert für $0 \le x \le 14$ die Bewegung eines Delfins, der abwechselnd aus dem Wasser springt und schwimmt. Geben Sie an, nach wie vielen Metern der Delfin jeweils aus dem Wasser auftaucht bzw. wieder ins Wasser eintaucht.

Nullstellen bestimmen

Erinnerung

Die Gleichung $x^2 + px + q = 0$ hat die Lösungen $x_{1/2} = -\frac{p}{2} \pm \sqrt{\left(\frac{p}{2}\right)^2 - q}$.

Die Nullstellen einer ganzrationalen Funktion f berechnet man durch Lösen der Gleichung $f(x) = 0$.
Bei einer linearen Funktion f kann man diese Gleichung direkt auflösen, bei einer quadratischen Funktion kann man den Satz vom Nullprodukt, die p-q-Formel oder die quadratische Ergänzung anwenden.
Die Gleichung von Funktionen höheren Grades kann man häufig durch Ausklammern von Potenzen von x auf eine lineare oder quadratische Gleichung zurückführen.

Erklärvideo

Beispiel 1

Bestimmen Sie die Nullstellen von f mit $f(x) = 2x^4 + 4x^3 - 6x^2$.

Lösung:

Klammern Sie x^2 aus. Nach dem Satz vom Nullprodukt muss dann x^2 oder der Term in der Klammer null sein. x^2 ist null für $x = 0$.

$2x^4 + 4x^3 - 6x^2 = x^2(2x^2 + 4x - 6) = 0$
$x^2 = 0$ oder $2x^2 + 4x - 6 = 0$
Also gilt $x_1 = 0$.

Teilen Sie die quadratische Gleichung durch 2 und wenden Sie die p-q-Formel an.

$2x^2 + 4x - 6 = 0 \quad | :2$
$x^2 + 2x - 3 = 0$
$\Rightarrow x_{2/3} = -1 \pm \sqrt{1+3} = -1 \pm 2$
Nullstellen: $x_1 = 0$; $x_2 = 1$; $x_3 = -3$

Basisaufgaben

1 Berechnen Sie die Nullstellen der Funktion.

a) $f(x) = 2x^2 - 8x$ b) $f(x) = x^4 + x^3 - 6x^2$ c) $f(x) = 3x^4 + 4x^3$
d) $f(x) = 4x^3 + 6x^2 + 2x$ e) $f(x) = 3x^4 - 27x^2$ f) $f(x) = x^3 + 12x^2 + 11x$

2 Berechnen Sie die Nullstellen der Funktion.

a) $f(x) = (x-4)(x+5)$ b) $f(x) = (x-1)x$ c) $f(x) = (x-1)(x+5)(x-6)$
d) $f(x) = -4x(x-1)$ e) $f(x) = (2x-1)(3x+1)$ f) $f(x) = (2x^2+9)(3x^2-75x)$

3 Berechnen Sie die Nullstellen der Funktion.

a) $f(x) = 2x^3(5x-1)^2$ b) $f(x) = x^7 - x^4$ c) $f(x) = -2x^4 - 9x^3 + 5x^2$
d) $f(t) = (-t^4+16)(3t^2+14)$ e) $f(x) = 4x^5 - 4x^4 + x^3$ f) $f(x) = 2x^3 - 2x^2 + 84x$
g) $f(x) = -3x^4 - 15x^3 - 18x^2$ h) $f(t) = 3t^5 - 3t^4 - 18t^3$ i) $f(x) = (x+1)^3x(2x^3-16)$

Lösungen zu 4

Lösungen zu a)–c)

$\{9; 16\}$
$\{-3; 0; 5\}$
$\{-3; -2\}$

4 Bestimmen Sie die Lösungsmenge der Gleichung.

a) $0{,}5x^2 - 12{,}5x + 72 = 0$ b) $2x^3 = x^4 - 15x^2$ c) $10x^2 = -50x - 60$
d) $96x = -4x^3 + 40x^2$ e) $3y^3 - 2y = 5y^2$ f) $-4x^3 - x^2 = 3x(3x-2)$

Linearfaktoren und Anzahl von Nullstellen

Wenn ein Funktionsterm als Produkt von Linearfaktoren dargestellt werden kann, dann kann man daran die Nullstellen der Funktion direkt ablesen. Eine solche Darstellung erreicht man durch schrittweises Abspalten der Linearfaktoren.

Kennt man eine Nullstelle x_N der Funktion f, so kann der **zugehörige Linearfaktor** $(\mathbf{x - x_N})$ aus dem Funktionsterm von f abgespalten werden.

$f(x) = 2x^3 - 4x^2 - 2x + 4$

Nullstelle $x_1 = 1$
Abspalten von $(x - 1)$:
$f(x) = (x - 1)(2x^2 - 2x - 4)$

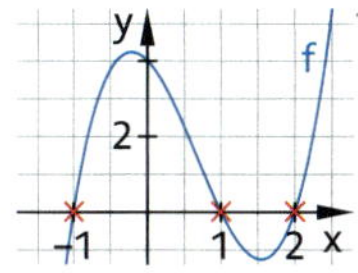

Hinweis

Eine Methode zum Bestimmen des Restterms ist die sogenannte Polynomdivision, siehe S. 232.

Hierbei entsteht ein ganzrationaler Restterm, dessen Grad um eins niedriger ist als der Grad von f. Kennt man eine Nullstelle dieses Restterms, kann das Verfahren so lange wiederholt werden, bis der Restterm keine Nullstellen mehr hat.

Restterm: $2x^2 - 2x - 4$ Nullstelle $x_2 = -1$
Abspalten von $(x + 1)$:
$f(x) = (x - 1)(x + 1)(2x - 4)$
Restterm: $2x - 4$ Nullstelle $x_3 = 2$
Abspalten von $(x - 2)$:
$f(x) = 2(x - 1)(x + 1)(x - 2)$

Das Ergebnis ist eine **faktorisierte Form** der Funktionsgleichung von f. Besteht sie wie oben ausschließlich aus Linearfaktoren und einem konstanten Faktor, so heißt sie **Linearfaktordarstellung** von f. Die Funktion f heißt in diesem Fall **vollständig zerlegbar**.

Wissen **Zerlegung in Linearfaktoren**

Ist x_N eine Nullstelle einer ganzrationalen Funktion f, so lässt sich der zugehörige Linearfaktor $(x - x_N)$ aus dem Funktionsterm von f abspalten: $f(x) = (x - x_N) \cdot r(x)$
Dabei ist r eine ganzrationale Funktion, deren Grad um eins niedriger ist als der Grad von f.

Da sich beim Abspalten von Linearfaktoren der Grad stets um eins verringert, kann eine ganzrationale Funktion vom Grad n höchstens n Linearfaktoren und n Nullstellen haben.

Satz **Anzahl von Nullstellen**

Eine ganzrationale Funktion f vom Grad n hat **höchstens n Nullstellen.**

Eine Funktion vom Grad n kann allerdings weniger als n Nullstellen haben: Die Funktion f mit $f(x) = 3x^3 + 3x$ hat den Grad 3, aber nur eine Nullstelle. Die faktorisierte Form von f lautet $f(x) = 3x(x^2 + 1)$. Der Term $x^2 + 1$ lässt sich nicht weiter in Linearfaktoren zerlegen, da stets $x^2 + 1 > 0$ gilt. Also hat f keine Linearfaktordarstellung.

Umgekehrt kann man mithilfe der Linearfaktordarstellung die Funktionsgleichung einer ganzrationalen Funktion anhand ihrer Nullstellen rekonstruieren. Wenn zudem die Koordinaten eines weiteren Punktes auf dem Graphen bekannt sind, ist die Funktion eindeutig bestimmt.

Beispiel 2 **Rekonstruktion des Funktionsterms aus den Nullstellen**

Bestimmen Sie eine ganzrationale Funktion f mit möglichst niedrigem Grad und den Nullstellen $x_1 = 4$, $x_2 = -3$ und $x_3 = 0$, deren Graph den Punkt $P(1\,|\,24)$ enthält.

Lösung:

Geben Sie den kleinstmöglichen Grad von f an. Stellen Sie dann aus den Nullstellen die Linearfaktoren auf.

3 Nullstellen, also kleinster Grad: 3
Linearfaktoren: $(x - 4)$, $(x + 3)$, $(x - 0) = x$

Geben Sie die Funktionsgleichung von f mit einem Faktor a an. Berechnen Sie den Wert von a mithilfe der Koordinaten von P. Geben Sie die Funktionsgleichung von f an.

$f(x) = ax(x - 4)(x + 3)$
$f(1) = a \cdot 1 \cdot (1 - 4)(1 + 3) = 24$
$\Leftrightarrow a = -2$
$f(x) = -2x(x - 4)(x + 3) = -2x^3 + 2x^2 + 24x$

Basisaufgaben

5 Ordnen Sie die Graphen ① bis ④ begründet den Funktionsgleichungen zu.

$f(x) = x(x-2)(x+1)$ $\quad$ $g(x) = -3x(x-1)(x-3)$

$h(x) = 2(x-1)(x+1)\left(x-\frac{1}{4}\right)\left(x-\frac{3}{2}\right)$ $\quad$ $i(x) = -2x(x-2)(x+1)$

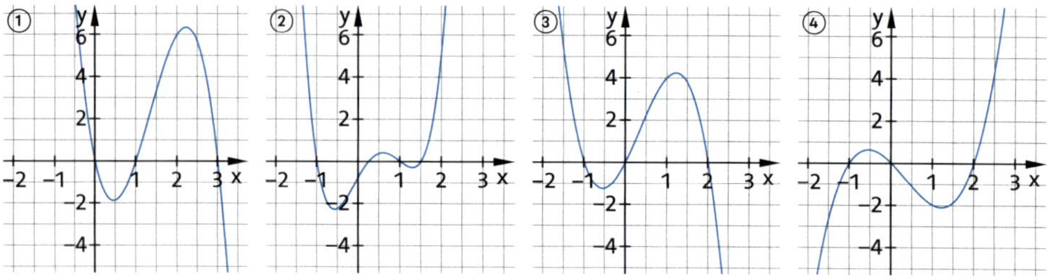

6 Ordnen Sie jeder Funktionsgleichung ①–③ ihre Linearfaktordarstellung zu. Erläutern Sie Ihr Vorgehen.

① $f(x) = x^3 + 3x^2 - 13x - 15$ $\quad$ ② $f(x) = x^3 + 3x^2 - 4x - 12$ $\quad$ ③ $f(x) = x^3 + 5x^2 + 2x - 8$

Ⓐ $f(x) = (x-1)(x+2)(x+4)$ $\quad$ Ⓑ $f(x) = (x-3)(x+1)(x+5)$ $\quad$ Ⓒ $f(x) = (x+2)(x-2)(x+3)$

7 a) Ordnen Sie die abgebildeten Graphen ① bis ③ den Funktionsgleichungen von f, g und h passend zu.
$f(x) = x(x+0{,}5)(x+2)$
$g(x) = 2x(x+0{,}5)(x+2)$
$h(x) = 0{,}5x(x+0{,}5)(x+2)$

b) Erläutern Sie, warum eine ganzrationale Funktion durch ihre Nullstellen nicht eindeutig bestimmt ist.

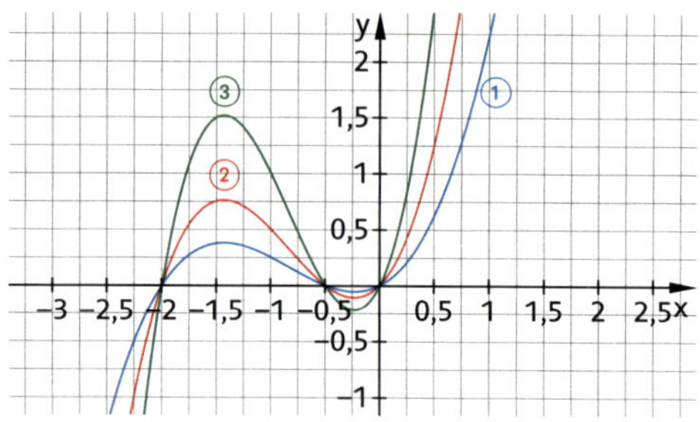

8 Geben Sie eine ganzrationale Funktion mit einem möglichst niedrigen positiven Grad an, sodass die Funktion alle angegebenen Nullstellen hat.

a) −2 ; 5 $\quad$ b) 6 $\quad$ c) −2 ; 2 $\quad$ d) 2 ; 3 ; 4 $\quad$ e) $0 ; \sqrt{10}$ $\quad$ f) keine

9 Ermitteln Sie eine Gleichung einer ganzrationalen Funktion mit möglichst niedrigem Grad, die die angegebenen Eigenschaften hat.

a) Nullstellen bei $x_1 = 1$, $x_2 = \frac{4}{5}$ und $x_3 = 2{,}5$; Koeffizient 0,7 vor der höchsten Potenz
b) Nullstellen bei $x_1 = -3$ und $x_2 = 1$; Schnittpunkt mit der y-Achse bei $y = 3$
c) Nullstellen bei $x_1 = 6$, $x_2 = -4$ und $x_3 = 3$; Graph verläuft durch den Punkt P(2 | 3)

Lösungen zu 10

Nullstellen zu a)–c)

3 $\quad$ −7 $\quad$ 0 $\quad$ 1 $\quad$ −4

10 Berechnen Sie alle Nullstellen der Funktion und faktorisieren Sie den Funktionsterm so weit wie möglich.

a) $f(x) = x^2 + 3x - 4$ $\quad$ b) $f(x) = -2x^3 - 8x^2 + 42x$ $\quad$ c) $f(x) = 6x^2 + 24$
d) $f(x) = 4x^2 - 40x + 36$ $\quad$ e) $f(x) = 5x^3 + 5x$ $\quad$ f) $f(x) = (x-1)(2x^2 + 12x - 14)$

11 Begründen Sie die Aussage oder geben Sie ein geeignetes Gegenbeispiel an.

a) Ist die Funktion f beliebig und $g(x) = 3 \cdot f(x)$, so haben f und g die gleichen Nullstellen.
b) Ganzrationale Funktionen vierten Grades haben immer mehr Nullstellen als ganzrationale Funktionen dritten Grades.
c) Hat eine ganzrationale Funktion n-ten Grades n verschiedene Nullstellen, so ist ihr Funktionsterm vollständig zerlegbar.

Mehrfache Nullstellen

Nullstellen von ganzrationalen Funktionen können einfach oder mehrfach auftreten.
Ist der Funktionsterm so weit wie möglich faktorisiert, lässt sich die **Vielfachheit** einer Nullstelle am Exponenten des zugehörigen Linearfaktors ablesen.

$f(x) = x^3(x-2)(x+4)^2$

$x_1 = 0$ hat die Vielfachheit 3
$x_2 = 2$ hat die Vielfachheit 1
$x_3 = -4$ hat die Vielfachheit 2

Die Vielfachheit einer Nullstelle bestimmt das Verhalten des Graphen an dieser Stelle:

Hinweis

Für die Existenz und Vielfachheit der Nullstelle wird vorausgesetzt, dass der Funktionsgraph in der Umgebung der Nullstelle wie der Graph einer Potenzfunktion aussieht.

Einfache Nullstelle

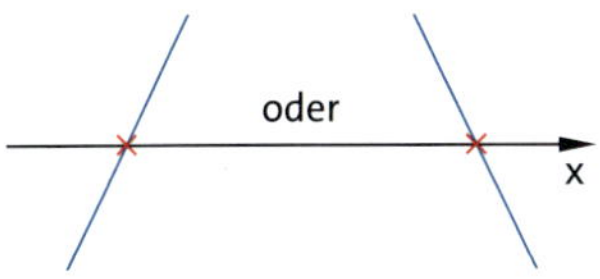

Der Graph schneidet die x-Achse.

Doppelte Nullstelle (vierfache, sechsfache ...)

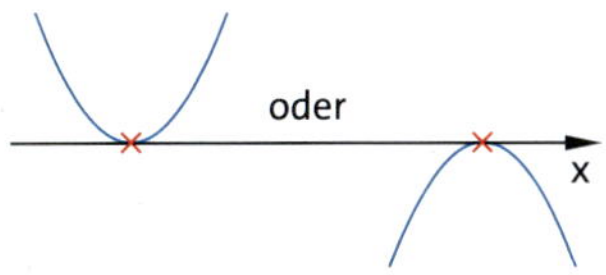

Der Graph berührt die x-Achse, ohne sie zu schneiden.

Dreifache Nullstelle (fünffache, siebenfache ...)

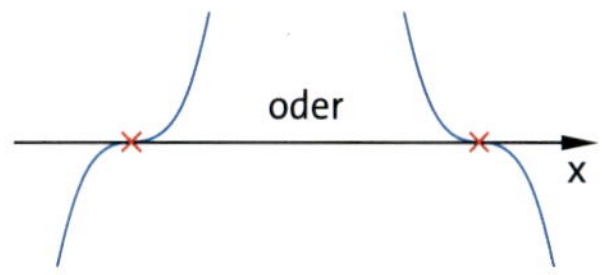

Der Graph schneidet die x-Achse und schmiegt sich an.

Erklärvideo

Beispiel 3

Gegeben ist der Graph einer ganzrationalen Funktion f sechsten Grades mit einfachen, doppelten und dreifachen Nullstellen. Bestimmen Sie Sie Nullstellen von f und geben Sie ihre Vielfachheiten an.

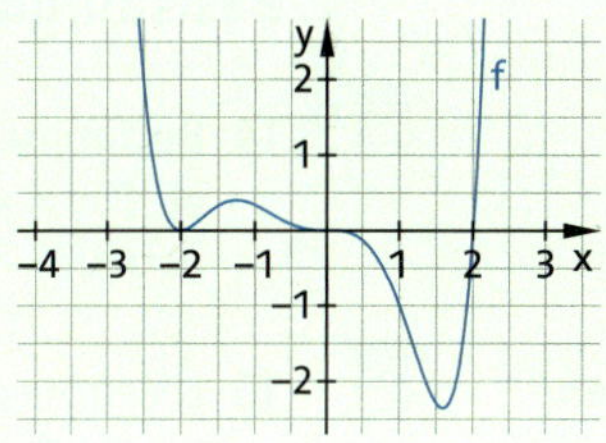

Lösung:

Lesen Sie die Nullstellen am Graphen ab. Prüfen Sie jeweils, ob der Graph die x-Achse schneidet, berührt oder sie schneidet und sich anschmiegt. Leiten Sie daraus mögliche Vielfachheiten ab. Argumentieren Sie mithilfe des Grades von f, welche Vielfachheiten in Frage kommen.

Nullstellen: $x_1 = -2$, $x_2 = 0$, $x_3 = 2$
$x_1 = -2$: Der Graph berührt die x-Achse, also Vielfachheit 2.
$x_2 = 0$: Der Graph schneidet die x-Achse und schmiegt sich an, also Vielfachheit 3.
$x_3 = 2$: Der Graph schneidet die x-Achse, also Vielfachheit 1.

Basisaufgaben

12 Berechnen Sie die Nullstellen von f und geben Sie die Vielfachheiten der Nullstellen an.

a) $f(x) = -\frac{1}{3}(x+2)^2$
b) $f(x) = (x-1)(x-5)^2(x-7)^3$
c) $f(x) = \frac{4}{3}(x-5^2)(x-3)^2$
d) $f(x) = x^2 + 4x + 4$
e) $f(x) = x^2 + 8x - 9$
f) $f(x) = x^3$

13 Geben Sie die Nullstellen der Funktion vom angegebenen Grad und deren Vielfachheiten an. Es kommen nur einfache, doppelte und dreifache Nullstellen vor.

a) Grad 3:

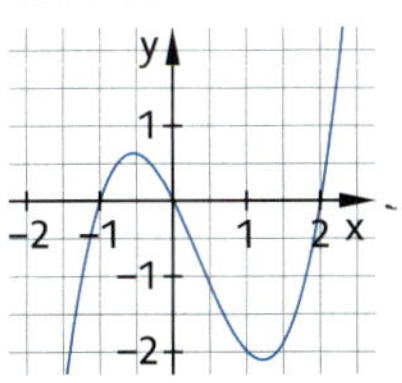

b) Grad 3:

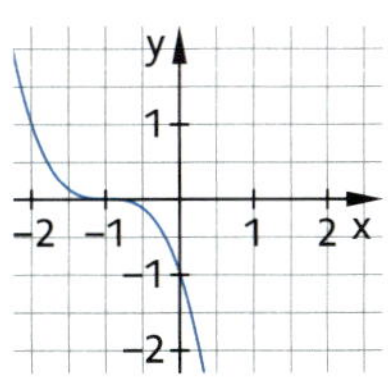

c) Grad 5:

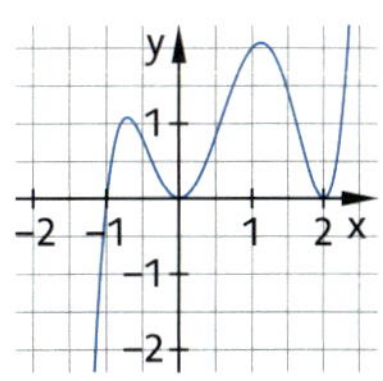

d) Grad 6:

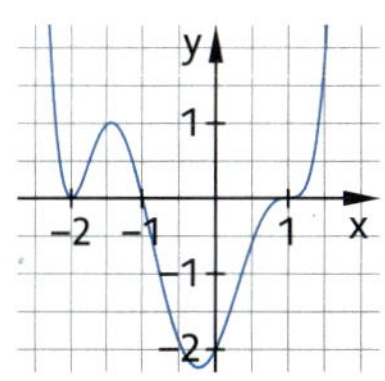

Hinweis

Eine Gleichung der Form $ax^4 + bx^2 + c = 0$ heißt **biquadratische Gleichung.**

Erklärvideo

Die Nullstellen einer ganzrationalen Funktion der Form $f(x) = ax^4 + bx^2 + c$ können bestimmt werden, indem man x^2 durch die Variable u (**Substitution** $u = x^2$) ersetzt.
Dadurch entsteht die quadratische Gleichung $au^2 + bu + c = 0$, die z. B. mithilfe der p-q-Formel gelöst werden kann. Ersetzt man in den Lösungen nun wieder u durch x^2 (**Resubstitution**) und zieht die Wurzel, so erhält man die Nullstellen von f.

Beispiel 4 **Ersetzen von Variablen (Substitution)**

Ermitteln Sie die Nullstellen von f mit $f(x) = -x^4 - 2x^2 + 8$ durch Substitution.

Lösung:

Ersetzen Sie x^2 durch u und x^4 durch u^2.	Substitution: $u = x^2$, also $-u^2 - 2u + 8 = 0$
Es entsteht eine quadratische Gleichung.	$-u^2 - 2u + 8 = 0 \quad \|:(-1)$
Lösen Sie diese mit der p-q-Formel.	$u^2 + 2u - 8 = 0$
Ersetzen Sie in den Lösungen u wieder	$u_{1/2} = -1 \pm \sqrt{(-1)^2 - (-8)}$, $u_1 = 2; u_2 = -4$
durch x^2 (Resubstitution) und ziehen Sie die	$u_1 = x^2 = 2$ ergibt $x = \sqrt{2}$ oder $x = -\sqrt{2}$.
Wurzel, mit positivem und negativem	$u_2 = x^2 = -4$ hat keine reelle Lösung.
Vorzeichen, falls dies möglich ist.	Nullstellen: $x_1 = \sqrt{2}; x_2 = -\sqrt{2}$

Basisaufgaben

14 Bestimmen Sie die Nullstellen der Funktion mittels Substitution.
a) $f(x) = x^4 - 5x^2 + 4$ b) $f(x) = -3x^4 + 30x^2 - 27$ c) $f(x) = 2x^4 - 4x^2 - 30$
d) $f(x) = -4x^4 + 18x^2 - 8$ e) $f(x) = x^4 - 6x^2 - 27$ f) $f(x) = -5x^4 - 30x^2 - 25$

Lösungen zu 5

Lösungsmengen a)–c)

{−3; 0; 5}

{ }

{−4; −3; 3; 4}

15 Lösen Sie die Gleichung.
a) $0{,}5x^4 - 12{,}5x^2 + 72 = 0$ b) $2x^3 = x^4 - 15x^2$ c) $10x^4 = -50x^2 - 60$
d) $96x = -4x^5 + 40x^3$ e) $3y^3 - 2y = 5y^2$ f) $-4x^3 - x^2 = 3x(3x - 2)$

16 Ermitteln Sie rechnerisch alle Punkte mit den angegebenen Koordinaten, die auf dem Graphen der Funktion f mit $f(x) = x^4 - 29x^2 + 10$ liegen.

a) P(1|■) b) Q(−2|■) c) S(■|−170) d) T(■|262)

Weiterführende Aufgaben

Zwischentest

17 Spalten Sie aus dem Funktionsterm der ganzrationalen Funktion f zur Nullstelle x_N einen Linearfaktor ab. Prüfen Sie mithilfe des Restterms r, ob die Funktion f vollständig zerlegbar ist, und geben Sie in diesem Fall die Linearfaktordarstellung von f an.
a) $f(x) = \frac{1}{4}x^3 - \frac{1}{2}x^2 - \frac{11}{4}x + 3$
$x_N = 4$ $r(x) = \frac{1}{4}x^2 + \frac{1}{2}x - \frac{3}{4}$
b) $f(x) = \frac{1}{2}x^5 + x^4 - \frac{5}{2}x^3 - 5x^2 + 2x + 4$
$x_N = -2$, $r(x) = \frac{1}{2}x^4 - \frac{5}{2}x^2 + 2$
c) $f(x) = \frac{1}{8}x^3 - \frac{3}{2}x + 2$
$x_N = -4$, $r(x) = \frac{1}{2}x^2 - 2x + 2$
d) $f(x) = \frac{1}{3}x^3 - \frac{1}{6}x^2 - \frac{7}{6}x + 4$
$x_N = -3$, $r(x) = \frac{1}{3}x^2 - \frac{7}{6}x + \frac{4}{3}$

18 a) Geben Sie die Nullstellen der Funktion f mit $f(x) = (x^2 - 4)(x^2 - 9)$ an.
b) Betrachten Sie die Funktion g mit $g(x) = (x^2 - 4)(x^2 - t)$ mit $t \in \mathbb{R}$. Ermitteln Sie alle Werte von t, für die die Funktion g zwei, drei oder vier Nullstellen hat.

19 Untersuchen Sie die Funktion f auf Nullstellen und Symmetrie. Erläutern Sie, weshalb die Linearfaktordarstellung bei der Symmetrieuntersuchung nicht hilfreich ist.
a) $f(x) = 2x^2 - 8x - 10$ b) $f(x) = -4x^3 + 24x^2 - 20x$
c) $f(x) = 2(x - 7)(x + 8)$ d) $f(x) = -x(x - 5)(x - 6)$

Hilfe

Hinweis
Schnittstellen sind Nullstellen der Differenzfunktion.

20 Gegeben sind die Funktionen f und g mit $f(x) = x^3 + 4x^2 - 5$ und $g(x) = 2x^3 + 4x - 5$.
a) Berechnen Sie alle Stellen, an denen f den Funktionswert −5 hat.
b) Berechnen Sie die Schnittpunkte der Graphen von f und g.
c) Lösen Sie die Teilaufgaben a) und b), wenn $f(x) = x^3 + 4x^2$ gilt. Erläutern Sie, warum nun im Gegensatz zur ursprünglichen Form von f eine Mathematik-Software nötig ist.

21 Berechnen Sie die Koordinaten aller Schnittpunkte der Funktionen f und g.
a) $f(x) = 4x^4 + x^3 + 2x^2$
$g(x) = x^3 - x^2 + 1$
b) $f(x) = x^2(4x - 10)$
$g(x) = 2x^4 + 20x^2$
c) $f(x) = x^4 + x^3 - 4x^2 + 4$
$g(x) = (x^2 - 3)^2 - 5$

22 **Stolperstelle:** Joshua löst die Gleichung $(x - 3)(x + 1)(x - 1) = 3$, indem er jede Klammer einzeln gleich 3 setzt, und erhält die Lösungen 6, 2 und 4. Erklären Sie seinen Denkfehler und korrigieren Sie die Lösungen.

23 Ermitteln Sie eine Gleichung einer ganzrationalen Funktion mit möglichst niedrigem Grad, die die angegebenen Nullstellen hat und deren Graph den Punkt P enthält.
a) einfache Nullstelle bei $x = 2$ und doppelte Nullstelle bei $x = 4$; $P(3\,|\,5)$
b) doppelte Nullstelle bei $x = -1$ und dreifache Nullstelle bei $x = 0$; $P(1\,|\,-2)$
c) einfache Nullstelle bei $x = 1$ und vierfache Nullstelle bei $x = -3$; $P(-2\,|\,9)$

Hilfe

24 Die Anzahl der Besucher eines Kaufhauses wird in einem bestimmten Intervall durch die Funktion f mit $f(x) = -0{,}5x^3 + 14x^2 - 80x$ beschrieben (x: Uhrzeit in Stunden). Erläutern Sie, in welchem Zeitraum die Funktion den Sachverhalt beschreiben kann, und ermitteln Sie die Öffnungszeiten des Kaufhauses.

25 Ermitteln Sie die Nullstellen von f mithilfe einer geeigneten Substitution.
a) $f(x) = x^4 - 50x^2 + 49$
b) $f(x) = x^4 - 13x^2 + 36$
c) $f(x) = 2x^6 - 18x^3 + 16$
d) $f(x) = 2x^6 + 266x^3 + 2000$

26 Die Flugbahn des Fußballs bei einem indirekten Freistoß kann näherungsweise durch die Funktion f mit $f(x) = -\frac{1}{268}x^3 + \frac{1}{16}x^2$ beschrieben werden. Dabei bezeichnet x die Entfernung vom Freistoßpunkt in Meter und f(x) die Höhe des Balls in Meter. Ein Spieler tippt den Ball nur kurz an, der zweite Spieler schießt ihn aufs Tor.

a) Die Abwehrmauer ist 2 m hoch und 9,15 m vom Freistoßpunkt entfernt. Berechnen Sie, ob der Ball über die Mauer fliegt.
b) Beurteilen Sie, ob der Ball das vom Schützen 12 m entfernte und 2,44 m hohe Tor trifft.
c) Berechnen Sie, in welcher Entfernung der Ball wieder auf dem Boden aufkommt.

Erinnerung
Das **Absolutglied** ist der Summand ohne x bzw. der Faktor von x^0.

27 **Ausblick:**
a) Zeigen Sie am Beispiel der Funktion f mit $f(x) = (x - a)(x - b)(x - c)$:
Hat eine ganzrationale Funktion nur ganzzahlige Nullstellen, so sind diese Teiler des Absolutglieds der ausmultiplizierten Form.
b) Nutzen Sie die Aussage aus a), um durch Probieren Nullstellen der Funktion f mit $f(x) = x^3 - 4x^2 - 11x + 30$ zu finden.
c) Untersuchen Sie, inwieweit man die Aussage aus a) auch auf Funktionen der Form $f(x) = s \cdot (x - a)(x - b)(x - c)$ mit $s \neq 0$ verallgemeinern kann.

1.8 Globalverhalten, Monotonie und Extrema

Der Graph der Funktion f mit $f(x) = -\frac{1}{2}x^4 - \frac{2}{3}x^3 + 2x^2$ beschreibt näherungsweise das Höhenprofil einer Vulkaninsel. Die x-Achse beschreibt dabei den Meeresspiegel (1 LE im Koordinatensystem entspricht 100 m).

a) Geben Sie an, an welcher Stelle x der höchste Berg der Insel steht. Berechnen Sie seine Höhe.
b) Geben Sie den tiefsten Punkt der Insel an.
c) Erläutern Sie, wie sich der Graph für sehr große oder sehr kleine x verhält und wieso die Modellierung der Landschaft durch f nur auf einem Intervall sinnvoll ist.

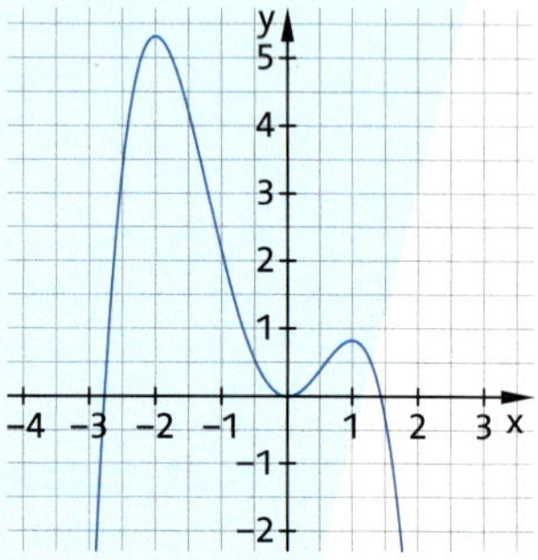

Globalverhalten

Hinweis

„Für $x \to \pm\infty$" bedeutet „für $x \to \infty$ und für $x \to -\infty$".

Bei Potenzfunktionen hängt das Verhalten im Unendlichen **(Globalverhalten)** vom Exponenten n ($n \in \mathbb{N}$) ab:
n gerade: Für $x \to \pm\infty$ gilt $f(x) = x^n \to \infty$.
n ungerade: Für $x \to \infty$ gilt $f(x) = x^n \to \infty$,
für $x \to -\infty$ gilt $f(x) = x^n \to -\infty$.

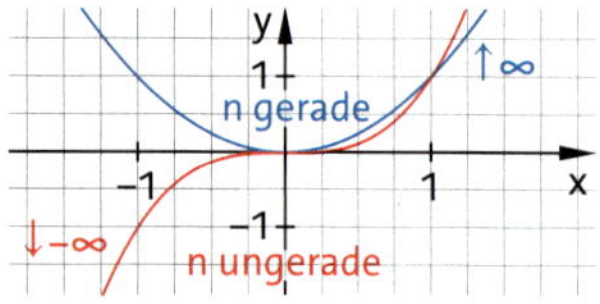

Der Graph der ganzrationalen Funktion f mit $f(x) = x^4 - 0{,}2x^3 - x^2 + 0{,}2x$ unterscheidet sich zwar in der Nähe der Nullstellen vom Graphen der Potenzfunktion g mit $g(x) = x^4$, aber „auf lange Sicht", also für immer größere bzw. kleinere Werte von x, werden die Funktionswerte von f und g immer ähnlicher. Das Globalverhalten der ganzrationalen Funktion f ergibt sich also aus dem Globalverhalten der Potenzfunktion g, deren Grad gleich dem Grad von f ist: Für $x \to \pm\infty$ gilt $f(x) \to \infty$.

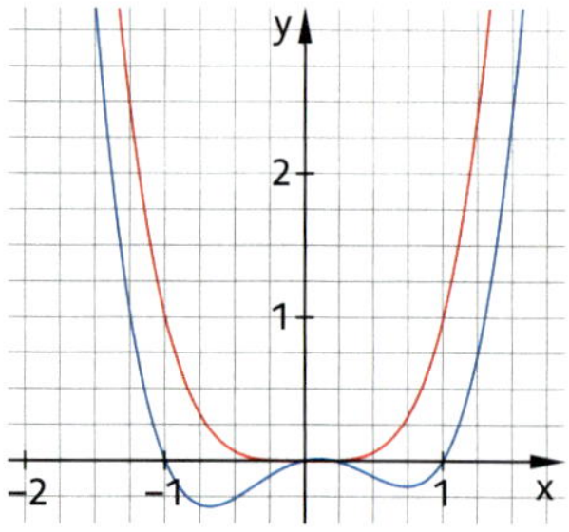

Koeffizienten im Funktionsterm ganzrationaler Funktionen können das Globalverhalten umkehren: Der Term $a_n x^n$ verhält sich für $a_n > 0$ genau wie x^n. Für $a_n < 0$ ändert sich jedoch das Vorzeichen gegenüber x^n.

Satz **Globalverhalten ganzrationaler Funktionen**
Der Graph einer ganzrationalen Funktion f mit $f(x) = a_n x^n + a_{n-1}x^{n-1} + \ldots + a_1 x + a_0$ mit $a_n \neq 0$ verhält sich für $x \to \pm\infty$ wie der Graph von g mit $g(x) = a_n x^n$.

Beispiel 1 Gegeben ist die Funktion f mit $f(x) = -2x^5 + 3x^2 - 2$.
Untersuchen Sie rechnerisch das Globalverhalten der Funktion.

Lösung:

Geben Sie den Summanden im Funktionsterm mit der höchsten Potenz an. Geben Sie zunächst das Globalverhalten der Potenzfunktion mit n = 5 an. Beziehen Sie dann den Einfluss des Koeffizienten $a_5 = -2 < 0$ mit ein.

Summand mit höchster Potenz: $-2x^5$
Für $x \to \infty$ gilt $x^5 \to \infty$ und für $x \to -\infty$ gilt $x^5 \to -\infty$.
Der negative Koeffizient ändert das Vorzeichen der Funktionswerte:
Für $x \to \infty$ gilt $f(x) \to -\infty$,
für $x \to -\infty$ gilt $f(x) \to \infty$.

Basisaufgaben

1 Geben Sie eine Funktion g der Form $g(x) = ax^n$ an, die das gleiche Globalverhalten hat wie f. Kontrollieren Sie anschließend mit einer geeigneten Mathematik-Software.

a) $f(x) = -3x^2 + 7x$
b) $f(x) = 1 + x^3$
c) $f(x) = 1 - x + x^3$
d) $f(x) = x^2(3x^4 + x)$

2 a) Vergleichen Sie rechnerisch das Globalverhalten der Funktionen f und g mit $f(x) = x^4 + 2x^3 - 8x^2$ und $g(x) = x^4$, indem Sie in beide Funktionsterme die x-Werte $x = 10$, $x = 100$ und $x = 1000$ einsetzen und den Funktionswert berechnen.

b) Berechnen Sie, um wie viel Prozent sich g(x) und f(x) aus a) jeweils unterscheiden.

3 Erstellen Sie eine Übersicht über das Globalverhalten der Funktion f mit $f(x) = ax^n$ in Abhängigkeit von a und $n \in \mathbb{N}$.

4 Geben Sie das Verhalten der Funktion für $x \to \pm\infty$ an.

a) $f(x) = 2x^2 + 5x$
b) $f(x) = 2x^3 - 9x + 1$
c) $f(x) = -x^4 + \frac{4}{3}x$
d) $f(x) = -6x^2 + 5x$
e) $g(x) = -3 + 5x^4$
f) $f(x) = 2x(-x + x^2)$

5 Geben Sie das Vorzeichen von f(10 000) und f(−10 000) an, ohne zu rechnen.

a) $f(x) = -0{,}125x^3 + 1{,}025x + 1$
b) $f(x) = \frac{125}{7}x^5 - \frac{8}{913}x^2 - \frac{12}{25}$
c) $f(x) = -12{,}875x^6$
d) $f(t) = 832t^2 + 999t - 834$

6 Ordnen Sie jeder der Funktionen f, g, h und i den passenden Graphen zu. Begründen Sie Ihre Entscheidung mithilfe des Verhaltens im Unendlichen.

$f(x) = -0{,}5x^3 + 2x^2 - x$
$g(x) = x^4 - 9x^2$
$h(x) = -x^3(x - 3)$
$i(x) = 3x^5 - 10x^3 - 1$

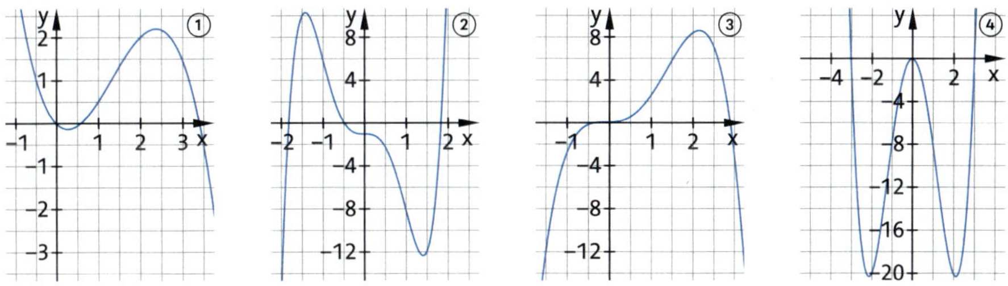

7 Die Abbildungen deuten den grafischen Verlauf einer ganzrationalen Funktion f mit $f(x) = a_nx^n + a_{n-1}x^{n-1} + \ldots + a_1x + a_0$ und $a_n \neq 0$, $n \geq 2$ für $x \to \infty$ und $x \to -\infty$ an. Ergänzen Sie die fehlenden Eigenschaften von n und a_n.

n gerade, $a_n > 0$			
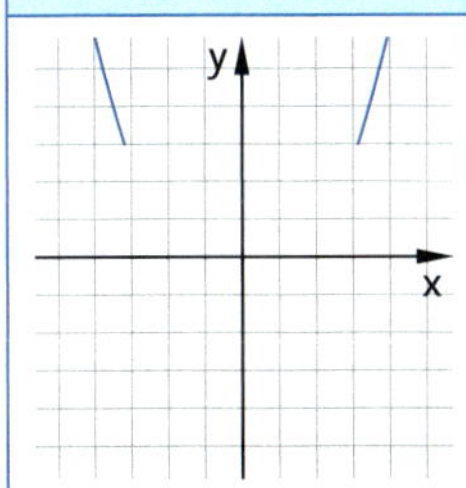	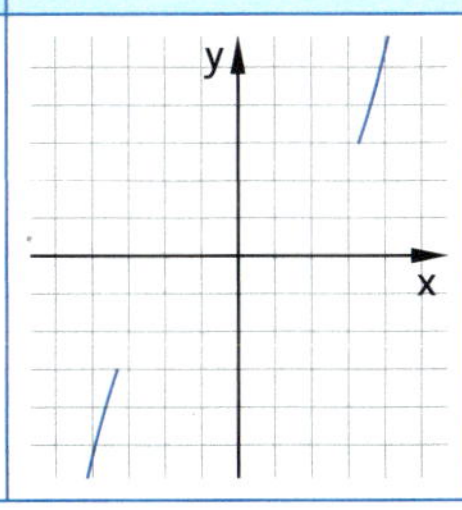	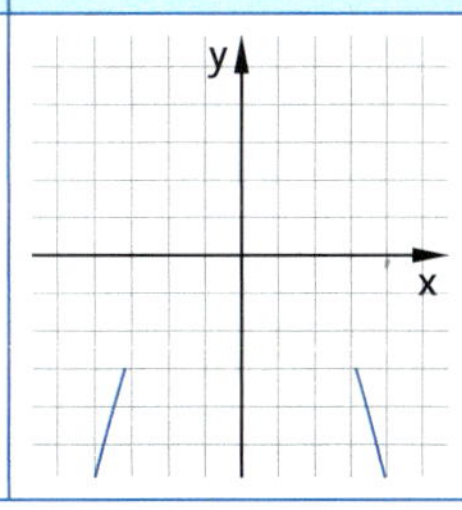	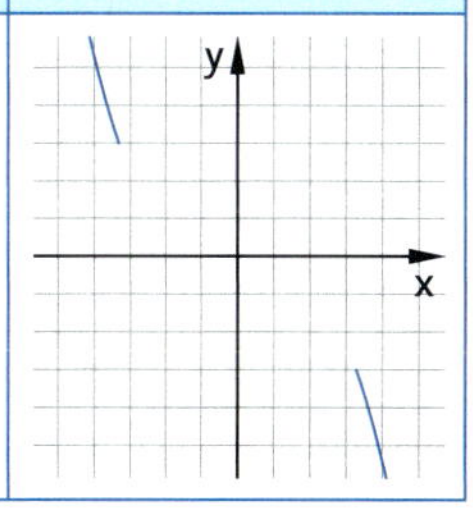

Monotonie und Extrema

Steigt der Graph einer Funktion von links nach rechts, so wachsen die Funktionswerte in diesem Bereich. Fällt der Graph, so werden die Funktionswerte für zunehmende x-Werte kleiner.

Definition **Monotonie**

Eine Funktion f ist auf einem Intervall I

streng monoton steigend, wenn für alle x_1 und x_2 aus I mit $x_1 < x_2$ gilt: $f(x_1) < f(x_2)$,

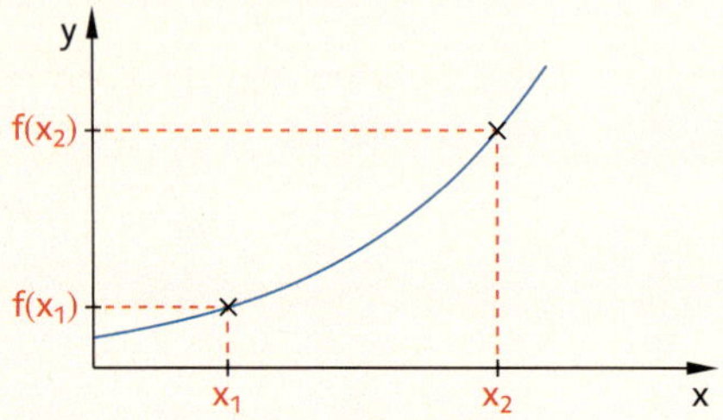

streng monoton fallend, wenn für alle x_1 und x_2 aus I mit $x_1 < x_2$ gilt: $f(x_1) > f(x_2)$.

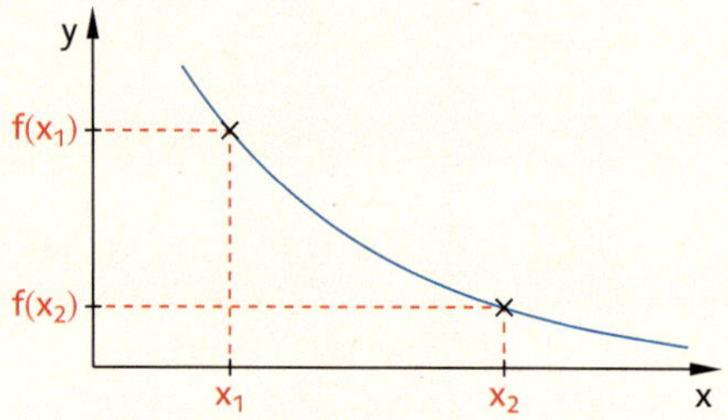

Ändert eine Funktion ihr Verhalten von streng monoton steigend auf streng monoton fallend, so liegt an dieser Stelle ein **Hochpunkt** des Graphen. Im umgekehrten Fall liegt dort ein **Tiefpunkt**.

Der Graph von f ist streng monoton fallend für $x < -1$ sowie $1 < x < 2$ und streng monoton steigend für $-1 < x < 1$ sowie $x > 2$.

An den Übergangsstellen $x = -1$ und $x = 2$ liegen die Tiefpunkte des Graphen: $T_1(-1\,|\,-1)$ und $T_2(2\,|\,0{,}69)$. Bei $x = 1$ liegt der Hochpunkt $H(1\,|\,1)$.

Die y-Koordinaten −1 und 0,69 der Tiefpunkte sind die **lokalen Minima** der Funktion f, die y-Koordinate 1 des Hochpunktes ist das **lokale Maximum**.

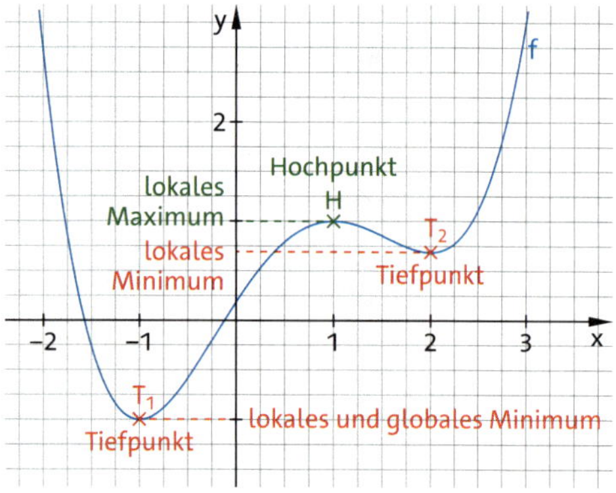

Das lokale Minimum −1 ist der kleinste Funktionswert, den f auf dem gesamten Definitionsbereich annimmt, und heißt daher **globales Minimum**. Da für $x \to \pm\infty$ gilt $f(x) \to \infty$, hat die Funktion keinen größten Funktionswert auf ihrem Definitionsbereich $D = \mathbb{R}$ und somit kein **globales Maximum**.

Definition **Hoch- und Tiefpunkt; lokales/globales Maximum und Minimum**

Der Graph einer Funktion f hat an der Stelle x_E einen **Hochpunkt** bzw. **Tiefpunkt**, wenn $f(x_E)$ in einer Umgebung von x_E der größte bzw. kleinste Funktionswert von f ist.
Den Funktionswert $f(x_E)$ nennt man **lokales Maximum** bzw. **lokales Minimum**.

Ist f(x) der größte bzw. kleinste Funktionswert im Definitionsbereich von f, so ist f(x) das **globale Maximum** bzw. **globale Minimum** von f.

Hoch- und Tiefpunkte bezeichnet man als **lokale Extrempunkte**, ihre x-Koordinaten als **lokale Extremstellen** und ihre y-Koordinaten als **lokale Extrema**.

Beispiel 2

a) Geben Sie die Intervalle an, auf denen die Funktion f streng monoton steigend bzw. fallend ist.
b) Lesen Sie die Hoch- und Tiefpunkte sowie die lokalen Maxima und Minima ab. Erläutern Sie, ob ein globales Maximum oder Minimum existiert. Falls ja, geben Sie es an.

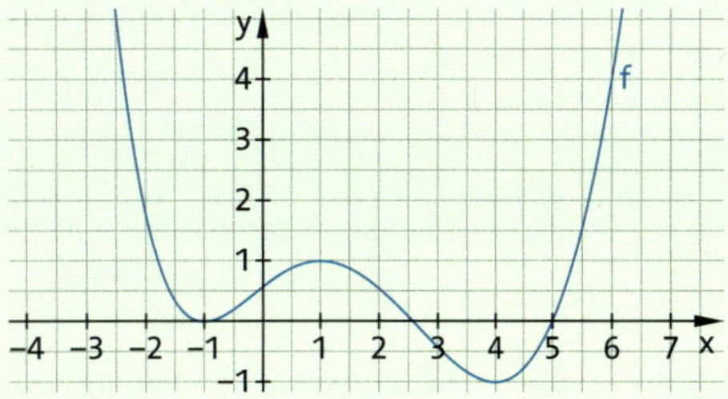

Lösung:

a) Geben Sie zunächst an, auf welchen Intervallen der Graph von links oben nach rechts unten verläuft. Dort fällt f streng monoton. Wo der Graph von links unten nach rechts oben verläuft, steigt f streng monoton.

f ist streng monoton fallend für $x < -1$ und für $1 < x < 4$.

f ist streng monoton steigend für $-1 < x < 1$ und für $x > 4$.

b) Lesen Sie die Koordinaten der Extrempunkte an den Stellen ab, an denen das Monotonieverhalten von f wechselt.

Hochpunkt: $H(1\,|\,1)$
Tiefpunkte: $T_1(-1\,|\,0)$ und $T_2(4\,|\,-1)$

Nennen Sie die lokalen Extrema mithilfe der y-Koordinaten der Extrempunkte. Prüfen Sie anhand des Globalverhaltens von f, ob globale Extrema existieren

lokales Maximum: $f(1) = 1$
lokale Minima: $f(-1) = 0$ und $f(4) = -1$
Es gilt $f(x) \to \infty$ für $x \to \pm\infty$, also existiert kein globales Maximum.
globales Minimum: -1

Basisaufgaben

Beispiel

Lösungen zu 8

Intervalle

$x < 1$ $x > 0$ $x > 1$ $-2 < x < 1$ $x > 1$ $x < -2$ $x < 0$

8 Geben Sie die Intervalle an, auf denen die Funktion streng monoton steigend bzw. fallend ist. Lesen Sie alle Hoch- und Tiefpunkte sowie die lokalen Maxima und Minima ab. Geben Sie das globale Maximum oder Minimum an, falls es existiert.

a)

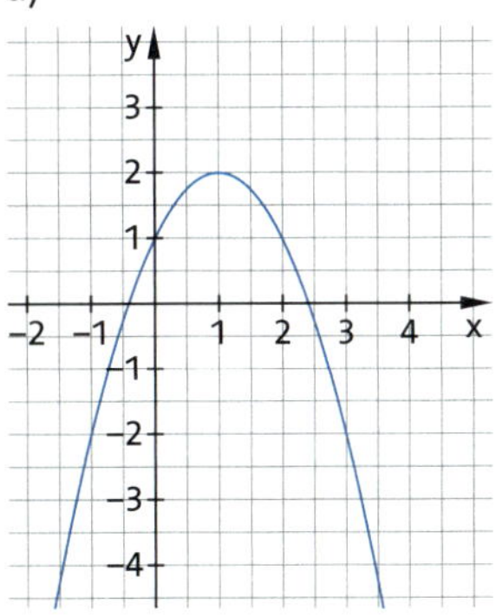

b)

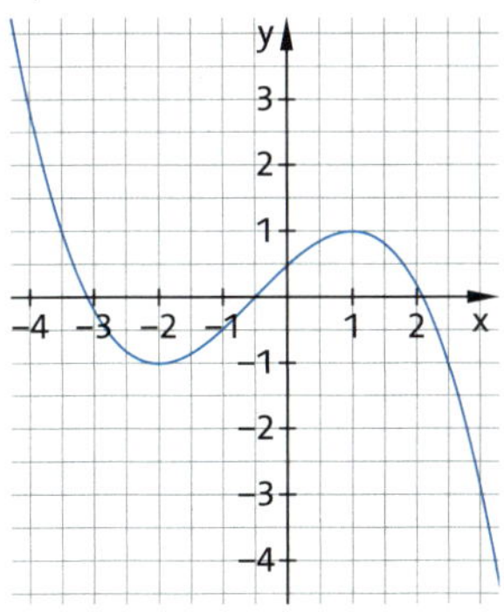

c)

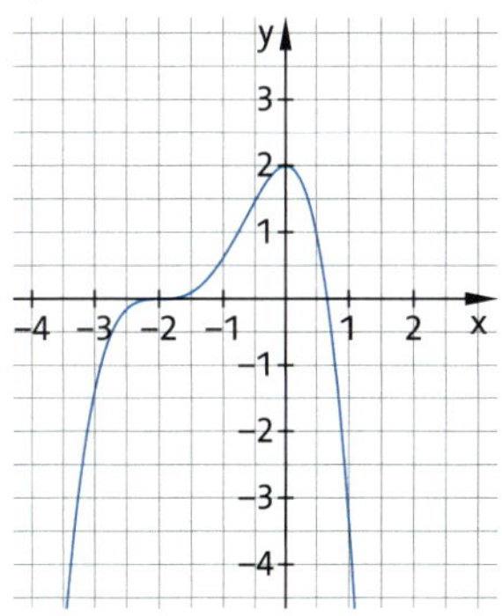

9 Zeichnen Sie den Graphen der Funktion mit einer geeigneten Mathematik-Software und bestimmen Sie die Hoch- und Tiefpunkte. Geben Sie an, ob ein globales Maximum oder Minimum existiert.

a) $f(x) = \frac{1}{2}x^4 + \frac{3}{2}x^3 - 2x$ b) $f(x) = -x^4 + \frac{21}{2}x^2 + \frac{1}{2}x$ c) $f(x) = x^7 - x^6 - 5x^3 + 2x$

10 Skizzieren Sie den Graphen einer Funktion, die
a) für $x < -2$ streng monoton steigend und für $x > -2$ streng monoton fallend ist,
b) für $x < -2$ und $x > 3$ streng monoton fallend und für $-2 < x < 3$ streng monoton steigend ist.

11 Skizzieren Sie den Graphen einer Funktion, die zwei Hoch- und zwei Tiefpunkte, aber keine globalen Extrema hat.

Beispiel

12 Untersuchen Sie, auf welchen Intervallen die Funktion streng monoton steigend bzw. streng monoton fallend ist. Geben Sie die Koordinaten aller Extrempunkte an.
a) $f(x) = 3x - 5$ b) $f(x) = -(x - 2)^2 - 6$ c) $f(x) = (x + 2)^4 + 1$

Weiterführende Aufgaben

Zwischentest

13 Begründen Sie anschaulich, dass eine ganzrationale Funktion keine zwei Hochpunkte haben kann, ohne einen Tiefpunkt dazwischen zu haben, und umgekehrt.

14 **Stolperstelle:** Linda hat einige Eigenschaften aus dem Funktionsgraphen abgelesen. Erklären und korrigieren Sie Lindas Fehler.
Hochpunkte: −5,4; 1,8
Tiefpunkt: −3
globales Maximum: (1|1,8)
globales Minimum: −6,8

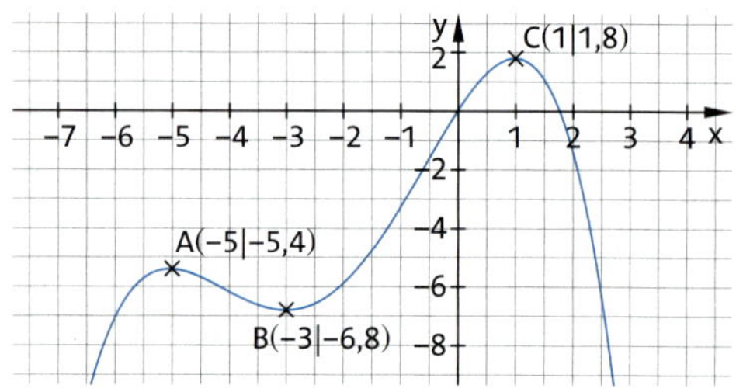

15 Das Bild zeigt einen Ausschnitt des Graphen der ganzrationalen Funktion f mit $f(x) = -0{,}5x^5 + 2x^4 + 0{,}5x^3 - 8x^2 + 6x - 2$. Begründen Sie, dass der Graph noch mindestens einen weiteren Extrempunkt haben muss, und geben Sie seine Art an.

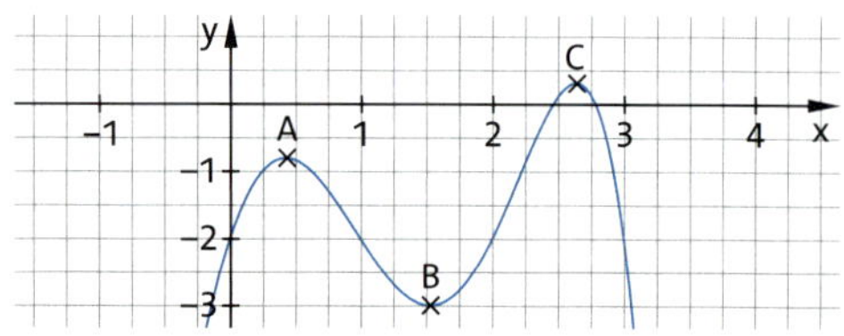

16 **Existenz eines globalen Maximums und Minimums:**
a) Begründen Sie, dass es keine ganzrationale Funktion mit Grad $n \geq 1$ gibt, die auf $\mathbb{R}$ sowohl ein globales Maximum als auch ein globales Minimum hat.
b) Erläutern Sie, weshalb ganzrationale Funktionen mit geradem Grad auf $\mathbb{R}$ mindestens ein globales Maximum oder Minimum haben müssen.

17 Für eine Funktion f gilt $f(x) \to -\infty$ für $x \to \infty$ und $f(x) \to \infty$ für $x \to -\infty$. Geben Sie begründet das Globalverhalten der Funktion g an.
a) $g(x) = 3 \cdot f(x)$ b) $g(x) = -\frac{1}{2} \cdot f(x)$ c) $g(x) = f(x) - 2000$ d) $g(x) = (f(x))^2$

18 Gegeben ist die Funktion f durch $f(x) = (x - 30)(x - 31)(x - 32)(x - 34)$.
a) Nennen Sie die Eigenschaften, die sich dem Funktionsterm direkt entnehmen lassen.
b) Begründen Sie, welchen Graphenausschnitt Sie betrachten müssen, um die Koordinaten des globalen Tiefpunktes ablesen zu können.

19 a) Skizzieren Sie den Graphen einer Funktion, die drei verschiedene Nullstellen hat.
b) Vergleichen Sie untereinander die Anzahl der lokalen Extrema Ihrer Funktionen. Untersuchen Sie, ob Sie eine Funktion mit noch mehr oder weniger Extrema finden können.

20 Die Funktion f mit $f(x) = -0{,}0002x^6 + 0{,}0078x^5 - 0{,}1098x^4 + 0{,}6562x^3 - 1{,}386x^2 + 6$ stellt in etwa den von den Stadtwerken gemessenen Wasserverbrauch $\left(\text{in } 100\,\frac{m^3}{h}\right)$ eines Wohnviertels zum Zeitpunkt x mit $0 \le x \le 14$ dar (x: Stunden seit Mitternacht).

a) Plotten Sie den Graphen von f. Beschreiben Sie seinen Verlauf (Monotonie, Hoch- und Tiefpunkte) und interpretieren Sie dieses Verhalten im Sachkontext.

b) Ermitteln Sie alle Stellen, an denen der Verbrauch genau $600\,\frac{m^3}{h}$ beträgt.

Hilfe

21 Lena nimmt um 8 Uhr morgens ein Vitamin-D-Präparat ein. Die Vitamin-D-Konzentration im Blut nach Einnahme dieses Präparats wird durch die Funktion $f(t) = \frac{7}{36}t^3 - \frac{7}{2}t^2 + \frac{63}{4}t + c$ beschrieben (t in Stunden, f(t) in µg/ℓ).

a) Der Vitamin-D-Spiegel zum Einnahmebeginn $t = 0$ beträgt 18 µg/ℓ. Berechnen Sie den Parameter c in der Funktionsgleichung von f so, dass diese den Verlauf von Lenas Vitamin-D-Spiegel beschreibt. Plotten Sie den Graphen von f mit einer Software.

b) Berechnen Sie, wie lange es dauert, bis die Wirkung des Präparats ein Maximum erreicht. Geben Sie die Höhe der maximalen Vitamin-D-Konzentration an.

c) Berechnen Sie, nach wie vielen Stunden der Vitamin-D-Spiegel in Lenas Blut wieder auf seinen anfänglichen Wert gesunken ist. Leiten Sie daraus eine sinnvolle Angabe für den Definitionsbereich von f ab.

22 Ein Flugzeug bewegt sich in einer Turbulenz gemäß der Funktion f mit $f(t) = \frac{1}{6075}\left(t^4 - \frac{140}{3}t^3 + 672t^2 - 2880t + 34\,146\right)$ (t: Zeit ab dem Beobachtungsbeginn in Minuten im Intervall $[0; 23]$, f(t): Höhe des Flugzeugs in km).

a) Ermitteln Sie mit einer Mathematik-Software die niedrigste und die größte Flughöhe.

b) Bestimmen Sie die Zeiträume, in denen sich das Flugzeug im Sinkflug befindet.

c) Erläutern Sie anhand des Globalverhaltens von f, warum die Funktion die Flughöhe nicht für alle $t \ge 0$ sinnvoll beschreibt.

23 Skizzieren Sie einen passenden Graphen einer ganzrationalen Funktion. Überlegen Sie, welchen Einfluss der Grad auf das Verhalten des Graphen für $x \to \pm\infty$ hat.

a) Grad 2, globales Maximum 5 bei $x = -1$

b) Grad 3, Tiefpunkt bei $T(0\,|\,0)$, Hochpunkt bei $H(4\,|\,1)$

c) Grad 4, Tiefpunkt bei $T(3\,|\,0)$, lokales Maximum 3 und globales Maximum 5

24 **Grenzwert an einer Stelle:** Skizzieren Sie den Graphen der Funktion f mit $f(x) = \frac{(x^2-1)}{(x-1)}$. Berechnen Sie die Funktionswerte an den Stellen −1, 0 und 1 – oder begründen Sie, warum das nicht möglich ist. Beschreiben Sie das Verhalten der Funktion an den Stellen 1 − a bzw. 1 + a für beliebig kleine Werte von a.

25 Begründen Sie, dass die Funktion f mit $f(x) = 2^{-x^2}$ an der Stelle $x = 0$ ein Extremum hat. Beschreiben Sie mithilfe eines Funktionenplotters das Globalverhalten von f.

26 **Ausblick:** Gegeben sind die Funktionen f und g mit $f(x) = \frac{1}{4}x^2 + \frac{1}{x^2}$ und $g(x) = \frac{1}{4}x^2$.

a) Begründen Sie, dass f nicht ganzrational ist.

b) Geben Sie den Definitionsbereich von f an und plotten Sie den Graphen mit einer Mathematik-Software. Beschreiben Sie anhand des Graphen das Globalverhalten von f.

c) Begründen Sie, dass sich der Graph von f für $x \to \pm\infty$ dem Graphen von g annähert.

d) Geben Sie das Globalverhalten von $h(x) = -2 + \frac{3}{x^4} + \frac{1}{7x^2}$ an und überprüfen Sie Ihr Ergebnis mit einem Funktionenplotter.

1.9 Symmetrie

Beschreiben Sie, wie die Graphen der Funktionen f und g mit $f(x) = x^3$ und $g(x) = \left(\frac{1}{24}\right)x^4 - \left(\frac{13}{24}\right)x^2 + \frac{3}{2}$ und die Normalparabel für $x < 0$ verlaufen. Beziehen Sie sich dabei auf den Verlauf der Graphen für $x > 0$. Geben Sie die Funktionswerte an den Stellen $x_1 = -1$, $x_2 = -2$ und $x_3 = -3$ an.

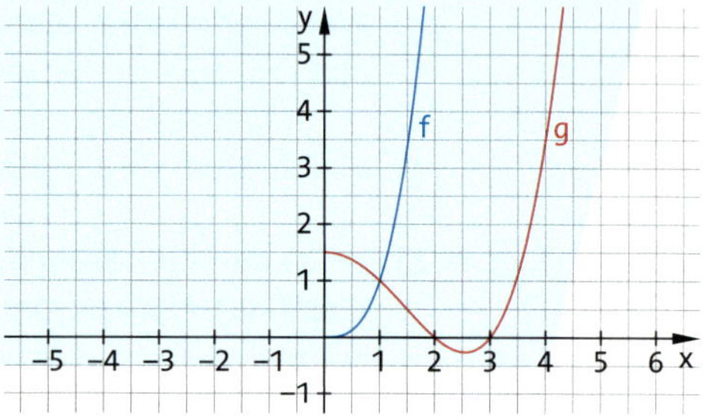

Der Graph einer Funktion kann achsensymmetrisch zur y-Achse, punktsymmetrisch zum Ursprung oder keines von beidem sein. Die Symmetrie wird rechnerisch mithilfe des Funktionsterms untersucht.

Achsensymmetrie zur y-Achse

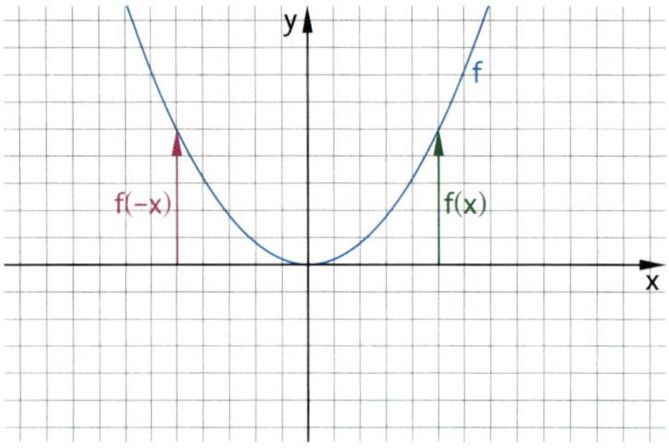

$f(-x) = f(x)$

Punktsymmetrie zum Ursprung

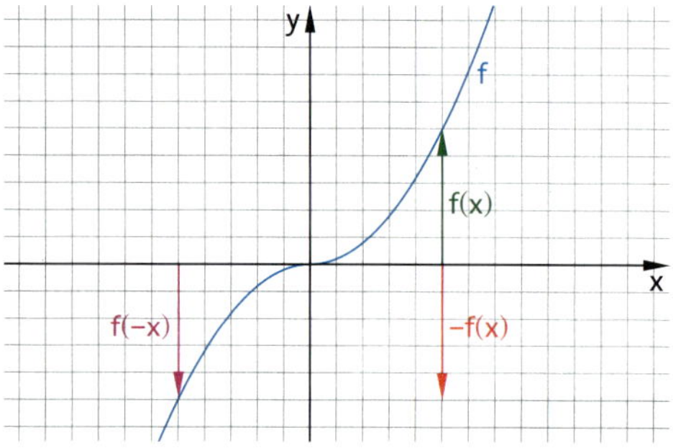

$f(-x) = -f(x)$

Definition **Symmetrie von Funktionsgraphen zum Koordinatensystem**

Der Graph einer Funktion f ist **achsensymmetrisch zur y-Achse**, wenn für alle x aus dem Definitionsbereich gilt: $\mathbf{f(-x) = f(x)}$

Der Graph einer Funktion f ist **punktsymmetrisch zum Ursprung**, wenn für alle x aus dem Definitionsbereich gilt: $\mathbf{f(-x) = -f(x)}$

Da $(-x)^n = x^n$ nur für gerade Exponenten gilt, kann für eine ganzrationale Funktion f nur dann $f(-x) = f(x)$ für alle x gelten, wenn der Funktionsterm von f nur Potenzen von x mit geraden Exponenten hat. Solche Funktionen heißen **gerade Funktionen**.

Analog gilt $(-x)^n = -x^n$ nur für ungerade Exponenten. Daher kann $f(-x) = -f(x)$ nur dann für alle x gelten, wenn der Funktionsterm von f nur Potenzen von x mit ungeraden Exponenten hat. Solche Funktionen heißen **ungerade Funktionen**.

Satz **Symmetrie ganzrationaler Funktionen**

Für eine ganzrationale Funktion f mit ausmultipliziertem Funktionsterm gilt:

- Der Graph von f ist genau dann **achsensymmetrisch zur y-Achse**, wenn der Funktionsterm von f nur **gerade Exponenten** enthält.
- Der Graph von f ist genau dann **punktsymmetrisch zum Ursprung**, wenn der Funktionsterm von f nur **ungerade Exponenten** enthält.

Enthält ein Funktionsterm einen konstanten Summanden c, so kann man diesen schreiben als $c = c \cdot x^0$. Da 0 gerade ist, enthält ein solcher Term einen geraden Exponenten.
Andererseits enthält ein Funktionsterm mit dem Summanden ax einen ungeraden Exponenten, denn es gilt $ax = ax^1$.

Erklärvideo

Hinweis

Beim Globalverhalten wurde nur der höchste Exponent im Funktionsterm untersucht, bei der Symmetrie müssen dagegen alle Exponenten betrachtet werden.

Beispiel 1 Untersuchen Sie, ob der Graph der Funktion achsensymmetrisch zur y-Achse, punktsymmetrisch zum Ursprung oder nichts von beidem ist.

a) $f(x) = 8x^4 + x^2 + 3$ b) $g(x) = x^5 - 6x$ c) $h(x) = x^5 + 8x^3 + 1$ d) $k(x) = 4x(-2x^3 + 3x^2)$

Lösung:

a) Überprüfen Sie, ob die Exponenten im Funktionsterm alle gerade oder alle ungerade sind. Nutzen Sie $3 = 3x^0$.

Alle Exponenten (4, 2 und 0) sind gerade. Der Graph von f ist achsensymmetrisch zur y-Achse.

b) Beachten Sie beim Überprüfen der Exponenten, dass $-6x = -6x^1$ gilt.

Alle Exponenten sind ungerade. Der Graph von g ist punktsymmetrisch zum Ursprung.

c) Nutzen Sie beim Überprüfen der Exponenten $1 = x^0$.

Der Term enthält gerade (0) und ungerade (3 und 5) Exponenten: Der Graph von h ist weder achsensymmetrisch zur y-Achse noch punktsymmetrisch zum Ursprung.

d) Multiplizieren Sie den Funktionsterm aus und prüfen Sie, ob alle Exponenten gerade oder alle ungerade sind.

$k(x) = 4x(-2x^3 + 3x^2) = -8x^4 + 12x^3$
Es treten sowohl gerade als auch ungerade Exponenten auf. Der Graph von k ist weder symmetrisch zur y-Achse noch zum Ursprung.

Basisaufgaben

1 Untersuchen Sie, ob der Graph der Funktion achsensymmetrisch zur y-Achse, punktsymmetrisch zum Ursprung oder nichts von beidem ist.

a) $f(x) = -x^7 - x^3$ b) $f(x) = -\frac{1}{3}x^6 + \frac{2}{7}x^2 - 1$ c) $f(x) = 1 + 2x + 3x^2$
d) $f(x) = -3x^4 + 8$ e) $f(x) = 2x - x^2 + x^4$ f) $f(x) = x$
g) $f(x) = 2x + 3$ h) $f(x) = 3$ i) $f(x) = x^3 + 2x^5 + 8x^4$

2 Entscheiden Sie, ob der Graph von f achsensymmetrisch zur y-Achse, punktsymmetrisch zum Ursprung oder keins von beidem ist. Formen Sie ggf. zunächst den Funktionsterm um.

a) $f(x) = 2x(3 + x^2)$ b) $f(x) = -2(x^2 + x)$ c) $f(x) = x\left(x^3 + \frac{1}{2x}\right)$
d) $f(x) = (x^3)^2$ e) $f(u) = 4u + 11u^9$ f) $f(t) = a^3t^2 - a(t^4 + t^6)$

3 Die Abbildung zeigt den symmetrischen Graphen einer ganzrationalen Funktion. Erläutern Sie, ob der zugehörige Funktionsterm in ausmultiplizierter Form gerade oder ungerade Exponenten hat.

a)
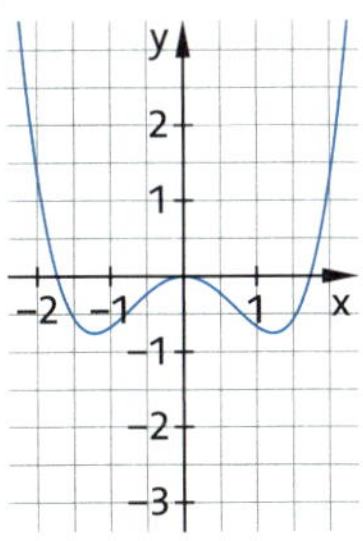

b)
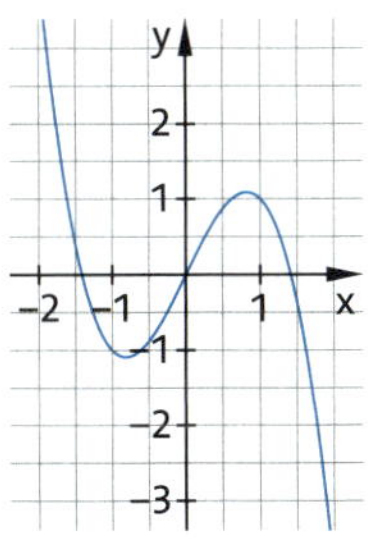

c)
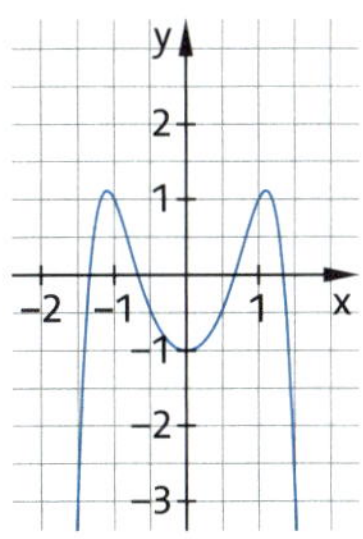

d)
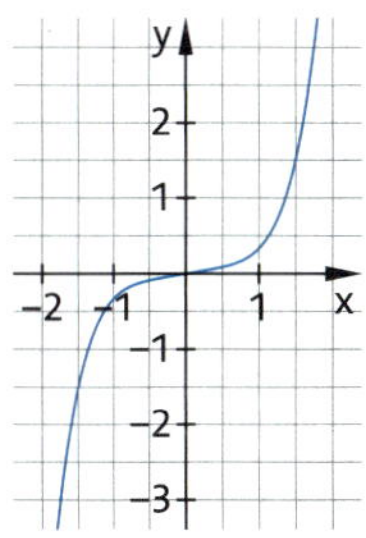

4 Vervollständigen Sie die Wertetabelle für den Fall, dass der Graph von f
a) achsensymmetrisch zur y-Achse,
b) punktsymmetrisch zum Ursprung ist.

x	−3	−2	−1	0	1	2	3
f(x)		1			−4		5

Beispiel

5 Prüfen Sie rechnerisch, ob der Graph von f achsensymmetrisch zur y-Achse oder punktsymmetrisch zum Ursprung ist, indem Sie $f(-x)$ mit $f(x)$ bzw. $-f(x)$ vergleichen. Überprüfen Sie Ihr Ergebnis durch Betrachtung der Exponenten des ausmultiplizierten Funktionsterms.

a) $f(x) = 2x + 10x^3$
b) $f(x) = (2x^4 - 7)x^2 + 11x^2$
c) $f(x) = x(-3x) + 7$
d) $f(x) = x^3\left(-\frac{2}{7} - 8x^2\right)$
e) $f(x) = x^3(x^3 - 7x)$
f) $f(x) = ax^4 + bx^2 + c$ mit $a \neq 0$

6 Entscheiden Sie, ob die Graphen achsensymmetrisch zur y-Achse oder punktsymmetrisch zum Ursprung sind.

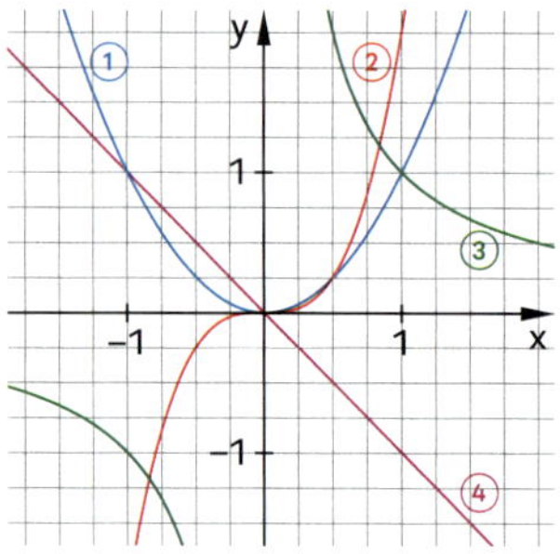

7 **Symmetrie von Potenzfunktionen:** Erläutern Sie anhand des Satzes über das Symmetrieverhalten ganzrationaler Funktionen das Symmetrieverhalten von Potenzfunktionen in Abhängigkeit von ihrem Exponenten.

8 **Symmetrie quadratischer Funktionen:** Beschreiben Sie für die Funktion f mit $f(x) = ax^2 + bx + c$ das Symmetrieverhalten zu einem Punkt des Graphen oder zu einer zur y-Achse parallelen Gerade in Abhängigkeit von den Parametern a, b und c ($a \neq 0$).

9 Geben Sie für eine Funktion 6. Grades eine allgemeine Gleichung an. Untersuchen Sie die möglichen Werte der Parameter, wenn die Funktion achsensymmetrisch sein soll.

Weiterführende Aufgaben

Zwischentest

10 Klara hat den Graphen der Funktion f mit $f(x) = x^6 - 5x^4 + 5x^2 - 1$ mit einem Funktionenplotter gezeichnet. Beurteilen Sie die Wahl des Fensterausschnitts, indem Sie das Symmetrie- und Globalverhalten des Graphen betrachten. Stellen Sie den Graphen in einem geeigneten Bereich mit einem Plotter dar.

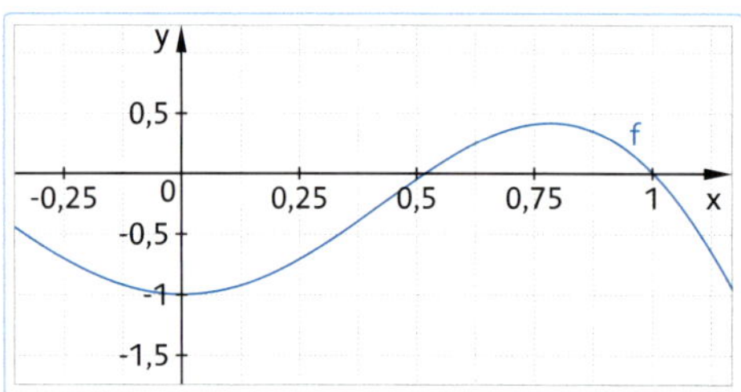

11 Skizzieren Sie den Graphen einer auf ganz $\mathbb{R}$ definierten Funktion f mit den gegebenen Eigenschaften. Geben Sie an, welche Extrempunkte durch diese Eigenschaften festgelegt werden. Überprüfen Sie gegenseitig Ihre Ergebnisse.

a) Der Graph ist achsensymmetrisch zur y-Achse, verläuft durch den Ursprung und sonst nur unterhalb der x-Achse.
b) Der Graph ist achsensymmetrisch zur y-Achse, schneidet die x-Achse bei $x = -1$ und es gilt: $f(x) \to -\infty$ für $x \to \infty$ und für $x \to -\infty$
c) Der Graph ist achsensymmetrisch zur y-Achse, verläuft nicht durch den Ursprung, aber sowohl oberhalb als auch unterhalb der x-Achse, und es gilt: $f(x) \to \infty$ für $x \to -\infty$
d) Der Graph ist punktsymmetrisch zum Ursprung und berührt bei $x = 3$ die x-Achse.

12 **Stolperstelle:**
Leonie berechnet Funktionswerte der Funktion f und stellt fest: *„Es gilt $f(-2) = -8$ und $f(2) = 8$. Der Graph muss also punktsymmetrisch zum Ursprung sein."* Nehmen Sie Stellung.

13 Ordnen Sie die Graphen den Funktionsgleichungen zu, indem Sie das Symmetrieverhalten und das Verhalten im Unendlichen analysieren.

$f(x) = 4x^3 - 11x$	$g(x) = -x^4 + 7x^2 - 6x$	$h(x) = -x^4 + 3x^2$	$i(x) = 2x^6 - 4x^4 + x^2$

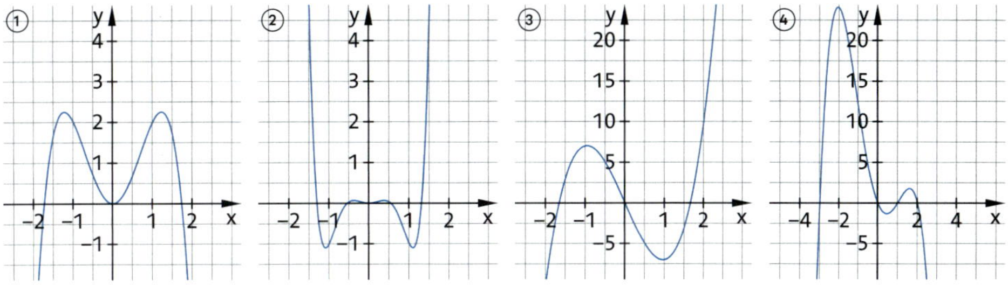

14 Begründen Sie, ob die Aussage über eine ganzrationale Funktion vom Grad $n \geq 1$ wahr oder falsch ist. Geben Sie ein Gegenbeispiel an, falls sie falsch ist.

a) Die Koeffizienten haben keinen Einfluss auf das Symmetrieverhalten des Graphen.
b) Achsensymmetrische Funktionen haben für $x \to \pm\infty$ das gleiche Globalverhalten.
c) Der Graph jeder achsensymmetrischen Funktion hat mindestens einen Hochpunkt.
d) Der Graph jeder punktsymmetrischen Funktion hat Hoch- und Tiefpunkte.
e) Ist der Graph punktsymmetrisch zum Ursprung, so verläuft er durch den Ursprung.

Hilfe

15 Berechnen Sie die Werte des Parameters t so, dass der Graph der Funktion f achsensymmetrisch zur y-Achse oder punktsymmetrisch zum Ursprung ist. Überprüfen Sie Ihr Ergebnis mit einer geeigneten Mathematik-Software.

a) $f(x) = x - t$
b) $f(x) = x(x^2 - t)$
c) $f(x) = x^2(x - t)(x + t)$
d) $f(x) = -2x^2 + tx + 3$
e) $f(x) = 2x^3 + x + t$
f) $f(x) = 2x^3 + tx^2$

16 **Symmetrie zu einer anderen Achse:** Die Parabel mit der Gleichung $y = (x - 1)^2$ ist symmetrisch zu einer Parallelen zur y-Achse.

a) Skizzieren Sie ihren Graphen und tragen Sie die Symmetrieachse ein.
b) Begründen Sie, dass die Gleichung $f(a + x) = f(a - x)$ die Symmetrie des Graphen von f bezüglich der Achse $x = a$ beschreibt.
c) Prüfen Sie damit die Graphen der Funktionen f und g auf Achsensymmetrie zur angegebenen Achse:
$f(x) = x^2 - 10x$, Achse: $x = 5$ $\qquad$ $g(x) = -x^2 - 8x - 7$, Achse: $x = -4$

17 Die Flugkurve einer Hochspringerin wird vereinfacht dargestellt durch f mit $f(x) = -0{,}6x^2 + 1{,}4x + 1$. Hierbei ist x die horizontale und f(x) die vertikale Entfernung des Körperschwerpunkts vom Absprungpunkt in m.

a) Berechnen Sie, in welcher Entfernung zur Latte die Springerin abspringen sollte. Erläutern Sie, wie Symmetrieüberlegungen den Rechenaufwand erleichtern könnten.
b) Berechnen Sie näherungsweise, welche maximale Höhe übersprungen werden kann.

18 **Ausblick:** Sind g und h ganzrationale Funktionen, dann ist die Funktion f mit $f(x) = \frac{g(x)}{h(x)}$ eine **gebrochen-rationale Funktion.**

a) Untersuchen Sie, ob die gebrochen-rationale Funktion f mit $f(x) = \frac{x}{x^2 - 1}$ punktsymmetrisch zum Ursprung oder achsensymmetrisch zur y-Achse ist. Vergleichen Sie mit den Symmetrieregeln für ganzrationale Funktionen.
b) Finden Sie eine Regel für punktsymmetrische gebrochen-rationale Funktionen.

1.10 Klausur- und Abiturtraining

Aufgaben ohne Hilfsmittel

1 Geben Sie den Term einer passenden Potenzfunktion an.
a) Der Graph enthält den Punkt $P(-2\,|\,16)$.
b) Der Graph ist punktsymmetrisch zum Ursprung und enthält den Punkt $P(0{,}5\,|\,32)$.

2 Gegeben sind die Funktionen f und g mit $f(x) = -50x + 2x^3$ und $g(x) = -x(x + 3)(x - 1)$.
a) Berechnen Sie die Nullstellen von f und g.
b) Weisen Sie nach, dass sich die Graphen von f und g im Ursprung schneiden.

3 Entscheiden Sie begründet, ob die Aussage wahr oder falsch ist.
a) Jede ganzrationale Funktion dritten Grades hat genau drei Nullstellen.
b) Aus den Nullstellen einer ganzrationalen Funktion kann die Funktionsgleichung eindeutig bestimmt werden.
c) Aus drei Punkten kann man eine Funktionsgleichung einer ganzrationalen Funktion zweiten Grades eindeutig bestimmen.
d) Wenn der Graph einer Funktion nur einen gemeinsamen Punkt mit der x-Achse hat, dann ist die Funktion linear.

4 a) Geben Sie die Nullstellen der Funktion f mit $f(x) = (x^2 - 4)(x^2 - 9)$ an.
b) Betrachten Sie die Funktion g mit $g(x) = (x^2 - 4)(x^2 - t)$ mit $t \in \mathbb{R}$. Berechnen Sie alle Werte von t, für die die Funktion g zwei, drei oder vier Nullstellen hat.

5 Eine ganzrationale Funktion vierten Grades soll einfache Nullstellen bei $x = -2$ und $x = 3$ sowie eine doppelte Nullstelle bei $x = 1$ haben. Geben Sie begründet an, welcher der beiden Graphen diese Bedingungen erfüllt.

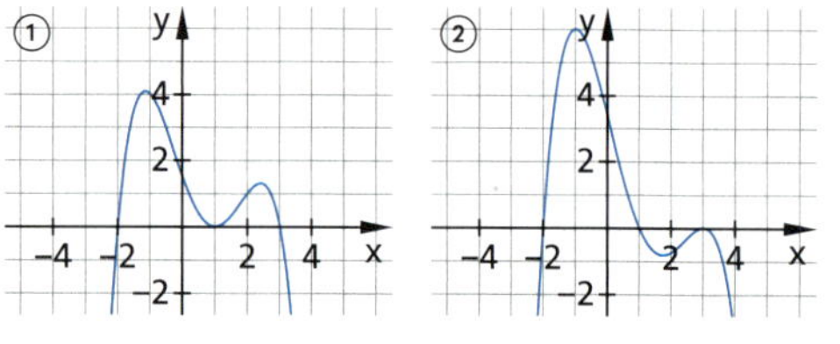

6 Geben Sie an, welche Funktionen das gleiche Globalverhalten haben.

$f(x) = -0{,}001x^4 + 1000x^3$

$g(x) = 3x^3 + 7$

$h(x) = -8x + 1$

$i(x) = -\frac{3}{2}(x + 3)^2$

$j(x) = (-x^3 + 2)(-x + 8) + 1$

$k(x) = -\frac{1}{2}x^5 + 21x^4 - 10x + 3$

$l(x) = x^4 + 10x^3 - 6x^2$

$m(x) = x$

7 Gegeben ist die ganzrationale Funktion f mit $f(x) = -2x^3 + 72x$.
a) Untersuchen Sie rechnerisch das Symmetrieverhalten des Graphen von f.
b) Begründen Sie, dass $f(x) \to \infty$ für $x \to -\infty$ gilt. Geben Sie das Verhalten von f für $x \to \infty$ an.
c) Berechnen Sie die Nullstellen von f und zeigen Sie damit, dass der Funktionsterm von f äquivalent zu $-2 \cdot (x - 6)x(x + 6)$ ist.
d) Skizzieren Sie den Graphen von f. Nutzen Sie dazu Ihre Ergebnisse aus a) – c).
e) Ein Designer möchte eine extravagante symmetrische Brille entwerfen, die 12 cm breit sein soll, aber beliebig hoch werden darf. Stellen Sie mithilfe des Graphen von f ein mathematisches Modell für die Glasfassung auf und begründen Sie Ihren Ansatz.

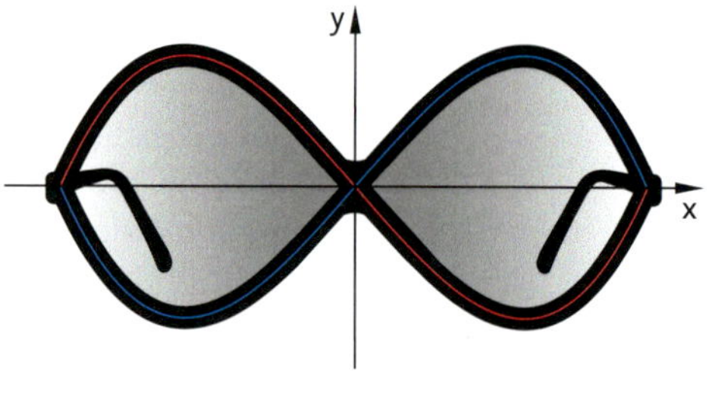

Aufgaben mit Hilfsmitteln

8 Im Blut eines Organismus reichert sich permanent Laktat an, das vom Körper abgebaut wird. Beim Treiben von Sport wird mehr Laktat gebildet. Eine zu hohe Laktatkonzentration führt zum Absinken der Leistungsfähigkeit und zu Erschöpfung.
Die höchste Belastungsintensität, die ein Sportler längere Zeit aufrechterhalten kann, ohne dass der Körper mehr Laktat produziert, als er gleichzeitig abbauen kann, wird als **anaerobe Schwelle** bezeichnet. Sie ist individuell unterschiedlich und bei trainierten Sportlern höher als bei Menschen, die keinen regelmäßigen Sport treiben.
Insbesondere im Ausdauersport (z. B. Langstreckenlauf oder Radfahren) wird deshalb regelmäßig die Laktatkonzentration im Blut gemessen. Dies geschieht z. B., während der Sportler auf einem Laufband läuft, dessen Geschwindigkeit gleichmäßig erhöht wird. Die Funktion f mit $f(x) = 0{,}004x^3 - 0{,}075x^2 + 0{,}389x + 1{,}151$ beschreibt näherungsweise die Laktatkonzentration eines Sportlers für $0 \le x \le 20$. Dabei ist x die Geschwindigkeit in km/h und f(x) die Laktatkonzentration in $\frac{\text{mmol}}{\ell}$.

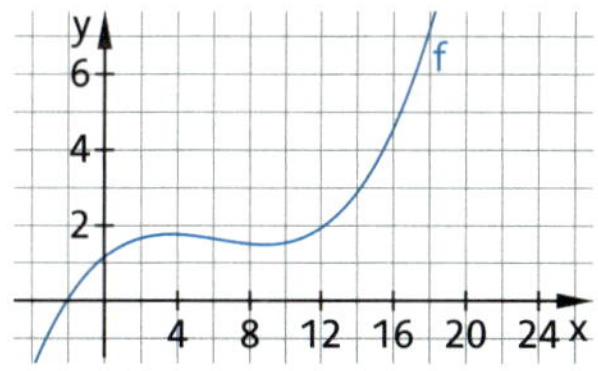

a) Berechnen Sie die Laktatkonzentration für eine Geschwindigkeit von 10 km/h und von 15 km/h. Geben Sie auch die Laktatkonzentration des Sportlers im Ruhezustand an.
b) Geben Sie die Geschwindigkeit mit der höchsten Laktatkonzentration an und berechnen Sie deren Höhe.
c) Aus Erfahrung ist bekannt, dass der Sportler die anaerobe Schwelle bei einem Laktatwert von $5{,}5\,\frac{\text{mmol}}{\ell}$ erreicht. Bestimmen Sie näherungsweise die Geschwindigkeit, bei der der Sportler die anaerobe Schwelle erreicht.
d) Ein anderer Sportler erreicht seine anaerobe Schwelle, wenn seine Laktatkonzentration um 1 mmol pro ℓ und km/h ansteigt. Die Steigung seiner Laktatkonzentration wird beschrieben durch g mit $g(x) = 0{,}009x^2 - 0{,}144x + 0{,}525$. Bestimmen Sie die Geschwindigkeit, bei der dieser Sportler seine anaerobe Schwelle erreicht.

9 Gegeben sind ganzrationale Funktionen p der Form $p(x) = (a^2 - 1)x^3 + (a^2 + 4a - 12)x^2$ für einen beliebigen Wert $a \in \mathbb{R}$.
a) Begründen Sie, dass der Graph von p stets durch den Koordinatenursprung verläuft.
b) Berechnen Sie alle Werte von a, für die der Graph achsensymmetrisch zur y-Achse ist.

10 Die Abbildung zeigt den Graphen einer ganzrationalen Funktion f vom Grad 4.

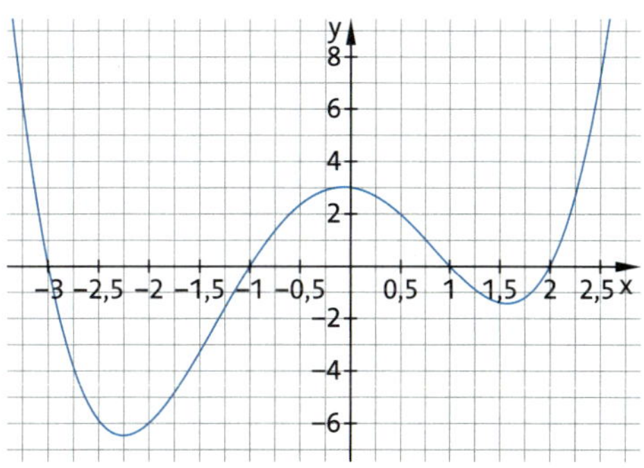

a) Der y-Achsenabschnitt von f ist ganzzahlig. Ermitteln Sie eine Funktionsgleichung in ausmultiplizierter Form.
[Kontrollergebnis:
$f(x) = \frac{1}{2}x^4 + \frac{1}{2}x^3 - \frac{7}{2}x^2 - \frac{1}{2}x + 3$]
b) Zeigen Sie mit einer Mathematik-Software, dass der Schnittpunkt S des Graphen von f mit der y-Achse kein Hochpunkt ist. Geben Sie die Koordinaten des Hochpunktes an.
c) Beschreiben Sie das Monotonieverhalten und das Globalverhalten von f.

Lösungen → S. 283

1 Eine 6 cm hohe Kerze brennt in 10 Stunden vollständig ab. Geben Sie verschiedene Darstellungen der Funktion, die Definitions- und Wertemenge sowie die Nullstelle an.

2 Der Graph von g entsteht aus dem Graphen der Funktion f mit $f(x) = x^3$ durch Strecken in y-Richtung und Verschiebungen entlang beider Achsen. Bestimmen Sie eine Funktionsgleichung von g.

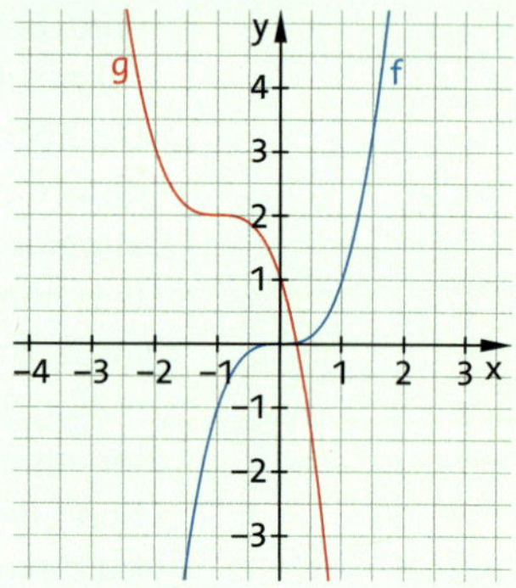

3 Es gilt $g(x) = a \cdot f(x - c) + d$. Beschreiben Sie, wie der Graph von g aus dem Graphen von f entsteht.

a) $f(x) = x^2$ $\quad g(x) = -2(x + 3)^2 - 1$

b) $f(x) = x$ $\quad g(x) = 3x - 2$

c) $f(x) = \frac{1}{x}$ $\quad g(x) = \frac{3}{x - 1} + 2$

d) $f(x) = x^3$ $\quad g(x) = \frac{-1}{2x^3} + 1$

4 Geben Sie den Grad und die Koeffizienten der ganzrationalen Funktion f an.

a) $f(x) = 2x^3 - 3x^2 + 2{,}5$

b) $f(x) = -x^4 + x^3 - 6x$

c) $f(x) = 5 - x + x^2 - x^5$

d) $f(x) = bx^3 - 2x^2 + c - 1$

e) $f(x) = x(x - 1)(x + 1)$

f) $f(x) = t^2 + 2t - x$

5 Skizzieren Sie den Graphen der Funktion f mit $f(x) = 2 \cdot \sqrt{x - 3} - 1$.

6 Berechnen Sie die Nullstellen der Funktion f.

a) $f(x) = (x^2 - 5)x$

b) $f(x) = 2x^4 - 3x^3 + 2x^2$

c) $f(x) = x(x + 1) + x(x + 1)$

d) $f(x) = x^4 - 4x^2 + 4$

e) $f(a) = a^2(a^2 - 4)(a^2 + 4)$

f) $f(x) = x^4 - 104x^3 + 400x^2$

7 Ermitteln Sie eine Gleichung einer ganzrationalen Funktion vierten Grades, die die einfachen Nullstellen $x = -3$ und $x = 0$ und die doppelte Nullstelle $x = 5$ hat und deren Graph durch den Punkt $P(1\,|\,-4)$ verläuft.

8 Gegeben ist der Graph einer ganzrationalen Funktion f sechsten Grades mit einfachen, doppelten und dreifachen Nullstellen. Bestimmen Sie die Nullstellen von f und geben Sie ihre Vielfachheiten an.

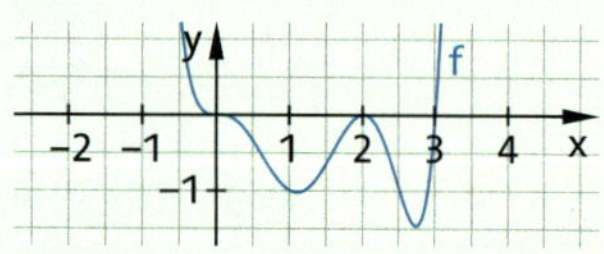

9 a) Geben Sie die Intervalle an, auf denen die abgebildete ganzrationale Funktion 4. Grades streng monoton steigend bzw. fallend ist.

b) Lesen Sie näherungsweise die Hoch- und Tiefpunkte sowie die lokalen Maxima und Minima ab.

c) Erläutern Sie, ob ein globales Maximum oder Minimum existiert. Falls ja, geben Sie es an.

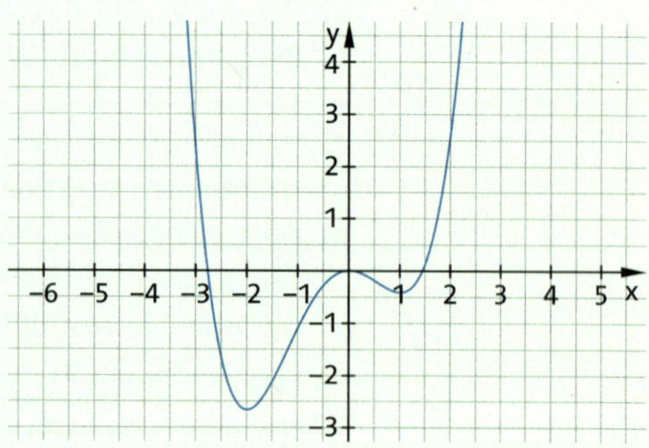

10 Von einer ganzrationalen Funktion vierten Grades ist bekannt, dass ihr Graph achsensymmetrisch zur y-Achse ist, sie die doppelte Nullstelle $x = -\sqrt{2}$ hat und ihr Graph die y-Achse im Punkt $S(0\,|\,8)$ schneidet. Ermitteln Sie eine Funktionsgleichung.

Lösungen
→ S. 284

11 Zu jedem der Graphen ① bis ④ gehört genau eine der Funktionsgleichungen. Ordnen Sie die Graphen den Funktionsgleichungen zu. Begründen Sie die Zuordnung mithilfe geeigneter Eigenschaften der Funktion.

$f(x) = x^6 + 3x^4 - 5x^2$ | $g(x) = -x^5 + x^3 + x$ | $h(x) = -x^6 - x^2 + x$ | $i(x) = x^3 - 4x^2 + 3x$

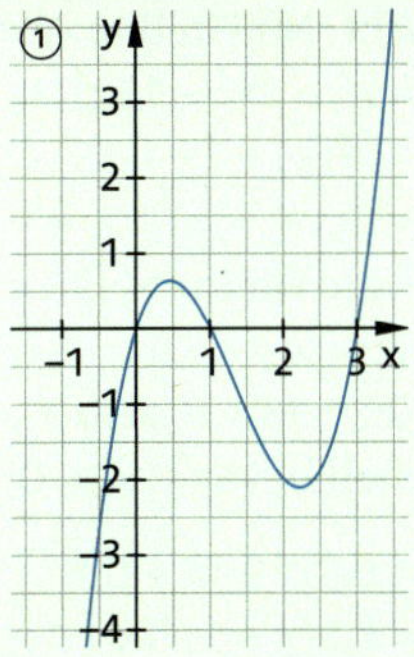

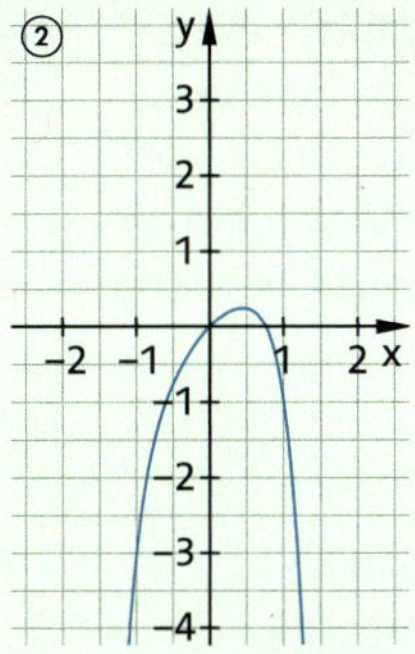

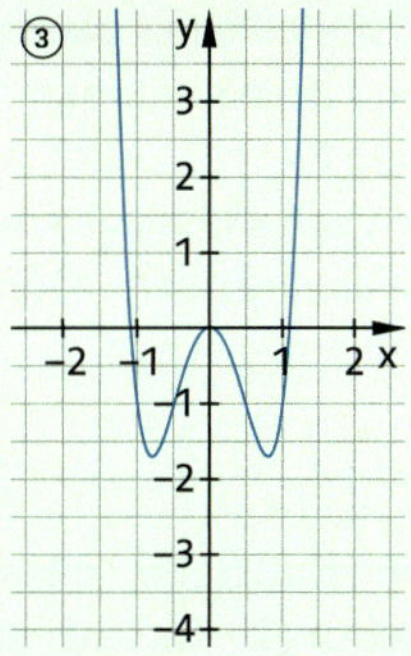

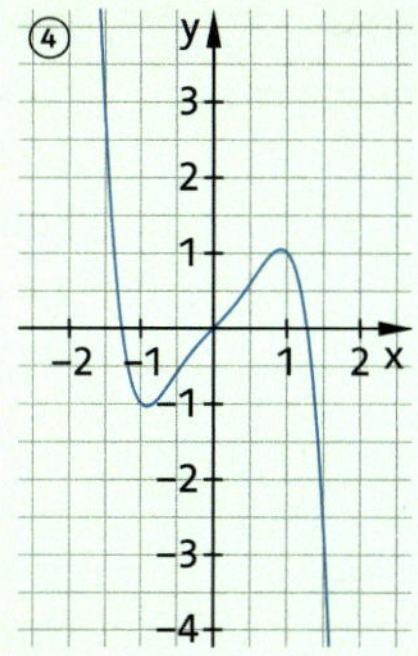

12 Gegeben ist die ganzrationale Funktion f mit der Gleichung $f(x) = x^3 - 3x^2 + 3x$. Berechnen Sie die Koordinaten der Schnittpunkte des Graphen von f mit den Koordinatenachsen und geben Sie das Globalverhalten und das Symmetrieverhalten von f an.

Wo stehe ich?

	Ich kann...	Aufgabe	Nachschlagen
1.1	... mit verschiedenen Darstellungen von Funktionen umgehen. ... Definitions- und Wertebereich von Funktionen angeben und Nullstellen bestimmen.	1	S. 8 Beispiel 1, S. 9 Beispiel 2
1.2	... Graph und Gleichung linearer und quadratischer Funktionen einander zuordnen. ... die Normalparabel transformieren und passende Funktionsterme zu Parabeln angeben. ... Nullstellen quadratischer Funktionen berechnen. ... mit linearen und quadratischen Funktionen modellieren.	3	S. 11 Beispiel 1, S. 12 Beispiel 2, S. 13 Beispiel 3, S. 14 Beispiel 4
1.3	... Graph und Gleichung von Potenzfunktionen mit ganzzahligen Exponenten einander zuordnen.	11	S. 18 Beispiel 1
1.4	... Wurzelfunktionen erkennen und darstellen.	5	S. 21 Definition
1.5	... Funktionsgraphen entlang der Koordinatenachsen strecken und verschieben und passende Funktionsterme dazu aufstellen.	2, 3	S. 24 Beispiel 1, S. 25 Beispiel 2
1.6	... den Grad und die Koeffizienten einer ganzrationalen Funktion bestimmen.	4	S. 29 Beispiel 1
1.7	... die Nullstellen ganzrationaler Funktionen berechnen, auch durch Ausklammern und mit Substitution. ... die Funktionsterme ganzrationaler Funktionen in Linearfaktordarstellung angeben. ... Nullstellen anhand ihrer Vielfachheit charakterisieren.	6, 7, 8, 11	S. 32 Beispiel 1, S. 33 Beispiel 2, S. 35 Beispiel 3, S. 36 Beispiel 4
1.8	... Funktionen auf ihre Monotonie, ihre lokalen und globalen Extrema sowie ihr Globalverhalten untersuchen.	9, 11, 12	S. 38 Beispiel 1, S. 41 Beispiel 2
1.9	... Funktionsgraphen auf Symmetrien zum Koordinatensystem untersuchen.	10, 11	S. 45 Beispiel 1

Zusammenfassung

Ganzrationale Funktionen

Eine Funktion f mit der Gleichung
$f(x) = a_n x^n + a_{n-1} x^{n-1} + \ldots + a_2 x^2 + a_1 x + a_0$
mit $n \in \mathbb{N}$, $a_0, \ldots, a_n \in \mathbb{R}$ und $a_n \neq 0$ heißt **ganzrationale Funktion**. n heißt **Grad** von f.

Die Funktion f mit $f(x) = 0{,}5x^4 - x^2 + 0{,}5$ ist eine ganzrationale Funktion; Grad $n = 4$.
Koeffizienten:
$a_4 = 0{,}5$; $a_3 = 0$; $a_2 = -1$; $a_1 = 0$; $a_0 = 0{,}5$

Nullstellen ganzrationaler Funktionen

Die Nullstellen einer ganzrationalen Funktion f berechnet man durch Lösen der Gleichung $f(x) = 0$. Durch Ausklammern von Potenzen von x lässt sich diese Gleichung oft auf eine lineare oder quadratische Gleichung zurückführen.

gesucht: Nullstellen von f mit
$f(x) = x^4 + 2x^3 - 15x^2$
$f(x) = x^2(x^2 + 2x - 15)$
$= 0$
Satz vom Nullprodukt:
$x^2 = 0$, also $x_1 = 0$
$x^2 + 2x - 15 = 0$, also $x_2 = 3$ oder $x_3 = -5$
Nullstellen von f: $x_1 = 0$; $x_2 = 3$; $x_3 = -5$

Ist $\mathbf{x_N}$ eine Nullstelle, so lässt sich der **Linearfaktor** $(\mathbf{x - x_N})$ aus dem Funktionsterm von f abspalten: $f(x) = (x - x_N) \cdot r(x)$ mit ganzrationaler Funktion r. Ist der Funktionsterm so weit wie möglich faktorisiert, so gibt der Exponent des Linearfaktors $(x - x_N)$ die **Vielfachheit** der Nullstelle x_N an.

$f(x) = 0{,}5x^4 - x^2 + 0{,}5$
$= 0{,}5(x - 1)^2(x + 1)^2$
Nullstellen: $x_1 = 1$; $x_2 = -1$
Linearfaktoren: $(x - 1)$; $(x + 1)$

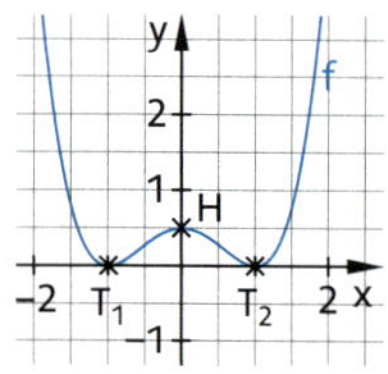

Globalverhalten

Der Graph einer ganzrationalen Funktion f mit $f(x) = a_n x^n + a_{n-1} x^{n-1} + \ldots + a_1 x + a_0$ mit $a_n \neq 0$ verhält sich für $x \to \pm\infty$ wie der Graph von g mit $g(x) = a_n x^n$.

$f(x) = 0{,}5x^4 - x^2 + 0{,}5$; $g(x) = 0{,}5x^4$
Für $x \to \infty$ gilt $g(x) \to \infty$, also $f(x) \to \infty$.
Für $x \to -\infty$ gilt $g(x) \to \infty$, also $f(x) \to \infty$.

Monotonie, lokale und globale Extrema

Die Funktion f ist **streng monoton steigend** bzw. **streng monoton fallend** auf dem Intervall I, wenn für alle x_1 und x_2 aus I mit $x_1 < x_2$ gilt: $\mathbf{f(x_1) < f(x_2)}$ bzw. $\mathbf{f(x_1) > f(x_2)}$

Der Graph einer Funktion f hat an der Stelle x_E einen **Hochpunkt** bzw. **Tiefpunkt**, wenn $f(x_E)$ in einer Umgebung von x_E der **größte** bzw. **kleinste** Funktionswert von f ist. Den Funktionswert $f(x_E)$ nennt man **lokales Maximum** bzw. **lokales Minimum**. Ist f(x) der **größte** bzw. **kleinste** Funktionswert im Definitionsbereich von f, so ist f(x) ein **globales Maximum** bzw. **globales Minimum** von f.

$f(x) = 0{,}5x^4 - x^2 + 0{,}5$
streng monoton steigend für $-1 < x < 0$ und für $x > 1$,

streng monoton fallend für $x < -1$ und für $0 < x < 1$

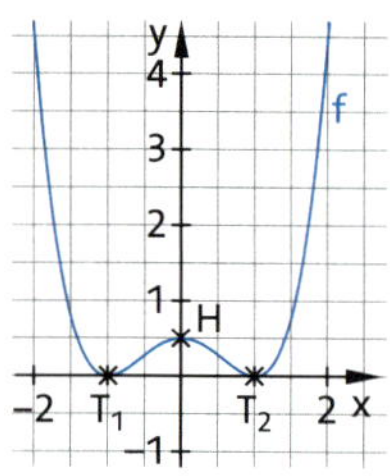

Symmetrie zum Koordinatensystem

Der Graph einer Funktion f ist
- **achsensymmetrisch zur y-Achse,** wenn für alle $x \in D$ gilt: $f(-x) = f(x)$,
- **punktsymmetrisch zum Ursprung,** wenn für alle $x \in D$ gilt: $f(-x) = -f(x)$.

Der Graph einer ganzrationalen Funktion f ist genau dann **achsensymmetrisch zur y-Achse** bzw. **punktsymmetrisch zum Ursprung**, wenn der ausmultiplizierte Funktionsterm von f nur **gerade** bzw. nur **ungerade** Exponenten hat.

$f(x) = x^2 - 1$, $g(x) = \frac{3}{x}$
$f(-x) = (-x)^2 - 1 = x^2 - 1 = f(x)$: Der Graph von f ist achsensymmetrisch zur y-Achse.
$g(-x) = \frac{3}{-x} = -\frac{3}{x} = -g(x)$: Der Graph von g ist punktsymmetrisch zum Ursprung.

$f(x) = 0{,}5x^4 - x^2 + 0{,}5$ $\qquad 0{,}5 = 0{,}5x^0$
Nur gerade Exponenten, der Graph ist achsensymmetrisch zur y-Achse.

$g(x) = -0{,}5x^5 + 1{,}5x^3 + 2x$ $\qquad 2x = 2x^1$
Nur ungerade Exponenten, der Graph ist punktsymmetrisch zum Ursprung.

2

Einführung des Ableitungsbegriffs

Nach diesem Kapitel können Sie

→ lokale und mittlere Änderungsraten bestimmen und interpretieren,
→ Funktionen grafisch ableiten,
→ ganzrationale Funktionen rechnerisch ableiten,
→ Sekanten-, Tangenten-, Normalensteigungen und Steigungswinkel berechnen.

Lösungen → S. 284

Erklärvideo

Terme umformen

1 Berechnen Sie den Termwert.

a) $\frac{2}{3}-\frac{1}{6}$ b) $\frac{5}{6}-2$ c) $0{,}5-\frac{2}{5}$ d) $\frac{2}{3}-\frac{2}{5}$ e) $\frac{1}{4}-\frac{2}{3}$

f) $\frac{2\cdot 3^2-2\cdot 2^2}{3-2}$ g) $\frac{\frac{1}{2}\cdot 6^2-\frac{1}{2}\cdot 4^2}{6-4}$ h) $\frac{-3\cdot 2^2-(-3\cdot 1^2)}{2-1}$ i) $\frac{-\frac{1}{2}\cdot 2^2-\left(-\frac{1}{2}\cdot 4^2\right)}{2-4}$ j) $\frac{2^2-5^2}{2-5}$

2 Kürzen Sie, falls möglich.

a) $\frac{a+2a^2}{2a^2}$ b) $\frac{xy-1}{y-1}$ c) $\frac{3+4a^2}{3a^2}$ d) $\frac{2x^3-x}{2x-x^2}$

3 Begründen Sie, dass der linke Term äquivalent umgeformt wurde.

a) $\frac{x^2-y^2}{x-y}=x+y\ (x\neq y)$ b) $\frac{(u+3)^2-9}{u}=u+6\ (u\neq 0)$ c) $\frac{2xy+y^2}{y}=2x+y\ (y\neq 0)$

4 Überprüfen Sie, ob linke Term äquivalent umgeformt wurde. Begründen Sie Ihre Entscheidung und korrigieren Sie Fehler.

a) $\frac{(2+x)^2-4}{x}=x+4$ b) $\frac{(1+x)^2-1}{1+x}=x$ c) $\frac{-4a^2-(-4\cdot 2^2)}{a-2}=-4\cdot(a+2)$

5 Vereinfachen Sie.

a) $\frac{3-x}{x+3}+\frac{2x-2}{x+3}$ b) $\frac{x}{x-2}-\frac{x-3}{x-2}$ c) $\frac{4}{3y}-\frac{3}{y}+\frac{5}{2y}$ d) $\frac{3}{a}-\frac{2}{a^2}+\frac{1}{3a}$

e) $\frac{4}{xy}-\frac{3}{x^2}+\frac{5}{y^2}$ f) $\frac{1}{(x-3)}-\frac{x-1}{x\cdot(x-3)}$ g) $\frac{3}{x(x-3)}-\frac{x-1}{x}$ h) $\frac{x+y}{x-y}-\frac{x-y}{y}$

Gleichungen lösen

6 Bestimmen Sie die Lösungsmenge der Gleichung.

a) $x-6=3x$ b) $x^2+3x=4$ c) $(x-2)(x+2)=5$ d) $(x-1)^2=3-x$

e) $x^2+3=4x-1$ f) $x^2-1=x-x^2$ g) $3x^2+4x=3-x^2$ h) $2x^4-8=24$

7 Lösen Sie die Gleichung und machen Sie die Probe.

a) $2x^3+3=5$ b) $x^4+x^2=0$ c) $x^3=2x^2-x$ d) $x^5-x^3=0$

Erklärvideo

Lineare Funktionen

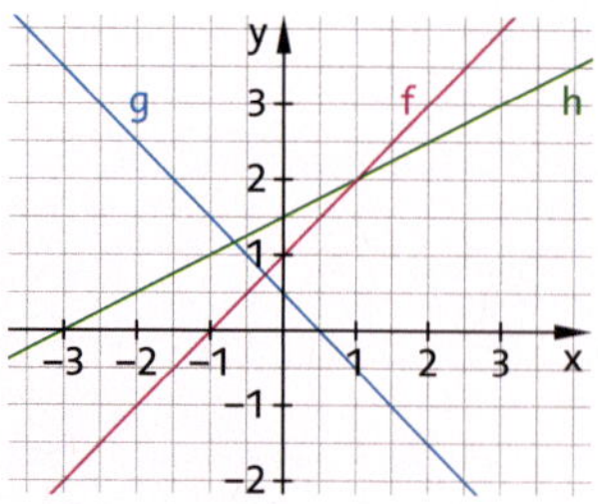

8 Die Abbildung zeigt die Graphen von drei linearen Funktionen. Ermitteln Sie zugehörige Funktionsgleichungen und geben Sie jeweils die Nullstelle der Funktion an.

9 Vom Graphen einer linearen Funktion f sind die Punkte A und B gegeben. Bestimmen Sie eine Funktionsgleichung von f.

a) A(2|−1); B(3|−0,5) b) A(−3|1); B(3|−5)

c) A(−2|−2,5); B(4|−1) d) A(0|0,5); B(1|2,5)

10 Von einer linearen Funktion f sind die Nullstelle x_0 und ein Punkt des Graphen bekannt. Ermitteln Sie einen Funktionsterm von f.

a) $x_0=1$ und (2|1) b) $x_0=0$ und (−2|2) c) $x_0=0{,}5$ und (3|5)

d) $x_0=-3$ und (−1|2) e) $x_0=10$ und (0|−5) f) $x_0=-7$ und (2|−3)

Lösungen → S. 284/285

Erklärvideo

Quadratische Funktionen

11 Geben Sie zu jeder der Parabeln einen Funktionsterm sowie die Nullstellen der Funktion an.

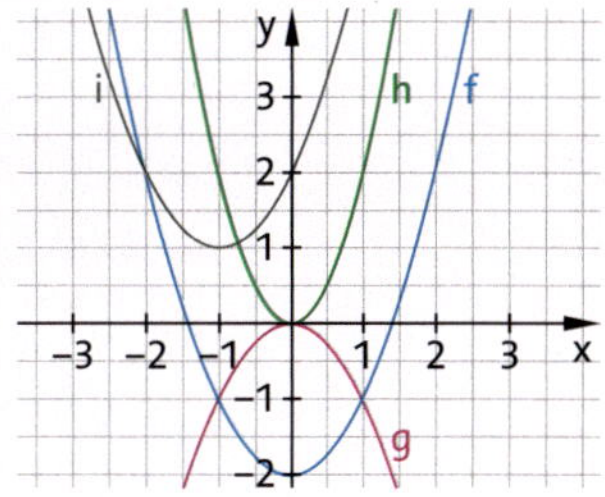

12 Gegeben ist die Funktion f mit $f(x) = x^2 - 2x - 3$.
a) Berechnen Sie die Schnittpunkte des Graphen von f mit den Koordinatenachsen.
b) Berechnen Sie alle Schnittpunkte der Graphen von f und g mit $g(x) = -x^2 - 4x + 1$.

13 Beschreiben Sie die Veränderung des Graphen von g gegenüber dem Graphen von f mit $f(x) = x^2$. Geben Sie den Wertebereich, alle Nullstellen und – falls möglich – den größten (kleinsten) Funktionswert von g an.

a) $g(x) = 0{,}5x^2$ b) $g(x) = -3x^2$ c) $g(x) = -x^2 - 1$
d) $g(x) = (x - 2)^2$ e) $g(x) = (x + 2)^2 - 9$ f) $g(x) = x^2 - 4x + 3$

Vermischtes

14 Sara läuft zum 4 km entfernten Nachbarort. Der Weg führt bergauf, da der Nachbarort 80 Meter höher liegt.
a) Berechnen Sie die durchschnittliche Steigung des Wegs.
b) Geben Sie die durchschnittliche Steigung für den Rückweg vom Nachbarort zum Ausgangsort an.

15 Berechnen Sie im abgebildeten Dreieck die Steigung in Prozent und mithilfe des Tangens den Steigungswinkel.

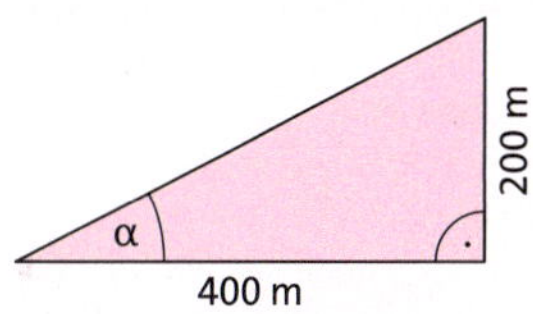

16 Die Abbildung zeigt eine Gerade.
a) Stellen Sie eine passende Geradengleichung auf.
b) Berechnen Sie den Steigungswinkel und die Steigung in Prozent.

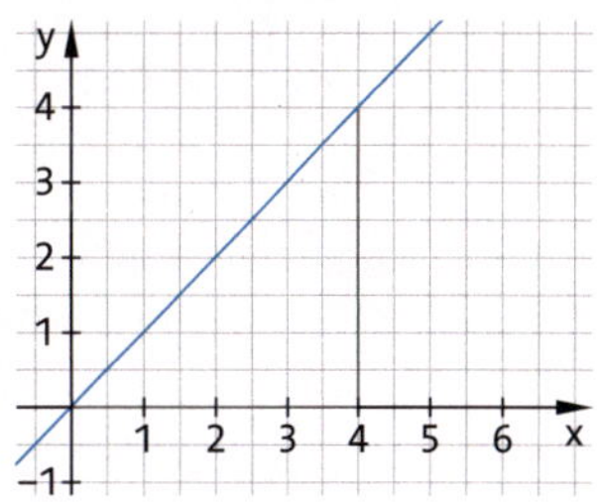

17 Frank hat die 24 km bis zum Freibad „ADRIA" in $1\frac{1}{4}$ h mit dem Fahrrad zurückgelegt. Berechnen Sie die Durchschnittsgeschwindigkeit für die gesamte Strecke.

18 a) Zeichnen Sie in ein Koordinatensystem einen Kreis mit dem Mittelpunkt M(0 | 0) und mit dem Durchmesser 6 LE. Zeichnen Sie die Sekante durch die Punkte A(0 | 3) und B(3 | 0) und geben Sie eine Gleichung für diese Sekante an.
b) Zeichnen Sie eine Tangente an den Kreis, die parallel zu dieser Sekante verläuft, und geben Sie ihre Steigung an.

19 Zeichnen Sie die Parabel zur Funktion f mit $f(x) = x^2$ und die Gerade g mit $g(x) = 2x - 1$ in ein gemeinsames Koordinatensystem. Erläutern Sie, dass man hier analog zur Kreistangente von einer Tangente an die Parabel sprechen kann.

20 Zeichnen Sie die Graphen von f und g mit $f(x) = (x + 2)^2 + 1$ und $g(x) = -x^2 + 3$ sowie die Gerade zu $y = 2x + 4$ in ein gemeinsames Koordinatensystem. Erläutern Sie die besondere Lage der Gerade bezüglich der Funktionsgraphen.

2.1 Mittlere Änderungsrate

Die Tabelle zeigt die Messwerte eines Fahrers auf einer Etappe der Tour de France.

Zeit (in h)	0,5	2	2,5	2,75	3,5
Strecke (in km)	24	56	84,5	96	110

a) Berechnen Sie für die gesamte Strecke und für die einzelnen Zeitabschnitte die Durchschnittsgeschwindigkeit in km/h.

b) Beschreiben Sie, was Ihnen auffällt.

Grafische Deutung

In vielen Situationen spielt das Änderungsverhalten der untersuchten Größe eine wichtige Rolle. Dabei ist es hilfreich, die Zusammenhänge mithilfe von Funktionen und Graphen zu beschreiben, aus denen sich die Änderungen ablesen lassen.

Hinweis

Die Steigung ist von den Graphen linearer Funktionen bekannt. Sie kann auch für andere Graphen definiert werden, ändert sich dann aber möglicherweise in jedem Punkt.

- Ist der Graph fallend, so entspricht diese negative Änderung einer Verringerung der untersuchten Größe.
- Ist der Graph steigend, so entspricht diese positive Änderung einer Zunahme der untersuchten Größe.

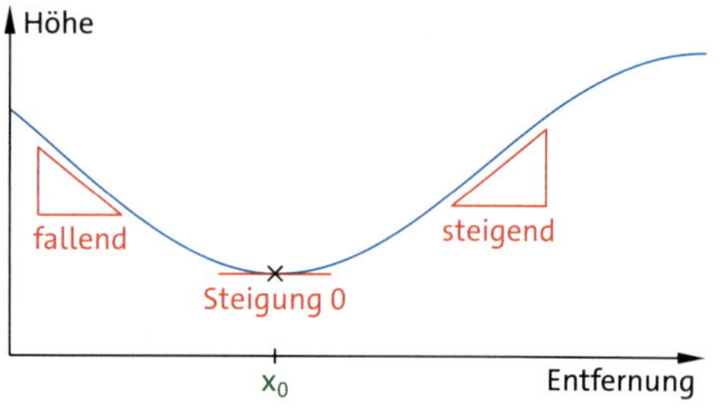

Das Änderungsverhalten kann man auch als Änderungsgraphen darstellen:

- Je steiler es bergab geht, desto kleiner werden die y-Werte des Änderungsgraphen.
- Je steiler es bergauf geht, desto größer werden die y-Werte des Änderungsgraphen.
- Die x-Achse des Änderungsgraphen hat die gleiche Einheit wie die des Funktionsgraphen. Die y-Achse hat eine andere Einheit.

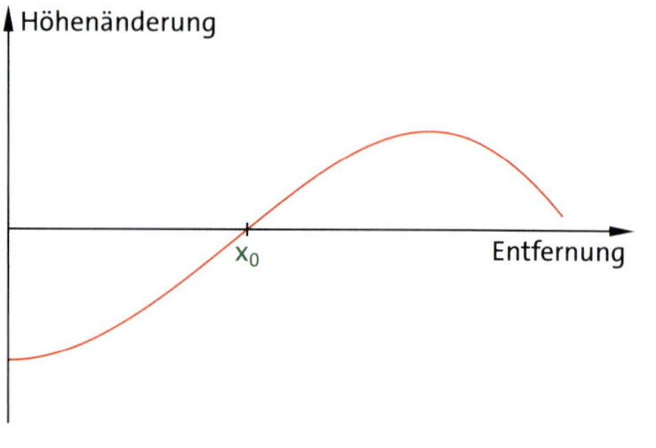

Beispiel 1

Der Graph zeigt die Entwicklung einer Bakterienkultur in Abhängigkeit von der Zeit. Beschreiben Sie die Änderung des Bakterienbestandes mit eigenen Worten und skizzieren Sie den zugehörigen Änderungsgraphen.

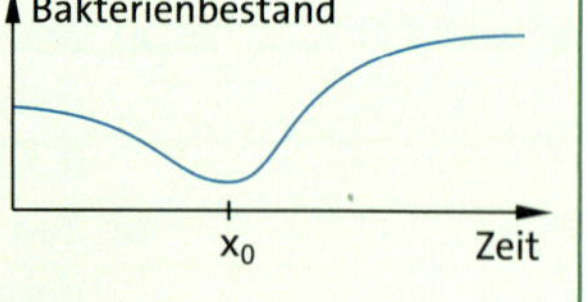

Lösung:

Zu Beginn nimmt der Bestand immer stärker ab, dann wird die Abnahme pro Zeiteinheit schwächer. Zum Zeitpunkt x_0 erreicht der Bestand sein Minimum.

Danach steigt er zunächst immer stärker an, dann wird der Anstieg schwächer. Am Ende ändert sich der Bestand nicht mehr.

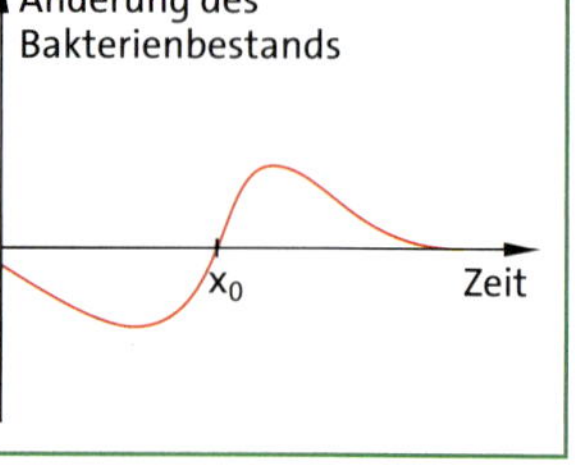

Basisaufgaben

1 Die Graphen ①–④ zeigen jeweils die zurückgelegte Strecke eines Autos in Abhängigkeit von der Zeit. Beschreiben Sie die Geschwindigkeit des Autos mit eigenen Worten und ordnen Sie jedem Graphen den passenden Änderungsgraphen aus Ⓐ–Ⓓ zu.

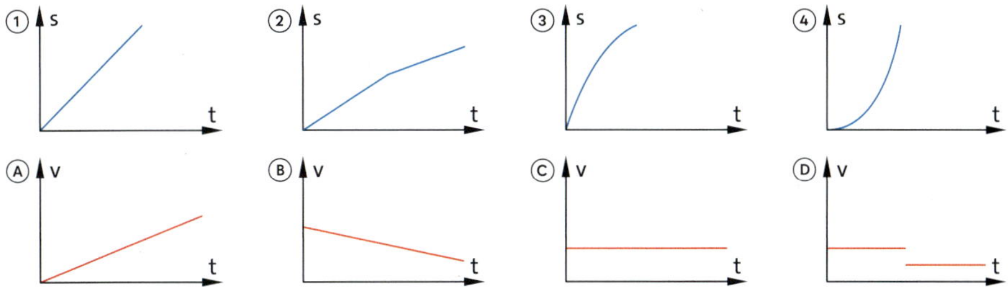

2 Die Abbildung zeigt die Entwicklung der Bevölkerungszahl eines Lands in Abhängigkeit von der Zeit. Beschreiben Sie das Bevölkerungswachstum. Skizzieren Sie einen Graphen, der die Änderung der Bevölkerungszahl pro Zeitschritt abbildet.

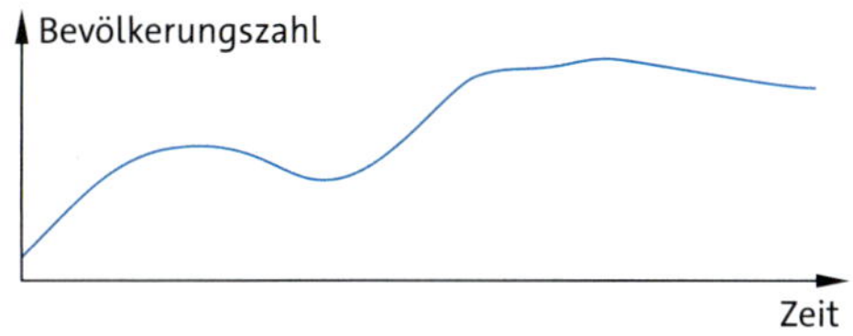

3 Vervollständigen Sie die Tabelle und vergleichen Sie untereinander.

Situation	Änderung
Zurückgelegter Weg eines Motorrads in km	Geschwindigkeit des Motorrads in km/h
Geländeprofil einer Straße in m	
Flughöhe eines Heißluftballons in m	
	Wasserzuflussrate einer Badewanne in cm/min
Per Bluetooth übertragene Datenmenge in MB	
	Beschleunigung eines Rennwagens in $\frac{m}{s^2}$

4 Die Abbildungen zeigen jeweils die Bestandsänderung eines Wolfsrudels in Abhängigkeit von der Zeit. Ordnen Sie jeder Aussage den passenden Graphen zu.

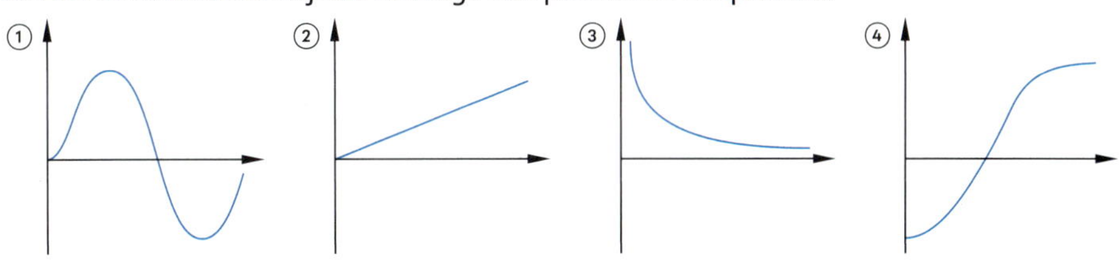

A Der Bestand wächst zunächst, dann verringert er sich.

B Die Zunahme des Bestandes verlangsamt sich.

C Der Bestand verringert sich zunächst, dann wächst er.

D Die Population wächst immer schneller.

5 Der Graph zeigt die Geschwindigkeit, mit der ein Heißluftballon zu Beginn seiner Fahrt in Abhängigkeit von der Zeit senkrecht steigt bzw. sinkt.

a) Bestimmen Sie den Zeitpunkt, zu dem der Ballon seine maximale Flughöhe erreicht.

b) Skizzieren Sie den Graphen, der die Höhe des Ballons in Abhängigkeit von der Zeit darstellt.

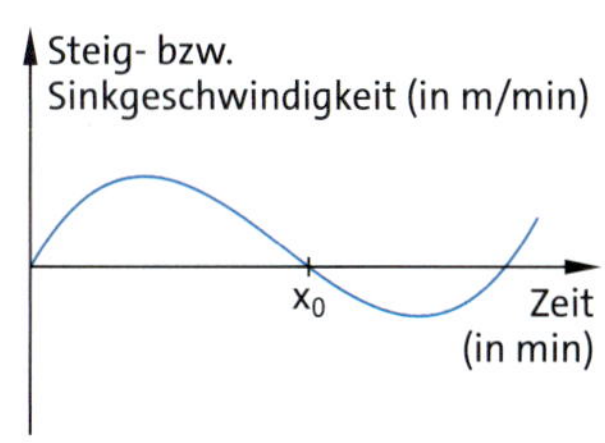

Mittlere Änderungsrate

Die Tabelle zeigt die Höhen einer Wanderstrecke. Aus diesen Angaben kann man die durchschnittliche Steigung der einzelnen Etappen berechnen.
Man dividiert dazu den Höhenunterschied (Etappe 1: 400 m) durch die horizontale Entfernung (Etappe 1: 2000 m). Die durchschnittliche Steigung von Etappe 1 ist also $m = \frac{y_2 - y_1}{x_2 - x_1} = \frac{400}{2000}$.

horizontale Distanz (in km)	0	2	4	6
Höhe (in m)	860	1260	1870	870

Abschnitt	**Durchschnittliche Steigung**
1. Etappe	$m = \frac{1260 - 860}{2000 - 0} = \frac{400}{2000} = 0{,}2$
2. Etappe	$m = \frac{1870 - 1260}{4000 - 2000} = \frac{610}{2000} = 0{,}305$
3. Etappe	$m = \frac{870 - 1870}{6000 - 4000} = \frac{-1000}{2000} = -0{,}5$

Erinnerung

Sekante am Kreis

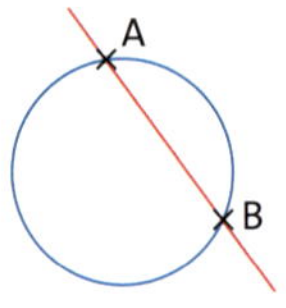

Die horizontale Entfernung ist auf der x-Achse und die Höhe auf der y-Achse eingetragen. Die Punkte wurden geradlinig zu einem Geländeprofil verbunden.
Die durchschnittliche Steigung entspricht der Steigung der **Sekante** vom Anfangs- bis zum Endpunkt jeder Etappe.
Die Steigung an einzelnen Stellen innerhalb der Etappen kann davon mal mehr, mal weniger abweichen, wie das tatsächliche Geländeprofil zeigt.

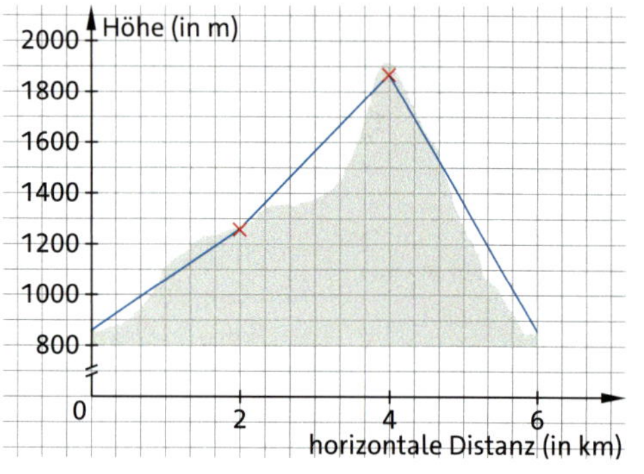

Hinweis

Die Funktion sollte auf dem gesamten Intervall [a; b] definiert sein. Sonst ist diese Definition unter Umständen nicht sinnvoll.

Definition

Der **Differenzenquotient** $\frac{f(b) - f(a)}{b - a}$ gibt die **mittlere Änderungsrate** der Funktion f im Intervall [a; b] an.

Sie entspricht anschaulich der **Steigung** der **Sekante** durch die Punkte A(a | f(a)) und B(b | f(b)).

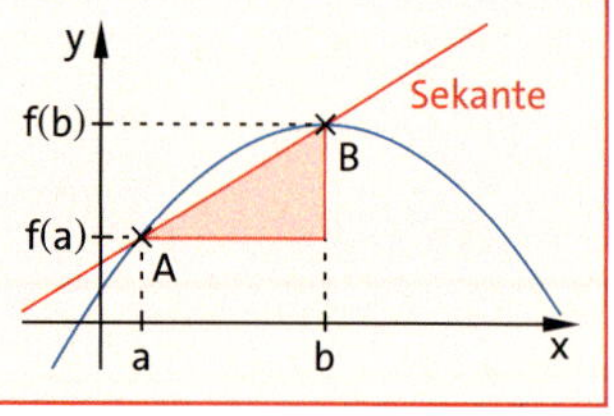

Erklärvideo

Beispiel 2

Berechnen Sie die mittlere Änderungsrate von f mit $f(x) = 3x^2 - x$ im Intervall [−1; 2].

Lösung:

Setzen Sie die Intervallgrenzen a = −1 und b = 2 in den Differenzenquotienten $m = \frac{f(b) - f(a)}{b - a}$ ein und berechnen Sie seinen Wert.

$$m = \frac{f(2) - f(-1)}{2 - (-1)}$$
$$= \frac{(3 \cdot 2^2 - 2) - (3 \cdot (-1)^2 - (-1))}{3} = \frac{10 - 4}{3} = 2$$

Beispiel 3

Die Funktion f mit $f(x) = 2x^2$ beschreibt den zurückgelegten Weg (in m) eines anfahrenden Autos in Abhängigkeit von der Zeit (in s). Berechnen Sie die Durchschnittsgeschwindigkeit des Autos zwischen den Zeitpunkten x = 1 und x = 3.

Lösung:

Berechnen Sie die Durchschnittsgeschwindigkeit mit dem Differenzenquotienten. Setzen Sie dazu die Intervallgrenzen a = 1 und b = 3 in den Differenzenquotienten $m = \frac{f(b) - f(a)}{b - a}$ ein und berechnen Sie.

$$m = \frac{f(3) - f(1)}{3 - 1} = \frac{18 - 2}{2} = 8$$

Das Auto fährt zwischen der 1. und der 3. Sekunde durchschnittlich 8 m/s.

Basisaufgaben

Beispiel

Lösungen zu 6

−4 4 5 15 1 7 −9 15 1

6 Berechnen Sie für die Funktion f die mittlere Änderungsrate in den Intervallen I = [1; 3], J = [−3; −1] und K = [−1; 2].

a) $f(x) = x^2$ b) $f(x) = x^3 + 2x$ c) $f(x) = 2x^2 - x$

7 Die Funktion f mit $f(x) = 2{,}3x^2$ beschreibt den zurückgelegten Weg (in m) eines 100-m-Läufers in Abhängigkeit von der Zeit (in s) nach dem Start. Berechnen Sie die Durchschnittsgeschwindigkeit des Läufers in den ersten beiden Sekunden.

Erinnerung

Der Graph einer Funktion f kann mit f oder G_f beschriftet werden.

8 Bestimmen Sie zu den Funktionen f und g die Sekantensteigungen im Intervall [−1; 2].

a)
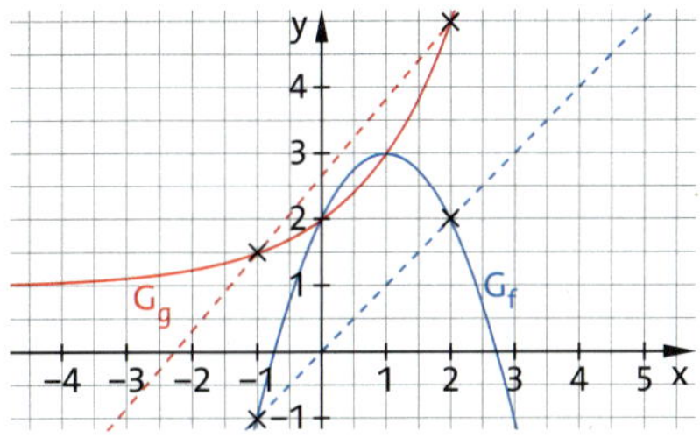

b)
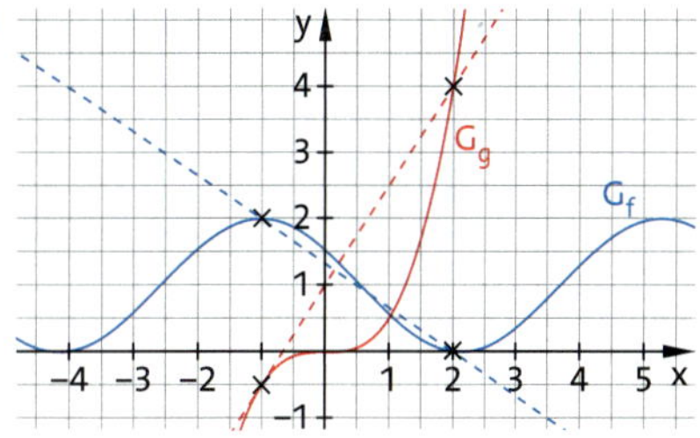

9 a) Betrachten Sie die Funktionen f und g mit $f(x) = 2x - 3$ und $g(x) = \frac{1}{2}x + 1$. Berechnen Sie jeweils die Sekantensteigung auf [2; 6]. Vergleichen Sie mit den Funktionstermen.

b) Erklären Sie das Ergebnis aus a), indem Sie die Graphen von f und g skizzieren. Erläutern Sie, dass das Ergebnis aus a) auch für beliebige Intervalle zutrifft.

10 Geben Sie an, was die mittlere Änderungsrate beschreibt. Nennen Sie auch ihre Einheit.

a) vergangene Zeit in s → zurückgelegter Weg in m beim Laufen
b) horizontale Entfernung in m → Höhe in m beim Fahrradfahren
c) Zeit in Tagen → Anzahl der Infizierten bei einer Epidemie

Beispiel

11 Die Tabelle zeigt die Entwicklung des Verbrauchs an Plastiktüten in Deutschland.

Jahr	2000	2012	2015	2016	2017	2018	2019
Verbrauch Plastiktüten in Mrd.	7	6,1	5,6	3,7	2,4	2	1,7

a) Berechnen Sie die mittlere Änderungsrate des Plastiktütenverbrauchs für den Zeitabschnitt von 2000 bis 2012 und interpretieren Sie das Ergebnis im Sachzusammenhang.
b) Berechnen Sie die mittleren Änderungsraten für die übrigen Zeitabschnitte und geben Sie die Zeitabschnitte der stärksten und schwächsten Abnahme an.
c) Recherchieren Sie zum Thema Entwicklung des Plastiktütenverbrauchs in den folgenden Jahren und geben Sie Gründe für diese Entwicklung an.

12 Die Tabelle zeigt Messwerte einer Autobahnfahrt. Ermitteln Sie den Abschnitt mit der größten Durchschnittsgeschwindigkeit.

a)

h	0	1,5	3	4,5	6
km	0	120	330	480	660

b)

h	0	1,4	3,8	4,7	6,8
km	0	150	400	520	750

Hinweis

Die CO_2-Konzentration wird in ppm (parts per million) gemessen.

13 Der Graph zeigt die Messwerte einer CO_2-Ampel während einer Unterrichtsstunde.

a) Beschreiben Sie den Verlauf der CO_2-Konzentration.
b) Bestimmen Sie die mittlere Änderungsrate der CO_2-Konzentration zwischen der 25. und der 30. Minute.

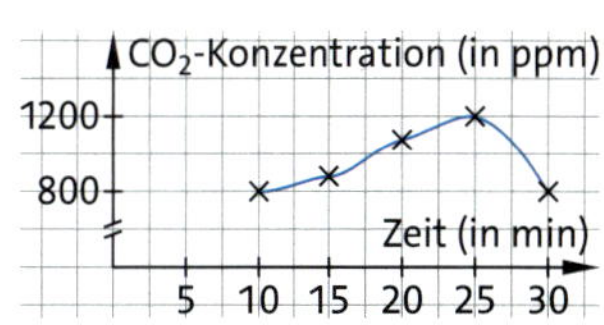

Weiterführende Aufgaben

Zwischentest

Hilfe

14 Durch ein Ventil wird Wasser in ein quaderförmiges Gefäß gefüllt bzw. herausgelassen. Der Graph zeigt das Volumen des Wassers im Gefäß in Abhängigkeit von der Zeit. Beschreiben Sie die Zuflussgeschwindigkeit des Wassers in Worten und skizzieren Sie den Änderungsgraphen.

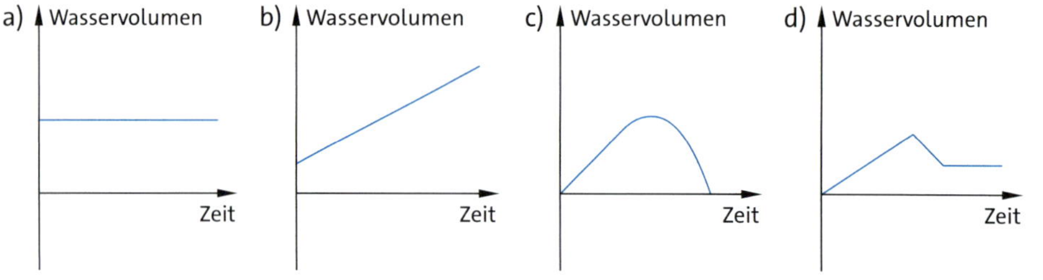

15 Ordnen Sie die Graphen von Bestandsfunktionen den passenden Kärtchen zu.

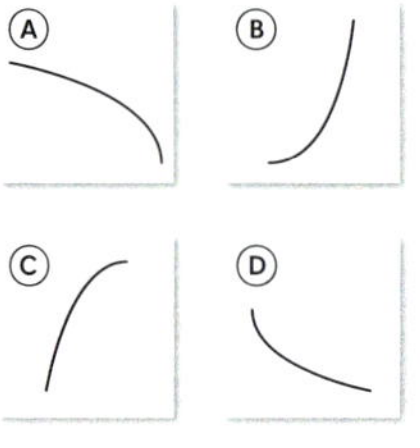

(I) Die mittlere Änderungsrate steigt immer schneller.

(II) Die mittlere Änderungsrate fällt immer schneller.

(III) Die mittlere Änderungsrate steigt immer langsamer.

(IV) Die mittlere Änderungsrate fällt immer langsamer.

16 Der Graph gibt im Intervall $[0; 19]$ in etwa das Profil einer Mountainbiketour wieder.

a) Lesen Sie die Koordinaten der Punkte A–G ab und berechnen Sie die durchschnittliche Steigung zwischen je zwei benachbarten Punkten.

b) Geben Sie an, in welchem Abschnitt die Strecke am steilsten ist.

c) Geben Sie die Bedeutung des Vorzeichens der Steigung für den Fall an, dass das Profil von links nach rechts durchfahren wird.

d) Ergänzen Sie H so, dass die durchschnittliche Steigung zwischen G und H zwischen 0 und $-0{,}3$ liegt.

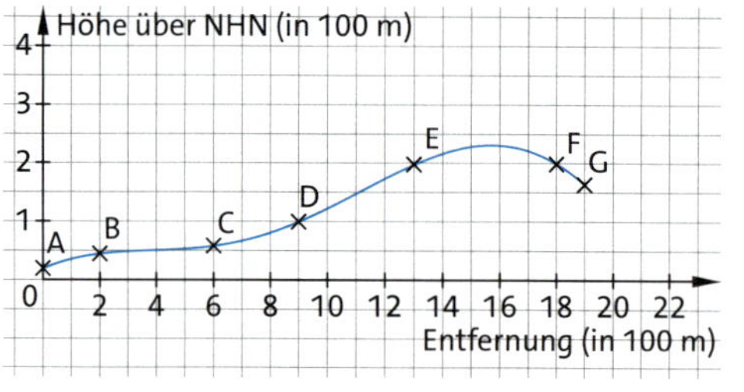

17 **Stolperstelle:**
Tim soll die mittlere Änderungsrate der Funktion f mit dem abgebildeten Graphen im Intervall $[-1; 1]$ bestimmen. Er berechnet dazu die Sekantensteigung und meint:

„Es gilt $m = \frac{2-2}{1-(-1)} = 0$. Also steigt der Graph im Intervall $[-1; 1]$ nicht und fällt auch nicht."

Nehmen Sie Stellung.

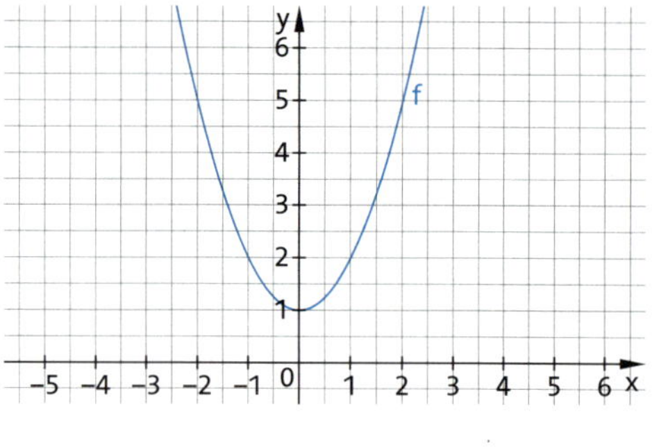

18 Begründen Sie, dass man die mittlere Änderungsrate einer Funktion f auf einem Intervall [a; b] auch als $\frac{f(a) - f(b)}{a - b}$ berechnen kann.

19 Gegeben ist die Funktion f mit $(x - 3)^2$.
a) Berechnen Sie die Sekantensteigung im Intervall [3; 4] sowie im Intervall [2; 3].
b) Stella sagt: Zu jedem Punkt A auf dem Graphen kann ich einen zweiten Punkt B auf dem Graphen so angeben, dass die Sekante durch A und B die Steigung 0 hat. Nehmen Sie begründet Stellung zu Stellas Behauptung. Korrigieren Sie die Behauptung ggf. so, dass sie zutrifft.

20 Gegeben ist die Funktion f mit $f(x) = 2^x$.
a) Zeichnen Sie den Graphen von f für $-2 \leq x \leq 3$.
b) Zeichnen Sie die Sekanten für [−1; 1] und [−1; 2] ein und lesen Sie ihre Steigung ab.

Hinweis

Die 7-Tage-Inzidenz gibt die Anzahl der an das Robert-Koch-Institut (RKI) gemeldeten Fälle pro 100 000 Einwohner innerhalb der letzten 7 Tage an.

21 Die Tabelle zeigt 7-Tage-Inzidenzen von Covid-19-Infektionen in Deutschland.

15.08.20	15.09.20	15.10.20	15.11.20	15.12.20	15.01.21	15.02.21	15.03.21	15.04.21	15.05.21
8,3	10,4	34,1	142,5	174	146	59	83	160	87

a) Berechnen Sie die mittlere Änderungsrate der Inzidenzen im Beobachtungszeitraum.
b) Bestimmen Sie den stärksten durchschnittlichen Anstieg und die stärkste durchschnittliche Abnahme der Inzidenzen pro Tag innerhalb eines Monats. Geben Sie mögliche Gründe für diese Entwicklungen an und recherchieren Sie, wie sich die Inzidenzen in den folgenden Monaten entwickelten.

22 Die Abbildung zeigt die zurückgelegte Strecke zweier Läufer (in m) in Abhängigkeit von der Zeit (in min).
a) Beschreiben Sie die Situation.
b) Berechnen Sie die ungefähre durchschnittliche Geschwindigkeit der Läufer bis zum Zeitpunkt t = 15.
c) Nennen Sie einen möglichen Grund dafür, dass Läufer 2 kurz vor t = 10 deutlich schneller wird.

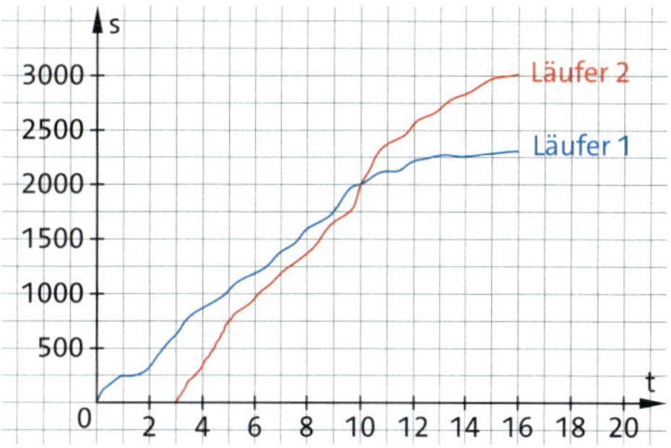

23 Der Graph der Funktion $f(x) = x^3$ beschreibt, von links nach rechts betrachtet, erst eine Rechts- und dann eine Linkskurve. Beschreiben Sie, wie sich die mittleren Änderungsraten von f in gleich großen Intervallen von links nach rechts verändern.

Hilfe

24 Ausblick:
Ein Fahrstuhl beginnt seine Fahrt im Erdgeschoss und wird von dort aus nach oben oder nach unten gerufen. Der abgebildete Änderungsgraph zeigt, wie viele Meter der Fahrstuhl pro Sekunde nach oben bzw. nach unten zurücklegt. Brems- und Beschleunigungsphasen werden dabei vernachlässigt.

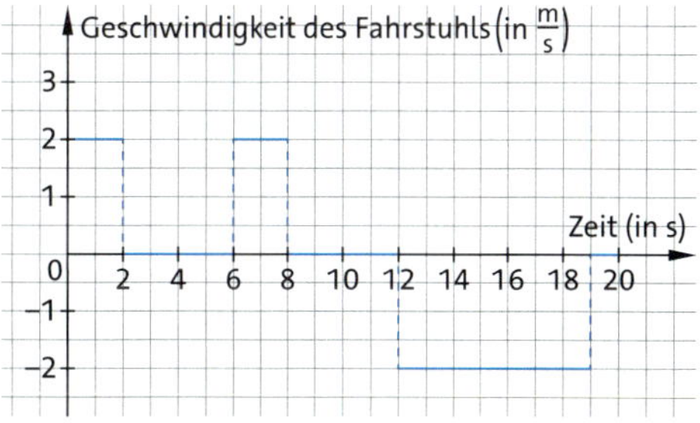

a) Beschreiben Sie die Fahrt des Fahrstuhls mit eigenen Worten.
b) Geben Sie an, wie viele Meter der Fahrstuhl nach 8 Sekunden zurückgelegt hat.
c) Begründen Sie, wann sich der Fahrstuhl wieder im Erdgeschoss befindet.
d) Stellen Sie die Höhe des Fahrstuhls in Abhängigkeit von der Zeit grafisch dar.

2.2 Grenzwert einer Funktion an einer Stelle

Die Funktion f: $x \mapsto \frac{5}{x^2}$ ist an der Stelle $x_0 = 0$ nicht definiert. Untersuchen Sie das Verhalten der Funktionswerte f(x), wenn sich die x-Werte beliebig nah an $x_0 = 0$ annähern. Vergleichen Sie Ihre Ergebnisse. Diskutieren Sie, ob die konkrete Wahl der x-Werte dabei eine Rolle spielt.

Beim Globalverhaltens einer Funktion werden beliebig große ($x \to \infty$) oder beliebig kleine ($x \to -\infty$) Funktionswerte betrachtet. Ganz ähnlich lässt sich das Verhalten von Funktionswerten untersuchen, wenn die x-Werte gegen eine Stelle x_0 streben.

Die Funktion f mit $f(x) = \begin{cases} x & \text{für } x < 1{,}5 \\ x + 1 & \text{für } x \geq 1{,}5 \end{cases}$ verhält sich links und rechts der Sprungstelle $x_0 = 1{,}5$ unterschiedlich. Nähern sich x-Werte von links ($x < 1{,}5$) beliebig dicht an x_0 an, so nähern sich die zugehörigen Funktionswerte dem Wert 1,5 an. Die Funktion hat an der Stelle den **linksseitigen Grenzwert** $\lim\limits_{\substack{x \to x_0 \\ x < 1{,}5}} f(x) = 1{,}5$. Streben die x-Werte von rechts ($x > 1{,}5$) gegen x_0, so streben die Funktionswerte gegen den Wert 2,5. Die Funktion hat den **rechtsseitigen Grenzwert** $\lim\limits_{\substack{x \to x_0 \\ x > 1{,}5}} f(x) = 2{,}5$.

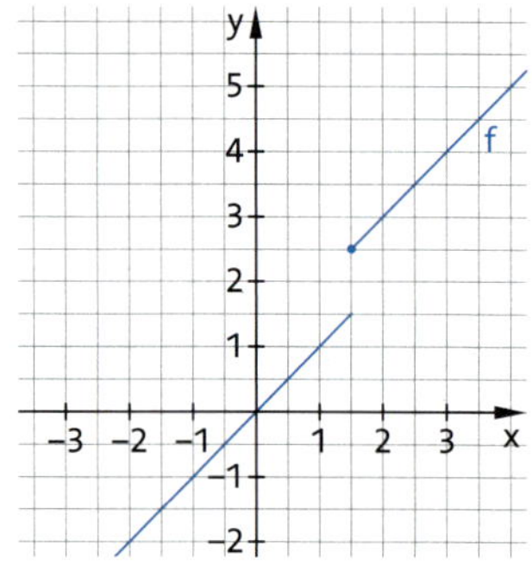

Wenn links- und rechtsseitiger Grenzwert einer Funktion an einer Stelle x_0 übereinstimmen, dann hat die Funktion dort einen **Grenzwert** $\boldsymbol{\lim\limits_{x \to x_0} f(x)}$. Für die Bestimmung von Grenzwerten an einer Stelle x_0 gibt es verschiedene Möglichkeiten. Eine davon ist die **h-Methode**, bei der der Grenzwert $f(x_0 + h)$ für $h \to 0$ betrachtet wird.

Beispiel 1

a) Stellen Sie mithilfe von Testeinsetzungen eine Vermutung über den Grenzwert von f mit $f(x) = \frac{x^2 - 4}{x - 2}$ an der Stelle $x_0 = 2$ auf.

b) Bestimmen Sie den Grenzwert von f mithilfe
① von Termumformungen, ② der h-Methode.

Lösung:

a) Nähern Sie sich der Stelle $x_0 = 2$ von links ($x < 2$) und dann von rechts ($x > 2$). Setzen Sie entsprechende Werte in den Funktionsterm ein. Die Funktionswerte nähern sich jeweils 4 an, f könnte also den Grenzwert 4 haben.

x	f(x)
1,5	3,5
1,9	3,9
1,99	3,99
1,999	3,999

x	f(x)
2,5	4,5
2,1	4,1
2,01	4,01
2,001	4,001

b) ① Vereinfachen Sie den Term mit einer binomischen Formel und kürzen Sie. Dadurch bleibt im Nenner kein Wert mehr, der gegen 0 strebt. Wenden Sie dann die Grenzwertsätze an.

$$\lim_{x \to 2} \frac{x^2 - 4}{x - 2} = \lim_{x \to 2} \frac{(x - 2) \cdot (x + 2)}{x - 2} = \lim_{x \to 2} (x + 2)$$
$$= \lim_{x \to 2} x + \lim_{x \to 2} 2 = 2 + 2 = 4$$
$$\lim_{\substack{x \to 2 \\ x < 2}} \frac{x^2 - 4}{x - 2} = \lim_{\substack{x \to 2 \\ x > 2}} \frac{x^2 - 4}{x - 2} = \lim_{x \to 2} \frac{x^2 - 4}{x - 2} = 4$$

Der Term ist für $x_0 = 2$ nicht definiert.

② Setzen Sie $x = x_0 + h$ mit $h \neq 0$ und bilden Sie den Grenzwert der zugehörigen Funktionswerte für $h \to 0$. Vereinfachen Sie den Term mit der 1. binomischen Formel, kürzen Sie und wenden Sie die Grenzwertsätze an.

$$\lim_{x \to 2} \frac{x^2 - 4}{x - 2} = \lim_{h \to 0} \frac{(2 + h)^2 - 4}{(2 + h) - 2}$$
$$= \lim_{h \to 0} \frac{(4 + 4h + h^2) - 4}{(2 + h) - 2} = \lim_{h \to 0} \frac{4h + h^2}{h}$$
$$= \lim_{h \to 0} \frac{h(4 + h)}{h} = \lim_{h \to 0} (4 + h) = 4$$

Hinweis

Grenzwertsätze für Folgen werden in Kapitel 7 behandelt. Für Funktionen gelten entsprechende Grenzwertsätze.

Basisaufgaben

1 Untersuchen Sie die Funktion f auf Konvergenz an der Stelle x_0.

a) $f(x) = x^2 - 6x + 1;\ x_0 = 3$

b) $f(x) = \frac{3}{(x-4)\cdot(x+1)};\ x_0 = 4$

c) $f(x) = \frac{1}{x+1};\ x_0 = 3$

d) $f(x) = \frac{2x+3}{3x+1};\ x_0 = 1$

2 Berechnen Sie den Grenzwert, falls er existiert.

a) $\lim\limits_{x \to 2}\left(-\frac{x^2-1}{x-1} + 3\right)$

b) $\lim\limits_{x \to 1}\left(-\frac{x^2-1}{x-1} + 3\right)$

c) $\lim\limits_{x \to -\sqrt{2}} \frac{4}{x^2-4}$

d) $\lim\limits_{x \to 2}\left(-x^2 - \frac{2}{x} + 3\right)$

e) $\lim\limits_{x \to 0}\left(-x^2 - \frac{2}{x} + 3\right)$

f) $\lim\limits_{x \to 5} \frac{x^2-25}{x-5}$

g) $\lim\limits_{x \to 5} \frac{3x^2-27}{x-3}$

h) $\lim\limits_{x \to 3} \frac{3-x}{2x^2-6x}$

3 Entscheiden Sie sich begründet für eine Methode und bestimmen Sie damit den Grenzwert der Funktion f an der Stelle x_0.

a) $f(x) = \frac{x^2-9}{x+3};\ x_0 = -3$

b) $f(x) = \frac{x^2}{x(x+3)};\ x_0 = -3$

Weiterführende Aufgaben

Zwischentest

4 Untersuchen Sie die Funktion f auf Konvergenz an der Stelle x_0.

a) $f(x) = \frac{3}{x+1};\ x_0 = -1$

b) $f(x) = \frac{2}{(x+3)^2};\ x_0 = -3$

c) $f(x) = \begin{cases} -x^2 - x + 1; & x \le 0 \\ 1 - x; & x > 0 \end{cases};\ x_0 = 0$

d) $f(x) = \begin{cases} x^2 - x + 1; & x \le 0 \\ -1 + x; & x > 0 \end{cases};\ x_0 = 0$

e) $f(x) = \begin{cases} -x^2 - x + 1; & x \le -1 \\ 2 + x; & x > -1 \end{cases};\ x_0 = -1$

f) $f(x) = \frac{x-4}{x^2+3x-4};\ x_0 = 4$

5 **Stolperstelle:** Lea hat den Grenzwert an der Stelle $x_0 = 1$ bestimmt.

Überprüfen Sie: $\lim\limits_{x \to 1} \frac{x^4 - 3x^2 + 2}{x^5 - 4x + 3} = \frac{x^5\left(\frac{1}{x} - \frac{3}{x^2} + \frac{2}{x^3}\right)}{x^5\left(1 - \frac{4}{x^4} + \frac{3}{x^5}\right)} = \frac{\frac{1}{x} - \frac{3}{x^2} + \frac{2}{x^3}}{1 - \frac{4}{x^4} + \frac{3}{x^5}} = \frac{0}{1} = 0$

6 Ermitteln Sie den Grenzwert.

a) $\lim\limits_{x \to -2}\left(x^3 - \frac{1}{x}\right)$

b) $\lim\limits_{x \to 3} \frac{x^4-16}{x-2}$

c) $\lim\limits_{x \to -3}\left(\frac{10}{x^3} + x - \frac{20}{x}\right)$

d) $\lim\limits_{x \to 1} \frac{x^3-1}{x-1}$

e) $\lim\limits_{x \to 0} \frac{5x^6-3x^2}{8x^2}$

f) $\lim\limits_{x \to a} \frac{x^2-a^2}{x-a}$

Hilfe

7 Geben Sie die Zahlen $a \in \mathbb{R}$ an, für welche gilt:

a) $\lim\limits_{x \to 2} \frac{x^2+3x}{2x^2-a} = \frac{1}{2}$

b) $\lim\limits_{x \to a} \frac{4x^2-5}{x+5} = 8$

c) $\lim\limits_{x \to 2} \frac{x^2-5}{x+7} = g$ mit $g = \frac{a}{18}$

8 **Ausblick:** Untersucht wird die Funktion f mit $f(x) = \frac{\sin(x)}{x}$ auf Konvergenz für $x_0 = 0$. Erläutern Sie die grafische Darstellung.

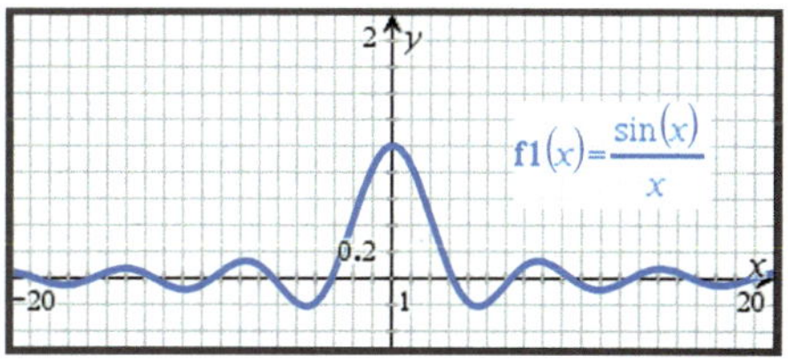

2.3 Lokale Änderungsrate und Ableitung

Vergleichen Sie die beiden Abbildungen des Graphen zu $f(x) = x^2$.
Verwenden Sie Lineal und Geodreieck und lesen Sie näherungsweise die Steigung des Graphen im Punkt $P(1\,|\,1)$ und im Punkt $Q\left(\frac{1}{2}\,\middle|\,\frac{1}{4}\right)$ ab, indem Sie die Punkte P und Q mit anderen, möglichst nahe gelegenen Punkten auf dem Graphen verbinden.

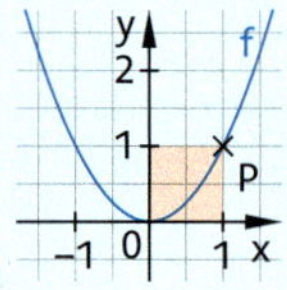

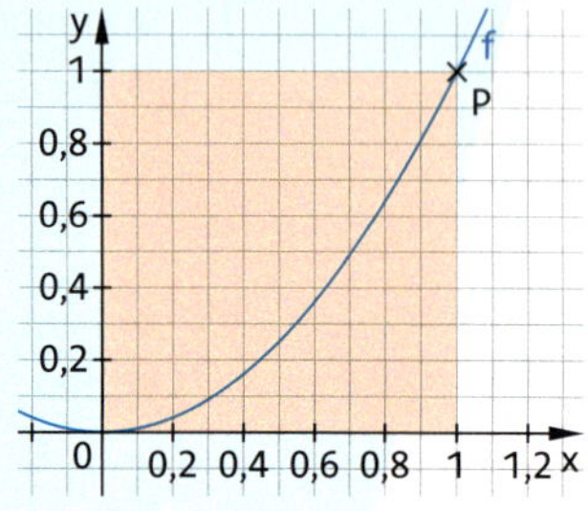

Lokale Änderungsrate – Ableitung

Mit der mittleren Änderungsrate kann man die Durchschnittsgeschwindigkeit in einem Zeitintervall berechnen. Nun soll die Momentangeschwindigkeit zu einem Zeitpunkt bestimmt werden.
Ein startendes Auto legt in t Sekunden die Strecke $s(t) = 2t^2$ in Metern zurück. Die mittlere Änderungsrate im Intervall $[1;2]$ ist die Durchschnittsgeschwindigkeit in $\frac{m}{s}$ zwischen der ersten und der zweiten Sekunde und beträgt $\frac{s(2) - s(1)}{2 - 1} = \frac{8 - 2}{1} = 6$.

Hinweis

Folgen und ihre Grenzwerte werden in Kapitel 7 behandelt.

Die **Momentangeschwindigkeit** des Autos genau zum Zeitpunkt $t = 1$ kann man nicht mit dem Differenzenquotienten berechnen, da man nicht durch 0 dividieren darf. Mithilfe immer kleiner werdender Zeitintervalle lassen sich aber Näherungswerte bestimmen.

$[1;t]$	$\frac{s(t) - s(1)}{t - 1}$
$[1;2]$	6
$[1;1{,}5]$	5
$[1;1{,}1]$	4,2
$[1;1{,}01]$	4,02
$[1;1{,}0001]$	4,0002

Die **Näherungstabelle** zeigt, dass sich die Durchschnittsgeschwindigkeit in $\frac{m}{s}$ dem Wert 4 annähert. Man kann also vermuten, dass die Momentangeschwindigkeit $4\frac{m}{s}$ beträgt.
Die mittlere Änderungsrate entspricht der Steigung der Sekante durch die Punkte P und Q. Wählt man das Intervall für die mittlere Änderungsrate immer kleiner, so bedeutet dies am Graphen, dass der Punkt Q immer näher an den Punkt P heran wandert. Die **Sekanten** nähern sich einer **Tangente** an. Dabei spielt es keine Rolle, aus welcher Richtung Q sich P annähert. Die Steigung der Tangente entspricht der Steigung des Graphen im Berührpunkt P und der lokalen Änderungsrate der Funktion.

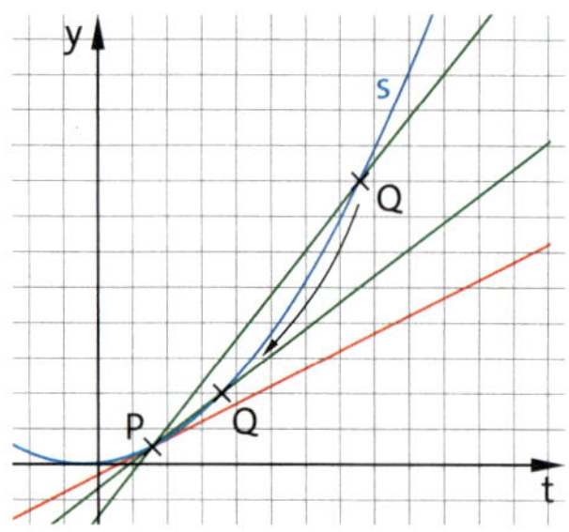

Hinweis

Eine Tangente berührt den Graphen.
Zur Veranschaulichung der Sekanten und Tangente mit einer DGS.

Definition

Wenn sich der Wert des Differenzenquotienten $\frac{f(x) - f(x_0)}{x - x_0}$ für $x \to x_0$ von beiden Seiten dem gleichen festen Wert annähert, so heißt dieser Wert **Ableitung** $f'(x_0)$. Er gibt die **lokale Änderungsrate** der Funktion f an der Stelle x_0 an.
Die Ableitung $f'(x_0)$ entspricht der **Steigung der Tangente** an den Graphen von f im Punkt $P(x_0\,|\,f(x_0))$. Dies ist die **Steigung des Graphen von f im Punkt P.**

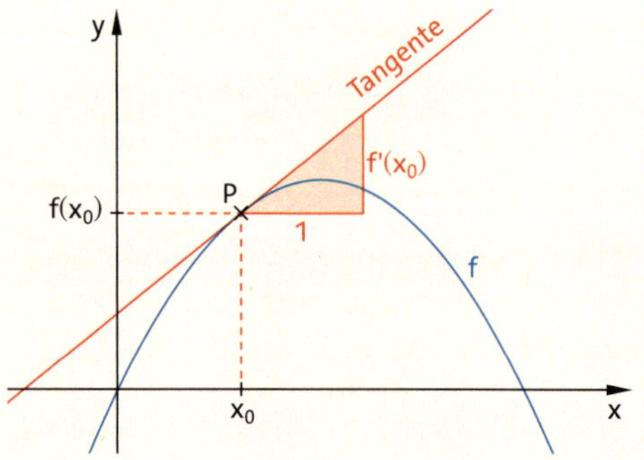

Hinweis

In Sachsituationen zu Prozessen wird oftmals die Bezeichnung **momentane Änderungsrate** verwendet. Wenn $f'(x_0)$ existiert, dann heißt f an dieser Stelle **differenzierbar**.

Hinweis

Zu Folgen und Grenzwerten siehe Kapitel 7.

Beispiel 1

Bestimmen Sie näherungsweise die Ableitung der Funktion f mit $f(x) = x^2$ an der Stelle $x_0 = 4$.

Lösung:

Erstellen Sie eine Tabelle mit Näherungswerten. Setzen Sie in den Differenzenquotienten Werte für x ein, die immer näher bei 4 liegen.
Die Tabelle zeigt, dass sich die Werte des Differenzenquotienten immer stärker 8 annähern, je mehr sich der Wert von x von rechts oder von links an x_0 annähert.
Also gilt vermutlich $f'(4) \approx 8$.

[4; x]	$\frac{f(x)-f(x_0)}{x-x_0}$	**[x; 4]**	$\frac{f(x)-f(x_0)}{x-x_0}$
[4; 5]	$\frac{5^2-4^2}{5-4} = 9$	[3; 4]	7
[4; 4,1]	$\frac{4{,}1^2-4^2}{4{,}1-4} = 8{,}1$	[3,9; 4]	7,9
[4; 4,01]	$\frac{4{,}01^2-4^2}{4{,}01-4} = 8{,}01$	[3,99; 4]	7,99
[4; 4,001]	$\frac{4{,}001^2-4^2}{4{,}001-4} = 8{,}001$	[3,999; 4]	7,999

Basisaufgaben

1 Bestimmen Sie näherungsweise die Ableitung an der Stelle $x_0 = 1$. Stellen Sie dazu eine Tabelle für den Differenzenquotienten auf und veranschaulichen Sie die zugehörigen Sekanten sowie die Tangente bei $x_0 = 1$ mit einer Software, falls möglich.
a) $f(x) = x^2$ b) $f(x) = |x - 1|$ c) $f(x) = x^2 + 3$ d) $f(x) = 2x^3 - 1$

2 Bestimmen Sie $f'(x_0)$ mithilfe der Steigung der eingezeichneten Tangente.

a) $x_0 = 0$

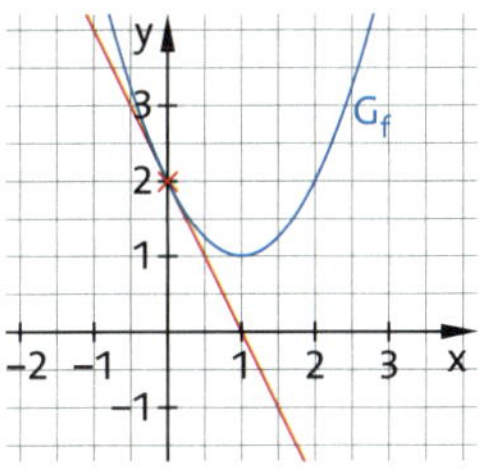

b) $x_0 = 1$

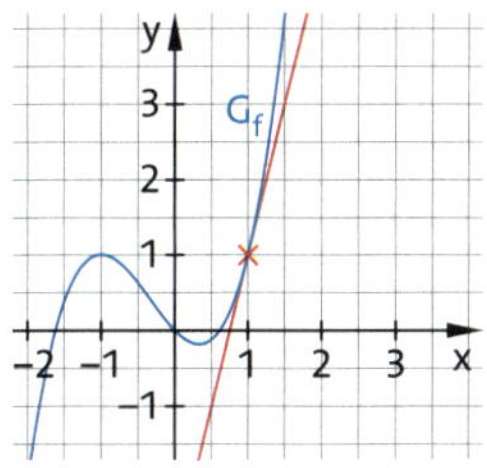

c) $x_0 = \frac{\pi}{2}$

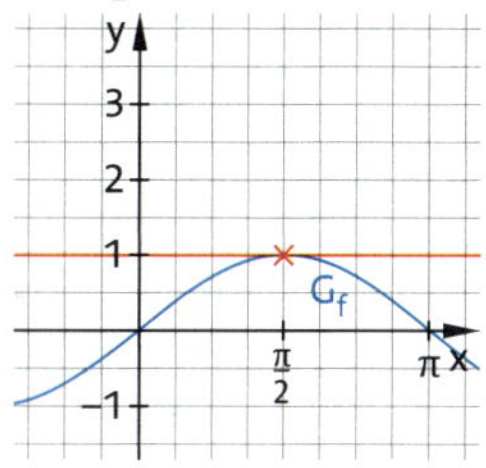

3 a) Zeichnen Sie den Graphen der Funktion f mit $f(x) = -\frac{1}{4}x^2 + 2$ für $0 \le x \le 4$. Zeichnen Sie möglichst exakt die Tangente an der Stelle 1 ein. Lesen Sie ihre Steigung ab.
b) Überprüfen Sie Ihr Ergebnis aus a) mit einer Mathematik-Software.

4 Die Ableitung einer Funktion an einer Stelle ist 0. Beschreiben Sie, wie die Tangente an dieser Stelle aussieht.

Beispiel

5 Die von einem Schlitten zurückgelegte Strecke s (in Metern) wird durch die Funktion s mit $s(t) = \frac{1}{2}t^2$ ($t \ge 0$ in Sekunden) beschrieben.

a) Berechnen Sie die Durchschnittsgeschwindigkeit des Schlittens während der ersten 5 Sekunden und für die Intervalle [4; 5], [4,9; 5] und [4,99; 5].
b) Geben Sie einen Wert für die Momentangeschwindigkeit nach 5 Sekunden an.
c) Bestimmen Sie wie in a) und b) einen Näherungswert für die Momentangeschwindigkeit nach 2 Sekunden und nach 3 Sekunden.

Ableitung an einer Stelle berechnen

Hinweis

Streben Zähler und Nenner für $x \to x_0$ gegen 0, lässt sich keine Aussage über das Verhalten des Bruchs treffen.

Bisher wurde die Ableitung als Grenzwert der Sekantensteigungen näherungsweise ermittelt. Wenn man den Differenzquotienten mit $x - x_0$ kürzen kann, verschwindet der Bruchterm und man kann die Ableitung exakt berechnen.

Das Kürzen gelingt leichter, wenn man $x - x_0 = h$ setzt (**h-Methode**), also statt $[x_0; x]$ die Intervalle $[x_0; x_0 + h]$ betrachtet.

Dann gilt mit $x = x_0 + h$:

$$\frac{f(x) - f(x_0)}{x - x_0} = \frac{f(x_0 + h) - f(x_0)}{h}$$

Zur exakten Berechnung der Ableitung an der Stelle x_0 muss man dann den Grenzwert für $h \to 0$ statt für $x \to x_0$ bestimmen.

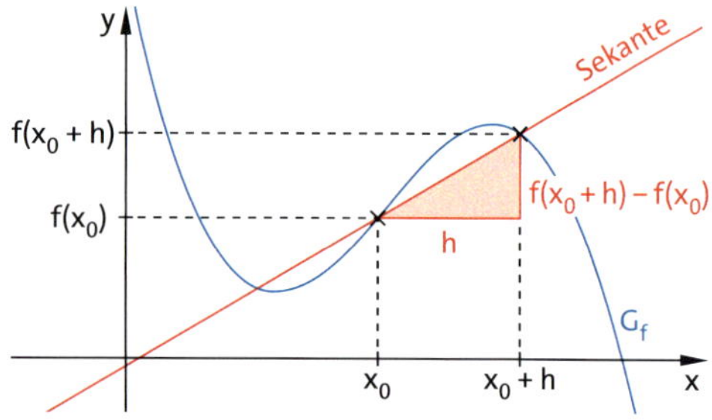

Hinweis

Der Grenzwert des Differenzenquotienten wird als **Differenzialquotient** bezeichnet. Er existiert, wenn der links- und rechtsseitige Grenzwert existieren und übereinstimmen. Das Thema Grenzwert und Grenzwertsätze wird in **Kapitel 7** behandelt.

Wissen **Berechnung der Ableitung mit dem Differenzialquotienten**

Die Ableitung der Funktion f an der Stelle x_0 kann man mit dem **Grenzwert (Limes) des Differenzenquotienten** berechnen. Schreibweise:

$$f'(x_0) = \lim_{h \to 0} \frac{f(x_0 + h) - f(x_0)}{h} \quad \left(\text{wenn } \lim_{h \to 0^+} \frac{f(x_0 + h) - f(x_0)}{h} = \lim_{h \to 0^-} \frac{f(x_0 + h) - f(x_0)}{h}\right)$$

Beispiel 2 Berechnen Sie mithilfe des Differenzialquotienten die Ableitung der Funktion f mit $f(x) = x^2$ an der Stelle $x_0 = 4$. Überprüfen Sie Ihr Ergebnis grafisch.

Lösung:

Setzen Sie $x_0 = 4$ in den Differenzenquotienten mit h ein und formen Sie ihn für $f(x) = x^2$ so lange um, bis h aus dem Nenner gekürzt werden kann.

$$\frac{f(x_0 + h) - f(x_0)}{h} = \frac{f(4 + h) - f(4)}{h} = \frac{(4 + h)^2 - 4^2}{h}$$

$$= \frac{16 + 8h + h^2 - 16}{h} = \frac{8h + h^2}{h} = \frac{h(8 + h)}{h}$$

$$= 8 + h$$

Damit lässt sich der Grenzwert für $h \to 0$ ablesen. Er entspricht der Ableitung $f'(4)$.

$$f'(4) = \lim_{h \to 0} \frac{f(4 + h) - f(4)}{h} = \lim_{h \to 0} (8 + h) = 8$$

Zeichnen Sie zur Überprüfung den Graphen von f und die Tangente an den Graphen bei $x_0 = 4$ ein. Bestimmen Sie die Steigung der Tangente und vergleichen Sie sie mit Ihrer berechneten Ableitung.

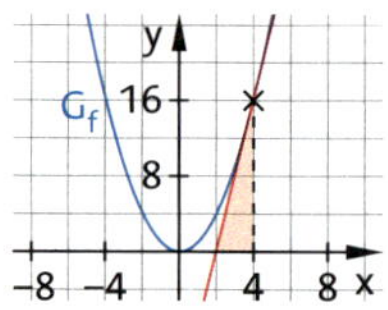

Die Steigung der Tangente entspricht der Ableitung von f.

Beispiel 3 Die beim freien Fall eines Gegenstands zurückgelegte Strecke s (in m) lässt sich näherungsweise durch die Funktion s mit $s(t) = 5t^2$ in Abhängigkeit von der Zeit t (in s) beschreiben. Bestimmen Sie die Momentangeschwindigkeit des Gegenstands zum Zeitpunkt $t_0 = 2$.

Lösung:

Setzen Sie $t_0 = 2$ in den Differenzenquotienten ein und formen Sie ihn für $s(t) = 5t^2$ so lange um, bis h aus dem Nenner gekürzt werden kann.

$$\frac{s(t_0 + h) - s(t_0)}{h} = \frac{s(2 + h) - s(2)}{h}$$

$$= \frac{5(2 + h)^2 - 5 \cdot 2^2}{h} = \frac{20h + 5h^2}{h}$$

$$= 20 + 5h$$

Lesen Sie dann den Grenzwert für $h \to 0$ ab.

$$s'(2) = \lim_{h \to 0} (20 + 5h) = 20$$

Die Momentangeschwindigkeit zum Zeitpunkt $t_0 = 2$ beträgt 20 m/s.

Basisaufgaben

Beispiel

6 Berechnen Sie die Ableitung der Funktion an der Stelle $x_0 = 2$.
a) $f(x) = x^2$ b) $f(x) = 3x^2$ c) $f(x) = -x^2$ d) $f(x) = -\frac{1}{5}x^2 + 1$

7 Berechnen Sie mithilfe des Differenzialquotienten die Ableitung der Funktion f mit $f(x) = x^3$ an der Stelle $x_0 = -2$. Kontrollieren Sie Ihr Ergebnis mit einer Mathematik-Software.
Hinweis: $(a + b)^3 = a^3 + 3a^2b + 3ab^2 + b^3$

Beispiel

8 Die Strecke, die ein Formel-1-Auto bei stehendem Start zurücklegt, lässt sich durch die Funktion $f(t) = 6t^2$ beschreiben (t: Zeit seit dem Start in s; f(t): zurückgelegte Strecke in m). Nach 2,5 Sekunden muss der Fahrer für die erste Kurve bremsen. Berechnen Sie zu diesem Zeitpunkt die Momentangeschwindigkeit in km/h.

9 Vervollständigen Sie die Tabelle.

Bezeichnung des Terms	grafische Interpretation	Anwendung	Art der Geschwindigkeit
Differenzenquotient	Sekantensteigung		
↓	↓ $\lim_{h \to 0}$	↓	↓
Ableitung		lokale Änderungsrate	

Weiterführende Aufgaben

Zwischentest

10 Bestimmen Sie zu zweit näherungsweise die Ableitung der Funktion f mit $f(x) = \frac{2}{3}x^2$ an der Stelle $x_0 = 6$ mithilfe einer Näherungstabelle. Legen Sie vorher fest, wer für x die Werte 7, 6,5, 6,1 und 6,01 und wer die Werte 5, 5,5, 5,9 und 5,99 einsetzt. Vergleichen Sie Ihre Ergebnisse und formulieren Sie eine Beobachtung.

11 Durch ein Ventil wird Wasser in einen Tank gefüllt bzw. aus dem Tank gelassen. Der Graph zeigt die Füllmenge des Tanks über einen Zeitraum von 40 Stunden.
a) Beschreiben Sie den Wasserzulauf bzw. -ablauf in den Zeitintervallen [0; 20], [20; 25], [25; 30] und [30; 40] in Worten.
b) Bestimmen Sie die momentane Zulaufrate des Wassers zu den Zeitpunkten $t_1 = 15$ und $t_2 = 30$.

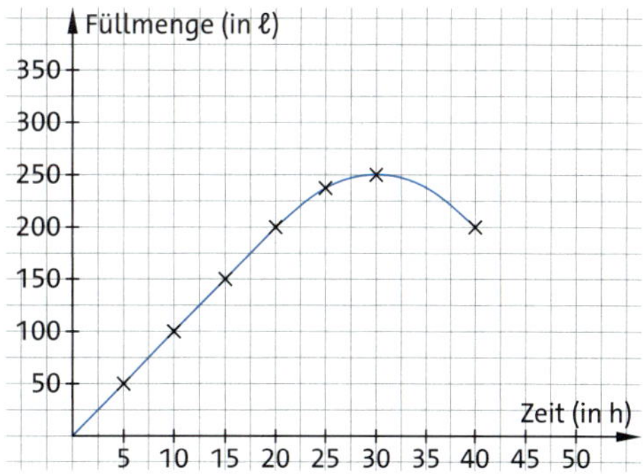

12 Die Funktion f mit $f(t) = 5t^2$ beschreibt näherungsweise, welche Strecke ein Körper im freien Fall zurücklegt, wenn er zum Zeitpunkt $t = 0$ losgelassen wird (f(t) in m; t in s). Berechnen Sie die Momentangeschwindigkeit des Körpers nach der fünften und nach der zehnten Sekunde des Fallvorgangs. Vergleichen Sie mit Beispiel 3 und geben Sie, falls möglich, die Momentangeschwindigkeit des Körpers nach der 999. Sekunde an.

13 Skizzieren Sie einen Funktionsgraphen im Intervall [−4; 4], für den Folgendes gilt.
a) Die Steigung ist für $x < 1$ negativ, für $x = 1$ null und für $x > 1$ positiv.
b) Die Steigung ist überall negativ und wird für zunehmendes x größer.

14 a) Ordnen Sie die Steigung an den Punkten A, B, C, D, E und F des abgebildeten Funktionsgraphen der Größe nach.
b) Skizzieren Sie im Intervall [0; 10] den Graphen einer Funktion f mit $f'(7) > f'(3) > f'(5) > f'(9) > f'(1)$ und $f'(5) = 0$.

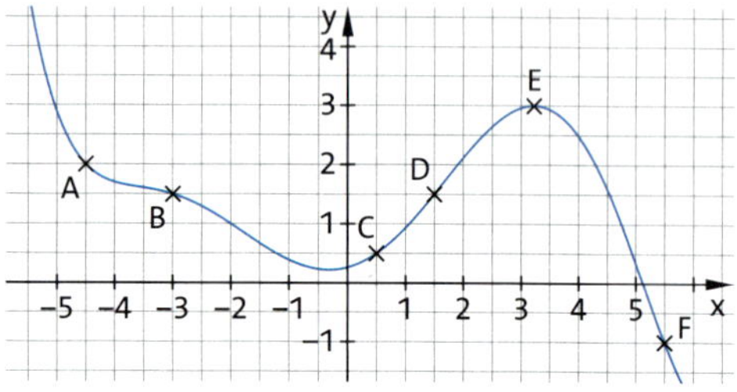

15 **Stolperstelle:** Felix hat die Ableitung der Funktion f mit $f(x) = -5x^2$ an der Stelle $x_0 = 1$ bestimmt. Erklären und korrigieren Sie seinen Fehler.

$$f'(1) = \lim_{h \to 0} \frac{f(1+h) - f(1)}{h} = \lim_{h \to 0} \frac{-5 \cdot 1^2 + h - (-5 \cdot 1^2)}{h} = \lim_{h \to 0} \frac{h}{h} = \lim_{h \to 0} 1 = 1$$

16 Herr Müller wurde an einer Baustelle mit 120 km/h geblitzt. „Das kann nicht sein", meint er, „ich habe für die 90 km Autobahn 54 Minuten gebraucht!"
Spielen Sie zu zweit das Streitgespräch zwischen Herrn Müller und der Polizistin, die ihm seinen Denkfehler erklärt, nach.

17 Nehmen Sie Stellung zum Dialog.
Paul: „Laut Steigungsdreieck ist die Steigung zwischen 0,5 und 1,5 gleich 1."
Lisa: „Aber bei A ist sie flacher und bei B steiler als 1. Wie groß ist denn die Steigung in den beiden Punkten?"
Paul: „In einem Punkt kann ich kein Steigungsdreieck zeichnen. Überhaupt: Innerhalb eines Punktes steigt doch gar nichts! Eine Steigung in einem Punkt gibt es doch gar nicht."
Lisa: „Aber man sieht doch, dass die Steigung in jedem Punkt anders ist!"

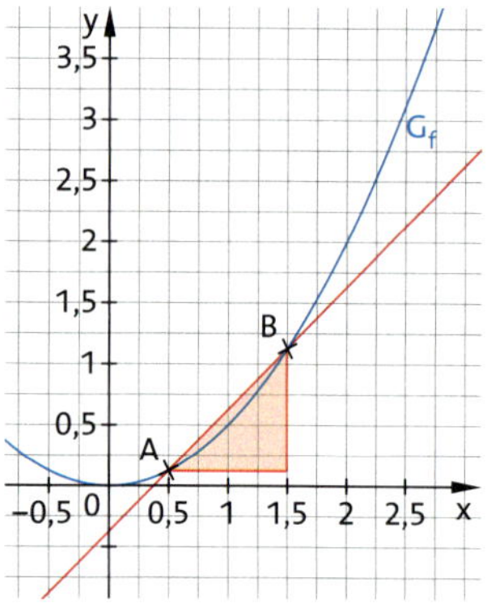

18 **Grenzwertberechnung ohne h-Methode:** Ella bestimmt die Ableitung der Funktion f mit $f(x) = -4x^2$ an der Stelle $x_0 = 2$ so:

$$f'(2) = \lim_{x \to 2} \frac{f(x) - f(2)}{x - 2} = \lim_{x \to 2} \frac{-4x^2 - (-4 \cdot 2^2)}{x - 2} = \lim_{x \to 2} \frac{-4(x^2 - 2^2)}{x - 2} = \lim_{x \to 2} \frac{-4(x+2)(x-2)}{x - 2}$$

$$= \lim_{x \to 2} -4(x+2) = -4(2+2) = -16$$

Erklären Sie die einzelnen Rechenschritte von Ella. Bestimmen Sie $f'(2)$ mithilfe der h-Methode und geben Sie begründet an, welcher Weg Ihnen einfacher erscheint.

Hilfe

19 Ermitteln Sie anhand der Funktionsgleichung – ohne konkrete Berechnungen anzustellen – das Vorzeichen der Ableitung an den Stellen $x = -3$, $x = -1$, $x = 0$, $x = 1$ und $x = 3$.
a) $g(x) = \frac{1}{2}(x-2)^2 + 1$
b) $k(x) = -(x+1)^2 - 2$

20 a) Zeichnen Sie den Graphen zu f mit $f(x) = (x-2)^2$ in ein Koordinatensystem. Zeichnen Sie vom Punkt $A(1|1)$ des Graphen aus vier Sekanten zu Punkten $(1+h\,|\,f(1+h))$ für $h = 2$, $h = 1{,}5$, $h = 1$ und $h = 0{,}5$ ein.
b) Weisen Sie durch eine Rechnung nach, dass $f(1+h) = 1 - 2h + h^2$ gilt.
c) Zeigen Sie mithilfe des Differenzenquotienten, dass für die Steigungen der Sekanten aus a) gilt: $m_h = -2 + h$
d) Überprüfen Sie die Sekantensteigungen aus c) anhand Ihrer Zeichnung.
e) Berechnen Sie die Steigung im Punkt A und zeichnen Sie die Tangente.

21 Gegeben sind die Funktionen f und g mit $f(x) = -x^2 + 4x$ und $g(x) = -x^3 + 4x^2$.

a) Bestimmen Sie näherungsweise die Steigung der Tangenten an die Graphen von f und g an der Stelle $x_0 = 1$ mithilfe einer Näherungstabelle.

b) Berechnen Sie f'(1) und g'(1) mithilfe der h-Methode und vergleichen Sie mit a).

22 Berechnen Sie für die Funktion f mit $f(x) = 2x^2 - x$ mithilfe der h-Methode die Steigung der Tangente an den Stellen $x_0 = -1$, $x_1 = 0$, $x_2 = 2$ und $x_3 = 12$.

23 Berechnen Sie die Ableitung $f'(x_0)$ für eine beliebige Stelle x_0 mit der h-Methode. Begründen Sie Ihr Ergebnis mithilfe des Graphen von f.

a) $f(x) = x$ b) $f(x) = c$ mit $c \in \mathbb{R}$ c) $f(x) = mx + b$

Hilfe

24 Ein Kirchenmittelschiff wird von steilen Parabelbögen überspannt. Ein Parabelbogen ist 10 m breit und 15 m hoch.

a) Skizzieren Sie den Parabelbogen in ein geeignetes Koordinatensystem.

b) Bestimmen Sie die Funktionsgleichung der Parabel.

c) Überprüfen Sie Ihr Ergebnis mit einem Funktionenplotter.

d) Bestimmen Sie die Steigung des Parabelbogens in seinen Endpunkten rechnerisch und grafisch.

25 Die Flugbahn eines Basketballwurfs kann mit der Funktionsgleichung $h(x) = -0{,}1x^2 + 0{,}8x + 2$ modelliert werden (h: Höhe in m; x: horizontale Entfernung des Balls vom Werfer in m).

a) Bestimmen Sie die Steigung der Tangente im Abwurfpunkt mit dem Grenzwert des Differenzenquotienten.

b) Ermitteln Sie, unter welchem Winkel der Ball die Hand des Werfers verlässt.

c) Der Ball trifft in der fallenden Bewegung den Korb in 3,05 m Höhe. Bestimmen Sie die horizontale Entfernung des Werfers zum Korb und runden Sie auf cm. Ermitteln Sie den Winkel, in dem der Ball den Korb trifft.

26 Ausblick:

a) Bestimmen Sie für die Betragsfunktion f mit $f(x) = |x^2 - 9|$ den Grenzwert des Differenzenquotienten an der Stelle $x_0 = 3$ mithilfe einer Tabelle. Setzen Sie dabei Werte für $x > 3$ und $x < 3$ ein, um sich der Stelle $x_0 = 3$ von links und von rechts zu nähern.
Beschreiben Sie Ihre Beobachtung.

b) Erläutern Sie, welche Probleme sich beim Zeichnen der Tangente an der Stelle $x_0 = 3$ ergeben.

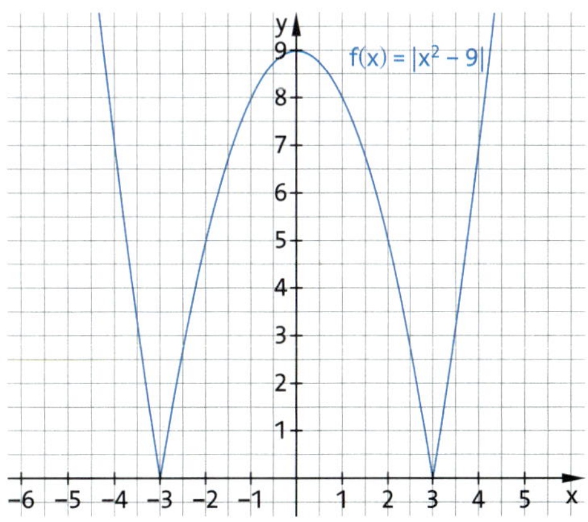

Differenzierbarkeit

Die Abbildung zeigt den Graphen der Funktion f mit $f(x) = 3|x^3 - x|$. Begründen Sie, dass an der Stelle $x = 0$ keine eindeutige Tangente an den Graphen eingezeichnet werden kann.

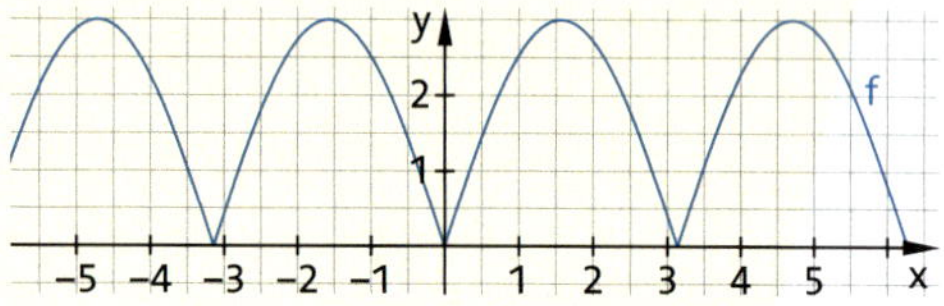

Bei abschnittsweise definierten Funktionen kann es an den Nahtstellen passieren, dass die Steigung des Graphen bei links- und rechtsseitiger Annäherung nicht gegen denselben Wert strebt. Der Graph hat an dieser Stelle einen „Knick", es existiert keine Tangente an dieser Stelle und die Ableitung ist dort nicht definiert. Die Funktion ist dort **nicht differenzierbar**.

$$f(x) = \begin{cases} 0{,}5x^2 & \text{für } x < 0 \\ 0{,}5x^3 & \text{für } x \geq 0 \end{cases}$$

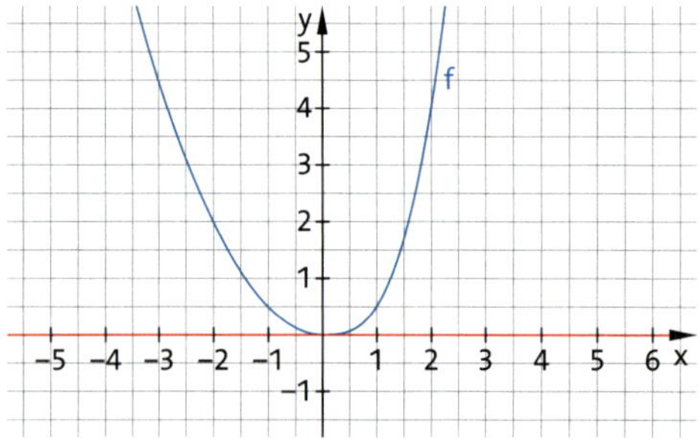

Der Graph von f hat keinen Knick. Es existiert eine (eindeutige) Tangente an den Graphen an der Stelle $x = 0$. Die Funktion f ist somit bei $x = 0$ differenzierbar.

$$g(x) = |x| = \begin{cases} -x & \text{für } x < 0 \\ x & \text{für } x \geq 0 \end{cases}$$

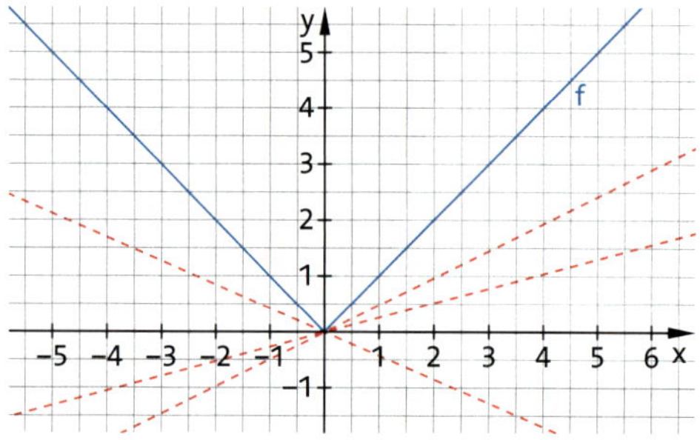

Der Graph von g hat im Punkt $(0\,|\,0)$ einen Knick. Es existiert keine Tangente an den Graphen bei $x = 0$. Die Funktion g ist somit bei $x = 0$ nicht differenzierbar.

Hinweis

Der Grenzwert des Differenzenquotienten existiert, wenn der linksseitige Grenzwert (für $x < x_0$) und der rechtsseitige Grenzwert (für $x > x_0$) existieren und übereinstimmen.

Definition

Eine Funktion f heißt an einer Stelle x_0 ihres Definitionsbereichs **differenzierbar**, wenn der Differenzialquotient $\lim\limits_{x \to x_0} \frac{f(x) - f(x_0)}{x - x_0}$ an dieser Stelle existiert.

Beispiel 1

Geben Sie den Term einer Funktion an, die an der Stelle $x = 2$ nicht differenzierbar ist, und skizzieren Sie ihren Graphen.

Lösung:

Wählen Sie eine abschnittsweise definierte Funktion mit der Nahtstelle $x = 2$.
Die Steigungen der Graphen links und rechts der Nahtstelle müssen sich unterschiedlichen Werten annähern.

z. B. $f(x) = |x - 2| = \begin{cases} -x + 2 & \text{für } x < 2 \\ x - 2 & \text{für } x \geq 2 \end{cases}$

Für $x < 2$ ist die Steigung -1, für $x > 2$ ist die Steigung 1. Also ist f bei $x = 2$ nicht differenzierbar.

Skizzieren Sie dann den Graphen von f. An der Stelle $x = 2$ hat der Graph einen Knick.

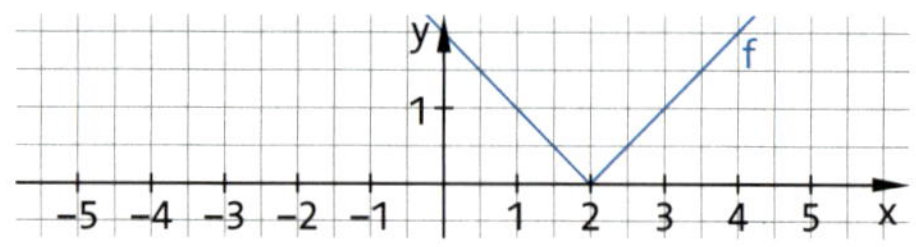

Aufgaben

1 Begründen Sie anhand des Graphen, an welchen Nahtstellen die Funktion nicht differenzierbar ist.

a)
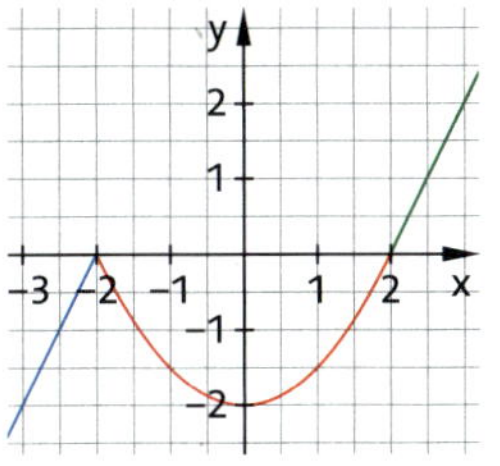

b)
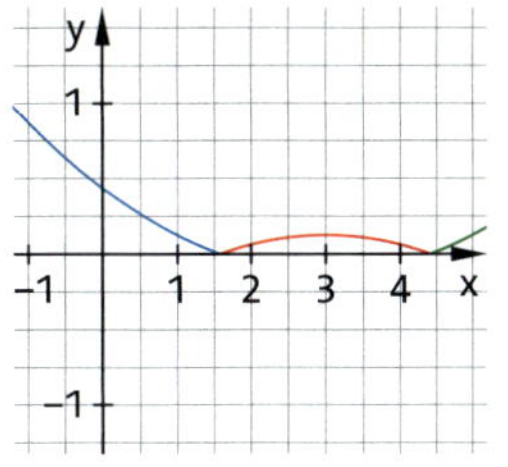

c)
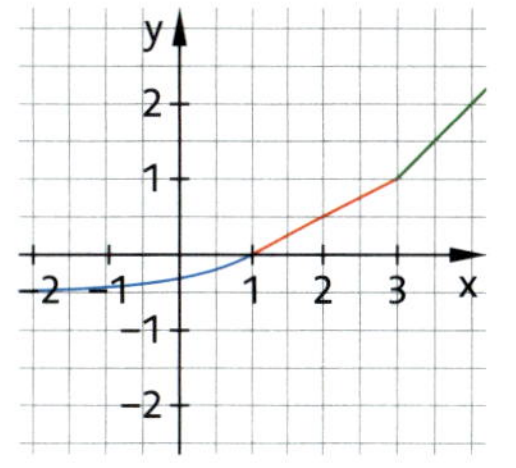

2 Untersuchen Sie die Funktion f mithilfe einer dynamischen Geometrie-Software auf Differenzierbarkeit an der Nahtstelle.

a) $f(x) = \begin{cases} \frac{1}{10}x^3 - 1 & \text{für } x \le 0 \\ -1 & \text{für } x > 0 \end{cases}$

b) $f(x) = \begin{cases} \frac{-1}{4}x^2 & \text{für } x < 0 \\ x & \text{für } x \ge 0 \end{cases}$

c) $f(x) = \begin{cases} 2 & \text{für } x < 1 \\ 0{,}5(x-1)^2 + 2 & \text{für } x \ge 1 \end{cases}$

d) $f(x) = \begin{cases} x^2 - 2x + 2 & \text{für } x < 2 \\ \frac{4}{x} & \text{für } x \ge 2 \end{cases}$

3 Die Funktion f mit $f(x) = \begin{cases} 0{,}5x & \text{für } x < 4 \\ x - 3 & \text{für } x \ge 8 \end{cases}$ ist für $4 \le x < 8$ nicht definiert. Sie wird in diesem Bereich durch g ergänzt. Skizzieren Sie den Graphen der so entstehenden Funktion und begründen Sie, ob sie an den Nahtstellen differenzierbar ist.

a) $g(x) = \frac{3}{4}x - 1$ b) $g(x) = \frac{1}{16}x^2 + 1$ c) $g(x) = x - 3$

4 Geben Sie den Term einer Funktion an, die

a) im Punkt (0 | −2), b) im Punkt (3 | 0), c) im Punkt (3 | 4)

nicht differenzierbar ist. Kontrollieren Sie sich gegenseitig.

5 Geben Sie zwei verschiedene Funktionsterme an, die die folgende Bedingung erfüllen.

a) Die Funktion ist bei $x = 2$ differenzierbar und hat die Nullstellen $x = -2$ und $x = 4$.

b) Die Funktion ist an der Stelle $x = 2$ nicht differenzierbar.

c) Die Funktion ist an den Stellen $x = -2$ und $x = 2$ nicht differenzierbar.

6 Die Abbildung zeigt den Graphen der Funktion f mit

$f(x) = \begin{cases} \frac{1}{3}x^3 & \text{für } x < 0 \\ \frac{1}{2}x^2 - 1 & \text{für } x \ge 0. \end{cases}$

Sophie untersucht die Funktion auf Differenzierbarkeit bei $x = 0$:

Es gibt zwei Tangenten in $x = 0$, je nachdem, ob man von links oder rechts kommt. Beide haben die Steigung 0. Also ist f bei $x = 0$ differenzierbar.

Nehmen Sie Stellung.

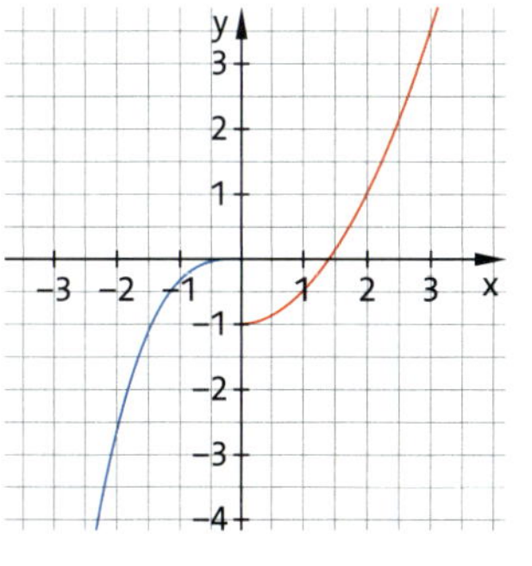

7 Geben Sie den Term einer passenden Funktion f an. Vergleichen Sie zu zweit.

a) f ist für $x < 4$ streng monoton fallend, für $x > 4$ streng monoton steigend und bei $x = 4$ nicht differenzierbar.

b) f hat für $x < -2$ die Steigung 0,5, ist bei $x = -2$ nicht differenzierbar und besitzt für $x = 0$ eine waagerechte Tangente.

8 Untersuchen Sie mit einem Plotter, für welche Werte von a die Funktion f an der Nahtstelle differenzierbar ist.

a) $f(x) = \begin{cases} x^2 - a & \text{für } x < 1 \\ 2x - 2 & \text{für } x \geq 1 \end{cases}$

b) $f(x) = \begin{cases} -ax + 1 & \text{für } x < 0 \\ \frac{x^2}{a} - 2x + 1 & \text{für } x \geq 0 \end{cases}$

c) $f(x) = \begin{cases} x^2 + a^2x + 2 & \text{für } x < 0 \\ 2ax + 2 & \text{für } x \geq 0 \end{cases}$

d) $f(x) = \begin{cases} ax^2 - ax & \text{für } x < 1 \\ ax - a & \text{für } x \geq 1 \end{cases}$

9 Zeigen Sie mithilfe des Differenzialquotienten, dass die Funktion f mit $f(x) = \frac{1}{x}$ auf dem gesamten Definitionsbereich differenzierbar ist.
Begründen Sie damit, dass die Steigung des Graphen von f in jedem Punkt negativ ist.

10 Eine Funktion ist stetig, wenn ihr Graph keinen Sprung hat, wenn man den Graphen also zeichnen kann, ohne den Stift abzusetzen.
Jede differenzierbare Funktion ist stetig, aber nicht jede stetige Funktion ist differenzierbar.
Geben Sie den Term einer Funktion an, die im Punkt $(1 \mid 2)$

a) stetig und differenzierbar,
b) stetig, aber nicht differenzierbar,
c) weder stetig noch differenzierbar ist.

11 Betrachten Sie die Funktionen f und g mit $f(x) = |2x - 4|$ und $g(x) = (x - 2)^2$ bei $x = 2$.

a) Berechnen Sie jeweils den Differenzenquotienten für $h = -2; -1; -0{,}5; 0{,}5; 1; 2$.
b) Prüfen Sie rechnerisch, ob f und g an der Stelle $x = 2$ differenzierbar sind.
c) Skizzieren Sie die Graphen von f und g sowie die Sekanten für $h = -2; -1; -0{,}5; 0{,}5; 1; 2$.

12 Zur Beschreibung einer Rutschbahn wurde die Funktion f abschnittsweise definiert:

$$f(x) = \begin{cases} -x + 2 & \text{für } 0 < x < 1 \\ (x - 2)^2 & \text{für } 1 \leq x \leq 2{,}5 \end{cases}$$

Zeigen Sie rechnerisch, dass der Graph von f im Punkt $P(1 \mid 1)$ einen Knick hat und daher zur Beschreibung der Rutschbahn ungeeignet ist.

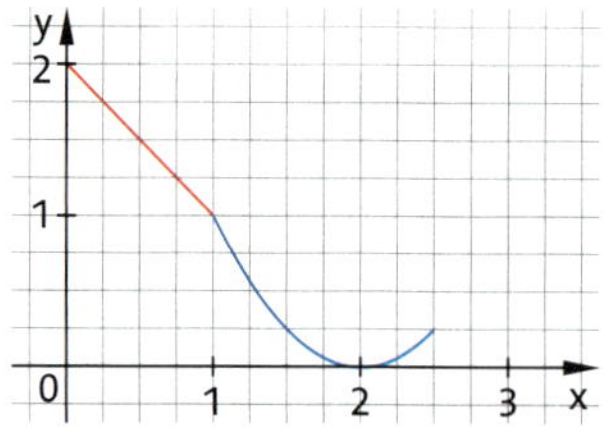

13 In einem Wasserpark wird eine Rutsche geplant. Sie wird durch die Funktion f beschrieben:

$$f(x) = \begin{cases} -\frac{1}{4}x^2 + \frac{5}{2} & \text{für } 0 < x < 2 \\ \frac{1}{6}(x - 5)^2 & \text{für } 2 \leq x \leq 5 \end{cases}$$

a) Stellen Sie den Graphen von f mit einem Plotter dar.
b) Zeigen Sie rechnerisch, dass der Graph von f knickfrei ist.
c) Geben Sie die lokale Änderungsrate am Ende der Rutsche an und erläutern Sie die Bedeutung des Werts im Sachzusammenhang.

14 Der britische Mathematiker und Physiker Oliver Heaviside hat die nach ihm benannte **Heaviside-Funktion** H zum Beschreiben physikalischer Vorgänge eingeführt:

$$H(x) = \begin{cases} 0 & \text{für } x < 0 \\ 1 & \text{für } x \geq 0 \end{cases}$$

a) Zeichnen Sie den Graphen der Heaviside-Funktion.
b) Zeigen Sie, dass H an der Stelle $x = 0$ nicht differenzierbar ist.
c) Zeichnen Sie die Graphen der Funktionen f mit $f(x) = x \cdot H(x)$ und g mit $g(x) = x^2 \cdot H(x)$. Untersuchen Sie, ob f und g an der Stelle $x = 0$ differenzierbar sind.

2.4 Ableitungsfunktion

Eine Sprungschanze für Snowboarder soll im gekrümmten Teil durch den Graphen der Funktion f mit $f(x) = \frac{1}{4}x^2$ beschrieben werden. (1 LE entspricht 10 m.)

a) Bestimmen Sie die Steigung der Rampe bei $x = -1$, $x = 0{,}5$, $x = 1$ und $x = 1{,}5$.

b) Geben Sie eine Vermutung für die Steigung von f an einer beliebigen Stelle x an.

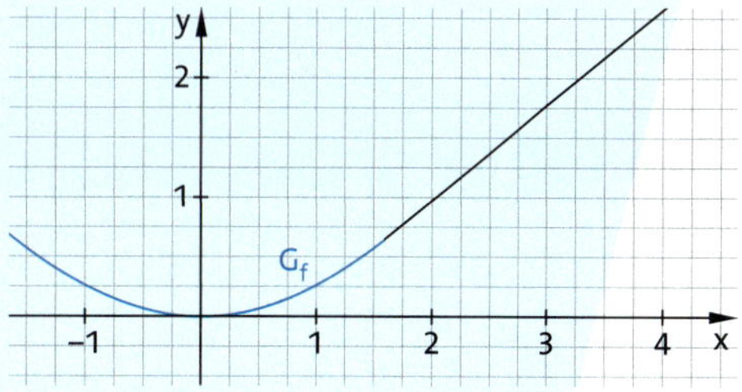

Wenn man den Wert der Ableitung einer Funktion an mehreren Stellen sucht, ist es aufwendig, für jede Stelle einzeln den Differenzenquotienten zu bilden. Berechnet man allgemein für eine beliebige Stelle x die Ableitung, muss man den Differenzenquotienten nur einmal bilden und davon den Grenzwert bestimmen. Dadurch wird jeder Stelle x_0 ihre Ableitung $f'(x_0)$ zugeordnet. Diese eindeutige Zuordnung heißt **Ableitungsfunktion f'** von f oder kurz Ableitung von f.

Hinweis

Die Ableitungsfunktion f' existiert an allen Stellen x, an denen f differenzierbar ist.

Definition

Die **Ableitungsfunktion f'** einer Funktion f ordnet jeder Stelle x_0 die Ableitung $f'(x_0)$ zu.

Die Ableitungsfunktion f' beschreibt das gesamte Steigungsverhalten des Graphen von f.

Hinweis

Das Berechnen der Ableitungsfunktion nennt man **Ableiten**. Spricht man von „**Ableitung**" ohne Angabe einer Stelle, so ist damit die Ableitungsfunktion gemeint.

Erklärvideo

Beispiel 1

a) Bestimmen Sie zur Funktion f mit $f(x) = x^2 + 4$ den Term der Ableitungsfunktion f'.

b) Berechnen Sie f'(3) sowie die Steigung der Tangente im Punkt $(-5\,|\,f(-5))$ mithilfe der Ableitungsfunktion.

c) Berechnen Sie die Stellen, an denen der Graph von f die Steigung 7 hat.

Lösung:

a) Bilden und vereinfachen Sie den Differenzenquotienten. Verwenden Sie dafür die erste binomische Formel. Bestimmen Sie den Grenzwert des vereinfachten Differenzenquotienten.

$\frac{f(x_0+h)-f(x_0)}{h} = \frac{(x_0+h)^2+4-(x_0^2+4)}{h}$

$= \frac{x_0^2+2x_0h+h^2+4-x_0^2-4}{h} = \frac{2x_0h+h^2}{h} = \frac{h(2x_0+h)}{h}$

$= 2x_0 + h$

$f'(x_0) = \lim\limits_{h \to 0} \frac{f(x_0+h)-f(x_0)}{h} = \lim\limits_{h \to 0} (2x_0+h)$

$= 2x_0$

b) Setzen Sie $x_0 = 3$ bzw. $x_0 = -5$ in die Gleichung von f' ein.

$f'(3) = 2 \cdot 3 = 6$

Tangentensteigung: $f'(-5) = 2 \cdot (-5) = -10$

c) Setzen Sie $f'(x_0) = 7$ und lösen Sie nach x_0 auf.

$f'(x_0) = 7$

$2x_0 = 7$ also $x_0 = 3{,}5$

Basisaufgaben

1 Bestimmen Sie den Funktionsterm der Ableitungsfunktion mit dem Grenzwert des Differenzenquotienten.

a) $f(x) = 0{,}5x$ b) $f(x) = 2x + 3$ c) $f(x) = x^2 + 5$

d) $f(x) = 3x^2$ e) $f(x) = -x^2 + 7x$ f) $f(x) = 3x^2 - 2x + 4$

2 Bestimmen Sie die Ableitungsfunktion als Grenzwert des Differenzenquotienten von f mit $f(x) = mx + t$. Die Ableitung beschreibt die Steigung des Graphen. Stellen Sie einen Zusammenhang mit dem Steigungsparameter m einer Geraden her.

3 Erstellen Sie mit einer Software die Graphen der Funktionen f, g, h und i mit $f(x) = x^3 - 3x^2 + 2x + 1$, $g(x) = -4x + 4$, $h(x) = -2x^2 + 4x - 2$ und $i(x) = 3x^2 - 6x + 2$. Stellen Sie Vermutungen auf, welche Funktion die Ableitung welcher anderen Funktion ist. Überprüfen Sie Ihre Vermutung mithilfe der Software.

4 a) Bestimmen Sie die Ableitung der Funktion f mit $f(x) = -2x^2 + 4x$.
b) Berechnen Sie $f'(0)$ und geben Sie die Steigung der Tangente im Punkt $P(2\,|\,0)$ an.
c) Ermitteln Sie die x-Werte, für die gilt: $f'(x) = -2$

5 Auch die Ableitung konstanter Funktionen lässt sich mit Differenzenquotienten ermitteln.
a) Zeichnen Sie den Graphen der konstanten Funktion f mit $f(x) = 3$.
b) Geben Sie die Funktionswerte $f(4)$, $f(-7)$ und $f(1000)$ an.
c) Stellen Sie eine Vermutung auf, was die Ableitungsfunktion von f sein könnte.
d) Überprüfen Sie Ihre Vermutung aus c), indem Sie den Grenzwert des Differenzenquotienten bilden.

Hinweis zu 6

$(a + b)^3 = a^3 + 3a^2b + 3ab^2 + b^3$

6 Bestimmen Sie die Ableitungsfunktion der Funktion f mit $f(x) = x^3$ mit dem Grenzwert des Differenzenquotienten. Überprüfen Sie Ihr Ergebnis mit einer Mathematik-Software.

7 Bestimmen Sie die Stelle x_0, an der die Graphen der Funktionen f mit $f(x) = 0{,}5x^2 + x - 1$ und g mit $g(x) = x^2 - 1{,}5x + 2$ die gleiche Steigung haben.

8 In 14,80 m Höhe lässt Annika eine Kugel aus dem Fenster fallen. Die Höhe der Kugel zum Zeitpunkt t ist näherungsweise gegeben durch $s(t) = 14{,}8 - 5t^2$ (s in Metern, t in Sekunden).
a) Bestimmen Sie die Funktionsgleichung für die Momentangeschwindigkeit $v(t) = s'(t)$ der Kugel. Begründen Sie, warum $s'(t)$ die Momentangeschwindigkeit beschreibt.
b) Geben Sie an, wie schnell die Kugel nach 1,4 s ist.
c) Berechnen Sie, wann und mit welcher Geschwindigkeit die Kugel am Boden aufprallt.

9 Der Start eines Airbus A320 kann bis zum Abheben von der Rollbahn (ohne Luftwiderstand) durch die Zeit-Weg-Funktion s mit $s(t) = 1{,}5t^2$ modelliert werden (s in Metern, t in Sekunden).

a) Berechnen Sie die Funktionsgleichung der Momentangeschwindigkeit $v(t) = s'(t)$.
b) Geben Sie die Momentangeschwindigkeit nach 10 und nach 20 Sekunden an.
c) Bei einer Geschwindigkeit von ca. 72 m/s hebt der A320 ab. Berechnen Sie, nach wie vielen Sekunden das Flugzeug diese Abhebgeschwindigkeit erreicht.
d) Ermitteln Sie, welche Strecke das Flugzeug bis zum Abheben zurücklegt.

10 Die Funktion f beschreibt die von einem Windrad bis zum Zeitpunkt t (in h) erzeugte Energiemenge in Kilowattstunden (kWh). Die Ableitung f′ mit $f'(t) = 6t^2 - 72t + 216$ beschreibt für $0 \le t \le 12$ die Leistung (in kW), die das Windrad zum Zeitpunkt t bereitstellt.

a) Skizzieren Sie den Graphen von f′.
b) Beschreiben Sie den Verlauf des Graphen der Ableitungsfunktion.
c) Bestimmen Sie die Werte $f'(2)$, $f'(4)$ und $f'(10)$ und geben Sie ihre Bedeutung jeweils im Sachzusammenhang an. Interpretieren Sie auch den Wert $f'(6)$ im Sachzusammenhang.

Grafisches Ableiten

Der Funktionswert der Ableitungsfunktion f' an einer Stelle x entspricht der Steigung des Graphen von f an dieser Stelle.

In den Intervallen, in denen der Graph von f steigt (bzw. fällt), in denen also die Steigung positiv (bzw. negativ) ist, verläuft der Graph von f' oberhalb (bzw. unterhalb) der x-Achse.

An den Hoch- und Tiefpunkten (hier bei $x = -1$ und $x = 3$) hat der Graph von f eine waagerechte Tangente. Seine Steigung ist dort 0 und f' hat Nullstellen.

Für $x \geq 3$ wird der Graph von f immer steiler, die Funktionswerte von f' also immer größer. Der Graph von f fällt bei $x = 1$ am steilsten ab. An dieser Stelle hat der Graph von f' einen Tiefpunkt.
Die Tangente bei $x = 4$ hat die Steigung 1,25. Der Graph von f' verläuft durch den Punkt L(4 | 1,25).

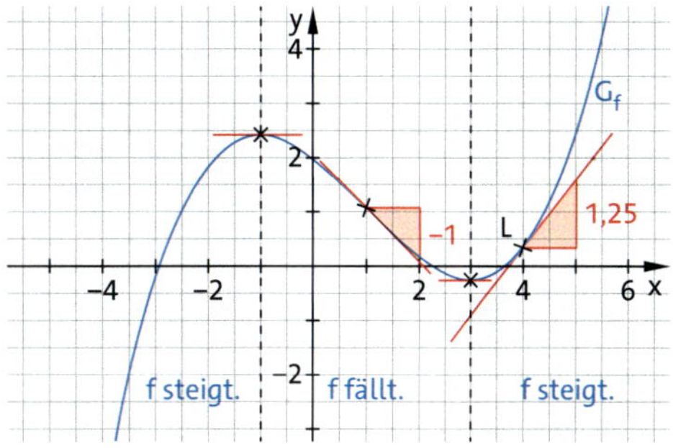

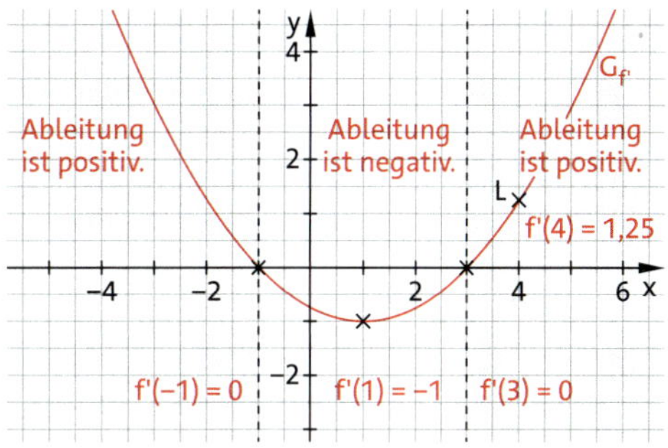

Erklärvideo

Beispiel 2 Skizzieren Sie zum abgebildeten Graphen von f den Graphen der Ableitungsfunktion f'.
Markieren Sie die Nullstellen von f' sowie die Intervalle, in denen die Ableitung positiv bzw. negativ ist.

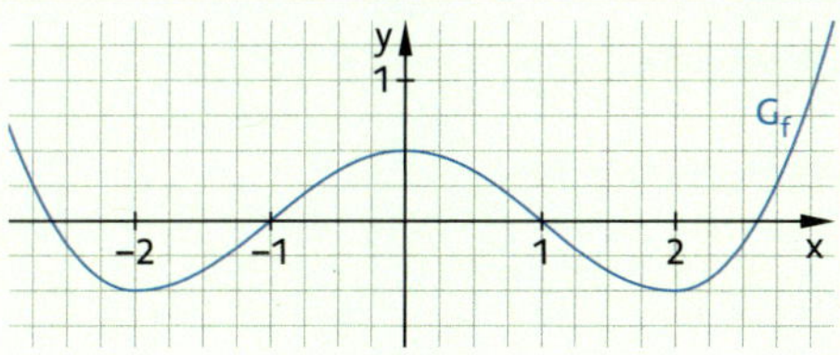

Lösung:
Der Graph von f hat Tiefpunkte bei $x = -2$ und $x = 2$ sowie einen Hochpunkt bei $x = 0$. An diesen Stellen hat f' daher Nullstellen.

In den Bereichen $x < -2$ und $0 < x < 2$ fällt der Graph von f, hier ist f'(x) negativ.

In den Bereichen $-2 < x < 0$ und $x > 2$ steigt der Graph von f, hier ist f'(x) positiv.

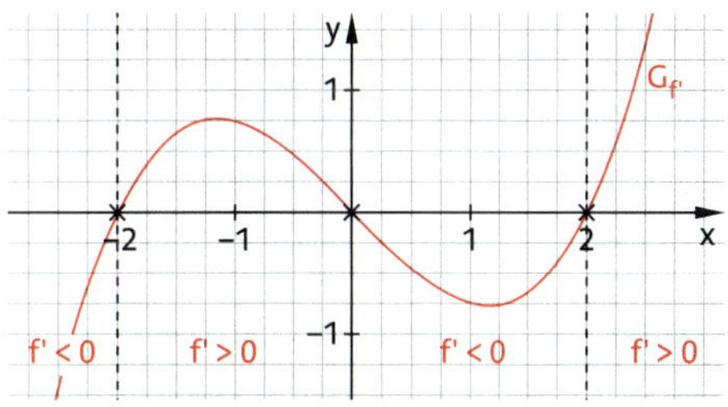

Hinweis

$f' < 0$ ist die Kurzschreibweise für $f'(x) < 0$ für alle x im betrachteten Intervall.

Basisaufgaben

11 Skizzieren Sie den Graphen von f'.

a) 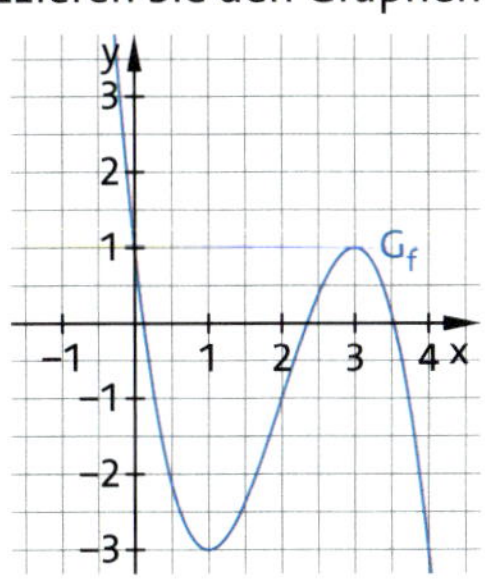

b) 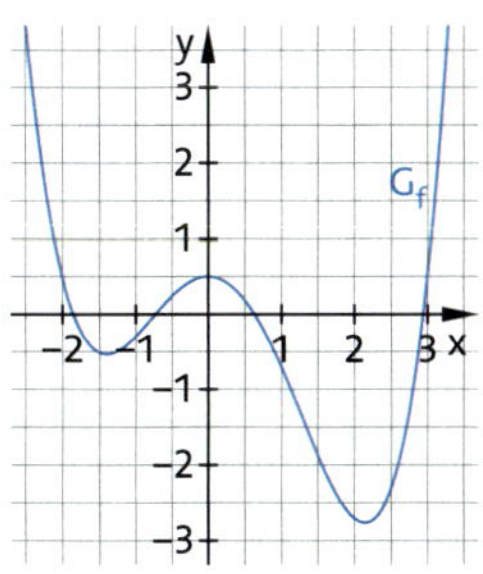

c) 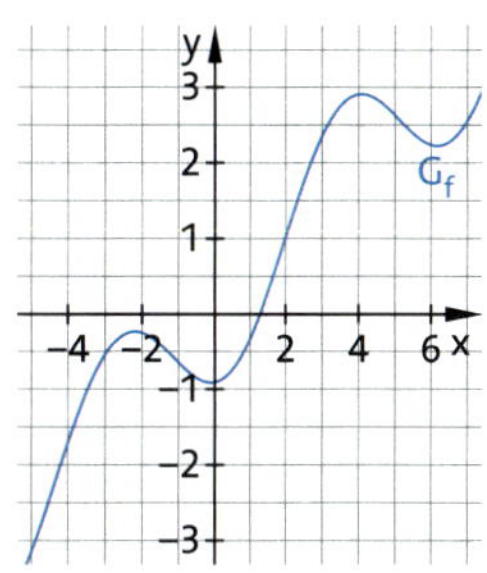

12 a) Notieren Sie möglichst viele Zusammenhänge, die zwischen dem Graphen einer Funktion f und dem ihrer Ableitungsfunktion f′ bestehen.
b) Überprüfen Sie die Graphen von f und g auf die Zusammenhänge aus a) und entscheiden Sie so, ob g die Ableitungsfunktion von f sein kann.

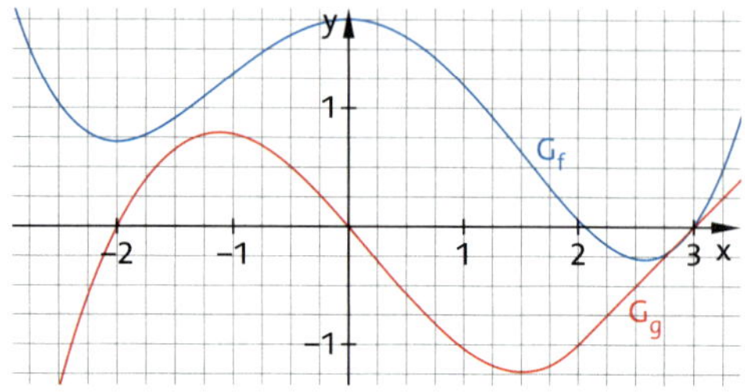

13 Skizzieren Sie die Graphen zu f und f′ und erläutern Sie die Zusammenhänge.
a) $f(x) = x^2 - 4$
b) $f(x) = \frac{4}{3}x^3 - 4x$

14 Schätzen Sie die Tangentensteigungen an den Punkten A bis K. Tragen Sie die diesen Steigungen entsprechenden Punkte des Graphen der Ableitung f′ in ein Koordinatensystem ein und skizzieren Sie so den Graphen der Ableitung von f.

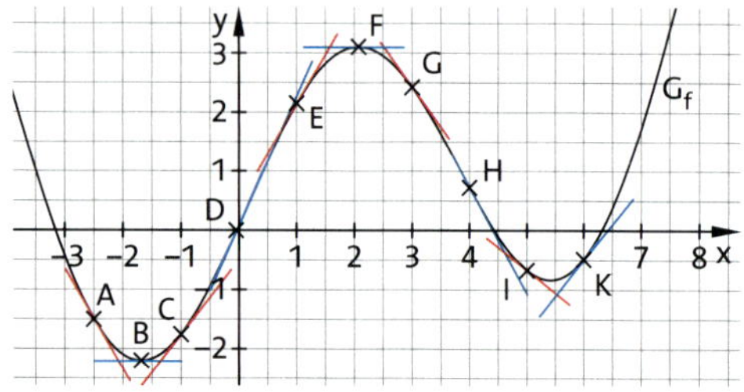

Hinweis

Ist die Funktion g Ableitungsfunktion der Funktion f, so wird f **Stammfunktion** von g genannt.

15 Ordnen Sie jeder der Funktionen $f_1, ..., f_5$ ihre Ableitung aus den Funktionen $g_1, ..., g_5$ zu. Begründen Sie Ihre Entscheidung.

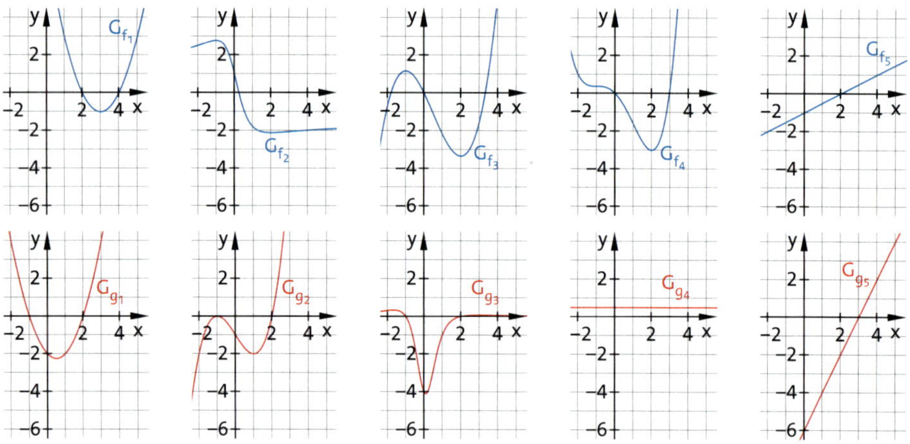

16 Gegeben sind die Funktionen a, b, c und d mit $a(x) = 2$, $b(x) = 2x$, $c(x) = x^2$, $d(x) = \frac{1}{3x^3}$.
a) Skizzieren Sie jeweils einen Graphen der Funktion und der zugehörigen Ableitungsfunktion.
b) Skizzieren Sie, falls möglich, einen Graphen einer Funktion e so, dass d deren Ableitungsfunktion darstellt.

17 Zeichnen Sie den Graphen einer beliebigen Funktion. Tauschen Sie untereinander, skizzieren Sie den Verlauf des Graphen der Ableitungsfunktion, prüfen Sie sich gegenseitig.

18 Begründen Sie mithilfe der Graphen, dass die Funktion f die Ableitung von g ist und und umgekehrt.

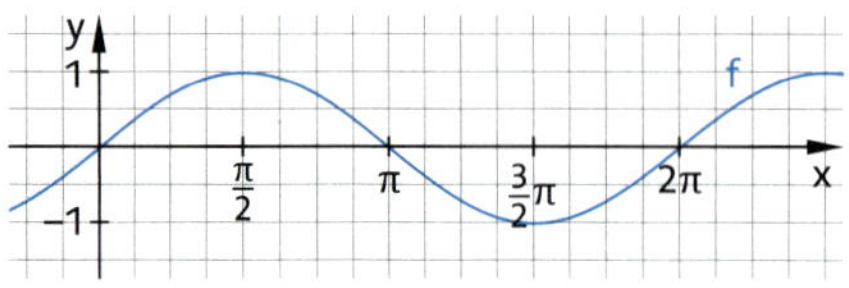

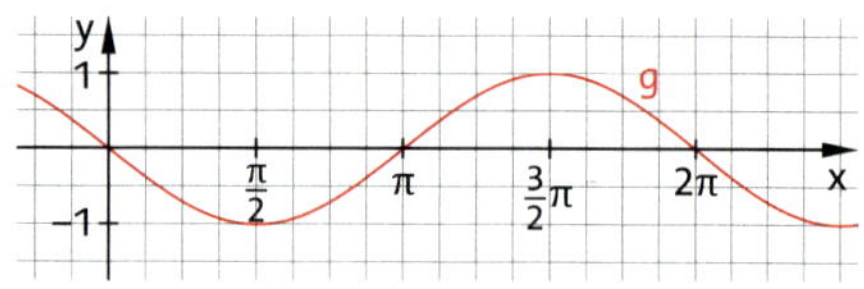

Weiterführende Aufgaben

Zwischentest

Hinweis zu 19

Die angegebenen Eigenschaften gelten für einzelne Punkte oder Bereiche der Graphen.

19 Ordnen Sie jeder Eigenschaft des Graphen einer Funktion die zugehörige Eigenschaft des Graphen der Ableitung zu. Legen Sie dazu eine Tabelle an.

Graph der Funktion: fallend · steilster Anstieg · Gerade · Hoch- oder Tiefpunkt · Parallele zur x-Achse · steilster Abfall · steigend

Graph der Ableitung: Tiefpunkt · unterhalb der x-Achse · Parallele zur x-Achse · Schnittpunkt mit der x-Achse · oberhalb der x-Achse · Hochpunkt · x-Achse

20 Abgebildet ist der Graph von f. Prüfen Sie, ob die Aussage über die Ableitungsfunktion f' wahr sein kann.

a) f' hat die Nullstelle $x = -2$.
b) f' hat die Nullstelle $x = -3{,}19$.
c) Der Graph von f' hat bei $x = -0{,}04$ einen Hochpunkt.
d) $f'(x)$ ist für $x > 2{,}14$ negativ.
e) Der Graph von f' hat bei $x = 2{,}14$ einen Tiefpunkt.
f) $f'(-2) < 0$

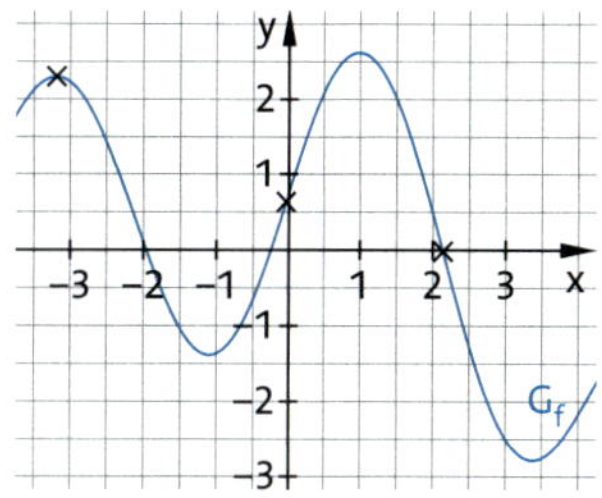

21 Gegeben ist die Funktion f mit $f(x) = \frac{1}{2}x^2 + 1$.

a) Bestimmen Sie die Ableitung als Grenzwert des Differenzenquotienten.
b) Zeichnen Sie die Graphen von f und f' im Bereich $-3 < x < 3$ in ein Koordinatensystem.
c) Zeichnen Sie an den Stellen $x = -2$, $x = 0$ und $x = 1{,}5$ mithilfe von f' Tangenten an den Graphen ein.

22 **Stolperstelle:** Erläutern Sie den Fehler beim Skizzieren des Graphen von f' und korrigieren Sie ihn.

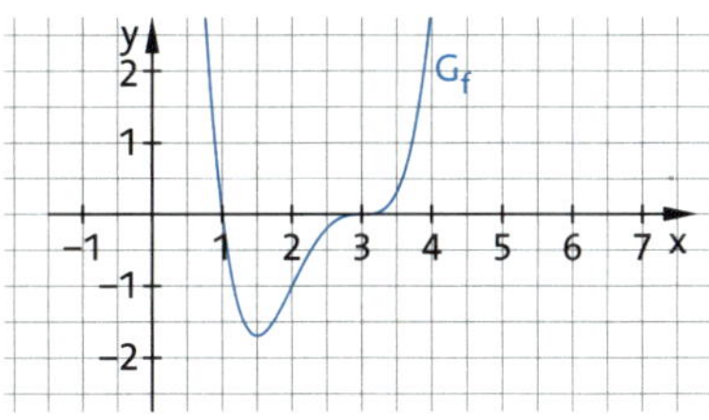

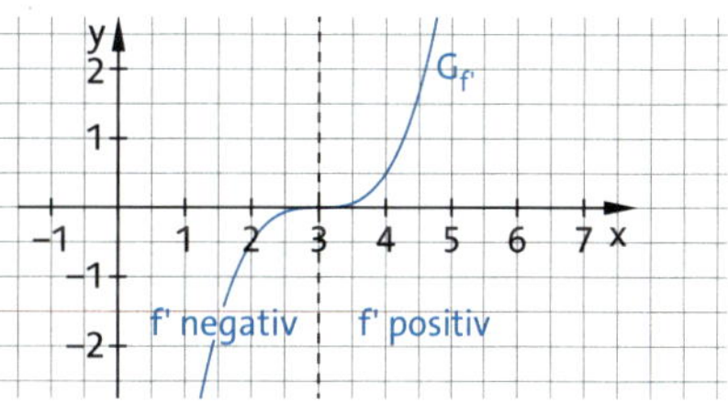

23 Die Rechnung zur Bestimmung der Ableitung von f mit $f(x) = x^2 - 2x$ ist fehlerhaft. Korrigieren Sie den Fehler und berechnen Sie die Ableitung von f.

$$\frac{f(x+h) - f(x)}{h} = \frac{(x+h)^2 - 2(x+h) - x^2 - 2x}{h} = \frac{x^2 + 2xh + h^2 - 2x - 2h - x^2 - 2x}{h} = \frac{2xh + h^2 - 2h - 4x}{h}$$

24 Die Abbildung zeigt die Graphen einer Funktion f und ihrer Ableitungsfunktion f'. Benennen Sie die Besonderheit des Graphen von f' an den Punkten A, B und C und erläutern Sie ihre Bedeutung für den Graphen von f.

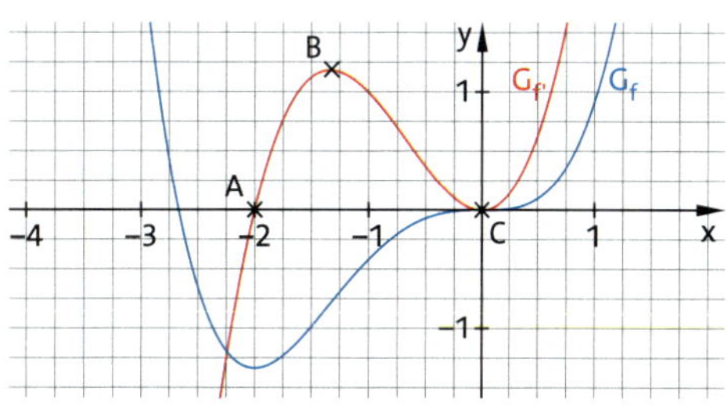

25 Untersuchen Sie an einem Beispiel, wie sich der Graph von f an den Hoch- und Tiefpunkten von f' verhält.

26 Die Abbildung zeigt den Graphen der Funktion f, die für einen Zeitraum von 8 Tagen die Höhe des Wasserstands im Ausgleichsbecken einer Kanalisation beschreibt.

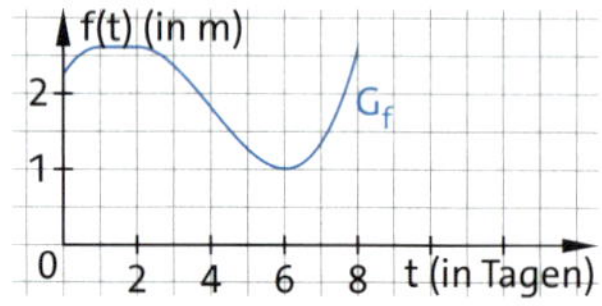

a) Skizzieren Sie den Graphen der Ableitung f'.
b) Es gilt $f'(3) = -0{,}45$. Erklären Sie die Bedeutung dieser Zahl im Sachzusammenhang.
c) Beschreiben Sie den Verlauf des Graphen von f' im Sachzusammenhang.

Hilfe

27 Der Graph von f stellt die Anzahl der Infizierten (in 100) während einer Epidemie dar.

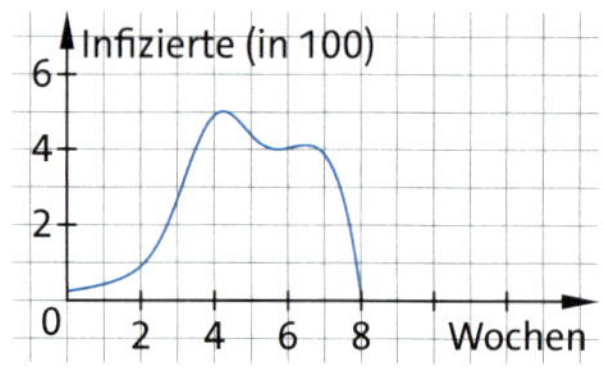

a) Interpretieren Sie die Koordinaten des Hochpunktes mit dem größten Funktionswert sowie die Nullstelle im Sachzusammenhang.
b) Skizzieren Sie den Graphen der Ableitung und beschreiben Sie den Verlauf der Infektionsrate.

Hilfe

Hinweis zu 27

Knickfrei bedeutet, dass die Gerade und die Parabel an der Übergangsstelle dieselbe Steigung besitzen.

28 Der aus Stücken einer Geraden und einer Parabel knickfrei zusammengesetzte Graph beschreibt den Querschnitt eines 20 m hohen Damms. Die Steigung von g ist 0,8, die Parabel ist der Graph von f mit $f(x) = -\frac{1}{20}x^2 + 20$.

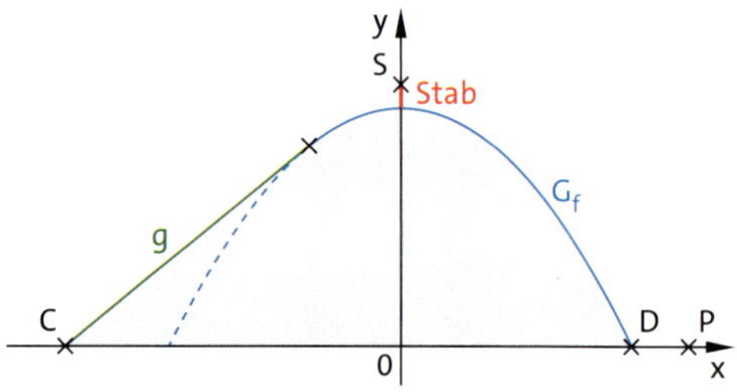

a) Berechnen Sie die Geradengleichung und die Länge des Querschnitts $\overline{CD}$.
b) Auf dem Damm steht ein 2 m hoher Stab. Prüfen Sie, ob ein im Punkt P(25 | 0) stehendes Kind mit einer Augenhöhe von 1 m die Spitze des Stabs sehen kann.

29 Die Funktion w mit $w(t) = -\frac{4}{3}t^2 + \frac{10}{3}t + 2$ beschreibt näherungsweise die Höhe eines zum Zeitpunkt t = 0 senkrecht nach oben geworfenen Tennisballs (t: Zeit in s; w(t): Höhe in m).

a) Skizzieren Sie den Graphen von w.
b) Ermitteln Sie den Zeitpunkt, zu dem der Tennisball wieder auf den Boden auftrifft.
c) Berechnen Sie die mittlere Änderungsrate bis zum Erreichen des höchsten Punktes über dem Boden. Geben Sie die Bedeutung dieser Änderungsrate im Sachzusammenhang an.
d) Bestimmen Sie die Ableitung w' von w und zeichnen Sie den Graphen von w'.

30 Gegeben sind eine beliebige Funktion f und ihre Ableitung f'. Beschreiben Sie begründet, was mit dem Graphen von f' geschieht, wenn der Graph von f
a) um 3 Einheiten nach oben verschoben wird,
b) um 1 Einheit nach rechts verschoben wird,
c) an der x-Achse gespiegelt wird,
d) an der y-Achse gespiegelt wird.

31 Louis behauptet: „Wenn der Graph von f achsensymmetrisch zur y-Achse ist, dann ist der Graph von f' punktsymmetrisch zum Ursprung." Nehmen Sie begründet Stellung.

32 **Ausblick:** Gegeben ist die Ableitung einer Funktion f durch $f'(x) = (x - 2)^2 - 1$. Skizzieren Sie einen Verlauf des Graphen von f. Erläutern Sie, weshalb es mehrere Lösungen gibt.

2.5 Potenzregel

Die Tabelle zeigt die Terme einiger Funktionen und ihrer Ableitungen. Formulieren Sie aufgrund dieser Ableitungen eine Vermutung für die Ableitung zu $f(x) = x^n$ für ein beliebiges $n \in \mathbb{N}$.

f(x)	f'(x)
x^2	$2x$
x^3	$3x^2$
x^4	$4x^3$

Ableitung von Potenzfunktionen mit natürlichen Exponenten

Es gibt Regeln, die das Ableiten erheblich vereinfachen. Beim Ableiten von $f(x) = x^3$ oder $f(x) = x^2$ wird der Exponent von f(x) zum Vorfaktor von f'(x). Außerdem verkleinert sich der Exponent um 1. Dies gilt allgemein für alle Potenzfunktionen mit natürlichen Exponenten.

$f(x) = x^3$
$f'(x) = 3x^2$

$f(x) = x^2$
$f'(x) = 2x^1 = 2x$

Hinweis

Der Beweis ist Thema von Aufgabe 20.

Satz **Potenzregel für Potenzen mit natürlichen Exponenten**

Die Funktion f mit $f(x) = x^n$ und $n \in \mathbb{N}$, $n > 1$, hat die Ableitung $f'(x) = n \cdot x^{n-1}$.

Auch die Ableitungen zu $f(x) = x$ und $g(x) = 1$ lassen sich mithilfe dieser Regel bestimmen (siehe rechts).
Für den Fall $x = 0$ lässt sich die Ableitung mithilfe des Differenzenquotienten bestimmen.

$f(x) = x = x^1$
$f'(x) = 1 \cdot x^{1-1} = 1 \cdot x^0 = 1$

$g(x) = 1 = x^0$
$g'(x) = 0 \cdot x^{0-1} = 0 \cdot x^{-1} = 0$

Erklärvideo

Beispiel 1

Berechnen Sie $f'(-2)$ für die Funktion f mit $f(x) = x^6$.

Lösung:

Beim Ableiten von f wird der Exponent 6 zum Faktor, der Exponent von x wird um 1 verkleinert.

$f(x) = x^6$
$f'(x) = 6x^5$

Setzen Sie $x = -2$ in f'(x) ein.

$f'(-2) = 6 \cdot (-2)^5 = 6 \cdot (-32) = -192$

Basisaufgaben

1 Bestimmen Sie die Ableitung der Funktion.

a) $f(x) = x^7$ b) $f(x) = x^9$ c) $h(x) = x^{100}$
d) $f(x) = x^{m+1}$ e) $g(x) = x^{2n}$ f) $v(t) = t^2$

2 Bestimmen Sie die Ableitung der Funktion an der Stelle x_0.

a) $f(x) = x^5$; $x_0 = 2$ b) $f(x) = x^2$; $x_0 = -3$ c) $f(x) = x^3$; $x_0 = 4$
d) $f(x) = x^4$; $x_0 = -2$ e) $f(x) = x^7$; $x_0 = -1$ f) $f(x) = x$; $x_0 = 9$

Lösungen zu 2

80 −6 1 48 7 −32

3 Begründen Sie, warum die Potenzregel für die Funktionen f und g mit $f(x) = x^1 = x$ und $g(x) = x^0 = 1$ an der Stelle $x_0 = 0$ nicht angewendet werden kann. Weisen Sie mithilfe des Differenzenquotienten nach, dass dennoch $f'(x) = 1$ und $g'(x) = 0$ für alle $x \in \mathbb{R}$ gilt.

4 Untersuchen Sie mithilfe der Ableitung der Potenzfunktion f mit $f(x) = x^n$ und $n \in \mathbb{N}$, $n \geq 2$, für welche x die Steigung des Graphen positiv, negativ oder null ist. Unterscheiden Sie die Fälle, ob n ungerade oder n gerade ist.

Ableitung von Potenzfunktionen mit ganzzahligen Exponenten

Hinweis

Es ist oft praktisch, den Ableitungsstrich direkt an den Term zu schreiben:
$\left[\frac{1}{x}\right]'$ bezeichnet die Ableitung von $\frac{1}{x}$.

Die Ableitung der Funktion f mit $f(x) = \frac{1}{x}$ kann man mit dem Differenzialquotienten bilden:

$$\lim_{h \to 0} \frac{f(x+h) - f(x)}{h} = \lim_{h \to 0} \frac{\frac{1}{x+h} - \frac{1}{x}}{h} = \lim_{h \to 0} \frac{1}{h} \cdot \frac{x - (x+h)}{x(x+h)} = \lim_{h \to 0} \frac{1}{h} \cdot \frac{-h}{x(x+h)} = \lim_{h \to 0} \frac{-1}{x^2 + xh} = -\frac{1}{x^2}$$

Wegen $\frac{1}{x} = x^{-1}$ und $-\frac{1}{x^2} = -x^{-2}$ gilt die Potenzregel also auch für den Exponenten −1.
Man kann zeigen, dass sie sogar für alle ganzzahligen Exponenten gilt.

Satz **Potenzregel für Potenzen mit ganzzahligen Exponenten**

Die Funktion f mit $f(x) = x^d$ und $d \in \mathbb{Z}$, $d \neq 0$ und $d \neq 1$, hat die Ableitung $f'(x) = d \cdot x^{d-1}$
Für $n \in \mathbb{N}$, $n > 1$ gilt außerdem: $f(x) = \frac{1}{x^n} = x^{-n}$ und damit $f'(x) = -n \cdot x^{-(n+1)} = -\frac{n}{x^{(n+1)}}$.

Oft kann man Funktionsterme mithilfe der Potenzgesetze so umschreiben, dass man die Ableitung mit der Potenzregel bilden kann.

Beispiel 2 Bestimmen Sie die Ableitung der Funktion f.

a) $f(x) = x^{-3}$ b) $f(x) = \frac{1}{x^2}$

Lösung:

a) Wenden Sie die Potenzregel an. Achten Sie dabei auf das negative Vorzeichen.

$d = 3$: $f(x) = x^{-3}$
$f'(x) = (-3) \cdot x^{-3-1}$
$= -3 \cdot x^{-4} = -\frac{3}{x^4}$

b) Schreiben Sie den Funktionsterm von f mithilfe der Potenzgesetze in eine Potenz um. Wenden Sie dann die Potenzregel an.

$f(x) = \frac{1}{x^2} = x^{-2}$
$f'(x) = (-2) \cdot x^{-(2+1)} = -2 \cdot x^{-2-1}$
$= -2 \cdot x^{-3} = -\frac{2}{x^3}$

Basisaufgaben

5 Leiten Sie mithilfe der Potenzregel ab.
a) $f(x) = x^{-4}$ b) $f(x) = x^{-1}$ c) $g(x) = x^{-2}$

6 Formen Sie den Funktionsterm in eine Potenz mit der Basis x um. Bestimmen Sie dann die Ableitung.
a) $f(x) = \frac{1}{x^2}$ b) $f(x) = \frac{1}{x^5}$ c) $h(x) = \frac{1}{x}$ d) $f(x) = \frac{1}{x^7}$ e) $g(x) = \frac{1}{x^9}$

7 Bestimmen Sie die Ableitung der Funktion an der Stelle x_0.
a) $f(x) = \frac{1}{x^4}$; $x_0 = -2$ b) $h(x) = \frac{1}{x^2}$; $x_0 = \frac{1}{2}$ c) $g(x) = \frac{1}{x^6}$; $x_0 = -1$

8 Untersuchen Sie mithilfe der Ableitung der Potenzfunktion f mit $f(x) = x^n$ und $n \in \mathbb{Z}$, $n \neq 1$ und $n \neq 0$, für welche x die Steigung des Graphen positiv, negativ oder null ist. Unterscheiden Sie die Fälle, ob n positiv oder negativ und ob n ungerade oder gerade ist.

9 Bestimmen Sie alle Stellen, an denen der Graph der Funktion f die Steigung m hat.
a) $f(x) = x^3$; $m = 27$ b) $f(x) = x^7$; $m = 7$ c) $f(x) = \sqrt{x}$; $m = \frac{1}{8}$
d) $f(x) = \frac{1}{x}$; $m = -4$ e) $f(x) = \frac{1}{x^2}$; $m = \frac{1}{4}$ f) $f(x) = \sqrt{x}$; $m = 3$

Weiterführende Aufgaben

Zwischentest

10 Abgebildet sind der Graph von f mit $f(x) = \frac{1}{x}$, die Sekante durch A und B sowie eine Tangente an den Graphen von f. Erläutern Sie den in der Abbildung dargestellten Sachverhalt und weisen Sie ihn rechnerisch nach. Geben Sie die Koordinaten von P an. Prüfen Sie, ob die Steigung der Tangente auch für andere Punkte mit einer Sekantensteigung übereinstimmt.

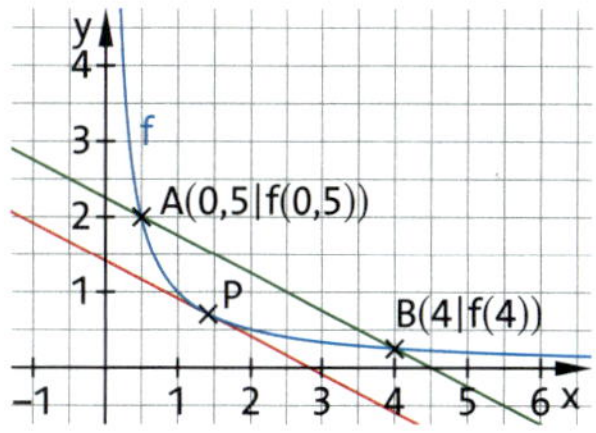

11 **Stolperstelle:** Finden Sie den Fehler beim Ableiten von $f(x) = \frac{1}{x^5}$ und verbessern Sie ihn.
$f'(x) = [x^{-5}]' = -5 \cdot x^{-4} = -\frac{5}{x^4}$

> **Satz** **Ableitung der Wurzelfunktion**
>
> Die Funktion f mit $f(x) = \sqrt{x}$; $x^{\frac{1}{2}}$ hat die Ableitung $f'(x) = \frac{1}{2} \cdot x^{-\frac{1}{2}} = \frac{1}{2\sqrt{x}}$.

12 Bestimmen Sie alle Stellen, an denen die Graphen der Funktionen f und g dieselbe Steigung haben, also diejenigen Stellen, an denen ihre Tangenten parallel verlaufen.

a) $f(x) = x$; $g(x) = x^3$
b) $f(x) = x^2$; $g(x) = x^4$
c) $f(x) = x^2$; $g(x) = \frac{1}{x}$
d) $f(x) = x$; $g(x) = \sqrt{x}$
e) $f(x) = \frac{1}{x}$; $g(x) = \frac{1}{x^3}$
f) $f(x) = \frac{1}{x}$; $g(x) = x^3$

Hilfe

13 Es sei f eine Potenzfunktion mit $f(x) = x^n$ und $n \in \mathbb{N}$. Zeigen Sie:

a) Für jedes $n \geq 2$ hat f genau eine Stelle mit waagerechter Tangente.

b) Ist n ungerade, so gibt es zu jeder Tangente an den Graphen von f mit Steigung $m > 0$ eine parallele Tangente. Erläutern Sie, welcher besondere Fall sich für $n = 1$ ergibt.

14 **Herleitung der Potenzregel:**

a) Es gilt: $(x + h)^4 = x^4 + 4x^3h + 6x^2h^2 + 4xh^3 + h^4 = x^4 + 4x^3h + h^2 \cdot (...)$
Bestimmen Sie den Term in der blauen Klammer. Begründen Sie, warum es möglich ist, h^2 auszuklammern.

b) Zeigen Sie, dass die Funktion f mit $f(x) = x^4$ die Ableitung $f'(x) = 4x^3$ hat. Erläutern Sie dazu die folgende Umformung und führen Sie die Bestimmung des Grenzwerts zu Ende.
$$\lim_{h \to 0} \frac{(x+h)^4 - x^4}{h} = \lim_{h \to 0} \frac{x^4 + 4x^3h + h^2 \cdot (...) - x^4}{h} = \lim_{h \to 0} \frac{4x^3h + h^2 \cdot (...)}{h} = ...$$

c) Zeigen Sie, dass die Funktion f mit $f(x) = x^n$ und $n \in \mathbb{N}$ auch für $n > 4$ die Ableitung $f'(x) = nx^{n-1}$ hat. Gehen Sie vor wie in b). Verwenden Sie die Umformung
$(x + h)^n = x^n + nx^{n-1}h + \frac{n \cdot (n-1)}{2}x^{n-2}h^2 + ... + nxh^{n-1} + h^n = x^n + nx^{n-1}h + h^2 \cdot (...)$.

15 **Ausblick:** Der Graph der Funktion f entsteht durch Zusammensetzen einzelner Stücke der Graphen der Funktionen f_1 und f_2 mit $f_1(x) = \frac{1}{x^2}$ und $f_2(x) = -x^2 + 2$.

a) Nennen Sie eine Funktionsvorschrift.

b) Stellen Sie Bedingungen dafür auf, dass die zusammengesetzte Kurve an den Anschlusspunkten A und B keinen Knick hat. Überprüfen Sie, ob die Bedingungen erfüllt sind.

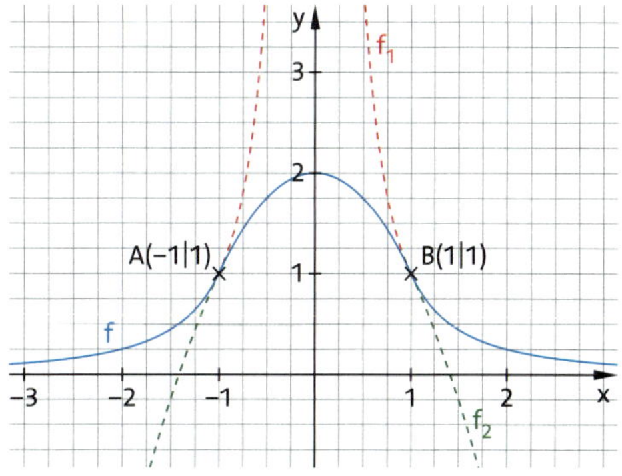

2.6 Faktor- und Summenregel

Luisa hat mit einer Mathematik-Software die Ableitungen von zwei Potenzfunktionen sowie deren Summe und dem Vielfachen einer Potenzfunktion bestimmt. Finden Sie Zusammenhänge zwischen den Ableitungen. Stellen Sie eine Vermutung auf, wie man die Ableitung von Vielfachen und Summen von Potenzfunktionen bildet.

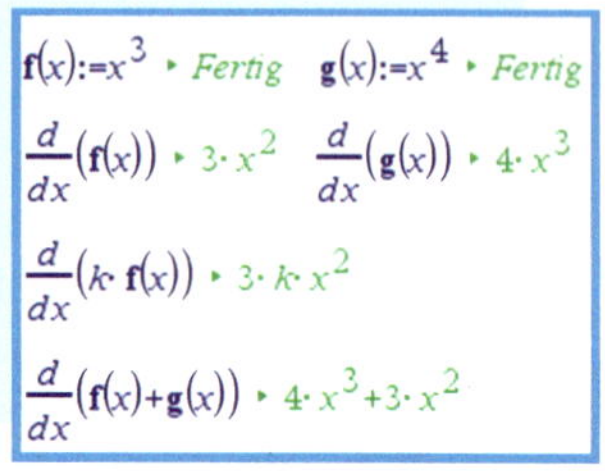

Faktorregel

Der Graph von f mit $f(x) = 3x^3$ entsteht aus dem Graphen von g mit $g(x) = x^3$ durch eine Streckung in y-Richtung mit dem **konstanten Faktor** 3.

Bei der Streckung des Graphen wird jede beliebige Tangente dreimal so steil, wie das gestreckte Steigungsdreieck veranschaulicht. Es gilt: $f'(x) = 3 \cdot g'(x)$

Das lässt sich auf beliebige Funktionen f und g mit $f(x) = k \cdot g(x)$, $k \in \mathbb{R}$, verallgemeinern, siehe Aufgabe 21.

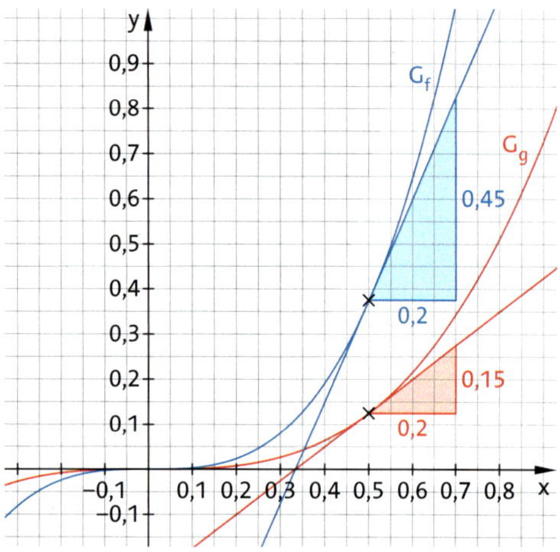

Merkregel

Ein konstanter Faktor bleibt beim Ableiten erhalten.

Erklärvideo

Satz Faktorregel

Für differenzierbare Funktionen f und g mit $f(x) = k \cdot g(x)$ und der Konstanten $k \in \mathbb{R}$ gilt:
$f'(x) = k \cdot g'(x)$

Beispiel 1

Bestimmen Sie die Ableitungen zu f und g mit $f(x) = -6x^3$ und $g(x) = \frac{2}{3}x$.

Lösung:

Leiten Sie jeweils den Term ab, der x enthält. Der konstante Faktor bleibt unverändert erhalten.

$f'(x) = [-6x^3]' = -6 \cdot [x^3]' = -6 \cdot 3x^2 = -18x^2$

$g'(x) = \left[\frac{2}{3}x\right]' = \frac{2}{3} \cdot [x]' = \frac{2}{3} \cdot 1 = \frac{2}{3}$

Basisaufgaben

1 Bestimmen Sie die Ableitung der Funktion.

a) $f(x) = 3x^4$ b) $f(x) = 0{,}5x^2$ c) $f(x) = -\frac{3}{4}x$
d) $f(x) = \frac{1}{3}x^3$ e) $f(x) = 2x^7$ f) $f(x) = -0{,}2x^{15}$

2 Schreiben Sie den Funktionsterm so um, dass ein konstanter Faktor entsteht, und leiten Sie dann ab.

a) $f(x) = \frac{x^4}{2}$ b) $f(x) = \frac{3x^2}{2}$ c) $f(x) = \frac{-x}{2}$
d) $f(x) = -6 \cdot \frac{x^3}{5}$ e) $f(x) = (3x)^3$ f) $f(x) = -(-2x)^2$

Lösungen zu 3

−1 0 −2 24 5 $-\frac{3}{8}$

3 Bestimmen Sie die Ableitung der Funktion an der Stelle x_0.

a) $f(x) = -4x^2;\quad x_0 = -3$ b) $f(x) = -\frac{2}{3}x^3;\quad x_0 = -1$ c) $f(x) = -x;\quad x_0 = 0$

d) $f(x) = \frac{-3x^4}{4};\quad x_0 = 0{,}5$ e) $f(x) = 8;\quad x_0 = 2$ f) $f(x) = 5x;\quad x_0 = -9$

4 Bestimmen Sie die Ableitungsfunktion.

a) $f(x) = ax^2$ b) $g(y) = -2y^3$ c) $h(t) = vt$

5 Geben Sie die Funktionsterme der Funktion f und ihrer Ableitungsfunktion f' an.

a) $g(x) = x^2;\ f(x) = 5\cdot g(x)$ b) $g(x) = 2x^2;\ f(x) = 2\cdot g(x)$ c) $g(x) = 5x^4;\ f(x) = \frac{1}{3}\cdot g(x)$

Summenregel

Um für f mit $f(x) = \frac{1}{3}x^2 + \frac{1}{2}x$ die Steigung der Tangente bei $x = 2$ zu ermitteln, kann man f als **Summe** der Funktionen g und k mit $g(x) = \frac{1}{3}x^2$ und $k(x) = \frac{1}{2}x$ auffassen:

Es gilt z. B. $f(2) = g(2) + k(2) = \frac{4}{3} + \frac{2}{2} = \frac{7}{3}$.

Mit der Faktor- und Potenzregel erhält man $g'(x) = \frac{2}{3}x$ und $k'(x) = \frac{1}{2}$, also $g'(2) = \frac{4}{3} \approx 1{,}33$ und $k'(2) = \frac{1}{2} = 0{,}5$.

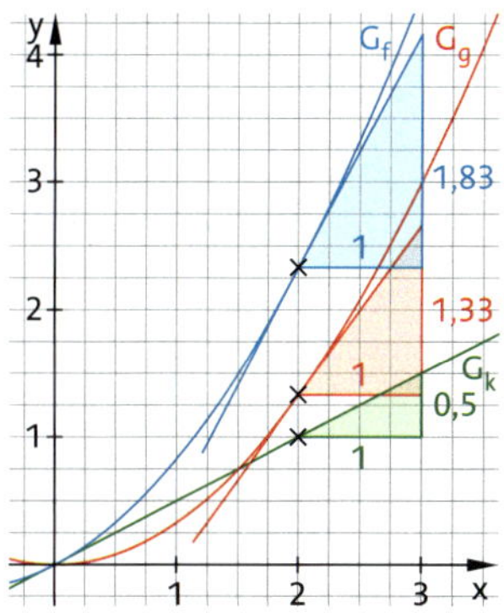

Die Abbildung zeigt, dass $f'(2) = g'(2) + k'(2)$ gilt.
Das lässt sich auf beliebige Funktionen g, k und f mit $f(x) = g(x) + k(x)$ für alle $x \in D$ verallgemeinern. Für die Sekantensteigung m_f von f gilt dann:

$$m_f = \frac{f(x+h) - f(x)}{h} = \frac{[g(x+h) + k(x+h)] - [g(x) + k(x)]}{h} = \frac{g(x+h) - g(x) + k(x+h) - k(x)}{h}$$

$$= \frac{g(x+h) - g(x)}{h} + \frac{k(x+h) - k(x)}{h} = m_g + m_k$$

Grenzwerte dürfen summandenweise gebildet werden:

$$m_f = m_g + m_k$$
$$\downarrow h \to 0 \quad \downarrow h \to 0 \quad \downarrow h \to 0$$
$$f'(x) = g'(x) + k'(x)$$

Satz **Summenregel**

Für Funktionen f, g und k mit $f(x) = g(x) + k(x)$ gilt: $f'(x) = g'(x) + k'(x)$

Erklärvideo

Beispiel 2 Bestimmen Sie die Ableitung.

a) $f(x) = x^3 + 7x$ b) $g(x) = 1 + x^2 - 2x$

Lösung:

Leiten Sie die Summanden einzeln ab und bilden Sie die Summe.

a) $f'(x) = 3x^2 + 7$

b) $g'(x) = 0 + 2x - 2 = 2x - 2$

Basisaufgaben

6 Bestimmen Sie die Ableitung.

a) $f(x) = x^3 + x^2$ b) $f(x) = x^4 - x^3 + 5$ c) $f(x) = x - 3$

d) $f(x) = x^3 - x^2 + x$ e) $f(x) = 3 + x^5 + x^2$ f) $f(x) = -x^7 + x^3 - x^4 + \frac{1}{2}$

7 Bestimmen Sie die Ableitung.

a) $f(x) = 7x^3 - 5x^2 + 9x - 2$ b) $f(x) = 5 - 6x^3$ c) $f(x) = -4x + 2$

d) $f(x) = \frac{1}{3}x^3 + \frac{1}{2}x^2 + x$ e) $f(x) = \frac{1}{5} - \frac{2}{5}x^5 - 4x^4$ f) $f(x) = 3x + \frac{1}{3} - x^8$

Lösungen zu 8

2 15 1 −18 $\frac{3}{2}$ $\frac{4}{5}$

8 Bestimmen Sie die Ableitung der Funktion an der Stelle x_0.

a) $f(x) = 3x^4 - 2x^3;\ x_0 = -1$ b) $f(x) = 2x - 6;\ x_0 = 8$ c) $f(x) = 3x + 2x^2;\ x_0 = 3$

d) $f(x) = \frac{4}{5}x - \frac{2}{5};\ x_0 = 0$ e) $f(x) = -3x^3 + 2x;\ x_0 = -\frac{1}{3}$ f) $f(x) = \frac{3}{4}\left(x^3 - \frac{1}{2}x^2\right);\ x_0 = 1$

9 Multiplizieren Sie den Funktionsterm aus und bestimmen Sie die Ableitungsfunktion.

a) $f(x) = x(x^2 - 3)$ b) $f(x) = (x - 2)(x + 4)$ c) $f(x) = (x - 3)(x + 3)$

d) $f(x) = 2(x - 9)^2$ e) $f(x) = 4(x^2 + 1)^2(x^2 - 1)$ f) $f(x) = (x - 2)^3$

Weiterführende Aufgaben

Zwischentest

10 Bestimmen Sie alle Stellen, an denen die Graphen der Funktionen f und g dieselbe Steigung haben. Überprüfen Sie Ihre Ergebnisse, indem Sie mithilfe eines Funktionenplotters die Steigungen an den berechneten Stellen anzeigen lassen.

a) $f(x) = x^2;\quad g(x) = x - 2$ b) $f(x) = x;\quad g(x) = x^3$ c) $f(x) = x;\quad g(x) = x + 4$

11 Bestimmen Sie alle Stellen, an denen die Funktion die Steigung m hat.

a) $f(x) = 2x^3;\ m = 6$ b) $f(x) = \frac{3x^4}{2};\ m = 48$ c) $f(x) = 0{,}5x^2 + 1{,}5;\ m = -0{,}5$

d) $f(x) = \frac{x^2}{5};\ m = 10$ e) $f(x) = 3x;\ m = 3$ f) $f(x) = 5x;\ m = 3$

g) $f(x) = \frac{2}{3}x^3 - 1;\ m = -2$ h) $f(x) = -3x^2 + x;\ m = 7$ i) $f(x) = 2x^3 - 3x^2 - x;\ m = 0$

12 **Stolperstelle:** Beschreiben und korrigieren Sie die Fehler.

a) $f(x) = x^2 - 6$, $f'(x) = 2x - 6$ b) $f(x) = a^2 + x$, $f'(x) = 2a + 1$ c) $f(x) = x^2(3x - 1)$, $f'(x) = 2x \cdot 3$

13 Bestimmen Sie die Ableitung und erläutern Sie Ihren Rechenweg.

a) $f(x) = \frac{1}{10}(3x^7 - 5x^2 + 2)$ b) $f(x) = \frac{x^3 + x^2}{3}$

c) $f(x) = -2(3 - 2x + 2x^2 - x^3)$ d) $f(x) = (x^2 - 3x)^2$

Hilfe

14 Beweis der Faktorregel: Beweisen Sie die Faktorregel. Bilden Sie dazu den Grenzwert der Sekantensteigung der Funktion f mit $f(x) = k \cdot g(x)$, $k \in \mathbb{R}$, für eine beliebige Funktion g.

15 Prüfen Sie am Beispiel der Funktion f mit $f(x) = x^2 \cdot x^3 = x^5$, ob die Ableitung eines Produkts zweier Funktionen das Produkt der Ableitungen der beiden Funktionen ist.

16 Begründen Sie mithilfe der Summenregel:
Zwei Funktionen, die sich nur um einen konstanten Summanden unterscheiden, haben die gleiche Ableitungsfunktion.

Wissen **Höhere Ableitungen**

Leitet man die Ableitungsfunktion f′ einer Funktion f erneut ab, erhält man die **zweite Ableitung f″**. Die Ableitung der zweiten Ableitung heißt **dritte Ableitung f‴**.

Beispiel: Funktion: $f(x) = x^4$ erste Ableitung: $f'(x) = 4x^3$
zweite Ableitung: $f''(x) = 12x^2$ dritte Ableitung: $f'''(x) = 24x$

Leitet man eine Funktion f n-mal ab, erhält man die n-te Ableitung $f^{(n)}$.

Hinweis

Sprechweise:
f″ – „f zwei Strich"
f‴ – „f drei Strich"
Für $n \geq 4$ schreibt man $f^{(n)}$.

17 Bestimmen Sie die ersten drei Ableitungen der Funktion f.

a) $f(x) = 3x^4 - 2x^3 + x^2 - 5x - 3$ b) $f(x) = x^2 - 3x + 1$

c) $f(x) = -x^5 + x^4 - x$ d) $f(x) = -\frac{3}{4}x + 5$

e) $f(x) = \frac{1}{x}$ f) $f(x) = \sqrt{x}$

18 Bestimmen Sie die Ableitung der Funktion.

a) $f(s) = s^2 - 3sy - 2$ b) $f(x) = ax^3 + bx^2$ c) $f(t) = k - t$

d) $g(x) = mx + b$ e) $s(t) = \frac{9}{2}t^2 - 0{,}3t + 2$ f) $f(x) = ax^4 + bx^3 + cx^2 + dx + e$

19 Bestimmen Sie die Ableitung der Funktion.

a) $f(x) = x^n + x^{n-1}$ b) $f(x) = x^{2n} - 2x^n$ c) $f(x) = \frac{1}{n}x^n + \frac{1}{2}x^{2n}$

20 a) Bestimmen Sie die Steigung des Graphen von f mit $f(x) = x^2 - 1$ in seinen Schnittpunkten mit der x-Achse.

b) Berechnen Sie, in welchen Punkten der Graph von f mit $f(x) = x^3 - 3x - 1$ waagerechte Tangenten hat.

c) Begründen Sie ohne Rechnung mithilfe des Graphen, dass für f mit $f(x) = 5x - 5$ für alle $x \in \mathbb{R}$ gilt: $f'(x) \neq 0$

21 Tom hat Merkregeln aufgeschrieben. Überprüfen und korrigieren Sie sie, falls nötig.

a) Die Streckung der Funktion mit dem Faktor a in y-Richtung ändert die Ableitung nicht.

b) Die Verschiebung des Graphen in y-Richtung verändert die Ableitung nicht.

c) Die Ableitung einer Summe erhält man durch Ableiten der Summanden.

d) Die Ableitung einer ganzrationalen Funktion mit Grad n hat den Grad n – 1.

e) Der Graph der Ableitung einer quadratischen Funktion ist eine Gerade. Ihre Steigung ist so groß wie der Vorfaktor von x^2.

22 Die Lenggrieser Weltcup-Abfahrtsstrecke beginnt mit dem Garland-Hang. Das Profil des Hangs wird näherungsweise durch die Funktion f mit $f(x) = 0{,}0001x^2 + 1004$ im Intervall $[1400; 2350]$ beschrieben (x, f(x) in m).

a) Geben Sie den Funktionsterm der Funktion an, die die Steigung des Hangs beschreibt.

b) Berechnen Sie die Steigung des Hangs am Start- und am Zielpunkt der Strecke.

Hilfe

23 Die Funktion f mit $f(t) = 5t^3 - 30t^2 + 60t$ gibt für $0 \leq t \leq 3$ die seit Freitag 0 Uhr gefallene Niederschlagsmenge (in mm) an einem verregneten Wochenende wieder (t in Tagen).

a) Zeichnen Sie den Graphen von f mit einem Funktionenplotter.

b) Berechnen Sie die Niederschlagsmenge für das Ende des ersten, zweiten und dritten Tages.

c) Berechnen Sie f'(1) und geben Sie die Bedeutung dieser Zahl im Sachkontext an.

d) Weisen Sie rechnerisch nach, dass es am Ende des zweiten Tages eine (sehr kurze) Regenpause gab.

e) Entnehmen Sie dem Graphen von f, wann es am stärksten geregnet hat. Berechnen Sie die Stärke des Regens in mm/Tag zu diesem Zeitpunkt.

24 Ausblick: Ableiten von Produkten

Die Ableitung der Funktion f mit $f(x) = x^2 \cdot \sqrt{x}$ entspricht der Funktion g mit $g(x) = 2x \cdot \sqrt{x} + x^2 \cdot \frac{1}{2\sqrt{x}}$.

a) Schreiben Sie den Funktionsterm von f als Potenz und leiten Sie ihn mit der Potenzregel ab. Zeigen Sie mithilfe der Potenzgesetze, dass $f'(x) = g(x)$ gilt.

b) Stellen Sie anhand der Gleichung $f'(x) = g(x)$ eine Regel für das Ableiten von Produkten der Form $f(x) = s(x) \cdot r(x)$ auf.

c) Überprüfen Sie die Regel aus b) am Beispiel der Funktion f mit $f(x) = x^2 \cdot x^3$.

2.7 Tangenten und Steigungswinkel

Gegeben sind die Funktion f mit $f(x) = -\frac{1}{8}x^2 + 3$ sowie drei Geraden:
① $y = -0{,}5x + 3$ ② $y = -0{,}25x + 3$
③ $y = -0{,}5x + 3{,}5$
Untersuchen Sie, welche dieser Geraden die Tangente an den Graphen von f an der Stelle $x_0 = 2$ ist.

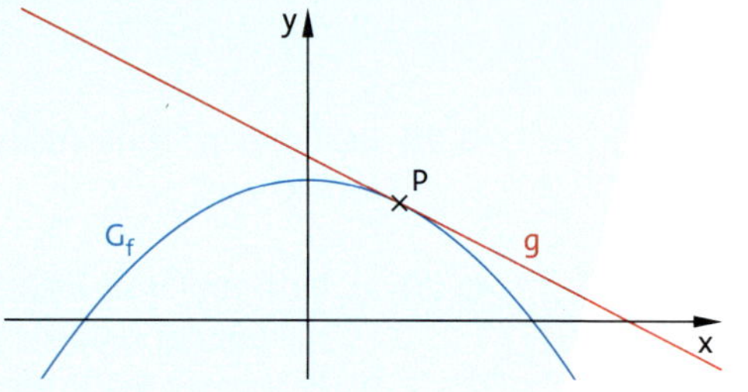

Tangentengleichung

Die Tangente an den Graphen im Punkt $P(x_0 | f(x_0))$ hat die Steigung $m = f'(x_0)$. Mithilfe von P und der Steigung lässt sich die Geradengleichung $g(x) = mx + t$ der Tangente bestimmen.

Wissen

Bestimmen der Gleichung $g(x) = mx + t$ der Tangente g an den Graphen von f im Punkt $P(x_0 | f(x_0))$:
① Steigung $m = f'(x_0)$ berechnen.
② Einsetzen der Koordinaten von P in die Tangentengleichung ergibt $f(x_0) = m \cdot x_0 + t$. Diese Gleichung nach t auflösen und t berechnen.

Beispiel 1 Gegeben ist die Funktion f mit $f(x) = -x^3 + 2x^2 + 4$.
a) Bestimmen Sie die Gleichung der Tangente an den Graphen von f an der Stelle $x_0 = 2$.
b) Bestimmen Sie die Stelle, an der die Tangente die x-Achse schneidet.

Lösung:

a) Bestimmen Sie die Ableitung f'.
Die Ableitung an der Stelle $x_0 = 2$ ergibt die Steigung m der Tangente.
Berechnen Sie den Funktionswert an der Stelle $x_0 = 2$. Setzen Sie $x_0 = 2$, $f(x_0) = 4$ und $m = -4$ in den Ansatz $g(x) = mx + b$ ein und lösen Sie nach b auf.

Ansatz: $g(x) = mx + b$
① $f'(x) = -3x^2 + 4x$
$m = f'(2) = -4$
② $f(2) = 4$
$4 = -4 \cdot 2 + b$, also $b = 12$

Tangentengleichung: $g(x) = -4x + 12$

b) Die gesuchte Stelle ist die Nullstelle von g. Setzen Sie g(x) gleich null und lösen Sie nach x_0 auf.

$-4x_0 + 12 = 0$, also $x_0 = 3$
Die Tangente schneidet die x-Achse bei $x_0 = 3$.

Basisaufgaben

1 Gegeben ist die Funktion f mit $f(x) = \frac{1}{2}x^2 - 3x + 1$. Bestimmen Sie die Gleichung der Tangente an den Graphen von f im Punkt P.
a) $P(4 | -3)$ b) $P(1 | -1{,}5)$ c) $P(-4 | 21)$ d) $P(0 | 1)$

Beispiel

2 Bestimmen Sie die Gleichung der Tangente an den Graphen der Funktion f im Punkt $P(x_0 | f(x_0))$.
a) $f(x) = 2x^3 - 1$; $x_0 = -1$ b) $f(x) = -x^4 + x^2 + 2$; $x_0 = 1$
c) $f(x) = \frac{1}{3}x^2 + x$; $x_0 = -3$ d) $f(x) = x^2 - 5x$; $x_0 = -2$

3 Bestimmen Sie die Gleichung der Tangente an den Graphen der gegebenen Funktion an der Stelle x_0 und die Schnittpunkte der Tangente mit den Koordinatenachsen. Überprüfen Sie Ihr Ergebnis mit einem Funktionenplotter.

a) $f(x) = -\frac{1}{2}x^2 + \frac{3}{2}$; $x_0 = 1$ b) $g(x) = x^2 - 2x + 1$; $x_0 = 0$

c) $h(x) = x^3 - 4x$; $x_0 = 1$ d) $k(x) = (x + 2)^2$; $x_0 = -5$

4 Gegeben ist die Funktion f mit $f(x) = x^3 + 3x$.

a) Bestimmen Sie die Gleichung der Tangente g an den Graphen von f bei $x = -2$.

b) Ermitteln Sie die Gleichung einer zweiten Tangente, welche zu g parallel ist.

5 a) Zeichnen Sie den Graphen von f mit $f(x) = \frac{1}{2}x^2 - 2x$ und die Sekante durch die Punkte $A(0 \mid f(0))$ und $B(6 \mid f(6))$.

b) Bestimmen Sie die Steigung der Sekante.

c) Berechnen Sie die Ableitungsfunktion von f.

d) Bestimmen Sie einen Punkt C des Graphen von f, in welchem die Tangente parallel zur Sekante AB verläuft. Ermitteln Sie die Gleichung der Tangente und zeichnen Sie diese.

Steigungswinkel

Hinweis

Auch für negative Steigungen ist der Steigungswinkel α positiv, allerdings zeigt der Taschenrechner den negativen Nebenwinkel β an, z. B. für $g(x) = -x$ zeigt er $\tan^{-1}(-1) = \beta = -45°$.

Der Steigungswinkel des Graphen einer Funktion f an der Stelle x_0 entspricht dem Steigungswinkel der zugehörigen Tangente t im Punkt $P(x_0 \mid f(x_0))$.
Der Steigungswinkel der Tangente ist der im mathematisch positiven Sinn gemessene Winkel zwischen der positiven x-Achse und der Geraden (wie in der oberen Abbildung).
Im Steigungsdreieck gilt für den Steigungswinkel α:
$\tan(\alpha) = \frac{m}{1} = f'(x_0)$.
Bei negativer Steigung wird der Nebenwinkel des im mathematisch positiven Sinn gemessenen Winkels zwischen der positiven x-Achse und der Geraden berechnet (wie in der unteren Abbildung).

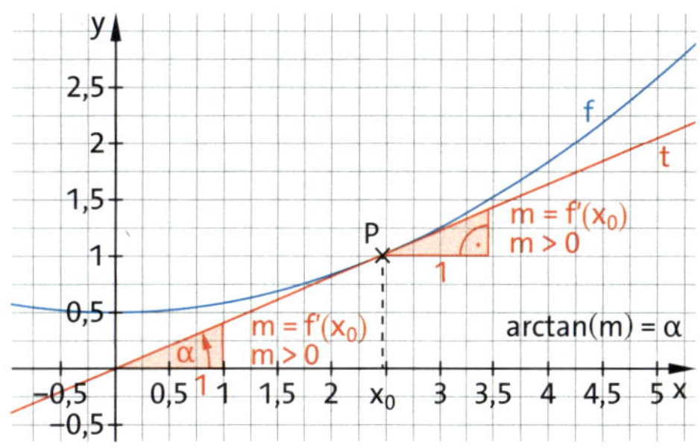

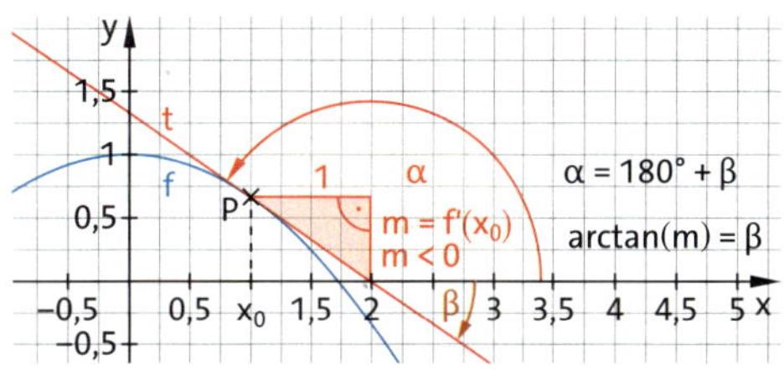

Hinweis

Für negative Steigungen ist der Steigungswinkel ebenfalls negativ, z. B. $g(x) = -x$, $\alpha = -45°$.

Wissen

Für den **Steigungswinkel** α des Graphen einer Funktion f an der Stelle x_0 gilt: $f'(x_0) = \tan(\alpha)$

Beispiel 2

Gegeben ist die Funktion f mit $f(x) = -\frac{1}{4}x^2 + 5x + 1$.
Bestimmen Sie die Steigung sowie den Steigungswinkel des Graphen an der Stelle $x_0 = 2$.

Lösung:

Bestimmen Sie die Ableitung von f und setzen Sie die Stelle 2 ein. Wenden Sie die Umkehrtaste $\tan^{-1}$ Ihres Taschenrechners auf den Wert $f'(2) = 4$ an.

$f'(x) = -\frac{1}{2}x + 5$, $f'(2) = 4$
$\tan(\alpha) = f'(2) = 4$, also $\alpha \approx 75{,}96°$
G_f hat an der Stelle $x_0 = 2$ die Steigung 4 und den Steigungswinkel $\alpha \approx 75{,}96°$.

Hinweis

Achten Sie darauf, dass Ihr Taschenrechner auf das Gradmaß (meist DEG oder D) eingestellt ist.

Basisaufgaben

6 Berechnen Sie die Steigung und den Steigungswinkel des Graphen G_f an der Stelle x_0.
a) $f(x) = 2x^3$; $x_0 = -1$
b) $f(x) = -x^4 + x^3$; $x_0 = 0$
c) $f(x) = -x^2 - 5x$; $x_0 = 0$
d) $f(x) = 2x^5$; $x_0 = -1$
e) $f(x) = (2x + 1)^2$; $x_0 = -\frac{1}{2}$
f) $f(x) = (x - 1)(x + 2)$; $x_0 = 0$

Beispiel

7 Berechnen Sie die Steigung und den Steigungswinkel des Graphen von f an der Stelle x_0. Überprüfen Sie Ihre Ergebnisse mit einem Funktionenplotter.
a) $f(x) = -x^2 - 1$; $x_0 = -2$
b) $f(x) = (x - 1)^2$; $x_0 = 2$
c) $f(x) = -3x^2 + 5x + 1$; $x_0 = 1$
d) $f(x) = x^3 + 2x^2 + x$; $x_0 = 1$

8 Gegeben sei die Funktion f mit $f(x) = x^2 + 2x - 3$.
a) Bestimmen Sie die Winkel, unter denen der Graph von f die x-Achse schneidet.
b) Ermitteln Sie die Stelle x_0, an der der Graph von f einen Steigungswinkel von 45° hat.

9 Der Graph einer Funktion hat an der Stelle $x_0 = 1$ den Steigungswinkel 30°. Treffen Sie eine Aussage über den Term der Tangente an dieser Stelle.

Weiterführende Aufgaben

Zwischentest

10 Untersuchen Sie, welche der Geraden in der Abbildung Tangenten an den Graphen von f mit $f(x) = -\frac{1}{4}x^2 + x$ sind.

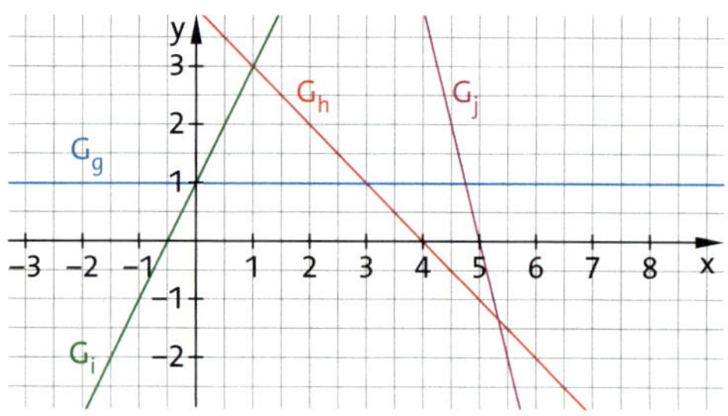

11 **Stolperstelle:** Amy möchte mit $f(2) = -3$ und $f'(2) = 4$ die Gleichung der Tangente an den Graphen von f an der Stelle 2 aufstellen und den Steigungswinkel berechnen. Beschreiben Sie ihre Fehler.
g: $2 = 4 \cdot (-3) + t$, also $t = 14$, also $g(x) = 4x + 14$ $\tan(4) \approx 0{,}07$, also $\alpha \approx 0{,}07°$

12 Der Verlauf einer Kaimauer ist zwischen den Punkten A und B gegeben durch den Graphen zu $f(x) = x^3 - 3x^2 + 4$, zwischen A und N_1 durch die Tangente g_1 an den Graphen von f im Punkt $A\left(-\frac{1}{2} \middle| f\left(-\frac{1}{2}\right)\right)$ und zwischen B und N_2 durch die Tangente g_2 im Punkt B.
a) Ermitteln Sie die Steigung und die Gleichung von g_1.
b) Die Gerade g_2 hat die Steigung $m_2 = -3$. Berechnen Sie die Koordinaten von B und die Gleichung von g_2.
c) N_1 und N_2 sind die Schnittpunkte der beiden Tangenten mit der x-Achse. Berechnen Sie die Koordinaten dieser Punkte.
d) Berechnen Sie den Schnittpunkt S der beiden Tangenten und den Flächeninhalt des Dreiecks N_1N_2S. Sie erhalten damit einen Näherungswert für den Flächeninhalt der Figur.

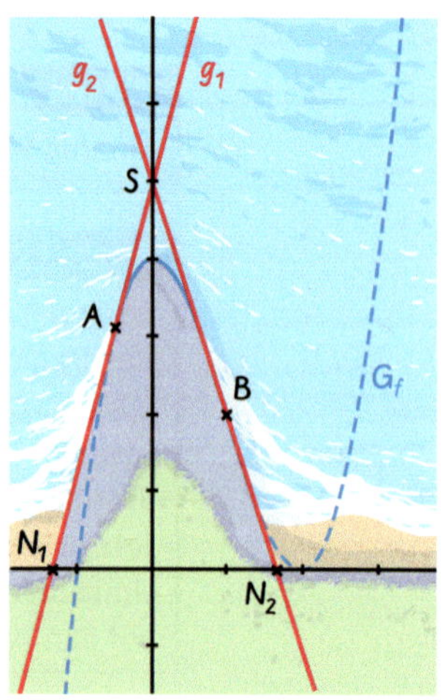

Erinnerung
Ein Dreieck mit Grundseite g und Höhe h hat den Flächeninhalt $A = \frac{g \cdot h}{2}$.

13 Tim möchte seinen ferngesteuerten Rennwagen den abgebildeten Hügel vom linken Fußpunkt aus hinauffahren lassen. Der Wagen hat eine Steigfähigkeit von höchstens 45°. Die Profilkurve des Hügels wird näherungsweise durch die Funktion h mit $h(x) = -\frac{1}{4}x^2 + 3x - 6$ beschrieben (x, h(x) in Metern).

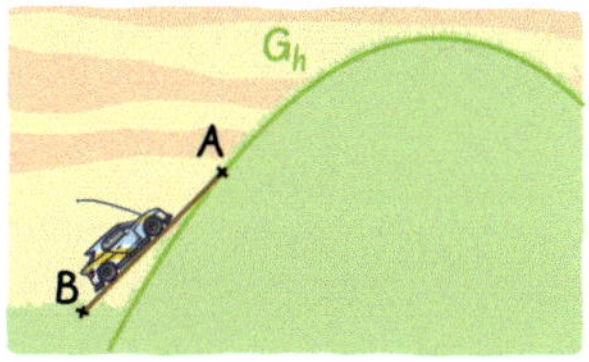

a) Weisen Sie nach, dass der Hügel zu steil für den Rennwagen ist.
b) Tim lehnt ein Brett als Rampe an, so dass dieses den Hügel in 1,5 Metern Höhe vom Boden aus berührt. Prüfen Sie, ob der Wagen es schafft, die Rampe hochzufahren.
c) Bestimmen Sie die niedrigste Höhe, an der Tim die Rampe am Hügel anlehnen muss, damit das Auto den Anstieg noch schafft. Bestimmen Sie, in welcher Entfernung vom linken Fußpunkt des Hügels aus diese Rampe auf den Boden aufgesetzt werden muss.

14 Gegeben ist der parabelförmige Graph der Ableitungsfunktion f'. Entscheiden Sie begründet, ob die Aussage wahr oder falsch ist:
„Zu jeder Tangente g an den Graphen von f gibt es eine weitere Tangente an den Graphen von f, die parallel zu g verläuft."

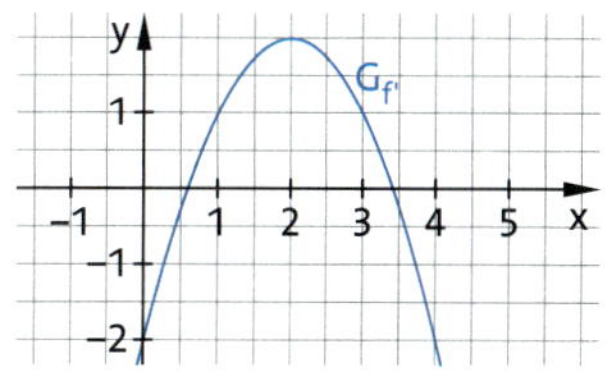

15 **Formel für Tangentengleichung:**
Zur Bestimmung der Gleichung der Tangente g an den Graphen der Funktion f im Punkt $(x | f(x_0))$ gibt es die Formel $g(x) = f'(x_0) \cdot (x - x_0) + f(x_0)$.
Weisen Sie die Gültigkeit der Formel nach, indem Sie den Punkt und die Steigung der Tangente in die allgemeine Form der Geradengleichung einsetzen und nach dem y-Achsenabschnitt t auflösen.

Wissen **Normale**

Die Gerade, die senkrecht zur Tangente an den Graphen einer Funktion f im Punkt $P(x_0 | f(x_0))$ verläuft, heißt **Normale** an den Graphen von f im Punkt P.

Für die Steigung der Normalen gilt: $m = -\frac{1}{f'(x_0)}$, $f'(x) \neq 0$

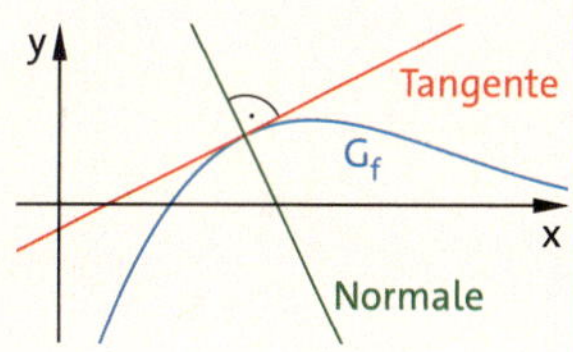

16 Gegeben ist die Funktion f mit $f(x) = (x - 1)^2 - 2$.
a) Bestimmen Sie die Gleichung der Tangente an den Graphen von f an der Stelle $x_0 = 2$.
b) Zeichnen Sie den Graphen von f in ein Koordinatensystem und tragen Sie die Tangente im Punkt $P(2 | f(2))$ ein.
c) Zeichnen Sie die Normale an den Graphen von f im Punkt P ein und lesen Sie deren Steigung ab. Vergleichen Sie mit dem Wert, der sich aus $m = -\frac{1}{f'(x_0)}$ ergibt.
d) Stellen Sie die Gleichung der Normalen auf.

17 Bestimmen Sie die Gleichungen der Tangente und der Normalen an der Stelle x_0.
Überprüfen Sie Ihr Ergebnis mit einem Funktionenplotter.
a) $f(x) = x^3 - 2x + 6$; $x_0 = 1$ b) $f(x) = 2x^2 + 6x$; $x_0 = -2$ c) $f(x) = x^4 - 6x$; $x_0 = -0{,}5$

18 **Formel für Normalengleichung:**
Zur Bestimmung der Normalengleichung an den Graphen der Funktion f im Punkt $P(x_0 | f(x_0))$ gibt es die Formel $n(x) = -\frac{1}{f'(x_0)} \cdot (x - x_0) + f(x_0)$.
Stellen Sie mithilfe der Formel die Gleichung der Normalen auf.
a) $f(x) = -x^2 + 4$; $x_0 = 2$ b) $f(x) = x^3 + 2x^2$; $x_0 = 1$ c) $f(x) = 0{,}5x^4 - x - 3$; $x_0 = 0$

19 a) Zeichnen Sie mit einem Funktionenplotter den Graphen der Funktion f mit $f(x) = -x^3 + 9x^2$. Bestimmen Sie alle Punkte, in denen der Graph die Steigung −9 hat.
b) Bestimmen Sie den Punkt P, in dem die Gerade g mit $g(x) = 15x - 7$ eine Tangente an den Graphen ist. Lassen Sie die Normale in diesem Punkt anzeigen und geben Sie ihre Gleichung an.

20 a) Bestimmen Sie die Gleichungen der Tangente und der Normale an den Graphen der Funktion f mit $f(x) = 0{,}1x^3 - x^2$ im Punkt $P(8\,|\,f(8))$.
b) Die Tangente und die Normale schließen mit den Achsen des Koordinatensystems ein Viereck ein. Bestimmen Sie den Flächeninhalt dieses Vierecks.

Hinweis

Wenn der berechnete Winkel größer als 90° ist, dann wird der Nebenwinkel als Schnittwinkel verwendet.

21 Schnittwinkel zweier Graphen:
Der Schnittwinkel zweier Graphen in einem Punkt ist der kleinere der beiden Winkel, unter denen sich die Tangenten der Graphen in diesem Punkt schneiden. Die Graphen der Funktionen f und g mit $f(x) = x^2$ und $g(x) = -(x-2)^3$ schneiden sich im Punkt $(1\,|\,1)$. Erklären Sie anhand der Abbildung, wie man den Schnittwinkel der Graphen von f und g bestimmen kann. Berechnen Sie ihn anschließend.

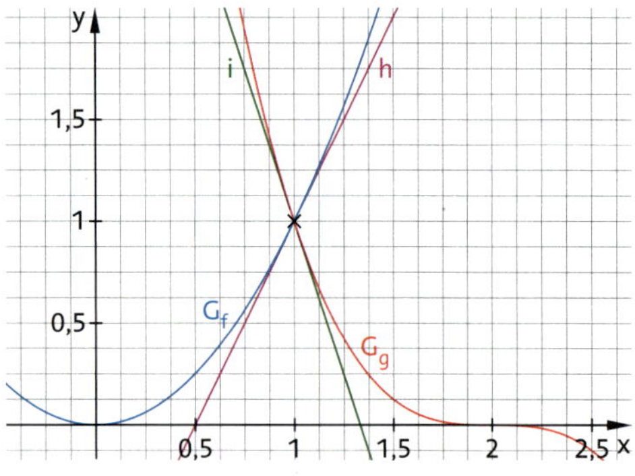

22 Bestimmen Sie alle Schnittstellen und zugehörigen Schnittwinkel der Graphen von f und g.

a) $f(x) = x^3 + 2x + 2$, $g(x) = 2 - x^3$
b) $f(x) = -\frac{1}{2}x^2 - 3x + 1$, $g(x) = 2x + 1$
c) $f(x) = (x+1)^2 - 1$, $g(x) = -1{,}5x + 4{,}5$
d) $f(x) = 2x^2 + 4x - 7$, $g(x) = -x - 7$
e) $f(x) = (x-3)^3 - \frac{1}{2}$, $g(x) = -\frac{1}{2}x^2 + 3x - 5$
f) $f(x) = 2$, $g(x) = x^2 - 1$

23 Gegeben ist die Funktion f mit $f(x) = 0{,}5x^2 - 2x$.
a) Ermitteln Sie den Funktionsterm einer Funktion g, sodass sich die Graphen von f und g an der Stelle $x_0 = 1$ im Winkel von 40° schneiden.
b) Untersuchen Sie die Graphen von f und g auf weitere Schnittpunkte. Bestimmen Sie die weiteren Schnittwinkel, falls vorhanden.

Hilfe

24 Gegeben ist die Funktion f mit $f(x) = \frac{1}{3}x^3 - x^2 + x + \frac{1}{3}$.
a) Bestimmen Sie die Gleichung der Tangente im Punkt $A(-1\,|\,f(-1))$. Berechnen Sie auch ihren Steigungswinkel.
b) Ermitteln Sie die Gleichungen der Tangenten des Graphen, die mit der x-Achse einen Winkel von 45° einschließen.

25 Gegeben sind die Funktion f mit $f(x) = -\frac{1}{2}x^4 + 4x^2 - 3x - 5$ und die Gerade g mit $g(x) = -3x + 3$.
a) Weisen Sie rechnerisch nach, dass g in zwei Punkten P und Q eine Tangente an den Graphen von f ist. Geben Sie die Koordinaten von P und Q an.
b) Der Graph von f wird um eine Einheit nach links und um a Einheiten nach oben verschoben, sodass die Gerade g wieder in zwei Punkten Tangente an den neuen Graphen ist. Geben Sie a an und begründen Sie Ihre Angabe.

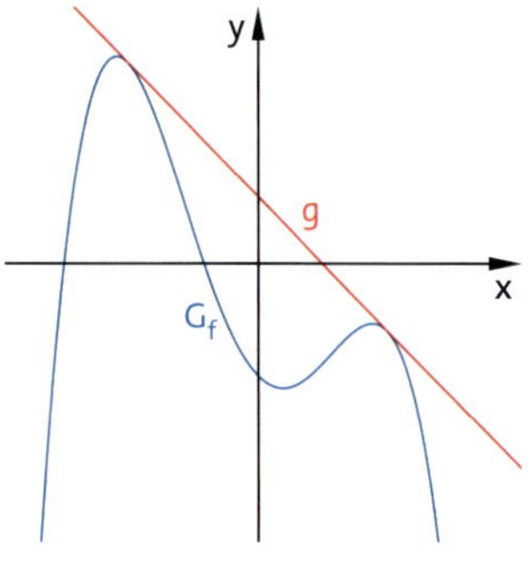

Hilfe

26 Die Abbildung zeigt den Graphen von f mit $f(x) = -x^2 + 4$.

a) Ermitteln Sie die Koordinaten der Punkte A, B und D.

b) Berechnen Sie den Flächeninhalt des Dreiecks ABD.

c) Bestimmen Sie die Gleichungen der Tangenten an den Schnittpunkten A und B des Graphen mit der x-Achse.

d) Berechnen Sie den Schnittpunkt C der beiden Tangenten. Ermitteln Sie auch ihren Schnittwinkel.

e) Zeigen Sie, dass die Flächeninhalte der Dreiecke ABC und ABD zueinander im Verhältnis 2 : 1 stehen.

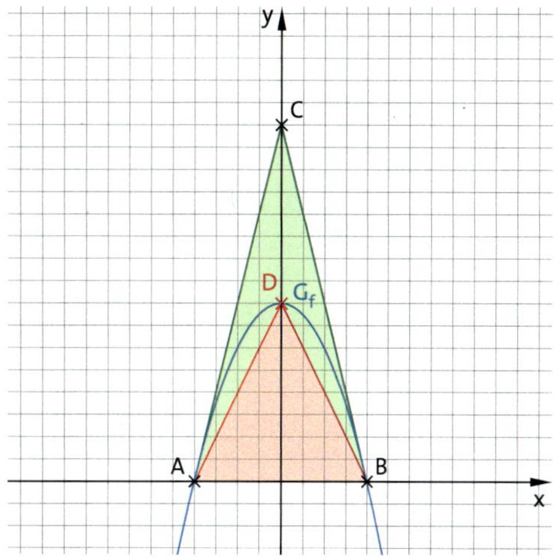

27 Gegeben sind die Funktionen f und h mit $f(x) = 0{,}2x^2 + 1{,}2x - 1$ und $h(x) = -0{,}1(x - 1)(x - 10)$. Pascal behauptet: „Im Punkt $A(0\,|\,-1)$ haben die beiden Graphen dieselbe Tangente." Begründen Sie mithilfe eines Funktionenplotters, ob Pascal recht hat.

28 Eine Skisprungschanze steht an einem Hang, dessen Profil durch den Graphen von h mit $h(x) = -\frac{2}{5}x^3 + \frac{6}{5}x^2 - \frac{359}{250}x + \frac{9}{10}$ (in 100 m) gegeben ist.
Die Schanze entspricht dem Graphen von s mit $s(x) = -\frac{5}{8}x^5 + \frac{3}{4}x^4 + \frac{1}{2}x^3 - \frac{3}{2}x + \frac{6}{5}$.

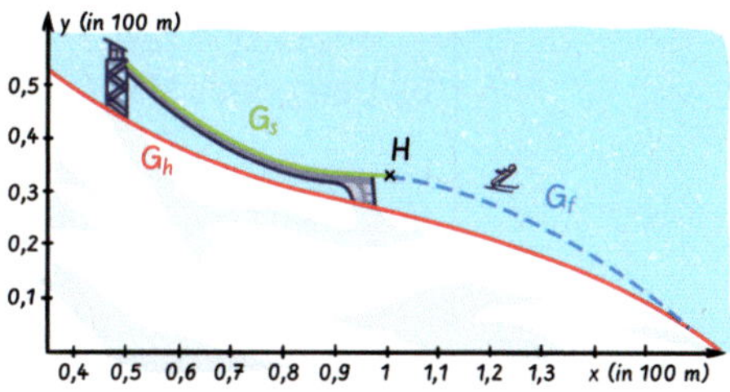

a) Zeigen Sie, dass die Schanze bei $x = 0{,}8$ genau so steil ist wie der Hang.

b) Eine Kugel, die die Schanze herunterrollt, würde ohne Erdanziehung ab dem Punkt $H(1\,|\,0{,}325)$ geradlinig weiterfliegen. Ermitteln Sie die Gleichung dieser Geraden.

c) Zeigen Sie, dass der Graph von f mit $f(x) = -\frac{3}{5}x^2 + \frac{43}{40}x - \frac{3}{20}$ eine mögliche Flugbahn eines Skispringers beschreibt, indem Sie nachweisen, dass der Graph von f im Punkt H knickfrei an den Graphen von s anschließt.

d) Ermitteln Sie die Steigung sowie den Steigungswinkel der Schanze an ihrem höchsten Punkt bei $x = 0{,}5$.

e) Bestimmen Sie den Winkel, unter dem der Skispringer auf dem Hang landet.

29 a) Beschreiben Sie, wie dieses Bild entstanden ist.

b) Erzeugen Sie mithilfe eines geeigneten digitalen Hilfsmittels ähnliche Bilder.

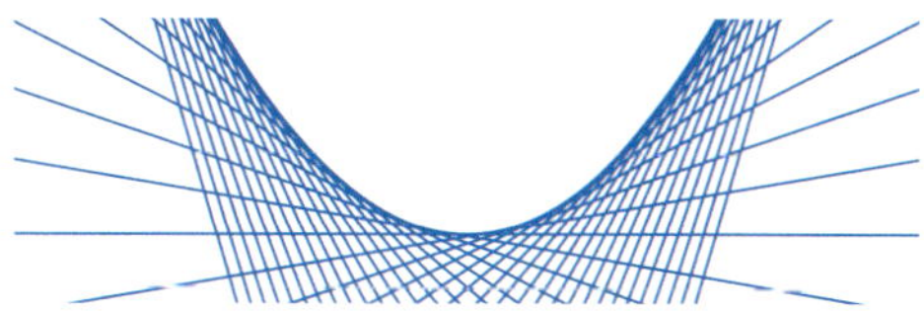

30 **Ausblick:** Gegeben ist der Graph G_f von f.

a) Geben Sie die Gleichung der Normale an der Stelle $x_0 = 1$ an. Begründen Sie, dass Sie ihre Steigung nicht mit der Formel aus der Tangentensteigung erhalten.

b) Entscheiden Sie begründet, ob ein Funktionsgraph eine Normale mit der Steigung 0 haben kann.

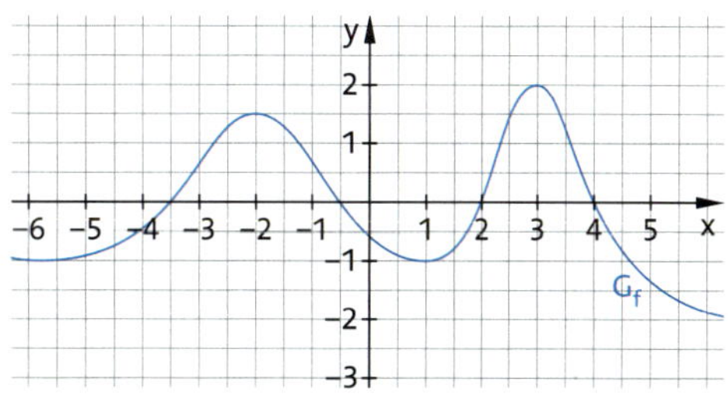

Ableitungen mit einer Mathematik-Software

a) Ermitteln Sie mithilfe einer geeigneten Mathematik-Software die Sekantensteigungen der Funktion f mit $f(x) = \frac{1}{5}x^3 - \frac{3}{2}x^2 + 2x + 2$ zwischen den Punkten P(0 | 2) und Q(a | f(a)) für a = 1, a = 0,5 und a = 0,1.

b) Lassen Sie von der Software die Ableitungsfunktion f' zeichnen und bestimmen Sie damit die Steigung von f an den Stellen 0, 2 und 5.

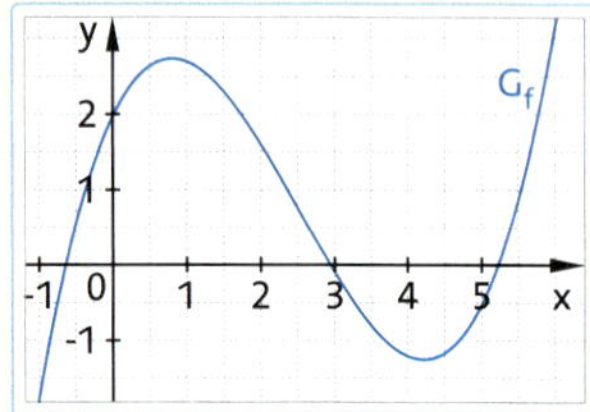

Von der Sekante zur Tangente

Die mittlere Änderungsrate einer Funktion wird an ihrem Graphen durch eine Sekante dargestellt. Wird das betrachtete Intervall immer kleiner, so nähert sich die mittlere Änderungsrate immer mehr der lokalen Änderungsrate an, im Schaubild nähert sich die Sekante immer mehr einer Tangente an. Dieser Übergang lässt sich mit einer Software gut veranschaulichen.

Beispiel 1 Untersuchen Sie die Funktion f mit $f(x) = \frac{1}{4}x^2$ mit einer Mathematik-Software.

a) Ermitteln Sie einen Näherungswert für die Steigung der Tangente an den Graphen von f im Punkt A(2 | 1), indem Sie die Steigungen verschiedener Sekanten betrachten.

b) Überprüfen Sie Ihren Näherungswert aus a), indem Sie die Tangente einzeichnen.

Lösung:

a) Gehen Sie wie folgt vor:

- Erstellen Sie einen Schieberegler. Wählen Sie als Minimalwert und als Schrittweite jeweils 0,1.
- Lassen Sie den Graphen von f zeichnen.
- Erstellen Sie den Punkt A(2 | 1) auf dem Graphen von f.
- Definieren Sie den Punkt B mit der x-Koordinate „x-Wert von A plus Wert des Schiebereglers“ und der y-Koordinate „zugehöriger Funktionswert“. Der Punkt B liegt auf dem Graphen und lässt sich mithilfe des Schiebereglers verschieben.
- Erstellen Sie die Gerade durch A und B und lassen Sie ihre Steigung angeben. Die verschiedenen Sekantensteigungen lassen vermuten, dass die gesuchte Tangentensteigung den Wert 1 hat.

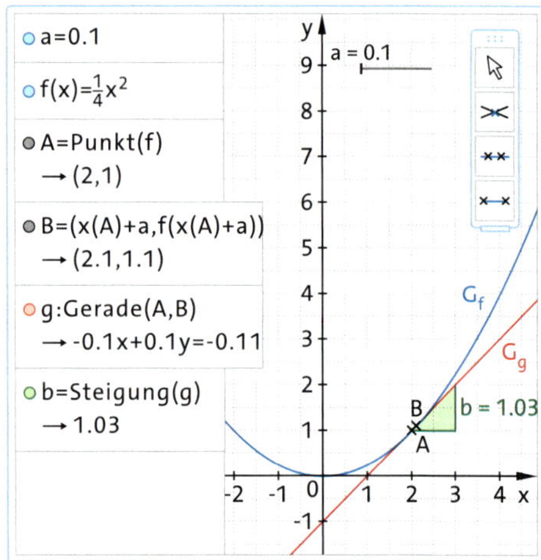

Schieberegler	2	1	0,5	0,1
Sekantensteigung	1,5	1,25	1,13	1,03

Vermuteter Näherungswert: 1

b) Erstellen Sie die Tangente in A an den Graphen von f. Ihre Steigung ist wie vermutet 1.

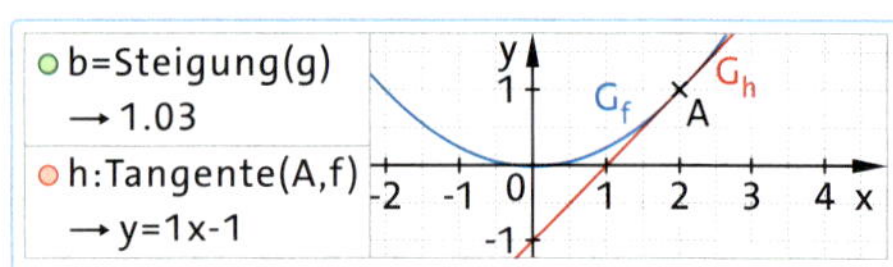

Aufgaben

1 Ermitteln Sie mithilfe eines Schiebereglers die mittlere Änderungsrate der Funktion f mit $f(x) = -0{,}1x^2 + x + 2$ in den Intervallen [0; 2], [0; 5] und [0; 10].

2 Zeichnen Sie mit einer Mathematik-Software den Graphen der Funktion f und die Tangente an den Graphen an der Stelle x_0. Geben Sie auch die Tangentengleichung an.
a) $f(x) = 2x^2 + 4x + 1$; $x_0 = 0$ b) $f(x) = -0{,}5x^3 + 2x^2$; $x_0 = 1$

3 Die Funktion f mit der Funktionsgleichung
$f(x) = -\frac{500}{27}x^3 + \frac{2000}{3}x^2 - 7500x + 27\,000$ beschreibt näherungsweise die Anzahl der Personen in einem Vergnügungspark um x Uhr.

a) Zeichnen Sie den Graphen von f mit einer Mathematik-Software. Wählen Sie eine geeignete Skalierung für die Achsen.
b) Ermitteln Sie die Öffnungszeiten des Parks. Erläutern Sie, für welche Uhrzeiten die Funktion den Sachverhalt nicht beschreibt.
c) Ermitteln Sie, zwischen welchen vollen Stunden die Besucherzahl am stärksten steigt.
d) Geben Sie an, wann sich die meisten Personen im Park aufhalten. Ermitteln Sie auch die Anzahl der Personen im Park um diese Uhrzeit.

Ableitungsfunktion

Wenn eine Funktion f in eine Mathematik-Software eingegeben ist, erhält man mit dem Befehl „f'(x)“ die zugehörige Ableitungsfunktion.

4 Zeichnen Sie mit einer Mathematik-Software die Graphen der Funktion f und ihrer Ableitungsfunktion f'.
a) $f(x) = x^2 - 5x - 3$ b) $f(x) = x^4 - x^2 + x + 2$ c) $f(x) = 0{,}1x^5 - 0{,}5x^3 + 1$

5 Skizzieren Sie den Graphen der Ableitungsfunktion auf Papier. Prüfen Sie dann Ihr Ergebnis, indem Sie den Graphen von f' mit einer Mathematik-Software zeichnen.
a) $f(x) = -0{,}25x^3 - x^2 + x + 2$ b) $f(x) = -0{,}5x^4 + 3x^2 - 1$ c) $f(x) = (x - 3)^3 - \frac{1}{2}$

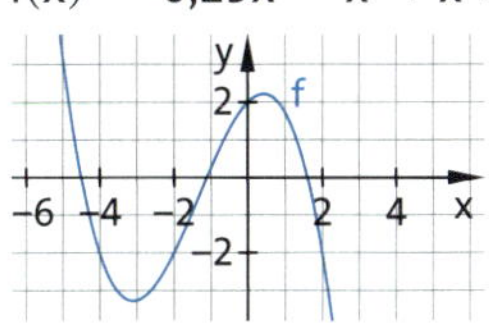

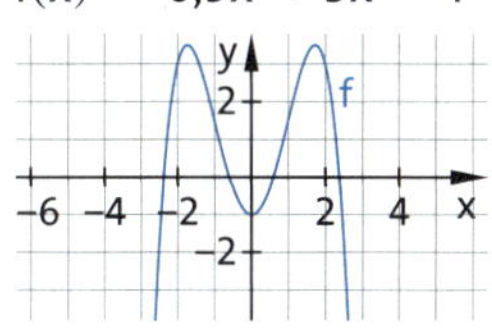

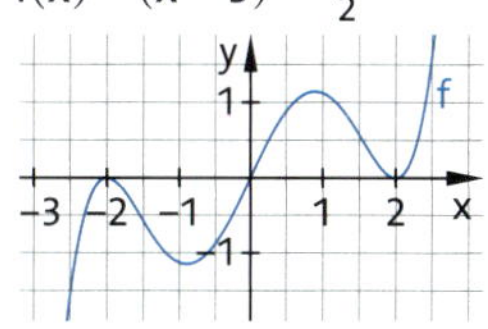

6 Eine Straße im Gebirge kann für $0 \le x \le 12$ durch die Funktion f mit $f(x) = -\frac{1}{1080}x^3 + \frac{1}{60}x^2$ modelliert werden. Eine Längeneinheit entspricht 100 m.
a) Zeichnen Sie die Graphen von f und f' sowie den Graphen der Ableitungsfunktion f'' von f'. Bestimmen Sie die Nullstelle von f''.
b) Die Nullstelle von f'' ist die Stelle, an der f die größte Steigung hat. Ermitteln Sie den Wert dieser Steigung.
c) Geben Sie die Gleichung der Tangente an den Graphen von f im steilsten Punkt an. Ermitteln Sie die maximale Steigung der Straße in %.

2.8 Klausur- und Abiturtraining

Aufgaben ohne Hilfsmittel

1 Geben Sie eine Funktion mit dem Definitionsbereich $D = \mathbb{R}$ an, die an der Stelle $x = 3$ nicht differenzierbar ist. Begründen Sie anschaulich, warum das so ist.

2 Bestimmen Sie die Ableitungen der Funktionen f, g und h. Vergleichen Sie und begründen Sie Ihre Beobachtung.
$f(x) = -0{,}5x^4 + 4x^2 - x + 1$ $\quad g(x) = -0{,}5x^4 + 4x^2 - x + 8$ $\quad h(x) = -0{,}5x^4 + 4x^2 - x - 2$

3 Gegeben ist die Funktion f mit $f(x) = x(x - 2)(x - 6)$.
a) Stellen Sie die Gleichung der Tangente an den Graphen von f im Punkt $P(3 \mid f(3))$ auf.
b) Bestimmen Sie die gemeinsamen Punkte des Graphen von f mit seiner Tangente im Ursprung.

4 Der Graph der Funktion f mit $f(x) = ax^2 + c$ besitzt im Punkt $P(2 \mid 0)$ die Tangente g mit der Gleichung $g(x) = -x + 2$. Bestimmen Sie a und c.

5 Überprüfen Sie, ob der Graph von f mit $f(x) = 0{,}5(x - 2)x(x + 2)$ punktsymmetrisch ist. Bestimmen Sie alle Tangenten des Graphen, die parallel zur Geraden durch die Punkte $(0 \mid 0)$ und $(1 \mid 4)$ sind.

6 a) Berechnen Sie mithilfe des Differenzialquotienten die lokale Änderungsrate der Funktion A mit $A(r) = \pi r^2$ an der Stelle r. Erklären Sie die anschauliche Bedeutung von A und A'.
b) Bestimmen Sie mithilfe der h-Methode die lokale Änderungsrate der Funktion $V(a) = a^3$ an der Stelle a.

7 Skizzieren Sie den Graphen einer Funktion, für die gleichzeitig gilt:
① $D = [-4; 4]$ ② Nullstelle bei $x = 0$
③ nicht differenzierbar bei $x = 0$ ④ Ableitung abschnittsweise konstant

8 Die Abbildung zeigt den Graphen von f'. Entscheiden Sie begründet, ob die Aussage wahr oder falsch ist.
a) Der Graph von f hat an drei Stellen waagerechte Tangenten.
b) Der stärkste Anstieg einer Tangente von f ist bei $x = 2$.
c) Der Graph von f verläuft von links oben nach rechts oben und hat in $x = 0$ eine Nullstelle.

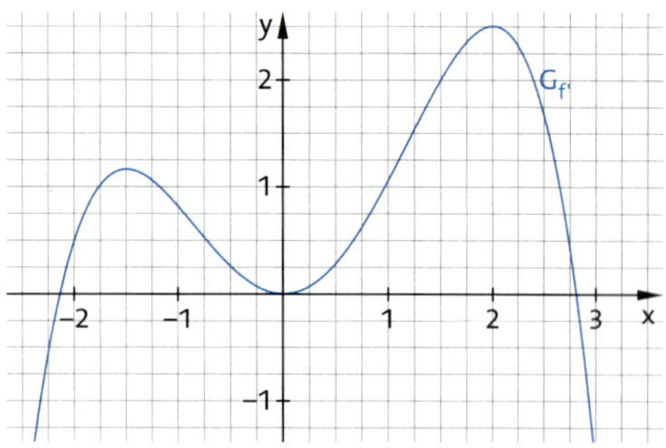

9 Gegeben ist die Funktion f mit $f(x) = x^2 - 4$.
a) Berechnen Sie die Stelle x_0, an der die lokale Änderungsrate identisch mit der mittleren Änderungsrate im Intervall $[-1; 2]$ ist. Skizzieren Sie die Situation.
b) Betrachten Sie nun das Intervall $[a; 2]$. Berechnen Sie alle a, für die die Sekante die x-Achse im 45°-Winkel schneidet.
c) Zeigen Sie: Es existiert immer eine Stelle x_0, in der die Tangente parallel zur Sekante auf dem Intervall $[a; b]$ verläuft. Dabei ist x_0 der Mittelwert der Intervallgrenzen.

Aufgaben mit Hilfsmitteln

10 Ein Baumarkt plant ein neues, ungewöhnliches Kinderspielhaus. Die Abbildung zeigt einen Querschnitt des Hauses. Der linke Dachteil kann durch den Graphen der Funktion f mit $f(x) = \frac{2}{3}x^2 + 2x + 3$ im Intervall $\left[-\frac{3}{2}; 0\right]$ beschrieben werden. Für den rechten Teil des Dachs wird der Graph der Funktion g mit $g(x) = \frac{192}{125}x^3 - \frac{72}{25}x^2 + 3$ im Intervall $\left[0; \frac{3}{2}\right]$ verwendet (x, f(x), g(x) in m).

a) Weisen Sie nach, dass der linke Dachteil waagerecht beginnt. Der rechte Dachteil verläuft an seiner tiefsten Stelle waagerecht. Bestimmen Sie die Höhe h des Dachs über dem Erdboden an dieser Stelle.

b) Zeigen Sie, dass der Steigungswinkel des linken Dachteils bei x = 0 ca. 63,43° beträgt. Berechnen Sie auch den Steigungswinkel des rechten Dachteils bei x = 0 und beschreiben Sie, wie man damit den Schnittwinkel der beiden Dachteile bestimmen kann.

c) Das Gefälle eines Dachs ist entscheidend dafür, wie schnell Wasser abfließen kann. Berechnen Sie das mittlere Gefälle des linken und des rechten Dachteils. Zeigen Sie, dass $g'(x) = \frac{576}{125}\left(x^2 - \frac{5}{4}x\right)$ gilt, und bestimmen Sie mithilfe quadratischer Ergänzung die Scheitelpunktform von g′. Begründen Sie, dass Sie aus diesem Funktionsterm ablesen können, an welcher Stelle der rechte Dachteil das größte Gefälle hat. Geben Sie für diese Stelle den Steigungswinkel des Dachs an.

d) Der Baumarkt hat noch 1,6 m hohe, vorgefertigte Seitenwände vorrätig, die für die schrägen Seitenwände des Hauses verwendet werden sollen. Der Dachvorsprung soll auf beiden Seiten jeweils 0,25 m (waagerecht gemessen) betragen. Berechnen Sie die Breite des Hausbodens. Ermitteln Sie, wie steil dann die Seitenwände sind.

e) Auf halber Dachhöhe soll am linken Dachteil ein 1 Meter langer Fahnenmast senkrecht zur Dachfläche angebracht werden. Untersuchen Sie, ob die Spitze des Fahnenmasts über die Firsthöhe hinausreicht.

11 Der linke und der rechte Rand einer Minigolfbahn werden in der Draufsicht durch die Graphen der Funktionen f und g mit $f(x) = x^3 + x$ und $g(x) = -(x-4)^3 - (x-4)$ beschrieben.

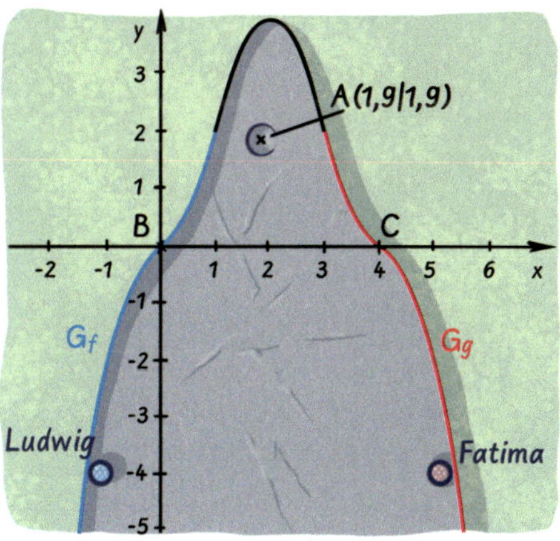

a) Beschreiben Sie, wie der Graph von g aus dem Graphen von f hervorgeht. Begründen Sie damit die Symmetrie der beiden Graphen zur Geraden x = 2.

b) Ermitteln Sie die Gleichung der Parabel, die das Mittelstück im Intervall [1; 3] beschreibt. Beachten Sie dabei, dass die Randlinie an den Nahtstellen knickfrei verlaufen soll.

c) Ludwig hat den Ball so geschlagen, dass er am linken Rand der Bahn am Graphen von f entlangläuft und dann vom Punkt B aus geradlinig weiterrollt. Zeigen Sie, dass der Ball das Loch im Punkt A trifft.

d) Fatimas Ball rollt am rechten Rand der Bahn am Graphen von g entlang und vom Punkt C aus geradlinig weiter. Untersuchen Sie, ob Fatima das Loch im Punkt A trifft. Begründen Sie, dass die Laufbahnen der Bälle ab den Punkten B bzw. C mit der x-Achse ein gleichschenkliges Dreieck bilden. Ermitteln Sie damit den Schnittpunkt und den Schnittwinkel der beiden Bahnen.

Lösungen
→ S. 285/286

1 Der Graph der Funktion f beschreibt für $3 \leq x \leq 5$ (x in Sekunden, f(x) in Meter pro Quadratsekunde) die Beschleunigung eines Fahrzeugs. Erläutern Sie, was Sie aus der Funktionsgleichung für die Geschwindigkeit des Fahrzeugs ablesen können.

a) $f(x) = 0$
b) $f(x) = 1$

2 Die Bevölkerungszahl der Erde betrug im Jahr 1700 etwa 600 Millionen, im Jahr 1800 etwa 900 Millionen, im Jahr 1900 etwa 1,6 Milliarden Menschen und im Jahr 2000 ca. 6 Milliarden Menschen. Für das Jahr 2100 wird die Erdbevölkerung auf etwa 10 Milliarden Menschen geschätzt.

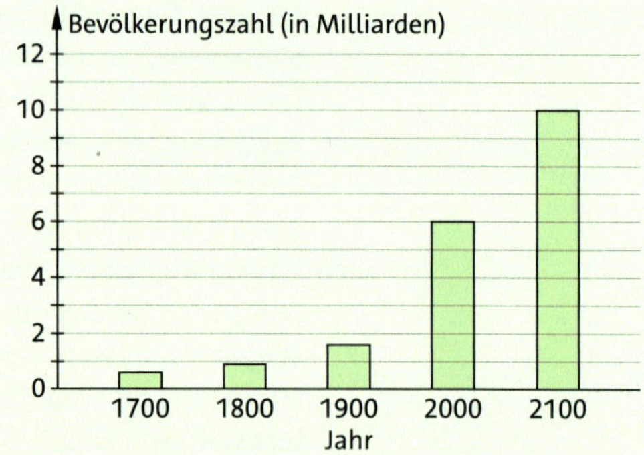

a) Berechnen Sie die mittlere Zuwachsrate der Erdbevölkerung während des gesamten Zeitraums.
b) Ermitteln Sie die beiden Zeitintervalle mit dem größten und dem kleinsten Wachstum.

3 a) Zeichnen Sie den Graphen der Funktion f mit $f(x) = x - x^2$ für $-1 \leq x \leq 2$.
b) Zeichnen Sie die Sekante zum Differenzenquotienten $\frac{f(1) - f(-1)}{1 - (-1)}$ und geben Sie eine Gleichung dieser Sekante an.
c) Ermitteln Sie die Steigung von f an der Stelle $x_0 = 1$ mit dem Grenzwert des Differenzenquotienten.
d) Geben Sie die Gleichung der Tangente an den Graphen von f an der Stelle $x_0 = 1$ an.

4 Gegeben ist die Funktion f mit $f(x) = \frac{1}{4}x^2$.
a) Ermitteln Sie die mittlere Änderungsrate von f im Intervall $[0; 1]$.
b) Bestimmen Sie die Ableitungsfunktion f' mit dem Grenzwert des Differenzenquotienten.

5 Bestimmen Sie die Ableitung der Funktion f an der Stelle x_0.
a) $f(x) = x^2;\ x_0 = 5$ b) $f(x) = x^3;\ x_0 = \sqrt{2}$ c) $f(x) = 4x^4;\ x_0 = -0{,}5$ d) $f(x) = 2^4;\ x_0 = \pi$

6 Ermitteln Sie zur Funktion f die Ableitung f'. Alle Exponenten sind natürliche Zahlen.

a) $f(x) = x^3$	b) $f(x) = 2x$	c) $f(t) = 3t^2$	d) $f(x) = \frac{1}{3}x^3$
e) $f(x) = \frac{1}{3}x^n$	f) $f(u) = 2u^0$	g) $f(x) = a \cdot x^3$	h) $f(x) = 3^2$
i) $f(x) = x^{n+2}$	j) $f(p) = p^{n-1}$	k) $f(t) = 0{,}5t^{2n}$	l) $f(v) = a^n v^{n+1}$

7 Geben Sie zwei verschiedene Funktionen f mit der Ableitungsfunktion $f'(x) = 5$ an.

8 Der zurückgelegte Weg eines Wasserspringers vom 10-m-Turm (freier Fall) lässt sich mit der Funktion s mit $s(t) = 5t^2$ berechnen. Dabei gibt t die Zeit in Sekunden und s den Weg in Metern an.
a) Ermitteln Sie die Momentangeschwindigkeit des Wasserspringers nach einer halben Sekunde und nach einer Sekunde.
b) Berechnen Sie die Geschwindigkeit, mit der der Wasserspringer in das Wasser eintaucht.

Lösungen
→ S. 286

9 Ordnen Sie den Graphen ①–③ die Graphen ihrer Ableitungsfunktionen Ⓐ–Ⓒ zu.

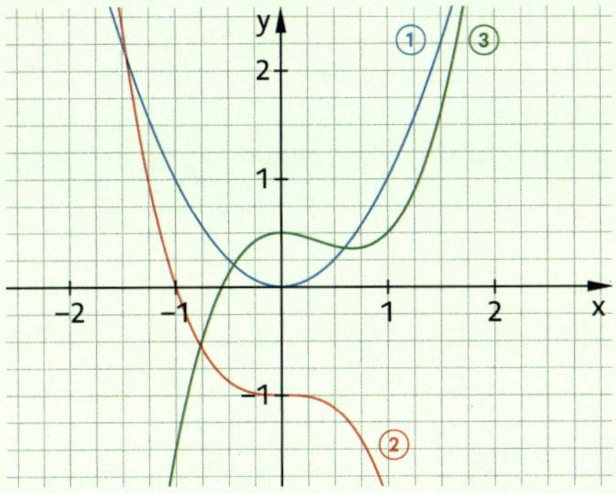

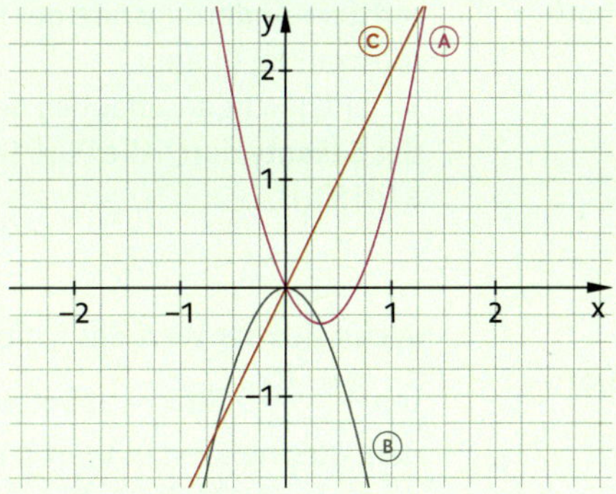

10 Bestimmen Sie den Funktionsterm der Ableitung der Funktion f.

a) $f(x) = 3x^3 + 2x^2$ b) $f(t) = t^4 - t + 1$ c) $f(x) = (3 + x)(3 - x)$ d) $f(x) = 3x^3 \cdot 2x^2$
e) $f(x) = 3x^2 - 4a^2$ f) $f(a) = 3x^2 - 4a^2$ g) $f(x) = 2(x - a)^2$ h) $f(t) = t^2 - (2 - t)^2$

11 Ermitteln Sie, an welchen Stellen die Tangente an den Graphen der Funktion f mit $f(x) = 0{,}2x^3 - 0{,}3x^2 - 3{,}6x + 2$ parallel zur x-Achse verläuft.

12 Bestimmen Sie für die Funktion f mit $f(x) = (x + 0{,}5)(x - 1{,}5)$ die Tangenten an den Graphen G_f in den Nullstellen von f sowie ihre Schnittwinkel mit der x-Achse.

13 Das Profil einer Rutsche kann näherungsweise durch die Funktion f mit $f(x) = 0{,}1x^3 - 0{,}6x^2 + 3{,}2$ für $0 \le x \le 4$ beschrieben werden.

a) Berechnen Sie ihr durchschnittliches Gefälle.
b) Das Gefälle der Rutsche ist bei x = 2 am größten. Berechnen Sie ihren Neigungswinkel gegenüber der Horizontalen an dieser Stelle.

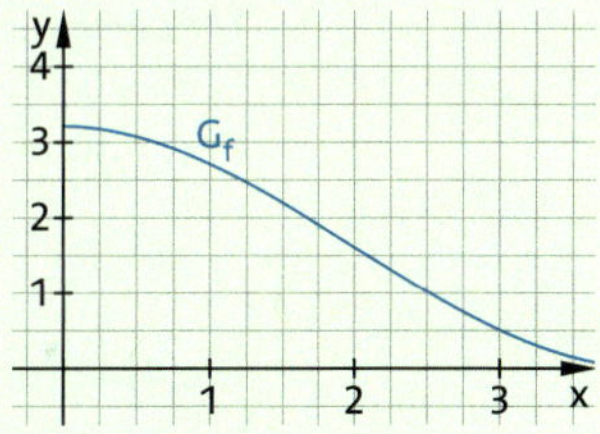

Wo stehe ich?

	Ich kann...	Aufgabe	Nachschlagen
2.1	... Änderungsraten zu gegebenen Beständen grafisch und im Sachzusammenhang interpretieren. ... mittlere Änderungsraten berechnen.	1, 2, 3, 4	S. 56 Beispiel 1, S. 58 Beispiel 2, S. 58 Beispiel 3
2.2	... den Grenzwert einer Funktion an einer Stelle bestimmen.	3, 4	S. 62 Beispiel 1
2.3	... die lokale Änderungsrate bzw. die Ableitung einer Funktion an einer Stelle näherungsweise und exakt berechnen.	5, 8	S. 65 Beispiel 1, S. 66 Beispiel 2, S. 66 Beispiel 3
2.4	... rechnerisch die Ableitungsfunktion einer Funktion bestimmen. ... Funktionen grafisch ableiten.	6, 7, 9	S. 73 Beispiel 1, S. 75 Beispiel2
2.5	... ganzrationale Funktionen mithilfe der Potenzregel ableiten.	5, 6, 10, 11	S. 79 Beispiel 1, S. 80 Beispiel 2
2.6	... ganzrationale Funktionen mithilfe der Faktorregel und der Summenregel ableiten.	6, 10, 11	S. 82 Beispiel 1, S. 83 Beispiel 2
2.7	... Gleichungen von Tangenten an einen Graphen bestimmen. ... den Steigungswinkel eines Graphen an einer bestimmten Stelle berechnen.	3, 11, 12, 13	S. 86 Beispiel 1, S. 87 Beispiel 2

2 Zusammenfassung

Mittlere Änderungsrate

Der **Differenzenquotient** $\frac{f(b) - f(a)}{b - a}$ gibt die **mittlere Änderungsrate** der Funktion f im Intervall [a; b] an.
Sie entspricht anschaulich der **Steigung m der Sekante** durch die Punkte A(a | f(a)) und B(b | f(b)).

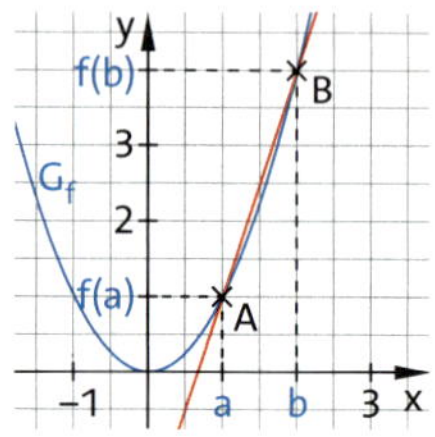

$f(x) = x^2$
mittlere Änderungsrate von f im Intervall [1; 2]:

$\frac{f(2) - f(1)}{2 - 1} = \frac{2^2 - 1^2}{1} = 3$

Lokale Änderungsrate, Steigung und Ableitung

Wenn sich der Wert des Differenzenquotienten $\frac{f(x) - f(x_0)}{x - x_0}$ für $x \to x_0$ von beiden Seiten dem gleichen festen Wert annähert, so heißt dieser Wert **Ableitung** $\mathbf{f'(x_0)}$. Er gibt die **lokale Änderungsrate** der Funktion f an der Stelle x_0 an.

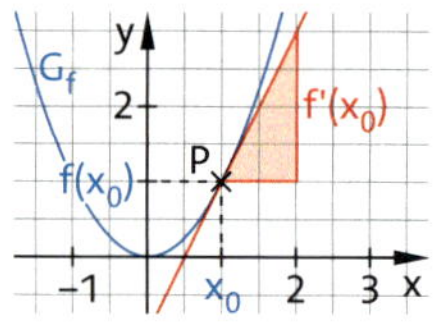

$f(x) = x^2$

Die Ableitung $f'(x_0)$ entspricht der **Steigung der Tangente** an den Graphen von f im Punkt $P(x_0 | f(x_0))$.
Die Ableitung der Funktion f an der Stelle x_0 kann man mit dem **Grenzwert (Limes) des Differenzenquotienten,** dem **Differenzialquotienten,** berechnen:

$f'(x) = \lim\limits_{x \to x_0} \frac{f(x) - f(x_0)}{x - x_0}$ oder

$f'(x) = \lim\limits_{h \to 0} \frac{f(x_0 + h) - f(x_0)}{h}$

Näherungsweises Bestimmen von f'(1):

x	$\frac{f(x) - f(x_0)}{x - x_0}$	x	Differenzenquotient
1,1	$\frac{1{,}1^2 - 1^2}{1{,}1 - 1} = 2{,}1$	0,9	1,9
1,01	$\frac{1{,}01^2 - 1^2}{1{,}01 - 1} = 2{,}01$	0,99	1,99
1,001	$\frac{1{,}001^2 - 1^2}{1{,}001 - 1} = 2{,}001$	0,999	1,999

Vermutung: f'(1) = 2; Berechnung:

$f'(1) = \lim\limits_{h \to 0} \frac{f(1 + h) - f(1)}{h} = \lim\limits_{h \to 0} \frac{(1 + h)^2 - 1}{h}$

$= \lim\limits_{h \to 0} \frac{2h + h^2}{h} = \lim\limits_{h \to 0} (2 + h) = 2$

Die **Ableitungsfunktion** f' zu einer Funktion f ordnet jeder Stelle x_0 ihren Ableitungswert $f'(x_0)$ zu.

Ableitungsfunktion: $f'(x) = 2x$

Ableitungsregeln

Potenzregel für Potenzen mit ganzzahligen Exponenten
Die Funktion f mit $f(x) = x^d$, $d \in \mathbb{Z}$, $d \neq 0$, hat die Ableitung $f'(x) = d \cdot x^{d-1}$.

$f(x) = x^5$ $\quad$ $s(t) = t^9$
$f'(x) = 5x^4$ $\quad$ $s'(t) = 9t^8$

Faktorregel
Die Funktion f mit $f(x) = k \cdot g(x)$, $k \in \mathbb{R}$, hat die Ableitung $f'(x) = k \cdot g'(x)$.

$f(x) = 3x^2$ $\quad$ $s(t) = -2t^4$
$f'(x) = 3 \cdot 2x = 6x$ $\quad$ $s'(t) = -8t^3$

Summenregel
Die Funktion f mit $f(x) = g(x) + k(x)$ hat die Ableitung $f'(x) = g'(x) + k'(x)$.

$f(x) = x^2 + 4x$ $\quad$ $s(t) = 2t^3 - 3t^2$
$f'(x) = 2x + 4$ $\quad$ $s'(t) = 6t^2 - 6t$

Tangentengleichung und Steigungswinkel

Die **Tangente** an den Graphen von f im Punkt $P(x_0 | f(x_0))$ hat die Steigung $m = f'(x_0)$. Den y-Achsenabschnitt t berechnet man durch Auflösen der Gleichung $f(x_0) = f'(x_0) \cdot x_0 + t$.
Für den Steigungswinkel α des Graphen von f an der Stelle x_0 gilt: $\tan(\alpha) = f'(x_0)$

$f(x) = 5x^2 + 3x$ $\quad$ $x_0 = 1, f(x_0) = 8$
$f'(x_0) = 10x_0 + 3$
$m = f'(1) = 13$
$8 = 13 \cdot 1 + t$, also $t = -5$
Tangentengleichung:
$g(x) = 13x - 5$
Steigungswinkel bei $x_0 = 1$:
$\tan(\alpha) = 13$, also $\alpha \approx 85{,}60°$

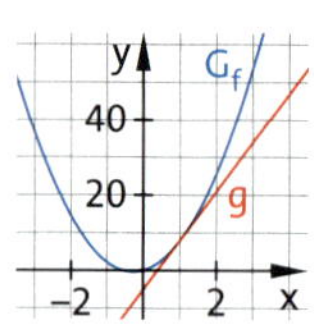

3

Anwendung des Ableitungsbegriffs

Nach diesem Kapitel können Sie

→ ganzrationale Funktionen und ihre Graphen mithilfe der Ableitungen auf Monotonie und Krümmungsverhalten untersuchen,

→ Extrem-, Sattel- und Wendepunkte von Graphen ganzrationaler Funktionen bestimmen,

→ Probleme im Sachkontext mithilfe ganzrationaler Funktionen lösen.

Lösungen → S. 286

Erklärvideo

Monotonie

1 Geben Sie die Intervalle an, in denen der Funktionsgraph steigt bzw. fällt.

a) 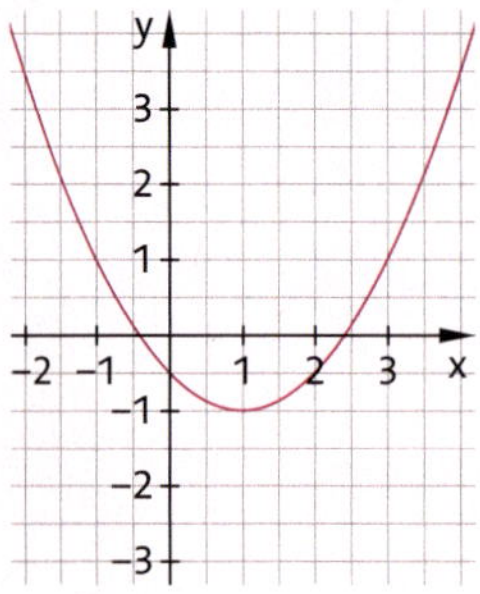

b) 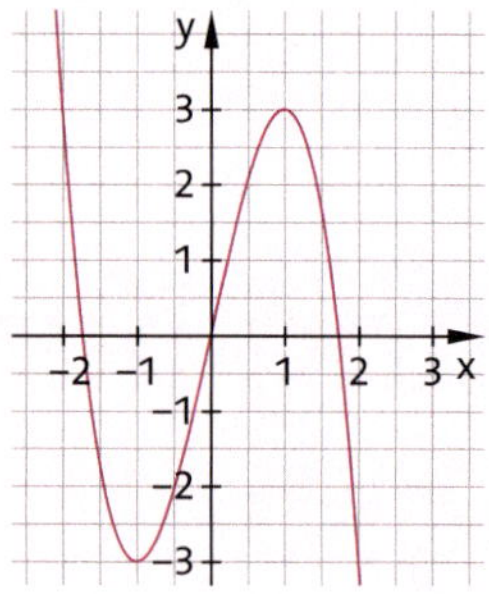

c) 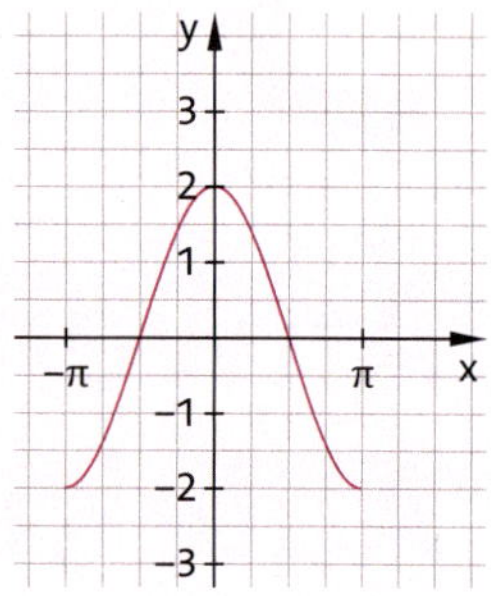

2 Geben Sie die Intervalle des Definitionsbereichs an, in denen die Funktion f streng monoton steigt bzw. fällt.

a) $f(x) = -\frac{1}{3}x + 3$ b) $f(x) = (x + 3)^2 - \pi$ c) $f(x) = x^4 - 3$
d) $f(x) = -(x - 1)^2 + 3$ e) $f(x) = -x^3 - 3$ f) $f(x) = (x + 3)^3$

3 Geben Sie die Gleichung einer linearen Funktion an, deren Nullstelle bei $x = 1$ liegt und deren Graph von links nach rechts fällt.

4 Zeichnen Sie die Graphen zweier quadratischer Funktionen, die für $x < 2$ streng monoton fallen und für $x > 2$ streng monoton steigen. Geben Sie jeweils eine passende Funktionsgleichung an.

Erklärvideo

Lokale und globale Extrema

5 Geben Sie das globale Maximum und das globale Minimum von f an, falls möglich.

a) $f(x) = x^2 - 2$ b) $f(x) = -x^2 - 3$ c) $f(x) = x^3$ d) $f(x) = x^4 - 2$

6 Lesen Sie den größten und den kleinsten Funktionswert sowie die zugehörigen x-Werte in den angegebenen Intervallen ab.

a) 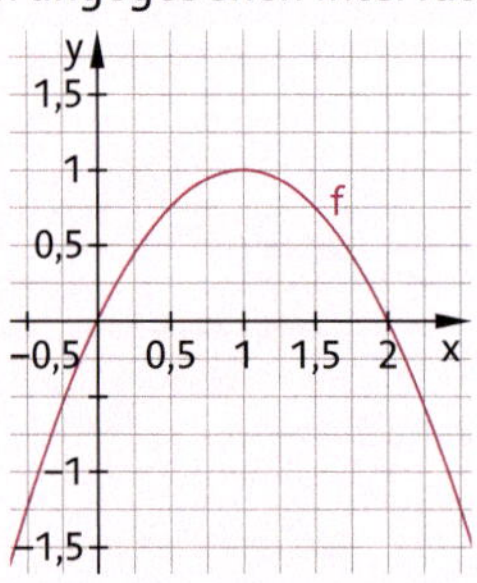

① $0 \leq x \leq 1{,}5$
② $0 \leq x \leq 2$

b) 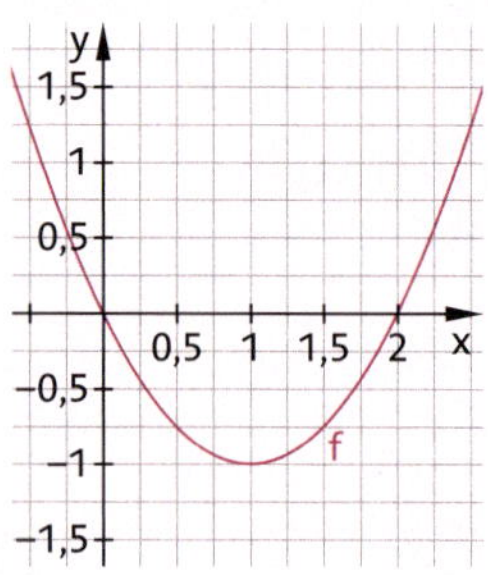

① $-0{,}5 \leq x \leq 2$
② $0 \leq x \leq 1$

c) 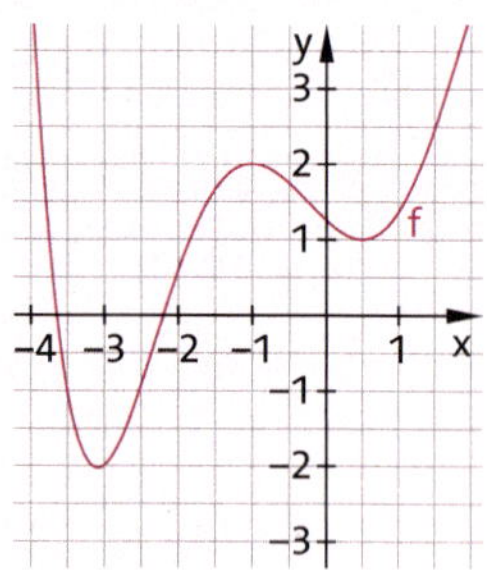

① $-3 \leq x \leq 1$
② $-1{,}5 \leq x \leq 1$

7 Ermitteln Sie den größten und den kleinsten Funktionswert sowie die zugehörigen x-Werte der Funktion f im angegebenen Intervall.

a) $f(x) = -3x - 5;\ 0 \leq x \leq 2$ b) $f(x) = -x^2 + 4;\ -2 \leq x \leq 1$ c) $f(x) = x^2 - 4;\ -2 \leq x \leq -1$

8 Skizzieren Sie den Graphen einer Funktion, die im angegebenen Intervall die angegebenen globalen Extrema hat.

a) $0 \leq x \leq 4$; Minimum: 0; Maximum: 3 b) $-3 \leq x \leq 2$; Minimum: –5; Maximum: 1

Lösungen
→ S. 287

Erklärvideo

Gleichungen lösen und Nullstellen ermitteln

9 Bestimmen Sie die Lösungsmenge der Gleichung, ggf. mit Ausklammern und Substitution.
a) $4x + 2 = 2x - 4$ b) $x^2 + 5x = 0$ c) $2x^4 = 32 + 12x^2$
d) $y(y + 2)(y - 4) = 0$ e) $t^2 - 81 = 0$ f) $s^4 + 5 = 3s^2$

10 Ermitteln Sie die Nullstellen der Funktion f, falls vorhanden.
a) $f(x) = 2(x + 2) - 1$ b) $f(x) = x^2 - 1$ c) $f(x) = x^2 + 1$
d) $f(x) = x^3$ e) $f(x) = 3(x + 3)(x - 4)$ f) $f(x) = x^2 - 8x + 15$

11 Geben Sie eine quadratische Gleichung mit den angegebenen Lösungen an.
a) 0; 3 b) 4 c) keine Lösung

12 Gegeben ist die Funktion f mit $f(x) = -x^4 + b$. Geben Sie an, für welche Werte von b die Funktion f
a) genau zwei Nullstellen, b) genau eine Nullstelle, c) keine Nullstelle hat.

13 Begründen Sie, dass die Funktion f genau eine Nullstelle hat.
a) $f(x) = x^3 + 3x$ b) $f(x) = \frac{1}{3}x^3 + x^2 + x$ c) $f(x) = -3x^5 - 5x^3$

14 Berechnen Sie die Nullstellen der Funktion.
a) $f(x) = 3x^3 - 21x^2$ b) $f(x) = 4x^3 - 100x$ c) $f(x) = 2x^3 + 5x^2 - 3x$

Funktionswerte untersuchen

15 Geben Sie alle x-Werte an, für die die Funktionswerte positiv, negativ bzw. null sind.
a) $f(x) = 2x - 5$ b) $f(x) = 2x + 1$ c) $f(x) = x^2 - 1$ d) $f(x) = x^3 + 1$

16 Eine Funktion und ihre Nullstellen sind gegeben. Geben Sie die Bereiche an, in denen die Funktionswerte positiv bzw. negativ sind.
a) $f(x) = 4x - 3;\ x_0 = 0{,}75$ b) $f(x) = -2x - 3;\ x_0 = -1{,}5$ c) $f(x) = 4 - x^2;\ x_1 = 2;\ x_2 = -2$

17 Ermitteln Sie alle x-Werte, sodass für die Funktion f Folgendes gilt.
a) $f(x) = 0{,}5x + 3 < 0$ b) $f(x) = 0{,}5x^2 - 8 < 0$ c) $f(x) = x^3 - x^2 > 0$

18 Berechnen Sie die Schnittpunkte des Graphen von f mit den Koordinatenachsen.
a) $f(x) = 3 - 7x$ b) $f(x) = x^2 + 3x + 4$ c) $f(x) = 2x^3 - 2x^2 + x$

Erklärvideo

Vermischtes

19 Berechnen Sie die Ableitung der ganzrationalen Funktion f.
a) $f(x) = x^5 - 3x^3 + 2x$ b) $f(x) = 2x^7 + x^4 + 1$ c) $f(x) = -x^6 + 4x^2 - x$
d) $f(x) = (x + 1)^2$ e) $f(x) = -x^2(x^2 - 4)$ f) $f(x) = (x - 2)(x + 2) + 5x^2$

20 Ermitteln Sie eine Gleichung der Tangente an den Graphen der Funktion f im Punkt $P(1\,|\,f(1))$ und berechnen Sie die Nullstelle der Tangente.
a) $f(x) = -x^3 - 3$ b) $f(x) = (x - 3)^2$ c) $f(x) = x^4 - 3$

21 Bestimmen Sie die Gleichung einer quadratischen Funktion f, die die Nullstellen $x_1 = 2$ und $x_2 = -1$ hat und deren Graph den Punkt $A(0\,|\,6)$ enthält.

3.1 Monotoniekriterium

Gegeben ist der Graph von f mit
$f(x) = \frac{1}{3}x^3 - x^2 + 2$.

a) Geben Sie die Bereiche an, in denen f streng monoton steigt bzw. streng monoton fällt.

b) Untersuchen Sie die Ableitungsfunktion f' in diesen Intervallen. Beschreiben Sie Ihre Beobachtungen.

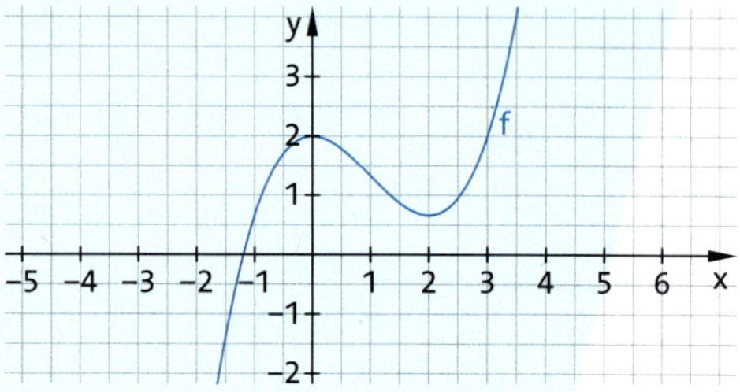

Die Ableitungsfunktion f' beschreibt die Steigung des Graphen von f. Daher kann man das Monotonieverhalten von f mithilfe von f' untersuchen.
In den Bereichen, in denen die Ableitung f' positiv ist, ist die Funktion f streng monoton steigend. Dort, wo f' negativ ist, ist die Funktion f streng monoton fallend.

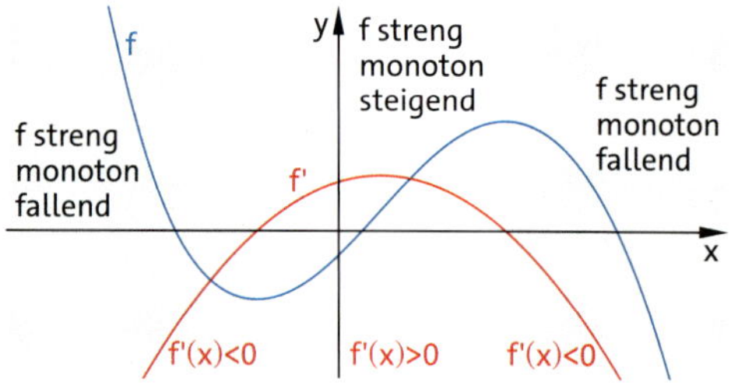

Satz **Monotoniekriterium**
Gilt **$f'(x) > 0$** (**$f'(x) < 0$**) für alle x aus einem Intervall I, dann ist die Funktion f **streng monoton steigend** (**streng monoton fallend**) auf I.

Gilt $f'(x) = 0$ an einzelnen Stellen aus I, kann f trotzdem noch streng monoton steigend oder fallend auf I sein. Siehe dazu Aufgabe 11.

Die Nullstellen der Ableitungsfunktion f' teilen den Definitionsbereich von f in **Monotonieintervalle** auf. Nur an diesen Nullstellen kann sich das Monotonieverhalten von f ändern. Das Monotonieverhalten auf einem dieser Intervalle lässt sich bestimmen, indem man eine beliebige Teststelle aus dem Inneren dieses Intervalls in f' einsetzt.

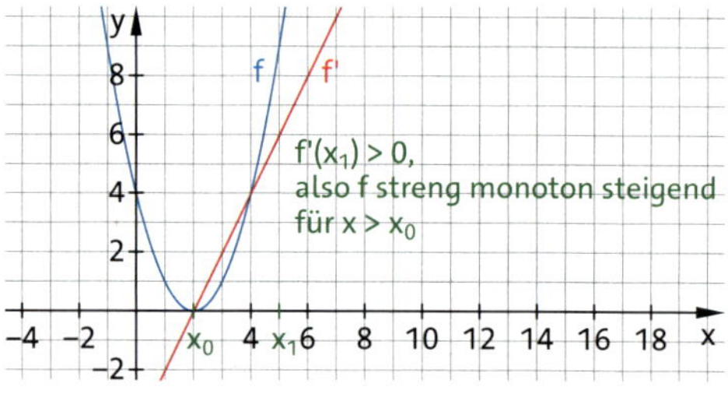

Erklärvideo

Beispiel 1

Untersuchen Sie die Funktion f mit $f(x) = \frac{1}{3}x^3 - 2x^2 + 3x$ mithilfe ihrer Ableitung auf Monotonie.

Lösung:

Bilden Sie die Ableitung.	$f(x) = \frac{1}{3}x^3 - 2x^2 + 3x$ $f'(x) = x^2 - 4x + 3$
Berechnen Sie die Nullstellen von f'.	$x^2 - 4x + 3 = 0$, also $x_1 = 1$ und $x_2 = 3$
f' hat zwei Nullstellen. Diese teilen den Definitionsbereich von f in drei Monotonieintervalle auf.	$x < 1$: $f'(0) = 0^2 - 4 \cdot 0 + 3 = 3 > 0$ f ist streng monoton steigend für $x < 1$.
Setzen Sie aus jedem Intervall eine Teststelle (z. B. 0, 2 und 5) in f'(x) ein.	$1 < x < 3$: $f'(2) = 2^2 - 4 \cdot 2 + 3 = -1 < 0$ f ist streng monoton fallend für $1 < x < 3$.
Das Vorzeichen des Ergebnisses gibt das Monotonieverhalten von f an.	$x > 3$: $f'(5) = 5^2 - 4 \cdot 5 + 3 = 8 > 0$ f ist streng monoton steigend für $x > 3$.

Hinweis

Das Monotonieverhalten kann auch in einer **Monotonietabelle** festgehalten werden, siehe Aufgabe 3.

Basisaufgaben

1 Geben Sie an, auf welchen maximalen Intervallen die dargestellte Funktion f streng monoton steigend bzw. streng monoton fallend ist.
Geben Sie auch das Vorzeichen der Ableitung im Inneren dieser Intervalle an.

a) 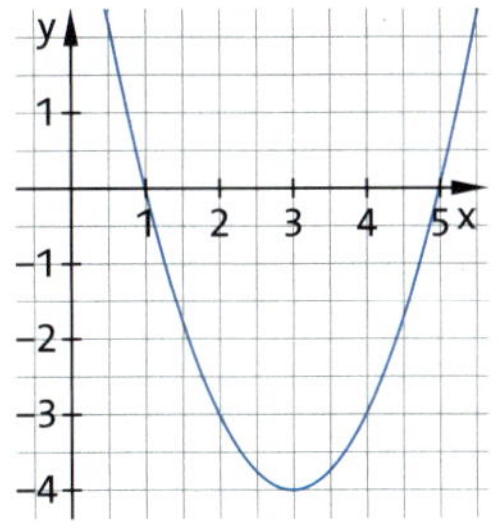

b) 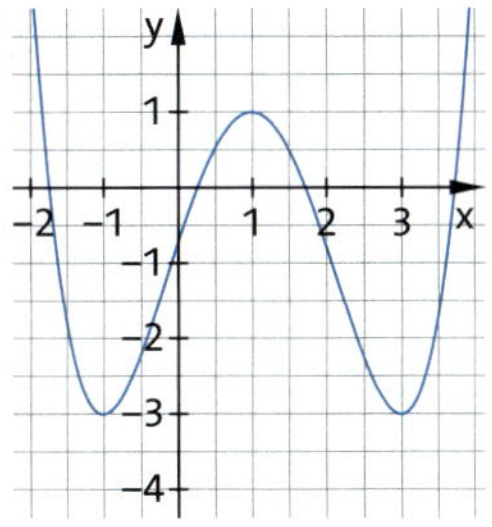

c) 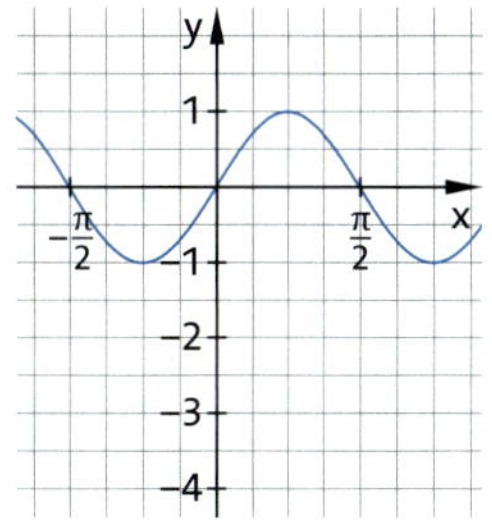

Lösungen zu 2

Monotonieintervalle a)–c)

$x < 0$ $x < -2$ $\mathbb{R}$ $x > 0$ $-2 < x < 4$ $x > 4$

2 Untersuchen Sie die Funktion mithilfe der Ableitung auf Monotonie.

a) $f(x) = 3x^2 - 4$ b) $f(x) = x^3 - 3x^2 - 24x + 6$ c) $f(x) = x^3 + 2x$
d) $f(x) = -5x$ e) $f(x) = -x^3 + 6x - 12$ f) $f(x) = \frac{1}{9}x^3 - \frac{1}{3}x^2 - \frac{8}{3}x + \frac{26}{9}$

3 Gegeben ist eine Funktion f. Die Ableitung f' hat die Linearfaktordarstellung $f'(x) = 5(x + 3)(x - 7)$.

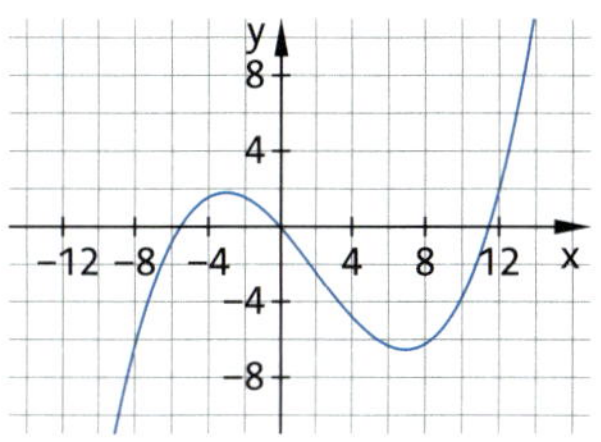

a) Erläutern Sie, wie Sie mithilfe der Nullstellen der Ableitungsfunktion und möglichst wenig weiterer Werte das Monotonieverhalten von f berechnen können.
b) Prüfen Sie, ob der abgebildete Graph die Funktion f darstellen kann.
c) Ermitteln Sie analog das Monotonieverhalten der Funktionen g und h, wenn g' und h' gegeben sind: $g'(x) = (x + 1)(x - 2)$ und $h'(x) = (x - 4)(x - 6)^2(x - 8)$

4 Geben Sie eine geeignete Funktion zum angegebenen Monotonieverhalten an. Untersuchen Sie diese Funktion mithilfe ihrer Ableitung auf Monotonie und bestätigen Sie so das Monotonieverhalten.
a) linear und streng monoton steigend auf ganz $\mathbb{R}$
b) für $x < 3$ streng monoton fallend und für $x > 3$ streng monoton steigend
c) für $x < -1$ streng monoton steigend und für $x > -1$ streng monoton fallend

5 Die Abbildungen zeigen den Graphen der Ableitung einer Funktion f.

① 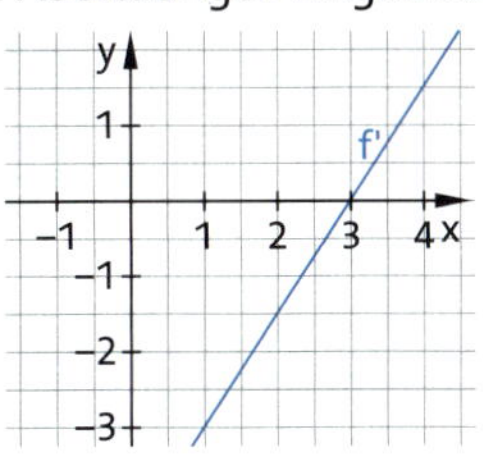

② 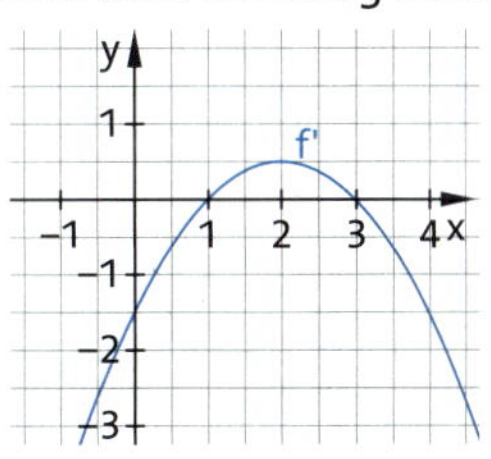

③ 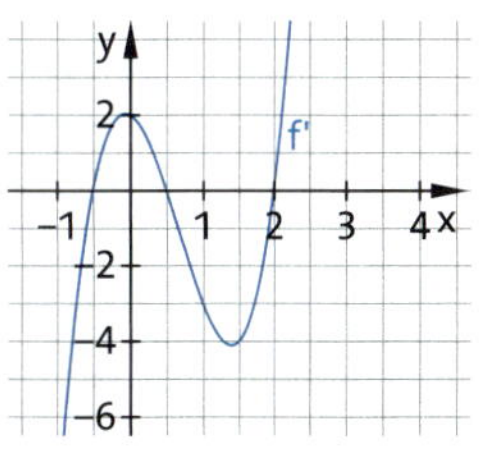

a) Geben Sie an, auf welchen Intervallen f streng monoton steigend bzw. fallend ist.
b) Skizzieren Sie einen möglichen Verlauf des Graphen von f.

6 Der Graph einer Funktion f ist streng monoton fallend auf $\mathbb{R}$ und verläuft durch $P(1\,|\,5)$, $Q(3\,|\,2)$ und $R(5\,|\,0)$. Skizzieren Sie einen Graphen von f, der in Q die Steigung 0 hat.

7 Von einer ganzrationalen Funktion f dritten Grades ist bekannt, dass sie nur eine Nullstelle hat und dass $f'(x)$ für $x < 2$ und für $x > 5$ positiv ist. Außerdem existiert ein Intervall, auf dem f streng monoton fallend ist. Skizzieren Sie einen möglichen Graphen von f.

Weiterführende Aufgaben

Zwischentest

8 Gegeben ist der Graph der Ableitung einer Funktion f. Beurteilen Sie begründet, ob die Aussage wahr, falsch oder nicht entscheidbar ist.

a) Der Graph steigt zwischen −0,5 und 1.
b) $f'(2) > 0$
c) Der Graph steigt zwischen 1,5 und 2,5.
d) f hat eine Nullstelle zwischen −2 und −1.
e) Der Graph fällt zwischen −1 und 0,5.
f) $f(2) > 0$

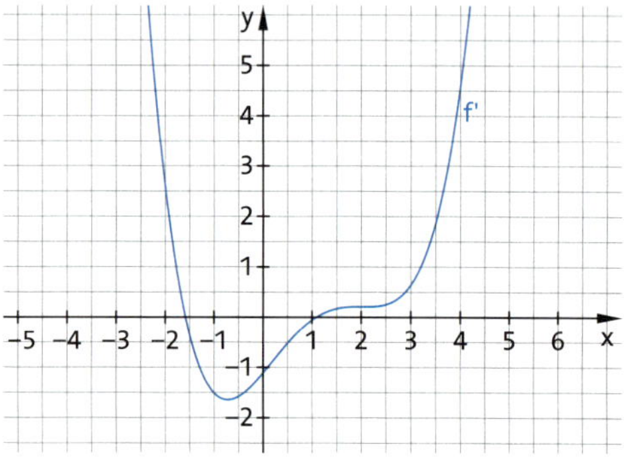

9 Die Funktion f ist streng monoton steigend (streng monoton fallend) auf $\mathbb{R}$.

a) Begründen Sie, dass f höchstens eine Nullstelle hat.
b) Geben Sie eine Beispielfunktion f an, die keine Nullstelle hat.

10 **Stolperstelle:** Die Abbildung zeigt den Graphen einer Ableitungsfunktion f'.
Ein Schüler sagt: *„f ist streng monoton fallend für $x < 0$ und streng monoton steigend für $x > 0$."*
Beurteilen Sie seine Aussage.

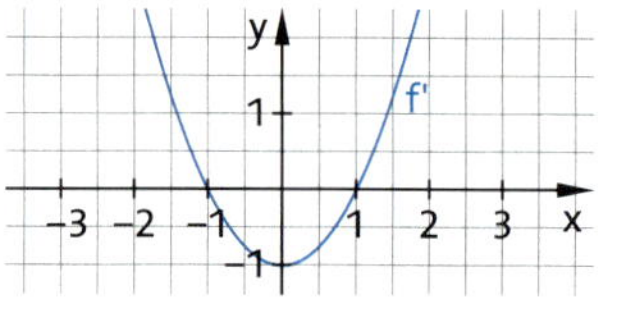

11 Wenn die Ableitung einer Funktion f auf ganz $\mathbb{R}$ negativ ist, dann ist f streng monoton fallend. Zeigen Sie anhand der Funktion f mit $f(x) = -x^3$, dass die Umkehrung des Satzes nicht gilt.

Hilfe

12 **Monotonie und Parameter:**
Bestimmen Sie das Monotonieverhalten von f in Abhängigkeit von $a \in \mathbb{R}$.

a) $f(x) = ax$
b) $f(x) = ax^2$
c) $f(x) = \frac{1}{2}ax^2 - a^2x$

13 Die Funktion f mit $f(x) = 0{,}002x^3 - 0{,}09x^2 + 1{,}35x + 7{,}65$ beschreibt für $0 \leq x \leq 24$ das Geländeprofil einer Bergetappe bei einem Radrennen. Die Werte auf der x-Achse beschreiben hierbei die horizontale Entfernung vom Start in km, die auf der y-Achse die Höhe über dem Meeresspiegel in 100 m.

a) Berechnen Sie die Steigung, die beim Start zu überwinden ist, in Prozent.
b) Geben Sie an, in welchen Abschnitten des Rennens es bergauf bzw. bergab geht.
c) Ermitteln Sie, welche Höhe man im Ziel erreichen würde, wenn ab einer horizontalen Entfernung von 10 km vom Start die Steigung konstant bliebe.
d) Bestimmen Sie den Steigungswinkel der Strecke nach 10 km horizontaler Entfernung.

14 **Ausblick:** Beschreiben Sie die Unterschiede im Monotonieverhalten von f und g, indem Sie mögliche Graphen von f und g skizzieren.

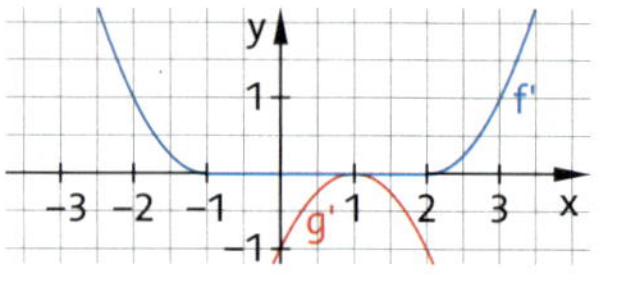

3.2 Lokale Extrempunkte und Sattelpunkte

Die Flugbahn einer Kugel wird näherungsweise durch die Funktion f mit $f(x) = -\frac{1}{20}x^2 + x + 1{,}8$ beschrieben.

a) Zeichnen Sie den Graphen von f für $0 \leq x \leq 22$ mit einer DGS. Lesen Sie den höchsten Punkt der Flugbahn ab.

b) Überlegen Sie, wie sich das Monotonieverhalten von f am höchsten Punkt der Flugbahn ändert. Beschreiben Sie, wie man dies nutzen kann, um mithilfe der Ableitung die Koordinaten des höchsten Punktes zu berechnen.

Notwendige und hinreichende Bedingungen für Extrema

Der Graph einer differenzierbaren Funktion f hat in den lokalen Extrempunkten immer eine waagerechte Tangente.
Aber nicht jede waagerechte Tangente verläuft durch einen Extrempunkt. Mit den Nullstellen der Ableitungsfunktion f' erhält man alle Stellen, an denen lokale Extrempunkte vorliegen könnten.

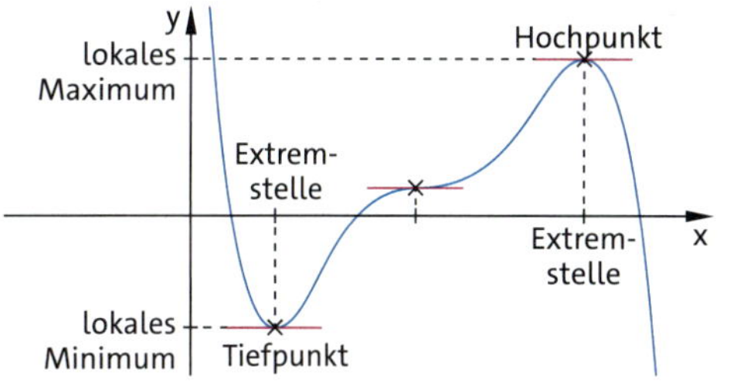

Satz **Notwendige Bedingung für lokale Extrempunkte**
Die Funktion f sei an der Stelle x_E differenzierbar. Wenn der Graph von f an der Stelle x_E einen **Hochpunkt** oder **Tiefpunkt** hat, dann gilt $\mathbf{f'(x_E) = 0}$.

Notwendige Bedingung bedeutet: Ist diese Bedingung nicht erfüllt, so liegt kein lokaler Extrempunkt vor.

Nur an den Nullstellen der Ableitungsfunktion f' kann es lokale Extrempunkte geben. Ob es sich bei diesen „Kandidaten" wirklich um Extremstellen handelt und ob die zugehörigen Extrempunkte Hoch- oder Tiefpunkte sind, hängt vom Monotonieverhalten des Graphen von f ab.

Die Bilder zeigen, dass die Steigung links von einem Hochpunkt positiv und rechts von ihm negativ ist. An einem Tiefpunkt ist es umgekehrt.

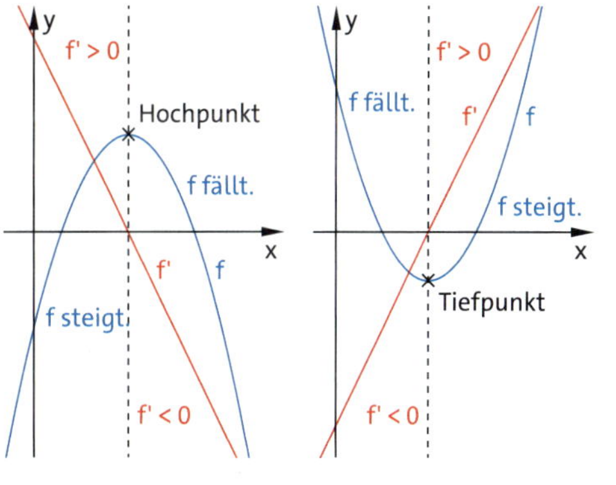

Um zu prüfen, ob eine Nullstelle von f' eine Extremstelle von f ist, untersucht man daher das Vorzeichen von f' links und rechts von der Nullstelle.

Satz **Hinreichende Bedingung für lokale Extrempunkte (Vorzeichenwechselkriterium)**
- Wenn $\mathbf{f'(x_E) = 0}$ gilt und das **Vorzeichen von f'** an der Stelle x_E **von + nach −** wechselt, dann hat der Graph der Funktion f an der Stelle x_E einen **Hochpunkt**.
- Wenn $\mathbf{f'(x_E) = 0}$ gilt und das **Vorzeichen von f'** an der Stelle x_E **von − nach +** wechselt, dann hat der Graph der Funktion f an der Stelle x_E einen **Tiefpunkt**.

Hinreichende Bedingung bedeutet: Ist diese Bedingung erfüllt, so liegt immer ein lokaler Extrempunkt vor.

Erklärvideo

Beispiel 1

Bestimmen Sie die Hoch- und Tiefpunkte des Graphen der Funktion f mit $f(x) = -x^3 - 3x^2 + 1$.

Lösung:

Bilden Sie die Ableitung f'. Die Nullstellen von f' liefern die „Kandidaten“ $x_1 = -2$ und $x_2 = 0$ für mögliche Extremstellen.

$f'(x) = -3x^2 - 6x$

$-3x^2 - 6x = 0$

$\Leftrightarrow -3x \cdot (x + 2) = 0$, also $x_1 = -2$ und $x_2 = 0$

Prüfen Sie, ob an den möglichen Extremstellen ein VZW der Ableitung f' stattfindet. Setzen Sie Teststellen aus den Intervallen zwischen den möglichen Extremstellen in f'(x) ein.

	$x < -2$	-2	$-2 < x < 0$	0	$x > 0$
Teststelle	-3		-1		1
f'(x)	$-$	0	$+$	0	$-$
Graph von f	↘		↗		↘

Bei $x_1 = -2$ liegt ein Tiefpunkt, bei $x_2 = 0$ ein Hochpunkt.

Setzen Sie die Extremstellen in f(x) ein, um die y-Koordinaten der Extrempunkte zu berechnen.

$x = -2$: VZW von – auf +, also Tiefpunkt

$f(-2) = -(-8) - 3 \cdot 4 + 1 = -3$ $\quad T(-2\,|\,-3)$

$x = 0$: VZW von + auf –, also Hochpunkt

$f(0) = 1$ $\quad H(0\,|\,1)$

Hinweis

VZW ist die Abkürzung für Vorzeichenwechsel.

Basisaufgaben

1 Lesen Sie die Koordinaten der Hoch- und Tiefpunkte des Graphen ab. Geben Sie an, welche Art von Vorzeichenwechsel die Ableitungsfunktion an den Extremstellen hat.

a) 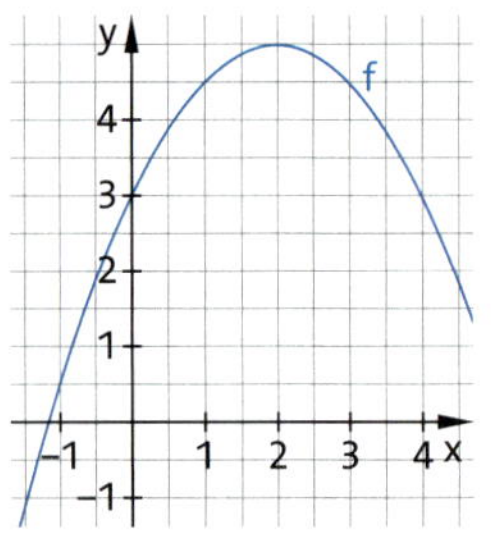

b) 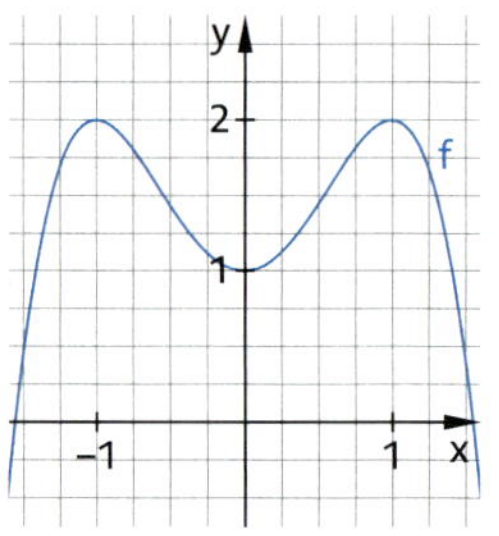

c) 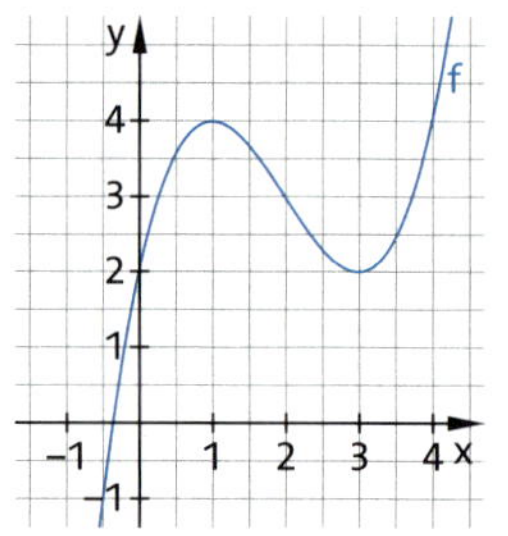

2 Bestimmen Sie die Ableitung der Funktion f und berechnen Sie mit $f'(x) = 0$ die möglichen Extremstellen von f. Überprüfen Sie anschließend mithilfe des Vorzeichenwechselkriteriums, ob an diesen Stellen ein lokales Maximum oder Minimum vorliegt.

a) $f(x) = x^2 - 8x + 15$ b) $f(x) = 2x^3 - 3x^2 - 12x + 4$

3 Bestimmen Sie die Koordinaten der Hoch- und Tiefpunkte des Graphen von f. Überprüfen Sie Ihre Lösung mit einem Funktionenplotter.

a) $f(x) = 3x^2 + 2$ b) $f(x) = 4x^3 - 6x^2 + 5$

c) $f(x) = x^3 - 9x^2 + 24x - 16$ d) $f(x) = -\frac{1}{2}x^3 + 6x^2 - \frac{45}{2}x + 25$

Lösungen zu 3

Nullstellen von f'

1 0 5 3 2 0 4

4 Gegeben ist der Graph der Ableitung einer Funktion f. Bestimmen Sie die Stellen, an denen der Graph von f Hoch- oder Tiefpunkte hat.

a) 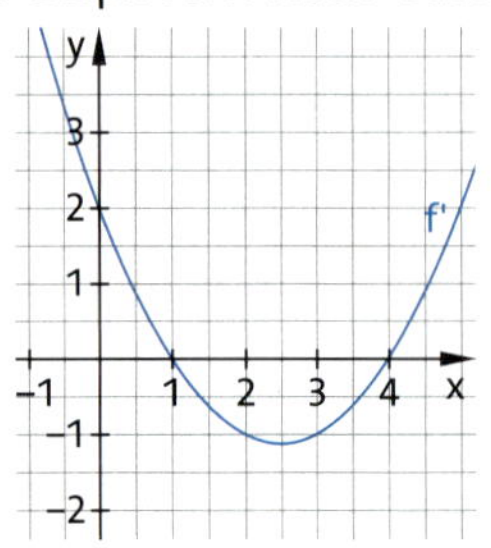

b) 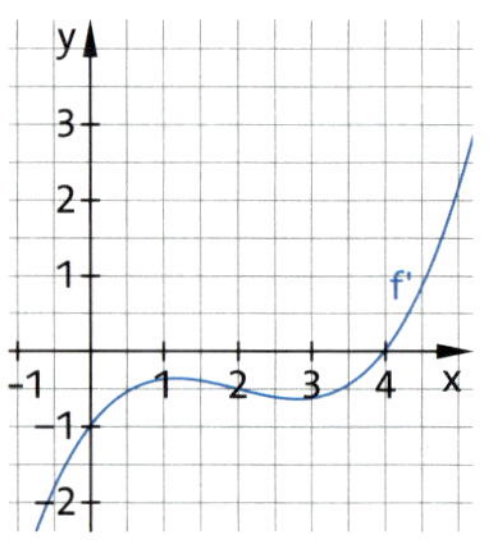

c) 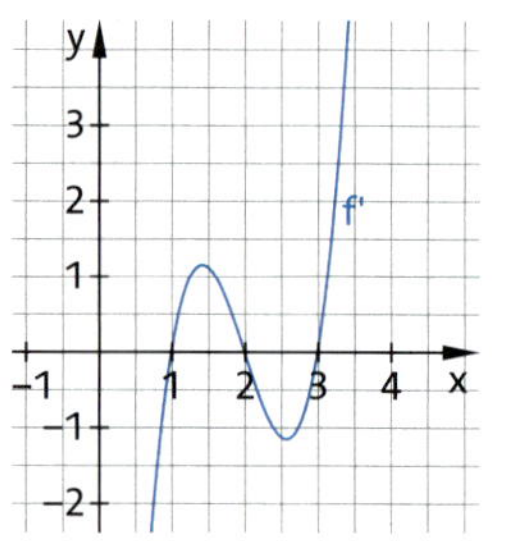

5 Die ganzrationale Funktion f hat die gegebenen Eigenschaften. Skizzieren Sie einen möglichen Graphen der Ableitungsfunktion f'.
a) Grad 2, globales Maximum bei $x = -2$
b) Grad 3, lokales Minimum bei $x = 0$
c) Grad 4, Hochpunkt H(1 | 7), globales Maximum bei $x = 6$

Beispiel

6 Bestimmen Sie zur Funktion Lage und Art der Extrempunkte des Graphen.
a) $f(x) = x^4 - \frac{9}{2}x^2 + 3$
b) $g(x) = -x^3 - x^2 + x + 1$
c) $h(x) = \frac{1}{9}x^4 - \frac{4}{3}x^3 + 4x^2 - 4$
d) $i(x) = \frac{1}{5}x^5 - \frac{1}{2}x^4 - x^3 + 1$

7 Entscheiden Sie, ob der erste Sachverhalt jeweils eine notwendige, hinreichende oder keine Bedingung für den zweiten Sachverhalt ist.
a) zur Bushaltestelle gehen/Busfahren
b) Regen/nasse Straße
c) Viereck mit vier gleich langen Seiten/Quadrat
d) Viereck mit vier gleich langen Seiten/Raute
e) Dreieck ist gleichschenklig/Innenwinkelsumme 180°
f) $f'(x_0) = 0$/x_0 ist lokale Extremstelle

Sattelpunkte

Wenn der Graph von f an einer Stelle x_S zwar eine waagerechte Tangente hat ($f'(x_S) = 0$), sich aber das Monotonieverhalten von f nicht ändert (kein Vorzeichenwechsel von f'), so liegt an dieser Stelle kein Extrempunkt, sondern ein **Sattelpunkt**.
An der Stelle x_S berührt der Graph der Ableitungsfunktion f' die x-Achse, schneidet sie aber nicht.

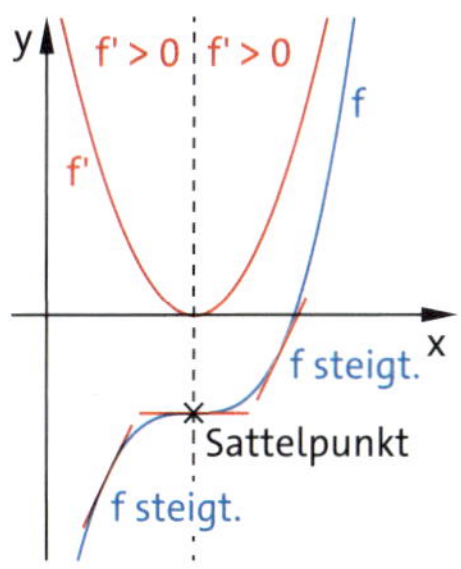

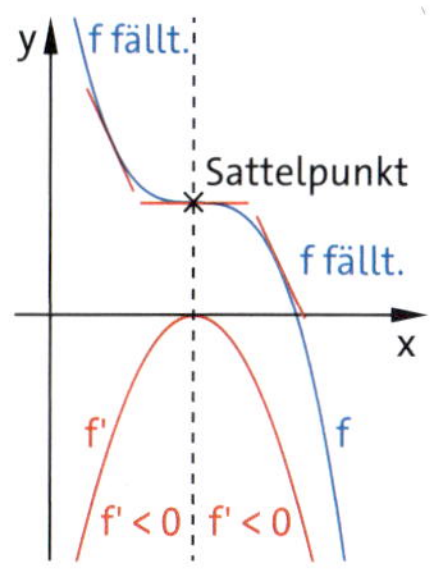

Satz **Hinreichende Bedingung für Sattelpunkte**
Wenn $\mathbf{f'(x_S) = 0}$ gilt und das **Vorzeichen von f'** an der Stelle x_S **nicht** wechselt, dann hat der Graph der Funktion f an der Stelle x_S einen Sattelpunkt.

Erklärvideo

Beispiel 2
Untersuchen Sie den Graphen der Funktion f mit $f(x) = -x^3 + 3x^2 - 3x + 3$ auf Extrem- und Sattelpunkte.

Lösung:
Bilden Sie die Ableitung f'. Die Nullstellen von f' liefern den „Kandidaten" $x = 1$ als mögliche Extrem- oder Sattelstelle.
$f'(x) = -3x^2 + 6x - 3$
$-3x^2 + 6x - 3 = 0$, also $x = 1$

Die Monotonietabelle zeigt, dass bei $x = 1$ kein VZW der Ableitung f' stattfindet. Also liegt an dieser Stelle ein Sattelpunkt.
Es gibt keine Extrempunkte.

	$x < 1$	1	$x > 1$
Teststelle	0		2
f'(x)	–	0	–
Graph von f	↘		↘

$x = 1$: kein VZW, also Sattelpunkt

Setzen Sie $x = 1$ in f(x) ein. Geben Sie die Koordinaten des Sattelpunktes S an.
$f(1) = 2$ S(1 | 2)

Basisaufgaben

8 Geben Sie die Stellen an, an denen der Graph eine waagerechte Tangente hat. Geben Sie auch das Vorzeichen der Ableitung links und rechts von diesen Stellen an. Entscheiden Sie, ob sich an diesen Stellen ein Hochpunkt, Tiefpunkt oder Sattelpunkt befindet.

a)
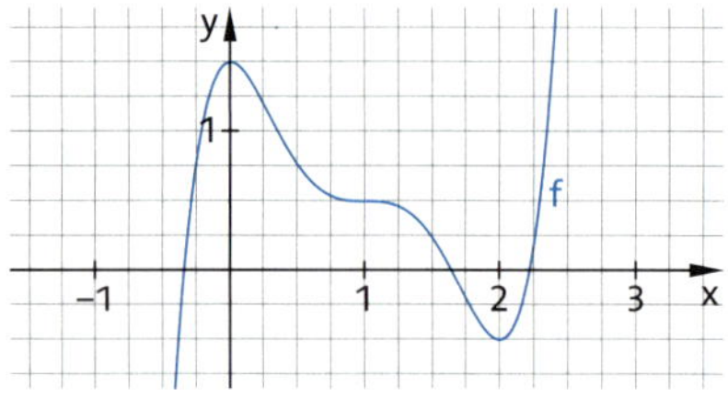

b)
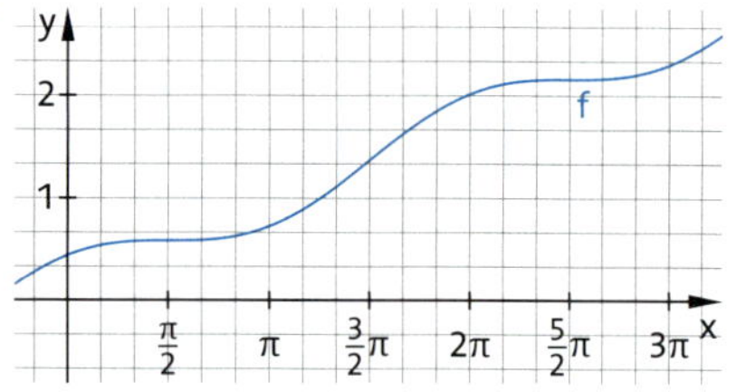

Lösungen zu 9

x-Koordinaten der Extrem- und Sattelpunkte

0 0 3 2 3 −3 0 1 2 −2 −1 0 0 0 1

9 Untersuchen Sie den Graphen ohne Hilfsmittel auf Extrem- und Sattelpunkte. Überprüfen Sie Ihre Ergebnisse mit einem Funktionenplotter.

a) $f(x) = x^2 - 4$
b) $f(x) = \frac{1}{3}x^3 - 2x^2 + 4x$
c) $f(x) = x^3 + 3x^2 + 1$
d) $f(x) = \frac{1}{9}x^3 - x^2 + 3x$
e) $f(t) = t^4 - 2t^2$
f) $f(a) = -a^3 + 3a^2 + 3{,}5$
g) $f(x) = x^5 - 15x^3 - 30$
h) $f(x) = -3x^4 + 4x^3 + 8$

10 Bestimmen Sie Hoch-, Tief- und Sattelpunkte des Graphen der Funktion. Überprüfen Sie Ihre Ergebnisse mit einem Funktionenplotter.

a) $f(x) = \frac{1}{5}x^5 - \frac{4}{3}x^3 + 2$
b) $g(x) = 2x^3 - 6x^2 + 6x + 4$
c) $h(x) = x^3 - 6x^2 + 9x - 4$
d) $i(x) = 5x^4 - 40x^2 + 15$
e) $k(x) = 0{,}25x^3 + 15x - 1$
f) $l(x) = -\frac{1}{20}x^5 + \frac{3}{4}x^3 - 7$

11 Skizzieren Sie den Graphen einer Funktion mit dem Sattelpunkt $S(3\,|\,2)$. Geben Sie $f'(3)$ sowie das Vorzeichen der Ableitung in der Umgebung von $x = 3$ an.

a) f ist streng monoton steigend auf $\mathbb{R}$.
b) f ist streng monoton fallend auf $\mathbb{R}$.

12 Zeigen Sie, dass der Graph der Funktion f an der Stelle x_S einen Sattelpunkt hat. Geben Sie die Koordinaten des Sattelpunktes an.

a) $f(x) = x^3 - 3x^2 + 3x + 2;\quad x_S = 1$
b) $f(x) = \frac{1}{8}x^4 - \frac{5}{3}x^3 + 8x^2 - 16x;\quad x_S = 4$

Weiterführende Aufgaben

Zwischentest

13 Erstellen Sie eine Übersichtstabelle dazu, welches Monotonieverhalten der Graph einer Funktion links und rechts seiner Hoch-, Tief- und Sattelpunkte hat.

Hilfe

14 Ein Unternehmen stellt täglich ein bestimmtes Produkt in der Stückzahl x her. Die Funktion g mit $g(x) = -20x^3 + 240x^2 - 420x - 760$ gibt den täglichen Gewinn des Unternehmens in Euro an.

a) Berechnen Sie den monatlichen Gewinn des Unternehmens, wenn täglich 5 Stück des Produkts produziert werden. Rechnen Sie mit 21 Arbeitstagen pro Monat.
b) Berechnen Sie die Stückzahl x, für die das Unternehmen maximalen Gewinn erreicht. Geben Sie den maximalen täglichen Gewinn an.

15 Beschreiben Sie, wie man an der Art der Nullstelle (einfache, doppelte, dreifache ...) der Ableitungsfunktion f' erkennen kann, ob der Graph einer ganzrationalen Funktion f an dieser Stelle einen lokalen Extrempunkt oder einen Sattelpunkt hat.

16 Gegeben ist der Graph der Ableitung einer Funktion f. Geben Sie an, an welchen Stellen der Graph Hoch-, Tief- bzw. Sattelpunkte hat. Übertragen Sie den Graphen von f' in ein Koordinatensystem und skizzieren Sie dort einen möglichen Graphen einer Ausgangsfunktion f.

a)
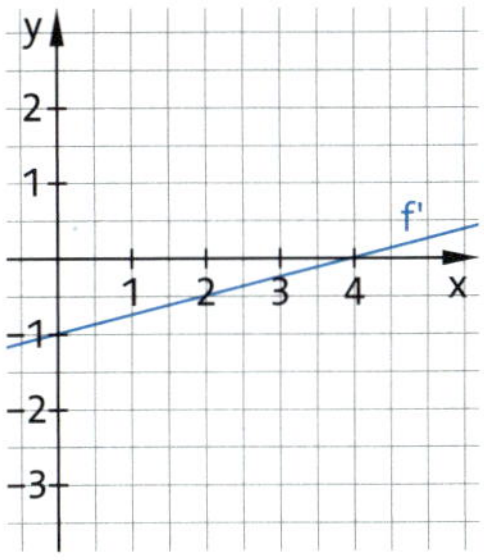

b)
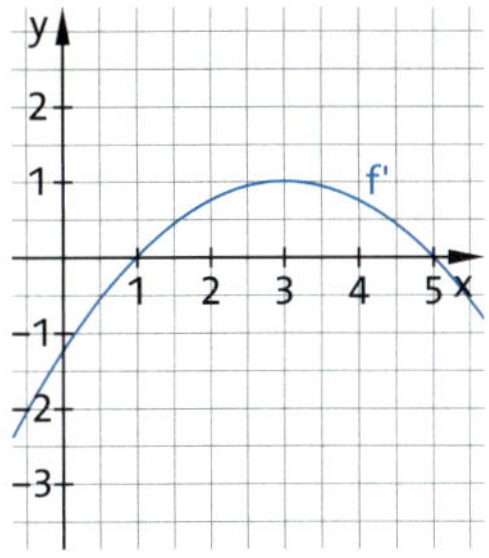

c)
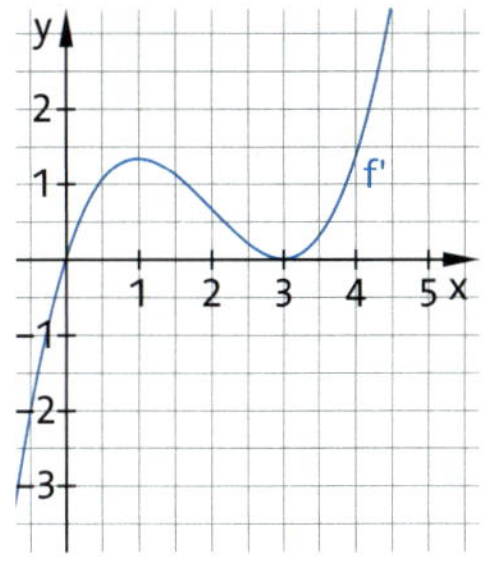

17 **Stolperstelle:** Lisa sagt: „Die Funktion f mit $f(x) = \frac{1}{3}x^3 - 3x^2 + 9x - 5$ hat die Ableitung $f'(x) = x^2 - 6x + 9$. Die Nullstelle von f' ist $x = 3$, also liegt dort ein Extrempunkt des Graphen." Erläutern Sie Lisas Fehler.

18 Gegeben ist die Funktion f. Begründen Sie, welche Bedingungen für einen Sattelpunkt an der Stelle x_S notwendig, welche hinreichend und welche nicht zutreffend sind.

$f'(x_S) = 0$

$f(x_S) = 0$

$f'(x_S) = 0$ und f' wechselt nicht das Vorzeichen

Graph hat in x_S eine waagerechte Tangente

Monotonieverhalten bleibt gleich

19 Stimmen Sie in der Klasse ab, ob die Aussage wahr oder falsch ist. Begründen Sie anschließend, falls die Aussage wahr ist, und geben Sie ein Gegenbeispiel an, falls sie falsch ist. Schafft Ihre Klasse es, bei der Abstimmung keine einzige falsche Antwort zu geben?

a) Wenn $f'(a) = 0$ ist, dann ist a lokale Extremstelle von f.
b) Bei einem Sattelpunkt hat der Funktionsgraph eine waagerechte Tangente.
c) Die Ableitungsfunktion f' hat Nullstellen an den lokalen Extremstellen von f.
d) Wenn die Funktion f keine Extremstellen hat, dann hat f' keine Nullstellen.
e) An den Stellen mit waagerechter Tangente hat der Graph Sattelpunkte.
f) Wenn ein Funktionsgraph zwei Hochpunkte besitzt, dann hat die Funktion im Hochpunkt mit dem größeren Funktionswert ihr globales Maximum.

20 Zeichnen Sie den Graphen zu $f(x) = -x^4 + \frac{21}{2}x^2 + \frac{1}{2}x$ mit einem Funktionenplotter.

a) Bestimmen Sie mithilfe des Plotters die Koordinaten der Hoch- und Tiefpunkte.
b) Geben Sie den Term der Funktion g an, deren Graph im Vergleich zum Graphen von f an der x-Achse gespiegelt ist. Erklären Sie, wie sich diese Spiegelung auf die Extrempunkte auswirkt.

21 Skizzieren Sie einen passenden Graphen einer ganzrationalen Funktion. Überlegen Sie, welchen Einfluss der Grad auf das Verhalten des Graphen für $x \to \pm\infty$ hat.

a) Grad 3, Tiefpunkt $T(0\,|\,0)$, Hochpunkt $H(4\,|\,1)$
b) Grad 3, lokales Minimum -3 bei $x = 2$
c) Grad 4, lokales Minimum bei $x = -1{,}75$, Sattelpunkt $S(2\,|\,0)$

22 Begründen Sie die Gültigkeit der Aussage für eine ganzrationale Funktion n-ten Grades.

a) Die Funktion hat höchstens $n - 1$ lokale Extremstellen.
b) Die Funktion hat höchstens eine Nullstelle mehr als lokale Extremstellen.
c) Hat f eine Nullstelle der Vielfachheit 3, 5, 7 ..., so hat der Graph von f dort einen Sattelpunkt. Tipp: Wenn f in x_0 eine Nullstelle der Vielfachheit n hat, hat f' in x_0 eine Nullstelle der Vielfachheit $n - 1$.

Hinweis zu b)

Stellen Sie zuerst eine Funktion auf, die den vertikalen Abstand an einer beliebigen Stelle x beschreibt.

23 Gegeben sind die beiden Funktionen f mit $f(x) = 2x^3 - 4x^2 + x + 8$ und g mit $g(x) = 2x^3 - x^2 - 2x + 2$.

a) Berechnen Sie die Koordinaten der Schnittpunkte der beiden Funktionsgraphen.

b) Berechnen Sie, an welcher Stelle zwischen den beiden Schnittpunkten der vertikale Abstand der Funktionsgraphen am größten ist.

24 Aus schmalen parallel zum Ufer verlegten Holzlatten soll ein Steg gebaut werden, der eine geschwungene Form aufweist und 1,5 m weit auf das Wasser ragt. Die krummlinigen Ränder des Stegs werden beschrieben durch die Funktionen f und g mit $f(x) = \frac{5}{2}x^3 - 4x^2 + x + 5$ und $g(x) = 2x^3 - 7x^2 + \frac{17}{2}x$ (x und y in Metern).
Bestimmen Sie die maximale und minimale Länge der Holzlatten, wenn beim Verlegen der Latten nicht gestückelt werden soll.

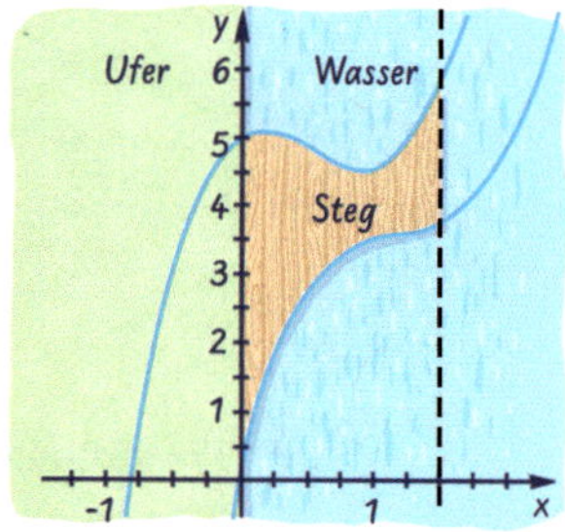

Hinweis zu a)

Der Begriff der Fixkosten beschreibt diejenigen Kosten, die unabhängig von der produzierten Stückzahl anfallen, z. B. für Miete.

25 Die Kosten für die tägliche Herstellung der Menge x eines Produkts lassen sich durch die Funktion k mit $k(x) = \frac{1}{1500}x^3 - \frac{7}{500}x^2 + \frac{1006}{125}x + 400$ beschreiben. Auf der x-Achse bedeutet dabei eine Einheit 200 hergestellte Stücke, auf der y-Achse ist die Einheit €.

a) Bestimmen Sie die Fixkosten.

b) In der Firma können täglich maximal 40 000 Teile hergestellt werden. Geben Sie den zugehörigen Definitionsbereich für x an.

c) 200 Teile werden jeweils als Einheit für 50 € verkauft. Geben Sie eine Funktion e an, mit der sich die täglichen Einnahmen berechnen lassen.

d) Der Gewinn der Firma berechnet sich aus der Differenz von Einnahmen und Kosten. Geben Sie eine Funktion g an, mit der sich der tägliche Gewinn berechnen lässt.

e) Bestimmen Sie, bei welcher Produktionsmenge der Gewinn maximal ist. Geben Sie den maximalen täglichen Gewinn an.

Hilfe

26 Ein Architekt plant ein Gewächshaus, dessen parabelförmige Bögen aus Stahl die Form des Graphen von f mit $f(x) = -0{,}3x^2 + \frac{8}{3}x$ haben, wenn die x-Achse den Erdboden beschreibt (x, f(x) in m).

a) Berechnen Sie die maximale Höhe und Breite des Gewächshauses.

b) Berechnen Sie den Winkel, den die Stahlbögen mit dem Erdboden bilden.

c) Berechnen Sie, in welcher Höhe die Stahlbögen einen Winkel von 45° mit einer Horizontalen einschließen.

27 Beurteilen Sie folgende Aussage: „Der Graph einer auf ganz ℝ streng monoton steigenden Funktion kann keinen Sattelpunkt haben."

28 Ausblick: Parameteraufgaben

a) Gegeben ist die Funktion f mit $f(x) = x^3 + 3x^2 - bx + c$.
① Bestimmen Sie b so, dass $x = 1$ und $x = -3$ Extremstellen sind.
② Bestimmen Sie anschließend c so, dass der Tiefpunkt die y-Koordinate −8 hat.
③ Geben Sie an, für welche Werte von b die Funktion f keine Extremstellen hat.

b) Die Funktion f hat die Funktionsgleichung $f(x) = \frac{1}{4}x^4 - \frac{a}{3}x^3 + \frac{1}{2}x^2$ mit $a \in \mathbb{R}$.
① Untersuchen Sie die Funktion f für $a = -2$ auf Extrem- und Sattelstellen.
② Bestimmen Sie a so, dass die Funktion f genau eine Extremstelle hat.
③ Bestimmen Sie a so, dass f die größtmögliche Anzahl von Extremstellen hat.

3.3 Globale Extrempunkte

Gegeben ist die Funktion h mit $h(t) = \frac{1}{18}t^3 - \frac{1}{3}t^2 + \frac{1}{2}t + 3$.

a) Bestimmen Sie die Hoch- und Tiefpunkte des Graphen.

b) Die Funktion h beschreibt den Wasserstand in einem Regenbecken in der Zeit von 0 bis 5 Uhr (t: Uhrzeit in h; h(t): Wasserhöhe in m). Berechnen Sie h(0) und h(5).

c) Geben Sie den höchsten und den niedrigsten Wasserstand im Zeitraum von 0 bis 5 Uhr an.

Erinnerung

Ist f(x) der größte bzw. kleinste Funktionswert im Definitionsbereich von f, so ist f(x) das **globale Maximum** bzw. **globale Minimum** von f.

Extremstellen, die man mithilfe der Nullstellen der Ableitung einer Funktion f findet, liefern lokale Maxima/Minima. In ihrer unmittelbaren Umgebung treten keine größeren/kleineren Funktionswerte auf. Wenn die Funktion auf einem Intervall [a; b] betrachtet wird, dann kann es aber an den Rändern a oder b dieses Intervalls noch größere/kleinere Funktionswerte geben. Dort muss keine waagerechte Tangente vorliegen.

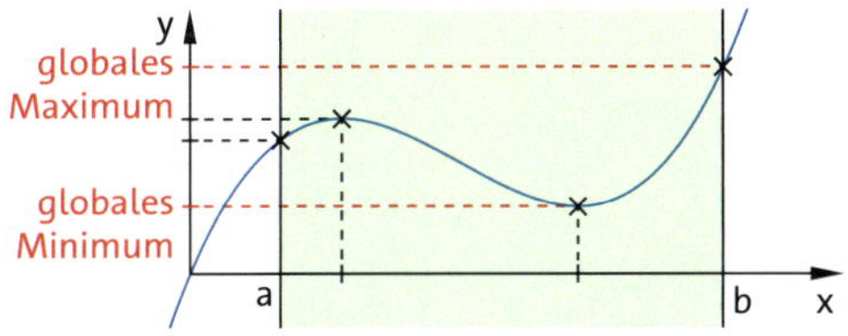

Ist f(x) der größte bzw. kleinste Funktionswert von f in einem Intervall [a; b], so heißt f(x) das **globale Maximum** bzw. **globale Minimum** auf diesem Intervall. Wird das globale Extremum auf dem Rand des Intervalls angenommen, so heißt es **Randextremum**.

Satz **Globale Extrema**

Hat die Funktion f auf dem Intervall [a; b] eine Ableitung f', dann existieren ein **globales Maximum** und ein **globales Minimum** von f auf [a; b]. Die globalen Extrema auf [a; b] sind lokale Extrema von f oder Randextrema.

Beispiel 1

Betrachtet wird die Funktion f mit $f(x) = \frac{1}{4}x^4 - \frac{5}{3}x^3 + 3x^2$ auf dem Intervall I = [1,5; 3,5].

a) Bestimmen Sie die lokalen Maxima und Minima von f auf dem Intervall I.

b) Bestimmen Sie die globalen Maxima und Minima von f auf dem Intervall I.

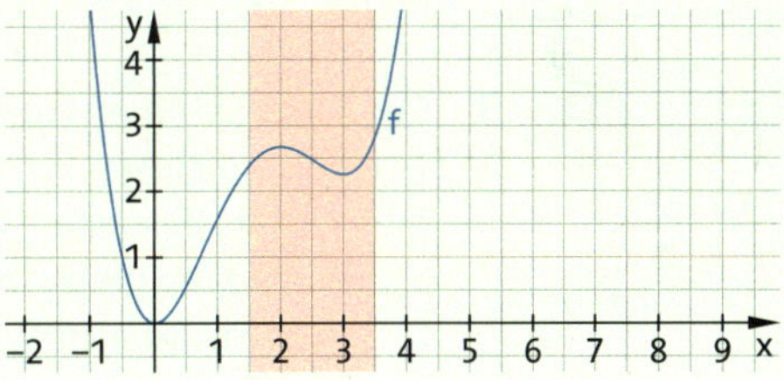

Lösung:

a) Bestimmen Sie die Extremstellen von f, die im Intervall I liegen.

$f'(x) = x^3 - 5x^2 + 6x$
$f'(x) = 0$ ergibt $x_1 = 0$, $x_2 = 2$ und $x_3 = 3$.
Das VZW-Kriterium ergibt im Intervall [1,5; 3,5] einen Hochpunkt bei $x_2 = 2$ und einen Tiefpunkt bei $x_3 = 3$.

Die lokalen Maxima und Minima sind die Funktionswerte an den Extremstellen.

lokales Maximum: $f(2) \approx 2{,}67$
lokales Minimum: $f(3) = 2{,}25$

b) Vergleichen Sie Funktionswerte an den Intervallrändern mit den lokalen Extrema. Der größte Funktionswert ist das globale Maximum, der kleinste das globale Minimum.

Randwerte: $f(1{,}5) \approx 2{,}39$; $f(3{,}5) \approx 2{,}81$
$2{,}81 > 2{,}67 > 2{,}39 > 2{,}25$
globales Maximum: 2,81 (Randextremum)
globales Minimum: 2,25 (lokales Minimum)

Basisaufgaben

1 Lesen Sie alle Hoch- und Tiefpunkte ab. Geben Sie das globale Maximum sowie das globale Minimum auf dem Intervall I an und nennen Sie die zugehörigen x-Werte.

a) I = [−2; 5]

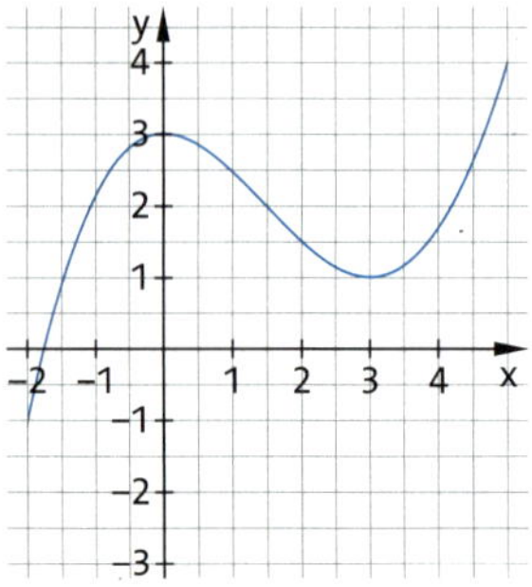

b) I = [−4,2; 3]

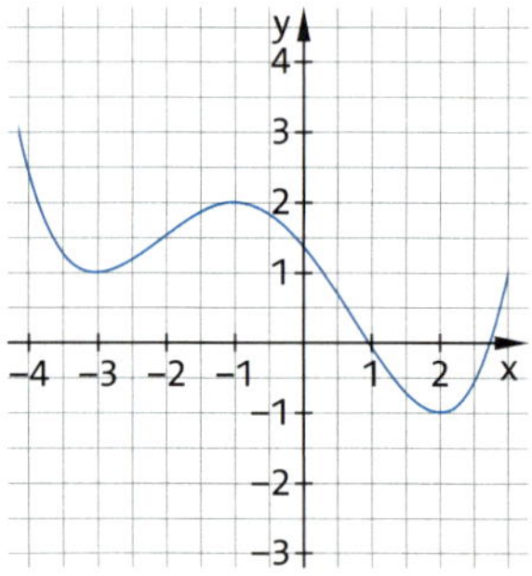

c) I = [−5; 1]

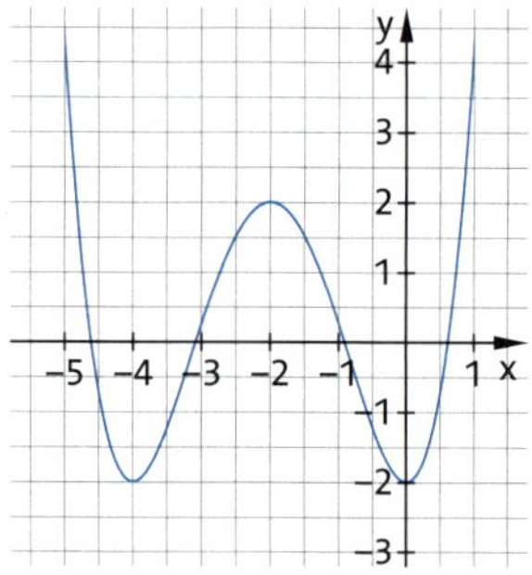

2 a) Plotten Sie den Graphen der Funktion f mit $f(x) = -x^3 + 9x^2 - 24x + 22$ mit einer DGS und ermitteln Sie die lokalen Extrempunkte des Graphen.

b) Bestimmen Sie sowohl die lokalen als auch die globalen Maxima und Minima der Funktion f auf den folgenden Intervallen. Prüfen Sie dazu die Werte der Funktion an den Intervallrändern.

① [0; 6] ② [1; 6] ③ [1,5; 4,5] ④ [2,5; 3,5]

3 Bestimmen Sie erst die lokalen und dann die globalen Extrema sowie die zugehörigen x-Werte der Funktion f mit $f(x) = x^3 - 3x + 2$ auf dem Intervall [0; 2].

Lösungen zu 4

−3 16 1 2 −16 −7 −12 5 1 −16 −4 11

4 Bestimmen Sie das globale Maximum und Minimum von f auf dem Intervall I.

a) $f(x) = x^2 - 2x + 2$ I = [0; 3]
b) $f(x) = x^2 - 2x + 2$ I = [1; 2]
c) $f(x) = -x^2 + 4x - 7$ I = [1; 4]
d) $f(x) = -x^2 + 4x - 7$ I = [3; 5]
e) $f(x) = x^3 - 12x$ I = [−1; 3]
f) $f(x) = x^3 - 12x$ I = [−4; 3]

5 Skizzieren Sie einen Funktionsgraphen mit den angegebenen Eigenschaften im Intervall [−1; 6]. Vergleichen Sie Ihre Ergebnisse mit Ihrem Nachbarn und benennen Sie gegebenenfalls weitere besondere Punkte.

a) globales Maximum an der Stelle x = 0, globales Minimum an der Stelle x = 4
b) lokale Maxima an den Stellen x = 1 und x = 4, globales Maximum an der Stelle x = 6
c) globales Minimum am Rand des Intervalls, globales Maximum bei x = 2 und Schnitt mit der x-Achse bei x = 1
d) globales Minimum an beiden Rändern des Intervalls, globales Maximum in der Mitte des Intervalls
e) Tiefpunkt T(1 | 3), globales Maximum 4 und globales Minimum −1

6 Geben Sie für die angegebenen globalen Extrema der abgebildeten Funktion mindestens ein passendes Intervall an.

	globales Maximum	globales Minimum
a)	2	−0,5
b)	1	−0,5
c)	1	−1,5
d)	5	2

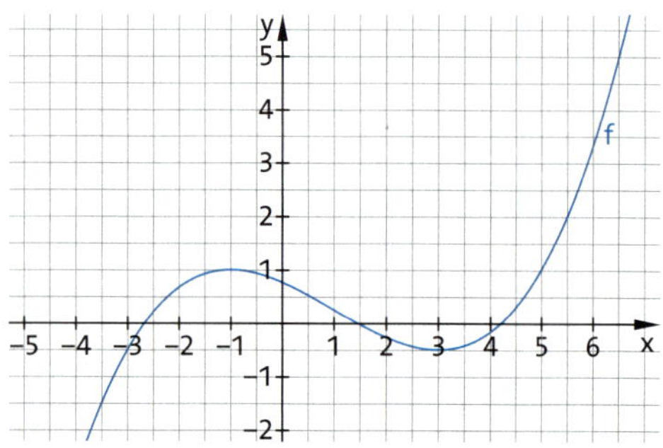

Weiterführende Aufgaben

Zwischentest

7 Skizzieren Sie den Graphen einer Funktion f und geben Sie ein Intervall $[a; b]$ mit $a, b \in \mathbb{R}$ an, sodass f auf dem Intervall die angegebenen Eigenschaften hat.

a) Der Graph von f hat einen Hoch- und einen Tiefpunkt. Das globale Minimum und das globale Maximum werden auf den Intervallrändern a und b angenommen.

b) Der Graph von f hat einen Sattelpunkt, an beiden Intervallrändern liegen globale Minima vor.

c) Der Graph von f hat genau zwei lokale Extrempunkte. Das globale Minimum und das globale Maximum werden nicht auf den Intervallrändern angenommen.

d) Der Graph von f hat genau einen lokalen Extrempunkt im Intervall $[a; b]$, das globale Maximum liegt auf einem Intervallrand, das globale Minimum nicht.

e) Es ist möglich, einen gemeinsamen Graphen zu a) bis d) zu finden. Skizzieren Sie einen solchen Graphen und geben Sie zu jeder Teilaufgabe a) bis d) ein Intervall an, sodass die angegebenen Eigenschaften erfüllt werden.

8 **Stolperstelle:** Die Schüler einer Klasse haben den Graphen der Funktion f mit $f(x) = -0{,}5x^5 + 2x^4 + 0{,}5x^3 - 8x^2 + 6x - 2$ untersucht. Nehmen Sie Stellung zu den Aussagen.

a) Marie: „Bei $x = 0{,}425$ hat f ein globales Maximum."

b) Gina: „Das globale Minimum von f auf dem Intervall $[0; 4]$ ist $-2{,}99$."

c) Rudi: „Auf jedem Intervall, das $x = 2{,}64$ enthält, hat f das globale Maximum 0,314."

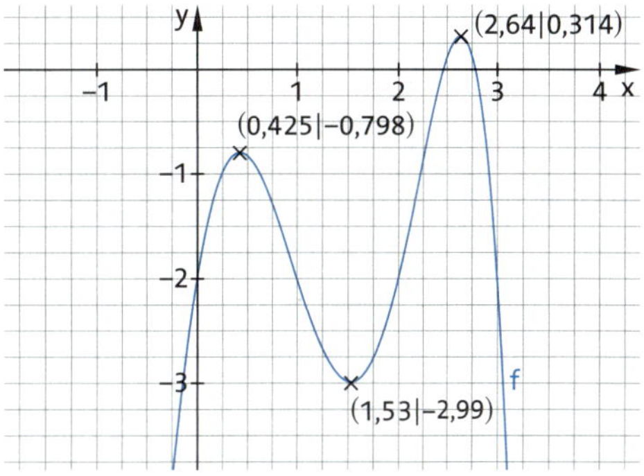

9 Bei der Produktion von Zahnrädern wird der prognostizierte tägliche Gewinn durch die Funktion f mit $f(x) = x^3 - 16{,}5x^2 + 84x - 100$ beschrieben. Hierbei ist x die Warenmenge in 100 Kartons à 20 Zahnrädern und f(x) gibt den täglichen Gewinn in 100 € an. Die maximale Produktionskapazität der Firma beträgt 18 000 Zahnräder pro Tag.

a) Geben Sie f(0) an und beschreiben Sie die Bedeutung im Sachzusammenhang.

b) Berechnen Sie die lokalen Extrema von f im betrachteten Bereich.

c) Bestimmen Sie den maximalen Gewinn, der pro Tag erreicht werden kann.

10 Die Funktion f mit $f(t) = -t^3 + 21t^2 - 120t + 235$ beschreibt für $0 \le t \le 12$ näherungsweise den Wasserstand eines Flusses in cm für die ersten 12 Stunden eines Tags.

a) Berechnen Sie f(2). Beschreiben Sie die Bedeutung im Sachzusammenhang.

b) Berechnen Sie $\frac{f(8) - f(1)}{8 - 1}$. Beschreiben Sie die Bedeutung im Sachzusammenhang.

c) Berechnen Sie die lokalen Extrema von f.

d) Bestimmen Sie die Zeitpunkte, an denen der Wasserstand im betrachteten Zeitraum den größten bzw. kleinsten Wert annimmt.

Hilfe

11 Erläutern Sie, dass f mit $f(x) = x^2$ für $-1 < x < 2$ ein globales Minimum, aber kein globales Maximum hat. Untersuchen Sie, ob dies für $-1 \le x \le 2$ ebenfalls gilt.

12 **Ausblick:** Ermitteln Sie die Koordinaten der Punkte auf dem Graphen von f, die zum Punkt Q den kleinsten Abstand haben. Nutzen Sie aus, dass die Abstandsfunktion d zwischen dem Punkt Q und dem Graphen von f keine negativen Werte annimmt und daher die gleichen Extremstellen hat wie die Funktion $D = d^2$.

a) $Q(0|0)$; $f(x) = -\frac{1}{2}x + 3$ b) $Q(4|3)$; $f(x) = -\frac{1}{2}x + 3$ c) $Q(1|0)$; $f(x) = 2x$

3.4 Krümmung

Der Graph der Funktion f mit $f(x) = -\frac{1}{20}(x^3 - 9x^2 + 17x - 27)$ stellt den Verlauf einer Straße von oben dar. Ermitteln Sie die Bereiche, in denen der Radfahrer eine Links- bzw. Rechtskurve durchfährt. Beschreiben Sie auch den Graphen der Ableitungsfunktion f′ in diesen Bereichen.

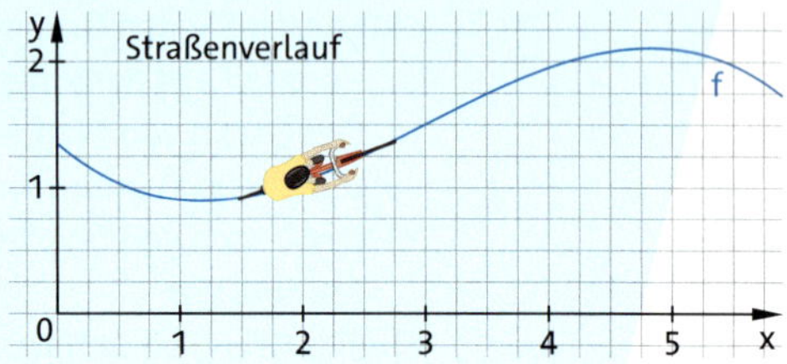

Nimmt in einem Intervall die Steigung eines Graphen von f stetig zu, so beschreibt der Graph von f dort eine Linkskurve. Man spricht daher von einer Linkskrümmung. Umgekehrt ist ein Graph, dessen Steigung kleiner wird, rechtsgekrümmt.

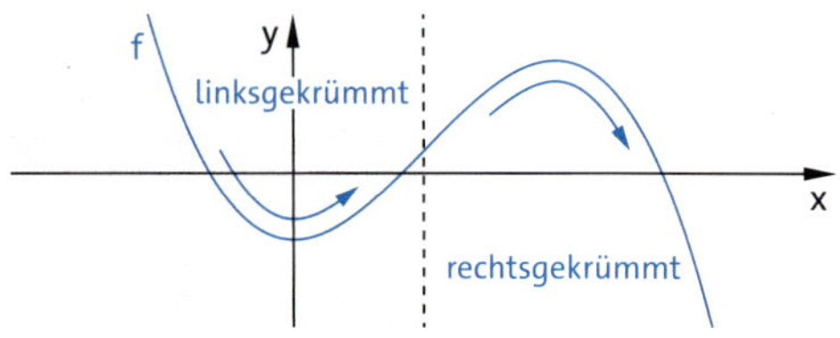

Die Steigung wird durch die Ableitung f′ beschrieben. Bei einer Linkskrümmung des Graphen von f ist die Ableitung f′ streng monoton steigend.
Ist der Graph von f hingegen rechtsgekrümmt, so ist f′ streng monoton fallend.

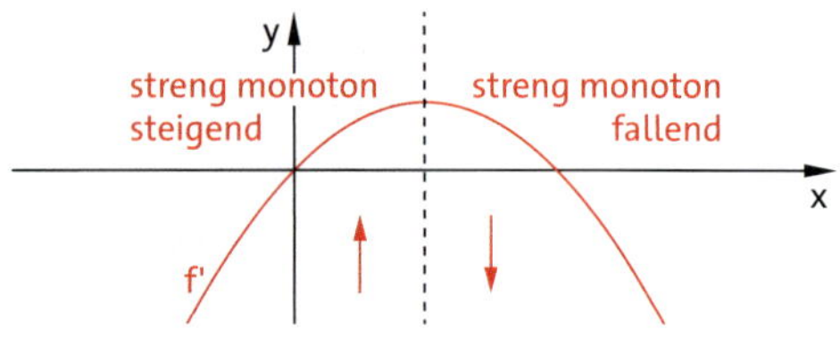

Hinweis

Die Ableitung f′ einer Funktion f wird auch als erste Ableitung bezeichnet.

Die Änderung der Steigung wird durch die Ableitung von f′ beschrieben. Sie heißt **zweite Ableitung f″**.
f′ ist streng monoton steigend bzw. fallend, wenn die Ableitung von f′, also f″, positiv bzw. negativ ist.

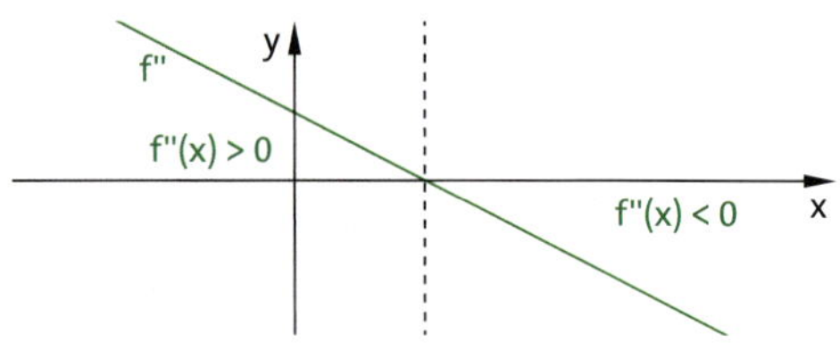

Merkhilfe

f″(x) positiv ⇒ f linksgekrümmt

f″(x) negativ ⇒ f rechtsgekrümmt

Erklärvideo

Satz **Krümmungsverhalten**

- Gilt $f''(x) > 0$ für alle x aus dem Intervall I, so ist der Graph der Funktion f auf I **linksgekrümmt**, er beschreibt eine **Linkskurve**.
- Gilt $f''(x) < 0$ für alle x aus dem Intervall I, so ist der Graph der Funktion f auf I **rechtsgekrümmt**, er beschreibt eine **Rechtskurve**.

Beispiel 1

Untersuchen Sie den Graphen der Funktion f mit $f(x) = x^3 - 3x^2$ mithilfe der zweiten Ableitung auf sein Krümmungsverhalten.

Lösung:

Bilden Sie die ersten beiden Ableitungen von f. Berechnen Sie die Nullstelle von f″.

$f'(x) = 3x^2 - 6x$ $f''(x) = 6x - 6$
$6x - 6 = 0$, also $x = 1$

Die Nullstelle von f″ teilt den Definitionsbereich von f in zwei Krümmungsintervalle. Setzen Sie auf jedem Intervall eine Teststelle (z. B. 0 und 4) in f″(x) ein. Das Vorzeichen gibt das Krümmungsverhalten von f an.

$x < 1$: $f''(0) = 6 \cdot 0 - 6 = -6 < 0$
Der Graph ist für $x < 1$ rechtsgekrümmt.

$x > 1$: $f''(4) = 6 \cdot 4 - 6 = 18 > 0$
Der Graph ist für $x > 1$ linksgekrümmt.

Wie die Monotonie kann auch die Krümmung mithilfe einer Tabelle untersucht werden.

Basisaufgaben

1 Geben Sie an, auf welchen Intervallen der Graph der Funktion f links- bzw. rechtsgekrümmt ist. Gehen Sie davon aus, dass es im weiteren Verlauf des Graphen keine Änderungen im Krümmungsverhalten gibt.

a)
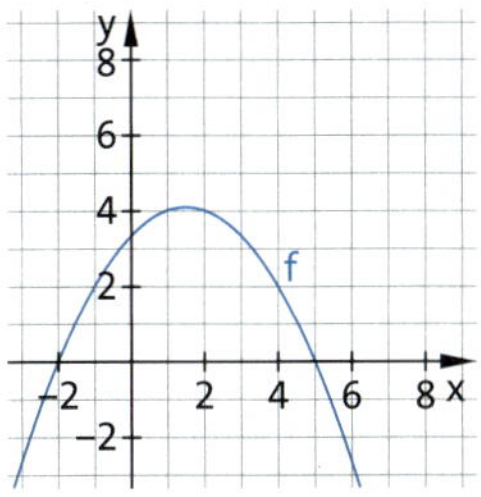

b)
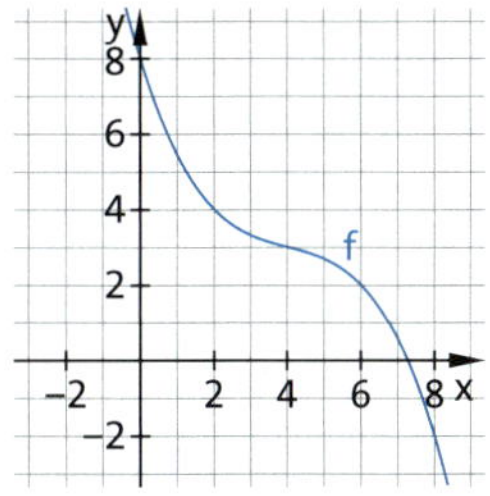

c)
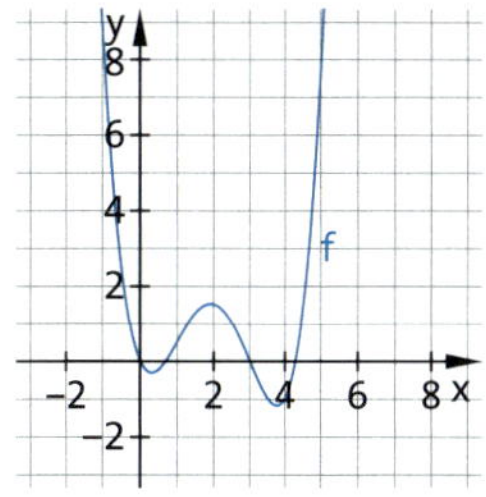

2 Zeichnen Sie einen Funktionsgraphen, der für

a) $x < -4$ sowie $x > 1$ linksgekrümmt und für $-4 < x < 1$ rechtsgekrümmt ist,

b) $x < 2$ ungekrümmt, für $x > 2$ rechtsgekrümmt ist und bei $x = 2$ einen Knick hat.

3 Die Abbildung zeigt den Graphen der zweiten Ableitung der Funktion f. Geben Sie an, auf welchen Intervallen der Graph von f links- bzw. rechtsgekrümmt ist. Gehen Sie davon aus, dass es im weiteren Verlauf des Graphen keine Änderungen im Krümmungsverhalten gibt.

a)
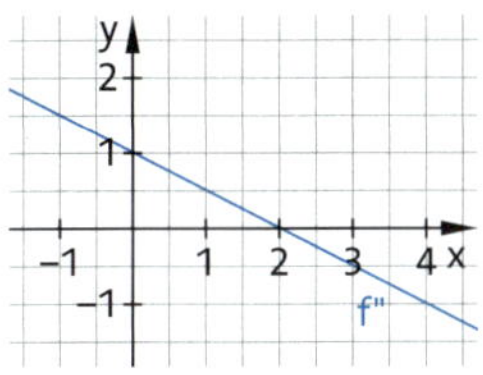

b)
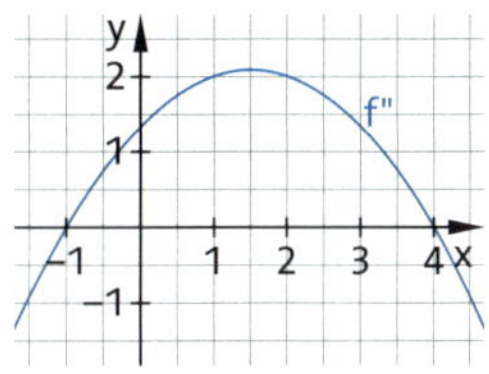

c)
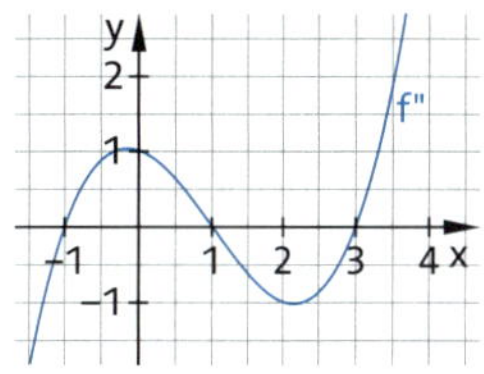

4 Berechnen Sie die erste und zweite Ableitung der Funktion f.

a) $f(x) = x^3 - 2x^2 + 5x - 1$ b) $f(x) = -x^4 - 2x^3 + 8x$ c) $f(x) = 2x^5 - 0{,}4x^4 + 6x^2 - 3x + 0{,}7$

5 Berechnen Sie die Nullstellen der zweiten Ableitung und bestimmen Sie das Krümmungsverhalten des Graphen von f über dem Definitionsbereich $\mathbb{R}$.

a) $f(x) = \frac{1}{2}x^3 - 3x^2 + 3x - 6$ b) $f(x) = -\frac{1}{2}x^2 + 7x - 18$ c) $f(x) = \frac{1}{3}x^4 - 2x^2 + 4x$

d) $f(x) = 0{,}25x^5 + 10x - 1$ e) $f(x) = x^4 - 6x$ f) $f(x) = -\frac{1}{3}x^3 - 2x^2 - 5x + 2$

g) $f(x) = -x^2 + 2x + 1$ h) $f(x) = x^3 - 7x^2 + 15x - 9$ i) $f(x) = -\frac{1}{12}x^4 + \frac{1}{3}x^3 + x$

6 Gegeben sind die Graphen von Funktionen und deren erster und zweiter Ableitung. Ordnen Sie begründet zu und erläutern Sie den Zusammenhang zwischen dem Krümmungsverhalten des Graphen von f, dem Monotonieverhalten von f' und dem Graphen von f''.

Graphen von f
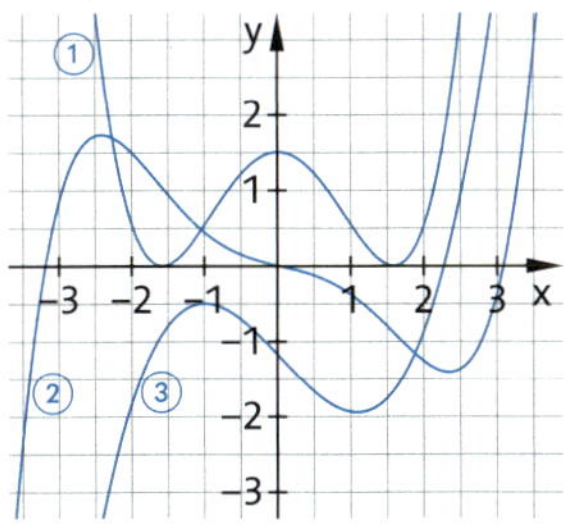

Graphen von f'
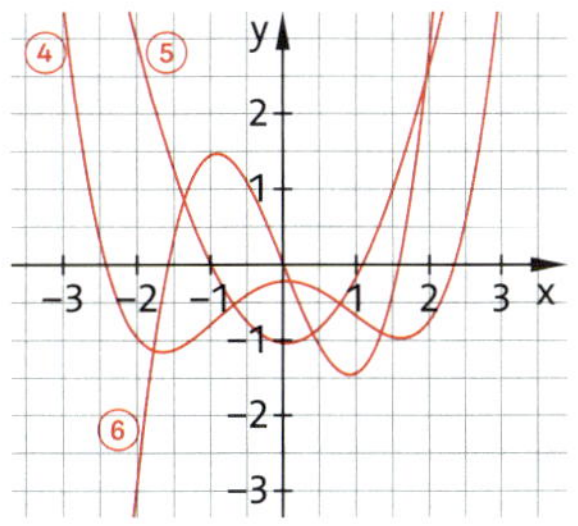

Graphen von f''
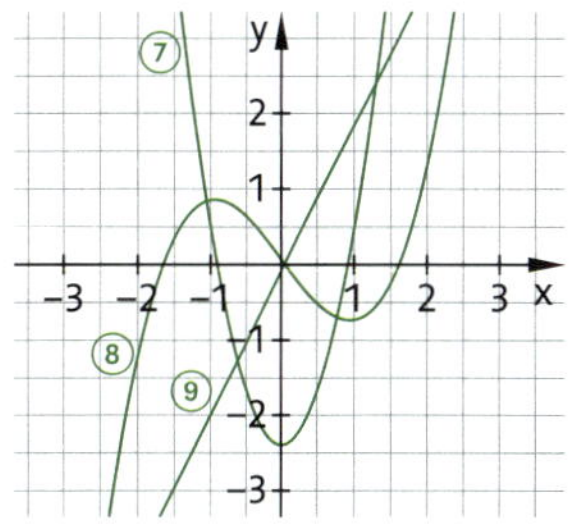

Überprüfen von lokalen Extrempunkten mit der zweiten Ableitung

In der Umgebung eines Hochpunktes ist der Graph einer differenzierbaren Funktion f immer rechtsgekrümmt, bei einem Tiefpunkt immer linksgekrümmt. Anstatt einen Vorzeichenwechsel von f' zu überprüfen, ist es möglich, mithilfe der zweiten Ableitung f'' zu prüfen, ob der Graph an den potentiellen Extremstellen von f eine Linkskrümmung ($f''(x) > 0$) oder eine Rechtskrümmung ($f''(x) < 0$) aufweist.

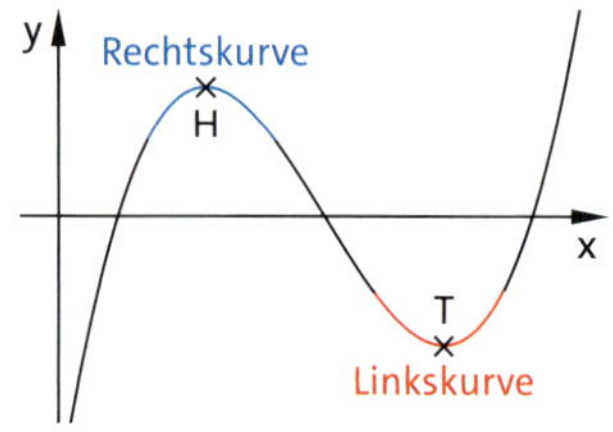

Hinweis

Zur notwendigen Bedingung für lokale Extrema siehe S. 101.

Satz **Hinreichende Bedingung für lokale Extrempunkte mit der zweiten Ableitung**
- Wenn $\mathbf{f'(x_E) = 0}$ und $\mathbf{f''(x_E) < 0}$ gilt, dann hat der Graph der Funktion f an der Stelle x_E einen **Hochpunkt**.
- Wenn $\mathbf{f'(x_E) = 0}$ und $\mathbf{f''(x_E) > 0}$ gilt, dann hat der Graph der Funktion f an der Stelle x_E einen **Tiefpunkt**.

Ist $f'(x_E) = 0$ und $f''(x_E) = 0$, so lässt sich daraus nicht folgern, dass dort keine lokale Extremstelle vorliegt. In diesem Fall zieht man das Vorzeichenwechselkriterium (VZW) hinzu.

Erklärvideo

Beispiel 2

Bestimmen Sie die Lage und Art der Extrempunkte des Graphen der Funktion f mit $f(x) = x^3 - 9x^2 + 24x - 18$ mithilfe der zweiten Ableitung.

Lösung:

Bilden Sie die ersten beiden Ableitungen von f.	$f'(x) = 3x^2 - 18x + 24$ $f''(x) = 6x - 18$
Berechnen Sie die Nullstellen von f'. $x_1 = 2$ und $x_2 = 4$ sind die möglichen Extremstellen.	$3x^2 - 18x + 24 = 0$ also $x_1 = 2$ und $x_2 = 4$
Setzen Sie diese Stellen in die zweite Ableitung f''(x) ein. Das Ergebnis ist jeweils ungleich 0. Das Vorzeichen gibt an, ob dort ein Hoch- oder Tiefpunkt liegt.	$f''(2) = 6 \cdot 2 - 18 = -6 < 0$ Bei 2 liegt ein Hochpunkt. $f''(4) = 6 \cdot 4 - 18 = 6 > 0$ Bei 4 liegt ein Tiefpunkt.
Die y-Koordinaten des Hochpunktes H und des Tiefpunktes T ergeben sich durch Einsetzen der Extremstellen in f(x).	$f(2) = 2^3 - 9 \cdot 2^2 + 24 \cdot 2 - 18 = 2$ $f(4) = 4^3 - 9 \cdot 4^2 + 24 \cdot 4 - 18 = -2$ $H(2\,|\,2)$; $T(4\,|\,-2)$

Hinweis:

f mit $f(x) = x^3$ hat keine Extremstelle bei $x_0 = 0$, aber f' hat dort eine Nullstelle.

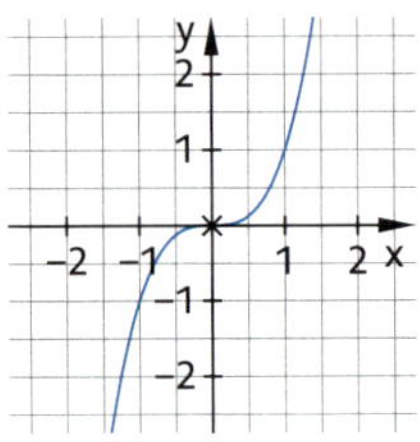

Basisaufgaben

Beispiel

Lösungen zu 7

(1|4) (4|−6) (0|2) (4|−2) (2|2) $(0|\frac{12}{5})$ (−2|−4) (2|4) (−2|6) (0|0) (2|−4) (6|0) (−2|−2)

7 Bestimmen Sie die Lage und Art der Extrempunkte des Graphen mithilfe der ersten und zweiten Ableitung von f.

a) $f(x) = -4x^2 + 8x$
b) $f(x) = \frac{1}{8}x^3 - \frac{3}{4}x^2 + 2$
c) $f(x) = \frac{1}{10}x^3 - \frac{3}{10}x^2 + \frac{12}{5}$
d) $f(x) = \frac{1}{8}x^3 - \frac{3}{2}x^2 + \frac{9}{2}x$
e) $f(x) = \frac{1}{9}x^3 - \frac{1}{3}x^2 - \frac{8}{3}x + \frac{26}{9}$
f) $f(x) = \frac{1}{4}x^4 - 2x^2$

8 Gegeben ist die Funktion f mit $f(x) = \frac{1}{2}x^4 - 2x^3 + 8x$.

a) Zeigen Sie, dass der Graph von f im Punkt $(-1\,|\,-5{,}5)$ einen Tiefpunkt hat.
b) Untersuchen Sie das Verhalten der Graphen von f' und f'' an der Stelle x = 2.
c) Begründen Sie, dass der Graph von f an der Stelle x = 2 einen Sattelpunkt hat, und berechnen Sie die fehlende Koordinate.

Weiterführende Aufgaben

Zwischentest

Hilfe

9 Ordnen Sie die Graphen begründet den Funktionen f, f' und f'' zu. Kontrollieren Sie zu zweit.

a)

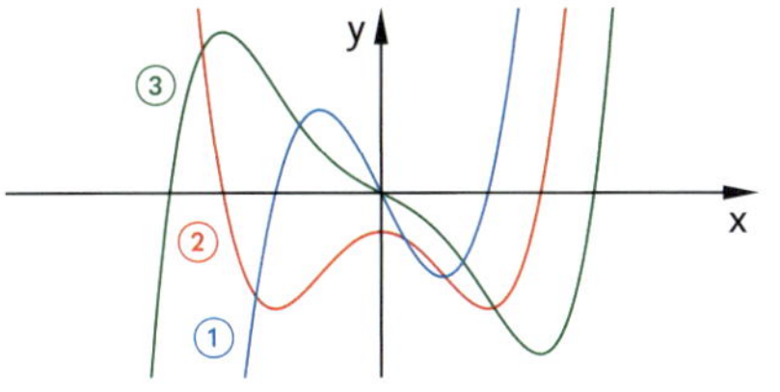

b)

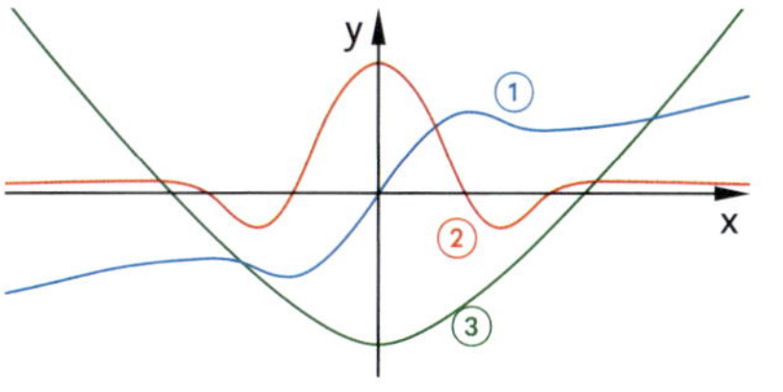

10 Skizzieren Sie einen möglichen Graphen von f.

a) Der Graph von f ist rechtsgekrümmt und hat den Hochpunkt H(2 | 4).

b) Der Graph von f hat im Punkt P(−3 | 2) eine waagerechte Tangente und geht in diesem Punkt von einer Links- in eine Rechtskrümmung über.

c) Der Graph von f hat zwei Stellen mit waagerechter Tangente und wechselt nur an einer dieser Stellen seine Krümmung.

d) Der Graph von f ist linksgekrümmt und hat keine Extrempunkte.

e) Es gilt $f'(x) < 0$ und $f''(x) > 0$ für alle x.

11 Die Funktion h mit $h(t) = -0{,}03t^3 + 0{,}9t^2 + 4$ beschreibt für $0 \le t \le 20$ die Wuchshöhe einer Pflanze. Dabei bezeichnet t die Anzahl der Tage nach Beobachtungsbeginn und h(t) die Höhe der Pflanze in cm.

a) Berechnen Sie die Pflanzenhöhe nach 5 und nach 15 Tagen.

b) Weisen Sie rechnerisch nach, dass die Wachstumsgeschwindigkeit innerhalb der ersten 10 Tage ständig steigt.

c) Für $t > 10$ gilt $h''(t) < 0$. Erläutern Sie dies im Sachzusammenhang.

d) Zeigen Sie, dass die minimale und maximale Pflanzenhöhe zu Beginn und am Ende der Beobachtung angenommen werden, und geben Sie diese an.

Info

In der Physik schreibt man statt s'', v' und s' manchmal auch $\ddot{s}$, $\dot{v}$ und $\dot{s}$.

12 **Ableitungen in der Physik:** In der Physik werden Bewegungen durch die Größen s (Weg), v (Geschwindigkeit) und a (Beschleunigung) beschrieben. Die Geschwindigkeit ist die zeitliche Veränderung des Wegs, die Beschleunigung ist die zeitliche Veränderung der Geschwindigkeit. Es gilt also $s''(t) = v'(t) = a(t)$ und $s'(t) = v(t)$.
Erläutern Sie die Bedeutung einer positiven/negativen Beschleunigung für die Geschwindigkeit und den Weg in diesem Sachzusammenhang.

13 **Stolperstelle:** Max untersucht die Funktion f mit $f(x) = x^4 - 8x^3 + 24x^2 - 32x + 15$.
Er sagt: *„Zwar ist f'(2) = 0, aber weil f''(2) = 0 ist, ist 2 keine Extremstelle von f."*
Nehmen Sie Stellung.

Hilfe

14 **Hinreichende und notwendige Bedingungen:** „Die notwendige Bedingung ist nicht hinreichend, die hinreichende ist nicht notwendig." Erläutern Sie diese Aussage, indem Sie die Extremstellen zu $f(x) = x^2$, $g(x) = x^3$ und $h(x) = x^4$ untersuchen.

15 Untersuchen Sie den Funktionsgraphen auf Hoch- und Tiefpunkte. Verwenden Sie, falls nötig, das VZW-Kriterium. Geben Sie auch die Koordinaten der Sattelpunkte an.

a) $f(x) = \frac{1}{4}x^4 + x^3 - \frac{11}{4}$

b) $f(x) = 3x^5 - 5x^3$

16 Bestimmen Sie die Punkte des Graphen mit waagerechter Tangente. Untersuchen Sie, ob diese Punkte Extrempunkte sind.

a) $f(x) = x^4 - 4x^3 + 4x^2$
b) $f(x) = \frac{1}{4}x^3 - \frac{3}{2}x^2 + 8$
c) $f(x) = -\frac{1}{8}x^3 + \frac{3}{2}x$
d) $f(x) = 3x^3 - 27x^2 + 81x - 84$
e) $f(x) = -2x^5 - \frac{5}{4}x^4 + 10x^3$
f) $f(x) = -\frac{3}{8}x^4 + 2x^3 - 3x^2$

17 **Vergleich der hinreichenden Bedingungen für Extrempunkte:**
Bestimmen Sie gemeinsam die Extrempunkte der Graphen der folgenden Funktionen. Legen Sie vorher fest, wer mit der zweiten Ableitung und wer mit dem Vorzeichenwechselkriterium als hinreichender Bedingung arbeitet.

$f(x) = \frac{1}{6}x^3 - \frac{3}{4}x^2 - 2x + 3$ $\quad g(x) = \frac{1}{3}x^3 - 2x^2 + 4x$ $\quad h(x) = x^6 - \frac{3}{2}x^4$

Vergleichen Sie anschließend die Rechenwege. Stellen Sie Vor- und Nachteile der beiden hinreichenden Bedingungen gegenüber.

18 Beim Bau von Straßen, Bahngleisen oder Achterbahnen wird bei der Berechnung der Linienführung immer darauf geachtet, dass Richtungswechsel möglichst kräftearm verlaufen, um eine ruckfreie Fahrdynamik zu erreichen. Hierbei reicht es nicht, dass beim Übergang von z. B. Geraden zu Kurven und umgekehrt die Steigungen identisch sind, d. h. keine „Knicke" auftreten. Damit sich auch die Richtungsänderung nicht abrupt ändert, ist zudem zu fordern, dass auch die Krümmungen der Linien in den Übergangspunkten übereinstimmen.
Als Beispiel hierzu sollen zwei gerade Straßenenden durch eine Kurve verbunden werden. Die Straßenenden sind gegeben durch die Geraden $y = 2$ für $x \le 0$ und $y = -2x + 9$ für $x \ge 4$.

a) Zeigen Sie, dass die Kurve 1, beschrieben durch den Graphen der Funktion f mit $f(x) = -\frac{3}{32}x^3 + \frac{5}{16}x^2 + 2$ für $0 < x < 4$, an den Anschlussstellen zwar keinen Knick aufweist, die Krümmungen aber plötzlich deutlich voneinander abweichen.
b) Gegeben ist eine zweite Funktion g mit $g(x) = a \cdot x^5 - \frac{41}{256}x^4 + \frac{11}{32}x^3 + 2$ für $0 < x < 4$. Bestimmen Sie den Koeffizienten a so, dass die Funktion g die geforderten Eigenschaften erfüllt, und weisen Sie diese nach.
c) Zeichnen Sie die Graphen der beiden Geraden sowie der Funktionen f aus a) und g aus b) mithilfe eines Plotters in ein gemeinsames Koordinatensystem. Überprüfen Sie damit Ihre Ergebnisse.

19 **Ausblick:** Der Graph einer ganzrationalen Funktion f dritten Grades hat einen Tiefpunkt im Koordinatenursprung.
a) Stellen Sie eine allgemeine Gleichung für f auf und finden Sie Bedingungen für die Lage des Tiefpunktes im Ursprung.
b) Der Graph von f ist für $x < 1$ linksgekrümmt und für $x > 1$ rechtsgekrümmt. Bestimmen Sie einen möglichen Funktionsterm von f. Zeichnen Sie den zugehörigen Graphen.
c) Geben Sie eine allgemeine Funktionsgleichung an, die alle möglichen Lösungen von b) beschreibt.

3.5 Wendepunkte

Der Graph stellt links das Geländeprofil einer Straße dar und rechts die Draufsicht einer anderen Straße. Die Stelle x = 3 hat für den Radfahrer dabei unterschiedliche Bedeutungen. Stellen Sie einen Zusammenhang zwischen diesen Bedeutungen her. Erläutern Sie, wie man diese Stelle bei gegebenem Funktionsterm berechnen könnte.

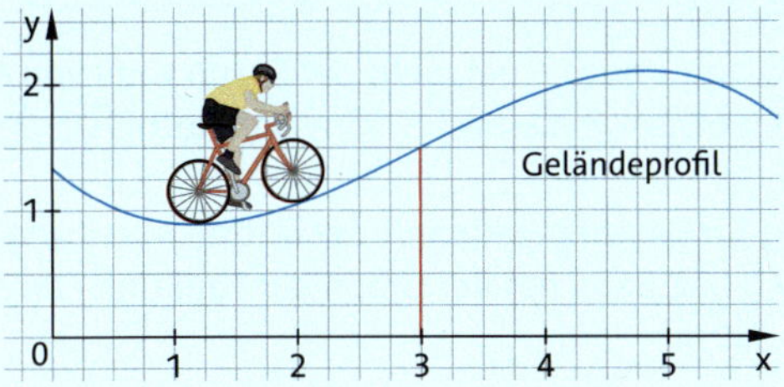

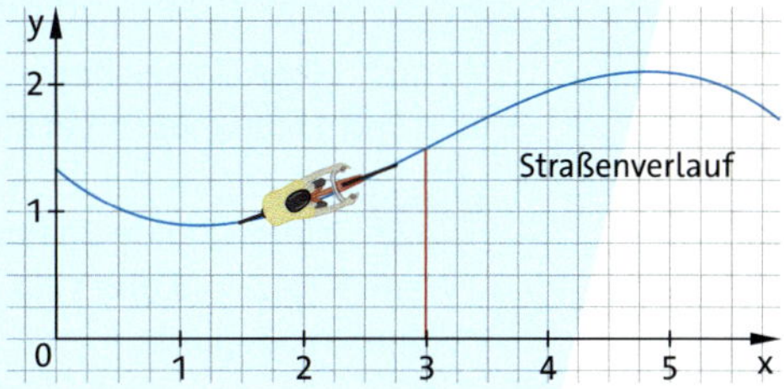

Die Grafik zeigt die Zusammenhänge zwischen den Graphen einer Funktion f und ihren ersten beiden Ableitungsfunktionen f' und f''.

Die Stellen, an denen sich das Krümmungsverhalten des Graphen ändert, heißen **Wendestellen**.
An diesen Stellen ist die **Steigung des Graphen lokal maximal** (beim Wechsel von Links- zu Rechtskrümmung) bzw. **lokal minimal** (beim Wechsel von Rechts- zu Linkskrümmung).

Eine Wendestelle ist folglich eine lokale Extremstelle der ersten Ableitungsfunktion und damit eine Nullstelle der zweiten Ableitungsfunktion mit Vorzeichenwechsel.

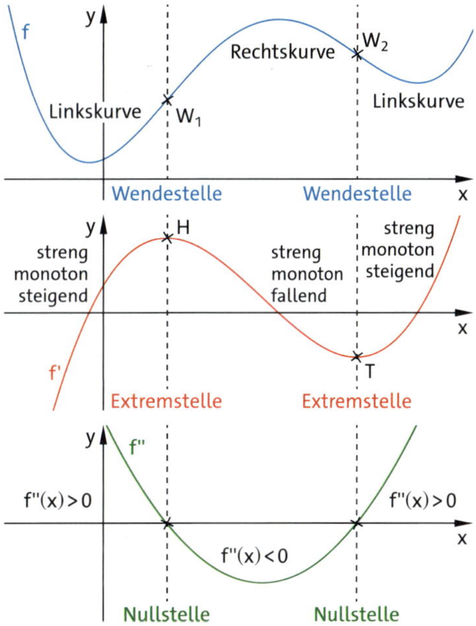

Wissen **Wendepunkt**

Ein **Wendepunkt** ist ein Punkt, an dem ein Graph von einer Linkskrümmung in eine Rechtskrümmung übergeht oder umgekehrt.

Ein **Sattelpunkt** ist ein Wendepunkt, in dem der Graph eine waagerechte Tangente hat.

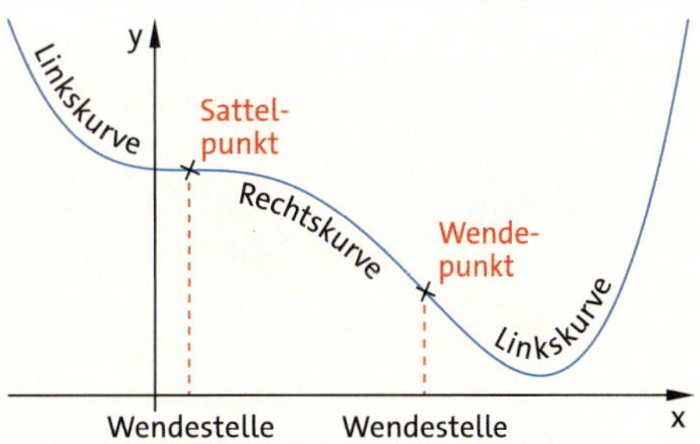

Da eine Wendestelle von f eine lokale Extremstelle der ersten Ableitung f' ist, ist eine notwendige Bedingung, dass dort die Ableitung von f', also die zweite Ableitung f'', den Wert 0 hat.

Satz **Notwendige Bedingung für Wendepunkte**

Die Funktion f sei an der Stelle x_W zweimal differenzierbar. Hat der Graph von f an der Stelle x_W einen Wendepunkt, dann gilt $\mathbf{f''(x_W) = 0}$.

Da Wendestellen von f lokale Extremstellen von f' sind, lassen sich die hinreichenden Bedingungen für lokale Extremstellen auf Wendestellen übertragen.

Satz **Hinreichende Bedingung für Wendepunkte mit VZW der zweiten Ableitung**
Wenn $\mathbf{f''(x_W) = 0}$ gilt und das **Vorzeichen von f''** an der Stelle x_W wechselt, dann hat der Graph der Funktion f an der Stelle x_W einen **Wendepunkt**.

Wenn f'' einen Vorzeichenwechsel von + nach – hat, geht der Graph von f von einer Links- in eine Rechtskurve über, bei einem Wechsel von – nach + von einer Rechts- in eine Linkskurve.

Hinweis

Die Ableitung der zweiten Ableitung f'' wird als dritte Ableitung f''' bezeichnet.

Satz **Hinreichende Bedingung für Wendepunkte mit der dritten Ableitung**
Wenn $\mathbf{f''(x_W) = 0}$ und $\mathbf{f'''(x_W) \neq 0}$ gilt, dann hat der Graph der Funktion f an der Stelle x_W einen **Wendepunkt**.

Erklärvideo

Beispiel 1 Bestimmen Sie rechnerisch die Koordinaten der Wendepunkte des Graphen von f mit $f(x) = -\frac{1}{16}x^4 + \frac{1}{4}x^3$. Prüfen Sie, ob die Wendepunkte auch Sattelpunkte sind.

Lösung:

Bilden Sie die ersten drei Ableitungen von f.

$f'(x) = -\frac{1}{4}x^3 + \frac{3}{4}x^2$

$f''(x) = -\frac{3}{4}x^2 + \frac{3}{2}x$

$f'''(x) = -\frac{3}{2}x + \frac{3}{2}$

Die Nullstellen von f'' liefern die „Kandidaten" für mögliche Wendestellen.
Es gibt zwei Möglichkeiten, diese „Kandidaten" zu untersuchen.

$-\frac{3}{4}x^2 + \frac{3}{2}x = 0$, also $x_1 = 0$ und $x_2 = 2$

1. Möglichkeit: VZW-Kriterium
Erstellen Sie eine Krümmungstabelle und setzen Sie geeignete Teststellen in f''(x) ein.

1. Möglichkeit: VZW-Kriterium

	x < 0	0	0 < x < 2	2	x > 2
Teststelle	–1		1		3
f''(x)	–	0	+	0	–

VZW, also Wendepunkte

2. Möglichkeit: Einsetzen in f'''(x)
Prüfen Sie, ob die Ergebnisse ungleich 0 sind.

2. Möglichkeit: Einsetzen in f'''(x)

$f'''(0) = \frac{3}{2} \neq 0$ Bei 0 liegt ein Wendepunkt.

$f'''(2) = -\frac{3}{2} \neq 0$ Bei 2 liegt ein Wendepunkt.

Einsetzen der Wendestellen in f(x) liefert die y-Koordinaten der Wendepunkte W_1 und W_2.

$f(0) = 0$ $W_1(0|0)$

$f(2) = 1$ $W_2(2|1)$

Einsetzen der Wendestellen in f'(x) zeigt, ob die Wendepunkte Sattelpunkte sind.

$f'(0) = 0$ W_1 ist ein Sattelpunkt.

$f'(2) = 1 \neq 0$ W_2 ist kein Sattelpunkt.

Basisaufgaben

1 Lesen Sie die Koordinaten der Wendepunkte ab. Geben Sie jeweils an, ob es sich um einen Wendepunkt mit lokal minimaler oder lokal maximaler Steigung handelt und ob ein Sattelpunkt vorliegt.

a)
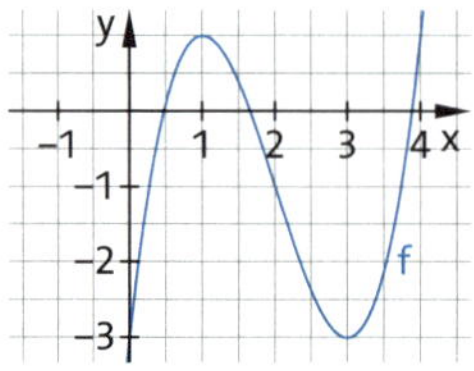

b)
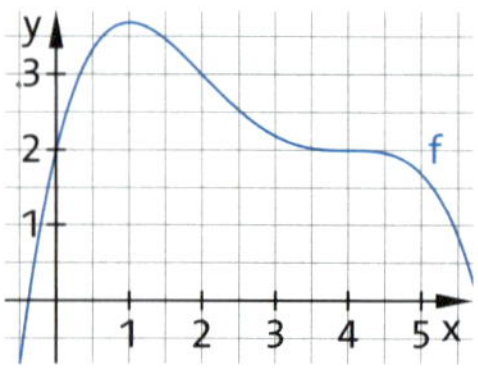

c)
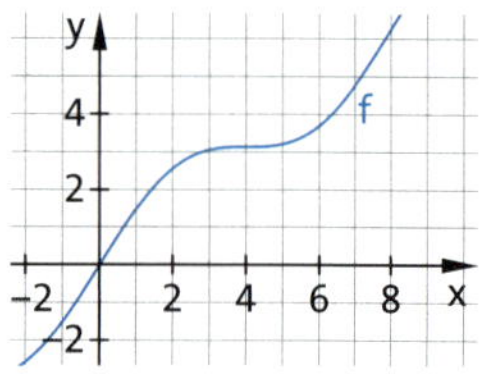

2 Gegeben sind die Graphen der zweiten Ableitung einer Funktion. Treffen Sie Aussagen über die Existenz von Wendestellen sowie über das Krümmungsverhalten des Graphen von f. Gehen Sie davon aus, dass es im weiteren Verlauf des Graphen keine Änderungen im Krümmungsverhalten gibt.

a)
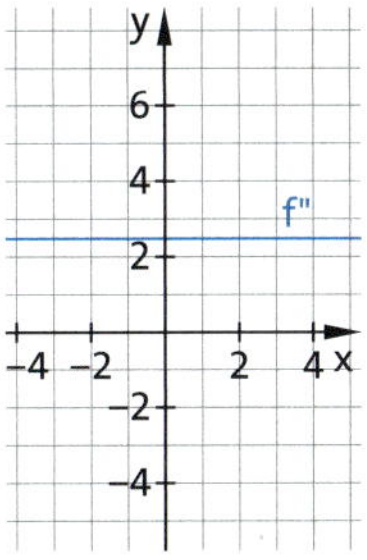

b)
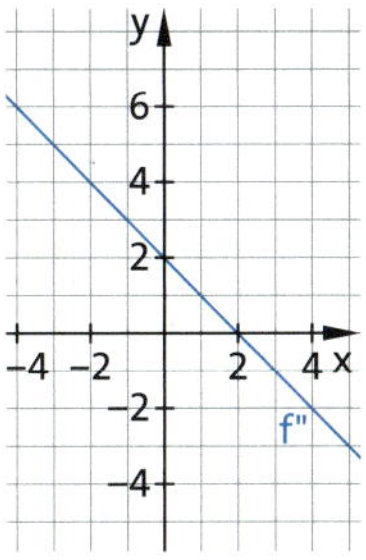

c)
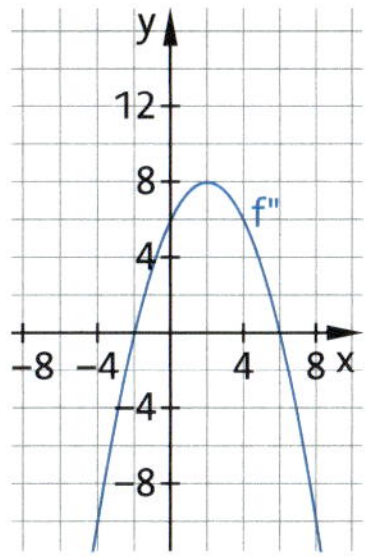

d)
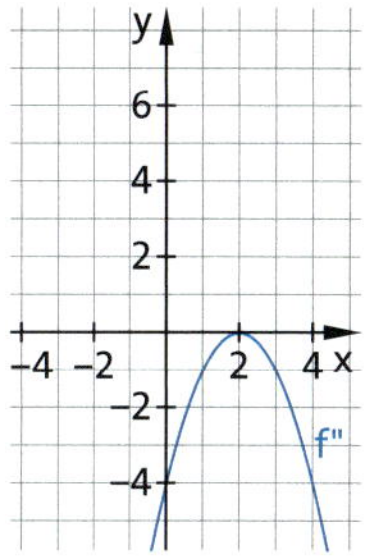

3 Gegeben ist der Graph von f'. Lesen Sie die Wendestellen von f ab und geben Sie an, welcher Krümmungswechsel beim Graphen von f an diesen Stellen vorliegt.

a)
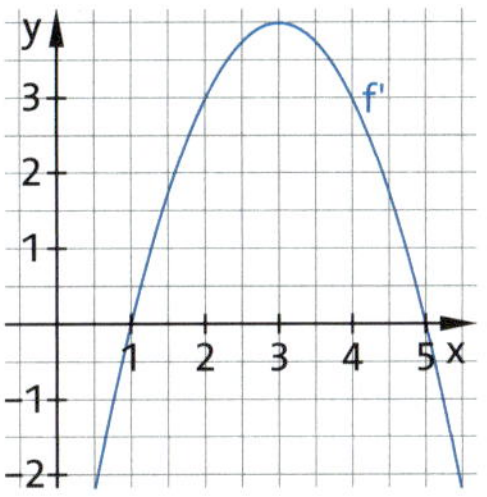

b)
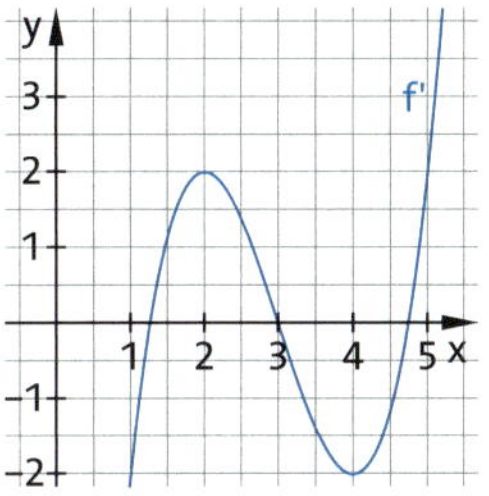

c)
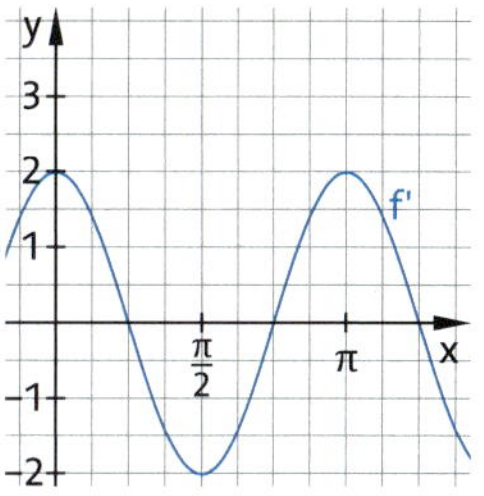

Beispiel

Hinweis

Eine DGS oder ein CAS können Wendepunkte von Graphen direkt berechnen und anzeigen.

4 Untersuchen Sie den Graphen der Funktion mit dem Vorzeichenwechselkriterium auf Wendepunkte, ohne einen Taschenrechner zu verwenden. Beschreiben Sie, wie sich das Krümmungsverhalten des Graphen an den Wendestellen ändert. Überprüfen Sie Ihr Ergebnis mit einer geeigneten Mathematik-Software.

a) $f(x) = x^3 - 3x^2$ b) $f(x) = x^4 - 24x^2 + 8x$ c) $f(x) = x^4 + 24x^2 + 8x$

d) $f(x) = \frac{1}{12}x^4 + \frac{1}{6}x^3 - x^2 + 5x$ e) $f(x) = x^4 - 12x^2 + 4x$ f) $f(x) = 6x^5 - 15x^4 + 10x^3$

Beispiel

5 Gegeben sind die Funktionen f, g, h und k mit den angegebenen Funktionstermen.

$f(x) = x^3 - 6x^2 + 12x + 2$ $g(x) = \frac{1}{2}x^3 + \frac{3}{2}x^2 + \frac{7}{2}x + \frac{3}{2}$

$h(x) = 4x^5 - \frac{10}{3}x^4 - \frac{20}{3}x^3$ $k(x) = x^4 - 8x^3 + 30x^2 + 7$

a) Bestimmen Sie die Koordinaten der Wendepunkte der zugehörigen Graphen. Geben Sie jeweils an, ob es sich um Punkte mit maximaler oder minimaler Steigung handelt.

b) Prüfen Sie, ob die in a) bestimmten Wendepunkte auch Sattelpunkte sind.

c) Überprüfen Sie Ihr Ergebnis mit einer geeigneten Mathematik-Software.

6 Die Funktion f mit $f(t) = -0{,}32t^3 + 4{,}8t^2 + 18{,}4$ beschreibt den Temperaturverlauf eines Backofens für die ersten 10 Minuten nach dem Einschalten. Hierbei wird t in Minuten und f(t) in Grad Celsius angegeben.

a) Bestimmen Sie den Zeitpunkt, an dem sich die Temperatur am stärksten ändert.

b) Bestimmen Sie für den ermittelten Zeitpunkt die erreichte Temperatur und die Geschwindigkeit, mit der sich die Temperatur ändert.

c) Beschreiben Sie im Sachzusammenhang die Bedeutung des Krümmungsverhaltens vor und nach diesem Zeitpunkt.

Bedeutung von Wendepunkten

In Wendepunkten wird die Änderungsrate einer Funktion bzw. die Steigung des zugehörigen Graphen lokal maximal oder minimal. Damit können Wendepunkte in Anwendungssituationen verschiedene Bedeutungen haben, zum Beispiel:

- steilster Anstieg einer Straße
- größter Zustrom von Besuchern
- stärkste Abnahme von Temperaturen

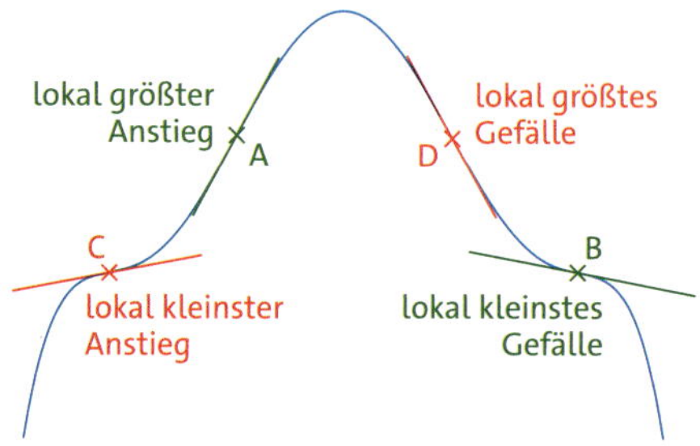

Beispiel 2

Der Verlauf einer Rutsche ist durch die Funktion f mit $f(x) = \frac{1}{16}x^3 - \frac{3}{8}x^2 + 2$ gegeben. Bestimmen Sie die steilste Stelle der Rutsche.

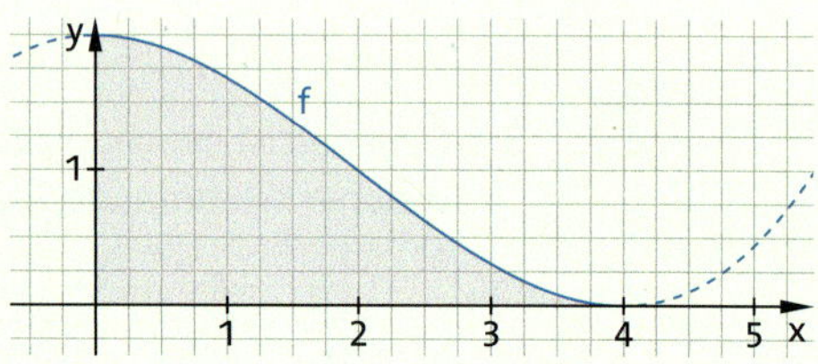

Lösung:

An der steilsten Stelle ist das Gefälle der Rutsche maximal. Die (negative) Steigung des Graphen ist hier also minimal. Bestimmen Sie daher den Wendepunkt des Graphen von f. Die steilste Stelle der Rutsche liegt bei x = 2.

$f'(x) = \frac{3}{16}x^2 - \frac{3}{4}x$; $f''(x) = \frac{3}{8}x - \frac{3}{4}$

Nullstelle von f'': $\frac{3}{8}x - \frac{3}{4} = 0$, also $x = 2$

$f'''(x) = \frac{3}{8} \neq 0$ für alle x, also liegt bei x = 2 ein Wendepunkt.

Basisaufgaben

7 Das seitliche Profil eines Hangs wird für $6 \leq x \leq 24$ durch die Funktion f mit $f(x) = -\frac{1}{400}x^3 + \frac{3}{25}x^2 - \frac{6}{5}x + \frac{18}{5}$ beschrieben. Bestimmen Sie die steilste Stelle des Hangs.

8 Die Funktion f mit $f(t) = -\frac{1}{72}t^3 + \frac{5}{12}t^2 - \frac{8}{3}t + \frac{188}{9}$ beschreibt für $6 \leq t \leq 20$ den Temperaturverlauf an einem Sommertag. Dabei gibt t die Tageszeit in Stunden und f(t) die Temperatur in Grad Celsius an.

a) Ermitteln Sie den Zeitpunkt, zu dem die Temperatur am stärksten ansteigt.

b) Berechnen Sie den Temperaturanstieg zu diesem Zeitpunkt.

9 Die Funktion h mit $h(t) = -0{,}0025t^3 + 0{,}12t^2 - 1{,}2t + 3{,}6$ beschreibt näherungsweise den Pegelstand eines Flusses während eines ganzen Tags. Hierbei ist t die Zeit in Stunden nach Mitternacht und h(t) die Höhe des Pegels in Metern.
Berechnen Sie, wann der Pegelstand am schnellsten anwächst (fällt), und ermitteln Sie die Änderungsgeschwindigkeiten.

Weiterführende Aufgaben

Zwischentest

10 Die Tabelle zeigt verschiedene Strategien, um den Graphen einer Funktion f auf Extrempunkte, Wendepunkte und Sattelpunkte zu untersuchen. Erklären Sie den Aufbau der Tabelle und ersetzen Sie die Platzhalter ■ passend.

	Hochpunkt	Tiefpunkt	Wendepunkt	Sattelpunkt
1. Ableitung	$f'(x_0) = 0$ und f' hat VZW von ■ nach ■ oder	$f'(x_0) = 0$ und f' hat VZW von ■ nach ■ oder		$f'(x_0) =$ ■ und
2. Ableitung	$f''(x_0)$ ■ 0	$f''(x_0)$ ■ 0	$f''(x_0) = 0$ und f'' hat VZW oder	$f''(x_0) =$ ■ und f'' hat VZW oder
3. Ableitung			$f'''(x_0)$ ■ 0	$f'''(x_0)$ ■ 0

11 Gegeben ist die Funktion f mit $f(x) = 5x^7 - 7x^5 + 2$. Zeigen Sie, dass Sie das VZW-Kriterium nutzen müssen, um die Anzahl der Wendestellen zu bestimmen. Untersuchen Sie dann den Verlauf der Graphen von f, f', f'' sowie f''' mithilfe einer Mathematik-Software. Bestimmen Sie damit auch die Wendepunkte des Graphen von f und lassen Sie diese anzeigen.

12 a) Begründen Sie, wie viele Wendestellen eine ganzrationale Funktion fünften Grades haben kann.
b) Der Graph einer ganzrationalen Funktion ändert viermal sein Krümmungsverhalten. Erklären Sie, welchen Grad diese Funktion mindestens haben muss.

13 Berechnen Sie die Koordinaten der Schnittpunkte des Graphen von f mit den Koordinatenachsen sowie die Koordinaten der Extrem- und Wendepunkte.
a) $f(x) = x^3 + 6x^2 + 9x$
b) $f(x) = x^3 + 3x^2$
c) $f(x) = x^4 - 8x^3 + 18x^2$
d) $f(x) = 3x^4 - 16x^3 + 24x^2$
e) $f(x) = \frac{1}{4}x^4 + 2x^3 + \frac{9}{2}x^2$
f) $f(x) = -\frac{3}{8}x^4 + 2x^3 - 3x^2$

14 **Stolperstelle:** Für eine Funktion f gilt: $f'(5) = 0$, $f''(5) = 0$, $f'''(5) = -4$. Beurteilen Sie die folgenden Aussagen.
Theo sagt: „Um zu prüfen, ob bei x = 5 ein Extremum vorliegt, muss man f' dort auf einen Vorzeichenwechsel untersuchen, da die 2. Ableitung 0 ist."
Carina sagt: „Bei x = 5 liegt ein Sattelpunkt, aber weil f'(5) = 0 ist, handelt es sich nicht um einen Wendepunkt."
Yusuf sagt: „Der Graph von f' hat bei x = 5 eine waagerechte Tangente, also liegt dort ein Wendepunkt von f'."

Hilfe

15 Ein Kinosaal wird 35 Minuten vor Filmbeginn geöffnet. Die Funktion B mit $B(t) = \frac{3}{102\,400}t^5 - \frac{3}{1024}t^4 + \frac{5}{64}t^3$, $0 \le t \le 35$, beschreibt näherungsweise die Anzahl der Besucher im Kinosaal t Minuten nach der Öffnung. Bestimmen Sie, wann der Andrang am größten ist.

Wissen **Wendetangente**

Eine Tangente w an den Wendepunkt eines Graphen heißt **Wendetangente**.

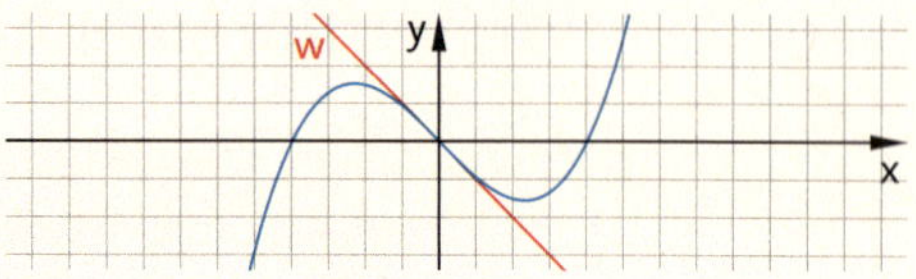

Beispiel

16 Bestimmen Sie die Gleichung der Wendetangente an den Graphen von f.

a) $f(x) = x^3 - 3x$
b) $f(x) = x^3 + 4x + 2$
c) $f(x) = 2x^3 - 6x^2 + 10x$
d) $f(x) = x^3 - 3x^2 + 3x - 5$

17 Bestimmen Sie die Koordinaten der Wende- und Sattelpunkte des Graphen von f sowie die Gleichungen aller Wendetangenten.

a) $f(x) = 7x^5$
b) $f(x) = 2x^8$
c) $f(x) = \frac{1}{4}x^4 - x^3 + 3$
d) $f(x) = \frac{3}{4}x^5 + \frac{15}{4}x^4 + 5x^3$

18 Der Graph der Funktion f mit $f(x) = \frac{1}{9}x^3 - \frac{1}{2}x^2 + \frac{3}{2}$ beschreibt für $0 \le x \le 3$ den Verlauf einer Rutschbahn (x, f(x) in m).

a) Skizzieren Sie den Graphen und bestimmen Sie die Stelle, an der die Rutschbahn das größte Gefälle aufweist. Geben Sie das maximale Gefälle der Rutschbahn in Grad an.

b) Luisa schlägt vor, die Rutsche so zu verändern, dass sie ab dem Punkt mit der größten Steigung geradlinig zum Boden verläuft. Ermitteln Sie den Punkt, an dem die Rutsche dann auf den Boden trifft. Überprüfen Sie Ihr Ergebnis mit einer geeigneten Mathematik-Software.

Erinnerung

Steigungswinkel:

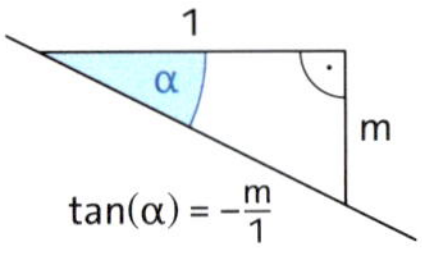

$\tan(\alpha) = -\frac{m}{1}$

19 Der Term der ganzrationalen Funktion f vom Grad n hat nur ungerade Exponenten.

a) Zeigen Sie, dass der Graph von f für n = 5 den Wendepunkt W(0 | 0) hat.

b) Untersuchen Sie, für welche n der Graph von f den Wendepunkt W(0 | 0) hat.

Hilfe

20 Die Funktion f mit $f(x) = \frac{1}{9}x^3 - x^2 + \frac{8}{3}x$ beschreibt das Geländeprofil (in 100 m) einer 6 km langen Bergtour (x: horizontale Entfernung vom Startpunkt in km).

a) Bestimmen Sie die durchschnittliche Steigung der Strecke, bevor es bergab geht.

b) Ermitteln Sie, um wie viel Prozent die größte Steigung auf diesem ersten Bergauf-Abschnitt größer ist als die durchschnittliche Steigung.

c) Geben Sie an, über welche horizontale Entfernung die Tour bergab verläuft.

d) Geben Sie an, welcher Höhenunterschied hierbei absolviert wird.

e) Ermitteln Sie, an welcher Stelle der Strecke es am steilsten bergab geht.

f) Berechnen Sie, an welchen Stellen der Strecke die Steigung am größten ist.

21 **Ausblick:** Gegeben ist die **Funktionenschar** f_a mit $f_a(x) = -\frac{1}{a^2} \cdot x^3 + \frac{3}{a} \cdot x^2$ und $a > 0$.

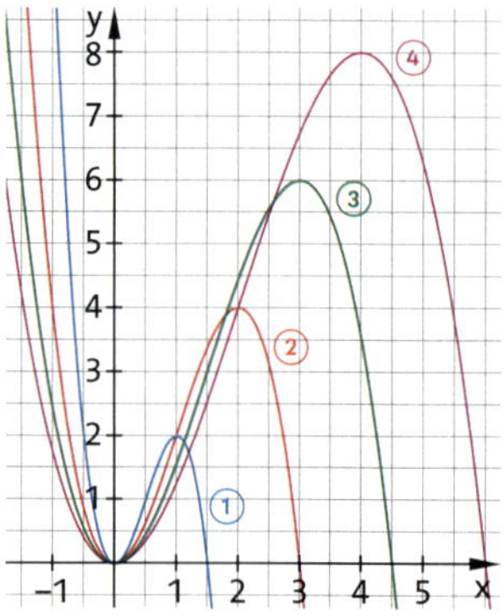

a) Berechnen Sie die Nullstellen von f_a.

b) Geben Sie zu jedem abgebildeten Graphen den passenden Parameter a an.

c) Bestimmen Sie f'_a, f''_a und f'''_a.

d) Bestimmen Sie die Koordinaten der Extrem- und Wendepunkte des Graphen von f_a. Geben Sie die Art der Extrema an.

e) Zeigen Sie, dass alle Wendepunkte auf einer Gerade liegen.

Untersuchung von Funktionen mit einer Mathematik-Software

Mit einer dynamischen Geometrie-Software (DGS) bzw. einem Funktionenplotter können Funktionsgraphen am Computer gezeichnet und beispielsweise auf Nullstellen, lokale Extrempunkte, Sattelpunkte und Wendepunkte untersucht werden. Diese Programme können auch Längen gebogener Strecken berechnen und eignen sich außerdem sehr gut zur Kontrolle von Rechenergebnissen.

Beispiel 1 Der Querschnitt eines Tals in den Bergen kann von Westen nach Osten näherungsweise durch den Graphen von f mit $f(x) = -\frac{1}{600}(3x^4 - 10x^3 - 139{,}5x^2 + 445{,}5x + 600)$ modelliert werden, wobei eine Einheit auf den Achsen 100 m entspricht.

a) Die beiden Gipfel sollen mit einer Seilbahn geradlinig verbunden werden. Berechnen Sie die Länge des dafür benötigten Drahtseils sowie die Steigung der Seilbahn. Gehen Sie davon aus, dass das Seil nicht durchhängt.

b) Eine Snowboard-Piste soll von der Talsohle bis zur steilsten Stelle des östlichen Berghangs entstehen. Ermitteln Sie dafür die steilste Stelle des Berghangs und berechnen Sie die zugehörige Steigung.

c) Die Snowboard-Piste soll auch auf die westliche Talseite ausgedehnt werden, allerdings die maximale Steigung der Ostseite nicht überschreiten. Ermitteln Sie den dafür höchstmöglichen Punkt an der Westseite sowie die Gesamtlänge der Piste.

Lösung:

a) Die Gipfel werden durch die Hochpunkte des Graphen dargestellt. Stellen Sie den Graphen von f mit einer Mathematik-Software dar und lassen Sie die lokalen Extrempunkte berechnen.
Bestimmen Sie die Länge der Seilbahn als den Abstand der Punkte A und C. Legen Sie dann eine Gerade durch die Punkte A und C und lassen Sie ihre Steigung berechnen.

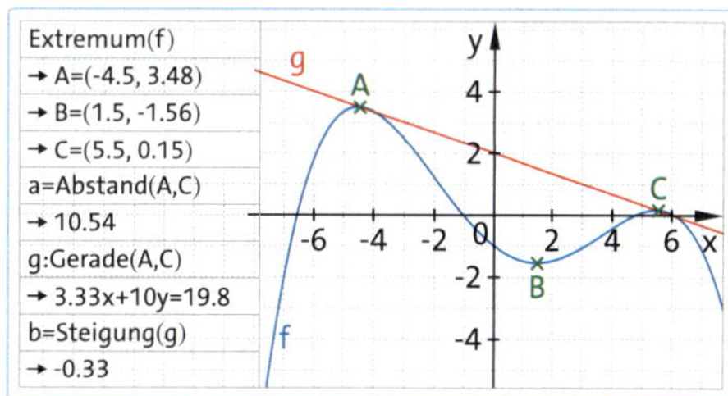

Das Seil muss mindestens 1054 m lang sein, die Steigung beträgt 33 %.

b) In den Wendepunkten verläuft der Graph am steilsten. Ermitteln Sie diese, legen Sie dort Tangenten an den Graphen und bestimmen Sie deren Steigungen.
Nur der Wendepunkt $E(3{,}74 \mid -0{,}63)$ liegt östlich der Talsohle, die Steigung beträgt dort 65 %.

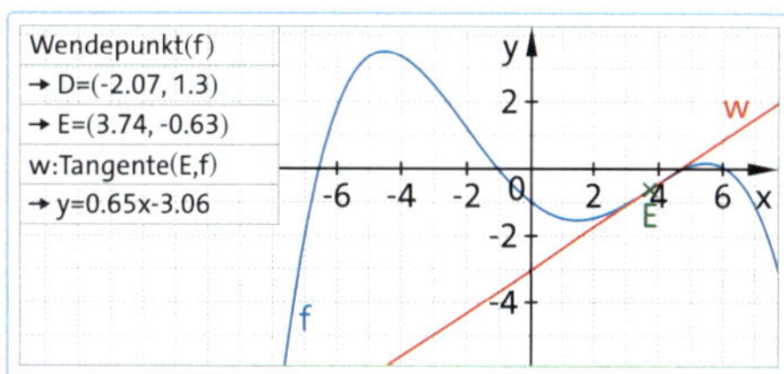

c) Lassen Sie den Graphen der Ableitung f′ von f anzeigen. Lösen Sie die Gleichung $f'(x) = -0{,}65$ (die Steigung ist negativ, da der Hang nach Osten hin abfällt). Sie erhalten die Lösung $x = 0{,}2$, der Punkt $F(0{,}2 \mid -1{,}14)$ liegt auf dem Hang westlich der Talsohle.
Bestimmen Sie mit der Mathematik-Software die Länge des Graphenabschnitts zwischen E und F.

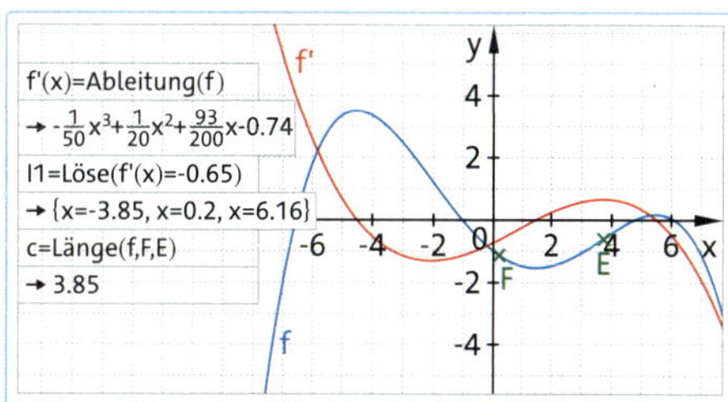

Die Piste ist 385 m lang.

Aufgaben

1 Ein Flusslauf kann in der Draufsicht näherungsweise durch die Funktion f mit $f(x) = \frac{1}{500}(x^5 + 2x^4 - 83x^3 - 116x^2 + 1316x - 568)$ beschrieben werden, wobei eine Einheit auf den Achsen 1000 m entspricht.

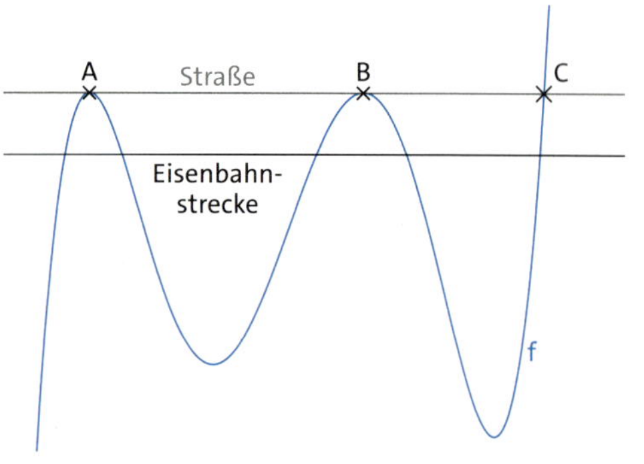

a) An den Punkten A und B sind Badestellen angelegt, die durch eine gerade Straße verbunden sind. Ermitteln Sie die Koordinaten des Punktes C, in dem die Straße den Fluss auf einer Brücke überquert.

Hinweis zu b)

Die Brücken befinden sich an den Schnittpunkten des Graphen von f mit der Eisenbahnstrecke.

b) Parallel zur Straße soll in 2 km Abstand eine Eisenbahnstrecke angelegt werden (siehe Abbildung). Ermitteln Sie die Punkte, an denen die Eisenbahn den Fluss schneidet, und geben Sie die Länge der Eisenbahnstrecken zwischen den Brücken an.

c) Bestimmen Sie die Stelle zwischen A und C mit der größten Entfernung zwischen Eisenbahn und Fluss.

d) Ermitteln Sie die Punkte, an denen der Fluss seine Krümmung ändert, und prüfen Sie, ob diese auf einer Gerade liegen.

2 Auf einem Spielplatz wird eine neue Rutsche gebaut. Diese kann zwischen dem höchsten Punkt A und dem tiefsten Punkt B durch die Funktion f mit $f(x) = \frac{1}{32}(x^5 + 2x^4 - 8x^3 - 8x^2 - 16)$ modelliert werden, wobei eine Einheit auf den Achsen 1 m entspricht:

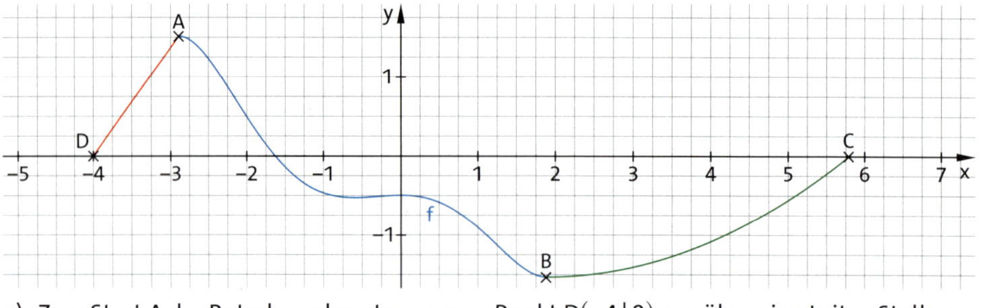

Hinweis

Man kann Funktionen auch abschnittsweise anzeigen lassen, z. B. nur auf einem Intervall [−3; 2]: Funktion(f, −3, 2)

a) Zum Start A der Rutsche gelangt man vom Punkt D(−4 | 0) aus über eine Leiter. Stellen Sie den Graphen von f sowie den Verlauf der Leiter verschiedenfarbig mithilfe einer DGS dar. Ermitteln Sie die Länge und den Steigungswinkel der Leiter.

b) Ermitteln Sie das mittlere Gefälle der Rutschbahn zwischen den Punkten A und B.

c) Finden Sie die Punkte der Bahn, an denen das Gefälle maximal ist bzw. genau 100 % beträgt.

d) Der Auslauf der Rutsche (von B nach C) soll durch eine Parabel mit dem Scheitelpunkt B und dem Öffnungsfaktor 0,1 modelliert werden. Geben Sie die Gleichung dieser Parabel p an und stellen Sie in einem gemeinsamen Koordinatensystem die Graphen von f und p dar. Begründen Sie, warum der Übergang der Rutschbahn in den Auslauf knickfrei ist.

e) Bestimmen Sie den Punkt, an dem der Auslauf wieder das Ausgangsniveau erreicht. Geben Sie die Länge der Rutsche einschließlich des Auslaufs an.

Hinweis zu 3

Betrachten Sie die Bergkuppe näherungsweise als Kegel.

3 Der Querschnitt eines Geländes von West nach Ost kann näherungsweise durch f mit $f(x) = -\frac{1}{600}(3x^4 - 10x^3 - 139{,}5x^2 + 445{,}5x + 600)$ modelliert werden (1 Einheit ≙ 100 m). Für ein Panorama-Restaurant soll der oberhalb der x-Achse liegende Teil des östlichen Berghangs abgetragen und die so entstehende Fläche planiert werden. Schätzen Sie ab, wie viele Kubikmeter Erde dazu ungefähr abgetragen werden müssen.

4 Die Wurfbahn beim Kugelstoßen wird beschrieben durch den Graphen der Funktion h mit $h(x) = -\frac{1}{2} \cdot \frac{9{,}81}{v_0^2 \cdot \cos^2(\alpha)} \cdot x^2 + \tan(\alpha) \cdot x + h_0$. Dabei bezeichnet v_0 die Abwurfgeschwindigkeit in m/s, α den Abwurfwinkel in Grad und h_0 die Abwurfhöhe in m.
Untersuchen Sie mit einer Software mit einem Schieberegler, bei welchem Abwurfwinkel α die maximale Wurfweite für $h_0 = 2$ m und $v_0 = 12$ m/s erreicht wird.

5 Ein Unternehmen stellt Smartphones her. Die täglichen Produktionskosten in € werden durch die Funktion f mit $f(x) = 0{,}13x^3 - 3{,}05x^2 + 52{,}71x + 324{,}85$ beschrieben. Dabei beschreibt x die produzierte Stückzahl.

a) Berechnen Sie f(21). Interpretieren Sie das Ergebnis im Sachzusammenhang.
b) Bestimmen Sie den mittleren Kostenzuwachs zwischen den Produktionsmengen 10 und 25.
c) Der Verkaufspreis pro Smartphone beträgt 260,20 €. Bestimmen Sie, für welche täglich produzierten Stückzahlen ein Gewinn erwirtschaftet wird.
d) Ermitteln Sie, für welche Produktionsmenge der Gewinn maximal wird.
e) Berechnen Sie, für welche Produktionsmengen ein Gewinn von 4000 € erzielt wird.

6 Die Funktion f mit $f(x) = \frac{1}{27}x^4 - \frac{2}{3}x^2 + 3$ beschreibt für $-3 \leq x \leq 3$ den oberen Rand eines Hausgiebels (x, f(x) in m).

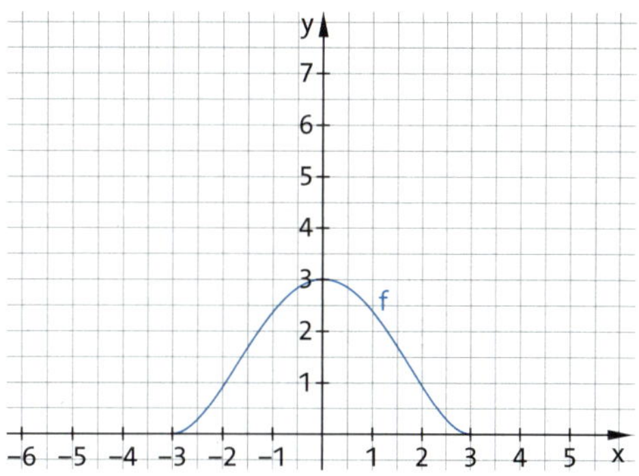

a) Einen Meter unterhalb des höchsten Punktes des Giebels soll eine Querstange eingesetzt werden. Bestimmen Sie die notwendige Länge.
b) Der obere Rand des Giebels soll mit Kupfer verkleidet werden. Bestimmen Sie die Länge dieses krummlinigen Rands.

7 In einem Labor wird eine Bakterienkultur unter verschiedenen Einflüssen beobachtet. Die Funktion f mit $f(t) = -\frac{4}{53}t^3 + \frac{4}{7}t^2 + \frac{3}{5}t + \frac{12}{5}$ gibt die Fläche in cm^2 an, die von den Bakterien nach t Stunden bedeckt wird.

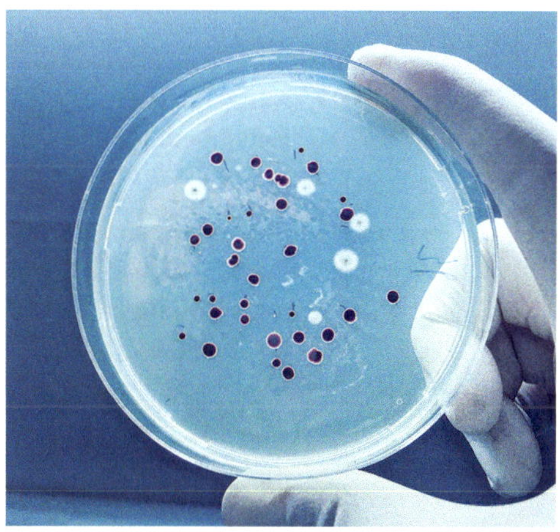

a) Plotten Sie den Graphen von f im Intervall [0; 9] und beschreiben Sie seinen Verlauf im Sachzusammenhang.
b) Geben Sie den Wert der bedeckten Fläche zu Beobachtungsbeginn an und bestimmen Sie den Zeitpunkt, zu dem dieser Wert erneut erreicht wird.
c) Bestimmen Sie den Zeitpunkt, zu dem keine Bakterien mehr vorhanden sind.
d) Bestimmen Sie den Zeitpunkt, zu dem die bedeckte Fläche am größten ist, und geben Sie diesen Flächeninhalt an.
e) Bestimmen Sie den Zeitpunkt des größten Bakterienwachstums.

3.6 Extremalprobleme

Julietta möchte mit einem 1,2 m langen Lichtschlauch ein nach unten offenes Rechteck an ihrer Wand abgrenzen, in dem sie Fotos aufhängen kann. Stellen Sie eine Funktion auf, die den Flächeninhalt dieses Rechtecks in Abhängigkeit von einer Seitenlänge beschreibt. Erklären Sie, wie Julietta damit den maximalen Flächeninhalt ermitteln kann, den sie mit dem Schlauch erreichen kann.

Bei einem Extremalproblem wird der kleinst- oder größtmögliche Wert einer Größe in einem bestimmten Bereich gesucht. Für die Größe wird eine Funktion (**Zielfunktion**) aufgestellt und ihr globales Minimum oder Maximum in einem bestimmten Intervall bestimmt.

Wissen **Lösungsstrategie für Extremalprobleme**

1. Gleichung aufstellen für die **Größe**, die **maximal/minimal** werden soll.
2. **Nebenbedingungen** finden, wenn die Größe von mehreren Variablen abhängt.
3. Mithilfe der Gleichung und den Nebenbedingungen die **Zielfunktion** (mit nur einer Variablen) für die Größe aufstellen und den **Definitionsbereich** angeben.
4. **Lokale Maxima/Minima** der Zielfunktion im Definitionsbereich mithilfe der Ableitungen ermitteln.
5. **Globales Maximum/Minimum** ermitteln. Dazu prüfen, ob die Zielfunktion an den Rändern des Definitionsbereichs größere bzw. kleinere Funktionswerte annimmt.
6. Lösung im **Sachzusammenhang** interpretieren.

Beispiel 1 Ein rechteckiges Spielfeld mit Länge x und Breite y soll von einer 400 m langen, an den kurzen Rechtecksseiten halbkreisförmigen Laufbahn umgeben sein. Bestimmen Sie die Abmessungen, für die das Spielfeld einen maximalen Flächeninhalt hat.

Lösung:

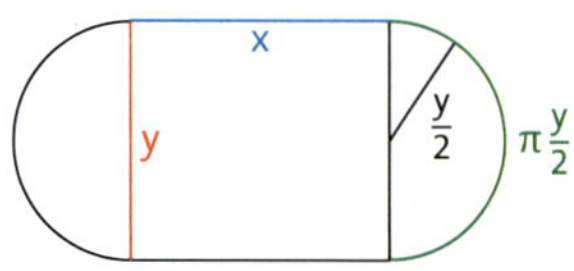

1. Gleichung: Flächeninhalt des Spielfelds:
   $A = x \cdot y$ (x und y in m)
2. Aufstellen der Nebenbedingung: Nebenbedingung (NB):
   $u = 2 \cdot \left(x + \pi \cdot \frac{y}{2}\right) = 2x + \pi y = 400$ (Umfang der Laufbahn)
   $y = \frac{400}{\pi} - \frac{2}{\pi}x$
3. Zielfunktion und Definitionsbereich: $A(x) = x \cdot \left(\frac{400}{\pi} - \frac{2}{\pi}x\right) = \frac{400}{\pi}x - \frac{2}{\pi}x^2$ mit $0 \le x \le 200$
4. Bestimmung des lokalen Maximums: Ableitungen bestimmen: $A'(x) = \frac{400}{\pi} - \frac{4}{\pi}x$ und $A''(x) = -\frac{4}{\pi}$
   Nullstelle von A' bestimmen: $\frac{400}{\pi} - \frac{4}{\pi}x = 0$ liefert $x = 100$.
   Wegen $A''(100) = -\frac{4}{\pi} < 0$ liegt ein lokales Maximum vor.
   $A(100) = \frac{400}{\pi} \cdot 100 - \frac{2}{\pi} \cdot 100^2 \approx 6366{,}20$
5. Randwerte prüfen, globales Maximum: $A(0) = A(200) = 0 < 6366{,}20$, also kein Randmaximum
   Das lokale Maximum bei $x = 100$ ist auch globales Maximum.
   $x = 100$ in die Nebenbedingung einsetzen:
   $y = \frac{400}{\pi} - \frac{2}{\pi} \cdot 100 \approx 63{,}66$
6. Interpretation im Sachzusammenhang: Für eine Länge von 100 m und eine Breite von 63,66 m wird der Flächeninhalt des Spielfelds mit $A \approx 6366{,}20\,m^2$ maximal.

Basisaufgaben

1 a) Ein Rechteck hat einen Umfang von 40 cm. Stellen Sie einen Term für den Flächeninhalt in Abhängigkeit von einer Seite des Rechtecks auf.
b) Eine Kathete eines rechtwinkligen Dreiecks ist doppelt so lang wie die andere Kathete. Stellen Sie einen Term für den Flächeninhalt in Abhängigkeit von der kürzeren Kathete auf.
c) Für die Kantenlängen x, y und z eines Quaders gilt $y = 2x$ und $z = 3x$. Stellen Sie einen Term für das Volumen des Quaders in Abhängigkeit von y sowie einen Term für den Oberflächeninhalt in Abhängigkeit von z auf.
d) Die Wahrscheinlichkeit, mit einem gezinkten Würfel eine 6 zu würfeln, beträgt p. Stellen Sie einen Term für die Wahrscheinlichkeit auf, dass bei drei Würfen nur im zweiten Wurf eine 6 fällt.

2 Das Produkt zweier nichtnegativer Zahlen soll maximal werden. Es gilt die Nebenbedingung, dass die Summe der beiden Zahlen 20 ist.
a) Stellen Sie mithilfe einer Nebenbedingung den Term der Zielfunktion auf und geben Sie ihren Definitionsbereich an.
b) Bestimmen Sie das lokale Extremum der Zielfunktion im Definitionsbereich mithilfe der Ableitungen. Zeigen Sie, dass es sich um ein lokales Maximum handelt.
c) Prüfen Sie das Verhalten der Zielfunktion an den Rändern des Definitionsbereichs und geben Sie das globale Maximum der Zielfunktion im Definitionsbereich an.
d) Geben Sie die beiden gesuchten Zahlen und den Wert des maximalen Produkts an.

3 Hannah möchte für ihre Kaninchen ein rechteckiges Stück Wiese einzäunen, das an einer Seite an die Hauswand angrenzt. Für die anderen drei Seiten stehen ihr 6 m Zaun zur Verfügung.

a) Fertigen Sie eine Skizze an und stellen Sie eine Zielfunktion für den Flächeninhalt der eingezäunten Fläche auf.
b) Bestimmen Sie das Maximum der Zielfunktion einmal mithilfe der Ableitung und einmal mithilfe des Scheitelpunktes der Parabel ohne die Verwendung von Ableitungen. Vergleichen Sie den Rechenaufwand der beiden Methoden.
c) Geben Sie die Maße der Wiese an, die den Tieren möglichst viel Platz bietet.

Hinweis zu b)

Die Koordinaten des Scheitelpunktes können Sie durch quadratische Ergänzung oder durch seine Lage bezüglich der Nullstellen ermitteln.

4 Für eine Größe G gilt $G = 2a^2b + 20$ mit zwei Variablen a und b. Es gilt zudem die Bedingung $2a - b = 4$.
a) Stellen Sie die Zielfunktion G in Abhängigkeit von a auf.
b) Bestimmen Sie die lokalen Maxima und Minima von G.
c) Bestimmen Sie die globalen Extrema von G auf dem Intervall $[0; 1]$.

5 Aus einer dreieckigen Holzplatte mit $a = b = 50$ cm, $c = 60$ cm soll ein möglichst großes rechteckiges Brett herausgeschnitten werden.
Beschreiben Sie die Lösungsschritte unter Verwendung von Fachsprache und erläutern Sie die Ergebnisse. Geben Sie dann die Maße des rechteckigen Bretts mit maximalem Flächeninhalt an.

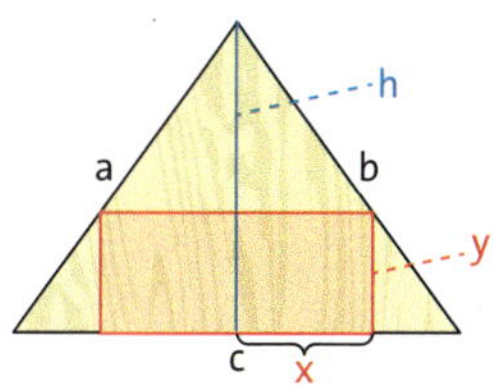

① $A(x,y) = 2x \cdot y$ ② $h = 40$ ③ $y = -\frac{4}{3}x + 40$
④ $A(x) = -\frac{8}{3}x^2 + 80x$ ⑤ $A'(x) = -\frac{16}{3}x + 80 = 0$ ⑥ $x = 15$

Figuren unter Funktionsgraphen

Extremalprobleme können sich auch im Zusammenhang mit Figuren unter Funktionsgraphen ergeben. Bei solchen Extremalproblemen liegt ein Punkt (oder mehrere Punkte) einer Figur auf dem Graphen einer Funktion. Gesucht werden nun die Koordinaten des Punktes (oder mehrerer Punkte), sodass sich zum Beispiel ein maximaler Flächeninhalt der Figur ergibt.

Beispiel 2

Gegeben ist der Graph der Funktion f mit $f(x) = -\frac{1}{3}x^2 + 3$. Der Punkt $C(a\,|\,f(a))$ wandert auf dem Graphen der Funktion f im ersten Quadranten. Die Punkte A, B, C und D bilden dabei ein Rechteck.

a) Stellen Sie eine Zielfunktion für den Flächeninhalt des Rechtecks auf und geben Sie einen sinnvollen Definitionsbereich an.

b) Bestimmen Sie den Wert für a so, dass der Flächeninhalt des Rechtecks maximal wird, und geben Sie den maximalen Flächeninhalt an.

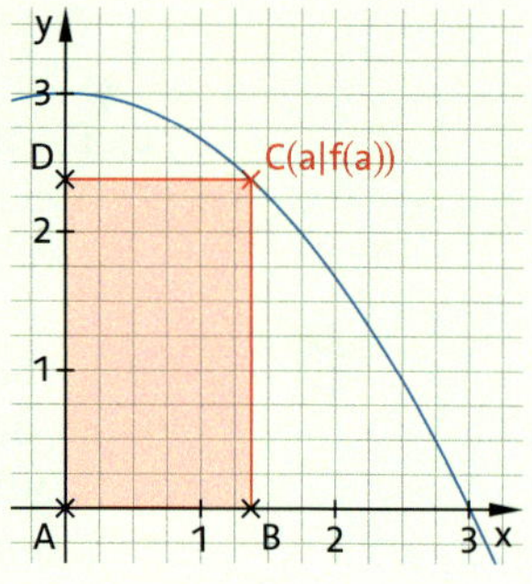

Lösung:

a) 1. Gleichung: $A = b \cdot h$ (Breite mal Höhe)

2. Nebenbedingungen: C liegt auf dem Graphen: $b = a$, $h = f(a)$

3. Zielfunktion und Definitionsbereich: $A(a) = a \cdot f(a) = a \cdot \left(-\frac{1}{3}a^2 + 3\right) = -\frac{1}{3}a^3 + 3a$
a liegt zwischen der y-Achse und der positiven Nullstelle von f.
Nullstellen von f: $x_1 = 3$; $x_2 = -3$
Definitionsbereich: $0 \le a \le 3$

b) 4. Lokale Extrema der Zielfunktion: $A'(a) = -a^2 + 3$, $A''(a) = -2a$
Nullstellen von A': $-a^2 + 3 = 0$, also $a_1 = \sqrt{3}$, $a_2 = -\sqrt{3}$
Nur a_1 liegt im Definitionsbereich von A.
$A''(\sqrt{3}) = -2\sqrt{3} < 0$, also lokales Maximum bei $\sqrt{3}$
$A(\sqrt{3}) \approx 3{,}46$

5. Randwerte prüfen, globales Maximum: $A(0) = 0$ und $A(3) = 0$, also kein Randmaximum
Das lokale Maximum 3,46 ist auch das globale Maximum.

6. Interpretation: Für $a = \sqrt{3}$ wird der Flächeninhalt mit $A \approx 3{,}46$ FE maximal.

Basisaufgaben

Beispiel

6 Gegeben ist der Graph der Funktion f mit $f(x) = -0{,}5x^3 + 2x$.
Die Punkte A, B und C mit den Koordinaten $A(0\,|\,0)$, $B(a\,|\,0)$ und $C(a\,|\,f(a))$ bilden im ersten Quadranten des Koordinatensystems ein rechtwinkliges Dreieck.

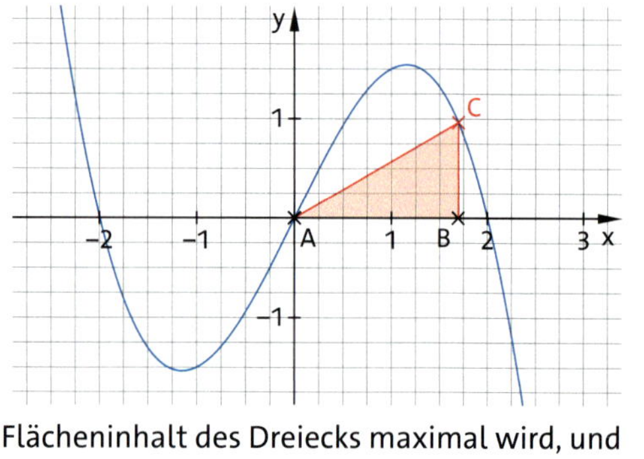

a) Stellen Sie eine Zielfunktion für den Flächeninhalt des Dreiecks auf und geben Sie einen sinnvollen Definitionsbereich an.

b) Ermitteln Sie, für welchen Wert von a der Flächeninhalt des Dreiecks maximal wird, und geben Sie den maximalen Flächeninhalt an.

7 Dem Graphen der Funktion f mit $f(x) = -\frac{1}{2}x^2 + 6$ wird ein gleichschenkliges Dreieck wie in der Abbildung einbeschrieben. Bestimmen Sie den maximalen Flächeninhalt des Dreiecks.

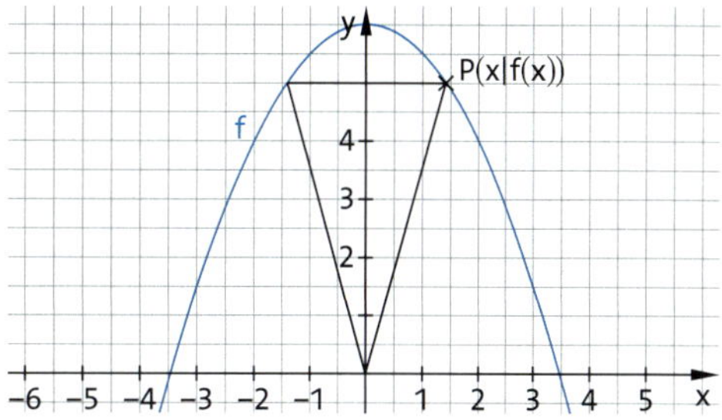

8 Dem Graphen der Funktion f mit $f(x) = -\frac{1}{2}x^2 + 6$ wird ein Rechteck oberhalb der x-Achse einbeschrieben.

a) Fertigen Sie eine Skizze an und stellen Sie einen Term für den Flächeninhalt auf.

b) Bestimmen Sie den maximalen Flächeninhalt des Rechtecks.

Erinnerung

Flächeninhalt eines Trapezes

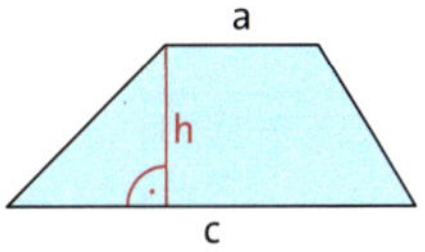

$A_{Trapez} = \frac{a+c}{2} \cdot h$

9 Dem Graphen der Funktion f mit $f(x) = -\frac{1}{2}x^2 + 2$ wird ein symmetrisches Trapez wie in der Abbildung einbeschrieben. Bestimmen Sie den größtmöglichen Flächeninhalt des Trapezes.

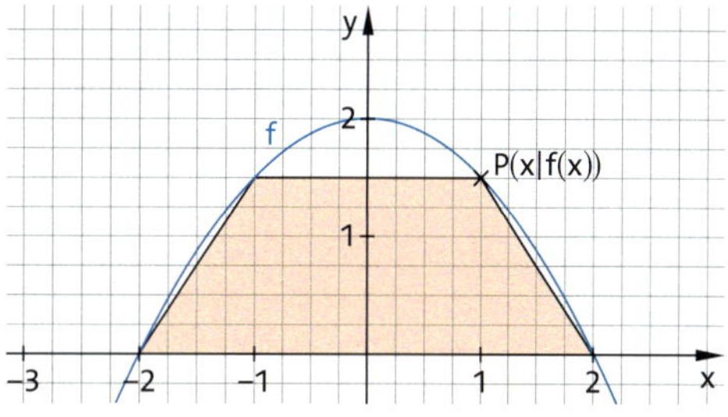

Weiterführende Aufgaben

Zwischentest

10 Begründen Sie: Wenn die Zielfunktion eine quadratische Funktion ist und sich die Extremstelle des lokalen Maximums (Minimums) im Definitionsbereich befindet, dann ist das lokale Maximum (Minimum) auch das globale Maximum (Minimum) im Definitionsbereich.

11 Für ein öffentliches Kunstwerk soll aus 36 m Stahlrohr das Kantenmodell eines Quaders mit quadratischer Grundfläche hergestellt werden.

a) Bestimmen Sie die Abmessungen des Quaders so, dass sein Volumen maximal wird.

b) Bestimmen Sie das maximale Volumen, wenn die Kantenlänge der Grundfläche nicht größer als 2,5 m sein darf.

c) Bestimmen Sie das maximale Volumen, wenn die Höhe auf maximal 2 m beschränkt ist.

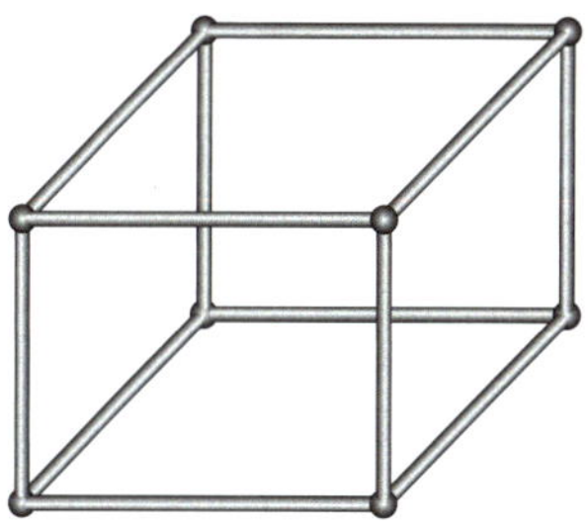

12 Eine Firma stellt Fertigsuppen her und möchte diese in Dosen mit dem Volumen 550 mℓ abfüllen. Aus ökologischen Gründen soll der Materialbedarf möglich gering gehalten werden. Ermitteln Sie den Radius und die Höhe einer Dose mit möglichst geringem Oberflächeninhalt. Diskutieren Sie, ob diese Dosen automatisch auch den geringsten Materialverbrauch verursachen.

Hilfe

13 Emre und Luisa spielen Tischtennis. Wer zuerst zwei Sätze gewonnen hat, gewinnt das Match. Emre gewinnt jeden Satz mit der Wahrscheinlichkeit p. Bestimmen Sie p so, dass die Wahrscheinlichkeit, dass Emre das Spiel in 3 Sätzen gewinnt, maximal wird.

Beispiel

14 **Stolperstelle:** Aus einem rechteckigen Blechstück mit den Maßen 20 cm x 15 cm soll eine oben offene, zylindrische Dose mit möglichst großem Volumen hergestellt werden. Tom bestimmt den Radius der Dose:

Zielfunktion: $V(r) = -2\pi r^3 + 20\pi r^2$

lokales Maximum: $r \approx 6{,}67$ cm

Die Dose mit dem Radius $r \approx 6{,}67$ cm hat das größte Volumen.

Nehmen Sie zu dem Ergebnis im Sachzusammenhang Stellung und ermitteln Sie das größtmögliche Volumen der Dose.

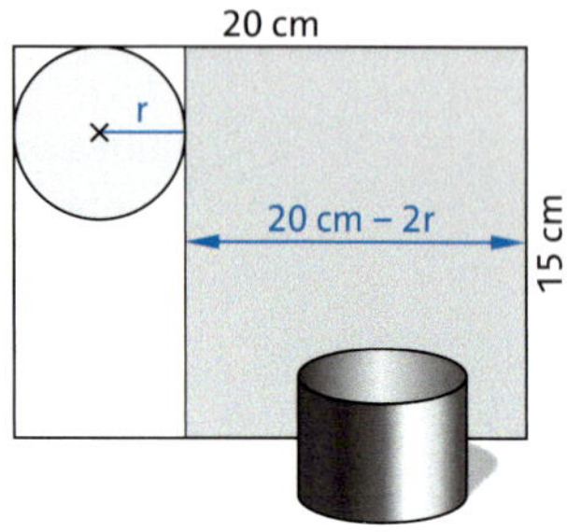

15 Gegeben ist der Graph der Funktion f mit $f(x) = -0{,}1(x+1)^2 + 5$. Die Punkte $A(4|0), B(4|2{,}5), C(a|f(a))$ und $D(a|0)$ für $a < 4$ bilden oberhalb der x-Achse ein Trapez. Ermitteln Sie, für welchen Wert von a der Flächeninhalt des Trapezes maximal wird.

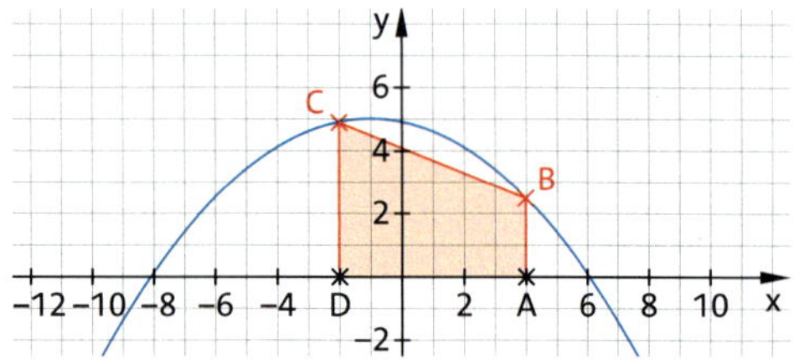

16 Gesucht ist das flächengrößte Rechteck mit einem Umfang von 20 cm. Erläutern Sie anhand der Abbildung, wie ein CAS zur Lösung dieser Aufgabe eingesetzt werden kann, und beurteilen Sie die Vorteile.

$f(a,b):=a\cdot b$	Fertig
$u(a,b):=2\cdot a+2\cdot b$	Fertig
$u(a,b)=20$	$2\cdot a+2\cdot b=20$
solve$(u(a,b)=20,b)$	$b=10-a$
$f(a,b)\vert b=10-a$	$-a\cdot(a-10)$
$z(a):=-a\cdot(a-10)$	Fertig
fMax$(z(a),a)$	$a=5$

Hilfe

17 In ein gleichschenkliges Dreieck mit der Basis g = 3 cm und der Höhe h = 7 cm wird ein Rechteck einbeschrieben.

a) Berechnen Sie die Maße des Rechtecks mit maximalem Flächeninhalt.

b) Nun soll in eine quadratische Pyramide mit der Grundseite g = 3 cm und Höhe h = 7 cm ein Quader mit maximalem Volumen einbeschrieben werden. Bestimmen Sie die Maße und das Volumen dieses Quaders.

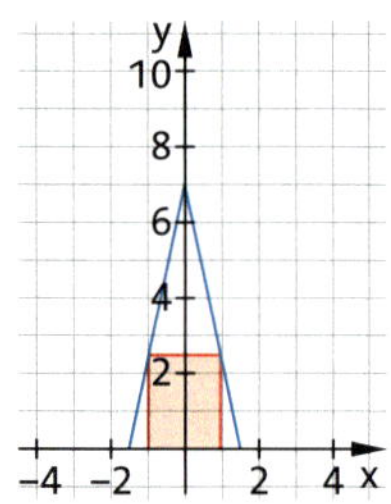

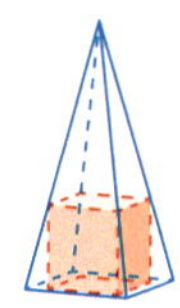

18 Gegeben ist die in ℝ definierte Funktion f mit $f(x) = \frac{1}{x^2+1}$.

a) Plotten Sie den Graphen von f.

b) Der Ursprung O ist die Spitze eines zur y-Achse symmetrischen gleichschenkligen Dreiecks OAB, dessen Ecken A und B auf dem Graphen von f liegen. Bestimmen Sie die Koordinaten von A und B, sodass der Flächeninhalt des Dreiecks maximal wird.

19 Gegeben ist die Funktion f mit $f(x) = -x^3 + x^2 + x$. Ein Rechteck im 1. Quadranten hat zu den Koordinatenachsen parallele Kanten sowie die Eckpunkte $(0|0)$ und $P(a|f(a))$. Bestimmen Sie die Koordinaten von P so, dass der Umfang des Rechtecks maximal wird.

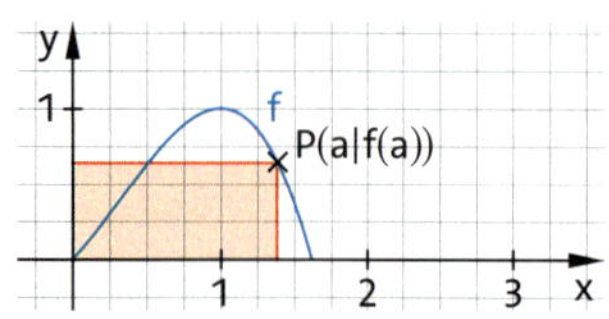

Hinweis zu 20

Die Aussage gilt nur, wenn der größte Abstand zwischen den Graphen existiert.

20 Zeigen Sie, dass der größte bzw. kleinste vertikale Abstand zwischen zwei Funktionsgraphen, die sich nicht schneiden, immer an einer Stelle liegt, an der die Tangenten an die beiden Graphen parallel zueinander sind.

21 Eine Firma produziert Schoko-Osterhasen. Hasen aus Edelschokolade werden für 3,50 € pro 100 g verkauft, Hasen aus billiger Schokolade für 0,49 € pro 100 g. Bei der Produktion können beide Schokoladensorten gemischt werden. Der Verkaufspreis richtet sich dann nach den Anteilen beider Sorten.

a) Berechnen Sie, wie teuer ein 100-g-Schokohase mit einem Anteil von 65 % Edelschokolade ist.

In den letzten Jahren wurde festgestellt: Erhöht man den Anteil der Edelschokolade, dann werden wegen des steigenden Preises weniger Schokohasen gekauft. Allerdings bleibt die Nachfrage ab einem Anteil von 40 % Edelschokolade konstant, obwohl der Preis steigt. Die Nachfrage n kann mit der folgenden Funktion beschrieben werden:

$n(x) = \begin{cases} -165x + 8000, & 0 \le x < 40 \\ 1400, & 40 \le x \le 100 \end{cases}$, wobei x den Prozentanteil von Edelschokolade und n(x) die verkaufte Anzahl an Schokohasen angibt.

b) Berechnen Sie, wie viel Umsatz die Firma macht, wenn sie Schokohasen mit einem Anteil von 65 % Edelschokolade herstellt.

c) Ermitteln Sie, wie hoch der Anteil der Edelschokolade bei den Schokohasen sein sollte, damit der Umsatz der Firma maximal wird.

Erinnerung

Für den Abstand zwischen zwei Punkten $P(x_1|y_1)$ und $Q(x_2|y_2)$ gilt: $d = \sqrt{(x_2 - x_1)^2 + (y_2 - y_1)^2}$

22 Abgebildet ist der Graph der Funktion f mit $f(x) = -x^2 + 3$. Der Punkt B liegt auf dem Graphen der Funktion f im 1. Quadranten.
Berechnen Sie die Koordinaten des Punktes B, sodass der Abstand d(A; B) zwischen den Punkten A(0 | 1) und B minimal wird.
Geben Sie den minimalen Abstand an.

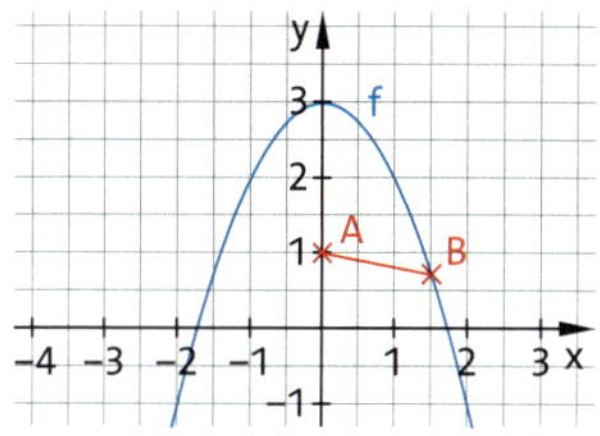

23 Beim Kugelstoßen hängt die Flugbahn vom Abwurfwinkel zur Horizontalen α, von der Abwurfgeschwindigkeit v und der Abwurfhöhe h ab. Für die Flugbahn gilt:
$f(x) = -\frac{5}{v^2\cos^2(\alpha)}x^2 + \tan(\alpha)x + h$

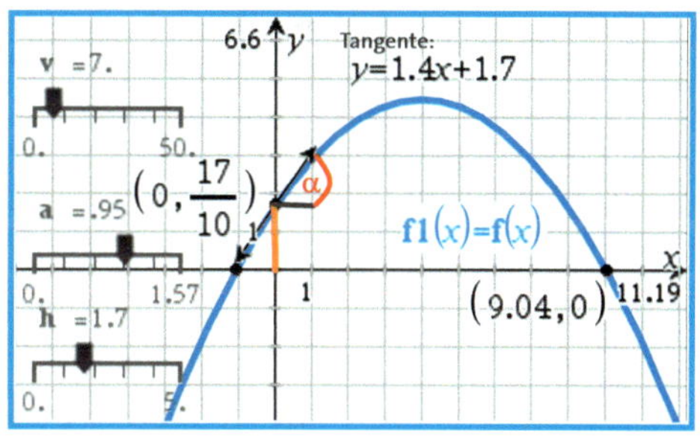

a) Verwenden Sie Schieberegler und experimentieren Sie mit verschiedenen Werten für α, v und h. Erläutern Sie den Einfluss der Parameter auf die Flugbahn.

b) Testen Sie, für welchen Winkel α die maximale Wurfweite erzielt wird, wenn v = 9 m/s und h = 1,75 m ist.

24 **Ausblick:** Ein Spielautomat ist so eingestellt, dass die Spielenden im Durchschnitt in 1 % der Fälle das 10-Fache ihres Einsatzes ausbezahlt bekommen und in 10 % der Fälle ihren Einsatz zurückbekommen. Der Einsatz pro Spiel beträgt 50 Cent. Im Durchschnitt werden an einem Tag 200 Spiele durchgeführt.

a) Begründen Sie, dass der Term $200 \cdot (-4{,}5 \cdot 0{,}01 + 0 \cdot 0{,}1 + 0{,}5 \cdot 0{,}89)$ den im Mittel zu erwartenden Tagesgewinn des Automaten angibt. Berechnen Sie diesen.

b) Der Automat lässt sich so einstellen, dass die Wahrscheinlichkeit p für die Erstattung des Einsatzes verändert wird. Erklären Sie die Bedeutung der Funktion f mit $f(x, p) = x \cdot (-4{,}5 \cdot 0{,}01 + 0 \cdot p + 0{,}5 \cdot (0{,}99 - p))$.

c) Aus Erfahrung ist bekannt: Erhöht man die Wahrscheinlichkeit p um jeweils 0,01, so erhöht sich die Anzahl der Spiele pro Tag um jeweils 15. Berechnen Sie die optimale Einstellung des Automaten, um den Tagesgewinn zu maximieren.

3.7 Rekonstruktion von Funktionstermen

Von der Flugbahn eines Balls sind die Punkte A(0 | 0) und B(4 | 4) bekannt. Die Flugbahn soll mit einer quadratischen Funktion f mit $f(x) = ax^2 + bx + c$ modelliert werden.

a) Erklären Sie, warum mit diesen Informationen keine eindeutige Lösung bestimmt werden kann.

b) Es ist zusätzlich bekannt, dass B der höchste Punkt der Flugbahn ist.
Ermitteln Sie mithilfe dieser Information die Stelle, an der der Ball auf dem Boden aufkommt.

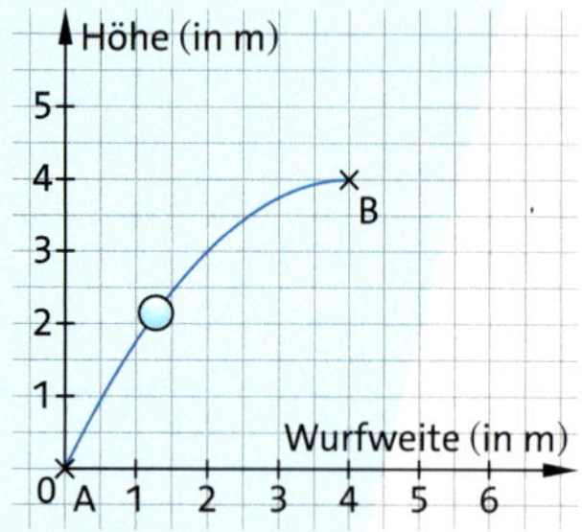

Die Funktionsgleichung einer ganzrationalen Funktion kann aus Informationen über den Graphen bestimmt werden. Dazu werden diese Informationen in Gleichungen übersetzt. Diese Gleichungen bilden ein lineares Gleichungssystem, dessen Lösung die Parameter der gesuchten Funktionsgleichung liefert.

Wissen **Schritte beim Ermitteln von ganzrationalen Funktionen**

① Eigenschaften des Graphen in Bedingungen an die Funktion/Ableitungen übersetzen.
② In die allgemeine Form einer ganzrationalen Funktion einsetzen und ein lineares Gleichungssystem aufstellen.
③ Das lineare Gleichungssystem lösen und den ermittelten Funktionsterm angeben.
④ Überprüfen, ob der Funktionsterm die geforderten Eigenschaften erfüllt.

Eigenschaften in Gleichungen übersetzen

Aus der allgemeinen Funktionsgleichung ergeben sich durch Informationen über charakteristische Punkte Gleichungen.

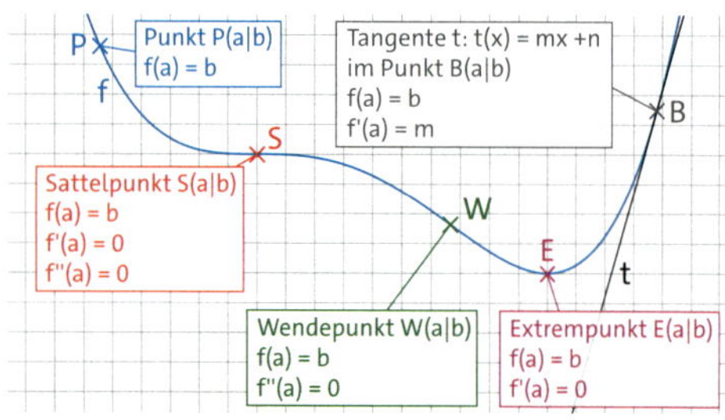

Beispiel 1 Der Graph einer quadratischen Funktion f schneidet die y-Achse bei y = 2. Der Graph der Funktion f verläuft durch den Punkt P(2 | 6) und hat an der Stelle x = 3 einen lokalen Extrempunkt. Formulieren Sie die Eigenschaften als Gleichungssystem.

Lösung:

① Formulieren Sie die Eigenschaften als Bedingungen an die Funktionsgleichung von f und ihrer Ableitung f'.

(A) verläuft durch P(2 | 6) $\Rightarrow f(2) = 6$
(B) Schnitt der y-Achse bei 2 $\Rightarrow f(0) = 2$
(C) Extremum bei x = 3 $\Rightarrow f'(3) = 0$

② Stellen Sie als Ansatz die allgemeine Form der Funktionsgleichung von f und ihrer Ableitung f' auf.

Ansatz: $f(x) = ax^2 + bx + c$
$f'(x) = 2ax + b$

Setzen Sie die Bedingungen aus ① in die jeweils passende allgemeine Form ein und stellen Sie so ein Gleichungssystem auf.

(A) $f(2) = 6 \Rightarrow \quad a \cdot 2^2 + b \cdot 2 + c = 6$
(B) $f(0) = 2 \Rightarrow$
(C) $f'(3) = 0 \Rightarrow$

$$\left| \begin{array}{r} 4a + 2b + c = 6 \\ c = 2 \\ 6a + b = 0 \end{array} \right|$$

Basisaufgaben

1 Bilden Sie von den ganzrationalen Funktionen 1., 2., 3. und 4. Grades in allgemeiner Darstellung die erste, zweite und dritte Ableitung.

2 Formulieren Sie die Eigenschaft des Graphen als Bedingungen an die Gleichung der Funktion oder einer ihrer Ableitungen.
a) Der Graph einer Funktion f verläuft durch den Punkt P(7 | 8).
b) Eine Funktion g hat an der Stelle $x = 6$ den Funktionswert -3.
c) Der Graph einer Funktion h hat an der Stelle $x = 2$ einen Hochpunkt.
d) Der Graph einer Funktion i schneidet an der Stelle $x = 4$ die x-Achse.
e) Der Graph einer Funktion j berührt an der Stelle $x = 4$ die x-Achse.
f) Der Graph einer Funktion k hat im Ursprung eine waagerechte Tangente.
g) An der Stelle $x = 7$ hat der Graph einer Funktion m einen Sattelpunkt.

3 Formulieren Sie die Eigenschaften des Graphen von f in Textform.

① $f(7) = 0$ ② $f(-3) = 56$ ③ $f'(5) = 3$ ④ $f'(8) = 0$ ⑤ $f(3) = 0; f'(3) = 0$ ⑥ $f(1) = 1; f'(1) = -1$

⑦ $f(0) = f'(0) = f''(0) = 0$ ⑧ $f(2) = 7; f'(2) = 0; f''(2) = 0$ ⑨ $f(2) = 8; f'(2) = 0; f'(1) = 2$

4 Vervollständigen Sie die Tabelle für eine ganzrationale Funktion f mit $f(x) = ax^4 + bx^3 + cx^2 + dx + e$.

Eigenschaft	Bedingung	Gleichung
Graph verläuft durch P(0 | −1)	$f(0) = -1$	$e = -1$
$x = 2$ ist Extremstelle	$f'(2) = 0$	$32a + 12b + 4c + d = 0$
	$f(3) = 1$	
		$a + b + c + d + e = 4$
$x = 3$ ist Nullstelle		
	$f'(3) = 0$	
		$12a + 6b + 2c = 0$
	$f'(1) = 2$	

5 Formulieren Sie die möglichst viele Gleichungen zu den Eigenschaften des Graphen.
a) Eine ganzrationale Funktion 3. Grades hat an der Stelle $x = 5$ den Funktionswert 18.
b) Der Graph einer ganzrationalen Funktion 2. Grades verläuft durch P(−3 | 4).
c) Eine ganzrationale Funktion 4. Grades hat an der Stelle $x = -3$ ein Extremum.
d) Der Graph einer ganzrationalen Funktion 3. Grades verläuft durch den Ursprung und die Stellen $x = -7$ und $x = 7$ sind Extremstellen der Funktion.
e) Der Graph einer ganzrationalen Funktion 4. Grades hat den Hochpunkt H(−2 | 7).
f) Der Graph einer ganzrationalen Funktion 3. Grades verläuft durch den Punkt P(5 | 3) und ist punktsymmetrisch zum Ursprung.
g) Eine ganzrationale, zur y-Achse symmetrische Funktion 6. Grades hat bei $x = 2$, $x = 1$, $x = -1$, $x = -2$ Nullstellen und im Punkt P(0 | 2) ein Extremum.

6 Nennen Sie zum Gleichungssystem passende Eigenschaften einer ganzrationalen Funktion.

a) $\left| \begin{array}{l} a + b + c = 8 \\ 4a + 2b + c = 12 \\ 12a + b = 0 \end{array} \right|$

b) $\left| \begin{array}{l} a + b + c = 0 \\ 9a + 3b + c = 0 \\ 25a + 5b + c = 4 \end{array} \right|$

c) $\left| \begin{array}{l} -125a + 25b - 5c + d = 4 \\ 12a + 4b + c = 0 \\ 18a + 2b = 0 \\ d = -17 \end{array} \right|$

Funktionsgleichung bestimmen

Die allgemeine Funktionsgleichung einer ganzrationalen Funktion mit Grad n hat n + 1 Parameter. Also müssen mindestens n + 1 Bedingungen in Gleichungen übersetzt werden. Bei zum Koordinatensystem symmetrischen Graphen ist diese Zahl geringer.

Funktionsgleichungen zu achsensymmetrischen (bzw. punktsymmetrischen) Graphen haben ausschließlich gerade (bzw. ungerade) Exponenten.

Grad 4 und Achsensymmetrie:
$f(x) = ax^4 + bx^2 + c$
Grad 5 und Punktsymmetrie:
$f(x) = ax^5 + bx^3 + cx$

Erklärvideo

Beispiel 2 Der Graph einer ganzrationalen Funktion vierten Grades ist achsensymmetrisch und hat einen Wendepunkt bei x = 1. Die Gleichung der zugehörigen Wendetangente lautet y = −4x + 3,5. Bestimmen Sie eine Funktionsgleichung.

Lösung:

① Setzen Sie die Wendestelle in die Tangentengleichung ein und ermitteln Sie die y-Koordinate des Wendepunktes W. Der Graph verläuft durch W (A). Lesen Sie die Steigung im Wendepunkt an der Tangentengleichung ab (B). Für W gilt die notwendige Bedingung (C).

Eigenschaften übersetzen:
Wendepunkt $W(1 \mid y_w)$:
$y_w = -4 \cdot 1 + 3{,}5 = -0{,}5$
(A) Punkt $W(1 \mid -0{,}5)$: $f(1) = -0{,}5$
(B) Steigung bei x = 1: $f'(1) = -4$
(C) Wendestelle x = 1: $f''(1) = 0$

② Stellen Sie die allgemeine Form der Funktionsgleichung von f auf. Wegen der Achsensymmetrie hat der Term nur gerade Exponenten. Bilden Sie f'(x) und f''(x).
Setzen Sie die Bedingungen aus ① ein und stellen Sie das lineare Gleichungssystem auf.

In allgemeine Form einsetzen:
$f(x) = ax^4 + bx^2 + c$
$f'(x) = 4ax^3 + 2bx$
$f''(x) = 12ax^2 + 2b$

(A) $f(1) = -0{,}5$
(B) $f'(1) = -4$
(C) $f''(1) = 0$
$\Rightarrow$
$$\left| \begin{array}{rcl} a + b + c & = & -0{,}5 \\ 4a + 2b & = & -4 \\ 12a + 2b & = & 0 \end{array} \right|$$

③ Lösen Sie das Gleichungssystem mit dem Einsetzungsverfahren: Stellen Sie die Gleichung (B) nach b um. Setzen Sie den Term für b in (C) ein. Ermitteln Sie damit a. Setzen Sie den Term für a wieder in (B) ein und bestimmen Sie b. Bestimmen Sie dann c, indem Sie a und b in (A) einsetzen. Setzen Sie die Lösung in die allgemeine Funktionsgleichung von f ein.

Gleichungssystem lösen:
umstellen von (B) $b = -2a - 2$
einsetzen in (C): $12a + 2(-2a - 2) = 0$
$8a - 4 = 0 \Rightarrow a = 0{,}5$
rückeinsetzen: $b = -2 \cdot 0{,}5 - 2 = -3$
einsetzen in (A): $0{,}5 + (-3) + c = -0{,}5$
$\Rightarrow c = 2$
Lösung: a = 0,5; b = −3; c = 2
$f(x) = 0{,}5x^4 - 3x^2 + 2$

④ Weisen Sie nach, dass W tatsächlich ein Wendepunkt ist. Dieser Schritt ist unverzichtbar, da in ① und ② nur notwendige Bedingungen verwendet wurden.

Eigenschaften überprüfen:
$f'''(x) = 12x$; $f'''(1) = 12 \neq 0$, also ist W ein Wendepunkt.
f erfüllt alle geforderten Eigenschaften.

Basisaufgaben

Beispiel

7 Der Graph einer quadratischen Funktion f schneidet die y-Achse bei y = 2. Der Graph von f verläuft durch den Punkt P(2 | 6) und hat an der Stelle x = 3 einen lokalen Extrempunkt. Ermitteln Sie eine Funktionsgleichung.

8 Der Graph einer ganzrationalen Funktion dritten Grades verläuft durch den Ursprung und hat an der Stelle $x = -1$ eine Wendestelle. Die Gleichung der zugehörigen Wendetangente lautet $y = -5x - 1$. Bestimmen Sie eine Funktionsgleichung.

9 Untersuchen Sie rechnerisch, ob es eine ganzrationale Funktion dritten Grades mit den folgenden Eigenschaften gibt. Falls möglich, geben Sie eine Funktionsgleichung an und skizzieren Sie den Graphen.
a) Der Graph verläuft durch den Ursprung mit der Steigung −1 und schneidet die x-Achse im Punkt $P(1\,|\,0)$ mit der Steigung 2.
b) Der Graph hat im Punkt $P(0\,|\,4)$ ein lokales Minimum. An der Stelle $x = 1$ beträgt die Steigung des Graphen −24 und bei $x = 2{,}5$ liegt eine Wendestelle.
c) Der Graph berührt die x-Achse an der Stelle $x = 2$ und hat einen Wendepunkt $W(0\,|\,4)$.
d) Der Graph verläuft durch den Punkt $P(1\,|\,1{,}5)$ und hat dort eine Steigung von −13,5. Zudem hat der Graph an der Stelle $x = 0$ ein lokales Minimum und bei $x = 5$ eine Wendestelle.

10 Der Steckbrief beschreibt den Graphen einer ganzrationalen Funktion vierten Grades.
a) Bestimmen Sie eine passende Funktionsgleichung.
b) Berechnen Sie die Wendepunkte des Graphen dieser Funktion.

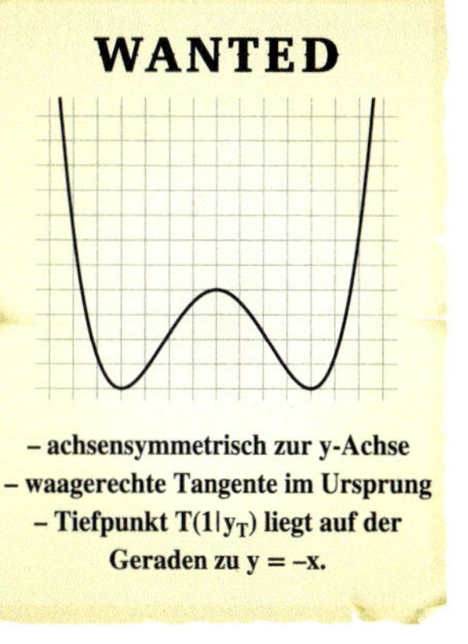

11 Der Graph einer ganzrationalen Funktion f fünften Grades ist punktsymmetrisch zum Ursprung. Der Graph schneidet die x-Achse an der Stelle $x = -2$ und verläuft durch den Punkt $P\,(1\,|\,24)$. Die Steigung des Graphen an der Stelle $x = 0$ beträgt 36.
Stellen Sie ein passendes Gleichungssystem auf und bestimmen Sie eine Funktionsgleichung von f.

12 Der Steckbrief beschreibt den Graphen einer ganzrationalen Funktion f dritten Grades.
a) Stellen Sie anhand der Stichpunkte ein lineares Gleichungssystem auf und bestimmen Sie eine passende Funktionsgleichung.
b) Untersuchen Sie die Extremstellen von f und begründen Sie, warum die Skizze auf dem Steckbrief nicht zur Lösung passt.

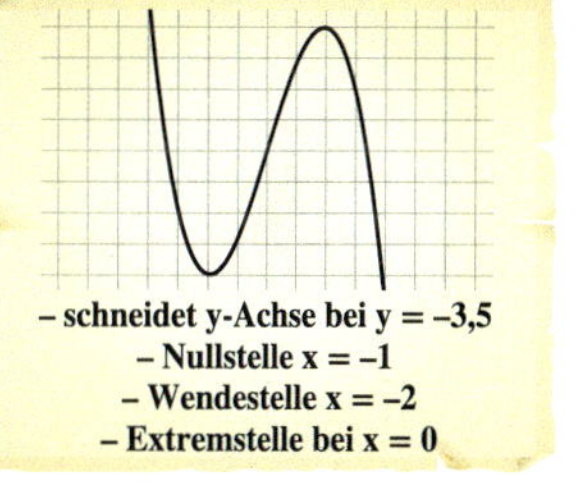

13 Die Abbildung zeigt den Graphen der ganzrationalen Funktion f dritten Grades.
Wählen Sie aus den angegebenen Gleichungen eine ausreichende Anzahl an Gleichungen aus, um die Funktionsgleichung von f zu bestimmen. Stellen Sie das entsprechende lineare Gleichungssystem auf und lösen Sie es.
Erläutern Sie, welche Mindestanforderung das Gleichungssystem aufweisen muss.

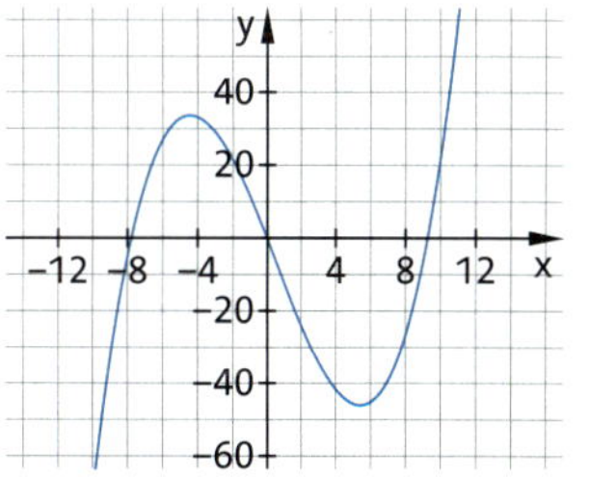

$f(4) = -41{,}25$ $f'(0{,}5) = -12{,}125$ $f'(4) = 0$ $f(-3) = \frac{88}{3}$

$f(1) = -12$ $f(0) = \frac{1}{12}$ $f'(-3) = 0$ $f''(0{,}5) = 0$ $f'(1) = 12$

Gleichungen zu Graphen bestimmen

Ist der Grad einer ganzrationalen Funktion nicht bekannt, lässt sich ihr minimaler Grad aus bestimmten Eigenschaften (Zahl der Nullstellen, Extrempunkte, Globalverhalten) herleiten.

Beispiel 3

Lesen Sie am Graphen die Anzahl der Nullstellen, Extrem- und Wendepunkte sowie das Grenzverhalten ab. Begründen Sie, welchen Grad die Funktion mindestens haben muss.

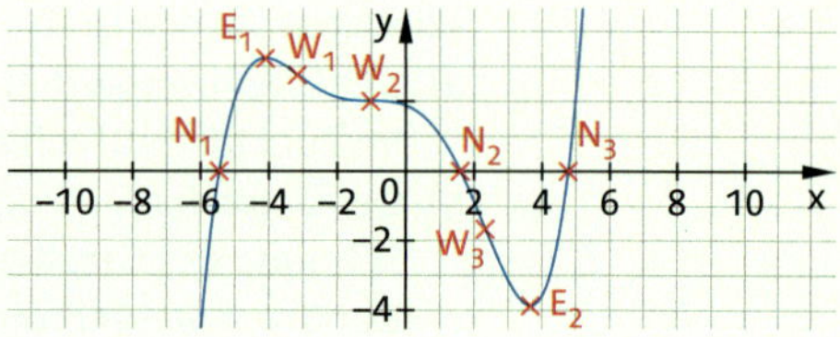

Lösung:

Leiten Sie aus der Zahl der Nullstellen den minimalen Grad n von f ab. Leiten Sie aus der Zahl der Extrem- und Wendepunkte den minimalen Grad n − 1 von f′ bzw. n − 2 von f″ ab. Prüfen Sie anhand des Globalverhaltens, ob n gerade oder ungerade ist.

3 Nullstellen $\Rightarrow n \geq 3$
2 Extremstellen $\Rightarrow n - 1 \geq 2 \Rightarrow n \geq 3$
3 Wendepunkte $\Rightarrow n - 2 \geq 3 \Rightarrow n \geq 5$
$\lim\limits_{x \to -\infty} f(x) = -\infty$ und $\lim\limits_{x \to +\infty} f(x) = +\infty$
n muss ungerade sein.
Die gesuchte Funktion zu dem Graphen muss mindestens den Grad fünf haben.

Erinnerung

Der Grad einer ganzrationalen Funktion ist mindestens so groß wie die Anzahl ihrer Nullstellen.

Basisaufgaben

14 Begründen Sie, welchen Grad die Funktion zum Graphen mindestens haben muss.

a) Der Graph schneidet zweimal die x-Achse.

b) Der Graph hat drei lokale Extrempunkte.

c) Der Graph hat einen Wendepunkt.

d) Der Graph berührt die x-Achse einmal und schneidet sie ein weiteres Mal.

e) Der Graph hat zwei Wendepunkte und er schneidet die x-Achse zweimal.

15 Lesen Sie am Graphen die Anzahl der Nullstellen, Extrem- und Wendepunkte sowie das Globalverhalten ab. Begründen Sie, welchen Grad die Funktion mindestens haben muss.

a)

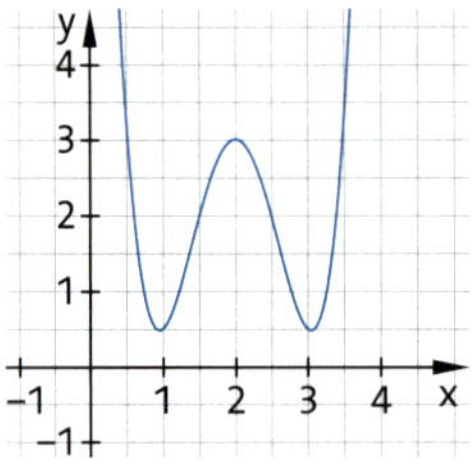

b)

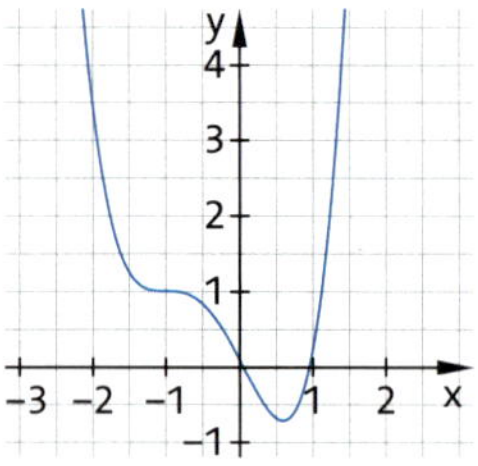

c)

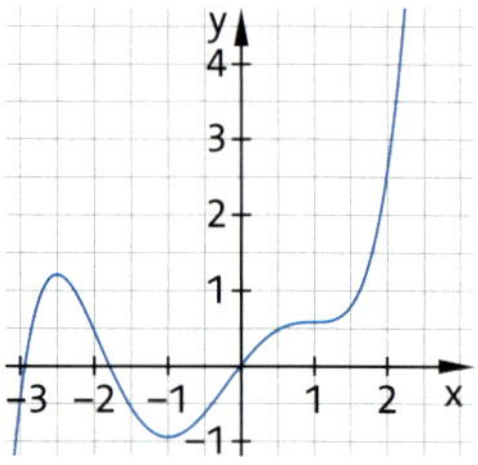

16 Geben Sie an, welchen Grad eine ganzrationale Funktion mit den angegebenen Eigenschaften mindestens haben muss. Formulieren Sie möglichst viele Bedingungen und entscheiden Sie, ob diese für ein eindeutiges Ergebnis ausreichen.

a) Hochpunkt H(1 | 4)

b) Tiefpunkt T(3 | −2) und Nullstelle x = 5

c) Graph schneidet die y-Achse bei 8 und berührt die x-Achse bei x = 4

d) Hochpunkt H(−1 | 2) und Tiefpunkt T(1 | −2)

e) Wendepunkt W(1 | 3)

f) Sattelpunkt S(1 | 3), Graph geht durch den Ursprung

g) Sattelpunkt S(1 | 3)

Weiterführende Aufgaben

Zwischentest

Hilfe

17 Die Abbildung zeigt den Graphen einer ganzrationalen Funktion f.
a) Begründen Sie, warum die Funktion f mindestens vom Grad vier sein muss.
b) Formulieren Sie eine Steckbriefaufgabe.
c) Bestimmen Sie einen Funktionsterm.

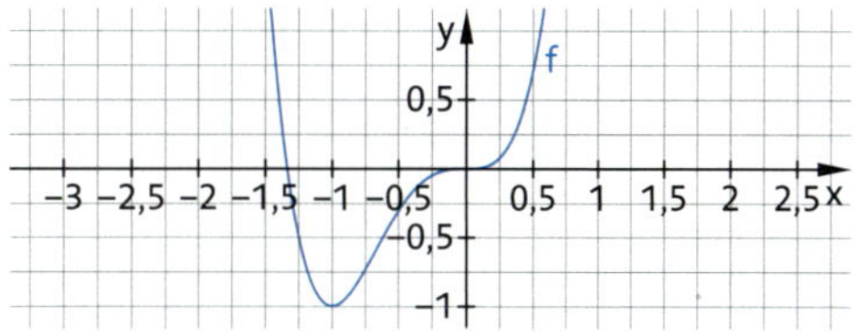

18 Bestimmen Sie die Gleichung einer ganzrationalen Funktion, die zum Graphen passt.

a) 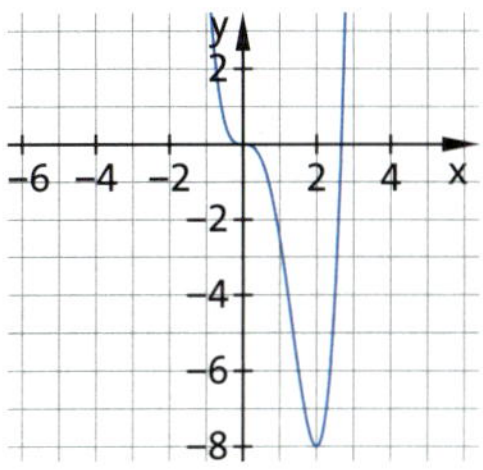

b) 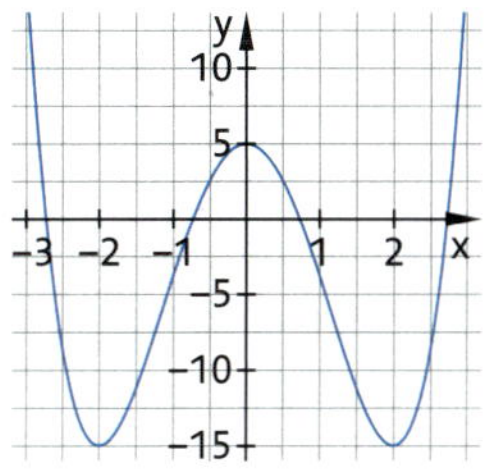

c) 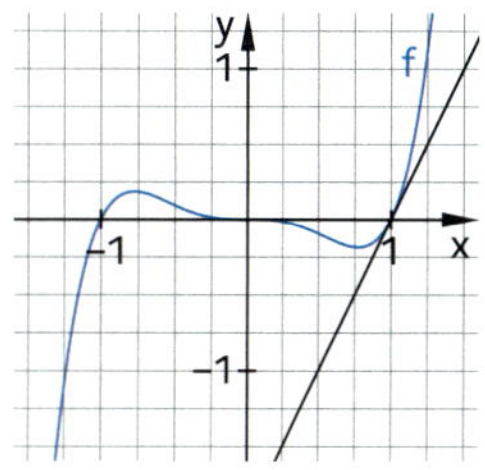

19 **Stolperstelle:** Tina und Joe untersuchen, ob es eine ganzrationale Funktion dritten Grades gibt, deren Graph die y-Achse bei 6 schneidet, einen Wendepunkt W(2 | 4) und einen Tiefpunkt bei x = 3 hat. Überprüfen Sie ihre Ergebnisse.
a) Tina: „Drei Punkte reichen nicht aus, um eine Funktion zu bestimmen."
b) Joe stellt vier Bedingungen auf und erhält f mit $f(x) = -x^3 + 6x^2 - 9x + 6$.

Hilfe

20 Gesucht ist eine ganzrationale Funktion fünften Grades.
a) Zeigen Sie, dass die folgenden Bedingungen an den Graphen nicht ausreichen, um die Funktion eindeutig festzulegen.

punktsymmetrisch zum Ursprung

waagerechte Tangente im Ursprung

Wendepunkt bei x = 3

Tiefpunkt bei $x = 3\sqrt{2}$

b) Ändern Sie die Bedingungen so, dass eine Funktion eindeutig bestimmt werden kann.

21 Gegeben ist die Funktion f mit $f(x) = x^4 - 8x^3 + 18x^2$.
a) Formulieren Sie einen Steckbrief, mit dem die Funktion f aus den gegebenen Bedingungen bestimmt werden kann.
b) Formulieren Sie zur Bestimmung der Funktion f einen Steckbrief, der die Funktionsgleichungen der Tangenten in den Wendepunkten enthält.
c) Beschreiben Sie, wie der Steckbrief aus a) oder b) so variiert werden kann, dass sich die Funktion nicht oder nicht eindeutig bestimmen lässt.

22 **Ausblick:**
Gesucht ist eine Zahl a, sodass der Übergang zwischen den Graphen von f und g an der Stelle x = 0 ohne Knick verläuft. Ermitteln Sie mithilfe eines CAS und eines Schiebereglers den Wert der Basis a möglichst genau.

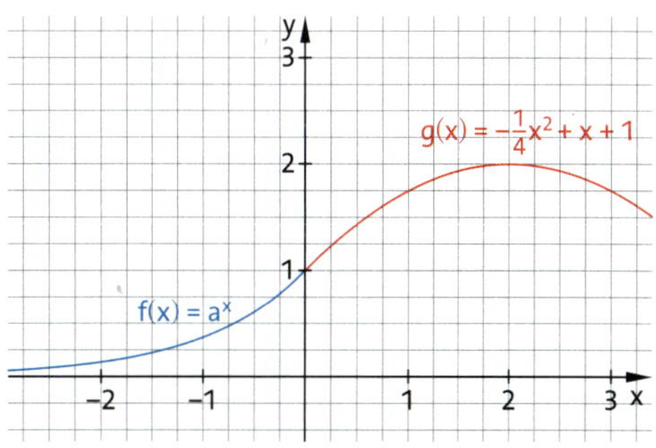

Rekonstruktion mit Mathematik-Software

Leah soll anhand von 8 Bedingungen eine Funktionsgleichung einer ganzrationalen Funktion vom Grad 7 bestimmen. Sie stellt dafür ein Gleichungssystem mit 8 Gleichungen und den 8 Koeffizienten als Variablen auf und lässt es von ihrem CAS lösen. Beurteilen Sie das Vorgehen. Überlegen Sie, ob es noch einen schnelleren Weg gibt.

Wie Kurvendiskussionen kann man auch die Rekonstruktion von Funktionstermen mit einem CAS automatisieren. Dazu erstellt man eine Vorlage für ganzrationale Funktionen eines bestimmten Grades. Anschließend muss man nur noch die jeweiligen Bedingungen eingeben, aus denen das CAS einen Funktionsterm bestimmen soll.

Hinweis

Die Beispielaufgabe wurde mit einem TI gelöst.

Beispiel 1

Eine Funktion dritten Grades hat einen Extrempunkt in (1 | 2) und einen Wendepunkt in (4 | −2). Bestimmen Sie die Koeffizienten der Funktion und zeichnen Sie den Graphen.

Lösung:

Definieren Sie in einer *Math Box* zuerst die Funktion f und ihre Ableitungen f' (als fs) und f'' (als fss) in allgemeiner Form.

Geben Sie dann den Befehl *solve* zum Lösen eines Gleichungssystems ein und speichern sie ihn als lsg. Dadurch können Sie die Lösungsmenge später weiterverwenden. Wählen Sie ein Gleichungssystem mit vier Gleichungen und geben Sie die vier Parameter aus der Funktionsgleichung als Variablen an. Tragen Sie dann die Bedingungen an die Funktion in das Gleichungssystem ein und lassen Sie die Lösung anzeigen.

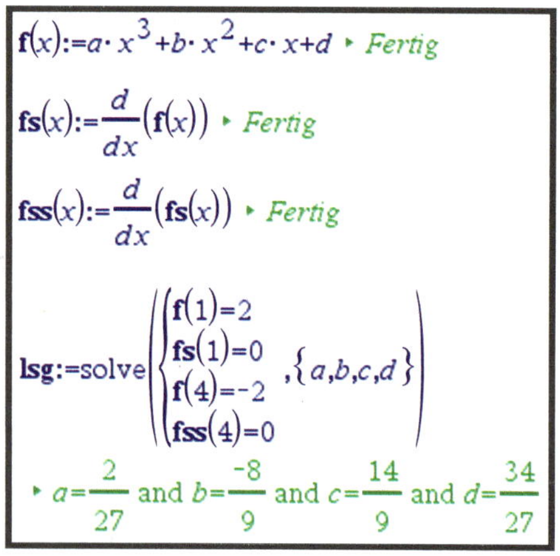

Wechseln Sie zum Zeichnen der Funktion ins *Graphs*-Fenster. Lassen Sie dort als Funktion f1 die Funktion f mit den Parametern, die das Gleichungssystem Ihnen geliefert hat, anzeigen. Verwenden Sie dazu den Operator „|".

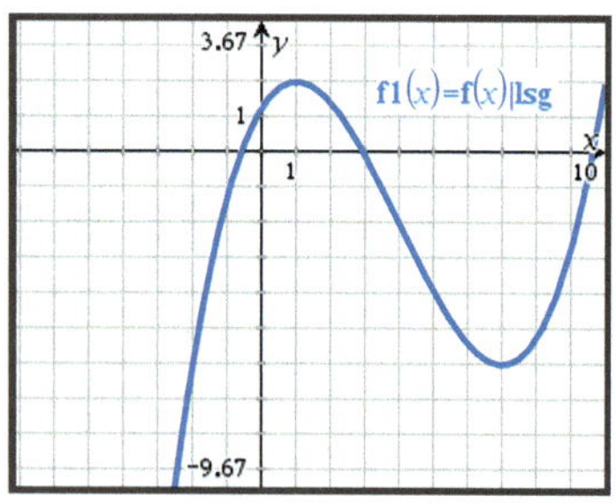

Aufgaben

1 Bestimmen Sie die Koeffizienten einer Funktion dritten Grades mit einem Extrempunkt in (−2 | 3) und einem Wendepunkt in (1 | −2).

2 Eine Funktion vierten Grades hat die Nullstelle x = −1, die Wendestelle x = −1,25 und es gilt f(1) = 6. Der Graph hat zudem den Wendepunkt W(0 | 1). Bestimmen Sie eine Funktionsgleichung von f und zeichnen Sie den Graphen.

3 Rekonstruktion mit Casio:

Casimir hat im Menü *Grafik & Tabelle* für y1 folgenden Funktionsterm eingegeben:
$a \cdot x^3 + b \cdot x^2 + c \cdot x + d$. Dann hat er das markierte Symbol zum Zeichnen mehrerer Graphen gewählt. Es wurden Schieberegler angezeigt, zunächst mit 1 belegt und der entsprechende Graph gezeichnet.

a) Prüfen Sie, ob es einen Wendepunkt gibt.

b) Wählen Sie die Einstellungen der Schieberegler so, dass der Graph die Extrempunkte $(-1\,|\,-2)$ und $(1\,|\,4)$ hat. Beurteilen Sie, ob es möglich ist, dass in beiden Punkten lokale Maxima vorliegen.

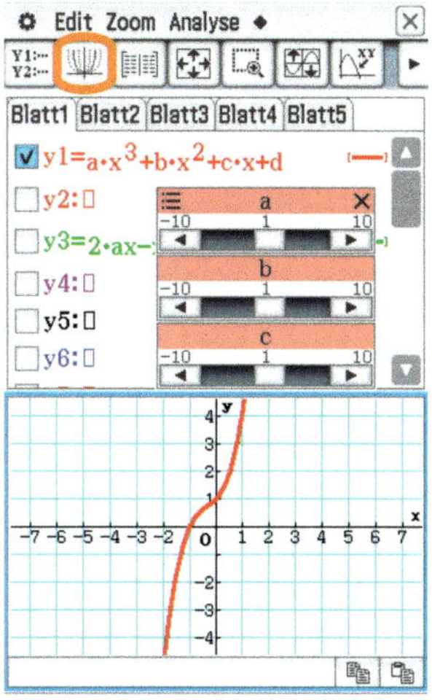

4 Beim Einsatz von *Notes* können Sie auch die Verknüpfung vom *Graphs*-Fenster zurück zur *Notes*-Seite nutzen. Erstellen Sie eine Vorlage für die Rekonstruktion einer Funktion dritten Grades wie in Beispiel 1.

Erzeugen Sie in *Graphs* einen Punkt P und speichern Sie seine Koordinaten als x1 und y1.

$P\,(-7, y1{:=}1)$

Ändern Sie dann die dritte und vierte Bedingung in Ihrem Gleichungssystem in *Notes* so, dass der Punkt P ein Extrempunkt des Graphen von f ist.
Mit dem Gleichungssystem wird nun also eine Funktion mit den Extrempunkten $(1\,|\,1)$ und P bestimmt. Dabei lässt sich der Punkt P in *Graphs* verschieben.

$$\mathrm{lsg2}{:=}\mathrm{solve}\left(\begin{cases} f(1)=1 \\ fs(1)=0 \\ f(4)=y1 \\ fs(x1)=0 \end{cases}, \{a,b,c,d\}\right)$$

a) Untersuchen Sie, wo der Punkt P im Koordinatensystem liegen muss, sodass die Funktion
① keine Nullstelle hat, ② genau eine Nullstelle hat,
③ genau zwei Nullstellen hat, ④ genau drei Nullstellen hat.

● b) Die Funktion soll nun bei $(x1\,|\,y1)$ einen Wendepunkt haben. Untersuchen Sie den Graphen auf die Anzahl der Schnittpunkte mit der x-Achse.

● **5 Forschungsauftrag:**

In *Graphs* können Sie sich den Graphen der Ableitung der gezeichneten Funktion anschauen, indem Sie in der Eingabezeile f2(x) als Ableitung von f1(x) definieren:

$$f2(x)=\frac{d}{dx}(f1(x))$$

Das kann Ihnen helfen, um auch die Gleichungen anderer Funktionstypen mit dem CAS zu rekonstruieren. Speichern Sie dazu deren allgemeine Funktionsgleichung unter f(x). Experimentieren Sie dann mit verschiedenen Beispielen für einen Funktionsterm der folgenden Form.

a) $ax^5 + bx^4 + cx^3 + dx^2 + ex + k$

b) $\sqrt{ax + b}$

c) $\frac{a}{(x-b)^3} + \frac{c}{(x-d)^2}$

d) $a^{-bx} \cdot x^2$

3.8 Rekonstruktion in Anwendungen

Interpretieren Sie die Bedeutung der eingezeichneten Punkte des Graphen im angegebenen Kontext.
a) Die Funktion f modelliert die Fahrt eines Autos (t: Zeit in Minuten, f(t): Geschwindigkeit in $\frac{km}{h}$).
b) Die Funktion f modelliert die Anzahl der Kunden in einem Supermarkt (t: Zeit in Stunden nach Ladenöffnung, f(t): Anzahl der Kunden).

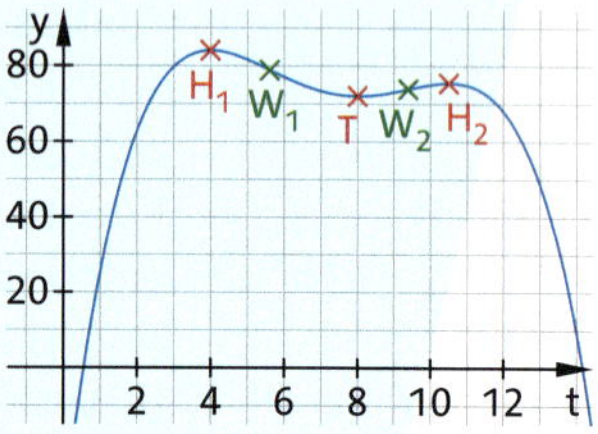

Häufig werden reale Sachverhalte mit ganzrationalen Funktionen modelliert.

Prozesse modellieren

Ein Vorgang, der sich über eine gewisse Zeit erstreckt, wird Prozess genannt. Dieser kann durch eine Funktion f beschrieben werden. Je nach Zusammenhang wird f′ als Geschwindigkeit interpretiert und f″ als Beschleunigung.

Erklärvideo

Beispiel 1 Eine ganzrationale Funktion dritten Grades beschreibt die Höhe eines Heißluftballons. Der Ballon startet vom Boden mit einer Geschwindigkeit von 192 Meter pro Minute nach oben. Nach 8 Minuten erreicht der Ballon seine Maximalhöhe und sinkt danach wieder. Nach 16 Minuten ist die Geschwindigkeit während des Sinkflugs maximal.
a) Bestimmen Sie eine passende Funktionsgleichung.
b) Zeigen Sie, dass der Ballon nach 24 Minuten auf dem Boden landet. Begründen Sie anhand des Graphen, dass die Landung sanft verläuft.

Lösung:

a) Wählen Sie geeignete Einheiten für t und h(t). Da t in Minuten angegeben wird, entspricht h′(t) der Geschwindigkeit in Meter pro Minute. Übersetzen Sie die Daten des Flugs in Gleichungen.
Der Flug startet zum Zeitpunkt t = 0 auf dem Boden (A). Die Geschwindigkeit beim Start entspricht h′(0) (B).
Nach 8 Minuten liegt eine Extremstelle (Maximum) vor, da der Ballon bis dahin steigt und danach wieder sinkt (C).
Nach 16 Minuten liegt eine Wendestelle vor, da die Geschwindigkeit und damit h′(t) extremal ist (D).
Stellen Sie damit ein Gleichungssystem auf und bestimmen Sie die Funktion h.

Ansatz:
$h(t) = at^3 + bt^2 + ct + d$
t: Zeit in Minuten; h(t): Höhe in Metern

Bedingungen:

(A) Startpunkt P(0 | 0):	$h(0) = 0$
(B) Startgeschwindigkeit:	$h'(0) = 192$
(C) Extremstelle t = 8:	$h'(8) = 0$
(D) Wendestelle t = 16:	$h''(16) = 0$

Gleichungssystem:

$$\left|\begin{array}{rcl} d &=& 0 \\ c &=& 192 \\ 192a + 16b + c &=& 0 \\ 96a + 2b &=& 0 \end{array}\right| \Rightarrow \begin{array}{l} a = \frac{1}{3}; b = -16; \\ c = 192; d = 0 \end{array}$$

Lösung: $h(t) = \frac{1}{3}t^3 - 16t^2 + 192t$

b) Setzen Sie 24 für t in die Funktionsgleichung aus a) ein und zeigen Sie, dass eine Nullstelle vorliegt. Der Ballon landet somit auf dem Boden. Damit die Landung sanft verläuft, muss sich die Geschwindigkeit möglichst auf null verringern. Bestimmen Sie h′ und zeigen Sie, dass h′(24) = 0 ist.

$h(24) = \frac{1}{3} \cdot 24^3 - 16 \cdot 24^2 + 192 \cdot 24 = 0$
$h'(t) = t^2 - 32t + 192$
$h'(24) = 24^2 - 32 \cdot 24 + 192 = 0$
Bei der Landung verringert sich die Geschwindigkeit bis auf null. Die Landung verläuft sanft.

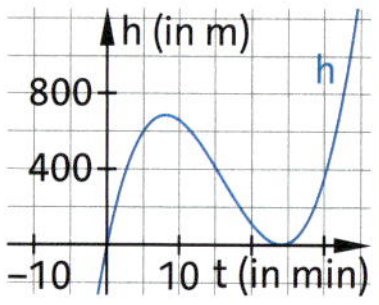

Basisaufgaben

1 Ein Unternehmen stellt Abfallbehälter her. Dabei wurden folgende Kosten ermittelt (x: Mengeneinheit in 1000 Stück; K: Kosten in 1000 €).

x	0	10	20	40
K(x)	40	50	58	112

Für den Umsatz in Euro gilt $U(x) = 3x$.
Ermitteln Sie zunächst eine Funktionsgleichung dritten Grades für die Kostenfunktion und bestimmen Sie damit die optimale Produktionsmenge.

2 Eine ganzrationale Funktion f dritten Grades beschreibt zu jedem Zeitpunkt die Gesamtmenge an Sauerstoff, die von einer Pflanze seit 6 Uhr produziert wurde. Um 6 Uhr betragen die Produktion 0 ℓ und die Produktionsrate 0 ℓ/h. Um 14 Uhr wird mit 64 ℓ/h die höchste Produktionsrate erreicht.

a) Bestimmen Sie eine Funktionsgleichung der Funktion f.
b) Berechnen Sie die Sauerstoffmenge, die im Zeitraum von 6 bis 20 Uhr insgesamt produziert wird.
c) Berechnen Sie, in welchen Zeiträumen die Produktionsrate unter 10 ℓ/h liegt.

3 Ergänzen Sie die inhaltlichen Beschreibungen der jeweiligen Sachsituation im Heft.

Zugeordnete Größen	**f(t)**	**f'(t)**	**Maximum/Minimum**	**Wendepunkt**
Minute → Zurückgelegter Weg				
Minute → Geschwindigkeit				
Jahr → Bevölkerung einer Stadt				
Tag → Anzahl Grippeerkrankter				
Uhrzeit → Pegelstand eines Flusses				

4 Tom hat auf seiner Fahrradtour zu verschiedenen Zeitpunkten seine Geschwindigkeit auf dem Fahrradcomputer abgelesen.

Zeit in Minuten	0	1	5	8
Geschwindigkeit in $\frac{km}{h}$	0	9,8	11	5,6

a) Ermitteln Sie aus den angegebenen Daten eine ganzrationale Funktion dritten Grades, die Toms Geschwindigkeit zum Zeitpunkt t modelliert.
b) Berechnen Sie die durchschnittliche Beschleunigung innerhalb der ersten zwei Minuten der Fahrradtour.
c) Begründen Sie, dass die Funktion aus a) für die Modellierung der Geschwindigkeit während der Fahrradtour nur für einen kleinen Zeitraum geeignet ist.

5 Ein Ufo wurde für einige Minuten von der Luftraumüberwachung verfolgt. Zu Beginn der Beobachtung befand es sich in 4 km Höhe. Es begann zu steigen und wurde dabei immer schneller. Nach 1 Minute und 40 Sekunden wurde das Ufo wieder langsamer und beendete nach 4 Minuten seinen Steigflug. Danach begann es zu sinken.

a) Bestimmen Sie in der Funktionsgleichung von f mit $f(t) = at^4 - \frac{23}{60}t^3 + bt^2 + c$ die fehlenden Parameter a, b und c, sodass die Funktion den Flug des Ufos modelliert.
b) Nach 6 Minuten verschwand das Ufo vom Radar. Überprüfen Sie anhand der Funktion f, ob das Ufo abgestürzt ist.

Randkurven beschreiben

In manchen Fällen sollen Randkurven von Objekten mit dem Graphen einer ganzrationalen Funktion mit vorgegebenem Grad beschrieben werden.

Beispiel 2

Beschreiben Sie die obere Randkurven des abgebildeten Logos (Breite: 8 LE) mit einer ganzrationalen Funktion vierten Grades. Wählen Sie hierzu eine günstige Lage des Koordinatensystems und lesen Sie geeignete Eigenschaften des Graphen ab.

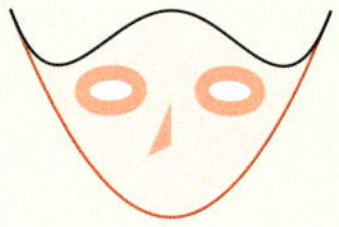

Lösung:

Das Logo ist symmetrisch. Legen Sie die y-Achse in die Mitte, um dies zu nutzen. Legen Sie den Ursprung in den Mittelpunkt der oberen Kurve, um möglichst einfache Bedingungen zu erhalten. Zur Bestimmung der Funktionsgleichung lesen Sie die Nullstellen ab.

Hochpunkt: H(0 | 0)
Nullstellen: $x_{1/2} = \pm 4$; $x_3 = 0$
Tiefpunkte: T_1, T_2

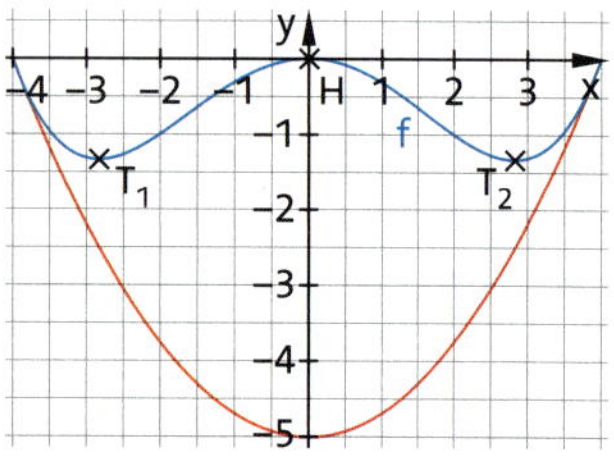

Die obere Randkurve hat drei Extrempunkte. Aufgrund der Achsensymmetrie müssen nur drei Parameter bestimmt werden. Der Hochpunkt und die Nullstellen liefern nur zwei Bedingungen.
Eine dritte Bedingung ergibt sich durch Ablesen eines weiteren Punktes (hier P(2 | −1)).
Stellen Sie ein lineares Gleichungssystem auf und ermitteln Sie die Koeffizienten.

Der Graph von f ist achsensymmetrisch
Ansatz: $f(x) = ax^4 + bx^2 + c$

H(0 | 0)	$f(0) = 0 \Leftrightarrow c = 0$
	$f'(0) = 0 \Leftrightarrow 0 = 0$ (nicht hilfreich)
$N_1(-4 \mid 0)$	$f(-4) = 256a + 16b = 0$
$N_2(4 \mid 0)$	$f(4) = 256a + 16b = 0$ (identisch)
P(2 | −1)	$f(2) = 16a + 4b = -1$

$$\left| \begin{array}{l} 256a + 16b = 0 \\ 16a + 4b = -1 \end{array} \right| \Rightarrow a = \frac{1}{48}; b = -\frac{1}{3}$$

$$f(x) = \frac{1}{48}x^4 - \frac{1}{3}x^2$$

Basisaufgaben

6 Für einen Skaterpark soll eine neue Rampe konstruiert werden. Die Rampe soll 3 Meter hoch sein und im höchsten Punkt waagerecht verlaufen. In der Mitte der Rampe soll das Gefälle der Rampe am größten sein.

a) Ermitteln Sie eine ganzrationale Funktion dritten Grades, deren Graph den Verlauf der Rampe modelliert.

b) Zeigen Sie, dass die Rampe waagerecht am Boden abschließt.

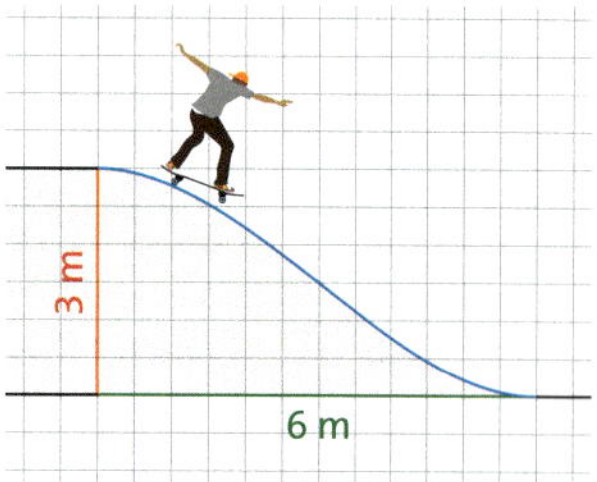

7 Das rosa gefärbte Kunststoffteil der Rutsche soll mit dem Graphen einer Funktion beschrieben werden. Die Rutsche beginnt und endet jeweils waagerecht.

a) Bestimmen Sie eine geeignete ganzrationale Funktion dritten Grades.

b) Berechnen Sie mit dem Ergebnis aus a) die Stelle, an der die Rutsche am steilsten ist, und geben Sie diese Steigung an. Geben Sie auch den Steigungswinkel an dieser Stelle an.

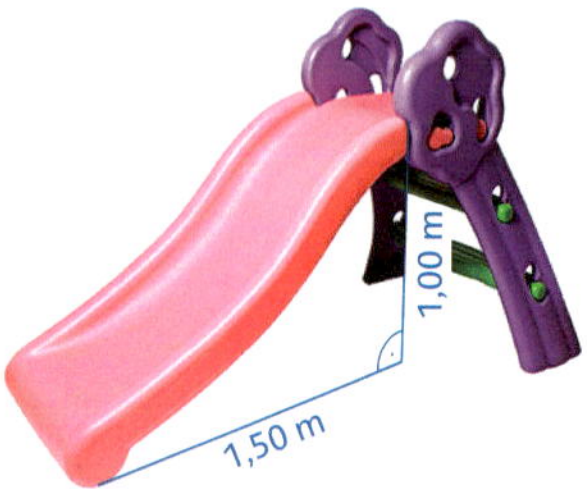

8 Die AOV-AG hat ein neues Logo entwerfen lassen. Ein Kreis mit dem Radius 2, der den Buchstaben O bildet, wird von zwei Funktionen f und g umschlossen. Der Graph der unteren Funktion f, der den Buchstaben V bildet, ist durch $f(x) = \frac{2}{9}x^2 - 2$ gegeben.

a) Ermitteln Sie eine Funktionsgleichung für den oberen Graphen g, der den Buchstaben A bildet.

b) Die Wendepunkte von g sollen eine waagerechte Strecke begrenzen. Berechnen Sie die Länge der Strecke.

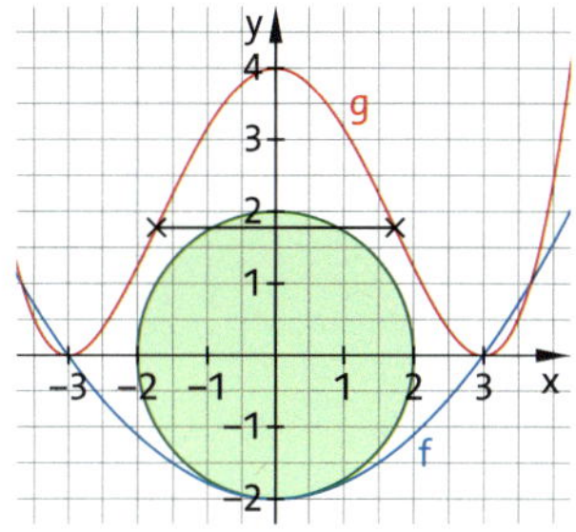

9 Das Copan-Gebäude in São Paulo gilt als eines der größten Wohngebäude der Welt. Die Abbildung zeigt ein grobes Modell des wellenförmigen Grundrisses.

a) Ermitteln Sie eine ganzrationale Funktion f, die die untere Begrenzungslinie im Modell beschreibt.

b) Das Gebäude ist ca. 12 Meter breit. Begründen Sie, dass die Funktion g mit $g(x) = f(x) + 12$ zur Beschreibung der oberen Begrenzungslinie im Modell ungeeignet ist.

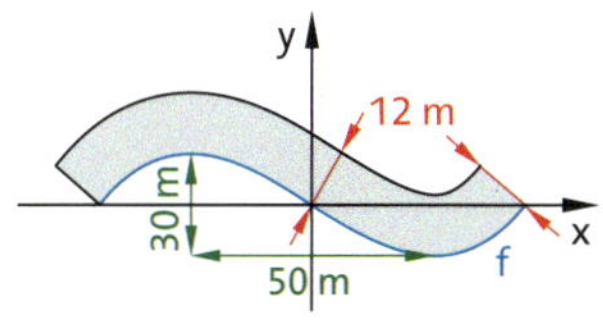

Trassierung

Die Linienführung einer Straße oder eines Gleises (die sogenannte Trasse) lässt sich stückweise durch Funktionsgraphen beschreiben. Dabei heißt der Übergang zwischen den Teilgraphen zweier Funktionen f und g an einer Stelle a

- **sprungfrei** (stetig), wenn $f(a) = g(a)$ gilt,
- **knickfrei** (differenzierbar), wenn $f(a) = g(a)$ und $f'(a) = g'(a)$ gilt,
- **krümmungsruckfrei**, wenn $f(a) = g(a)$, $f'(a) = g'(a)$ und $f''(a) = g''(a)$ gilt.

Beispiel 3 Bestimmen Sie eine ganzrationale Funktion dritten Grades, deren Graph die beiden Geraden in der Abbildung knickfrei verbindet. Prüfen Sie, ob die Übergänge auch krümmungsruckfrei sind.

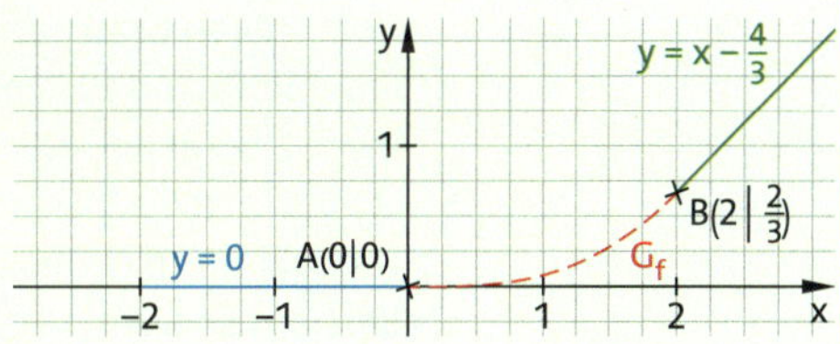

Lösung:

Stellen Sie die allgemeine Funktionsgleichung auf und bilden Sie die Ableitungen.

$f(x) = ax^3 + bx^2 + cx + d$
$f'(x) = 3ax^2 + 2bx + c, \quad f''(x) = 6ax + 2b$

Der Graph von f muss durch A und B verlaufen. Stellen Sie aus dieser Bedingung zwei Gleichungen auf.

sprungfrei:
$A(0 \mid 0)$: $f(0) = 0$: $\quad d = 0$
$B\left(2 \mid \frac{2}{3}\right)$: $f(2) = \frac{2}{3}$: $\quad 8a + 4b + 2c = \frac{2}{3}$

Ermitteln Sie für den knickfreien Übergang die Steigungen der beiden Geraden und setzen Sie diese mit $f'(0)$ bzw. $f'(2)$ gleich.

knickfrei:
A: $m = 0 = f'(0)$: $\quad c = 0$
B: $m = 1 = f'(2)$: $\quad 12a + 4b = 1$

Berechnen Sie die Parameter und stellen Sie eine Funktionsgleichung auf.

$$\left| \begin{aligned} 8a + 4b &= \tfrac{2}{3} \\ 12a + 4b &= 1 \end{aligned} \right| \Rightarrow a = \frac{1}{12};\ b = 0$$

Prüfen Sie, ob auch die Werte der zweiten Ableitungen an den Verbindungsstellen übereinstimmen.

$f(x) = \frac{1}{12}x^3$
$f''(0) = 0$, d. h. im Ursprung ruckfrei.
$f''(2) = 1 \neq 0$, d. h. im Punkt B nicht ruckfrei.

Basisaufgaben

10 Durch das Zentrum eines kleinen Orts im Punkt $(0|1)$ verläuft eine Bundesstraße mit starkem Verkehr. Um die Bevölkerung des Orts von Lärm und Abgasen zu entlasten, soll eine Umgehungsstraße gebaut werden, die in den Punkten A und B von der Bundesstraße abzweigt. Dabei darf im Punkt A kein Knick entstehen, während der Anschluss in B unter einem beliebigen Winkel erfolgen kann. Aus Gründen der Geländebeschaffenheit muss die Umgehungsstraße durch den Punkt C verlaufen.

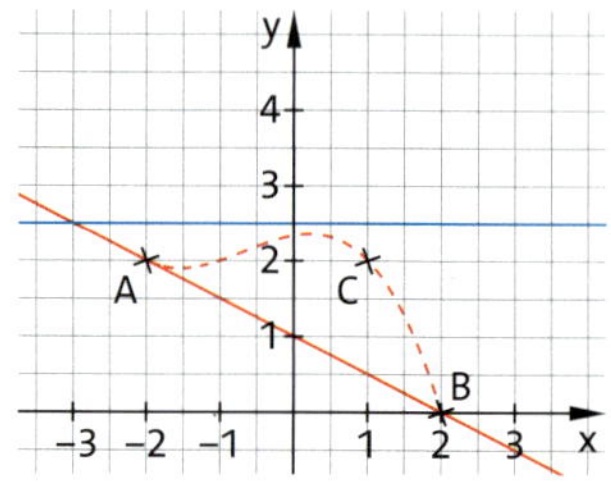

a) Stellen Sie Funktionsgleichungen auf, die den Verlauf der Bundesstraße sowie den der Umgehungsstraße beschreiben.

b) Die Brücke bei $(-3|2{,}5)$ führt die Bundesstraße über einen Kanal (in der Abbildung blau). Die Uferwiesen dienen Erholungszwecken, weshalb die Umgehungsstraße zum Kanal einen Abstand von 0,1 nicht unterschreiten soll. Prüfen Sie, ob der Graph der Funktion aus a) diese Anforderung erfüllt.

11 Die Rutsche zwischen den Punkten A und B soll durch eine ganzrationale Funktion dritten Grades so modelliert werden, dass sie in A und B waagerecht verläuft.

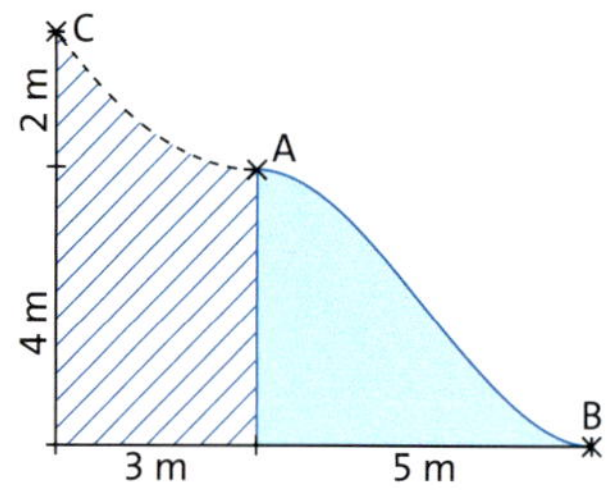

a) Wählen Sie ein geeignetes Koordinatensystem und bestimmen Sie eine Funktionsgleichung.

b) Die Rutsche soll zwischen A und C so erweitert werden, dass im Punkt A kein Knick entsteht. Bestimmen Sie eine geeignete quadratische Funktion.

12 Die beiden Gleise sollen durch den Graphen einer quadratischen Funktion f miteinander verbunden werden.

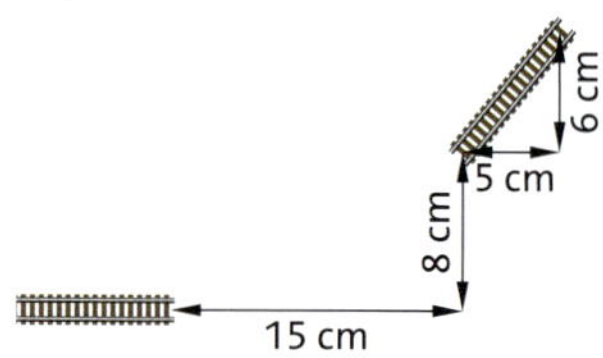

a) Bestimmen Sie die Gleichung der quadratischen Funktion f, deren Graph am waagerechten Gleis knickfrei anschließt und zum oberen Gleis führt. Prüfen Sie, ob beide Übergänge knickfrei sind.

b) Überprüfen Sie, ob sich das obere Gleis vertikal so verschieben lässt, dass beide Übergänge knickfrei sind. Bestimmen Sie die notwendigen Maße.

c) Bestimmen Sie eine ganzrationale Funktion g vom Grad 3, deren Graph die Gleise ohne eine Verschiebung knickfrei miteinander verbindet.

Weiterführende Aufgaben

Zwischentest

Hilfe

13 Bei einer Wurfparabel hängt die maximale Wurfweite von der Anfangsgeschwindigkeit der Kugel, also von der Kraft des Sportlers, und vom Abwurfwinkel ab.
Ein Kugelstoßer stößt aus einer Höhe von 2 m und unter einem Winkel von 45° die Kugel 12 m (15 m; 18 m) weit. Berechnen Sie jeweils die maximale Höhe der Flugbahn.

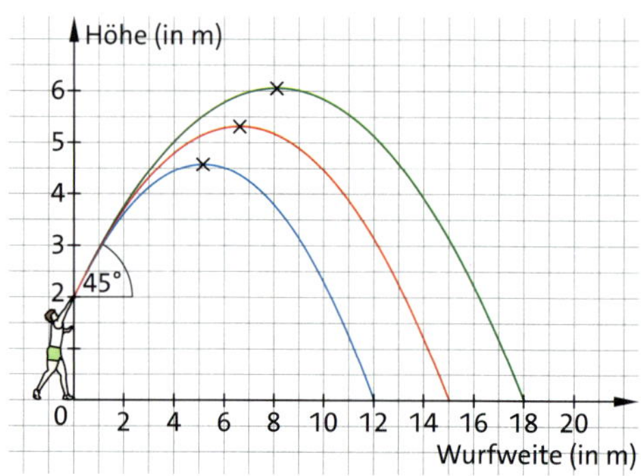

14 Stolperstelle: Marie und Lucy modellieren den Pegelstand eines kleinen Flusses an einem Tag zwischen 8 Uhr und 19 Uhr mit einer ganzrationalen Funktion dritten Grades. Bis um 10 Uhr sank der Pegel auf 1,80 m. Von diesem Zeitpunkt an stieg der Pegel. Um 12:40 Uhr wurde ein maximaler Anstieg des Wassers um 0,2 Meter pro Minute beobachtet. Nehmen Sie Stellung zu Maries und Lucys Lösungsansätzen.

Marie

$f(0) = 1{,}8 \quad f'(0) = 0$

$f''\left(\frac{8}{3}\right) = 0 \quad f'\left(\frac{8}{3}\right) = 0{,}2$

$$\left|\begin{aligned} d &= 1{,}8 \\ c &= 0 \\ 6 \cdot \tfrac{8}{3}a + 2b &= 0 \\ 3 \cdot \left(\tfrac{8}{3}\right)^2 a + 2 \cdot \tfrac{8}{3} b + c &= 0{,}2 \end{aligned}\right|$$

Lucy

$f(10) = 1{,}8$

12:40 Uhr entspricht $t = \frac{38}{3}$, also $f\left(\frac{38}{3}\right) = 0{,}2$

$f'\left(\frac{38}{3}\right) = 0$

$$\left|\begin{aligned} 10^3a + 10^2b + 10c + d &= 1{,}8 \\ \left(\tfrac{38}{3}\right)^3 a + \left(\tfrac{38}{3}\right)^2 b + \tfrac{38}{3}c + d &= 1{,}8 \\ 3 \cdot \left(\tfrac{38}{3}\right)^2 a + 2 \cdot \tfrac{38}{3} b + c &= 0{,}2 \end{aligned}\right|$$

15 Ein Unternehmen verkauft neue Modelle seiner beliebten Bluetooth-Kopfhörer. Bei den letzten Modellen wurde beobachtet, dass die Anzahl der Bestellungen im Online-Shop stark vom Verkaufspreis abhängt. Bei einem Verkaufspreis von 20€ war die Anzahl der Bestellungen minimal. Bei einem Preis von 65€ war die Zunahme der Bestellungen am höchsten. Dies kann durch eine Funktion dritten Grades modelliert werden.

a) Ermitteln Sie b und c, sodass die Funktion $f: x \mapsto -\frac{1}{60}x^3 + bx^2 + cx + \frac{3601}{3}$ die Anzahl der Bestellungen im Online-Shop in Abhängigkeit vom Verkaufspreis im Intervall [20; 150] modelliert.

b) Berechnen Sie, bei welchem Preis x die Anzahl der Bestellungen am größten ist. Geben Sie die maximale Anzahl an Bestellungen an.

c) Ermitteln Sie eine Funktion, die den Umsatz des Online-Shops abhängig vom Verkaufspreis modelliert. Zeigen Sie: Der Umsatz ist bei einem Preis von etwa 120€ maximal.

16 Die Hamburger Elbphilharmonie ist seit ihrer Fertigstellung eine bedeutende Touristenattraktion der Stadt. Das Foto zeigt den seitlichen Blick auf das Gebäude. Die Punkte A und B liegen auf einer Höhe von 81,22 Metern. Der Punkt C befindet sich 17 Meter vom linken Gebäuderand auf einer Höhe von 70 Metern.

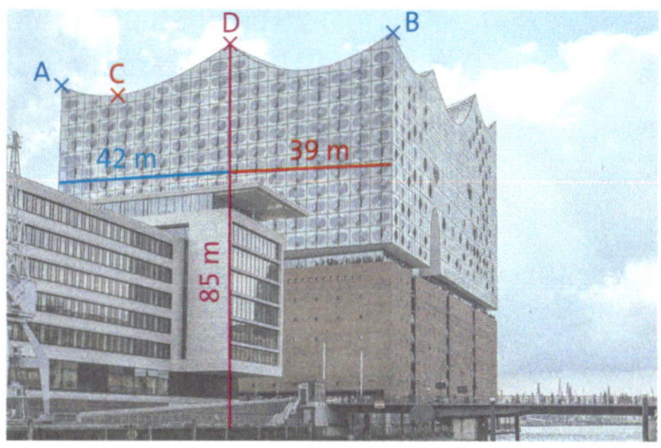

a) Ermitteln Sie eine Funktionsgleichung der Parabel durch A, C und D.

b) Der tiefste Punkt der rechten Dachlinie befindet sich auf einer Höhe von 77 Metern. Ermitteln Sie eine Funktionsgleichung der rechten Parabel.

17 In der Abbildung sind zwei Straßenstücke dargestellt, die durch ein Kurvenstück verbunden werden sollen.

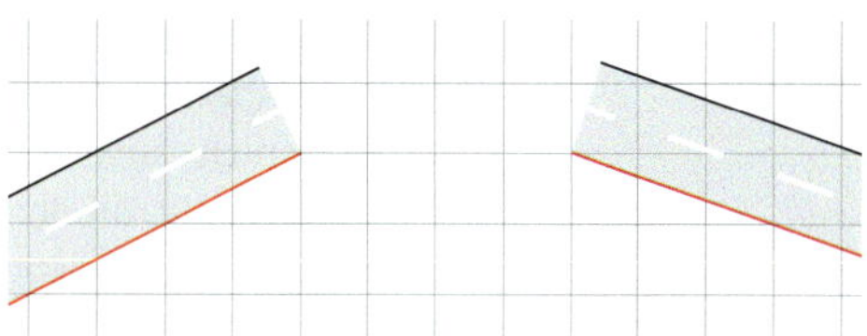

a) Wählen Sie ein geeignetes Koordinatensystem und bestimmen Sie eine quadratische Funktion, deren Graph die beiden roten Fahrbahnränder verbindet. Zeigen Sie, dass mindestens eine der Streckenverbindungen einen Knick hat.

b) Bestimmen Sie eine ganzrationale Funktion mit möglichst geringem Grad, die die Straßenstücke knickfrei verbindet.

18 Das Höhenprofil einer 6 km langen Wanderstrecke lässt sich durch eine ganzrationale Funktion dritten Grades beschreiben (Einheiten auf den Achsen: x-Achse 1 km, y-Achse 100 m). Nach 2 km bergauf bis zur Höhe von 222 m geht es auf einer Strecke von 2 km bergab. Dabei wird ein Höhenunterschied von 44 m überwunden. Anschließend führt die Tour wieder bergauf.

a) Formulieren Sie möglichst viele Bedingungen an Funktionen, deren Graphen das Höhenprofil wiedergeben.

b) Zeigen Sie, dass eine Lösung des sich aus den Bedingungen ergebenden Gleichungssystems auf die Gleichung $f(x) = 0{,}11x^3 - 0{,}99x^2 + 2{,}64x + 0{,}02$ führt.

c) Untersuchen Sie, ob auch die Funktion g mit $g(x) = \frac{1}{9}x^3 - x^2 + \frac{8}{3}x$ zur Beschreibung des Sachverhalts geeignet ist.

d) Bestimmen Sie, auf welchen Streckenabschnitten die Steigung bzw. das Gefälle durchschnittlich am größten ist, wenn zur Modellierung die Funktion g aus c) verwendet wird und jeweils ansteigende bzw. absteigende Streckenabschnitte betrachtet werden.

e) Untersuchen Sie, für welche Werte von a die Funktion g_a mit $g_a(x) = ax^3 - x^2 + \frac{8}{3}x$ genau zwei Extremstellen hat.

Hinweis zu 19

Wählen Sie t = 0 für das Jahr 1950.

19 In der Grafik sind die Weltbevölkerungszahlen von 1950 bis heute dargestellt.

a) Stellen Sie verschiedene Ansätze für ganzrationale Funktionen auf, die den Verlauf für den angegebenen Zeitraum näherungsweise beschreiben.

b) Erläutern Sie Grenzen Ihrer Ansätze für den Zeitraum nach 2023. Nutzen Sie z. B. die Prognose, dass es ab 2070 zu einer Stabilisierung der Zahlen bei 10 Mrd. kommen soll.

c) Informieren Sie sich über andere Modellierungen. Nutzen Sie Ihr CAS für eine geeignete Regression.

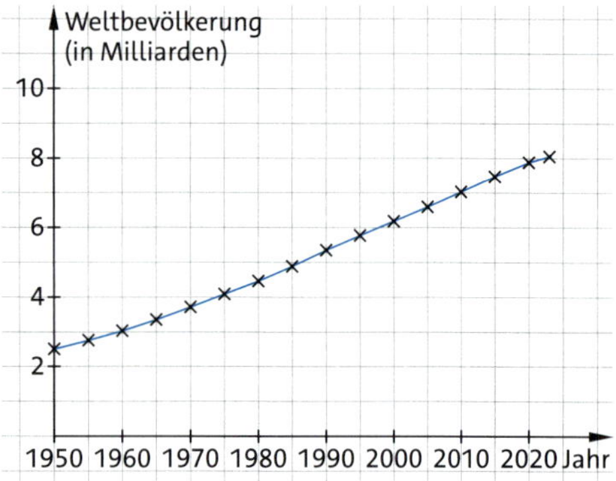

20 Ausblick:

Um das Wachstumsverhalten einer Nutzpflanze zu untersuchen, wurde eine Pflanze über einen Zeitraum von 17 Wochen nach ihrer Pflanzung beobachtet. Die Tabelle enthält die Messwerte.

Wochen seit Pflanzung	0	3	17
Pflanzenhöhe in cm	4,8095	14,67	128,76

a) Bestimmen Sie mithilfe des Datenmaterials eine quadratische Funktion f, die die Höhe der Pflanze zum Zeitpunkt t modelliert.v

b) Nach 8 Wochen, 4 Tagen, 14 Stunden und 24 Minuten wurde das schnellste Wachstum der Pflanze beobachtet. Begründen Sie, dass die in a) ermittelte Funktion diese Eigenschaft nicht aufweisen kann.
Ermitteln Sie mit der zusätzlichen Information eine ganzrationale Funktion g, die die Höhe der Pflanze zum Zeitpunkt t modelliert.

c) Ermitteln Sie rechnerisch sowohl für die Funktion aus a) als auch aus b), mit welcher Pflanzenhöhe nach einem halben Jahr zu rechnen ist.

d) Begründen Sie, dass beide Modellierungen für eine langfristige Prognose des Pflanzenwachstums ungeeignet sind.

3.9 Klausur- und Abiturtraining

Aufgaben ohne Hilfsmittel

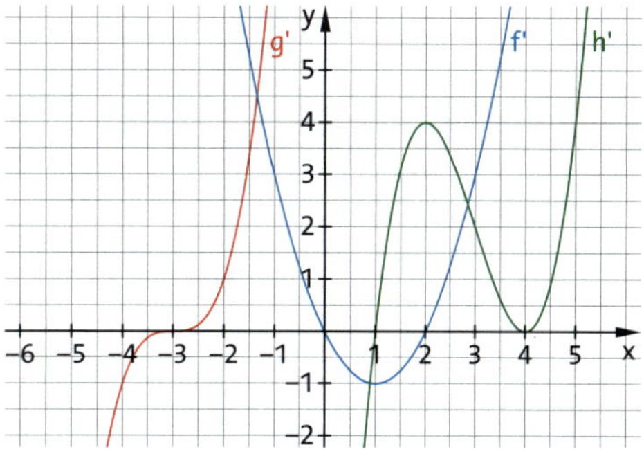

1 Die Abbildung zeigt die Graphen dreier Ableitungsfunktionen f′, g′ und h′.

a) Beschreiben Sie das Monotonieverhalten der Graphen von f, g und h.

b) Nennen Sie die Extremstellen von f und g sowie die Art der Extrema. Begründen Sie, warum Sie die Extremwerte nicht angeben können.

c) Beschreiben Sie das Krümmungsverhalten der Graphen von f, g und h. Geben Sie jeweils die Wendestellen an.

d) Einer der Graphen gehört zur Funktion f. Ordnen Sie begründet zu.

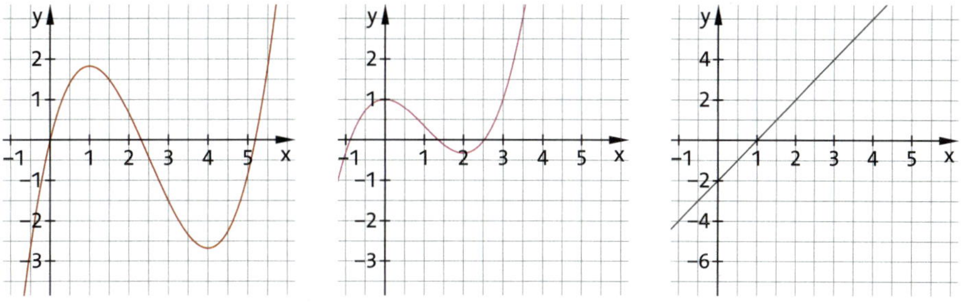

e) Geben Sie an, welchen Grad f mindestens haben muss.

2 Gegeben ist die auf ganz ℝ definierte Funktion f mit $f(x) = 0{,}2x^4 - \frac{4}{15}x^3 - 0{,}8x^2$.

a) Ermitteln Sie die Nullstellen von f und geben Sie das Verhalten von f für $x \to \pm\infty$ an.

b) Untersuchen Sie das Monotonie- und Krümmungsverhalten des Graphen von f. Bestimmen Sie die Koordinaten und die Art der Extrempunkte des Graphen von f.

c) Bestimmen Sie die Koordinaten der Wendepunkte des Graphen sowie die Gleichungen der Wendetangenten. Begründen Sie, dass diese sich nicht rechtwinklig schneiden.

d) Skizzieren Sie den Graphen von f unter Verwendung der Ergebnisse aus a)–c).

e) Beschreiben Sie, wie der Graph der Funktion g mit $g(x) = f(x) + a$ aus dem Graphen von f hervorgeht. Geben Sie alle $a \in \mathbb{R}$ an, für die g keine Nullstelle (genau zwei Nullstellen) hat.

3 Die Aussage ist falsch. Geben Sie ein passendes Gegenbeispiel an.

a) Jede ganzrationale Funktion dritten Grades hat genau 2 Extrempunkte.

b) Jede ganzrationale Funktion vierten Grades hat genau 2 Wendepunkte.

c) Ist f auf dem Intervall I streng monoton steigend, so gilt dort $f'(x) > 0$.

d) Hat f′ auf dem Intervall I keine Nullstelle, so hat f keine Extremwerte in I.

e) Hat die Funktion f in $x = 0$ ein Extremum und g ebenfalls, so auch die Funktion f + g.

f) Eine Funktion f mit $f''(0) = 0$ hat bei $x = 0$ einen Wendepunkt.

g) Gilt $f'(2) \cdot f''(2) = 0$, so hat f in $x = 2$ einen Sattelpunkt.

h) Zwischen zwei benachbarten Extrempunkten einer ganzrationalen Funktion liegt immer genau ein Wendepunkt.

4 Geben Sie den Term einer ganzrationalen Funktion f an, deren Graph im Punkt P(1 | 5)

a) eine waagerechte Tangente hat, obwohl P kein Extrempunkt ist,

b) keinen Wendepunkt hat, obwohl $f''(1) = 0$ gilt.

Aufgaben mit Hilfsmitteln

5 Für einen Kindergarten entwirft ein Architekt eine neue Rutsche. Das Profil der Rutsche wird durch den Graphen der Funktion f mit $f(x) = \frac{4}{27}x^3 - \frac{2}{3}x^2 + 2{,}5$ im Bereich $0 \le x \le 3$ beschrieben. Die x-Achse entspricht in diesem Modell dem Boden. (1 LE entspricht 1 m.)

a) Zeigen Sie, dass die Rutsche in einer Höhe von 2,5 m startet, in einer Höhe von 0,5 m endet und sowohl der Anfang als auch das Ende horizontal verlaufen, man also aufrecht sitzen kann.

b) Begründen Sie mithilfe des Satzes von Pythagoras, dass die Rutschstrecke länger als 360 cm ist.

c) Zeigen Sie, dass für die Ableitung f' gilt $f'(x) = \frac{4}{9}x(x-3)$, und begründen Sie damit, dass sich die Kinder während des Rutschens immer abwärts bewegen.

d) Beschreiben Sie die Bedeutung der Wendestelle im Sachzusammenhang.

e) Laut TÜV-Vorgabe darf das Gefälle der Rutsche höchstens 50° betragen. Überprüfen Sie, ob die Rutsche gebaut werden darf.

f) Überprüfen Sie, ob die Halbierung des maximalen Gefälles, z. B. durch $0{,}5f(x)$, zur Halbierung des Steigungswinkels führt. Formulieren Sie Ihr Ergebnis in einer allgemeinen Aussage.

6 Der Graph der Funktion f mit $f(x) = -0{,}0042x^4 + 0{,}096x^3 - 0{,}559x^2 + 4{,}879$ beschreibt für $0 \le x \le 12$ das Geländeprofil zweier Berge und der Talsohle dazwischen (1 Längeneinheit entspricht 100 m). Eine Pistenraupe will vom linken Berggipfel durch das Tal auf den rechten Berggipfel fahren.

a) Ermitteln Sie den Höhenunterschied zwischen den beiden Berggipfeln.

b) Bergauf kann die Pistenraupe höchstens einen Steigungswinkel von 50° überwinden. Prüfen Sie, ob die Pistenraupe den rechten Berghang erklimmen kann. Prüfen Sie außerdem, ob sie wieder zurück auf den linken Berggipfel fahren könnte.

c) Ermitteln Sie die horizontale Entfernung der beiden Punkte, in denen die Berghänge am steilsten verlaufen.

d) Vom Gipfel des linken Bergs aus kann die Fahrerin der Pistenraupe hinter dem rechten Berggipfel eine Skihütte sehen, die 200 m höher liegt als die Talsohle. Sobald die Raupe bergab fährt, wird die Hütte vom rechten Berggipfel verdeckt. Ermitteln Sie die horizontale Entfernung der Skihütte vom linken Berggipfel.

e) Die Pistenraupe startet auf dem linken Berggipfel und fährt mit einer durchschnittlichen Geschwindigkeit von 20 km/h bergab. Berechnen Sie mithilfe der Sekante durch den linken Berggipfel und den tiefsten Punkt im Tal, wann sie näherungsweise die Talsohle erreicht. Vergleichen Sie diesen Wert mit dem tatsächlichen Wert, indem Sie die Länge der Strecke mit einer Mathematik-Software bestimmen.

7 Auf einer Messe für Kinderspielzeug wird eine modulare Murmelbahn präsentiert. In einem Bauteil durchläuft die Kugel eine Tal-Berg-Fahrt. Wählt man als eine Längeneinheit 10 cm, kann die Profillinie des Bauteils im Längsschnitt mit dem Graphen einer ganzrationalen Funktion dritten Grades für $0 \leq x \leq 4$ beschrieben werden. Die Kugel startet im Punkt A in einer Höhe von 30 cm und rollt zunächst bergab. Nach einer horizontalen Entfernung von 20 cm erreicht sie den Punkt B, den tiefsten Punkt des Tals. Von dort geht es leicht bergauf über einen Hügel. Im Punkt $C(3\,|\,1)$ ist der Anstieg des Hügels am stärksten.

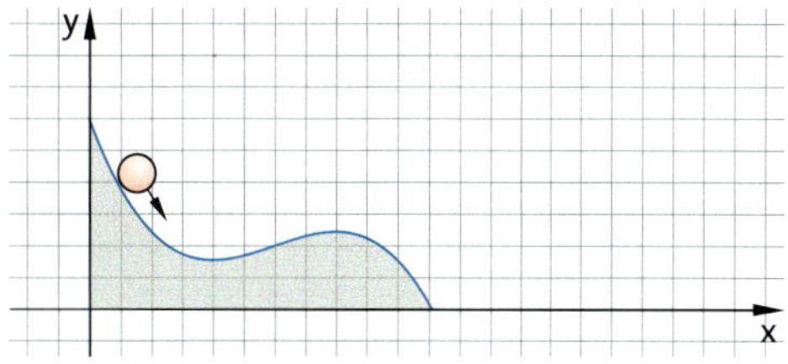

a) Bestimmen Sie eine passende Funktionsgleichung.
b) Ermitteln Sie die Koordinaten des höchsten Punktes des Hügels.
Geben Sie die horizontale Entfernung dieses Punktes zum Punkt A an.

Das Bauteil wird ans Ende einer Bahn auf den Boden gestellt. Die Kugel kommt also mit einer bestimmten Geschwindigkeit im Punkt A an. Ist diese Geschwindigkeit zu hoch, verlässt sie im Punkt C die Bahn und geht tangential in eine parabelförmige Flugbahn über.

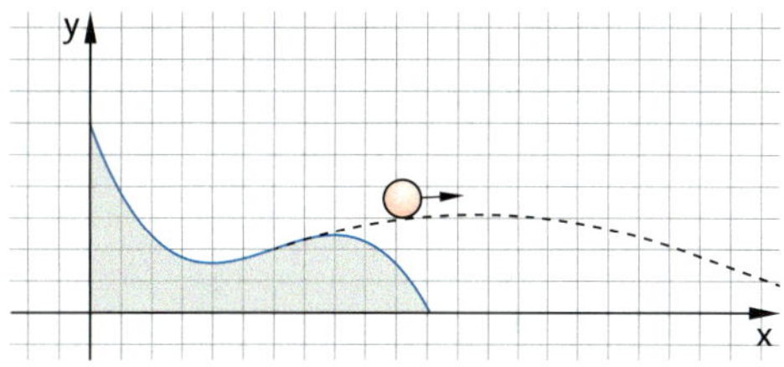

c) Die Flugbahn kann mit einer quadratischen Funktion beschrieben werden, deren Graph durch den Punkt C mit derselben Steigung wie der Graph von f verläuft. Bestimmen Sie eine passende Funktionsgleichung einer Funktionenschar. Schränken Sie die Werte des Parameters sinnvoll ein.
d) Bestimmen Sie eine Funktion, die die Flugbahn beschreibt, wenn an der Stelle $x = \frac{19}{3}$ die maximale Höhe erreicht wird.
Ermitteln Sie für diesen Fall den Abstand der Kugel zum Bauteil beim Auftreffen auf den Boden.

8 Gegeben ist die Funktion f_a mit $f_a(x) = \frac{1}{4}x^3 - \frac{3}{2}x^2 + \frac{3a}{2}x + 7 - 3a$ für $a \in \mathbb{R}$.
a) Untersuchen Sie, für welche Werte von a die Funktion f_a Stellen mit horizontalen Tangenten hat, und geben Sie diese gegebenenfalls an.
Bestimmen Sie für $a = 0$ auch die Art und Lage der Extrempunkte.
b) Zeigen Sie, dass der Graph von f_a einen Wendepunkt W hat, der nicht von a abhängt, und bestimmen Sie seine Koordinaten. Begründen Sie, für welches a der Punkt W ein Sattelpunkt ist.
c) Leiten Sie eine Gleichung der Wendetangenten t_a des Graphen von f_a her.
$\left[\text{Kontrollergebnis: } w_a(x) = \left(\frac{3a}{2} - 3\right) \cdot x + 9 - 3a\right]$
d) Bestimmen Sie a so, dass die Wendetangente w_a mit den Koordinatenachsen ein Dreieck mit minimalem Flächeninhalt bildet.

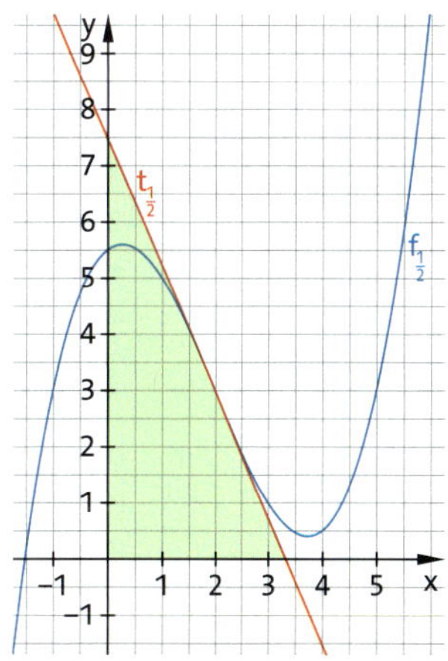

3 Prüfen Sie Ihr neues Fundament

Lösungen
→ S. 287–289

1 Untersuchen Sie das Monotonieverhalten der Funktion f mithilfe der Ableitung.
a) $f(x) = 4x - 0{,}5x^2$ b) $f(x) = x^3 - 3x^2$ c) $f(x) = 2x^4 + 4x^2$

2 Von einer Funktion f ist bekannt:
$f(0) = 1$; $f'(x) > 0$ für $x < -3$ und für $x > 1$; $f'(x) < 0$ für $-3 < x < 1$
Skizzieren Sie einen möglichen Graphen der Funktion f und der zugehörigen Funktion f'.

3 Gegeben ist der Satz: Wenn für eine Funktion $f'(x_m) = 0$ und $f''(x_m) > 0$ gilt, dann hat die Funktion f an der Stelle x_m ein lokales Minimum.
a) Erläutern Sie die Begriffe „notwendige Bedingung" und „hinreichende Bedingung" für die Existenz eines lokalen Minimums. Entscheiden Sie, ob der Satz eine notwendige oder hinreichende Bedingung enthält.
b) Formulieren Sie die Umkehrung dieses Satzes und untersuchen Sie, ob sie wahr ist.

4 Gegeben ist der Graph der Ableitungsfunktion f'. Beschreiben Sie das Monotonieverhalten von f und geben Sie die Stellen an, an denen der Graph von f einen Hochpunkt, Tiefpunkt bzw. Sattelpunkt hat.

a)
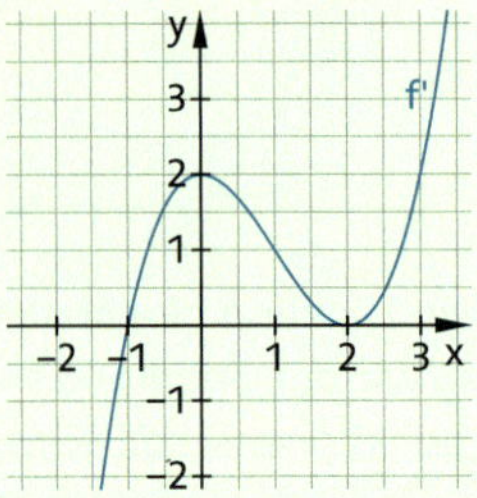

b)
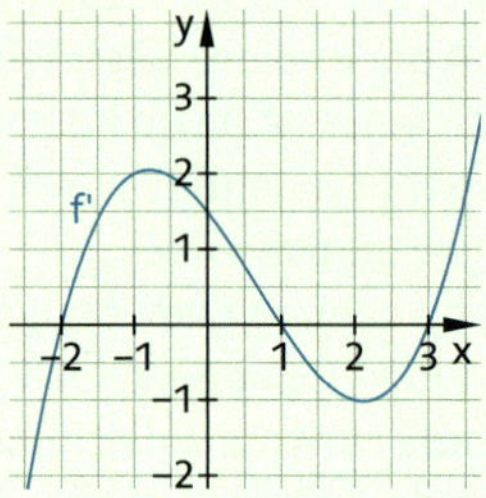

c)
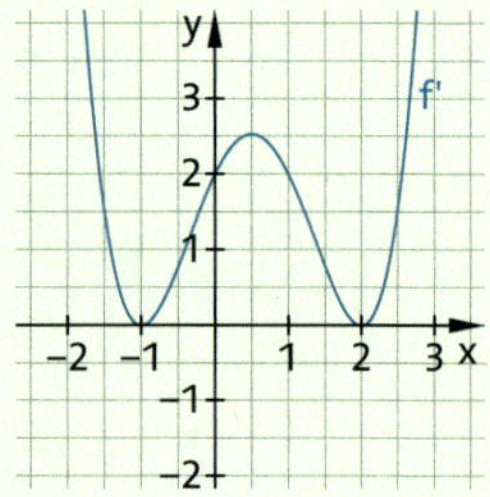

5 Untersuchen Sie, ob es eine Stelle gibt, an der sich die Funktionswerte der Funktionen f und g am wenigsten unterscheiden.
a) $f(x) = x^2 + 2$; $g(x) = -x^2 + 6x - 9$
b) $f(x) = x^3 + x^2 + x + 1$; $g(x) = x^3 - x^2 - x - 1$

6 Berechnen Sie die lokalen Extremstellen sowie die zugehörigen lokalen Extrema der Funktion f. Ermitteln Sie dann die globalen Extrema sowie die zugehörigen x-Werte in den angegebenen Intervallen.
a) $f(x) = x^3 + 4x^2 - 3x - 8$ $I_1: -4 \le x \le 1$ $I_2: -2 \le x \le 0$ $I_3: -4 \le x \le 3$
b) $f(x) = -\frac{1}{10}x^3 + \frac{3}{4}x^2$ $I_1: -2 \le x \le 8$ $I_2: -3 \le x \le 7$ $I_3: 0 \le x \le 3$

7 Skizzieren Sie den Graphen einer Funktion auf dem Intervall $I = [-5; 5]$ mit den angegebenen Eigenschaften.
a) Die globalen Extrema liegen an den Intervallrändern.
b) Lokales Maximum im Punkt H(−1 | 4), globales Minimum am linken Intervallrand.
c) Hochpunkt H(2 | 3), Tiefpunkt T(−2 | −4), die lokalen Extrema sind auch globale Extrema.

8 Bestimmen Sie rechnerisch die Koordinaten der Hoch- und Tiefpunkte sowie der Wende- und Sattelpunkte des Graphen von f. Ermitteln Sie außerdem die Gleichungen aller Wendetangenten und skizzieren Sie den Verlauf des Graphen von f.
a) $f(x) = x^3 - 3x^2$ b) $f(x) = \frac{1}{4}x^4 - x^3 + 3$ c) $f(x) = \frac{1}{3}x^3 - 2x^2 + 3x$
d) $f(x) = \frac{1}{5}x^5 - x^3 - 6$ e) $f(x) = \frac{1}{8}x^3 + \frac{3}{2}x^2 + 6x + 8$ f) $f(x) = x^6 - \frac{1}{2}x + 7$

9 Untersuchen Sie den Graphen der Funktion f auf sein Krümmungsverhalten.
a) $f(x) = -x^4 + 6x^2$ b) $f(x) = x^4 - 8x^3 + 24x^2 + 12x$ c) $f(x) = -x^6 + x + 3$

Lösungen
→ S. 289/290

10 Ein quaderförmiges Bassin soll eine rechteckige Grundfläche mit einem Seitenlängenverhältnis von 2 : 1 und ein Fassungsvermögen von $32\,m^3$ haben. Die Abmessungen sollten so gewählt werden, dass beim Auskleiden des Bassins innen möglichst wenig Folie benötigt wird.

a) Fertigen Sie eine Skizze des Bassins an, tragen Sie die gegebenen Informationen mithilfe von Variablen ein und stellen Sie eine Zielfunktion auf.

b) Ermitteln Sie die Abmessungen.

11 Die Funktion h mit $h(t) = -0{,}05t^3 + \frac{3}{4}t^2 + 4$ beschreibt im Bereich $0 \le t \le 10$ das Wachstum einer Pflanze. Dabei gibt h(t) die Höhe in cm und t die Zeit in Tagen an.

a) Berechnen Sie das durchschnittliche Wachstum innerhalb der ersten 10 Tage.

b) Berechnen Sie, wann die größte Wachstumsgeschwindigkeit erreicht wird, und berechnen Sie ihren Wert.

12 Die Abbildung zeigt den Graphen der Funktion f mit $f(x) = -\frac{1}{8}x^3 + 2x$.
Der Punkt A(a | f(a)) des Graphen bildet mit dem Koordinatenursprung und dem Punkt B(a | 0) im ersten Quadranten ein rechtwinkliges Dreieck.

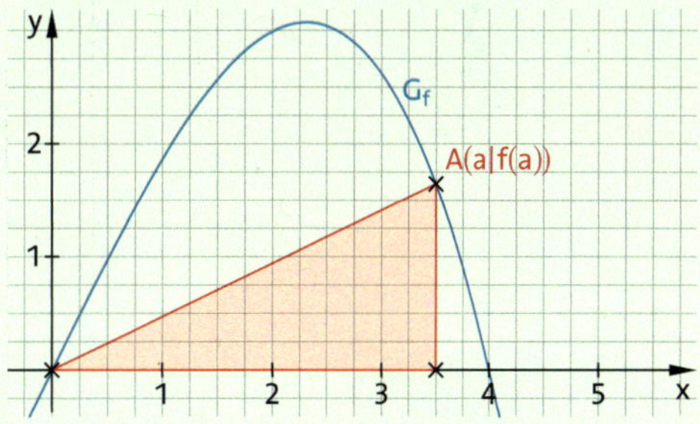

a) Stellen Sie eine Zielfunktion auf, die den Flächeninhalt des Dreiecks in Abhängigkeit von a bestimmt.
Geben Sie einen sinnvollen Definitionsbereich an.

b) Bestimmen Sie den Wert von a, für den der Flächeninhalt maximal wird, und geben Sie den maximalen Flächeninhalt an.

13 Formulieren Sie die Bedingungen als Gleichungen.

a) Eine ganzrationale Funktion dritten Grades hat an der Stelle x = 5 den Wert 18.

b) Der Graph einer ganzrationalen Funktion dritten Grades schneidet die y-Achse bei 3.

c) Der Graph einer ganzrationalen Funktion vierten Grades berührt die x-Achse an der Stelle x = 5.

d) Der Graph einer ganzrationalen Funktion dritten Grades hat im Punkt A(3 | −1) die Steigung 4.

e) Der Graph der Ableitungsfunktion einer ganzrationalen Funktion vierten Grades hat im Punkt B(2 | 1) eine waagerechte Tangente.

14 Bestimmen Sie eine passende Funktionsgleichung der ganzrationalen Funktion.

① Der Graph einer Funktion dritten Grades durchläuft den Ursprung mit der Steigung −1 und schneidet die x-Achse im Punkt P(1 | 0) mit der Steigung 2.

② Der Graph einer Funktion dritten Grades berührt die x-Achse im Ursprung. Die Tangente am Graphen im Punkt A(3 | 0) ist parallel zur Gerade mit der Gleichung y = 5x.

③ Der Graph einer Funktion vierten Grades hat im Ursprung einen Wendepunkt mit einer waagerechten Tangente und im Punkt P(5 | 5) einen Extrempunkt.

④ Der Graph einer Funktion vierten Grades ist symmetrisch zur y-Achse, verläuft durch den Punkt P(0 | 3) und hat im Punkt Q(3 | 0) ein lokales Minimum.

Lösungen
→ S. 290

15 Bei einem Indoor-Leichtathletikwettkampf wird eine Kugel aus einer Höhe von 2,20 m unter einem Winkel von 45° abgeworfen und landet 20,52 m entfernt.
Modellieren Sie die Flugbahn mit einer quadratischen Funktion. Bestimmen Sie die minimale Höhe der Halle.

16 Eine ganzrationale Funktion dritten Grades soll in W(0 | 4) einen Wendepunkt und an der Stelle $x = 1$ einen Extrempunkt haben. Gesucht ist eine passende Funktionsgleichung.
a) Geben Sie alle Lösungen mithilfe einer Funktionsgleichung mit einem Parameter an.
b) Geben Sie eine weitere Bedingung an, sodass eine eindeutige Lösung entsteht.
c) Als zusätzliche Bedingung wird gefordert, dass sich ein weiterer Extrempunkt der Funktion an der Stelle $x = -2$ befindet. Ermitteln Sie, ob es hierfür eine Lösung gibt.

17 Der Ort im Punkt A soll möglichst glatt an eine Bahntrasse angebunden werden. Der Verlauf des neuen Streckenstücks wird mit einer ganzrationalen Funktion modelliert.
a) Ermitteln Sie eine Funktion f vom Grad 4.
b) Ermitteln Sie eine Funktion g vom Grad 6.
c) Vergleichen Sie die Modelle aus a) und b).

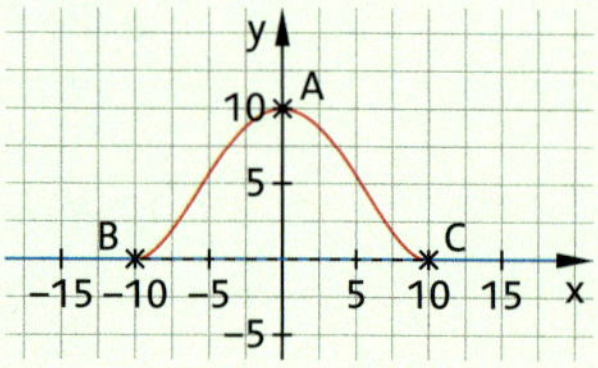

Wo stehe ich?

	Ich kann...	Aufgabe	Nachschlagen
3.1	... Funktionen mithilfe ihrer Ableitung auf Monotonie untersuchen.	1, 2	S. 102 Beispiel 1
3.2	... lokale Extrempunkte mithilfe der ersten Ableitung bestimmen. ... Sattelpunkte mithilfe des Vorzeichenwechselkriteriums bestimmen.	3, 4, 5	S. 106 Beispiel 1, S. 107 Beispiel 2
3.3	... globale Extrempunkte mithilfe der ersten Ableitung bestimmen.	6, 7	S. 111 Beispiel 1
3.4	... das Krümmungsverhalten eines Graphen mithilfe der zweiten Ableitung analysieren. ... lokale Extrempunkte mithilfe der zweiten Ableitung bestimmen.	9	S. 114 Beispiel 1, S. 116 Beispiel 2
3.5	... Funktionsgraphen mithilfe der dritten Ableitung bzw. dem Vorzeichenwechselkriterium auf Wendepunkte untersuchen. ... die Bedeutung von Wendepunkten im Sachzusammenhang erkennen.	8	S. 120 Beispiel 1, S. 122 Beispiel 2
3.6	... Extremalprobleme lösen.	10, 11, 12	S. 128 Beispiel 1, S. 130 Beispiel 2
3.7	... Funktionsterme ganzrationaler Funktionen aus ihren Eigenschaften rekonstruieren.	13, 14, 16	S. 134 Beispiel 1, S. 136 Beispiel 2, S. 138 Beispiel 3
3.8	... die Rekonstruktion von Funktionen in der Praxis anwenden.	15, 17	S. 142 Beispiel 1, S. 144 Beispiel 2, S. 145 Beispiel 3

Monotoniekriterium

Gilt **$f'(x) > 0$** bzw. **$f'(x) < 0$** für alle x aus einem Intervall I, dann ist die Funktion f **streng monoton steigend** bzw. **fallend** auf I.

$f(x) = x^2 - 3x + 1$ $f'(x) = 2x - 3$
Für $x < 1{,}5$ ist $f'(x) < 0$, also ist f dort streng monoton fallend. Für $x > 1{,}5$ ist $f'(x) > 0$, also ist f dort streng monoton steigend.

Lokale Extrempunkte

Die Funktion f sei an der Stelle x_E differenzierbar. Wenn der Graph von f an der Stelle x_E einen **lokalen Extrempunkt** hat, dann gilt **$f'(x_E) = 0$**.
Wenn $f'(x_E) = 0$ und $f''(x_E) \neq 0$, so ist x_E eine **lokale Extremstelle** der Funktion f.
Für **$f''(x_E) > 0$** bzw. **$f''(x_E) < 0$** ist $f(x_E)$ ein lokales **Minimum** bzw. **Maximum**.

$f(x) = -1{,}5x^4 + 4x^3 - 3x^2$
$f'(x) = -6x^3 + 12x^2 - 6x = -6x(x-1)^2$
$f'(x) = 0$ also $x_1 = 0$ und $x_2 = 1$
$f''(x) = -18x^2 + 24x - 6$
$f'(0) = 0$ und $f''(0) = -6 < 0$: Hochpunkt bei x_1
$f(0) = 0$, also Hochpunkt $H(0|0)$
$f'(1) = 0$ und $f''(1) = 0$: Für x_2 ist hiermit noch keine Aussage möglich.

Eine hinreichende Bedingung für Extrempunkte ist das **Vorzeichenwechselkriterium**: Wenn $f'(x_E) = 0$ gilt und das Vorzeichen von f' an der Stelle x_E wechselt, dann hat der Graph von f bei x_E einen Extrempunkt.

$f(x) = 3x^2$; $f'(x) = 6x$
$f'(x) = 0$, also $x = 0$
Für $x < 0$ ist $f'(x) < 0$. Für $x > 0$ ist $f'(x) > 0$. An der Stelle $x = 0$ wechselt das Vorzeichen von f' von – nach +, also liegt bei $x = 0$ ein Tiefpunkt.

Globale Extrempunkte

Existiert die Ableitung einer Funktion f auf einem Intervall $[a; b]$, dann gibt es ein **globales Maximum** und ein **globales Minimum** (größter/kleinster Funktionswert) von f auf $[a; b]$. Die globalen Extrema auf $[a; b]$ sind lokale Extrema von f oder **Randextrema**.

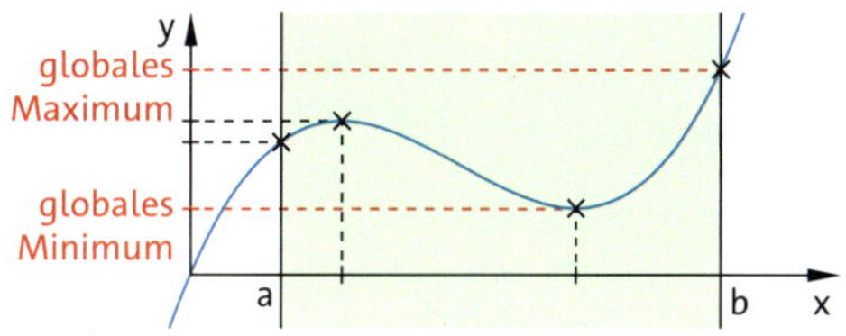

Man bestimmt globale Extrema, indem man die lokalen Extrema mithilfe der 1. Ableitung ermittelt und sie dann mit den Funktionswerten an den Intervallrändern vergleicht.

$f(x) = -1{,}5x^4 + 4x^3 - 3x^2$ Intervall: $[-1; 2]$
lokales Maximum: 0 (siehe oben)
Randwerte: $f(-1) = -8{,}5 < f(2) = -4 < 0$
glob. Maximum: 0 glob. Minimum: $-8{,}5$

Krümmung, Wendepunkte, Sattelpunkte

Wenn **$f''(x) > 0$** bzw. **$f''(x) < 0$** für alle $x \in I$, so ist der Graph der Funktion f in dem Intervall I **linksgekrümmt** bzw. **rechtsgekrümmt**.

$f(x) = -1{,}5x^4 + 4x^3 - 3x^2$
$f''(x) = -18x^2 + 24x - 6 = -18\left(x - \frac{1}{3}\right)(x-1)$
$f''(x) = 0$ also $x_1 = \frac{1}{3}$ und $x_2 = 1$
$x < \frac{1}{3}$ und $x > 1$: rechtsgekrümmt ($f''(x) < 0$)
$\frac{1}{3} < x < 1$: linksgekrümmt ($f''(x) > 0$)

Der Graph einer Funktion f hat an der Stelle x_W einen **Wendepunkt**, wenn sich die Krümmung des Graphen ändert (Linkskrümmung ↔ Rechtskrümmung).
Ein **Sattelpunkt** ist ein Wendepunkt mit einer waagerechten Tangente.

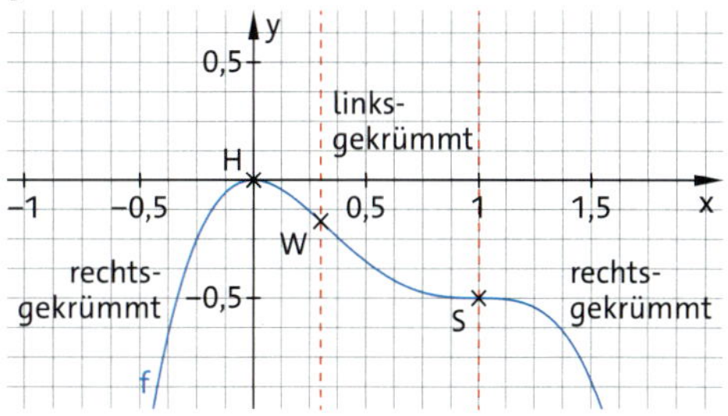

Die Funktion f sei an der Stelle x_W zweimal differenzierbar. Wenn der Graph von f bei x_W einen **Wendepunkt** hat, dann gilt **$f''(x_W) = 0$**.

Wenn $f''(x_W) = 0$ und $f'''(x_W) \neq 0$ gilt, dann ist $(x_W | f(x_W))$ ein **Wendepunkt** des Graphen von f.

$f'''(x) = -36x + 24$
$f'''\left(\frac{1}{3}\right) = 12 \neq 0$: Wendepunkt bei x_1
$f\left(\frac{1}{3}\right) = -\frac{11}{54}$, also Wendepunkt $W\left(\frac{1}{3}\middle|-\frac{11}{54}\right)$
$f'''(1) = -12 \neq 0$ und $f'(1) = 0$: Sattelpunkt bei x_2
$f(1) = -0{,}5$, also Sattelpunkt $S(1|-0{,}5)$

Extremalprobleme

Lösungsstrategie:
1. Gleichung für die Größe aufstellen
2. Nebenbedingungen finden
3. Zielfunktion aufstellen und Definitionsbereich angeben
4. Lokale Extrema der Zielfunktion im Definitionsbereich bestimmen
5. Globale Extrema der Zielfunktion ermitteln
6. Lösung im Kontext interpretieren

$f(x) = -\frac{1}{3}x^2 + 3$

Gesucht ist a, sodass der Flächeninhalt des Rechtecks ABCD mit Eckpunkt $C(a\,|\,f(a))$ maximal wird.

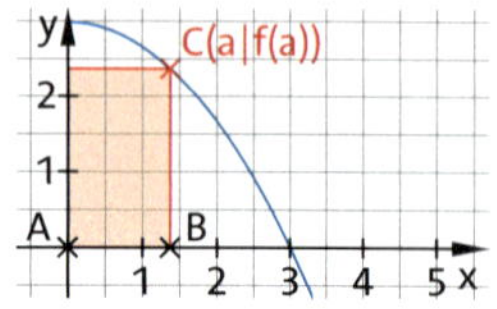

1. $A = b \cdot h$ (Breite · Höhe)
2. $b = a;\ h = f(a)$
3. $A(a) = a \cdot f(a) = -\frac{1}{3}a^3 + 3a;\ 0 \le a \le 3$
4. Lokales Maximum von A bei $a = \sqrt{3}$
5. Randwerte: $A(0) = A(3) = 0 < A(\sqrt{3})$
6. Flächeninhalt ist maximal für $a = \sqrt{3}$

Rekonstruktion von Funktionstermen

Schritte zur Bestimmung des Funktionsterms einer ganzrationalen Funktion:
1. Eigenschaften in Bedingungen an die Funktion/Ableitung übersetzen
2. Einsetzen in die allgemeine Form und lineares Gleichungssystem aufstellen
3. Lineares Gleichungssystem lösen und Funktionsterm angeben
4. Prüfen, ob der Funktionsterm die Eigenschaften erfüllt

Gesucht ist die quadratische Funktion f mit y-Achsenabschnitt 2 und lokalem Extremum bei x = 3. Der Graph verläuft durch den Punkt (2 | 6).

1. $f(0) = 2;\quad f(2) = 6;\quad f'(3) = 0$
2. $f(x) = ax^2 + bx + c;\quad f'(x) = 2ax + b$
   $f(0) = 2 \Rightarrow\quad c = 2$
   $f(2) = 6 \Rightarrow\quad 4a + 2b + c = 6$
   $f'(3) = 0 \Rightarrow\quad 6a + b = 0$
3. Lösung: $a = -0{,}5;\quad b = 3;\quad c = 2$
   $f(x) = -0{,}5x^2 + 3x + 2$
4. $f''(3) = -1 \neq 0 \Rightarrow$ lok. Extremum bei 3

Rekonstruktion in Anwendungen

Die Graphen von f und g gehen an der Stelle x_0 unter der angegebenen Bedingung sprung-, knick- bzw. krümmungsruckfrei ineinander über:

sprungfrei: $f(x_0) = g(x_0)$
knickfrei: zusätzlich $f'(x_0) = g'(x_0)$
krümmungsruckfrei: zusätzlich $f''(x_0) = g''(x_0)$

$f(x) = \frac{1}{12}x^3 \qquad g(x) = x - \frac{4}{3} \qquad x_0 = 2$

$f'(x) = \frac{1}{4}x^2;\ f''(x) = \frac{1}{2}x;$

$g'(x) = 1;\ g''(x) = 0$

$f(2) = \frac{2}{3} = g(2)$, also sprungfrei
$f'(2) = 1 = g'(2)$, also knickfrei
$f''(2) = 1 \neq 0 = g''(2)$, also nicht krümmungsruckfrei

4

Exponential-funktionen

Nach diesem Kapitel können Sie...

→ exponentielles Wachstum erkennen und beschreiben,

→ mit Exponentialfunktionen umgehen,

→ Wachstumsvorgänge mithilfe von Exponentialfunktionen modellieren,

→ Exponentialgleichungen durch Probieren und mit dem Logarithmus lösen,

→ die natürliche Exponential-funktion ableiten,

→ die Ketten- und Produktre-gel anwenden,

→ die natürliche Logarithmusfunktion anwenden.

Lösungen
→ S. 290

Erklärvideo

Potenzen

1 Berechnen Sie. Runden Sie, falls nötig.

a) $4^{\frac{3}{2}}$ b) $9^{2,5}$ c) $7 \cdot 2^{\frac{1}{7}}$ d) $3 \cdot 0{,}5^{\frac{9}{24}}$ e) $0{,}2 \cdot 3^{1,5}$

2 Vereinfachen Sie mithilfe der Potenzgesetze.

a) $17^7 \cdot 17^{-3} : 17^2$ b) $(3^4)^2 \cdot 3^{-5}$ c) $2^7 \cdot 3^7 \cdot 6^{-5}$ d) $\frac{5^6 \cdot 2^8}{10^4}$ e) $2^9 \cdot 6^{-4} \cdot 3^5 \cdot 4^{-2}$

Erklärvideo

Prozentrechnung

3 a) Geben Sie den Grundwert, den Prozentwert und den Prozentsatz in der folgenden Aussage an: „20 % von 10 € sind 2 €."

b) Vervollständigen Sie die Tabelle in Ihrem Heft.

Grundwert G	250 €	120 m		80 g	12 cm	
Prozentwert W		30 m	40 kg	24 g		9,72 €
Prozentsatz p %	75 %		20 %		12 %	60 %

4 Berechnen Sie den neuen Preis.

a) Der Preis für eine 39 € teure Jeans wird um 8 % gesenkt.

b) Für ein Fußballspiel wird der Preis der Eintrittskarten von 50 € um 12 % erhöht.

c) Ein Kino bietet für den Eintrittspreis von 18 € 40 % Rabatt für Kinder, 25 % Rabatt für Rentner und eine Erhöhung um 10 % als freiwilligen Beitrag zur Erhaltung des Kinos.

Erklärvideo

Zinsen und Zinseszinsen

Erinnerung

p. a. steht für „per annum" (Latein) und bedeutet „pro Jahr".

5 Eine Bank bietet Sparern 0,2 % Zinsen p. a. an.

a) Frau Berger legt 1200 € bei der Bank an. Berechnen Sie ihr Guthaben nach einem Jahr.

b) Die Bank erhebt zugleich 0,5 % Negativzinsen für den Teil der Sparguthaben, die 20 000 € übersteigen. Herr Roth hat bei dieser Bank 24 600 € angelegt. Berechnen Sie sein Guthaben nach einem Jahr.

6 a) Frau Nowak legt 2000 € zu einem Zinssatz von 1,5 % p. a. an. Ermitteln Sie ihr Guthaben nach drei Jahren, wenn sie zwischendurch kein Geld abhebt.

b) Beim Rechnen mit Zinseszinsen gilt die Formel $K_{neu} = K_{alt} \cdot \left(1 + \frac{p}{100}\right)^n$. Erklären Sie die Formel im Sachzusammenhang und überprüfen Sie damit Ihr Ergebnis aus a).

c) Herr Krämer legt 1600 € zu einem Zinssatz von 1,8 % p. a. über zehn Jahre an. Ermitteln Sie sein Guthaben am Ende der zehn Jahre.

Erklärvideo

Lineare Funktionen

7 Gegeben ist die lineare Funktion f mit $f(x) = 4x - 2$.

a) Prüfen Sie, ob die Punkte $A(2|10)$ und $B(5|18)$ auf dem Graphen von f liegen.

b) Berechnen Sie die Nullstelle der Funktion f.

8 Bei einer Blutspende werden dem Spender etwa 500 mℓ Blut abgenommen.

a) Die Funktion f mit $f(x) = -50x + 500$ beschreibt die Blutentnahme. Dabei steht x für die Zeit in Minuten. Geben Sie die Bedeutung von $f(x)$, -50 und 500 an.

b) Berechnen Sie, wie lange die Blutentnahme ungefähr dauert.

Lösungen → S. 290

Erklärvideo

Quadratische Funktionen

9 Bestimmen Sie die Funktionsgleichungen von f und g.

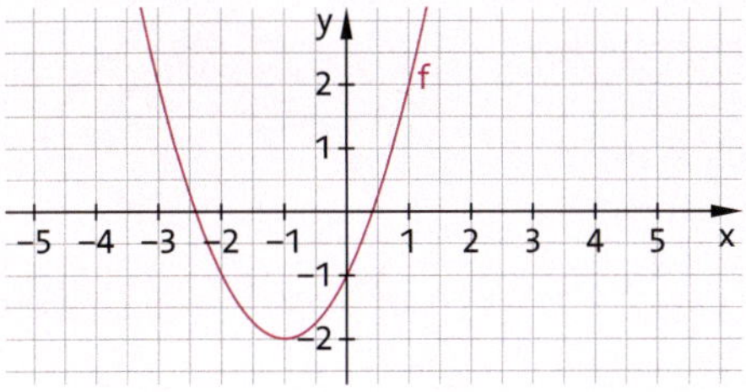

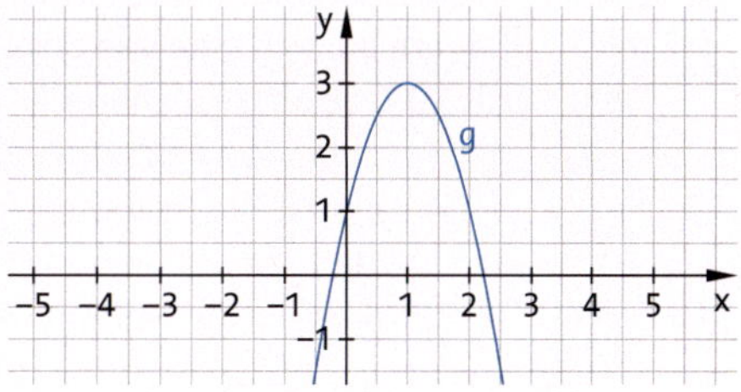

10 Ermitteln Sie die Nullstellen der Funktion f.

a) $f(x) = x^2 - x - 2$ b) $f(x) = x^2 - 1{,}5x - 4{,}5$ c) $f(x) = x^2 - 6x + 9$

11 Im Tennistraining kommt oft eine Ballkanone zum Einsatz. Sie schießt Bälle ab, deren Flugbahn durch die Funktion f mit $f(x) = -0{,}05x^2 + 0{,}5x + 1{,}2$ beschrieben wird.

a) Geben Sie an, wie hoch über dem Boden die Bälle abgeschossen werden und wie weit sie fliegen, bis sie den Boden berühren.

b) Ermitteln Sie den höchsten Punkt der Flugbahn.

Vermischtes

12 Prüfen Sie, ob lineares oder exponentielles Wachstum vorliegt.

a)

n	1	2	3	5	7
B(n)	2	4	6	10	14

b)

n	1	2	3	4	6
B(n)	$\frac{1}{2}$	$\frac{1}{4}$	$\frac{1}{8}$	$\frac{1}{16}$	$\frac{1}{64}$

13 Entscheiden Sie, ob exponentielles Wachstum vorliegt, und geben Sie gegebenenfalls den Wachstumsfaktor an.

a) Der Wert eines Autos nimmt jährlich um 20 % des Vorjahreswerts ab.

b) Johanna spart monatlich 50 €.

c) Eine Nachricht wird von jedem Empfänger an 7 weitere Personen geschickt.

d) Eine spezielle Algenkultur (15 g) verdoppelt ihre Masse alle zwei Tage.

14 Geben Sie den passenden Wachstumsfaktor an.

a) Inflationsrate von 5,3 % pro Jahr.

b) Abnahme der Kindersterblichkeit in einem afrikanischen Land um 17 % pro Jahr.

c) Veränderung einer Bakterienkolonie um +6,5 % pro Tag.

d) Abnahme einer Medikamentenkonzentration auf 57 % pro Tag.

15 Ergänzen Sie in Ihrem Heft die Funktionsgleichung $f(x) = 2■ + 3$ so, dass das Wachstum

a) linear, b) exponentiell ist.

16 Bestimmen Sie die Lösungsmenge.

a) $\frac{1}{2}x + 3 = \frac{7}{2x}$ b) $\frac{3}{x-2} = \frac{4}{x+3}$ c) $x^3 + 6x^2 = -9x$ d) $|x + 1| = \frac{1}{4}$

17 Stellen Sie die Gleichung nach den angegebenen Variablen um.

a) $v = \frac{s}{t}$ (s; t) b) $V = \pi r^2 h$ (r mit r > 0) c) $\frac{B}{G} = \frac{b-f}{f}$ (B; b) d) $A = \frac{a+c}{2} \cdot h$ (a; h)

4.1 Wiederholung: Exponentielles Wachstum

In einer alten Legende bot ein König einem Bauern an, sich eine von zwei Belohnungen für 20 Tage auszusuchen:
A: „An jedem Tag bekommst du 5 kg Hafer."
B: „Am ersten Tag bekommst du 1 g Hafer, am zweiten Tag 2 g, dann 4 g, dann 8 g usw."
Vergleichen Sie die beiden Angebote.

Viele Vorgänge in Natur und Gesellschaft können mit Wachstumsmodellen beschrieben werden. Beim **linearen Wachstum** steigt ein Bestand in gleichen Zeitabständen um einen festen Wert, wie beispielsweise der Wasserspiegel beim Befüllen eines Beckens mit Wasser.
Häufiger tritt in der Natur das **exponentielle Wachstum** auf, bei dem sich ein Bestand im gleichen Zeitraum um den gleichen Faktor verändert, wie beispielsweise beim Wachstum von Populationen oder Infiziertenzahlen. In dieser Lerneinheit wird das exponentielle Wachstum zu festen Zeitpunkten (ganze Tage, Wochen, Jahre etc.) betrachtet.

Exponentielles Wachstum

In einer Wertetabelle zum exponentiellen Wachstum vergrößert sich der Bestand in gleichen Zeitabständen um den gleichen Faktor. Daher kann man den Bestand zum Zeitpunkt n mithilfe einer Potenz ausdrücken: $B(n) = 3 \cdot 2^n$

+1 +1 +1 +5

n in Stunden	0	1	2	3	8
Bestand B	3	6	12	24	768
$\mathbf{B(n) = 3 \cdot 2^n}$	$3 \cdot 2^0$	$3 \cdot 2^1$	$3 \cdot 2^2$	$3 \cdot 2^3$	$3 \cdot 2^8$

$\cdot 2^1$ $\cdot 2^1$ $\cdot 2^1$ $\cdot 2^5$

Wissen

Ein Bestand B **wächst exponentiell**, wenn sich B in gleichen Zeitspannen immer um den gleichen Faktor verändert. Zum Zeitpunkt n wird der Bestand beschrieben durch:

$$\mathbf{B(n) = a \cdot q^n} \ (a, q > 0)$$

Der Bestand nimmt zu für $q > 1$ und wird kleiner für $0 < q < 1$.
$B(0) =$ **a** heißt **Anfangsbestand, q** heißt **Wachstumsfaktor**.

Hinweis

Nimmt der Bestand ab, so spricht man auch von exponentieller Abnahme oder **exponentiellem Zerfall.**

Erklärvideo

Beispiel 1 Beschreiben Sie das exponentielle Wachstum durch eine Gleichung. Berechnen Sie den Bestand nach 30 Tagen.

a) In einer Stadt sind 50 Personen an einer Infektionskrankheit erkrankt. Die Zahl der Infizierten wächst jeden Tag um den Faktor 1,25.
b) Ein Bestand von 1000 Iod-Atomkernen verringert sich täglich um den Faktor 0,917.

Lösung:

a) Notieren Sie den Anfangsbestand a und den Wachstumsfaktor q. Stellen Sie damit die Gleichung auf und berechnen Sie den Wert B(30).

$a = 50$; $q = 1{,}25$ (n in Tagen)
$B(n) = 50 \cdot 1{,}25^n$
$B(30) = 50 \cdot 1{,}25^{30} \approx 40\,389{,}68$
Nach 30 Tagen gibt es ca. 40 390 Infizierte.

b) Notieren Sie den Anfangsbestand a und den Abnahmefaktor q. Stellen Sie damit die Gleichung auf und berechnen Sie den Wert von B(30).

$a = 1000$; $q = 0{,}917$
$B(n) = 1000 \cdot 0{,}917^n$
$B(30) = 1000 \cdot 0{,}917^{30} \approx 74{,}32$
Nach 30 Tagen sind rund 74 Kerne übrig.

Basisaufgaben

1 Die Gleichung beschreibt ein exponentielles Wachstum (n in Tagen). Berechnen Sie den Bestand nach 12 Tagen.
a) $B(n) = 10 \cdot 2{,}1^n$ b) $B(n) = 8 \cdot 1{,}5^n$ c) $B(n) = 3 \cdot 5^n$ d) $B(n) = 150 \cdot 0{,}7^n$

2 Ein soziales Netzwerk hat 140 000 Mitglieder. Die Zahl der Mitglieder wächst monatlich um den Faktor 1,12 an.
a) Stellen Sie eine Gleichung zur Situation auf.
b) Berechnen Sie B(24) und interpretieren Sie das Ergebnis.

3 Ergänzen Sie die Tabelle in Ihrem Heft einmal so, dass sie ein exponentielles Wachstum, und einmal so, dass sie ein lineares Wachstum darstellt. Geben Sie jeweils eine passende Gleichung an.

a)

n	0	1	2	3	4
B(n)	3	9			

b)

n	0	1	2	3	5
B(n)		1	5		

Prozentuales Wachstum

Die aus der Zinsrechnung bekannten **Wachstumsfaktoren** lassen sich auf allgemeine Fälle übertragen: Wächst ein Bestand um 25 %, so vergrößert er sich mit dem Faktor 1,25.

Wissen

Steigt (fällt) ein Bestand in gleichen Zeitspannen um die **Wachstumsrate p %**, so gilt für den Wachstumsfaktor: $q = 1 + p\,\%$ $(q = 1 - p\,\%)$

Beispiel 2 Die Zahl der Bakterien in einer Bakterienkultur aus zu Beginn 250 Bakterien wächst jede Stunde um 30 %.
a) Beschreiben Sie den Vorgang durch eine Gleichung.
b) Berechnen Sie die Anzahl der Bakterien nach 10 Stunden.

Lösung:

a) Ermitteln Sie den Wachstumsfaktor $q = 1 + p\,\%$. Notieren Sie den Anfangsbestand a und stellen Sie die Gleichung auf.
$q = 1 + 30\,\% = 1 + 0{,}3 = 1{,}3$
$a = 250$
$B(n) = 250 \cdot 1{,}3^n$

b) Berechnen Sie B(10).
$B(10) = 250 \cdot 1{,}3^{10} \approx 3446{,}46$
Nach 10 h sind es ca. 3446 Bakterien.

Basisaufgaben

4 Auf einer Oberfläche befinden sich ursprünglich 10.000 Viren. Nach jeweils einer Stunde sind noch 57 % der Viren aktiv.
a) Beschreiben Sie den Vorgang durch eine Gleichung.
b) Berechnen Sie den Anteil der aktiven Viren nach 6 Stunden.

5 In einer Bakterienkultur mit zunächst 370 Bakterien wächst deren Anzahl alle 10 Minuten um 20 %. Berechnen Sie die Anzahl der Bakterien nach einer Stunde.

Lösungen zu 5

0,85 1,07 0,997 2,5 1,5 0,38 1,84

6 10 000 Personen eines Landes sind mit einer Krankheit infiziert. Pro Woche werden es 4 % mehr. Geben Sie den Anfangsbestand und den Wachstumsfaktor an.

7 Beurteilen Sie, ob in der Situation exponentielles oder lineares Wachstum vorliegt.
a) Der Preis einer Kugel Eis steigt jedes Jahr um 10 ct.
b) Das Volumen einer Hefekultur verdreifacht sich alle 45 Minuten.

Weiterführende Aufgaben

8 Berechnen Sie B(n) für n = 0, 1, 2, 3, 4, 5 und tragen Sie die Punkte P(n | B(n)) in ein Koordinatensystem ein. Geben Sie an, um welche Art des Wachstums es sich handelt.
a) $B(n) = -2 + 0{,}5 \cdot n$ b) $B(n) = 0{,}5 \cdot 2^n$ c) $B(n) = 16 \cdot \left(\frac{1}{2}\right)^n$ d) $B(n) = 4 - n$

9 Vergleichen Sie lineares und exponentielles Wachstum miteinander. Nennen Sie dabei Beispiele für beide Formen des Wachstums und gehen Sie auf die Begriffe Anfangsbestand, Steigung und Wachstumsfaktor ein.

10 Eine Bakterienkultur besteht zu Beginn aus 500 Bakterien. Pro Stunde wächst die Zahl der Bakterien um den Faktor 1,12. Berechnen Sie die Anzahl der Bakterien nach einem Tag (nach einer Woche).

11 Beschreiben Sie das exponentielle Wachstum durch eine Gleichung. Berechnen Sie den Bestand nach 5 Monaten.
a) Ein Influencer hat 2300 Abonnenten auf seinem Kanal. Die Zahl der Abonnenten erhöht sich jeden Monat um den Faktor 1,3.
b) Am 06.09.2020 wurden in Deutschland 8522 freie Intensivbetten gemeldet. Deren Anzahl verringerte sich danach zunächst monatlich um den Faktor 0,83.

12 Nach dem Mooreschen Gesetz verdoppelt sich die Anzahl der Transistoren auf einem Mikrochip etwa alle zwei Jahre. Berechnen Sie den zeitlichen Abstand für die Steigerung der Anzahl der Transistoren bei einem Modell von 2300 auf 3500.

13 **Stolperstelle:** Korrigieren Sie Sarahs Denkfehler.
a) In einem Park wurden an einem Montag 50 Kaninchen gezählt. Sechs Wochen später waren es dreimal so viele Tiere. Die Kaninchen vermehrten sich in den nächsten Wochen genauso weiter.
Sarah: $y = 50 + 3^t$ (y: Anzahl der Kaninchen, t: Zeit in Wochen)
b) Die Anzahl der Bakterien in einer Probe steigt von anfangs 600 um den Faktor 2 pro Tag.
Sarah: $y = 600 \cdot 1{,}2^t$ (y: Anzahl der Bakterien, t: Zeit in Tagen)

14 **Ausblick:** Kaninchen wurden erst durch die Europäer nach Australien gebracht. Im Jahr 1859 setzte ein Farmer dort 24 Kaninchen in der Wildnis aus. Bis 1872 wuchs die Population auf rund 1500 Kaninchen an.
a) Berechnen Sie den Wachstumsfaktor für die Vermehrung der Kaninchen.
b) Ermitteln Sie, wie viele Kaninchen 1900 etwa in Australien lebten.
c) Ermitteln Sie mit einem CAS, wann mehr als eine Milliarde Kaninchen in Australien lebten.
d) Erläutern Sie, warum es nicht realistisch ist, dass der Wachstumsfaktor konstant bleibt. Recherchieren Sie zu den Folgen für das Ökosystem Australiens.

4.2 Wiederholung: Exponentialfunktion

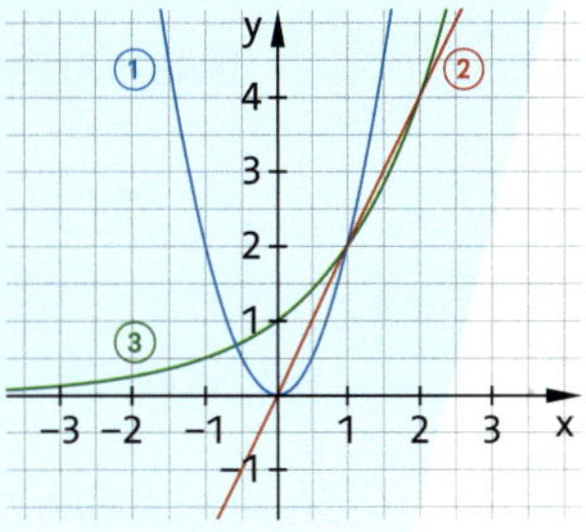

a) Ordnen Sie jedem Graphen eine passende Funktionsgleichung zu.

$f(x) = 2x$ $g(x) = 2^x$ $h(x) = 2x^2$

b) Geben Sie begründet an, welche der Funktionen einen Wachstumsprozess beschreiben können.

Wachstumsprozesse können zu beliebigen Zeitpunkten untersucht werden, da sich Potenzen auch für reelle Exponenten definieren lassen. Die Potenzgesetze bleiben dabei erhalten. Es bietet sich dann an, das Wachstum mit einer **Exponentialfunktion** zu beschreiben.

Wissen

Eine Funktion mit der Funktionsgleichung $f(x) = q^x$ mit $q > 0$ und $q \neq 1$ heißt **Exponentialfunktion** mit **Basis q**. Ihr Graph verläuft durch die Punkte P(0 | 1) und Q(1 | q).

Die Graphen von Exponentialfunktionen verlaufen vollständig oberhalb der x-Achse. Die Größe der Basis q beeinflusst den Verlauf des Graphen.

$q > 1$

- Der Graph **steigt**.
- Für immer **kleinere x** ist die x-Achse eine Asymptote des Graphen.

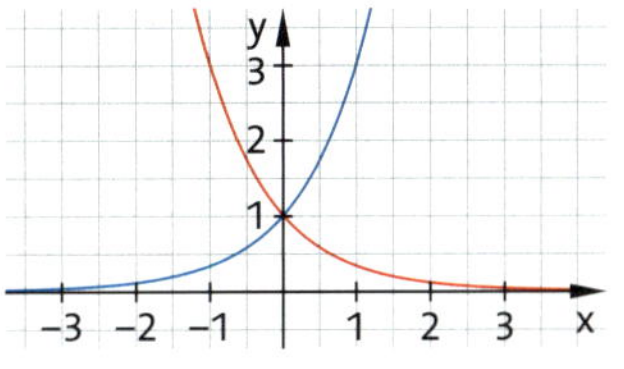

$0 < q < 1$

- Der Graph **fällt**.
- Für immer **größere x** ist die x-Achse eine Asymptote des Graphen.

Hinweis

Eine Gerade, an die sich ein Funktionsgraph immer mehr annähert, heißt **Asymptote**.

Die Graphen von f und g mit $f(x) = q^x$ und $g(x) = \left(\frac{1}{q}\right)^x$ sind achsensymmetrisch zueinander.

Beispiel 1

a) Die Abbildung zeigt den Graphen einer Exponentialfunktion f mit $f(x) = q^x$. Geben Sie die Funktionsgleichung von f an.

b) Der Graph einer Exponentialfunktion g mit $g(x) = q^x$ verläuft durch den Punkt P(2 | 4). Bestimmen Sie die Funktionsgleichung von g und skizzieren Sie den Graphen.

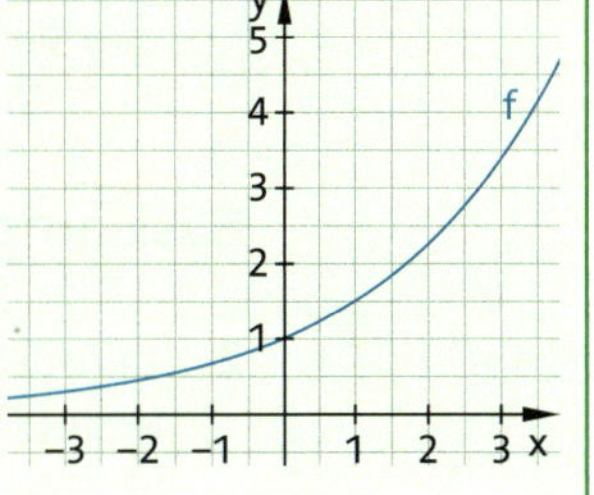

Lösung:

a) Lesen Sie den Funktionswert an der Stelle 1 ab. Setzen Sie q = 1,5 in die allgemeine Funktionsgleichung ein.

Der Graph geht durch (0 | 1) und (1 | q).
$f(1) = 1{,}5 = q$
$f(x) = 1{,}5^x$

b) Setzen Sie die Koordinaten von P in die Funktionsgleichung $g(x) = q^x$ ein. Da g eine Exponentialfunktion ist, ist $q > 0$.
Ziehen Sie die Wurzel und stellen Sie die Funktionsgleichung auf.
Bestimmen Sie weitere Punkte des Graphen, zeichnen Sie diese in ein Koordinatensystem ein und verbinden Sie sie.

$g(2) = q^2 = 4$
$q = \sqrt{4} = 2$

$g(x) = 2^x$

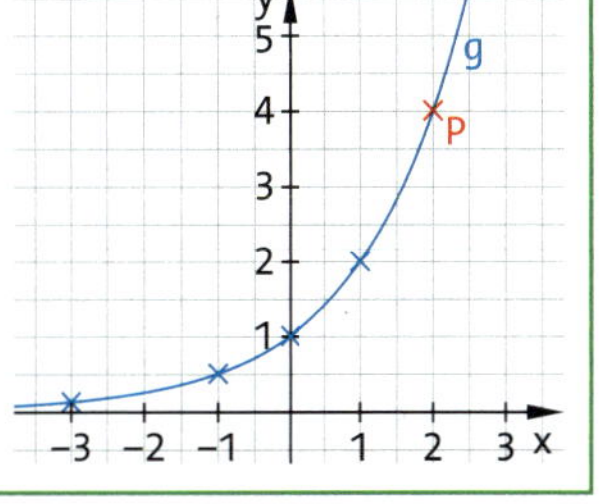

Hinweis zu b

Da q = 2 ist, verdoppelt sich der y-Wert, wenn man den x-Wert um 1 erhöht.

Basisaufgaben

1 Zeichnen Sie die Graphen zu f und g mit $f(x) = 3^x$, $g(x) = \left(\frac{1}{4}\right)^x$ mithilfe einer Wertetabelle.

Streckung des Graphen der Exponentialfunktion

Der Graph der quadratischen Funktion f mit $f(x) = 2x^2$ entsteht durch Streckung der Normalparabel um den Faktor 2. Auf die gleiche Weise kann man auch die Graphen von Exponentialfunktionen strecken und stauchen.

Hinweis

Eine alternative Schreibweise für $g(x) = a \cdot q^x$ ist $f(x) = c \cdot a^x$.

Wissen

Der Graph von g mit $g(x) = a \cdot q^x$ $(a \neq 0)$ entsteht aus dem Graphen von f mit $f(x) = q^x$ für
- $|a| > 1$ durch **Streckung** entlang der y-Achse,
- $0 < |a| < 1$ durch **Stauchung** entlang der y-Achse.

Für $a < 0$ wird der Graph zusätzlich an der x-Achse **gespiegelt**.
Der Graph von g verläuft immer durch die Punkte $P(0 | a)$ und $Q(1 | a \cdot q)$.

Beispiel 2

Der Graph von f mit $f(x) = 0{,}5^x$ wurde entlang der y-Achse gestreckt bzw. gestaucht und gespiegelt.
Bestimmen Sie die Funktionsgleichungen zu den entstandenen Graphen.

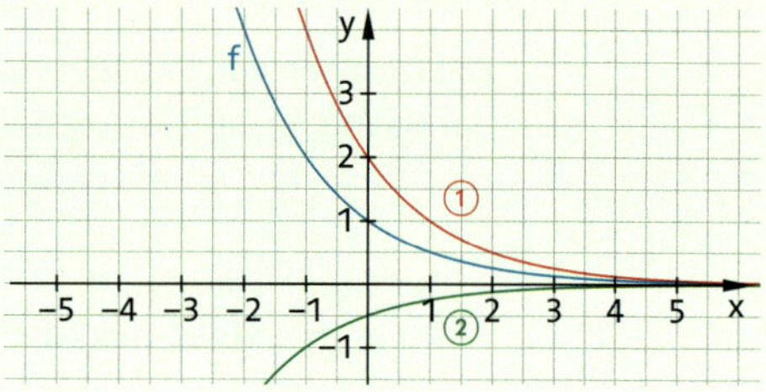

Lösung:

Stellen Sie den Ansatz für die Funktionsgleichungen auf und lesen Sie jeweils einen Punkt auf dem Graphen ab.

① $g(x) = a \cdot 0{,}5^x$; $P(0 | 2)$
② $h(x) = a \cdot 0{,}5^x$; $Q(0 | -0{,}5)$

Ermitteln Sie jeweils den Streckfaktor a und setzen Sie ihn in die Gleichung ein.

① $g(0) = 2 = a \cdot 0{,}5^0 = a$ $g(x) = 2 \cdot 0{,}5^x$
② $h(0) = -0{,}5 = a$ $h(x) = -0{,}5 \cdot 0{,}5^x$

Basisaufgaben

Erinnerung

Quadranten im Koordinatensystem

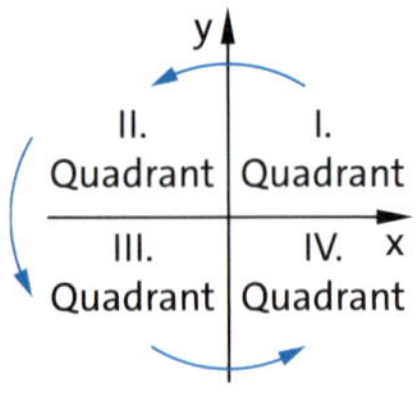

2 Gegeben sind die Funktionen f, g, h und k mit $f(x) = -2 \cdot 4^x$, $g(x) = 1{,}5 \cdot 6^x$, $h(x) = -4 \cdot 0{,}5^x$ und $k(x) = 4 \cdot 2^x$. Lösen Sie die Aufgabe, ohne die Graphen zu zeichnen.
a) Ordnen Sie die Funktionswerte an der Stelle $x = 1$ der Größe nach aufsteigend.
b) Geben Sie zu jeder Funktion an, durch welche Quadranten ihr Graph verläuft.
c) Geben Sie an, welche der Graphen einander schneiden.

3 Die Wertetabelle gehört zu einer Funktion g. Entscheiden Sie, ob es sich um eine Exponentialfunktion der Form $g(x) = a \cdot q^x$ oder um eine andere Funktion handelt. Geben Sie im Fall einer Exponentialfunktion die zugehörige Funktionsgleichung an.

a)

x	0	1	2	3
g(x)	2	6	18	54

b)

x	0	1	2	3
g(x)	3	6	9	12

c)

x	−2	−1	0	1
g(x)	−0,25	−1	−4	−24

d)

x	−1	0	1	2
g(x)	2	7	24,5	85,75

Weiterführende Aufgaben

4 **Stolperstelle:** Erklären und korrigieren Sie Moritz' Fehler.

a) Moritz stellt die Gleichung einer Exponentialfunktion mit der Basis 4 und dem Streckfaktor 1,5 auf: $f(x) = 1{,}5 \cdot x^4$

b) Moritz berechnet den Funktionswert für $x = 5$ für f mit $f(x) = 3 \cdot 2^x$:
$f(x) = 3 \cdot 2^x = 6^x$, also $f(5) = 6^5 = 7776$

c) Moritz berechnet Funktionswerte von f mit $f(x) = 4 \cdot 2^x$:
$f(1) = 8$, $f(2) = 16$, also wird immer der x-Wert mit 8 multipliziert und es gilt $f(4) = 32$.

Beispiel

5 Der Graph einer Exponentialfunktion f verläuft durch die Punkte A und $P(0|1)$. Vergleichen Sie die Lage der Punkte A und P und entscheiden Sie so, ob der Graph von f steigend oder fallend ist. Ermitteln Sie dann die Funktionsgleichung.

a) $A(-3|0{,}2)$ b) $A(2|0{,}25)$ c) $A(-6|72)$ d) $A(5|120)$

6 Von einer Zuordnung sind die Wertepaare $(1|1{,}5)$ und $(2|4{,}5)$ bekannt.

a) Erstellen Sie eine Wertetabelle mit diesen beiden und weiteren Wertepaaren, die zu einer linearen Funktion (zu einer Exponentialfunktion der Form $f(x) = a \cdot q^x$) passen.

b) Prüfen Sie, ob es jeweils eine oder mehrere mögliche Funktionen gibt.

c) Zeichnen Sie die Graphen beider Funktionen aus a) in ein Koordinatensystem. Geben Sie an, wo die lineare Funktion kleinere Funktionswerte hat als die Exponentialfunktion.

7 In einem Atomkraftwerk werden Urankerne durch Beschuss mit Neutronen gespalten. Ein gespaltener Kern setzt seinerseits Neutronen frei, die erneut Urankerne spalten (man spricht von einer Kettenreaktion). Die meisten Neutronen werden von Steuerungsstäben absorbiert. Sie sind so eingestellt, dass durchschnittlich 1,001 der freigesetzten Neutronen erneut eine Kernspaltung auslösen. Diese erneute Kernspaltung findet nach 10^{-8} Sekunden statt.

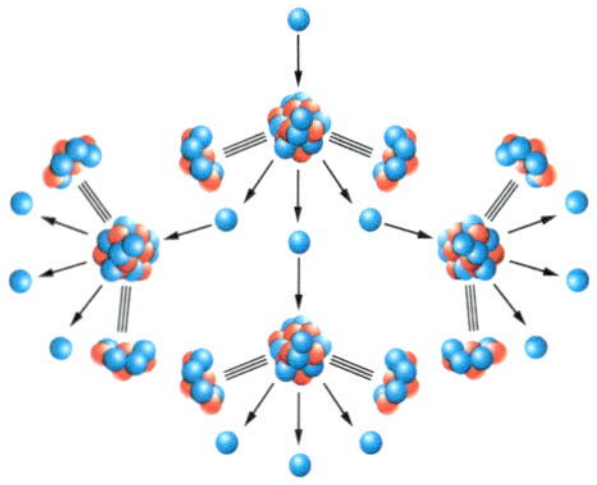

a) Die Exponentialfunktion f beschreibt, wie viele Kerne $x \cdot 10^{-8}$ Sekunden nach der ersten Spaltung gespalten werden. Ermitteln Sie die Funktionsgleichung von f.

b) Berechnen Sie, wie viele Kerne nach 10^{-5}, 10^{-4} und 10^{-3} Sekunden gespalten werden.

c) Prüfen Sie, ob Ihr Taschenrechner die Anzahl der Spaltungen nach 1 s berechnen kann.

8 **Verschiebung von Graphen von Exponentialfunktionen:**

a) Beschreiben Sie, wie der Graph von f mit $f(x) = (x-2)^2 + 3$ aus der Normalparabel hervorgeht.

b) Stellen Sie eine Vermutung auf, wie der Graph der Funktion g mit $g(x) = 5^{x-2} + 3$ aus dem Graphen von h mit $h(x) = 5^x$ hervorgeht.

c) Überprüfen Sie Ihre Vermutung aus b) mithilfe eines CAS auch an anderen Beispielen.

d) Notieren Sie einen Merksatz dazu, wie der Graph von g mit $g(x) = q^{x-d} + c$ aus dem Graphen von h mit $h(x) = q^x$ hervorgeht.

e) Beschreiben Sie, wie der Graph von g mit $g(x) = 2 \cdot 3^{x+1} - 5$ aus dem Graphen von h mit $h(x) = 3^x$ hervorgeht.

Hinweis zu 9

Beachten Sie hierzu Aufgabe 8.

9 **Ausblick:** Verschiebungen und Streckungen von Exponentialfunktionen

a) Vergleichen Sie die Graphen von f und g mit $f(x) = 2^{x+3}$ und $g(x) = 8 \cdot 2^x$.

b) Begründen Sie: Die Verschiebung des Graphen einer Exponentialfunktion um d Einheiten nach links kann man als Streckung des Graphen um q^d auffassen.

c) Formulieren Sie einen Merksatz wie in b) für eine Verschiebung nach rechts.

4.3 Wiederholung: Exponentialgleichungen und Logarithmus

Rahima soll die Gleichung $2^x = 100$ lösen.

a) Erläutern Sie, warum Rahimas Ansatz nicht funktioniert.

b) Ermitteln Sie die Lösung näherungsweise durch Probieren.

Exponentialgleichungen lösen

Gleichungen wie $3^x = 81$ heißen Exponentialgleichungen. Anders als Potenzgleichungen der Form $x^3 = 81$ kann man sie nicht durch Wurzelziehen lösen.

Wissen

Exponentialgleichungen sind Gleichungen, bei denen die Variable im Exponenten steht: $b^x = a$ für $a, b > 0$

Beispiel 1 Lösen Sie die Gleichung durch Probieren.

a) $4^x = 256$ b) $2 \cdot 9^x = 486$

Lösung:

a) Setzen Sie verschiedene Zahlen für x ein und nähern Sie sich so der Lösung.

$4^3 = 64$; $4^4 = 256$
$x = 4$

b) Dividieren Sie die Gleichung durch 2. Setzen Sie verschiedene Zahlen für x ein. Die Lösung muss zwischen 2 und 3 liegen. Probieren Sie es mit 2,5. Die Gleichung ist für x = 2,5 erfüllt.

$2 \cdot 9^x = 486 \quad | : 2$
$9^x = 243$
$9^2 = 81$; $9^3 = 729$
$9^{2,5} = 243$
$x = 2,5$

Basisaufgaben

1 Lösen Sie die Gleichung durch Probieren.
a) $2^x = 8$ b) $3^x = 81$ c) $4^x = 64$ d) $5^x = 3125$
e) $3 \cdot 2^x = 96$ f) $2 \cdot 3^x = 54$ g) $10 \cdot 4^x = 160$ h) $6 \cdot 5^x = 750$

Lösungen zu 2

5 3 4 2 3 5 3 4 5

2 Lösen Sie die Gleichung durch Probieren.
a) $7^x = 2401$ b) $10^x = 100\,000$ c) $9^x = 729$ d) $6^x = 7776$
e) $5 \cdot 8^x = 2560$ f) $2 \cdot 11^x = 2662$ g) $0,5 \cdot 8^x = 2048$ h) $\frac{1}{9} \cdot 9^x = 6561$

3 Lösen Sie die Gleichung durch Probieren. Runden Sie ggf. auf zwei Nachkommastellen.
a) $4^x = 128$ b) $9^x = 2187$ c) $2^x = 181$ d) $5^x = 34,5$
e) $2 \cdot 3^x = 130$ f) $4 \cdot 2^x = 416$ g) $3 \cdot 5^x = 88$ h) $7 \cdot 6^x = 35,11$

4 **Gleichungen mit Tabellenkalkulation lösen:** Lösen Sie die Gleichung mit einer Tabellenkalkulation. Legen Sie dazu eine Wertetabelle an und runden Sie das Ergebnis, falls nötig.
a) $16^x = 262\,144$ b) $2 \cdot 5^x = 58,73$ c) $4 \cdot 7^x = 5357,01$ d) $9 \cdot 2^x = 684,98$

Logarithmieren als Umkehrung des Potenzierens

So wie das Ziehen der Quadratwurzel für positive Zahlen die Umkehroperation zum Quadrieren ist, gibt es auch eine Umkehroperation zum Potenzieren: den **Logarithmus.** Logarithmieren und Potenzieren heben sich also gegenseitig auf.

Hinweis

Mit den meisten Taschenrechnern kann man den Logarithmus mit der Taste $\log_{\blacksquare}\blacksquare$ berechnen.

Wissen

Der **Logarithmus von a zur Basis b** ist der Exponent, mit dem b potenziert werden muss, um a zu erhalten. Für a, b > 0 mit b ≠ 1 ist:

$$\log_b(a) = x \text{ genau dann, wenn } b^x = a$$

Es gilt: $\log_b(b^x) = x$ und $b^{\log_b(x)} = x$

Basisaufgaben

5 Schreiben Sie als Gleichung mit Logarithmus, wenn möglich.

a) $3^{10} = 59\,049$ b) $7^4 = 2401$ c) $13^3 = 2197$ d) $8^4 = 4096$
e) $1^3 = 1$ f) $(-1)^5 = -1$ g) $(-2)^7 = -128$ h) $0{,}5^5 = \frac{1}{32}$

6 Bestimmen Sie den Logarithmus.

a) $\log_5(25)$ b) $\log_2(8)$ c) $\log_3(27)$ d) $\log_5(625)$
e) $\log_2(32)$ f) $\log_{19}(19^{12})$ g) $\log_8\left(\frac{1}{8}\right)$ h) $\log_2\left(\frac{1}{32}\right)$
i) $\log_{17}(289)$ j) $\log_{144}(144^2)$ k) $\log_{\frac{1}{2}}\left(\frac{1}{4}\right)$ l) $\log_{10}(1)$

7 Geben Sie an, welche Ausdrücke den gleichen Wert haben. Schreiben Sie gegebenenfalls zunächst passend als Potenz.

2	$\log_2(2^3)$	3	$\log_4(16)$	$\log_2(16)$	$\log_{11}(121)$	$6^{\log_6(2)}$	4

8 **Logarithmus zur Basis 10:** Für den Logarithmus zur Basis 10 schreibt man kurz lg statt $\log_{10}$. Vereinfachen Sie den Term.

a) $\lg(10)$ b) $\lg(100)$ c) $\lg(10\,000)$ d) $\lg(10^{17})$

9 Vereinfachen Sie.

a) $\log_3(3^4)$ b) $\log_7(7^{12})$ c) $\log_4(4^4)$ d) $\log_{10}(10^0)$
e) $5^{\log_5(2)}$ f) $24^{\log_{24}(316)}$ g) $2^{\log_2(24\,376)}$ h) $\log_{25}(5^{14})$

Exponentialgleichungen mit dem Logarithmus lösen

Mit dem Logarithmus kann man Exponentialgleichungen exakt lösen, ohne zu probieren.

Hinweis

Bei einem CAS verwenden Sie solve(*Gleichung, Variable*) bzw. $\log_{b(x)}$.

Erklärvideo

Beispiel 2 Lösen Sie die Gleichung mit dem Logarithmus.

$0{,}25 \cdot 0{,}5^x + 3 = 11$

Lösung:

Bringen Sie die Gleichung durch Äquivalenzumformungen in die Form $b^x = a$. Wenden Sie dann den Logarithmus zur Basis b auf beide Seiten an. Verwenden Sie ggf. einen Taschenrechner.

$0{,}25 \cdot 0{,}5^x + 3 = 11 \quad | -3$
$0{,}25 \cdot 0{,}5^x = 8 \quad | \cdot 4$
$0{,}5^x = 32 \quad | \log_{0{,}5}(\ )$
$x = -5$
$L = \{-5\}$

Basisaufgaben

10 Lösen Sie die Exponentialgleichung mit dem Logarithmus.
a) $2^x = 16$ b) $3^x = 12$ c) $9^x = 3$ d) $9^x = 0,5$
e) $5^x = 40$ f) $1,02^x = 2$ g) $0,94^x = 0,5$ h) $3,1^x = \frac{1}{6}$

11 Lösen Sie die Gleichung.
a) $1215 = 5 \cdot 9^x$ b) $2 \cdot 4^x = 168,897$ c) $1500 \cdot 15^x = 66$
d) $60 = 300 \cdot 1,5^x$ e) $0,5 \cdot 3,5^x + 15 = 115$ f) $50 - 1,4^x = -120$

12 Lösen Sie die Gleichung.
a) $250 + 3 \cdot 4^x = 1000$ b) $4 \cdot 6^x - 200 = 600$
c) $-2,5 \cdot 100^x + 800 = 200$ d) $-1,2 \cdot 5^x - 26 = -86$

Weiterführende Aufgaben

13 Lösen Sie die Gleichung mithilfe der Potenzgesetze.
a) $6 \cdot 4^x = 8 - 11 \cdot 4^x$ b) $\frac{1,4^t}{0,7^t} = 32$ c) $5 \cdot 12^x = 4 \cdot 3^x$ d) $8 \cdot 1,2^x = 4 \cdot 1,4^x$

14 **Rechengesetze für Logarithmen:** Vervollständigen Sie im Heft zu korrekten Aussagen, falls möglich, und notieren Sie die Logarithmengesetze.
a) $\log_{0,5}(8 \cdot 64) = \log_{0,5}(8)$ ■ $\log_{0,5}(64)$
b) $\log_{0,25}(64 : 4) = \log_{0,25}(64)$ ■ $\log_{0,25}(4)$
c) $\log_{0,25}(64^4) = 4$ ■ $\log_{0,25}(64)$

⚠ **15** **Stolperstelle:** Erklären und korrigieren Sie die Fehler in den Rechnungen in Ihrem Heft.

Marius:
$3 \cdot 2^x = 32$
$3 \cdot x = \log_2(32)$
$3 \cdot x = 5$
$x = \frac{5}{3}$

Antonia:
$2^x + 8 = 32$
$x + \log_2(8) = \log_2(32)$
$x + 3 = 5$
$x = 2$

Melissa:
$100 \cdot 4^x = 90000$
$4^x \approx 900 \quad | \sqrt[4]{\ }$
$x \approx 5,48$

16 Berechnen Sie den Schnittpunkt der Graphen der Funktionen f und g.
a) $f(x) = 20 \cdot 1,6^x$; $g(x) = 4 \cdot 0,5^x$ b) $f(x) = 200 \cdot 1,1^x$; $g(x) = 50 \cdot 2^x$

17 Bestimmen Sie die Nullstellen der Funktion f.
a) $f(x) = 6 \cdot 1,1^x - 2$ b) $f(x) = \frac{2}{3} \cdot 5^{2x} - \frac{3}{4}$
c) $f(x) = 7^{2x-1} - 7^x$ d) $f(x) = \frac{1}{4^{x+1}} - 4^{x+1}$

18 Martin legt 100 € zu einem Zinssatz von 0,5 % an, Charlotte 110 € zu 0,3 %.
a) Berechnen Sie, wann Martin 110 € auf dem Konto hat.
b) Bestimmen Sie, nach wie vielen Jahren Martin mehr Geld auf dem Konto hat als Charlotte.

19 Frau Günther möchte 30 000 € anlegen. Untersuchen Sie mithilfe einer Wertetabelle, für welche Laufzeit Frau Günther welches Angebot wählen sollte.

Angebot 1
1,2 % Zinsen p. a. für 20000 €; weiteres Kapital wird nicht verzinst.

Angebot 2
0,8 % Zinsen p. a.

20 Ein Blatt Papier ist 0,1 mm dick. Beim Zusammenfalten verdoppelt sich die Dicke.

a) Schätzen Sie die Dicke des Papiers nach 20-maligem Falten. Berechnen Sie dann und vergleichen Sie mit Ihrem Schätzwert.

b) Nehmen Sie an, man könnte ein Blatt Papier beliebig oft falten. Berechnen Sie, wie oft man das Papier falten müsste, damit es 1 m dick wäre (so dick wäre, wie der Mount Everest hoch ist: 8848 m).

21 a) Zeigen Sie mithilfe der Potenzgesetze, dass $b^{\log_b(a^x)} = b^{x \cdot \log_b(a)}$ für a, b > 0 gilt. Folgern Sie daraus, dass $\log_b(a^x) = x \cdot \log_b(a)$ für a, b > 0 gilt.

b) Lösen Sie die Gleichungen. Verwenden Sie die Regel aus a), falls nötig.

① $(2^x)^2 = \frac{1}{64}$ ② $2^{2x+1} = 512$ ③ $20 \cdot (7^x)^3 = 80$ ④ $3^{2x} = 5 \cdot 3^x$

22 Für $b^x = a$ gilt $x = \log_b(a)$. Begründen Sie, warum in der Definition des Logarithmus die folgende Einschränkung vorgenommen werden muss:

a) $a > 0$ b) $b \neq 1$ c) $b > 0$

23 Begründen Sie, dass die Aussage wahr bzw. falsch ist.

a) Für beliebige Basen b > 0 gilt $\log_b(1) = 0$.

b) Für beliebige Basen b > 0 gilt $\log_b(0) = 1$.

c) Für beliebige Basen a, b > 0 gilt $\log_b(a^x) = a \cdot \log_b(x)$.

d) Gleichungen der Form $x^a = b$ löst man durch Wurzelziehen, Gleichungen des Typs $a^x = b$ durch Logarithmieren ($a, b \in \mathbb{R}$ fest, a, b > 0).

e) Der Logarithmus zur Basis b ist die Umkehrung der Zuordnung $x \to b^x$.

f) Für beliebige Basen b > 0 gilt $\log_b(a) > 0$ für a < 1 und $\log_b(a) < 0$ für a > 1.

24 **Basiswechsel:** Man kann den Logarithmus zu einer beliebigen Basis b durch Logarithmen zu einer beliebigen anderen Basis c ausdrücken: $\log_b(a) = \frac{\log_c(a)}{\log_c(b)}$

a) Drücken Sie den Logarithmus $\log_{27}(81)$ durch Logarithmen zur Basis 3 aus. Berechnen Sie und überprüfen Sie Ihr Ergebnis mit dem Taschenrechner.

b) Lösen Sie die Exponentialgleichung mit dem Logarithmus zur Basis 2.

① $16^x = 64$ ② $8^x = 128$ ③ $32^x = 8$

25 Lösen Sie die Gleichung.

a) $\log_x(10) = 1$ b) $\log_x(81) = 3$ c) $\log_3(x + 1) = 2$ d) $\log_5(2x - 3) = 4$

26 Lösen Sie die Gleichung. Achten Sie dabei auf den Gleichungstyp.

a) $5^x = 625$ b) $x^3 = \frac{1}{8}$ c) $3^x = \frac{1}{27}$ d) $5^x = \sqrt[3]{5}$

e) $\left(\frac{1}{4}\right)^x = 256$ f) $x^{10} = \frac{1}{1024}$ g) $2^{x+1} = 32$ h) $\frac{1}{5^x} = 25$

Hinweis zu 27

g ist die Umkehrfunktion zu f.

27 Zeichnen Sie die Graphen von f und g mit $f(x) = 2^x$ und $g(x) = \log_2(x)$ mithilfe einer Wertetabelle in ein gemeinsames Koordinatensystem. Beschreiben Sie die gegenseitige Lage der Graphen sowie die Bedeutung der Geraden y = x für ihren Verlauf.

28 **Ausblick:** Beweisen Sie, dass $\log_2(5)$ eine irrationale Zahl ist. Nutzen Sie dazu: $x \cdot \log_b(a) = \log_b(a^x)$

4.4 Wachstumsmodelle

Zu Beginn der Corona-Pandemie verdoppelten sich laut Meldungen die Fallzahlen in Deutschland in etwa alle 3 Tage.

a) Bestimmen Sie den Faktor, um den die kumulierten Fallzahlen in etwa täglich zunahmen.

b) Bis zum 5. März 2020 wurden in Deutschland 349 Fälle gemeldet. Ermitteln Sie, wie viele kumulierte Fälle es nach diesem Modell 14 Tage später gegeben haben musste.

Die Gleichung $f(x) = a \cdot q^x$ für exponentielles Wachstum oder exponentielle Abnahme enthält die vier Größen $f(x)$, a, q und x. Jede der vier Größen kann ermittelt werden, sofern die drei anderen gegeben sind. In jedem Fall verwendet man eine andere Strategie, um die gesuchte Größe zu bestimmen.

Wissen **Grundaufgaben bei exponentiellem Wachstum**

Gesucht	Funktionswert f(x)	Anfangswert a	Faktor q (Basis)	Exponent x
Ansatz	$f(5) = 4{,}02 \cdot 1{,}2^5$	$10 = a \cdot 1{,}2^5$	$10 = 4{,}02 \cdot q^5$	$10 = 4{,}02 \cdot 1{,}2^x$
Methode	ausrechnen	nach a auflösen	5. Wurzel	Logarithmus
Lösung	$f(5) \approx 10$	$a = \frac{10}{1{,}2^5} \approx 4{,}02$	$q^5 = \frac{10}{4{,}02}$ $q = \sqrt[5]{\frac{10}{4{,}02}} \approx 1{,}2$	$1{,}2^x = \frac{10}{4{,}02}$ $x = \log_{1{,}2}\left(\frac{10}{4{,}02}\right) \approx 5$

Beispiel 1

a) Die Gleichung $f(x) = 50 \cdot 0{,}92^x$ beschreibt den Zerfall von 50 g Iod-131 nach x Tagen. Berechnen Sie, wann nur noch 20 g Iod vorhanden sind.

b) Von 100 g Radium-234 sind nach 30 Sekunden noch 50 g vorhanden. Bestimmen Sie den Abnahmefaktor.

Lösung:

a) Setzen Sie f(x) mit 20 gleich. Dividieren Sie die Gleichung durch 50. Wenden Sie den Logarithmus zur Basis 0,92 auf beide Seiten der Gleichung an.

$f(x) = 50 \cdot 0{,}92^x = 20 \quad |:50$
$0{,}92^x = 0{,}4 \quad |\ \log_{0{,}92}$
$x = \log_{0{,}92}(0{,}4) \approx 10{,}99$
Nach ca. 11 Tagen sind noch 20 g Iod übrig.

b) Setzen Sie die gegebenen Werte in die Funktionsgleichung zur exponentiellen Abnahme ein. Dividieren Sie durch 100 und ziehen Sie die 30. Wurzel.

$f(x) = 100 \cdot q^x$
$f(30) = 100 \cdot q^{30} = 50 \quad |:100$
$q^{30} = 0{,}5 \quad |\ \sqrt[30]{\ }$
$q = \sqrt[30]{0{,}5} \approx 0{,}98$, also Abnahmefaktor 0,98

Basisaufgaben

Hinweis zu 1

Das Startkapital ist das Guthaben zu Beginn der Laufzeit, das Kapital ist das Guthaben am Ende der Laufzeit.

1 Bestimmen Sie die gesuchte Größe.

a) Startkapital: 3000 €, Zinssatz: 0,4 % p. a., Laufzeit: 12 Jahre; gesucht: Kapital
b) Startkapital: 3000 €, Zinssatz: 0,8 % p. a., Kapital: 4000 €; gesucht: Laufzeit
c) Zinssatz: 0,9 % p. a., Laufzeit: 10 Jahre, Kapital: 7000 €; gesucht: Startkapital
d) Startkapital: 60 000 €, Laufzeit: 15 Jahre, Kapital: 70 000 €; gesucht: Zinssatz
e) Laufzeit: 7 Jahre, Kapital: 20 000 €, Zinssatz: 1,2 %; gesucht: Startkapital
f) Laufzeit: 13 Jahre, Kapital: 6000 €, Startkapital: 5000 €, ; gesucht: Zinssatz
g) Zinssatz: 0,7 % p. a., Startkapital: 1300 €, Kapital: 1580 €; gesucht: Laufzeit

2 Das Sumatra-Nashorn ist vom Aussterben bedroht. Im Jahr 2000 gab es noch etwa 300 Sumatra-Nashörner, 2019 waren es nur noch rund 80.
a) Stellen Sie eine Gleichung zur Situation auf.
b) Berechnen Sie, wie groß nach diesem Modell die Population der Sumatra-Nashörner 2030 sein wird. Beurteilen Sie, ob das Ergebnis realistisch ist.

3 **Funktionsgleichung aus zwei Messwerten aufstellen:** Bestimmen Sie eine passende Funktionsgleichung zum exponentiellen Wachstum mit den beiden Datenpaaren.
Beispiel: A(1 | 2), B(4 | 7); allgemeine Funktionsgleichung: $f(x) = a \cdot q^x$
Koordinaten von A einsetzen und nach a umstellen: $f(1) = 2 = a \cdot q \Rightarrow a = \frac{2}{q}$
Koordinaten von B einsetzen: $f(4) = 7 = a \cdot q^4 = 2 \cdot q^3$
q und a bestimmen: $q \approx 1{,}52$; $a \approx 1{,}32$
Einsetzen in die allgemeine Funktionsgleichung: $f(x) = 1{,}32 \cdot 1{,}52^x$
a) A(1 | 1); B(3 | 4) b) A(2 | 2); B(5 | 0,25) c) A(3 | 2); B(8 | 5) d) A(−3 | 2); B(7 | 9)

Hinweis
Verwenden Sie ein CAS, dann können Sie die Werte in einer Tabelle erfassen, einen Streuplot erzeugen und eine Regression wählen.

4 **Ungenauigkeiten bei Messwerten:** Die Tabelle enthält Messdaten eines exponentiellen Wachstumsvorgangs.

x	0	1	2	4	6	7	8
y	0,5	1	1,5	2,5	5	6,5	9,5

a) Ermitteln Sie aus dem ersten und letzten Datenpaar eine passende Funktionsgleichung.
b) Bestimmen Sie aus dem ersten und drittletzten Datenpaar eine passende Funktionsgleichung.
c) Vergleichen Sie Ihre Ergebnisse aus a) und b). Erklären Sie mögliche Abweichungen.

5 **Halbwerts- und Verdopplungszeit:** Bei der Reaktorkatastrophe von Tschernobyl 1986 trat Cäsium-137 in großen Mengen aus und kontaminierte ca. 40 % der Fläche Europas. Pro Jahr nimmt die Strahlung von Cäsium-137 um ca. 2,28 % ab.
a) Berechnen Sie die Halbwertszeit von 100 g Cäsium-137.
b) Ermitteln Sie, nach welcher Zeit von 100 g Cäsium-137 nur noch 25 g übrig sind.
c) Plutonium-239 zerfällt zu 0,002875 % pro Jahr. Berechnen Sie die Halbwertszeit von 100 g Plutonium-239.
d) Berechnen Sie, nach welcher Zeit von 10 g Plutonium-239 noch 70 % der Strahlung übrig sind.
e) Berechnen Sie, wie viel Plutonium-239 von 2 g nach 40 Jahren noch übrig sind.

Weiterführende Aufgaben

Zwischentest

6 **Stolperstelle:** Khalid hat in den ersten drei Handballspielen der Saison 2, 6 und 18 Tore erzielt. Er überlegt: „Es gilt $2 = 2 \cdot 3^0$, $6 = 2 \cdot 3^1$ und $18 = 2 \cdot 3^2$. Die Anzahl meiner Tore im n-ten Saisonspiel kann ich also mit $t(n) = 2 \cdot 3^{n-1}$ berechnen. Die Verdopplungszeit ist rund 0,63, also verdoppelt sich die Anzahl meiner Tore pro Spiel etwa alle 0,63 Spiele." Nehmen Sie Stellung.

7 Ein Bestand nimmt täglich um 12 % exponentiell ab.
a) Berechnen Sie die Halbwertszeit für einen Anfangsbestand von 100 und für einen Anfangsbestand von 500.
b) Begründen Sie, dass die Halbwertszeit nicht vom Anfangsbestand abhängt.

8 a) Ein Kapital wird mit 0,9 % Zinsen p. a. verzinst. Berechnen Sie seine Verdopplungszeit.
b) Eine Bank erhebt 0,9 % Negativzinsen auf die gesamten Spareinlagen. Berechnen Sie die Halbwertszeit eines Kapitals und vergleichen Sie mit dem Ergebnis aus a).

Hilfe

9 Im Jahr 1935 wurden in Australien 102 Aga-Kröten zur Schädlingsbekämpfung ausgesetzt. Ihr Bestand wächst jährlich um 20 %.

a) Berechnen Sie den Bestand 1, 2 und 10 Jahre nach dem Aussetzen der Kröten.
b) Im Jahr 2016 wurde der Bestand auf 200 Millionen geschätzt. Vergleichen Sie diesen Wert mit der Annahme des 20 %igen jährlichen Wachstums.
c) Berechnen Sie, in welchem Jahr es etwa eine Million Aga-Kröten in Australien gab.
d) Berechnen Sie, wie viele Kröten man 1935 hätte aussetzen müssen, um erst im Jahr 2000 eine Million Kröten in Australien zu haben.
e) Ermitteln Sie, wann man 102 Kröten hätte aussetzen müssen, um erst im Jahr 2000 eine Million Kröten in Australien zu haben.

10 Die Tabelle zeigt den Internet-Datenverkehr aller mobilen Endgeräte weltweit.

Jahr	2014	2015	2016	2017	2018
Exabyte/Monat	2,5	3,7	6,2	9,9	14,9

Hinweis

1 Exabyte = 1 Milliarde Gigabyte

a) Zeigen Sie, dass exponentielles Wachstum vorliegt, und stellen Sie eine passende Funktionsgleichung zu den Daten auf.
b) Ermitteln Sie, wann mehr als 100 Exabyte Datenverkehr pro Monat zu erwarten sind.
c) Bestimmen Sie den monatlichen Datenverkehr 2030 und 2050 nach diesem Modell.
d) Recherchieren Sie, wie hoch der monatliche Datenverkehr heute ist. Vergleichen Sie mit Ihrem Ergebnis aus c) und beurteilen Sie, ob Ihr Ergebnis für 2050 stimmen wird.

11 Europa hatte 1970 rund 656 Millionen Einwohner, 2011 waren es schon etwa 740 Millionen.
a) Stellen Sie eine Funktionsgleichung zum exponentiellen Bevölkerungswachstum auf.
b) Ermitteln Sie mit einer Tabellenkalkulation die Einwohnerzahlen Europas für die Jahre 2000 bis 2030.
c) Recherchieren Sie die aktuelle Einwohnerzahl Europas. Vergleichen Sie mit Ihrem Ergebnis aus b). Beurteilen Sie, ob das Wachstumsmodell die langfristige Entwicklung der Bevölkerung beschreibt.

12 **Ausblick:** Beschränktes Wachstum

a) Erläutern Sie, dass eine von Seerosen bedeckte Fläche auf einem Teich nicht unendlich wachsen kann, sondern dass das Wachstum beschränkt ist.
b) Skizzieren Sie die Graphen der Funktionen f, g und h für $-20 \le x \le 100$:
$f(x) = 20 - 10e^{-0{,}05x}$
$g(x) = 40 - 20e^{-0{,}05x}$
$h(x) = 20 + 10e^{-0{,}05x}$
c) Vergleichen Sie die Graphen aus b). Geben Sie einen Wert für die Schranke an.
d) Beurteilen Sie, ob einer der Graphen aus b) zum Sachkontext in a) passt.
e) Ein Getränk wird in einem 20° warmen Raum abgestellt. Zu Beginn war das Getränk 30° warm und nach zehn Minuten noch 26°. Geben Sie eine Funktionsgleichung für die Temperatur des Getränks an und skizzieren Sie den Graphen.

Corona-Pandemie

Noah wundert sich über den Zeitungsartikel: „Es kommen doch pro Woche nur 1000 Infektionen dazu, wie sollen es dann in der folgenden Woche schon über 10 000 sein?“ Erläutern Sie Noahs Denkfehler.

10.03.2020
Bis heute wurden in Deutschland bereits 1139 Infektionen mit Covid-19 registriert. Vor einer Woche waren es noch 150. Virologen befürchten, dass es schon nächste Woche mehr als 10 000 Infektionen sein werden.

Zu Beginn der Corona-Pandemie gingen viele Menschen intuitiv von einem linearen Wachstum aus, die Fall- zahlen stiegen jedoch zeitweise annähernd exponentiell und damit viel schneller. Mit verschiedenen Kennzahlen wie zum Beispiel dem R-Wert, der 7-Tage-Inzidenz und der Intensivbetten-Belegung sollte das Infektionsgeschehen besser verständlich gemacht werden.

Aufgaben

Info

Als Covid-19-Fälle wertet das Robert-Koch-Institut alle im Labor bestätigten Nachweise von SARS-CoV-2, unabhängig vom Vorhandensein oder der Ausprägung von Symptomen.

1 Die Tabelle zeigt die vom Robert-Koch-Institut in Berlin veröffentlichten Fallzahlen von Covid-19 in Deutschland.

a) Gehen Sie von einer annähernd exponentiellen Entwicklung aus. Bestimmen Sie den Wachstumsfaktor, mit dem die kumulierten (aufsummierten) Fallzahlen im dargestellten Zeitraum ungefähr stiegen.

b) Berechnen Sie, wie viele Fälle es nach dem Modell aus a) am 22.03. und am 29.03. gegeben haben müsste.

c) Bis zum 12.04.2020 wurden in Deutschland insgesamt 120 479 Fälle gemeldet. Beurteilen Sie, ob sich der exponentielle Anstieg aus a) bis zum 12.04. fortsetzte.

Datum	Fälle (kumuliert)
08.03.2020	847
09.03.2020	1112
10.03.2020	1296
11.03.2020	1567
12.03.2020	2369
13.03.2020	3062
14.03.2020	3795
15.03.2020	4838

Hinweis

Einwohnerzahlen zum Jahresende 2021
Deutschland: 83,24 Mio.
Berlin: 3 677 472

2 Die **7-Tage-Inzidenz** wurde während der Corona-Pandemie als Kriterium für die Festlegung von Maßnahmen genutzt. Sie bezeichnet die relative Häufigkeit neuer Fälle pro 100 000 Einwohner.
Dazu werden die neuen Fälle der letzten sieben Tage aufaddiert (**7-Tage-Fallzahl**), durch die Einwohnerzahl geteilt und mit 100 000 multipliziert. Die Tabelle zeigt die von Robert-Koch-Institut erfassten 7-Tage-Fallzahlen für Berlin und ganz Deutschland zu Beginn des Jahres 2022.

	7-Tage-Fallzahlen	
	Berlin	**bundesweit**
01.01.2022	10 359	183 157
08.01.2022	23 738	279 308
15.01.2022	35 061	413 350
22.01.2022	53 977	642 504
29.01.2022	67 639	937 730
05.02.2022	65 247	1 154 162
12.02.2022	48 544	1 225 974
19.02.2022	39 770	1 122 901

a) Berechnen Sie die zugehörigen 7-Tage-Inzidenzen. Übertragen Sie die Daten für Berlin und Deutschland in ein gemeinsames Koordinatensystem und verbinden Sie sie jeweils zu einer Kurve. Erstellen Sie auf dieselbe Weise ein Diagramm für die 7-Tage-Fallzahlen.

b) Vergleichen Sie die Diagramme und beurteilen Sie die Aussagekraft beider Kennwerte.

c) Untersuchen Sie die wöchentliche prozentuale Veränderung der 7-Tage-Inzidenz für beide Datensätze. Geben Sie jeweils begründet an, ob zeitweise eine annähernd exponentielle Entwicklung vorlag.

3 Arbeiten Sie in Gruppen aus vier Personen. Jedes Gruppenmitglied untersucht ein Land. Die Tabelle zeigt die von der WHO veröffentlichten kumulierten Covid-19-Fallzahlen aus vier Ländern im März 2020.

	13.03.	15.03.	17.03.	19.03.	21.03.	23.03.	25.03.
USA	2234	3929	7283	12 881	23 856	40 525	62 044
Südkorea	7979	8162	8320	8565	8799	8961	9137
Brasilien	60	84	200	291	428	904	1891
Italien	15 113	21 157	27 980	35 713	47 021	59 138	69 176

a) Veranschaulichen Sie die Entwicklung der Fallzahlen für Ihr Land mit einer geeigneten Skizze. Geben Sie an, ob es sich dabei um ein näherungsweise lineares oder exponentielles Wachstum handelt. Stellen Sie das zugehörige Wachstumsmodell auf.

b) Berechnen Sie nach Ihrem Modell aus a) die Fallzahlen bis zum 01.04.2020 und bis zum 01.05.2020.

c) Recherchieren Sie die von der WHO veröffentlichten kumulierten Fallzahlen für den 01.04.2020 und 01.05.2020. Begründen Sie Abweichungen von Ihrem Ergebnis in b).

d) Tauschen Sie sich über den Verlauf der Fallzahlen in den unterschiedlichen Ländern aus. Recherchieren Sie, wie die Länder mit der Corona-Pandemie umgegangen sind.

4 Der Reproduktionswert (kurz: **R-Wert**) gibt an, wie viele Menschen eine infizierte Person im Schnitt ansteckt.

a) Geben Sie an, wie viele Menschen 100 Infizierte bei einem R-Wert von 0,95 im Schnitt anstecken würden.

b) Begründen Sie, dass der R-Wert unter 1 liegen muss, damit das Infektionsgeschehen abflaut.

c) Erklären Sie, warum man allein aus dem R-Wert und einer aktuellen Infektionszahl nicht ableiten kann, wie viele Neuinfektionen es in der nächsten Woche geben wird.

5 a) Nehmen Sie Stellung zu dem Zeitungsartikel vom Mai 2021. Stellen Sie eine Vermutung auf, was der Journalist gemeint haben könnte.

> **Hoffnung in der Pandemie!**
> Zuletzt stiegen die Infektionszahlen nur noch linear an, bis heute wurden in Deutschland gut 3,5 Millionen Fälle gemeldet. Doch schon ab Anfang Juni werden die Zahlen exponentiell sinken und im Sommer wieder unter 3 Millionen fallen!

b) Am 17.05.2021 gab es laut dem Lagebericht des RKI etwa 212 000 aktive Covid-19-Fälle in Deutschland, eine Woche später waren es nur noch etwa 155 400. Gehen Sie von einer exponentiellen Abnahme aus und stellen Sie das zugehörige Wachstumsmodell auf. Berechnen Sie, wann es nach diesem Modell weniger als 100 000 aktive Fälle gegeben hat.

c) Recherchieren Sie die vom Robert-Koch-Institut für das Frühjahr 2021 veröffentlichten Zahlen aktiver Fälle in Deutschland. Vergleichen Sie mit Ihrem Ergebnis aus b).

Info

Die Zahl aktiver Fälle ergibt sich aus der Zahl gemeldeter Fälle abzüglich der in Bezug auf Covid-19 gemeldeten Todesfälle und der geschätzten Zahl der Genesenen.

6 **Forschungsauftrag:**

a) Erfassen Sie in einer Tabellenkalkulation mindestens 40 Covid-19-Fallzahlen aus Deutschland zwischen März 2020 und Februar 2023. Geben Sie jeweils das Datum und den Abstand zum ersten gewählten Datum ein.

	A	B	C
1	**Datum**	**Tage seit 01.10.20**	**Infektionszahl**
2	01.10.2020	0	291722
3	10.10.2020	9	319381
4	31.10.2020	30	518753
5			

b) Untersuchen Sie, welche Art von Wachstum der Fallzahlen in welchem Zeitraum vorlag. Legen Sie dazu verschiedene Regressionen mit der Tabellenkalkulation an, indem Sie aus den Daten ein Punkt-Diagramm erzeugen und darin eine Trendlinie anzeigen lassen.

Hinweis

Recherchieren Sie, was „Regression" bedeutet und welche Arten der Regression es gibt.

4.5 Natürliche Exponentialfunktion

Eine Bakterienkultur vermehrt sich exponentiell. Die Funktion f mit $f(x) = 3^x$ gibt die Anzahl der Bakterien nach x Tagen an. Bestimmen Sie mit einem CAS die momentane Änderungsrate zu den Zeitpunkten $x = 0$, $x = 1$ und $x = 2$. Vergleichen Sie die Ergebnisse mit den Funktionswerten von f.

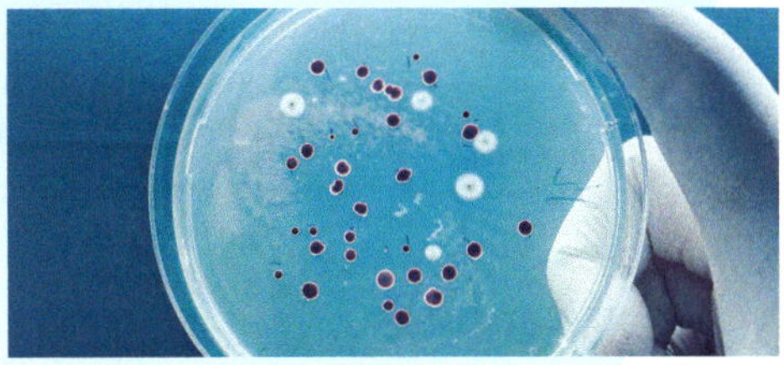

Gesucht ist eine Regel zur Ableitung von Exponentialfunktionen wie f mit $f(x) = 2^x$. Wenn man f grafisch ableitet, liegt die Vermutung nahe, dass f' ebenfalls eine Exponentialfunktion ist.

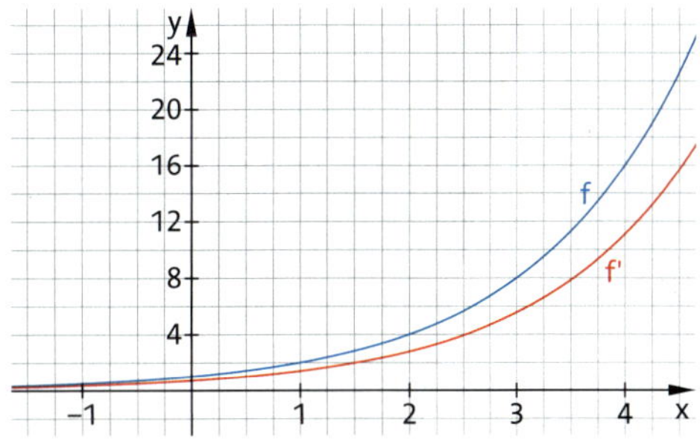

Hinweis

Analoge Betrachtungen sind auch für andere Exponentialfunktionen möglich, siehe Aufgabe 16.

Der Differenzialquotient für eine beliebige Stelle x lässt sich mit der folgenden Umformung auf den Differenzialquotienten an der Stelle 0 zurückführen.

$$\lim_{h \to 0} \frac{2^{x+h} - 2^x}{h} = \lim_{h \to 0} \frac{2^x \cdot (2^h - 1)}{h} = 2^x \cdot \lim_{h \to 0} \frac{2^h - 1}{h} = 2^x \cdot \lim_{h \to 0} \frac{2^{0+h} - 2^0}{h}$$

Mithilfe von Testeinsetzungen ergibt sich:

$f'(0) = \lim\limits_{h \to 0} \frac{2^{0+h} - 2^0}{h} \approx 0{,}693$

Man stellt fest, dass das Verhältnis von f'(x) und f(x) stets konstant ist.

Es gilt: $\frac{f'(x)}{f(x)} = f'(0) \approx 0{,}693$

h	$\frac{2^{0+h} - 2^0}{h}$
−1	0,5
−0,1	≈ 0,670
−0,01	≈ 0,691
−0,001	≈ 0,693

h	$\frac{2^{0+h} - 2^0}{h}$
1	1
0,1	≈ 0,718
0,01	≈ 0,696
0,001	≈ 0,693

Diesen Zusammenhang kann man für beliebige Exponentialfunktionen f mit $f(x) = b^x$ herleiten: $f'(x) = b^x \cdot \lim\limits_{h \to 0} \frac{b^{0+h} - b^0}{h} = b^x \cdot f'(0)$

Info

Leonhard Euler, 1707–1783, Schweizer Mathematiker.

Die Tabelle zeigt die Funktionswerte f'(0) für unterschiedliche Basen b. Die Werte lassen vermuten, dass es eine Basis b gibt, für die $f'(0) = 1$ ist und für die damit $f'(x) = f(x)$ für alle x gilt.
Diese Basis existiert tatsächlich, sie liegt zwischen 2,71 und 2,72 und heißt **eulersche Zahl e.**

f(x)	f'(0)
2^x	0,693
$2{,}7^x$	0,993
$2{,}71^x$	0,9969
$2{,}72^x$	1,0006
$2{,}8^x$	1,030

e ist eine irrationale Zahl, also eine unendlich lange Dezimalzahl, die nicht periodisch ist. Näherungsweise gilt $e \approx 2{,}71828$ (siehe auch Streifzug ab S. 57).

Wissen

Die Funktion f mit $f(x) = e^x$ heißt **natürliche Exponentialfunktion** (oder **e-Funktion**). Für ihre Ableitung gilt $f'(x) = e^x$.
Die Basis $e \approx 2{,}718281828$ heißt **eulersche Zahl**.

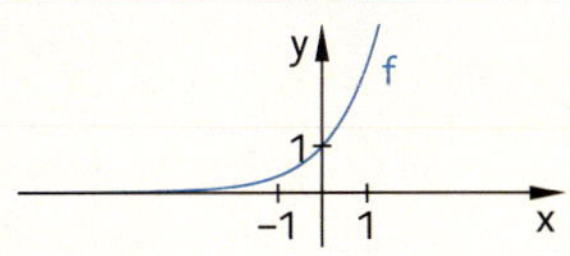

Basisaufgaben

Hinweis

Zur Berechnung von Werten von e^x gibt es auf vielen Taschenrechnern eine Taste, meist e^x oder $e^{■}$.

1 a) Berechnen Sie die Funktionswerte von f mit $f(x) = e^x$ für $x = 2$, $x = 1$, $x = 0$, $x = -1$ und $x = -2$ mit dem Taschenrechner.
b) Geben Sie den Definitions- und Wertebereich an. Beschreiben Sie das Verhalten der Funktionswerte für $x \to -\infty$ und $x \to \infty$.

2 Erstellen Sie in einer Mathematik-Software einen Schieberegler für b und plotten Sie den Graphen von f mit $f(x) = b^x$. Lassen Sie den Graphen von f' anzeigen und verändern Sie b so lange, bis die Graphen von f und f' annähernd übereinstimmen.

3 a) Begründen Sie mithilfe der Ableitungen das Monotonie- und Krümmungsverhalten des Graphen von f mit $f(x) = e^x$.
b) Begründen Sie mithilfe der Ableitungen, dass der Graph von f keine lokalen Extrempunkte und keine Wendepunkte hat.

4 Bestimmen Sie die erste und zweite Ableitung der Funktion f.
a) $f(x) = 5e^x$ b) $f(x) = e^x + 7$ c) $f(t) = -3e^t$
d) $f(x) = 8 - e^x$ e) $f(x) = 3e^x - 8x^2 + 2e^x - 4x$ f) $f(s) = -\frac{1}{4}(e^s - 2xs)$

5 Skizzieren Sie in ein Koordinatensystem den Graphen der e-Funktion sowie den an der x-Achse und den an der y-Achse gespiegelten Graphen. Geben Sie die Funktionsterme der gespiegelten Graphen an. Vergleichen Sie zu zweit.

6 Gegeben sind die Funktionen f, g, h und j mit $f(x) = e^x$, $g(x) = e^{-x}$, $h(x) = -e^x$ und $j(x) = -e^{-x}$.
a) Skizzieren Sie die Graphen in ein Koordinatensystem.
b) Bestimmen Sie anhand der Zeichnung gemeinsame Punkte. Weisen Sie diese auch rechnerisch nach.
c) Geben Sie für jede Funktion ihre Asymptote an.

7 Ordnen Sie die Graphen ① bis ⑤ den Funktionsgleichungen zu.

$f(x) = e^x$ $g(x) = -0{,}5e^x$ $h(x) = 2e^{-x}$ $i(x) = -2e^x$ $j(x) = -0{,}5e^{-x}$

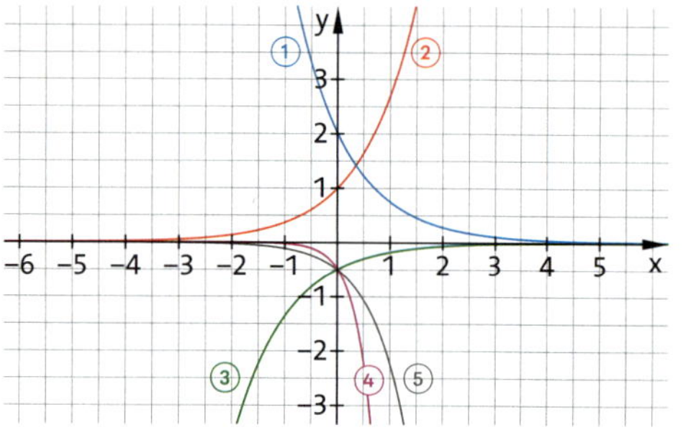

Weiterführende Aufgaben

Zwischentest

8 Geben Sie die 112. Ableitung von f mit $f(x) = e^x$ an.

9 Beschreiben Sie, wie der Graph von $g: x \mapsto e^{x+2} - 3$ aus dem Graphen der natürlichen Exponentialfunktion hervorgeht. Skizzieren Sie den Graphen von g.

10 **Stolperstelle:** Severin und Clara haben die Funktion f mit $f(x) = e^x - e$ abgeleitet. Erklären Sie ihre Fehler und geben Sie die richtige Ableitung an.
Severin: $f'(x) = e^x - 1$ Clara: $f'(x) = e^x - e$

Erinnerung

Die Normale steht senkrecht auf der Tangente. Hat die Tangente die Steigung m, so hat die Normale die Steigung $-\frac{1}{m}$.

11 Gegeben ist die natürliche Exponentialfunktion f mit $f(x) = e^x$.
a) Begründen Sie, dass an jeder Stelle die Tangentensteigung des Graphen gleich dem Funktionswert ist.
b) Bestimmen Sie die Gleichung der Tangente t bei x = 1.
c) Ermitteln Sie die Gleichung der Normale n bei x = 1.

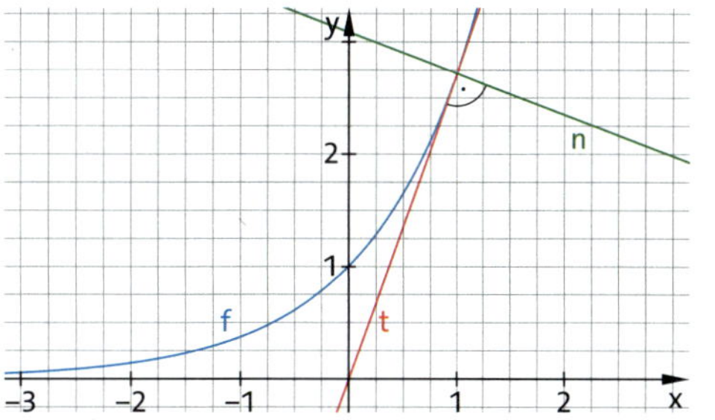

Hilfe

12 Ordnen Sie jedem Graphen begründet die passende Gleichung zu.
$f(x) = e^x$ $g(x) = -e^{-x}$ $h(x) = 2e^x$ $k(x) = e^{-x}$ $l(x) = 0{,}5e^x$

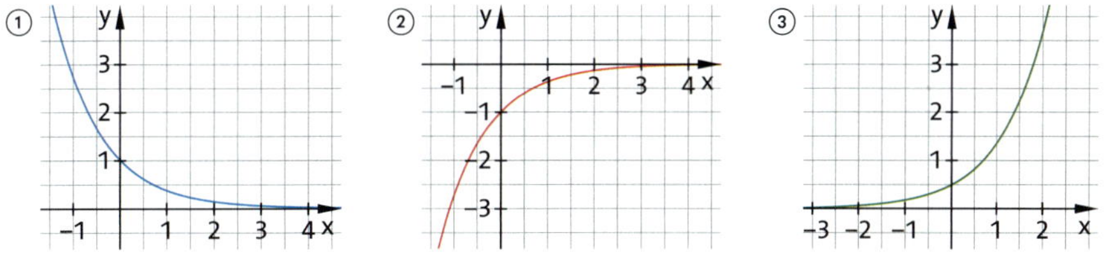

13 a) Formulieren Sie Aussagen über die Existenz von Nullstellen sowie Extrem- und Wendepunkten der Funktion f mit $f(x) = e^x$ und ihres Graphen. Begründen Sie Ihre Aussagen.
b) Prüfen Sie, welche der Aussagen aus a) sich auf alle Funktionen der Form $g(x) = c \cdot e^x$ mit $c \neq 0$ verallgemeinern lassen.

14 Geben Sie für die Funktion f mit $f(x) = c \cdot e^{ax}$ in Abhängigkeit von den Parametern a und c jeweils den Definitions- und Wertebereich, das Monotonie- und Krümmungsverhalten sowie das Verhalten der Funktionswerte für $x \to -\infty$ und $x \to \infty$ an.

15 Erläutern Sie, wie der Graph der Funktion f mit $f(x) = c \cdot e^{x-b} + d$ $(c \neq 0)$ aus dem Graphen der natürlichen Exponentialfunktion hervorgeht.

16 Bestimmen Sie für die Funktion f mit $f(x) = 4^x$ mithilfe eines CAS $f'(x)$ für $x = -1$, $x = 0$, $x = 1$ und $x = 2$. Bilden Sie jeweils das Verhältnis $\frac{f'(x)}{f(x)}$ und beschreiben Sie Ihre Beobachtung.

Hilfe

17 Der Verlauf einer Straße wird durch die Funktion f mit $f(x) = e^x$ beschrieben. Die Straße endet bisher auf dem Marktplatz im Punkt $P(1 \mid e)$. Ein neuer Straßenabschnitt soll durch eine ganzrationale Funktion zweiten Grades modelliert werden. Diese Funktion schließt an die bisherige Straße knickfrei an. Bei x = 4 hat der Straßenabschnitt seinen nördlichsten Punkt. Ermitteln Sie eine Funktionsgleichung, die den neuen Abschnitt modelliert.

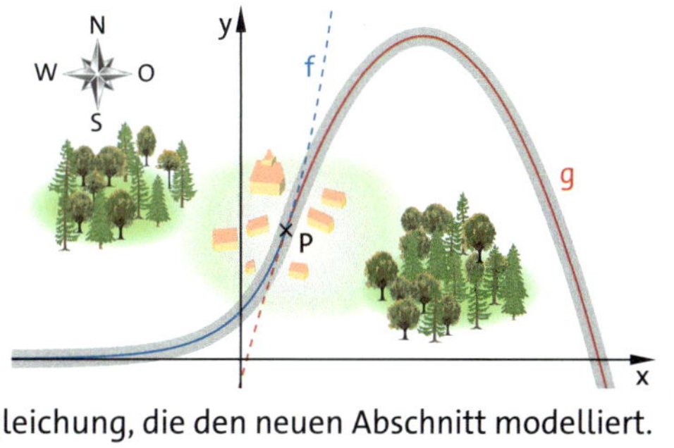

18 Geben Sie alle Stammfunktionen von f mit $f(x) = e^x$ an.

19 **Ausblick:** Die Summe zweier irrationaler Zahlen kann rational oder irrational sein.
a) Geben Sie an, ob die Summen $\sqrt{2} + \sqrt{2}$ und $e - (1 + e)$ rational oder irrational sind.
b) Stellen Sie eine Vermutung auf, ob $e + \pi$ und $e \cdot \pi$ rational oder irrational sind.
c) Recherchieren Sie zur Irrationalität von $e + \pi$ und $e \cdot \pi$.

Die eulersche Zahl e

Die eulersche Zahl ist nach dem Schweizer Mathematiker Leonhard Euler (1707–1783) benannt, der als Erster einige wichtige Eigenschaften der Zahl beweisen konnte. Entdeckt wurde e aber schon vor Euler von anderen Mathematikern wie John Napier oder Jakob Bernoulli.

Im Jahr 1748 berechnete Leonhard Euler die ersten 23 Nachkommastellen von e. Inzwischen sind über 30 Billionen Nachkommastellen bekannt. Zur Berechnung von e können unterschiedliche Formeln verwendet werden.

Als Definition wird häufig die Formel $e = \sum_{n=0}^{\infty} \frac{1}{n!} = \frac{1}{0!} + \frac{1}{1!} + \frac{1}{2!} + \frac{1}{3!} + \frac{1}{4!} + \ldots$ verwendet, die sich gut für Berechnungen mit dem Computer eignet. Dabei bedeutet $\sum_{n=0}^{\infty} \frac{1}{n!}$, dass die Summe aus den Brüchen $\frac{1}{n!}$ für jede natürliche Zahl n gebildet wird. Dabei ist n! („n Fakultät") das Produkt der ersten n natürlichen Zahlen, es gilt 0! = 1. Im Folgenden sind n und k stets natürliche Zahlen.

Aufgaben

1 a) Berechnen Sie $\frac{1}{0!} + \frac{1}{1!} + \frac{1}{2!} + \frac{1}{3!}$ und $\frac{1}{0!} + \frac{1}{1!} + \frac{1}{2!} + \frac{1}{3!} + \frac{1}{4!}$.
b) Auf drei Nachkommastellen genau gilt $e \approx 2{,}718$. Bestimmen Sie die kleinste Zahl k, für die gilt: $\frac{1}{0!} + \frac{1}{1!} + \frac{1}{2!} + \frac{1}{3!} + \ldots + \frac{1}{k!} \approx 2{,}718$.

2 a) Berechnen Sie den Wert des Terms $\left(1 + \frac{1}{n}\right)^n$ für unterschiedliche Werte von n.
b) Ermitteln Sie mit einer geeigneten Software oder einem Taschenrechner $\lim_{n \to \infty} \left(1 + \frac{1}{n}\right)^n$.
c) Zeichnen Sie mit einem Funktionenplotter die Funktionen f und g_n mit $f(x) = e^x$ und $g_n(x) = \left(1 + \frac{x}{n}\right)^n$ mit einem Schieberegler für n. Wählen Sie immer größere Werte für n und beschreiben Sie Ihre Beobachtung.

Hinweis

Subfakultät:
$!n = n!\left(1 - \frac{1}{1!} + \frac{1}{2!} - \frac{1}{3!} \pm \ldots + (-1)^n \frac{1}{n!}\right)$

3 Die folgenden Formeln liefern verschiedene Darstellungsmöglichkeiten für e. Berechnen Sie mit jeder Formel einige Näherungswerte von e und vergleichen Sie.

① $e = \lim_{n \to \infty} \frac{n}{\sqrt[n]{n!}}$ ② $e = \sqrt[1]{\frac{2}{1}} \cdot \sqrt[2]{\frac{4}{3}} \cdot \sqrt[4]{\frac{6 \cdot 8}{5 \cdot 7}} \cdot \sqrt[8]{\frac{10 \cdot 12 \cdot 14 \cdot 16}{9 \cdot 11 \cdot 13 \cdot 15}} \ldots$ ③ $e = \lim_{n \to \infty} \frac{n!}{!n}$

4 **Kettenbruchentwicklung:** Die eulersche Zahl lässt sich auch als Kettenbruch darstellen.

$$2 + \cfrac{1}{1 + \cfrac{1}{2 + \cfrac{1}{1 + \cfrac{1}{1 + \cfrac{1}{4 + \cfrac{1}{1 + \cfrac{1}{1 + \cfrac{1}{6 + \ldots}}}}}}}}$$

a) Beschreiben Sie den Aufbau des Kettenbruchs.
b) Es gilt: $2{,}718281\ldots = 2 + 0{,}718281\ldots = 2 + \frac{1}{1{,}39221\ldots} = 2 + \frac{1}{1 + 0{,}39221\ldots} = \ldots$
Setzen Sie die Darstellung um 4 Schritte fort.
c) Berechnen Sie die ersten 5 Näherungswerte aus der Kettenbruchdarstellung $\left(2 + \frac{1}{1}, 2 + \frac{1}{1 + \frac{1}{2}}, \ldots\right)$ und vergleichen Sie mit der Summendarstellung bis n = 5.

5 Zeigen Sie: $\frac{1}{e} = \lim\limits_{n \to \infty} \left(1 - \frac{1}{n}\right)^n$

(Hinweis: Verwenden Sie die Beziehung $\left(\frac{k}{k-1}\right)^{-k} = \left(\frac{k+1}{k}\right)^{-k-1}$ sowie das Ergebnis aus Aufgabe 2b).)

6 **Beweis der Irrationalität von e:**

Vollziehen Sie den Beweis der Irrationalität von e nach. Erläutern Sie die einzelnen Beweisschritte und ergänzen Sie fehlende Begründungen in Ihrem Heft.

(Hinweis: Für jede natürliche Zahl m gilt $\sum\limits_{k=1}^{\infty} \frac{1}{m^k} = \frac{1}{m-1}$.)

① *Wäre e rational, dann gäbe es natürliche Zahlen p, q mit $e = \frac{p}{q}$.*

② *Dann folgt: $e = \frac{p}{q} = \sum\limits_{n=0}^{\infty} \frac{1}{n!} = \sum\limits_{n=0}^{q} \frac{1}{n!} + \sum\limits_{n=q+1}^{\infty} \frac{1}{n!}$*

③ *Äquivalenzumformungen:*

$$\frac{p}{q} - \sum_{n=0}^{q} \frac{1}{n!} = \sum_{n=q+1}^{\infty} \frac{1}{n!}$$

$$\Leftrightarrow p(q-1)! - \sum_{n=0}^{q} \frac{q!}{n!} = \sum_{n=q+1}^{\infty} \frac{q!}{n!} = \frac{1}{q+1} + \frac{1}{(q+1)(q+2)} + \frac{1}{(q+1)(q+2)(q+3)} + \dots$$

$$< \frac{1}{q+1} + \frac{1}{(q+1)^2} + \frac{1}{(q+1)^3} + \dots = \frac{1}{q}$$

Für $n < q$ ist $\frac{q!}{n!}$ stets eine natürliche Zahl, also ist $p(q-1)! - \sum\limits_{n=0}^{q} \frac{q!}{n!}$ eine ganze Zahl.

Andererseits ist $0 < \frac{1}{q} < 1$. Das ist ein Widerspruch. Also ist e nicht rational.

7 **Momentane Verzinsung:** Felix schlägt folgende Konditionen vor, um ein Startkapital von 1 € anzulegen: Für ein Jahr beträgt der Zinssatz 100 %. Wird das Kapital schon nach einem halben (Viertel- ...) Jahr abgehoben, so wird das Kapital mit einem Zinssatz von 50 % (von 25 % ...) verzinst.

a) Berechnen Sie das Kapital nach einem Jahr, wenn zwischendurch kein Geld abgehoben wird.

b) Felix überlegt, sein Geld nach einem Halbjahr abzuheben und sofort für das zweite Halbjahr wieder einzuzahlen, für das es erneut mit 50 % verzinst wird. Beschreiben Sie den Vorteil seines Vorgehens und berechnen Sie das Kapital am Ende des Jahres.

c) Prüfen Sie, ob Felix es schaffen könnte, innerhalb eines Jahres Millionär zu werden, wenn er noch öfter Geld abhebt und wieder einzahlt. Berechnen Sie für verschiedene Verzinsungsintervalle das Kapital am Ende des Jahres.

d) Interpretieren Sie den Term $\lim\limits_{n \to \infty} \left(1 + \frac{1}{n}\right)^n$ im Sachzusammenhang.

8 **Die eulersche Zahl in der Stochastik:**

Es sollen n Kugeln zufällig auf n leere Gefäße verteilt werden. Gesucht ist die Wahrscheinlichkeit, dass das erste Gefäß leer bleibt.

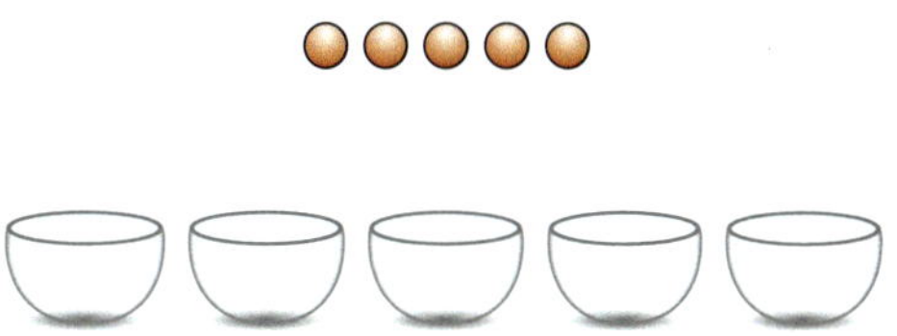

a) Bestimmen Sie diese Wahrscheinlichkeit für n = 2 und n = 3 mithilfe eines Baumdiagramms.

b) Leiten Sie eine Formel für die Wahrscheinlichkeit, dass das erste Gefäß leer bleibt, in Abhängigkeit von n her.

c) Die Anzahl n der Kugeln und Gefäße wird beliebig groß. Beschreiben Sie die Wahrscheinlichkeit dafür, dass das erste Gefäß leer bleibt, mithilfe von e.

9 **Forschungsauftrag:** Recherchieren Sie zur 37-Prozent-Regel. Erklären Sie die Regel an einem eigenen Beispiel und geben Sie den Zusammenhang zur eulerschen Zahl e an.

4.6 Kettenregel

Anna meint: „Die Ableitung der e-Funktion ist wieder die e-Funktion, also gilt für f mit $f(x) = e^{2x}$ auch $f'(x) = e^{2x}$.“
Leo widerspricht: „Ich habe die Graphen von f und f' geplottet. Sie sind unterschiedlich.“ Finden Sie einen Zusammenhang zwischen den Graphen von f und f'. Erklären Sie anschaulich, warum Anna nicht recht hat.

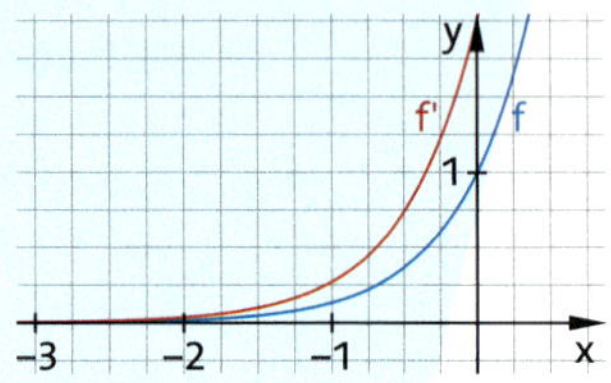

Verkettung von Funktionen

Man kann zwei Funktionen u und v zu einer Funktion f verketten, in dem man sie hintereinander ausführt: $f(x) = u(v(x))$

$u(x) = 3x$; $v(x) = e^x$
$f(x) = u(v(x)) = 3 \cdot (e^x) = 3e^x$

Beim Verketten zweier Funktionen ist die Reihenfolge im Allgemeinen nicht vertauschbar.

Definition

Die Funktion f mit $f(x) = u(v(x))$ heißt **Verkettung** der Funktionen u und v (u definiert für Funktionswerte von v). Dabei heißt u **äußere Funktion** und v **innere Funktion**.

Hinweis

Für die verkettete Funktion f mit $f(x) = u(v(x))$ schreibt man auch $f(x) = (u \circ v)(x)$.

Beispiel 1

a) Bilden Sie die möglichen Verkettungen von u und v mit $u(x) = x^2$ und $v(x) = x + 1$.
b) Bestimmen Sie für f mit $f(x) = e^{5x-2}$ Funktionen u und v, sodass $f(x) = u(v(x))$ gilt.

Lösung:

a) Setzen Sie den Funktionsterm von v für x im Funktionsterm von u ein und umgekehrt.

$u(x) = x^2$; $v(x) = x + 1$
$f(x) = u(v(x)) = u(x + 1) = (x + 1)^2$
$g(x) = v(u(x)) = v(x^2) = x^2 + 1$

b) Bei e^{5x-2} wird erst der Term $5x - 2$ berechnet und dann als Exponent von e eingesetzt. Also kann man $5x - 2$ als innere Funktion v und die e-Funktion als äußere Funktion u wählen.

$v(x) = 5x - 2$; $u(x) = e^x$

Dann gilt: $f(x) = u(v(x))$
$= u(5x - 2)$
$= e^{5x-2}$

Hinweis

Die Wahl von u und v ist nicht eindeutig.
Möglich ist z. B. auch:
$v(x) = 5x$, $u(x) = e^{x-2}$

Basisaufgaben

1 Bilden Sie die Verkettungen f mit $f(x) = u(v(x))$ und g mit $g(x) = v(u(x))$.

a) $u(x) = x - 4$ $v(x) = x^2$
b) $u(x) = e^x$ $v(x) = x + 9$
c) $u(x) = x^2$ $v(x) = 3x + 7$
d) $u(x) = \frac{1}{x^2 + 1}$ $v(x) = 1 - x$

2 Bestimmen Sie Funktionen u und v so, dass $f(x) = u(v(x))$ gilt.

a) $f(x) = (x + 5)^3$
b) $f(x) = e^{(x^2)}$
c) $f(x) = \frac{1}{4x - 1}$
d) $f(x) = 2 \cdot x^{0,5} + 1$
e) $f(x) = e^{\frac{1}{x^2}}$
f) $f(x) = \sqrt[3]{e^x}$
g) $f(x) = \frac{4}{3x + 2}$
h) $f(x) = (e^{2x} + 7)^3$

3 Bestimmen Sie Funktionen u und v so, dass $f(x) = u(v(x))$ gilt. Finden Sie zwei verschiedene Möglichkeiten.

a) $f(x) = \frac{1}{2x^2 + 4}$
b) $f(x) = 1 - e^{3x^2 - x}$
c) $f(x) = 2(x + 4)^2 + 4$
d) $f(x) = (x + 5)^2 - 1$
e) $f(x) = \frac{1}{x^3 - 1}$
f) $f(x) = \frac{1}{\sqrt{2e^x}}$

Kettenregel

Um die Ableitung einer verketteten Funktion f mit $f(x) = u(v(x))$ zu bestimmen, wird der Grenzwert des Differenzenquotienten gebildet. Es gilt:

$$\frac{f(x+h) - f(x)}{h} = \frac{u(v(x+h)) - u(v(x))}{h}$$

$$= \frac{u(v(x+h)) - u(v(x))}{v(x+h) - v(x)} \cdot \frac{v(x+h) - v(x)}{h}$$

Erweitern mit $d = v(x + h) - v(x)$, also $v(x + h) = v(x) + d$ (vorausgesetzt, dass $v(x + h) - v(x) \neq 0$ gilt).

$$= \frac{u(v(x) + d) - u(v(x))}{d} \cdot \frac{v(x+h) - v(x)}{h}$$

Für den Grenzwert $h \to 0$ gilt $d = v(x + h) - v(x) \to 0$, wenn v' existiert.

$h \to 0$; $h \to 0$, $d \to 0$; $h \to 0$

$$f'(x) = u'(v(x)) \cdot v'(x)$$

Hinweis

Die Kettenregel lässt sich auch ohne die Voraussetzung $v(x + h) - v(x) \neq 0$ zeigen. Grenzwertsätze für Folgen werden in Kapitel 7 behandelt. Für Funktionen gelten entsprechende Grenzwertsätze.

Merkhilfe

$[u(■)]' = u(■)' \cdot ■'$
„äußere Ableitung mal innere Ableitung“
Voraussetzung: v ist an der Stelle x_0 und u an der Stelle $v(x_0)$ differenzierbar.

Satz Kettenregel
Haben die Funktionen u und v die Ableitungen u' und v', dann hat die Verkettung f mit $f(x) = u(v(x))$ die Ableitung $f'(x) = u'(v(x)) \cdot v'(x)$.

Für verkettete Funktionen der Form $f(x) = e^{v(x)}$ gilt insbesondere: $f'(x) = e^{v(x)} \cdot v'(x)$

Beispiel 2
Berechnen Sie die Ableitung von f mit $f(x) = e^{x^2 + 3}$.

Lösung:
Die Funktion f ist die Verkettung der e-Funktion und einer ganzrationalen Funktion. Wählen Sie v mit $v(x) = x^2 + 3$ als innere Funktion und u mit $u(x) = e^x$ als äußere Funktion. Bestimmen Sie u', v' und dann mit der Kettenregel f'.

$v(x) = x^2 + 3$; $v'(x) = 2x$
$u(x) = e^x$; $u'(x) = e^x$

$$f'(x) = u'(v(x)) \cdot v'(x) = e^{v(x)} \cdot v'(x) = e^{x^2+3} \cdot 2x$$

Basisaufgaben

4 Vervollständigen Sie die Tabelle in Ihrem Heft.

$f(x) = u(v(x))$	$v(x)$	$u(x)$	$v'(x)$	$u'(x)$	$f'(x) = u'(v(x)) \cdot v'(x)$
$(4x^3 - 2)^2$					
$e^{-2x^3 + 5}$					
	$x^2 + 3x$	e^{2x}			
$\sqrt{e^x - 1}$		$\sqrt{x}$			

Beispiel

5 Berechnen Sie die Ableitung von f.
a) $f(x) = e^{3x+1}$ b) $f(x) = e^{-x^2+2}$ c) $f(x) = e^{5x^3}$

6 Bestimmen Sie die Ableitung mithilfe der Kettenregel.
a) $f(x) = 6e^{3x}$ b) $f(x) = \frac{1}{2}e^{3+4x} - 2$ c) $f(x) = -e^{-4x-2x^3}$
d) $f(t) = e^{4t^6 - 5t^4 + t - 2}$ e) $s(t) = 2e^{(t+1)^2}$ f) $h(z) = 0{,}4e^{(z+2)(z-3)}$

7 Bestimmen Sie die Ableitung der Funktion.
a) $f(t) = (at^2 + 6)^2$ b) $g(a) = (at^2 + 6)^2$ c) $h(t) = e^{\omega \cdot t + \varphi}$

Weiterführende Aufgaben

Zwischentest

8 **Stolperstelle:** Beschreiben und korrigieren Sie die Fehler in Ihrem Heft.

a) Franz, Mara und Jonah haben die Funktion f mit $f(x) = (x^4 + x^2)^3$ abgeleitet.
Franz: $f'(x) = 3(x^4 + x^2)^2$ Mara: $f'(x) = 3(4x^3 + 2x)^2$
Jonah: $f'(x) = 3(x^4 + x^2)^2 \cdot 4x^3 + 2x$

b) Amanda leitet die Funktion f mit $f(x) = e^{2x^3 - 4x}$ ab: $f'(x) = e^{6x^2 - 4}$

9 Bestimmen Sie die x-Werte, für die $u(v(x)) = a$ gilt.

a) $u(x) = x + 1$; $v(x) = x^2$; $a = 1$
b) $u(x) = x^2$; $v(x) = x - 3$; $a = 2$
c) $u(x) = e^x$; $v(x) = x + 5$; $a = 1$
d) $u(x) = \sqrt{x}$; $v(x) = x - 1$; $a = 2$

10 Bestimmen Sie Funktionen u und v so, dass $f(x) = u(v(x))$ gilt. Geben Sie jeweils zwei verschiedene Möglichkeiten dafür an. Bestimmen Sie auch die Ableitung von f.

a) $f(x) = \frac{7}{x^2 + 3}$
b) $f(x) = \frac{7}{x^2} + 3$
c) $f(x) = \sqrt[3]{x^2 + 5}$
d) $f(x) = \sqrt[3]{x^2} + 5$
e) $f(x) = (3e^{7x} + 7x)^2$
f) $f(x) = \frac{3}{2e^x} + 1$

Hilfe

11 Bestimmen Sie Gleichungen der Tangente an den Graphen der Funktion f und der zugehörigen Normalen an der Stelle x_0.

a) $f(x) = 2e^{8x + 3}$; $x_0 = -0{,}5$
b) $f(x) = \left(\frac{1}{4}x + 2\right)^4$; $x_0 = -12$
c) $f(x) = 5e^{6x} - 3e^{3x}$; $x_0 = -\frac{1}{3}$
d) $f(x) = \sqrt{5x - 1}$; $x_0 = 1$

Hilfe

12 Gegeben ist die Funktion f_a mit $f_a(x) = e^{a^2x} - e^a$ und dem Parameter $a \in \mathbb{R}$.

a) Geben Sie den Schnittpunkt der Graphen von f_a mit der y-Achse an.
b) Zeigen Sie, dass $x = \frac{1}{a}$ Nullstelle von f_a ist.
c) Geben Sie die Ableitung f_a' an. Beschreiben Sie, wie der Graph der Ableitung aus dem Graphen von f_a hervorgeht.
d) Bestimmen Sie die Gleichung der Tangente an den Graphen von f_a an der Stelle $x = 0$.

13 Bestimmen Sie die Ableitungsfunktion von f. Schreiben Sie den Quotienten als Potenz mit negativem Exponenten und wenden Sie anschließend die Kettenregel an.

a) $f(x) = \frac{1}{(5x + 1)^2}$
b) $f(x) = \frac{1}{x - 3}$
c) $f(x) = \frac{1}{\sqrt{1 - x}}$
d) $f(x) = \frac{2}{(-4x + 11)^6}$
e) $f(x) = -\frac{1}{x^2 + 1}$
f) $f(x) = \frac{1}{\sqrt{2 - x^2}}$
g) $f(x) = \frac{1}{e^x}$
h) $f(x) = \frac{-2}{e^{4x + 3}}$

14 a) Gegeben sei eine Funktion k. Zeigen Sie mithilfe der Kettenregel, dass die Funktion f mit $f(x) = \frac{1}{k(x)}$ die Ableitung $f'(x) = -\frac{k'(x)}{(k(x))^2}$ hat.

b) Bestimmen Sie mithilfe der Formel aus a) die Ableitung der Funktion f.
① $f(x) = \frac{1}{2x^4 - 4x}$ ② $f(x) = \frac{1}{\sqrt{x}}$ ③ $f(x) = \frac{1}{e^x + x^2}$

15 **Beweis der Ableitung der Wurzelfunktion:**
Für die Wurzelfunktion f mit $f(x) = \sqrt{x}$ gilt $(f(x))^2 = x$. Leiten Sie beide Terme ab und beweisen Sie damit, dass gilt: $f'(x) = \frac{1}{2\sqrt{x}}$

16 **Ausblick:** Man kann auch drei Funktionen verketten.

a) Stellen Sie eine Vermutung für die Ableitung von f mit $f(x) = \left(e^{x^2 + 7x}\right)^3$ auf und prüfen Sie diese mit einer Mathematik-Software.
b) Stellen Sie eine Formel für die Ableitung einer Funktion f mit $f(x) = u(v(w(x)))$ auf.

4.7 Produktregel

Die Funktion f mit $f(x) = x^2$ lässt sich auch als Produkt darstellen: $f(x) = x \cdot x$
Leiten Sie die Faktoren einzeln ab und bilden Sie das Produkt. Überprüfen Sie, ob das Ergebnis mit der Ableitung von f übereinstimmt.

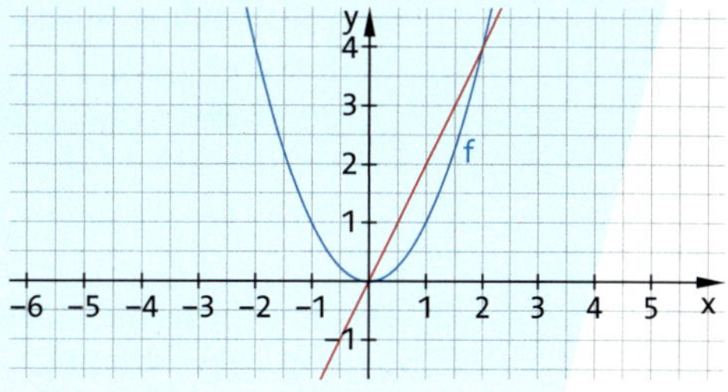

Summen von Funktionen kann man summandenweise ableiten. Ein analoges Vorgehen funktioniert bei Produkten von Funktionen nicht.

$u(x) = 3x;\ v(x) = 2x + 1$
$f(x) = u(x) \cdot v(x) = 6x^2 + 3x$
$f'(x) = 12x + 3 \neq 3 \cdot 2 = 6 = u'(x) \cdot v'(x)$

Mit dem Grenzwert des Differenzenquotienten lässt sich eine allgemeine Regel für die Ableitung von Produkten von Funktionen finden. Für eine Funktion f mit $f(x) = u(x) \cdot v(x)$ mit differenzierbaren Funktionen u und v gilt:

Hinweis

Grenzwertsätze für Folgen werden in Kapitel 7 behandelt. Für Funktionen gelten entsprechende Grenzwertsätze.

$$\begin{aligned} f'(x) &= \lim_{h \to 0} \frac{f(x+h) - f(x)}{h} \\ &= \lim_{h \to 0} \frac{u(x+h) \cdot v(x+h) - u(x) \cdot v(x)}{h} \\ &= \lim_{h \to 0} \frac{u(x+h) \cdot v(x+h) - u(x) \cdot v(x+h) + u(x) \cdot v(x+h) - u(x) \cdot v(x)}{h} \\ &= \lim_{h \to 0} \left(\frac{u(x+h) - u(x)}{h} \cdot v(x+h) + u(x) \cdot \frac{v(x+h) - v(x)}{h} \right) \end{aligned}$$

$$f'(x) = u'(x) \cdot v(x) + u(x) \cdot v'(x)$$

Diese Ergänzung ermöglicht es, die Differenzenquotienten von u und v zu bilden, ohne den Wert des Differenzenquotienten von f zu ändern.

Satz

Haben die Funktionen u und v die Ableitungen u' und v', so hat die Funktion f mit $f(x) = u(x) \cdot v(x)$ die Ableitung $f'(x) = u'(x) \cdot v(x) + u(x) \cdot v'(x)$.

Merkhilfe

$(u \cdot v)' = u' \cdot v + u \cdot v'$

Erklärvideo

Beispiel 1

Berechnen Sie die Ableitung der Funktion f mit der Produktregel.

a) $f(x) = x^2 \cdot (3x + 5)$
b) $f(x) = x^2 \cdot e^{4x-3}$

Lösung:

a) Leiten Sie die Faktoren $u(x) = x^2$ und $v(x) = 3x + 5$ des Funktionsterms einzeln ab.
Wenden Sie dann die Formel der Produktregel an. Vereinfachen Sie den Term so weit wie möglich.

$u(x) = x^2 \qquad v(x) = 3x + 5$
$u'(x) = 2x \qquad v'(x) = 3$

$$\begin{aligned} f'(x) &= u'(x) \cdot v(x) + u(x) \cdot v'(x) \\ &= 2x \cdot (3x + 5) + x^2 \cdot 3 \\ &= 6x^2 + 10x + 3x^2 \\ &= 9x^2 + 10x \end{aligned}$$

b) Leiten Sie beide Faktoren des Funktionsterms ab. Wenden Sie beim Ableiten des zweiten Faktors die Kettenregel an. Berechnen Sie dann die Ableitung von f mit der Produktregel und vereinfachen Sie den Term.

$u(x) = x^2 \qquad v(x) = e^{4x-3}$
$u'(x) = 2x \qquad v'(x) = 4e^{4x-3}$

$f'(x) = 2x \cdot e^{4x-3} + x^2 \cdot 4e^{4x-3}$
$= (2x + 4x^2) \cdot e^{4x-3}$

Hinweis zu a)

Die Funktion kann man auch ohne Produktregel ableiten, indem man den Funktionsterm ausmultipliziert.

Basisaufgaben

1 Vervollständigen Sie die Ableitung der Funktion f in Ihrem Heft.

a) $f(x) = x^3 \cdot (4x + 3)$
$f'(x) = ■ \cdot (4x + 3) + x^3 \cdot ■$

b) $f(x) = 2x \cdot e^x$
$f'(x) = ■ \cdot e^x + 2x \cdot ■$

c) $f(x) = 2(x^3 + 1) \cdot e^x$
$f'(x) = ■ \cdot e^x + 2(x^3 + 1) \cdot ■$

d) $f(x) = -3e^x \cdot (1 - 5x)$
$f'(x) = ■ \cdot (1 - 5x) + (-3e^x) \cdot ■$

Beispiel

2 Bestimmen Sie die Ableitung der Funktion mit der Produktregel.

a) $f(x) = (2x^3 + 5) \cdot x^2$
b) $f(x) = (x^2 - 5) \cdot (2x + 1)$
c) $g(x) = (x^2 - 1) \cdot (x^2 + 1)$
d) $b(x) = (2x^3 - 3x^2 + x) \cdot (3x + 5)$
e) $f(t) = (3t^3 + t^2) \cdot e^t$
f) $f(t) = e^t \cdot (2t + 1) + e^t$

3 In einigen Fällen können Produkte auch ohne die Produktregel abgeleitet werden.

a) Bestimmen Sie die erste Ableitung zuerst mit der Produktregel und anschließend ohne die Produktregel. Fassen Sie für den zweiten Weg den Funktionsterm zusammen. Entscheiden Sie jeweils, welcher Weg günstiger ist.
① $f(x) = x \cdot (x + 2)$
② $f(x) = x^2 \cdot x^8$
③ $f(x) = (1 - x^4) \cdot (x - 3x^4)$
④ $f(x) = (x^3 - x^4)(x^4 + x^3)$

b) Bilden Sie vier Funktionsterme mit Produkten, von denen man zwei ohne die Produktregel ableiten kann und zwei nicht. Tauschen Sie untereinander und bestimmen Sie die Ableitungen der Funktionen.

Hinweis zu 4

Für die Produktfunktion $f \cdot g$ gilt die Definition:
$(f \cdot g)(x) = f(x) \cdot g(x)$

4 Die Abbildung zeigt die Graphen der Funktionen f und g sowie zwei ihrer Tangenten.

a) Maria behauptet, dass sie mithilfe der Zeichnung die Steigung von $f \cdot g$ an der Stelle $x_0 = 2$ angeben kann.
Sie berechnet:
$(f \cdot g)'(2) = 0 \cdot (-3{,}5) + 2 \cdot (-3) = -6$
Erklären Sie Marias Rechnung.

b) Ermitteln Sie auf dieselbe Weise die Steigung von $f \cdot g$ an der Stelle $x_0 = -1$.

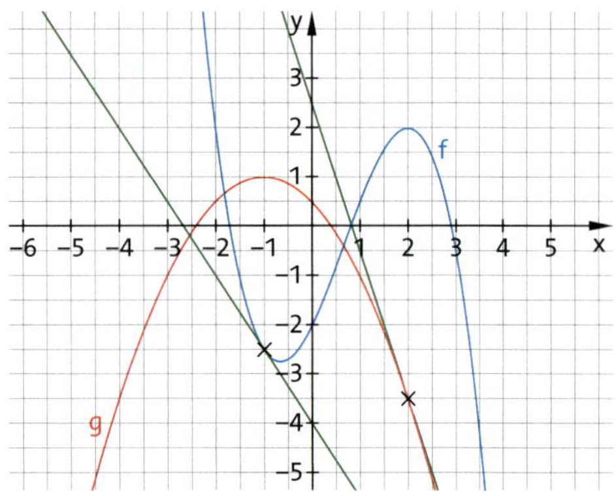

Weiterführende Aufgaben

Zwischentest

5 Leiten Sie die Funktion mithilfe der Produkt- und Kettenregel ab.

a) $f(x) = (x^2 - 7x) \cdot e^{3x-1}$
b) $g(x) = (5x - 2)^2 \cdot e^{x^2 - x}$
c) $h(t) = e^{t^5 - 4t^2} \cdot (t^4 - 3t + 1)^3$
d) $s(t) = (12t + t^2)^7 \cdot e^{-t + 2t^3}$
e) $f(x) = \sqrt{x^4 + 2} \cdot e^{3 + 7x}$
f) $f(x) = \sqrt{\frac{2}{5}x^3 - 2x^2} \cdot (1 - 3x^5)^2$

Hilfe

6 Gegeben sind eine differenzierbare Funktion f mit der Ableitung f' und $a \in \mathbb{R}$. Zeigen Sie, dass die Faktorregel $(a \cdot f(x))' = a \cdot f'(x)$ ein Spezialfall der Produktregel ist.

7 **Stolperstelle:** Fiona und Nick leiten die Funktion f mit $f(x) = x^3 \cdot e^{2x}$ ab. Erklären Sie ihre Fehler und bestimmen Sie die korrekte Ableitung von f.
Fiona: $f'(x) = 3x^2 \cdot 2e^{2x} + x^3 \cdot e^{2x} = e^{2x} \cdot (6x^2 + x^3)$
Nick: $f'(x) = 3x^2 \cdot e^{2x} - x^3 \cdot 2e^{2x} = e^{2x} \cdot (3x^2 - 2x^3)$

8 Gegeben ist die Funktion f mit $f(x) = (6 - 5x)^2$.
a) Bestimmen Sie die Ableitungsfunktion von f
① mit der Kettenregel, ② mit der Produktregel,
③ durch Ausmultiplizieren und Ableiten der Summanden.
b) Vergleichen Sie die Ergebnisse und die drei Vorgehensweisen aus a).

9 Leiten Sie die Funktion f ab ($a, b, c \in \mathbb{R}$).
a) $f(x) = x^3 \cdot (ax + b)$ b) $f(x) = e^{-ax^2} \cdot (bx + c)$ c) $f(x) = (ax + b) \cdot e^{cx}$

10 Bestimmen Sie eine Gleichung der Tangente an den Graphen von f an der Stelle x_0.
a) $f(x) = 3xe^{-x}$; $x_0 = 0$ b) $f(x) = e^x(x^2 - 1)$; $x_0 = 1$
c) $f(x) = -e^x\sqrt{x}$; $x_0 = 1$ d) $f(x) = e^{x^2} \cdot (x^2 + 1) + x$; $x_0 = -1$

11 a) Beurteilen Sie die Aussage: „Haben die Graphen der Funktionen g und h an der Stelle x_0 eine waagerechte Tangente, dann gilt dies auch für die Funktion f mit $f(x) = g(x) \cdot h(x)$."
b) Formulieren Sie die Umkehrung dieser Aussage und entscheiden Sie, ob diese gilt. Begründen Sie oder geben Sie ein Gegenbeispiel an.

12 Schreiben Sie den Funktionsterm zunächst als Produkt und leiten Sie f anschließend ab.
a) $f(x) = \frac{x + 1}{2\sqrt{x}}$ b) $f(x) = \frac{x^2 - 9}{x(x - 3)}$ c) $f(x) = \frac{x^3 - \sqrt{x}}{x}$ d) $f(x) = \frac{e^{2x + 1}}{\sqrt{2x}}$

13 a) Die Funktion f mit $f(x) = (x - 5)^3 \cdot (x^2 + 1)$ hat eine dreifache Nullstelle bei $x = 5$. Zeigen Sie durch Ableiten, dass $x = 5$ eine doppelte Nullstelle von f', eine einfache Nullstelle von f'' und keine Nullstelle von f''' ist.
b) Die ganzrationale Funktion g hat eine dreifache Nullstelle bei $x = a$. Formulieren Sie ohne weitere Rechnung Aussagen über die Bedeutung von a für g' und g''.
c) Es sei $h(x) = (x - 3)^n \cdot r(x)$ mit $r(3) \neq 0$. Hier ist also 3 eine n-fache Nullstelle von h. Zeigen Sie durch Ableiten, dass $x = 3$ dann eine $(n - 1)$-fache Nullstelle von h' ist.

14 Gegeben ist die Funktion f mit $f(x) = (x^2 - 4x + 3) \cdot \sqrt{x}$.
a) Bestimmen Sie die Nullstellen und Extrempunkte des Graphen von f.
b) Für die zweite Ableitung von f gilt $f''(x) = (15x^2 - 12x - 3) \cdot \frac{1}{4}x^{-\frac{3}{2}}$. Bestimmen Sie den Wendepunkt sowie die Gleichung der zugehörigen Wendetangente.

Hilfe

15 Gegeben ist eine Funktion f, die man beliebig oft ableiten kann.
a) Zeigen Sie, dass der Graph der Funktion g mit $g(x) = x^2 \cdot f(x)$ im Ursprung eine waagerechte Tangente hat.
b) Bestimmen Sie ohne ausführliche Rechnung eine Stelle x_0, an der der Graph der Funktion g mit $g(x) = x^2 \cdot e^x \cdot f(x)$ eine waagerechte Tangente hat.

16 Mit der Produktregel kann man auch Produkte mit drei Faktoren ableiten.
a) Bestimmen Sie die erste Ableitung der Funktion f.
① $f(x) = x^2 \cdot (3x - 4)e^x$ ② $f(x) = x^5e^{2x}(3 - e^x)$
b) Formulieren Sie eine Ableitungsregel für die Funktion f mit $f(x) = u(x) \cdot v(x) \cdot w(x)$.

17 **Ausblick: Quotientenregel**
Für die Ableitung von $f: x \mapsto \frac{u(x)}{v(x)}$ gilt: $f'(x) = \frac{u'(x) \cdot v(x) - u(x) \cdot v'(x)}{(v(x))^2}$.
a) Belegen Sie die Gültigkeit der Regel an den Beispielen $f(x) = \frac{3x^2 - 2x + 1}{x + 1}$ und $g(x) = \frac{e^x - 4}{x^2 + 2}$, indem Sie f' und g' mit einem CAS ermitteln.
b) Beweisen Sie die Quotientenregel.

4.8 Natürlicher Logarithmus

Die Abbildung zeigt die Graphen von f und g mit $f(x) = e^x$ und $g(x) = 3$.
Lesen Sie näherungsweise die Lösung der Gleichung $e^x = 3$ ab. Verbessern Sie Ihren Näherungswert, indem Sie unterschiedliche Werte für x in e^x einsetzen.

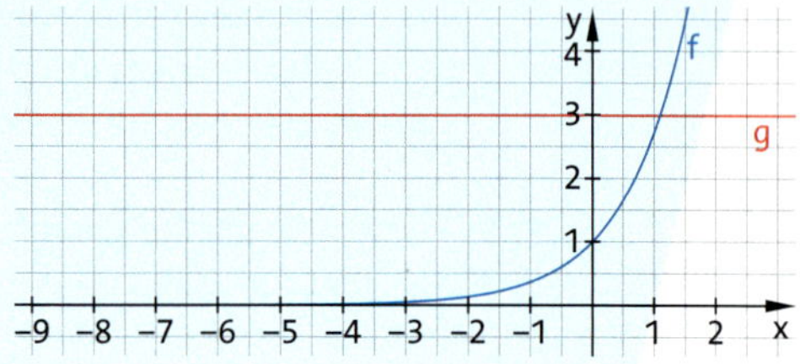

Das Logarithmieren mit der Basis b kehrt das Potenzieren mit der Basis b um.

Gleichung: $10^x = 1000$
Lösung: $x = \log_{10}(1000) = 3$

Auch zur Basis e gibt es einen Logarithmus, der das Potenzieren mit der Basis e umkehrt.

Gleichung: $e^x = 8$
Lösung: $x = \log_e(8) \approx 2{,}08$

Hinweis

$\ln(e) = 1$
$\ln(1) = 0$
Zum Beweis der Logarithmengesetze siehe Aufgabe 12.

Wissen

Der **natürliche Logarithmus** ist der Logarithmus zur Basis e. Man schreibt: $\log_e(a) = \ln(a)$ (mit $a > 0$). Dabei steht ln für logarithmus naturalis. Es gilt $e^{\ln(a)} = a$ und $\ln(e^a) = a$.
Weiter gelten für alle a, b, $r \in \mathbb{R}$ mit a, b > 0 die **Logarithmengesetze**:
① $\ln(a^r) = r \cdot \ln(a)$ ② $\ln(a \cdot b) = \ln(a) + \ln(b)$ ③ $\ln(a : b) = \ln(a) - \ln(b)$

Beispiel 1 Vereinfachen Sie.

a) $\ln\left(\frac{1}{e}\right)$ b) $e^{2 \cdot \ln(6)}$ c) $\ln(\sqrt{e} \cdot e^x)$

Lösung:

a) Schreiben Sie $\frac{1}{e}$ als Potenz. Wenden Sie dann $\ln(e^a) = a$ an.
$\ln\left(\frac{1}{e}\right) = \ln(e^{-1}) = -1$

b) Wenden Sie das Potenzgesetz für Produkte und $e^{\ln(a)} = a$ an.
$e^{2 \cdot \ln(6)} = \left(e^{\ln(6)}\right)^2 = 6^2 = 36$

c) Wenden Sie das Logarithmusgesetz ② an, schreiben Sie die Wurzel als Potenz und vereinfachen Sie.
$$\ln(\sqrt{e} \cdot e^x) = \ln(\sqrt{e}) + \ln(e^x) = \ln\left(e^{\frac{1}{2}}\right) + \ln(e^x) = \frac{1}{2} + x$$

Basisaufgaben

Lösungen zu 1

1 −2 16 1,5 5 5 1 −6e $\frac{1}{3}$ ln(5)

1 Vereinfachen Sie den Term.
a) $e^{\ln(1)}$ b) $\ln(e)$ c) $\ln(e^5)$ d) $e^{2 \cdot \ln(4)}$ e) $3e^{-\ln(2)}$
f) $\ln(e^2 \cdot e^3)$ g) $\ln\left(\frac{1}{e^2}\right)$ h) $\ln(\sqrt[3]{e})$ i) $-2e^{\ln(3)+1}$ j) $-\ln\left(\frac{1}{5}\right)$

2 Entscheiden Sie begründet, ob der Term definiert ist. Falls ja, berechnen Sie den Wert. Nutzen Sie den Taschenrechner, falls nötig.
a) $\ln(2)$ b) $\ln(0)$ c) $\ln(-1)$ d) $e^{3 \cdot \ln(0{,}5)}$ e) $\ln\left(\frac{\sqrt{e}}{e}\right)$

3 Begründen Sie.
a) $\ln(-1)$ ist nicht definiert. b) Es gilt: $\ln\left(\frac{1}{2}\right) = -\ln(2)$

Exponentialfunktionen mit beliebiger Basis ableiten

Eine beliebige Exponentialfunktion f kann man mit der Basis e schreiben: $f(x) = b^x = \left(e^{\ln(b)}\right)^x$

Satz

Jede Exponentialfunktion mit beliebiger Basis lässt sich als eine Exponentialfunktion mit der Basis e schreiben: $f(x) = b^x = e^{\ln(b) \cdot x}$ (für $b > 0$)

Mithilfe der Kettenregel kann man Exponentialfunktionen dann ableiten.

$f(x) = b^x = e^{\ln(b) \cdot x}$

$f'(x) = \ln(b) \cdot e^{\ln(b) \cdot x} = \ln(b) \cdot b^x$

Satz

Die Funktion f mit $f(x) = b^x$ und $b \in \mathbb{R}$, $b > 0$, hat die Ableitung $f'(x) = \ln(b) \cdot b^x$.

Beispiel 2 Gegeben ist die Funktion f mit $f(x) = 3 \cdot 5^x$.

a) Stellen Sie die Funktion f mit der Basis e dar.
b) Bestimmen Sie die Ableitung von f.
c) Bestimmen Sie die Stelle x mit $f(x) = 120$.

Lösung:

a) Ersetzen Sie 5 durch $e^{\ln(5)}$ und wenden Sie das Potenzgesetz an.

$f(x) = 3 \cdot \left(e^{\ln(5)}\right)^x$
$= 3 \cdot e^{\ln(5) \cdot x}$

b) Wenden Sie die Kettenregel an. $\ln(5)$ wird als Faktor vorgezogen.

$f'(x) = \ln(5) \cdot 3 \cdot e^{\ln(5) \cdot x}$
$= \ln(5) \cdot 3 \cdot 5^x$

c) Setzen Sie $f(x) = 120$ und lösen Sie die Exponentialgleichung mit dem ln.

$f(x) = 3 \cdot e^{\ln(5) \cdot x} = 120 \quad |:3\,|\ln$
$\ln(5) \cdot x = \ln(40) \quad |:\ln(5)$
$x = \frac{\ln(40)}{\ln(5)} \approx 2{,}29$

Basisaufgaben

4 Stellen Sie die Funktion f mit der Basis e dar.

a) $f(x) = 2^x$ b) $f(x) = \left(\frac{1}{2}\right)^x$ c) $f(x) = 4 \cdot \left(\frac{1}{3}\right)^x$ d) $f(x) = 2 \cdot 6^x$

5 Bestimmen Sie die Ableitung von f und die Stelle x, für die $f(x) = a$ gilt.

a) $f(x) = 2^x$; $a = 30$
b) $f(x) = -3^x$; $a = -14$
c) $f(x) = -4 \cdot 3{,}2^x$; $a = -72$
d) $f(x) = \frac{1}{7} \cdot 3^x + 13$; $a = 21$
e) $f(x) = 3^{2x}$; $a = 7{,}5$
f) $f(x) = 1{,}5 \cdot 2^{4x-3}$; $a = 0{,}5$

6 Gegeben ist die Exponentialfunktion $f\colon x \mapsto 2{,}5^x$. Bestimmen Sie die Gleichung der Tangente an den Graphen von f an der gegebenen Stelle bzw. im gegebenen Punkt.

a) $x = -4$ b) $P(1\,|\,2{,}5)$ c) $Q(4\,|\,f(4))$ d) $R\left(x\,\middle|\,\frac{4}{25}\right)$

Weiterführende Aufgaben

Zwischentest

7 Bestimmen Sie, für welche x die Ungleichung gilt. Schätzen Sie zunächst.

a) $e^x > 1\,000\,000$ b) $e^x < \frac{1}{1\,000\,000}$ c) $e^{-x} < 10^{-9}$ d) $-e^x > -1000$

Hilfe

8 Bestimmen Sie alle x mit $\ln(x) < 0$.

9 Stolperstelle: Erläutern Sie die Fehler von Amira, Bruno und Carla. Bestimmen Sie die richtigen Ergebnisse.

Amira:	Bruno:	Carla:
$\ln(e^3 \cdot e^x) = \ln(e^3) \cdot \ln(e^x)$	$5 + e^x = 8 \quad \vert \ln$	$f(x) = 5^x$
$= 3x$	$\ln(5) + \ln(e^x) = \ln(8) \quad \vert -\ln(5)$	$f'(x) = x \cdot 5^{x-1}$
	$x = \ln(8) - \ln(5)$	

10 Beschreiben Sie mithilfe der Ableitungen das Monotonie- und Krümmungsverhalten der Funktion f. Geben Sie auch das Verhalten im Unendlichen an.

a) $f(x) = 5^x$ b) $f(x) = -2^x$ c) $f(x) = 0{,}4^x$

11 Bestätigen Sie mithilfe der Ableitungsformel $f'(x) = \ln(b) \cdot b^x$ für $f(x) = b^x$, dass für die Ableitung von $f(x) = e^x$ gilt: $f'(x) = e^x$. Überprüfen Sie außerdem, ob es andere Exponentialfunktionen der Form $f(x) = b^x$ gibt, die abgeleitet wieder sich selbst ergeben.

12 Beweis der Logarithmengesetze:

a) Die Karte zeigt den Beweis eines Logarithmengesetzes für den ln. Beschreiben Sie das Vorgehen.

b) Weisen Sie die Gültigkeit der anderen beiden Logarithmengesetze für den ln nach.

$$\ln(a \cdot b) = \ln\left(e^{\ln(a)} \cdot e^{\ln(b)}\right) = \ln\left(e^{\ln(a) + \ln(b)}\right) = \ln(a) + \ln(b)$$

13 Exponentialgleichungen: Gleichungen der Form $e^{cx} = a$ kann man mit dem natürlichen Logarithmus lösen. Bestimmen Sie die exakte Lösung der Gleichung.

a) $e^x = 7$ b) $4e^x = 8$ c) $2e^x - 6 = 0$ d) $3e^t - 8 = 4$
e) $4e^{-x} - 2 = 2$ f) $e^{2x-4} = 5$ g) $3e^{2x-7} = 6$ h) $3e^{4x-5} - 3 = 6$

14 Lösen Sie die Gleichung mit dem Satz vom Nullprodukt.

a) $xe^x = 0$ b) $e^{3x}(x^2 - 9) = 0$ c) $e^{-2x}(x^3 + 1) = 0$ d) $-2(e^{2x} - 6)x^3 = 0$
e) $x^2(5 - e^{3x}) = 0$ f) $xe^x - e^x = 0$ g) $x - xe^x = 0$ h) $4e^{-3x} - x^2e^{-3x} = 0$

15 Bestimmen Sie die Lösungsmenge der Gleichung.

a) $e^{x-4} = e^{2x}$ b) $e^{2x} + 3e^{2x} = 12$ c) $5e^{-3x} = 3e^{-3x} + 8$ d) $(e^{2x} - 1)(x^4 - 1) = 0$
e) $-e^{-x-1} + 2 = 0$ f) $4e^{-x} + 2 = -2$ g) $3e^{2x-7} = -3e^{2x-7}$ h) $2e^{5x-3} = e^{5x-3} + 4$

16 Geben Sie eine Exponentialgleichung an, die

a) keine Lösung hat, b) (genau) eine Lösung hat, c) drei Lösungen hat.

17 Exponentialgleichungen mit allgemeiner Basis:

a) Erläutern Sie, wie die Gleichung $2^x = 10$ rechts gelöst wird.

b) Lösen Sie ebenso die angegebene Gleichung.

① $3^x = 8$ ② $0{,}9^x = 0{,}5$ ③ $5 \cdot 2^t = 3$ ④ $1 = 4 - 6^{2x}$

c) Diskutieren Sie mögliche Wege, die Gleichung aus a) zu lösen.

$$2^x = 10$$
$$\ln(2^x) = \ln(10)$$
$$x \cdot \ln(2) = \ln(10)$$
$$x = \frac{\ln(10)}{\ln(2)} \approx 3{,}32$$

18 Substitution: Gesucht ist die Lösungsmenge der Gleichung $e^{4x} - 3e^{2x} - 4 = 0$.

a) Bringen Sie den Term auf der linken Seite in die Form $(e^u)^2 + be^u + c$.

b) Substituieren Sie e^u mit z und ermitteln Sie mit der p-q-Formel alle Lösungen für z.

c) Beim Rücksubstituieren ergeben sich zwei Exponentialgleichungen der Form $e^{2x} = z_1$ und $e^{2x} = z_2$. Lösen Sie diese mit dem natürlichen Logarithmus nach x auf.

19 Bestimmen Sie die Lösungsmenge der Gleichung. Häufig ist eine Substitution hilfreich.

a) $e^{2x} - 9e^x + 20 = 0$ b) $-e^{2x} = 4e^x - 21$ c) $\sqrt{6e^{2x} - e^{4x}} = 3$
d) $(e^{4x} - 2)^2 = e^{8x}$ e) $\sqrt{e^{4x}} = -4e^x + 12$ f) $\ln(x - 2) = 5$

20 Gegeben ist die Funktion f mit $f(x) = e^{2x} - 5e^x + 6$.
Berechnen Sie die Nullstellen von f. Bestimmen Sie die Koordinaten des Tiefpunktes T.

21 Tina hat „bewiesen", dass $0{,}1 < 0{,}01$ gilt.
Finden Sie den Fehler in Tinas „Beweis".

Es gilt: $1 < 2 \quad | \cdot \ln(0{,}1)$
$1 \cdot \ln(0{,}1) = \ln(0{,}1) < 2 \cdot \ln(0{,}1) = \ln(0{,}1^2)$
Also: $\ln(0{,}1) < \ln(0{,}01) \quad | \, e^{\blacksquare}$
$0{,}1 < 0{,}01$

22 E-Coli-Bakterien teilen sich unter optimalen Bedingungen alle 20 Minuten. In einer Bakterienkultur befinden sich zu Beginn 100 Bakterien.
a) Stellen Sie eine Funktionsgleichung auf, die die Anzahl der Bakterien t Stunden nach Beobachtungsbeginn modelliert.
b) Weisen Sie nach, dass auch die Funktion g mit $g(t) = 100 \cdot e^{\ln(8) \cdot t}$ die Anzahl der Bakterien t Stunden nach Beobachtungsbeginn modelliert.
c) Ermitteln Sie rechnerisch den Zeitpunkt seit Beobachtungsbeginn, an dem die Bakterienkultur aus 100 000 000 Bakterien besteht.

23 Der Landeanflug eines Flugzeugs wird annähernd durch den Graphen der Funktion $f: x \mapsto 10 \cdot e^{-0{,}02x} - a$ beschrieben (x und f(x) in 100 m).

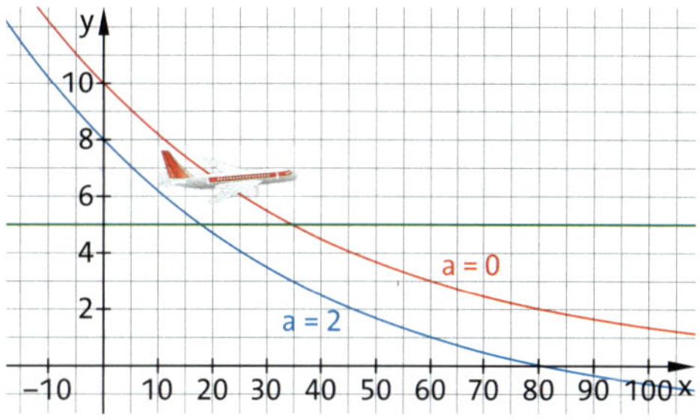

a) Spätestens in einer Höhe von 500 m muss das Fahrwerk ausgefahren werden. Geben Sie für a = 0 die Koordinaten des zugehörigen Punktes an.
b) Der ideale Landewinkel eines Flugzeugs beträgt 3° zum Boden. Bestimmen Sie die Stelle, an der das Flugzeug demnach den Boden berühren sollte.
c) Bestimmen Sie a so, dass das Flugzeug an der in b) ermittelten Stelle landet.

24 In einer ebenen Salzwüste testet ein Fahrzeug einen neuen Antrieb. Die Fahrroute kann durch den Graphen der Funktion f mit $f(x) = 30\,e^{-0{,}1x} + 52$ (x und f(x) in m) beschrieben werden. Im Punkt P(30 | 52) befindet sich ein Hindernis. Der Begrenzungszaun des Testgeländes verläuft durch die Punkte O(0 | 0) und Z(150 | 0).

a) An einem Punkt blockiert die Lenkung des Fahrzeugs und das Fahrzeug fährt geradlinig weiter. Stellen Sie eine Funktionsgleichung auf, die den Weg des Fahrzeugs von da an beschreibt.
b) Zeigen Sie, dass eine Kollision mit dem Hindernis stattfände, wenn das Fahrzeug noch 56,06 m von dem Begrenzungszaun des Testgeländes entfernt wäre.
c) Glücklicherweise löst sich die Blockade und das Fahrzeug fährt weiter vom Punkt Q(40 | 52,55) zur Ausfahrt des Testgeländes im Punkt R(70 | 0). Bestimmen Sie eine Funktionsgleichung des Typs $g(x) = b \cdot a^x + 60$, die diesen Weg beschreibt.

25 **Ausblick: Dekadischer Logarithmus und Anzahl von Stellen großer Zahlen**
a) Geben Sie an, wie viele Stellen 10^n hat. Drücken Sie die Anzahl der Stellen mithilfe des dekadischen Logarithmus $\lg = \log_{10}$ aus.
b) Geben Sie an, wie viele Stellen eine beliebige Zahl a mit $10^n \leq a < 10^{n+1}$ hat. Erläutern Sie den Zusammenhang mit dem dekadischen Logarithmus lg(a).
c) Erläutern Sie, wie man die Anzahl von Stellen einer Zahl bestimmen kann. Geben Sie an, wie viele Stellen die Zahlen 100^{99}, 2^{100} und $9^{(9^9)}$ haben.

4.9 Klausur- und Abiturtraining

Aufgaben ohne Hilfsmittel

1 Die Tabelle gibt den Bestand B(n) einer Tierpopulation zur Zeit n in Wochen an.

n	0	1	2	3	4
B(n)		12	18		

a) Ergänzen Sie die Tabelle im Heft so, dass es sich ① um ein lineares Wachstum handelt, ② um ein exponentielles Wachstum handelt.

b) Stellen Sie für beide Fälle in a) die Gleichung für die Bestandsfunktion B auf. Führen Sie jeweils eine Probe für B(1) und B(2) durch.

c) Geben Sie für den Fall ② die zugehörige prozentuale Wachstumsrate an.

d) Ermitteln Sie im Fall ①, wann der Bestand auf 54 Tiere angewachsen ist.

2 Die Abbildung zeigt vier Graphen.

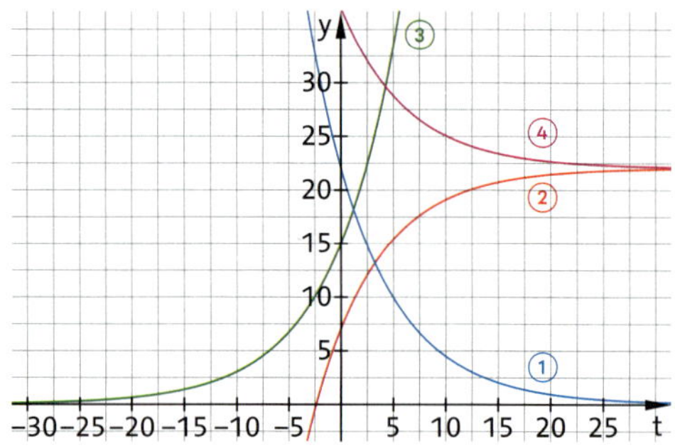

a) Ordnen Sie den Funktionsgraphen passende Funktionsterme zu.
(A) $15 \cdot e^{0,16t}$ (B) $22 \cdot e^{-0,16t}$
(C) $22 - 15 \cdot e^{-0,16t}$ (D) $22 + 15 \cdot e^{-0,16t}$

b) Ein Liter Flüssigkeit aus dem Kühlschrank wird in einen Raum mit einer Temperatur von 22 °C gestellt. Dadurch erwärmt sich die Flüssigkeit und die Temperaturdifferenz zur Umgebung nimmt pro Minute um 15 % ab. Die Funktion f beschreibt den Temperaturverlauf. Entscheiden Sie, welcher Funktionsterm (A) – (D) und welcher der Graphen ①–④ sich für diese Modellierung eignet. Geben Sie die Bedeutung von t und f(t) mit Einheiten an. Begründen Sie Ihre Entscheidung anhand des Monotonieverhaltens und des asymptotischen Verhaltens des Graphen von f.
Beschreiben Sie die Bedeutung der folgenden Ausdrücke im Sachzusammenhang.
① $f(0)$ ② $f'(10)$ ③ $\frac{f(15) - f(5)}{10}$ ④ t mit $f'(t) = 0{,}5$

3 Gegeben sind die Funktionen
f_1 mit $f_1(t) = 100 \cdot e^{-0,2 \cdot t}$ und
f_2 mit $f_2(t) = 100 - 50 \cdot e^{-0,4 \cdot t}$.
Die Graphen A und B zeigen die Graphen der Ableitungsfunktionen.

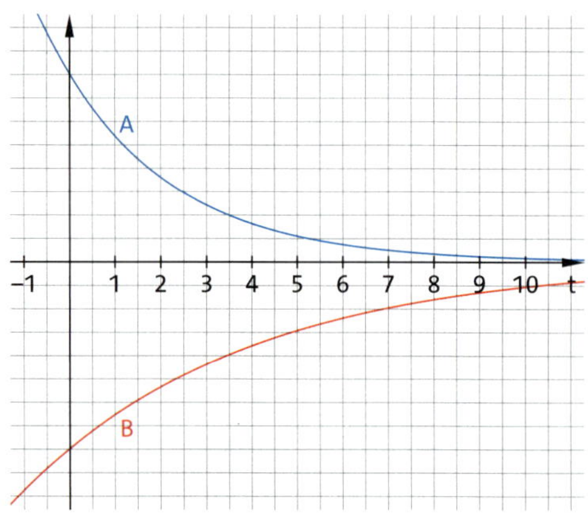

a) Bestimmen Sie die Ableitungsfunktionen zu f_1 und f_2.

b) Ordnen Sie den Graphen A und B die passende Ableitungsfunktion zu und skalieren Sie die y-Achse.

c) Geben Sie begründet an, welche der Gleichungen zu f_1 bzw. zu f_2 gehört.

① $f'(t) = -0{,}2 \cdot f(t)$ ② $f'(t) = 0{,}2 \cdot f(t)$ ③ $f'(t) = 0{,}4 \cdot (100 - f(t))$ ④ $f'(t) = -0{,}4 \cdot (100 - f(t))$

d) Zeigen Sie, dass es einen Bestand y gibt, sodass die Funktionen f_1 und f_2 bei Erreichen dieses Bestandes die betragsmäßig gleiche momentane Änderungsrate haben.

4 Gegeben ist die Funktion f_a mit $f_a(x) = e^{2x} - 2a \cdot e^x + a^2$, $a > 0$.

a) Berechnen Sie die Schnittpunkte der Graphen von f_a mit den Koordinatenachsen.

b) Geben Sie a so an, dass der Graph von f_a durch den Koordinatenursprung verläuft.

Aufgaben mit Hilfsmitteln

Hinweis

1 PB = 1000 TB
1 TB = 1000 GB
1 GB = 1000 MB

5 Die Tabelle zeigt die Speicherkapazitäten von 3,5-Zoll-Festplatten im Laufe der Zeit.

Jahr	1983	1990	1995	2001	2007	2012	2015	2020
Kapazität	10 MB	213 MB	2,1 GB	180 GB	1 TB	4 TB	10 TB	18 TB

a) Gehen Sie von einem exponentiellen Wachstum der Speicherkapazität aus und stellen Sie anhand der Daten für 1983 und 2020 eine Funktionsgleichung auf, die diese Entwicklung beschreibt. Prüfen Sie, wie gut die Gleichung zu den anderen Daten passt.
Ermitteln Sie, wie lange es nach diesem Modell dauert, bis sich die Speicherkapazität verdoppelt hat.

b) Ein Hersteller von Festplatten prognostiziert, dass sich ab 2020 die Kapazität alle 2,5 Jahre verdoppeln wird. Ermitteln Sie, wie viel Speicherplatz somit eine Festplatte nach dieser Prognose im Jahr 2030 haben wird.

c) Bestimmen Sie jeweils, in welchem Jahr die Speicherkapazität von Festplatten nach den Modellen aus a) und b) einen Petabyte (PB) erreichen wird.

6 Im Durchschnitt konsumiert jede erwachsene Person in Deutschland täglich etwa 200 mg Koffein. Koffein regt den Kreislauf an und hat eine belebende Wirkung. In zu hoher Dosis kann es jedoch auch zu Nebenwirkungen kommen. Nach der Einnahme gelangt Koffein in den Blutkreislauf und wird vom Körper abgebaut. Dabei halbiert sich etwa alle drei Stunden die Dosis im Körper. Eine Tasse Kaffee enthält 120 mg. Die Funktion f beschreibt den Verlauf die Koffeinmenge im Blut nach dem Konsum einer Tasse Kaffee (t: Zeit in Stunden; f(t): Koffeinmenge im Blut in mg).

a) Stellen Sie eine Funktionsgleichung der Form $f(t) = a \cdot e^{k \cdot t}$ für die Funktion f auf.
[Zur Kontrolle: $f(t) = 120e^{\frac{\ln\left(\frac{1}{2}\right)}{3}t}$]

b) Bestimmen Sie die Koffeinmenge nach 4 Stunden.
Ermitteln Sie den Zeitpunkt, an dem $\frac{2}{3}$ des Koffeins abgebaut wurden.
Bestimmen Sie, wann die Koffeinmenge im Körper um 10 mg pro Stunde abnimmt.

c) Ab einer Koffeindosis von 1,82 mg pro kg Körpergewicht kann es bei Jugendlichen zu Herzrasen und damit zu Schlaflosigkeit kommen. Julian (70 kg) möchte gern um 22 Uhr ruhig schlafen, ohne auf seinen 500-mℓ-Energydrink mit einem Koffeingehalt von 180 mg zu verzichten.
Bestimmen Sie, wann er spätestens seinen Energydrink trinken sollte.
Ermitteln Sie, wie viele Stunden vor dem Schlafen er sich die gleiche Menge an Schwarztee mit einem Koffeingehalt von 154 mg erlauben könnte.

7 Die Länge L (in cm) einer bestimmten Forellenart in Abhängigkeit vom Alter t in Monaten kann in den ersten beiden Lebensjahren näherungsweise durch die Funktion L mit $L(t) = 25 \cdot (1 - e^{-0{,}25t})$ beschrieben werden.

a) Untersuchen Sie das Monotonieverhalten sowie die Gleichung der horizontalen Asymptote. Deuten Sie die Asymptote im Sachzusammenhang.

b) Bestimmen Sie mithilfe des Modells das Alter einer Forelle, die 20 cm lang ist.

Lösungen
→ S. 290/291

1 Der Graph der Funktion soll durch die Punkte A(0 | 30) und B(1 | 25) verlaufen. Geben Sie eine Funktionsgleichung dazu an für lineares sowie für exponentielles Wachstum. Bestimmen Sie jeweils die Werte an den Stellen x = 5 und x = 6.

2 Die Abbildung zeigt die Graphen von Exponentialfunktionen der Form $f(x) = a \cdot q^x$. Die markierten Punkte liegen genau auf den Kästchenlinien. Ermitteln Sie die zugehörigen Funktionsgleichungen.

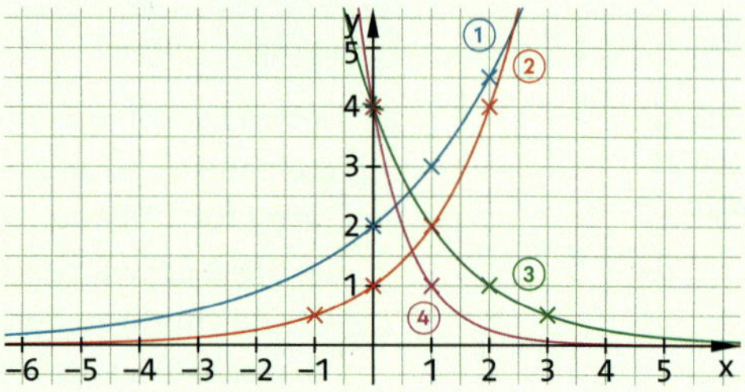

3 Berechnen Sie den Schnittpunkt der Graphen der Funktionen f und g mit $f(x) = 3 \cdot 2{,}4^x$ und $g(x) = 5 \cdot 0{,}96^x$.

4 Lösen Sie die Gleichung.
a) $x^5 = 36$ b) $50 = 6 \cdot x^7$ c) $2 = 1{,}04^x$ d) $200 = 15 \cdot 1{,}08^t$ e) $25 \cdot b^7 = 32 \cdot b^4$

5 Bestimmen Sie die erste, zweite und dritte Ableitung der Funktion f.
a) $f(x) = -3e^x$ b) $f(x) = -\frac{1}{2}e^{2x}$ c) $f(t) = 4e^{-t+1}$ d) $f(x) = 8 + 5e^x$

6 a) Ordnen Sie jedem Graphen begründet den passenden Funktionsterm zu.
$f(x) = -e^x$; $g(x) = e^{-x}$; $h(x) = \left(\frac{1}{e}\right)^x$; $k(x) = -\left(\frac{1}{e}\right)^x$
b) Erläutern Sie mithilfe von Termumformungen, wie der Graph von k aus dem Graphen zu $y = e^x$ entsteht.
c) Der Graph der natürlichen Exponentialfunktion wird einmal an der x-Achse gespiegelt und dann um 2 Einheiten nach oben verschoben und einmal erst um 2 Einheiten nach oben verschoben und dann an der x-Achse gespiegelt. Geben Sie die Funktionsterme der entstehenden Graphen an.

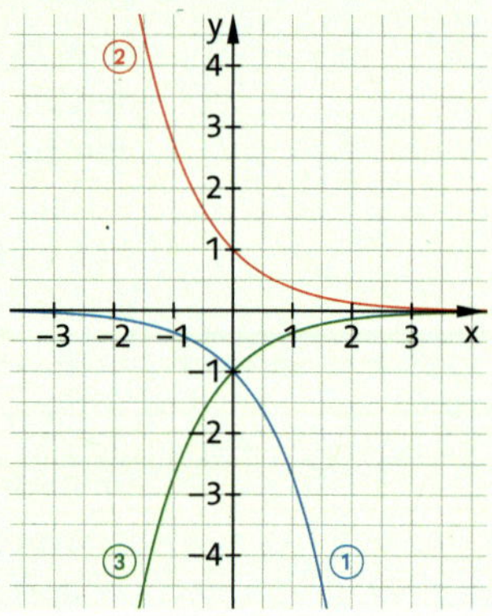

7 Bestimmen Sie die Gleichungen der Tangente und der Normale an den Graphen der Funktion f im Punkt $P(x_0 | f(x_0))$.
a) $f(x) = e^{0{,}5x}$; $x_0 = 2$ b) $f(x) = -e^{-x}$; $x_0 = 1$

8 Bestimmen Sie die erste und zweite Ableitung der Funktion.
a) $f(x) = 2x \cdot e^x$ b) $f(x) = (1 - x^2) \cdot e^{2x}$ c) $f(t) = (t^2 - t) \cdot e^{-0{,}5t}$

9 Schreiben Sie die Funktion mit der Basis e und leiten Sie sie mit der Kettenregel ab.
a) $f(x) = 3^x$ b) $f(x) = -3 \cdot 5^x$ c) $f(t) = -4 \cdot \left(\frac{1}{2}\right)^t$ d) $f(x) = 3 \cdot 2^{5x+1}$

10 Bestimmen Sie die Lösungsmenge der Gleichung.
a) $e^{2x+3} = e^{x-1}$ b) $-3e^{3x} + 5e^{3x} = 12$ c) $-3e^{-3x} + 9 = 6e^{-3x}$
d) $(e^{2x} - 2) \cdot (x^4 + 1) = 0$ e) $e^{2x+3} - 2 = 0$ f) $5e^{4x+1} = -5e^{4x+1}$

Lösungen
→ **S. 291**

11 Gegeben ist die Funktion f mit $f(x) = 2e^x$.

a) Ermitteln Sie die fehlende Koordinate des Punktes $P(x\,|\,4)$ auf dem Graphen von f.

b) Berechnen Sie die Schnittstelle des Graphen von f mit dem Graphen von g mit $g(x) = 2$.

c) Berechnen Sie den Schnittpunkt der Graphen von f und h mit $h(x) = 3e^{2x}$.

12 Ein Patient bekommt 100 mg eines Medikaments verabreicht. Der Abbau des Medikaments im Körper kann näherungsweise durch die Funktion f mit $f(t) = 100 \cdot e^{-0{,}15 \cdot t}$ beschrieben werden (t: Zeit in Stunden, f(t): Menge des Medikaments im Körper in mg).

a) Berechnen Sie die Halbwertszeit und deuten Sie diesen Wert im Sachzusammenhang.

b) Ermitteln Sie, wie viel Prozent des Medikaments pro Stunde abgebaut werden.

c) Bestimmen Sie den Zeitpunkt t, zu dem die Menge des Medikaments
① 25 mg beträgt, ② um 7 mg pro Stunde abnimmt.

13 Eine große Fläche in der Antarktis wird mit Pinguinen besiedelt. Ursprünglich werden 200 Tiere angesiedelt, nach 2 Jahren sind es bereits 260. Ermitteln Sie die Verdopplungszeit für den Fall, dass es sich um ein exponentielles Wachstum handelt.

14 Von einer Probe mit Cobalt-60-Atomen sind nach 10,6 Jahren noch 25 % aktiv. Bestimmen Sie die Halbwertszeit.

15 Vereinfachen Sie.

a) $\ln\left(\frac{1}{e^2}\right)$ b) $e^{3 \cdot \ln(6)}$ c) $\ln\left(e^3 \cdot \sqrt{e}\right)$ d) $\ln\left(e^4\right)$

16 Stellen Sie mit der Basis e dar und bestimmen Sie die erste Ableitung.

a) $f(x) = 4^x$ b) $f(x) = \left(\frac{1}{3}\right)^x$ c) $f(x) = 5 \cdot \left(\frac{1}{4}\right)^x$ d) $f(x) = 7 \cdot 3^x$

Wo stehe ich?

	Ich kann...	Aufgabe	Nachschlagen
4.1	... exponentielles Wachstum durch eine Gleichung beschreiben. ... exponentielles und lineares Wachstum unterscheiden.	1	S. 160 Beispiel 1, S. 161 Beispiel 2
4.2	... Exponentialfunktionen unterschiedlich darstellen. ... Graphen von Exponentialfunktionen in y-Richtung strecken und stauchen.	2, 3, 11	S. 163 Beispiel 1, S. 164 Beispiel 2
4.3	... Logarithmen berechnen. ... Exponentialgleichungen durch Probieren und mit Logarithmen lösen.	4, 10	S. 166 Beispiel 1, S. 167 Beispiel 2
4.4	... Wachstumsvorgänge modellieren. ... Halbwerts- und Verdopplungszeiten berechnen. ... Modelle zu gegebenen Daten aufstellen.	12, 13, 14	S. 170 Beispiel 1
4.5	... die natürliche Exponentialfunktion ableiten und Funktionsterme von Exponentialfunktionen mit der Basis e aufstellen.	5, 6	S. 175 Wissen
4.6	... Funktionen verketten. ... verkettete Funktionen mit der Kettenregel ableiten.	8, 9, 10	S. 180 Beispiel 1, S. 181 Beispiel 2
4.7	... Produkte von Funktionen mit der Produktregel ableiten.	7, 8, 9, 10	S. 183 Beispiel 1
4.8	... den natürlichen Logarithmus anwenden. ... beliebige Exponentialfunktionen mit der Basis e darstellen und ableiten.	15, 16	S. 186 Beispiel 1, S. 187 Beispiel 2

Exponentielles Wachstum und Exponentialfunktionen

Der Graph einer Exponentialfunktion mit der Basis q ($q > 0$, $q \neq 1$) verläuft durch $P(0|1)$ und $Q(1|q)$. Er hat die x-Achse als Asymptote. Die Graphen zu $f(x) = q^x$ und $g(x) = \left(\frac{1}{q}\right)^x$ sind achsensymmetrisch zueinander.
Der Graph von g mit $g(x) = a \cdot q^x$ entsteht aus dem Graphen von f mit $f(x) = q^x$ für
- $|a| > 1$ durch eine Streckung,
- $0 < |a| < 1$ durch eine Stauchung

entlang der y-Achse.
Für $a < 0$ wird der Graph zusätzlich an der x-Achse gespiegelt.

Exponentialfunktion $f(x) = a \cdot q^x$
Anfangsbestand $f(0) = a$
Wachstumsfaktor q, $q > 0$, $q \neq 1$
$q > 1$: exponentielle Zunahme
$0 < q < 1$: exponentielle Abnahme
Gesucht ist eine Gleichung der Funktion f, deren Graph durch Streckung des Graphen von h mit $h(x) = 0{,}5^x$ entlang der y-Achse entsteht und durch den Punkt $P(0|2)$ verläuft.

Wegen $P(0|2)$ ist der Streckfaktor $a = 2$, daher: $f(x) = 2 \cdot 0{,}5^x$
Wegen $q = 0{,}5$, $0 < q < 1$, handelt es sich um exponentielle Abnahme.

Exponentialgleichungen und Logarithmus

Die Lösung von $b^x = a$ (mit $a, b > 0$, $b \neq 1$) ist $x = \log_b(a)$: Der Logarithmus von a zur Basis b.
Es gilt: $\log_b(b^a) = a$, $b^{\log_b(a)} = a$ und $\log_b(a^x) = x \cdot \log_b(a)$

$2^3 = 8 \Leftrightarrow \log_2 8 = 3$

Gesucht ist x mit $5^x = 11{,}18$
$5^x = 11{,}18 \mid \log_5$
$x = \log_5 11{,}18 \approx 1{,}5$

Natürliche Exponentialfunktion

Die Exponentialfunktion f mit $f(x) = e^x$ mit der Basis $e \approx 2{,}71828$ (**eulersche Zahl**) heißt **natürliche Exponentialfunktion**.
Für ihre Ableitung gilt $f'(x) = e^x$.

f mit $f(x) = e^x$
$D_f = \mathbb{R}$; $f(0) = 1$
$\lim\limits_{x \to \infty} f(x) = \infty$
$\lim\limits_{x \to -\infty} f(x) = 0$

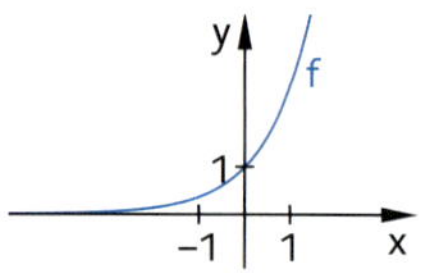

Kettenregel

Für u und v mit den Ableitungen u' und v' hat die Verkettung f mit $f(x) = u(v(x))$ die Ableitung $f'(x) = u'(v(x)) \cdot v'(x)$.

$f(x) = e^{x^2 + 3}$
$v(x) = x^2 + 3$; $v'(x) = 2x$; $u(x) = e^x$; $u'(x) = e^x$
$f'(x) = u'(v(x)) \cdot v'(x) = e^{v(x)} \cdot v'(x) = e^{x^2 + 3} \cdot 2x$

Produktregel

Für u und v mit den Ableitungen u' und v' hat die Funktion f mit $f(x) = u(x) \cdot v(x)$ die Ableitung
$f'(x) = u'(x) \cdot v(x) + u(x) \cdot v'(x)$.

$f(x) = x^2 \cdot e^{4x-3}$
$u(x) = x^2$ $v(x) = e^{4x-3}$
$u'(x) = 2x$ $v'(x) = 4e^{4x-3}$
$f'(x) = 2x \cdot e^{4x-3} + x^2 \cdot 4e^{4x-3}$
$= (2x + 4x^2) \cdot e^{4x-3}$

Natürlicher Logarithmus

Der **natürliche Logarithmus** ist der Logarithmus zur Basis e. Für $\log_e(b)$ mit $b \in \mathbb{R}$, $b > 0$ schreibt man $\ln(b)$.
Für alle $b > 0$ gilt: $b^x = e^{\ln(b) \cdot x}$

$e^x = 4$ hat die Lösung $x = \ln(4) \approx 1{,}39$.

$f(x) = 3 \cdot 5^x = 3 \cdot e^{\ln(5) \cdot x}$
$f'(x) = 3 \cdot \ln(5) \cdot e^{\ln(5) \cdot x} = 3 \cdot \ln(5) \cdot 5^x$

Das Logarithmieren zur Basis e macht das Potenzieren mit e rückgängig. Damit kann man **Exponentialgleichungen** lösen.
Gleichung: $e^x = a$ Lösung: $x = \ln(a)$
Jede Exponentialfunktion kann als Exponentialfunktion mit der Basis e geschrieben werden:
$f(x) = b^x = e^{\ln(b) \cdot x}$ (für $b > 0$)
Für f mit $f(x) = b^x$ und $b \in \mathbb{R}$, $b > 0$, ist die Ableitung $f'(x) = \ln(b) \cdot b^x$.

$2e^{3x-2} - 4 = 6 \quad | +4 \quad | :2$
$e^{3x-2} = 5 \quad | \ln$
$3x - 2 = \ln(5) \quad | +2 \quad | :3$
Lösung: $x = \frac{\ln(5) + 2}{3} \approx 1{,}2$
$f(x) = 2^x = e^{\ln(2) \cdot x}$
$f(x) = 2^x$
$f'(x) = \ln(2) \cdot 2^x = \ln(2) \cdot e^{\ln(2) \cdot x}$

5

Trigonometrische Funktionen

Nach diesem Kapitel können Sie...

→ die Sinus- und Kosinusfunktion anwenden,
→ Winkel vom Gradmaß ins Bogenmaß umrechnen und umgekehrt,
→ gestreckte, gestauchte und verschobene Sinusfunktionen untersuchen, auch mit digitalen Hilfsmitteln, und mithilfe der Kettenregel ableiten,
→ einfache trigonometrische Gleichungen lösen,
→ mithilfe der Sinusfunktion zeitlich periodische Vorgänge modellieren.

Lösungen
→ S. 291

Sinus

1 Zeichnen Sie ein rechtwinkliges Dreieck mit den Winkeln $\alpha = 35°$, $\gamma = 90°$ und $c = 5\,\text{cm}$.
a) Notieren Sie die Gleichungen für $\sin(\alpha)$ und $\sin(\beta)$.
b) Berechnen Sie die Größe des Winkels β sowie mithilfe der Definition des Sinus die Längen von a und b.

2 Ermitteln Sie zum Sinuswert einen zugehörigen Winkel.
a) $\sin(\beta) = 0{,}5$ b) $\sin(\alpha) = 0{,}35$ c) $\sin(\varepsilon) = 0{,}5 \cdot \sqrt{2}$ d) $\sin(\delta) = 0$

3 Berechnen Sie nur mithilfe der Definition des Sinus die Längen der Seiten d und f im Dreieck.

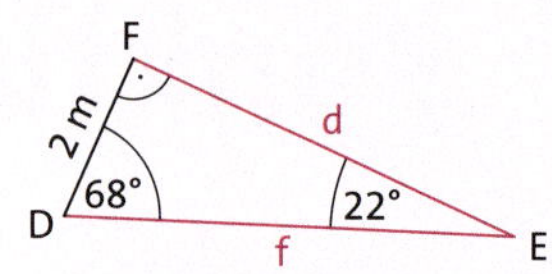

4 a) Berechnen Sie, wie weit die Fußpunkte der Leiter auseinanderstehen. Fertigen Sie dazu eine Skizze an.
b) Der oberste Tritt ist 30 cm vom oberen Ende der Holme entfernt. Berechnen Sie mit der Definition des Sinus, in welcher Höhe über dem Erdboden sich dieser Tritt befindet.

Kosinus

5 Zeichnen Sie ein rechtwinkliges Dreieck mit den Winkeln $\alpha = 60°$, $\gamma = 90°$ und $b = 3\,\text{cm}$.
a) Notieren Sie die Gleichungen für $\cos(\alpha)$ und $\cos(\beta)$.
b) Berechnen Sie die Größe des Winkels β sowie mit dem Kosinus die Längen von a und c.

6 Ermitteln Sie zum Kosinuswert einen zugehörigen Winkel.
a) $\cos(\alpha) = 0{,}5$ b) $\cos(\varphi) = 0{,}03$ c) $\cos(\varepsilon) = 0{,}5 \cdot \sqrt{3}$ d) $\cos(\delta) = 1$

7 Berechnen Sie nur mithilfe der Definition des Kosinus die Längen der Seiten x und y. Bestimmen Sie dazu den Winkel φ.

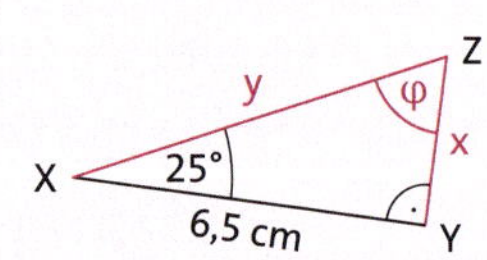

8 Ein Baum wirft einen 5,8 m langen Schatten auf den Erdboden. Die Sonnenstrahlen treffen unter einem Winkel von 37° auf.
a) Berechnen Sie mithilfe des Kosinus, wie weit die Spitze des Baums und das Ende des Schattens voneinander entfernt sind.
b) Berechnen Sie die Höhe des Baums.

9 Vervollständigen Sie im Heft die Gleichung mit den Seiten und Winkeln des Dreiecks DEF.
a) $\sin ■ = \frac{■}{e}$ b) $\cos(\delta) = \frac{■}{■}$ c) $■ = \frac{d}{e}$

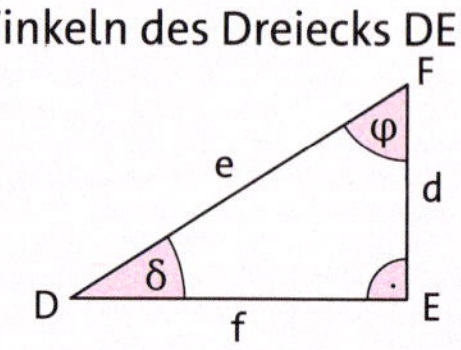

10 Berechnen Sie die fehlenden Größen im Dreieck mithilfe des Kosinussatzes.
a) $a = 5\,\text{cm};\ b = 7\,\text{cm};\ \gamma = 72°$
b) $a = 6{,}8\,\text{cm};\ b = 9{,}5\,\text{cm};\ c = 7{,}2\,\text{cm}$
c) $a = 54\,\text{mm};\ c = 46\,\text{mm};\ \alpha = 44°;\ \beta = 36°$

Lösungen
→ S. 291/292

Kreissektor und Kreisbogen

11 a) Berechnen Sie den Flächeninhalt eines Kreises mit dem Radius r = 2 cm.
b) Berechnen Sie den Umfang eines Kreises mit dem Radius r = 4 cm.

12 Zeichnen Sie einen Kreissektor mit dem Radius r = 5 cm und dem Öffnungswinkel $\alpha = 55°$.
a) Berechnen Sie den Flächeninhalt eines Kreises mit dem Radius r = 5 cm.
b) Geben Sie an, welchen Anteil am ganzen Kreis der Kreissektor mit dem Öffnungswinkel $\alpha = 55°$ hat. Berechnen Sie damit den Flächeninhalt des Kreissektors.
c) Stellen Sie mithilfe von b) eine Formel für die Bogenlänge (Länge des Kreisbogens) auf.
d) Berechnen Sie die Bogenlänge.

13 Ein Kreissektor hat den Radius r = 1 cm und die Bogenlänge b. Berechnen Sie die Größe des Öffnungswinkels α.
a) b = 0,393 cm
b) b = 2,618 cm

Funktionen

14 Zeichnen Sie die Normalparabel. Skizzieren Sie dann den Graphen, der aus dem Graphen der Normalparabel wie folgt hervorgeht. Notieren Sie eine passende Funktionsgleichung.
a) Streckung in y-Richtung mit dem Faktor 2
b) Verschiebung in y-Richtung um 3 Einheiten nach unten
c) Verschiebung in x-Richtung um 1 Einheit nach rechts
d) Streckung mit dem Faktor 1,5 in y-Richtung und anschließende Verschiebung in x-Richtung um 0,5 Einheiten nach rechts

15 Die quadratische Funktion f hat die Scheitelpunktform $f(x) = 3 \cdot (x - 4)^2 + 7$.
a) Geben Sie den Scheitelpunkt des Graphen von f an.
b) Beschreiben Sie, wie der Graph von f aus der Normalparabel hervorgeht.
c) Der Graph von g entsteht, indem man den Graphen von f an der Gerade y = 7 spiegelt, um eine Einheit nach links und zwei Einheiten nach oben verschiebt. Geben Sie die Funktionsgleichung von g an.

16 a) Skizzieren Sie den Graphen der Funktion f mit $f(x) = 2^x$.
b) Skizzieren Sie in das gleiche Koordinatensystem den Graphen der Funktion g mit $g(x) = 3 \cdot 2^x$. Beschreiben Sie, wie der Graph von g aus dem Graphen von f hervorgeht.
c) Geben Sie die Funktionsgleichung einer Funktion h an, deren Graph durch Spiegelung des Graphen von g an der y-Achse entsteht.
d) Geben Sie die Funktionsgleichung einer Funktion k an, deren Graph durch Spiegelung des Graphen von g an der x-Achse entsteht.

17 Bestimmen Sie Gleichungen der linearen, quadratischen und Exponentialfunktionen.

a)
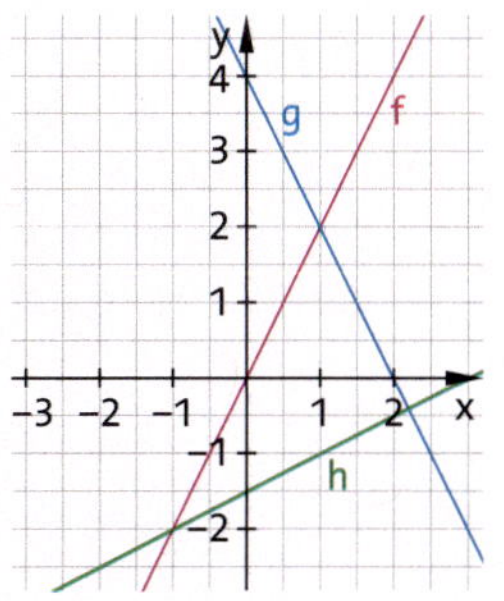

b)
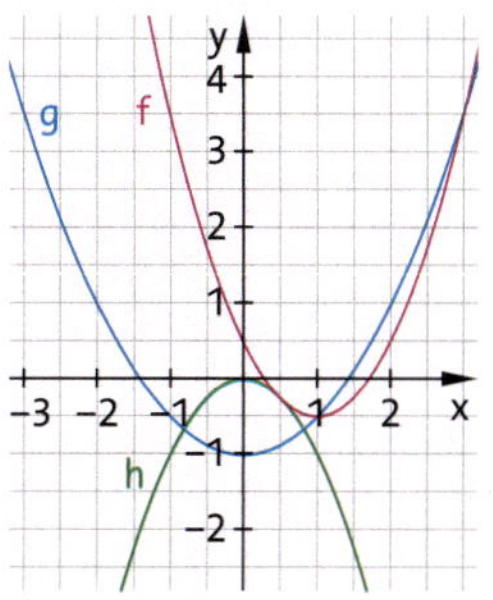

c)
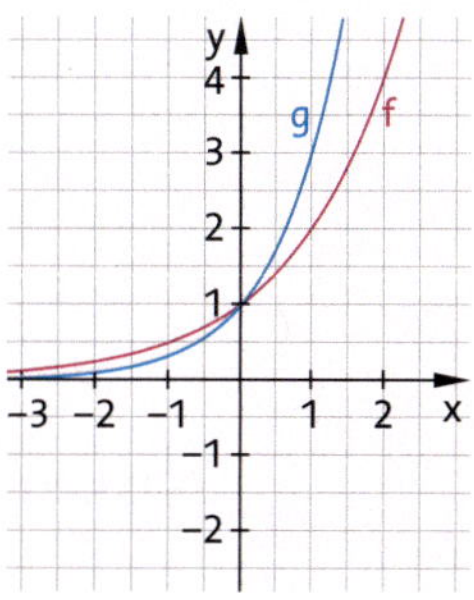

5.1 Wiederholung: Sinus- und Kosinusfunktion

Das London Eye (Radius 65 m) dreht sich gleichmäßig gegen den Uhrzeigersinn um einen Punkt in 70 m Höhe. Eine Gondel erreicht den niedrigsten Punkt nach 30 Minuten wieder. Die Funktion f beschreibt die Höhe der Gondel abhängig von der Zeit in Minuten.

a) Stellen Sie eine Vermutung auf, wie der Graph von f aussehen wird.
b) Berechnen Sie einige Funktionswerte von f und skizzieren Sie den Graphen.
c) Ergänzen Sie Ihre Skizze um Werte zwischen 30 und 60 Minuten.

Sinus und Kosinus am Einheitskreis

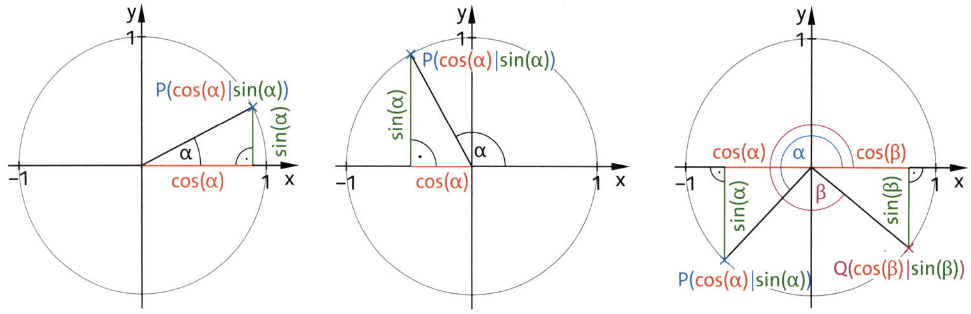

Erinnerung

Einheitskreis: Kreis mit dem Radius 1 LE (Längeneinheit) und dem Ursprung des Koordinatensystems als Mittelpunkt

Wissen

Für Winkel $0° \leq \alpha < 360°$ werden Sinus und Kosinus als Koordinaten des Punktes $P(\cos(\alpha)\,|\,\sin(\alpha))$ auf dem Einheitskreis definiert.

Beispiel 1 Geben Sie das Vorzeichen des Sinus- und Kosinuswerts des Winkels α an.

a) $\alpha = 23°$ b) $\alpha = 104°$ c) $\alpha = 192°$ d) $\alpha = 359°$

Lösung:
Prüfen Sie, in welchem Quadranten der Punkt P auf dem Einheitskreis liegt, der zum Winkel α gehört. Bestimmen Sie dann die Vorzeichen der Koordinaten $(\cos(\alpha)\,|\,\sin(\alpha))$ von P.

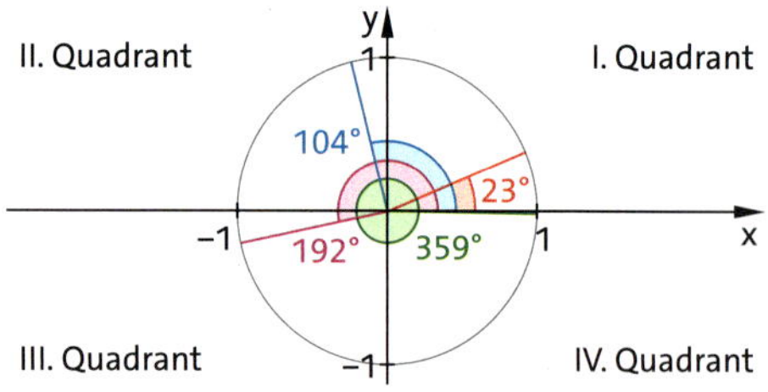

a) I. Quadrant
$\sin(23°)$ positiv
$\cos(23°)$ positiv

b) II. Quadrant
$\sin(104°)$ positiv
$\cos(104°)$ negativ

c) III. Quadrant
$\sin(192°)$ negativ
$\cos(192°)$ negativ

d) IV. Quadrant
$\sin(359°)$ negativ
$\cos(359°)$ positiv

Basisaufgaben

1 Geben Sie an, in welchem Quadrant der Punkt $P(\cos(\alpha)\,|\,\sin(\alpha))$ mit $\alpha = 278°$ liegt.

2 Bestimmen Sie das Vorzeichen des Sinuswerts. Begründen Sie am Einheitskreis.
a) sin(120°) b) sin(45°) c) sin(1°) d) sin(237°)
e) sin(56,23°) f) sin(339°) g) sin(275°) h) sin(185°)

3 Bestimmen Sie das Vorzeichen des Kosinuswerts. Begründen Sie am Einheitskreis.
a) cos(110°) b) cos(215°) c) cos(345°) d) cos(220°)
e) cos(120°) f) cos(275°) g) cos(136°) h) cos(269°)

4 Bestimmen Sie alle Winkel $0° < \alpha < 360°$ mit $\sin(\alpha) = \cos(\alpha)$ (mit $\sin(\alpha) = -\cos(\alpha)$).

Die Sinusfunktion

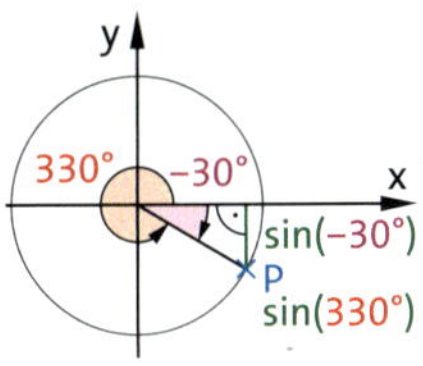

Jedem Winkel $0° \leq \alpha \leq 360°$ lässt sich genau ein Sinuswert zuordnen. Die Zuordnung $\alpha \to \sin(\alpha)$ ist deshalb eine Funktion. Mithilfe der Definition des Sinus am Einheitskreis kann man auch Funktionswerte für $\alpha < 0°$ und $\alpha > 360°$ bestimmen:
α > 360°: Der Punkt P wird gegen den Uhrzeigersinn über die x-Achse hinausgedreht. Dadurch wiederholen sich die Funktionswerte regelmäßig, es gilt $\sin(\alpha) = \sin(\alpha - 360°)$.
α < 0°: Der Punkt P wird im Uhrzeigersinn um den Winkel $-\alpha$ um den Koordinatenursprung gedreht. Damit entspricht $\sin(\alpha)$ dem Sinus eines anderen Winkels: $\sin(\alpha) = \sin(360° - |\alpha|)$.

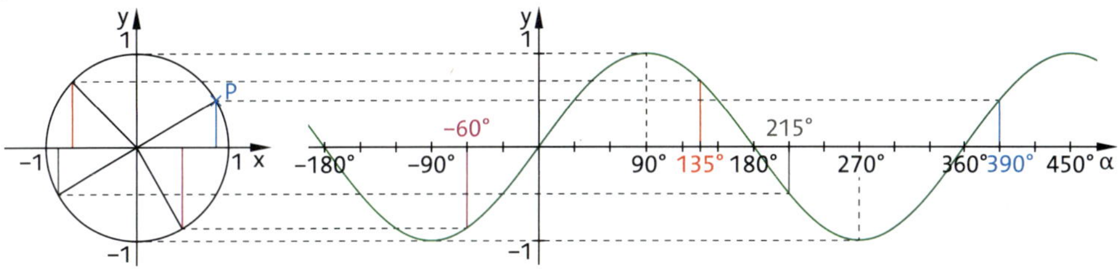

Die Funktionswerte der Sinusfunktion wiederholen sich in immer gleichen Abständen. Für alle Winkel α gilt $\sin(\alpha) = \sin(\alpha + 360°)$. Der größte Funktionswert ist 1, der kleinste −1.

Wissen

Eine Funktion heißt **periodisch**, wenn sich die Werte in regelmäßigen Abständen wiederholen. Die **Periode** bzw. **Periodenlänge** ist der kleinste Abstand dieser Wiederholungen. Die **Amplitude** ist die größte Abweichung vom mittleren Wert nach oben oder unten.

Die **Sinusfunktion** ist die Funktion f mit $f(\alpha) = \sin(\alpha)$. Sie ist periodisch mit der Periodenlänge 360° und der Amplitude 1. Es gilt:
$$\sin(\alpha) = \sin(\alpha + 360°) \qquad \sin(-\alpha) = \sin(360° - \alpha)$$

Beispiel 2 Ordnen Sie einander die Winkel zu, die den gleichen Sinuswert haben.
50° −15° 410° 345° 770°

Lösung:
Prüfen Sie, für welche Winkel eine der Gleichungen $\sin(\alpha) = \sin(\alpha + 360°)$ und $\sin(-\alpha) = \sin(360° - \alpha)$ gilt.

$\sin(50°) = \sin(50° + 360°) = \sin(410°)$
$= \sin(410° + 360°) = \sin(770°)$
$\sin(-15°) = \sin(360° - 15°) = \sin(345°)$

Basisaufgaben

5 Ordnen Sie einander die Winkel zu, die den gleichen Sinuswert haben.

−90° 20° 1081° 270°
−340° 1° 721° 380°

Die Kosinusfunktion

Jedem Winkel $0° \le \alpha \le 360°$ lässt sich genau ein Kosinuswert zuordnen. Die Zuordnung $\alpha \to \cos(\alpha)$ ist deshalb eine Funktion. Wie beim Sinus kann man die Definition des Kosinus am Einheitskreis auf Winkel $\alpha < 0°$ und $\alpha > 360°$ erweitern, indem man den Punkt P im Uhrzeigersinn dreht bzw. gegen den Uhrzeigersinn über die x-Achse hinausdreht.
Es gilt dann $\cos(\alpha) = \cos(\alpha + 360°)$ und $\cos(-\alpha) = \cos(360° - \alpha)$.
Dreht man den Einheitskreis um 90° nach links, so kann man die Funktionswerte wie bei der Sinusfunktion in den Graphen übertragen:

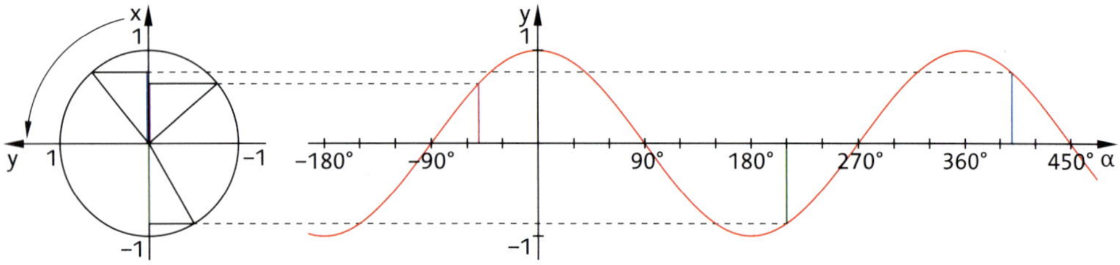

Wie die Sinusfunktion ist auch die Kosinusfunktion periodisch mit der Periodenlänge 360°. Ihr größter Funktionswert ist 1, der kleinste Funktionswert ist −1.

Wissen

Die **Kosinusfunktion** ist die Funktion f mit $f(\alpha) = \cos(\alpha)$. Sie ist periodisch mit der Periodenlänge 360° und der Amplitude 1. Es gilt:

$$\cos(\alpha) = \cos(\alpha + 360°) \qquad \cos(-\alpha) = \cos(360° - \alpha)$$

Beispiel 3 Ordnen Sie einander die Winkel zu, die den gleichen Kosinuswert haben.

100° −400° 820° −40° 320°

Lösung:

Prüfen Sie, für welche Winkel eine der Gleichungen $\cos(\alpha) = \cos(\alpha + 360°)$ und $\cos(-\alpha) = \cos(360° - \alpha)$ gilt.

$$\cos(100°) = \cos(100° + 360°) = \cos(460°)$$
$$= \cos(460° + 360°) = \cos(820°)$$
$$\cos(-400°) = \cos(-400° + 360°) = \cos(-40°)$$
$$= \cos(360° - 40°) = \cos(320°)$$

Basisaufgaben

6 Ordnen Sie einander die Winkel zu, die den gleichen Kosinuswert haben.

25° −60° −25° 529° 547° 187° 660° 300° 191° −169°

Weiterführende Aufgaben

Zwischentest

7 **Nullstellen der Sinusfunktion:** Erläutern Sie, warum der Term $k \cdot 180°$, $k \in \mathbb{Z}$, alle Nullstellen der Sinusfunktion beschreibt.

8 Beschreiben Sie, wie man den Graphen der Kosinusfunktion aus dem Graphen der Sinusfunktion erhält. Begründen Sie damit, dass für alle Winkel α gilt: $\cos(\alpha) = \sin(\alpha + 90°)$

9 Bestimmen Sie drei Winkel α, die die Gleichung erfüllen.

a) $\sin(\alpha) = \frac{1}{2}$ b) $\sin(\alpha) = \frac{1}{2}\sqrt{3}$ c) $\sin(\alpha) = \frac{1}{2}\sqrt{2}$ d) $\sin(\alpha) = -\frac{1}{2}\sqrt{2}$

e) $\cos(\alpha) = \frac{1}{2}$ f) $\cos(\alpha) = \frac{1}{2}\sqrt{3}$ g) $\cos(\alpha) = \frac{1}{2}\sqrt{2}$ h) $\cos(\alpha) = -\frac{1}{2}\sqrt{2}$

10 Setzen Sie für ■ „+“ oder „−“ ein, sodass für $0° < \alpha < 90°$ eine wahre Aussage entsteht.

a) $\sin(180° + \alpha) = -\sin(180° ■ \alpha)$

b) $-\sin(\alpha) = \sin(360° ■ \alpha)$

c) $\cos(180° - \alpha) = ■ \cos(\alpha)$

d) $\cos(\alpha) = \sin(90° ■ \alpha)$

11 Stolperstelle:

a) Novak hat den Graphen der Sinusfunktion gezeichnet. Erklären Sie, was er falsch gemacht hat.

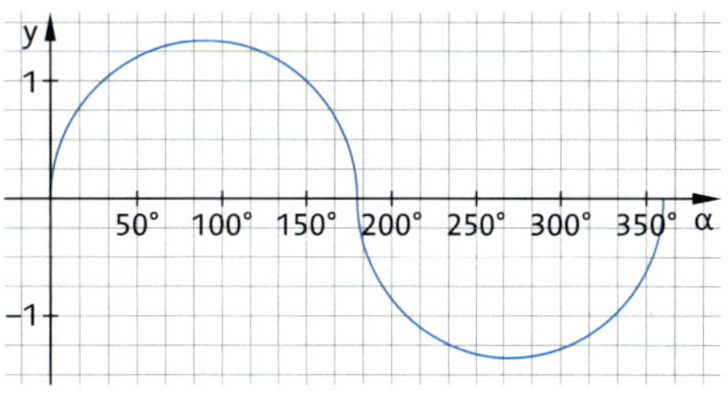

b) Laura meint: „Die Sinusfunktion ist periodisch und es gilt sin(0°) = 0 = sin(180°). Die Periode ist also 180° und es folgt sin(10°) = sin(190°).“
Nehmen Sie Stellung.

12 Betrachten Sie die Tabelle. Erläutern Sie, wie Sie diese nutzen könnten. Geben Sie an, was Sie sich merken müssten, um alle Einträge zu kennen.

α	0°	30°	45°	60°	90°
sin(α)	$\frac{1}{2}\cdot\sqrt{0} = 0$	$\frac{1}{2}\cdot\sqrt{1} = 0{,}5$	$\frac{1}{2}\cdot\sqrt{2} \approx 0{,}71$	$\frac{1}{2}\cdot\sqrt{3} \approx 0{,}87$	$\frac{1}{2}\cdot\sqrt{4} = 1$
cos(α)	$\frac{1}{2}\cdot\sqrt{4} = 1$	$\frac{1}{2}\cdot\sqrt{3} \approx 0{,}87$	$\frac{1}{2}\cdot\sqrt{2} \approx 0{,}71$	$\frac{1}{2}\cdot\sqrt{1} = 0{,}5$	$\frac{1}{2}\cdot\sqrt{0} = 0$
tan(α)	$\sqrt{\frac{0}{4}} = 0$	$\sqrt{\frac{1}{3}} \approx 0{,}58$	$\sqrt{\frac{2}{2}} = 1$	$\sqrt{\frac{3}{1}} \approx 1{,}73$	$\sqrt{\frac{4}{0}} = \infty$

13 „Die x-Achse beim Graphen der Sinusfunktion erhält man, indem man den Einheitskreis aufschneidet, ihn glattzieht und auf die x-Achse legt.“ Erläutern Sie, was damit gemeint ist.

14 Beurteilen Sie, ob der Ausschnitt des Graphen zur Sinusfunktion gehören kann.

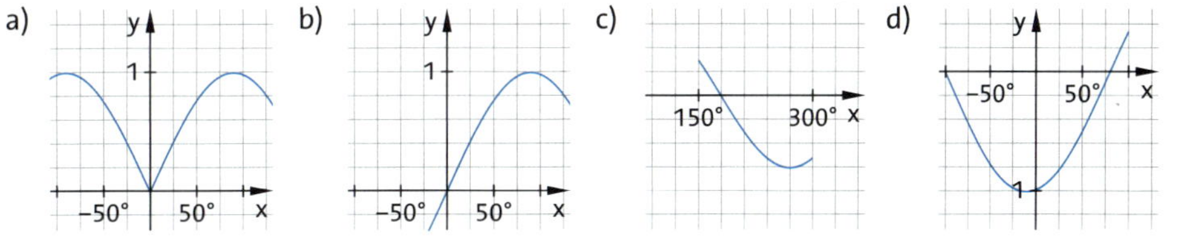

15 Trigonometrischer Pythagoras: Begründen Sie mithilfe der Definition am Einheitskreis, dass für alle Winkel α gilt:
$(\sin(\alpha))^2 + (\cos(\alpha))^2 = 1$

Hilfe

16 a) Bestimmen Sie die Koordinaten der Tiefpunkte des Graphen der Sinusfunktion.

b) Geben Sie ein Intervall an, auf dem der Graph der Sinusfunktion genauso viele Tiefpunkte wie Nullstellen hat.

c) Bearbeiten Sie die Teilaufgaben a) und b) für Hochpunkte.

17 Ausblick: Tangensfunktion

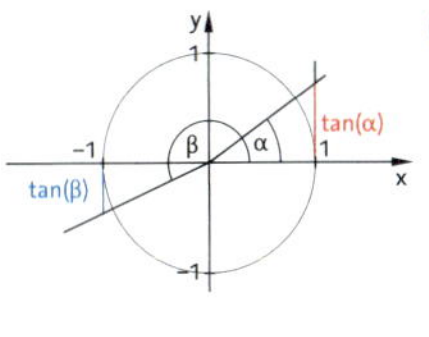

a) Für beliebige Winkel α gilt $\tan(\alpha) = \frac{\sin(\alpha)}{\cos(\alpha)}$. Damit lässt sich auch die Tangensfunktion betrachten. Erläutern Sie, welches Problem sich dabei ergibt.

b) Ermitteln Sie die Vorzeichen der Tangenswerte in den vier Quadranten.

c) Erstellen Sie eine Wertetabelle mit den Tangenswerten von Winkeln zwischen 0° und 360°. Stellen Sie diese grafisch in einem Koordinatensystem dar.

d) Beschreiben Sie den Verlauf des Graphen der Tangensfunktion. Ermitteln Sie die Periodenlänge.

5.2 Wiederholung: Winkel im Bogenmaß

Eine Kugelstoßanlage bestand aus einem Wurfkreis und einem Kreissektor zum Auftreffen der Kugel, der einen Öffnungswinkel von 40° und eine Radiuslänge von 25 m hat.

a) Ermitteln Sie für die Markierung bei 25 m die zugehörige Bogenlänge.

b) Erläutern Sie den Quotienten aus der Bogenlänge und dem Teilradius.

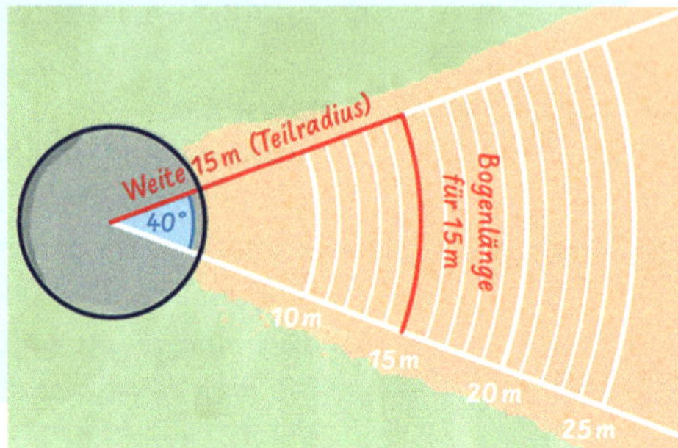

Winkel im Bogenmaß

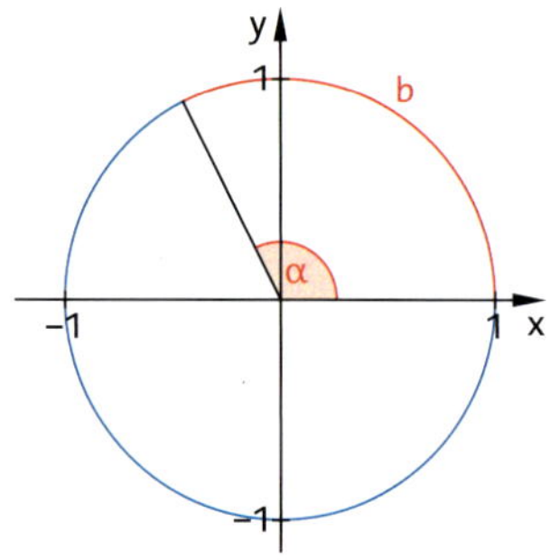

Das Verhältnis vom Winkel α zu einer vollständigen Umdrehung von 360° entspricht dem Verhältnis der Bogenlänge b zum Umfang U des Kreises. Es gilt also: $\frac{\alpha}{360°} = \frac{b}{U}$

Der Umfang des Einheitskreises beträgt $2\pi \cdot r = 2\pi$ (r = 1).

Somit folgt: $\frac{\alpha}{360°} = \frac{b}{2\pi} \Rightarrow b = 2\pi \cdot \frac{\alpha}{360°} = \pi \cdot \frac{\alpha}{180°}$

Man kann daher alle Winkel über ihre zugehörige Bogenlänge am Einheitskreis ausdrücken. Dabei entfällt die Einheit Grad.

Wissen

Das **Bogenmaß** eines Winkels α ist die zugehörige Bogenlänge x am Einheitskreis:

$x = \pi \cdot \frac{\alpha}{180°}$

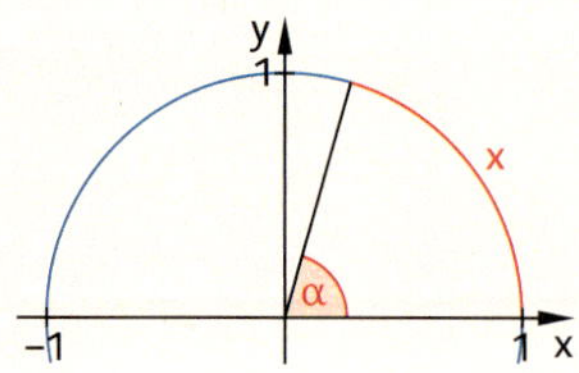

Wichtige Winkel im Grad- und Bogenmaß sind:

Gradmaß	0°	30°	45°	60°	90°	180°	270°	360°
Bogenmaß	0	$\frac{\pi}{6}$	$\frac{\pi}{4}$	$\frac{\pi}{3}$	$\frac{\pi}{2}$	π	$\frac{3}{2}\pi$	2π

Beispiel 1 Rechnen Sie um.

a) vom Gradmaß ins Bogenmaß: α = 140°

b) vom Bogenmaß ins Gradmaß: $x = \frac{2}{3}\pi$

Lösung:

a) Berechnen Sie die Winkelgröße im Bogenmaß mit der Formel $x = \pi \cdot \frac{\alpha}{180°}$.

$x = \pi \cdot \frac{\alpha}{180°} = \pi \cdot \frac{140°}{180°} = \pi \cdot \frac{7}{9} \approx 2{,}44$

b) Stellen Sie die Formel $x = \pi \cdot \frac{\alpha}{180°}$ nach α um. Setzen Sie x in die Formel ein und berechnen Sie.

$x = \pi \cdot \frac{\alpha}{180°} \quad | \cdot 180° \quad | : \pi$

$\alpha = x \cdot \frac{180°}{\pi}$

$= \frac{2}{3}\pi \cdot \frac{180°}{\pi} = 120°$

Lösungen zu 1a–1h

2,36
1,22 270°
240° 2,79
36° 40°
3,58 0,44

Basisaufgaben

1 Rechnen Sie die Winkelgröße ins Bogenmaß bzw. Gradmaß um.

a) 205° b) 25° c) 70° d) 160° e) $\frac{1}{5}\pi$ f) $\frac{2}{9}\pi$ g) $\frac{4}{3}\pi$ h) $1{,}5\pi$

i) 320° j) 0,9 k) 400° l) 5 m) 720° n) 10π o) 1000° p) 200

Sinus- und Kosinusfunktion für Winkel im Bogenmaß

Hinweis

Will man mit dem Taschenrechner den Sinus zu einem Winkel bestimmen, so muss das Winkelmaß richtig eingestellt sein. „DEG“ steht für „degree“, also Gradmaß, **„RAD“** für das **Bogenmaß**. In der Regel ist „DEG“ voreingestellt.

Wissen

Die Sinus- und die Kosinusfunktion haben für Winkel im Bogenmaß eine Periodenlänge von 2π. Es gilt:

$\sin(x) = \sin(x + 2\pi) = \sin(x + 4\pi)$ ... $\quad$ $\cos(x) = \cos(x + 2\pi) = \cos(x + 4\pi)$ ...

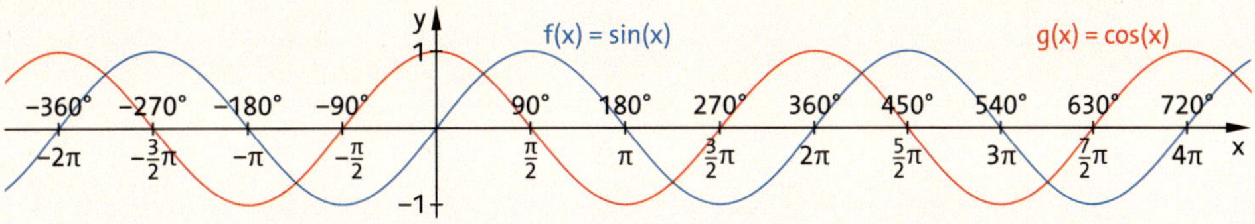

Beispiel 2

a) Bestimmen Sie die Nullstellen der Sinusfunktion im Bereich $-\frac{\pi}{2} \le x \le \frac{5}{2}\pi$.

b) Bestimmen Sie alle Stellen im Bereich $-\frac{\pi}{2} \le x \le \frac{5}{2}\pi$, an denen $\sin(x) = 1$ gilt.

Lösung:

a) Es gilt $\sin(0) = 0$, also auch $\sin(0 + 2\pi) = \sin(2\pi) = 0$. Zudem hat die Sinusfunktion nach einer halben Periode eine Nullstelle, also $\sin(\pi) = 0$.
Nullstellen: $x_1 = 0$; $x_2 = \pi$; $x_3 = 2\pi$

b) Die Sinusfunktion nimmt in jeder Periode nur einmal den Funktionswert 1 an. Es gilt $\sin(90°) = 1$, also $\sin\left(\frac{\pi}{2}\right) = 1$.
Damit folgt $\sin\left(\frac{\pi}{2} + 2\pi\right) = \sin\left(\frac{5}{2}\pi\right) = 1$.
Funktionswert 1: $x_4 = \frac{1}{2}\pi$; $x_5 = \frac{5}{2}\pi$

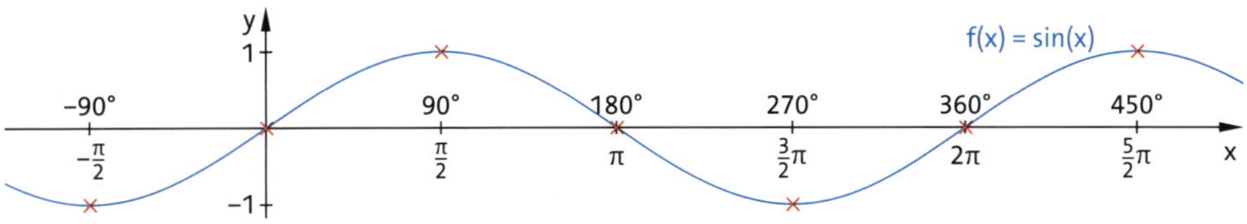

Basisaufgaben

2 a) Bestimmen Sie die Nullstellen der Kosinusfunktion im Bereich $-\frac{\pi}{2} \le x \le \frac{5}{2}\pi$.

b) Bestimmen Sie alle Stellen im Bereich $-\frac{\pi}{2} \le x \le \frac{5}{2}\pi$, an denen die Kosinusfunktion den Wert −1 annimmt.

Trigonometrische Gleichungen

Um alle Lösungen einer trigonometrischen Gleichung zu bestimmen, reicht es nicht, die Periodizität der Sinus- bzw. Kosinusfunktion zu berücksichtigen. Darüber hinaus müssen auch deren Symmetrieeigenschaften berücksichtigt werden.

Wissen **Symmetrie der Sinus- und der Kosinuskurve Im Gradmaß**

Der Graph der **Sinusfunktion** ist **punktsymmetrisch zum Ursprung**.
Für alle α gilt $\sin(-\alpha) = -\sin(\alpha)$. Für $0° \le \alpha \le 90°$ gilt zudem $\sin(\alpha) = \sin(180° - \alpha)$.

Der Graph der **Kosinusfunktion** ist **achsensymmetrisch zur y-Achse**.
Für alle α gilt $\cos(-\alpha) = \cos(\alpha)$. Für $0° \le \alpha \le 90°$ gilt zudem $\cos(\alpha) = -\cos(180° - \alpha)$.

Wissen **Symmetrien der Sinuskurve im Bogenmaß**

Der Graph der Sinusfunktion ist **punktsymmetrisch** zu den Punkten $(k\pi \mid \sin(k\pi))$ mit $k \in \mathbb{Z}$. Er ist **achsensymmetrisch** zu allen Geraden, die parallel zur y-Achse durch einen Punkt $\left(\frac{\pi}{2} + k\pi \,\middle|\, \sin\left(\frac{\pi}{2} + k\pi\right)\right)$ mit $k \in \mathbb{Z}$ verlaufen.

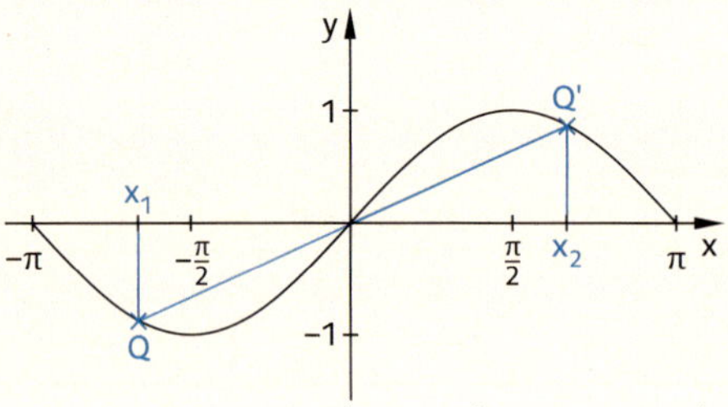

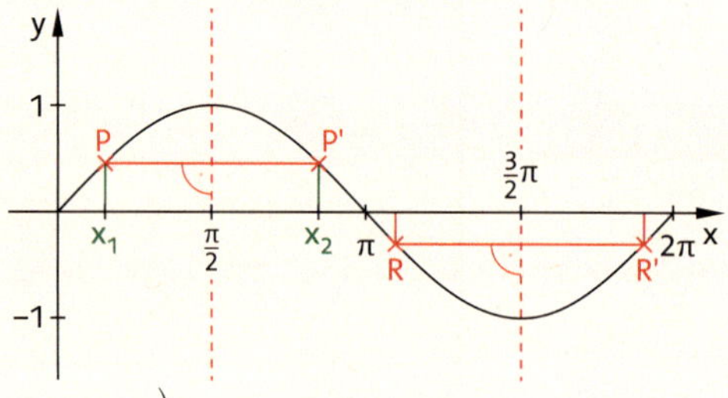

Es gilt $\sin(k\pi) = 0$, $\sin\left(\frac{\pi}{2} + 2k\pi\right) = 1$ und $\sin\left(\frac{\pi}{2} + (2k+1)\pi\right) = -1$ für alle $k \in \mathbb{Z}$.

Beispiel 3 Ermitteln Sie erst mithilfe einer Skizze und dann mit dem Taschenrechner alle Winkel x im Bogenmaß, für die $\sin(x) = 0{,}8$ ist. Nutzen Sie Periodizität und Symmetrie.

Lösung:

Es genügt, den Graphen für $0 \le x \le \pi$ zu zeichnen. Ablesen ergibt x_1 und x_2.

Bei der Berechnung mit dem Taschenrechner wird die $\boxed{\sin^{-1}}$-Taste verwendet. Es ergibt sich nur die Lösung x_1.

Zur Berechnung von x_2 muss die Differenz von $\frac{\pi}{2}$ und x_1 zu $\frac{\pi}{2}$ addiert werden.

Die Sinusfunktion hat die Periode 2π. Addiert man Vielfache von 2π zu den beiden Lösungen x_1 und x_2, so erhält man alle Winkel, deren Sinus 0,8 ist.

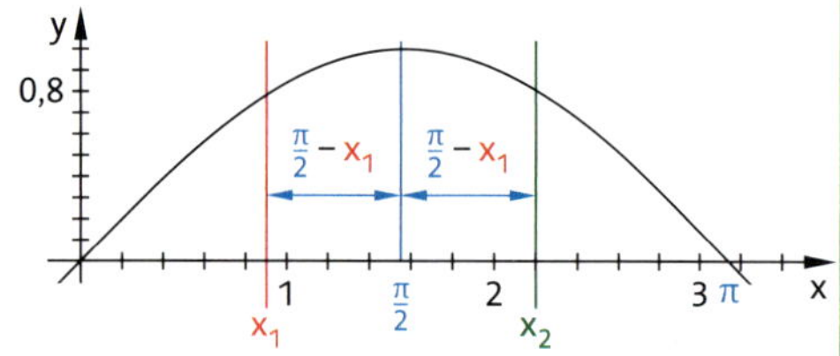

Ablesen: $x_1 \approx 0{,}9$ und $x_2 \approx 2{,}2$

Taschenrechner: $x_1 = \arcsin(0{,}8) \approx 0{,}927$

$x_2 = \frac{\pi}{2} + \left(\frac{\pi}{2} - x_1\right) = \pi - x_1 \approx 2{,}214$

$x \approx 0{,}927 + k \cdot 2\pi$ und

$x \approx 2{,}214 + k \cdot 2\pi$

k ist dabei eine beliebige ganze Zahl.

Hinweis

Den Wert $\arcsin(x)$ erhält man mit einem Taschenrechner oder CAS mithilfe der Taste $\boxed{\sin^{-1}}$.

Basisaufgaben

3 Bestimmen Sie die Lösungsmenge für alle Winkel x im Bogenmaß.

a) $\sin(x) = \frac{1}{2}$ b) $\cos(x) = -\frac{1}{2}$

4 Bestimmen Sie näherungsweise mithilfe eines geeigneten Graphen alle Lösungen der Gleichung sowohl im Bogenmaß als auch im Gradmaß. Überprüfen Sie mit dem Taschenrechner.

a) $\sin(x) = 0{,}2$ für $-2\pi \le x \le 2\pi$ b) $\cos(x) = -0{,}4$ für $0 \le x \le 4\pi$

5 Ermitteln Sie nur mithilfe des Taschenrechners alle Lösungen der Gleichung.

a) $\sin(x) = -0{,}7$ für $0 \le x \le 2\pi$ b) $\cos(x) = 0{,}5$ für $0 \le x \le 2\pi$

c) $\sin(x) = -0{,}5$ für $-\pi \le x \le \pi$ d) $\cos(x) = 0{,}25$ für $\pi \le x \le 3\pi$

6 Bestimmen Sie alle Lösungen der Gleichungen im Grad- und im Bogenmaß.

a) $\sin(x) = 0{,}6$ b) $\sin(x) = -0{,}4$ c) $\sin(x) = 0{,}94$ d) $\sin(x) = -0{,}111$ e) $\sin(x) = 0{,}567$

f) $\cos(x) = 0{,}7$ g) $\cos(x) = -0{,}2$ h) $\cos(x) = 0{,}75$ i) $\cos(x) = -0{,}03$ j) $\cos(x) = 0{,}11$

Weiterführende Aufgaben

Zwischentest

7 Entscheiden Sie begründet, ob die Gleichung eine wahre Aussage ist. Korrigieren Sie, falls nötig.

a) $\sin(70°) = \sin(110°)$ b) $\sin(24°) = \sin(-24°)$ c) $\cos(65°) = \cos(-65°)$

d) $\sin(96°) = -\sin(-96°)$ e) $\cos(50°) = \cos(130°)$ f) $-\cos(60°) = \cos(120°)$

8 Für den Winkel α gilt $\sin(\alpha) = 0{,}75$. Bestimmen Sie alle Winkel β mit $\sin(\beta) = 0{,}75$ und γ mit $\cos(\gamma) = 0{,}75$. Drücken Sie die Winkel β und γ mithilfe von α aus.

Hilfe

9 Begründen Sie, welcher Term einen anderen Wert hat als die übrigen drei.

a) (A) $\sin(70°)$ (B) $\cos(-20°)$ (C) $-\sin(-70°)$ (D) $-\cos(-20°)$

b) (A) $\cos(258°)$ (B) $\cos(282°)$ (C) $\sin(12°)$ (D) $-\sin(-168°)$

10 Beurteilen Sie die Aussage.

a) Die Sinusfunktion hat unendlich viele Nullstellen.

b) Die Nullstellen der Kosinusfunktion sind die Winkel $90° + k \cdot 360°$, $k \in \mathbb{Z}$.

c) Für alle Winkel α gilt $\sin(\alpha) = \cos(\alpha + 90°)$.

d) Für alle Winkel α gilt $\sin(90° + \alpha) = \sin(90° - \alpha)$.

11 Es gilt $\sin(3) \approx 0{,}141$. Bestimmen Sie näherungsweise einen Winkel $x > 0$, für den gilt: $\sin(x) \approx -0{,}141$. Nutzen Sie die Punktsymmetrie des Graphen der Sinusfunktion.

Hilfe

12 **Eigenschaften der Kosinusfunktion:**

a) Geben Sie alle Nullstellen der Kosinusfunktion im Bogenmaß an.

b) Ermitteln Sie alle Punkte, zu denen der Graph der Kosinusfunktion im Bogenmaß punktsymmetrisch ist.

c) Bestimmen Sie alle Geraden, zu denen der Graph der Kosinusfunktion im Bogenmaß achsensymmetrisch ist.

13 a) Ermitteln Sie alle Winkel x im Bogenmaß mit $0 \le x \le 2\pi$ und $\cos(x) = -0{,}4$.

b) Ermitteln Sie alle Winkel x im Bogenmaß mit $\cos(x) = 0{,}65$ (mit $\cos(x) = -0{,}31$).

14 Bestimmen Sie die Lösungsmenge der Gleichung im Bogenmaß. Schätzen Sie dann die Lösung im Gradmaß und überprüfen Sie Ihre Schätzung mit einer Rechnung.

a) $\sin(x) = 0{,}1$ b) $\cos(x) = -0{,}75$

15 **Ausblick:** Neben dem Gradmaß und dem Bogenmaß gibt es in der Astronomie zwei weitere Winkelmaße.

a) Das **Zeitmaß** gibt Winkelgrößen als Zeit an: 24 h entsprechen dabei 360°. Rechnen Sie 1° und 90° ins Zeitmaß um. Geben Sie 1 h und 1 s in Grad an.

b) Das **astronomische Gradmaß** gibt die Nachkommastellen eines Winkels im Gradmaß in Bogenminuten (Schreibweise: 1') und Bogensekunden (1'') an. Erklären Sie die Umrechnungen:

① 30,2° = 30° 12' (30 Grad, 12 Bogenminuten)

② 78,0875° = 78° 5' 15''

Einschachtelung von π

Die Zahl π taucht als Verhältnis von Durchmesser und Umfang eines Kreises indirekt in der Bibel auf. Im Alten Testament wird im ersten Buch der Könige vom Bau des Jerusalemer Tempels unter König Salomo berichtet. Bestimmen Sie, welcher Wert für π sich aus diesem Zitat ergeben würde.

Der Kupferschmied Hiram stellte ein rundes Wasserbecken her. Es wurde „Meer“ genannt. Dazu heißt es (1. Kön. 7, 23): „Und er machte das Meer, gegossen von einem Rand zum anderen zehn Ellen weit und fünf Ellen hoch, und eine Schnur von dreißig Ellen war das Maß ringsherum.“

Archimedes-Statue in Rom

Der griechische Mathematiker **Archimedes von Syrakus** gilt als Entdecker der ersten schriftlichen Herleitung der Kreiszahl π. Im Jahr 250 v. Chr. konnte er mit seinem Näherungsverfahren die Kreiszahl auf 2 Nachkommastellen genau bestimmen.

Archimedes zeichnete hierfür einen Kreis mit Radius 1 (Einheitskreis). Gemäß ihrer Definition entspricht die Kreiszahl π dem Verhältnis aus dem Umfang U und dem Durchmesser d eines Kreises: $\pi = \frac{U}{d}$

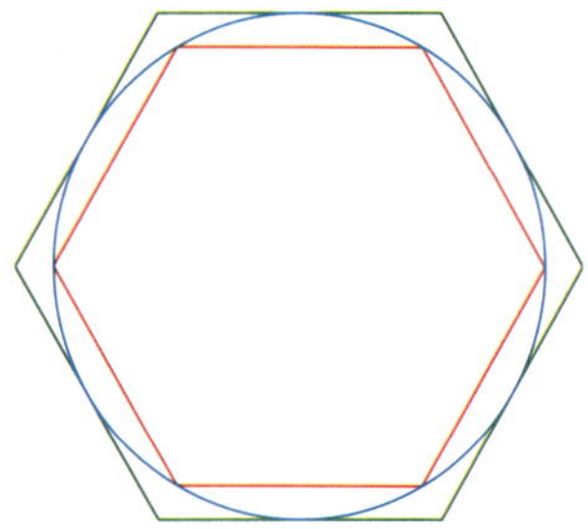

Im Einheitskreis gilt mit d = 2 also: $\pi = \frac{U}{2}$

Diesem Kreis wurde ein regelmäßiges Sechseck ein- sowie umbeschrieben, dessen jeweiligen Umfang Archimedes mithilfe trigonometrischer Berechnungen bestimmen konnte. Der Umfang U des Kreises liegt dann zwischen dem Umfang des inneren und dem des äußeren Sechsecks (**Einschachtelung**). Dadurch ergibt sich für die Zahl π eine Unter- und Obergrenze:

$$\frac{U_{\text{inneres 6-Eck}}}{2} < \pi < \frac{U_{\text{äußeres 6-Eck}}}{2}$$

Um sich der Zahl π weiter anzunähern, teilte Archimedes die Seiten der Sechsecke zu einem Zwölfeck, dann zu einem 24-Eck, zu einem 48-Eck und schließlich zu einem 96-Eck. Auf diese Weise erhielt er die Abschätzung $3{,}1408450 < \pi < 3{,}1428571$.

Hinweis

Die Kreiszahl π ist eine irrationale Zahl und hat unendlich viele Nachkommastellen, die keinem Muster folgen. Sie kann nicht als Bruch dargestellt werden.

Beispiel 1

Die Abbildung zeigt den Einheitskreis, dem ein regelmäßiges Sechseck sowie Zwölfeck einbeschrieben ist.

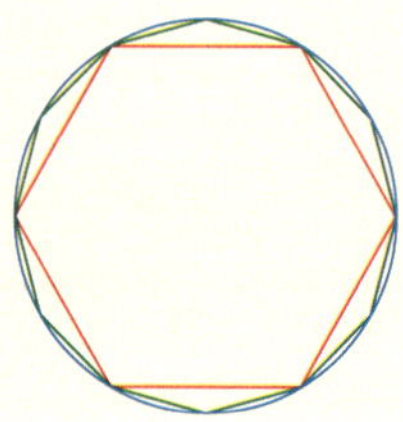

a) Bestimmen Sie den Umfang des Sechsecks. Geben Sie mit dessen Hilfe eine Untergrenze für π an.
b) Ermitteln Sie eine genauere Untergrenze für π, indem Sie den Umfang des einbeschriebenen Zwölfecks berechnen.

Lösung:

a) Teilen Sie das Sechseck in sechs gleichschenklige Dreiecke auf und betrachten Sie eines dieser Dreiecke. Die Schenkellänge entspricht dem Radius des Kreises, also 1. Begründen Sie, dass das Dreieck gleichseitig ist.

Für den Winkel α gilt: $\alpha = \frac{360°}{6} = 60°$

Da das Dreieck gleichschenklig ist, gilt auch: $\beta = \gamma = \frac{180° - 60°}{2} = 60°$.

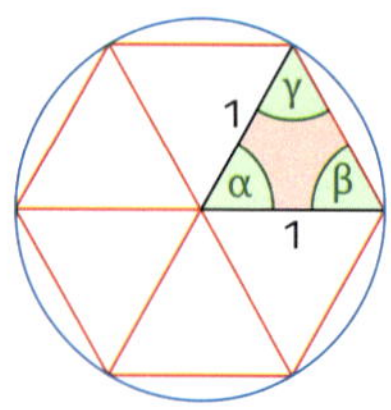

Berechnen Sie den Umfang des Sechsecks. Halbieren Sie diesen, um eine Untergrenze für π zu erhalten.

Es handelt sich also um ein gleichseitiges Dreieck mit der Seitenlänge 1. Somit folgt: $U_{6\text{-Eck}} = 6 \cdot 1 = 6$ also $\pi > \frac{6}{2} = 3$

b) Teilen Sie das Zwölfeck in zwölf gleichschenklige Dreiecke auf.
Skizzieren Sie eines der Dreiecke mit dem darin enthaltenen Anteil des Sechsecks und tragen Sie alle bekannten Seitenlängen ein.

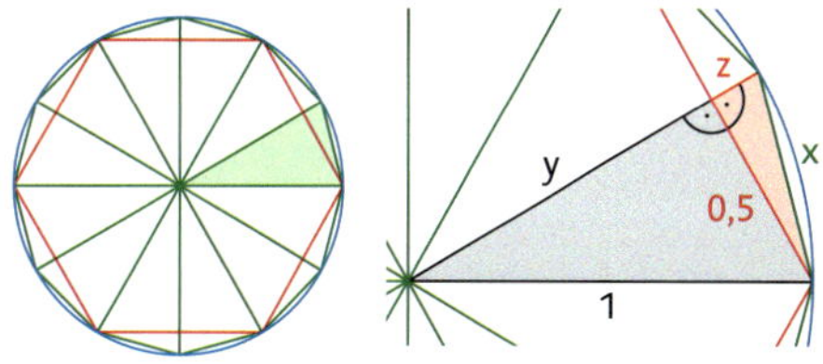

Wenden Sie den Satz des Pythagoras an, um die Länge y zu berechnen. Ermitteln Sie damit die Länge z.

Mit dem Satz von Pythagoras gilt:
$1 = y^2 + 0{,}5^2 \Rightarrow y = \sqrt{1 - 0{,}5^2} = \sqrt{0{,}75}$

Somit: $z = 1 - y = 1 - \sqrt{0{,}75}$

Wenden Sie den Satz des Pythagoras erneut an, um nun die gesuchte Länge x zu bestimmen.

Aus dem Satz des Pythagoras folgt:
$x^2 = 0{,}5^2 + \left(1 - \sqrt{0{,}75}\right)^2$
$\Rightarrow x = \sqrt{0{,}5^2 + \left(1 - \sqrt{0{,}75}\right)^2} \approx 0{,}517638$

Berechnen Sie den Umfang des Zwölfecks und geben Sie damit eine genauere Untergrenze für π an.

$U_{12\text{-Eck}} \approx 12 \cdot 0{,}517638 = 6{,}211656$
Also gilt: $\pi > \frac{6{,}211656}{2} = 3{,}105828$

Aufgaben

1 Die in Beispiel 1b) mithilfe des Satzes von Pythagoras ermittelte Länge x der Außenseite des Dreiecks kann auch auf anderem Wege bestimmt werden.
a) Ermitteln Sie die Größen aller Innenwinkel des Dreiecks.
b) Bestimmen Sie die Länge x mithilfe des Sinussatzes. Vergleichen Sie Ihr Ergebnis mit dem Ergebnis in Beispiel 1b).

Erinnerung

Sinussatz:

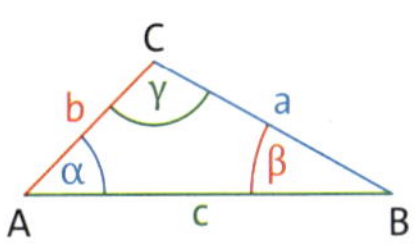

$\frac{a}{b} = \frac{\sin(\alpha)}{\sin(\beta)}$, $\frac{a}{c} = \frac{\sin(\alpha)}{\sin(\gamma)}$, $\frac{b}{c} = \frac{\sin(\beta)}{\sin(\gamma)}$

2 Die Abbildung zeigt den Einheitskreis mit dem ein- und dem umbeschriebenen Sechseck. Das äußere Sechseck wurde in sechs gleichschenklige Dreiecke aufgeteilt.
a) Skizzieren Sie das markierte Dreieck in Ihrem Heft. Teilen Sie das Dreieck in zwei rechtwinklige Dreiecke auf und tragen Sie alle bekannten Längen ein.
b) Bestimmen Sie die Länge x der Außenseite des Dreiecks auf 4 Nachkommastellen genau. Verwenden Sie dazu den zweiten Strahlensatz sowie den Satz des Pythagoras. Geben Sie eine Obergrenze für π an.

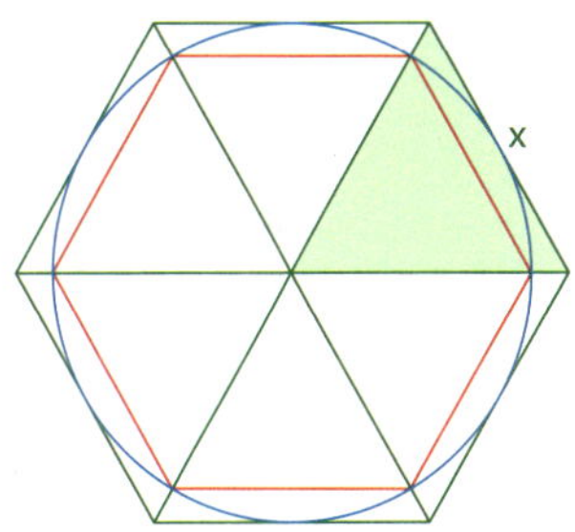

Erinnerung

Zweiter Strahlensatz:

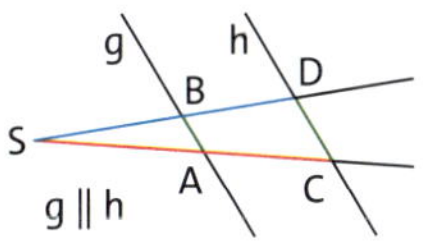

$\frac{\overline{AB}}{\overline{CD}} = \frac{\overline{SA}}{\overline{SC}}$ und $\frac{\overline{AB}}{\overline{CD}} = \frac{\overline{SB}}{\overline{SD}}$

3 Die Abbildung zeigt den Einheitskreis mit dem ein- und umbeschriebenen Zwölfeck. Das äußere Zwölfeck wurde in zwölf gleichschenklige Dreiecke aufgeteilt.
a) Bestimmen Sie den Umfang des äußeren Zwölfecks. Verwenden Sie hierzu die Ergebnisse zum inneren Zwölfeck aus Beispiel 1b), den zweiten Strahlensatz sowie den Satz des Pythagoras.
b) Geben Sie eine genauere Obergrenze als in Aufgabe 2 für den Wert von π an.

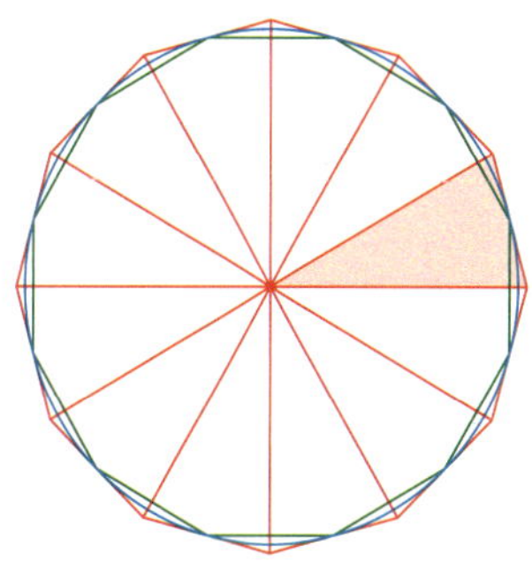

4 Eine andere Näherung für π ist die vom Mathematiker Leonhard Euler im 18. Jahrhundert entwickelte Formel: $\pi \approx 3 + \frac{4}{2\cdot3\cdot4} - \frac{4}{4\cdot5\cdot6} + \frac{4}{6\cdot7\cdot8} - \frac{4}{8\cdot9\cdot10} + \ldots$
Ermitteln Sie einen Näherungswert für π mit den ersten drei (vier) Brüchen der Euler'schen Formel. Vergleichen Sie den Näherungswert mit π.

5.3 Verschieben der Sinuskurve

Silja hat mit einer Schablone drei Graphen der Sinusfunktion gezeichnet. Beschreiben Sie, worin sich die Graphen unterscheiden.

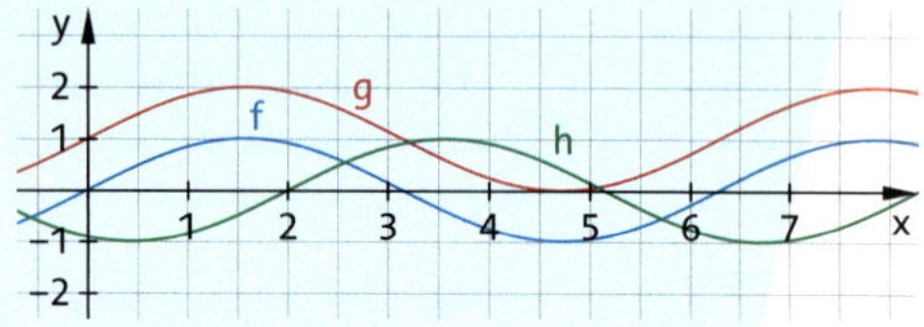

Wie die Graphen quadratischer Funktionen kann man auch den Graphen der Sinusfunktion entlang der x-Achse und der y-Achse verschieben. Bestimmte Eigenschaften wie die Periode und die Amplitude ändern sich dabei nicht.

Hinweis

Dies gilt ebenso für die Funktion f mit $f(x) = \cos(x - c) + d$.

Wissen

Der Graph der Funktion f mit $f(x) = \sin(x - c) + d$ entsteht aus dem Graphen zu $y = \sin(x)$ durch eine **Verschiebung**

- um $|c|$ < **entlang der x-Achse.**
  Für $c > 0$ erfolgt die Verschiebung nach rechts, für $c < 0$ nach links.
- um $|d|$ < **entlang der y-Achse.**
  Für $d > 0$ erfolgt die Verschiebung nach oben, für $d < 0$ nach unten.

Die Funktion f hat die Periode 2π und die Amplitude 1.

Beispiel 1 Skizzieren Sie den Graphen zur gegebenen Funktionsgleichung. Beschreiben Sie, wie der Graph aus dem Graphen der Sinusfunktion f mit $f(x) = \sin(x)$ hervorgeht.

a) $g(x) = \sin(x) - 1$ b) $g(x) = \sin(x - 1)$

Lösung:

a) $d = -1 < 0$, also Verschiebung nach unten. Zeichnen Sie den Graphen der Sinusfunktion um eine Längeneinheit nach unten verschoben.

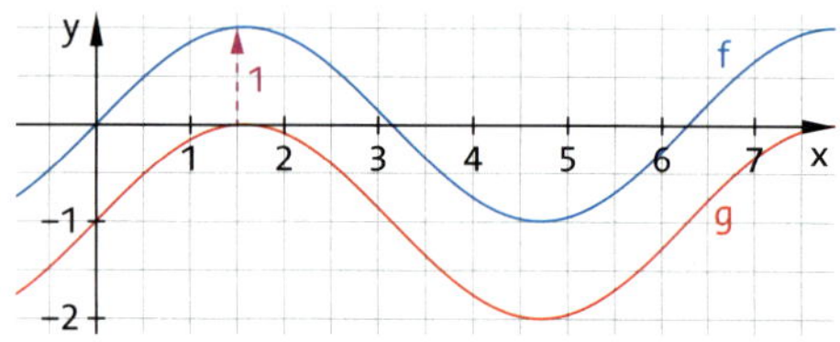

b) $c = 1 > 0$, also Verschiebung nach rechts. Zeichnen Sie den Graphen der Sinusfunktion um eine Längeneinheit nach rechts verschoben.

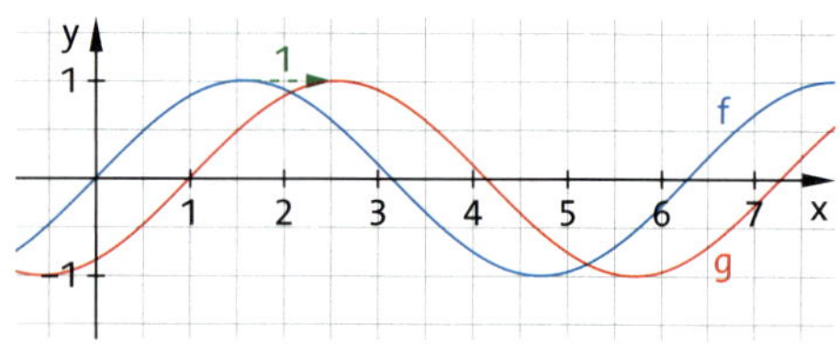

Basisaufgaben

1 Beschreiben Sie die Verschiebung des Funktionsgraphen gegenüber dem Graphen der Sinusfunktion. Skizzieren Sie anschließend den Graphen von f.

a) $f(x) = \sin(x) + 2$ b) $f(x) = \sin(x) - 0{,}5$ c) $f(x) = \sin(x - 0{,}5)$ d) $f(x) = \sin(x + 1)$

2 Zeichnen Sie die Graphen der Funktionen f, g und h im Bereich $-\pi \le x \le 2\pi$. Lesen Sie an den Graphen alle Nullstellen, Hoch- und Tiefpunkte ab.

a) $f(x) = \sin\left(x - \frac{\pi}{2}\right)$ b) $g(x) = \sin\left(x + \frac{\pi}{4}\right)$ c) $h(x) = \sin(x + 2\pi) + 1$

3 Die Graphen gehören zu den Funktionen f, g und h mit $f(x) = \sin(x) - 1{,}5$, $g(x) = \sin(x) + 0{,}5$ und $h(x) = \sin(x) + 1$. Ordnen Sie die Graphen und Funktionsgleichungen einander passend zu und begründen Sie.

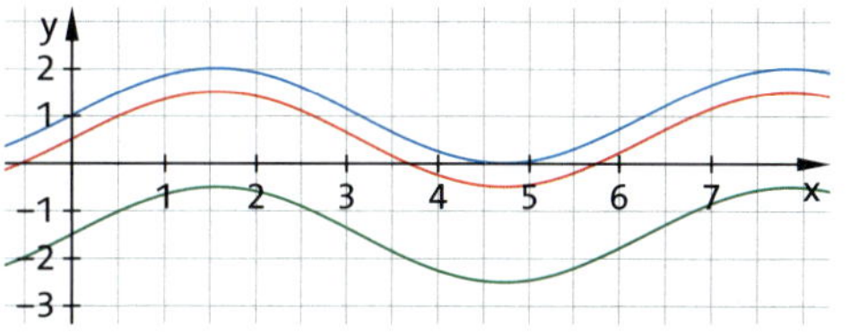

4 Die Graphen gehören zu den Funktionen f, g und h mit $f(x) = \sin(x - 1{,}5)$, $g(x) = \sin(x + 0{,}5)$ und $h(x) = \sin(x + 1)$. Ordnen Sie die Graphen und Funktionsgleichungen einander passend zu und begründen Sie.

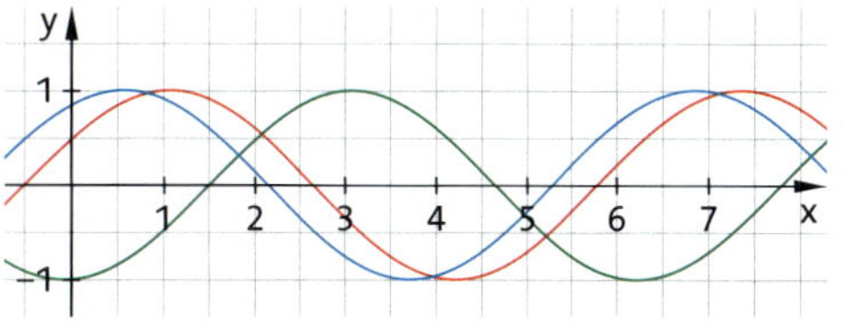

Weiterführende Aufgaben

Zwischentest

5 Skizzieren Sie den Graphen der Funktion. Beschreiben Sie, wie der Graph aus dem Graphen der Sinusfunktion entsteht.
a) $f(x) = \sin(x - 2{,}5) + 1$ b) $f(x) = \sin(x + 2) - 1{,}5$ c) $f(x) = \sin(x - 1) + 0{,}5$

6 a) Der Graph von g entsteht aus dem Graphen zu $y = \sin(x)$ durch eine Verschiebung um 0,75 nach oben und um π nach rechts. Geben Sie die Funktionsgleichung von g an.
b) Der Graph von h entsteht aus dem Graphen zu $y = \sin(x)$ durch eine Verschiebung um $\frac{\pi}{2}$ nach links und um 3 nach unten. Geben Sie die Funktionsgleichung von h an.

7 **Stolperstelle:** Tara soll den Graphen der Funktion f mit $f(x) = \sin(x + 1{,}5)$ zeichnen. Die Abbildung rechts zeigt ihre Skizze. Erklären und korrigieren Sie ihren Fehler.

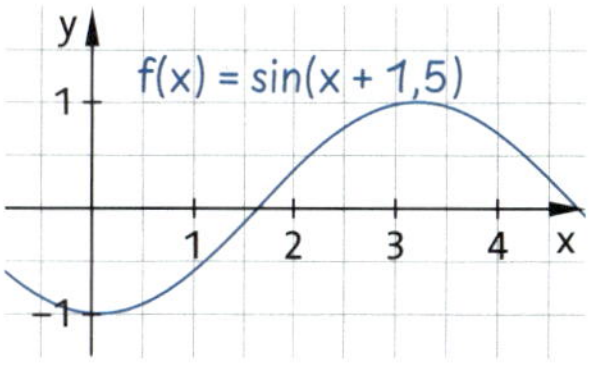

8 Begründen Sie, dass der Graph der Kosinusfunktion aus dem der Sinusfunktion durch Verschiebung hervorgeht.

Hilfe

9 Geben Sie zu den Graphen von f, g und h jeweils eine passende Funktionsgleichung an.

a) 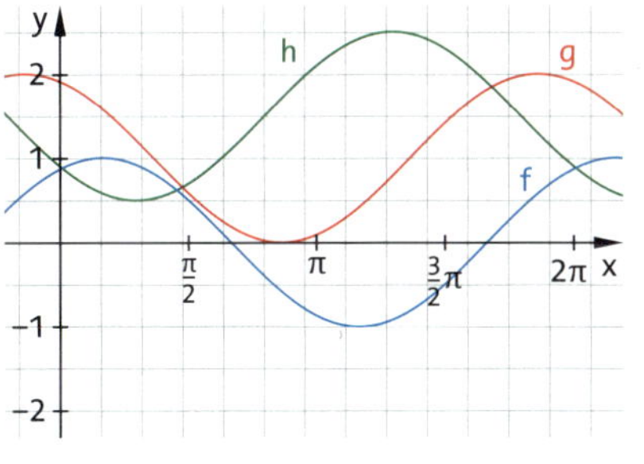

b) 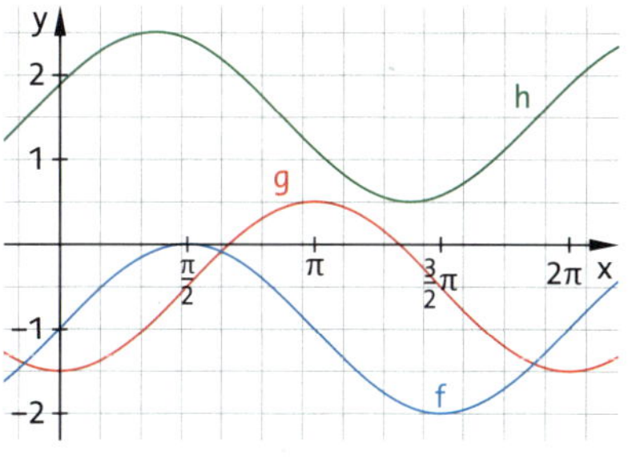

CAS **10** **Ausblick: Verschiebung des Graphen der Tangensfunktion**
a) Zeichnen Sie mit einem CAS den Graphen von f mit $f(x) = \tan(x)$ für $-2\pi < x < 2\pi$. Beschreiben Sie den Verlauf des Graphen. Geben Sie die Nullstellen und die Periode an.
b) Stellen Sie eine Vermutung auf, wie der Graph der Funktion g mit $g(x) = \tan\left(x - \frac{\pi}{2}\right) + 1$ aus dem Graphen von f mit $f(x) = \tan(x)$ hervorgeht.
c) Überprüfen Sie Ihre Vermutung aus b) mithilfe eines CAS und weiteren Beispielen.
d) Notieren Sie einen Merksatz dazu, wie der Graph von g mit $g(x) = \tan(x - c) + d$ aus dem Graphen von f mit $f(x) = \tan(x)$ hervorgeht.

5.4 Strecken und Stauchen der Sinuskurve

a) Beschreiben Sie, wie der Graph der Funktion f mit $f(x) = 2x^2$ aus der Normalparabel $(y = x^2)$ hervorgeht.
b) Stellen Sie eine Vermutung auf, wie der Graph von g mit $g(x) = 2 \cdot \sin(x)$ aus dem Graphen der Sinusfunktion $(y = \sin(x))$ hervorgeht.

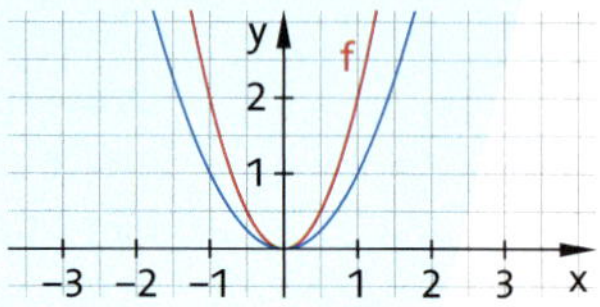

Strecken und Stauchen in y-Richtung

Wie die Graphen quadratischer Funktionen kann man auch den Graphen der Sinusfunktion mit einem Streckfaktor in y-Richtung strecken oder stauchen. Bestimmte Eigenschaften wie die Nullstellen und die Periodenlänge bleiben dabei erhalten.

Wissen

Der Graph der Funktion f mit $f(x) = a \cdot \sin(x)$ entsteht aus dem Graphen zu $y = \sin(x)$ durch eine **Streckung** um $|a|$ **in y-Richtung**. Für $a < 0$ wird der Graph zudem an der x-Achse **gespiegelt**.
Die Funktion f hat die Periode 2π und die Amplitude $|a|$.

Hinweis

Für $|a| < 1$ spricht man auch von einer **Stauchung** des Graphen.

Beispiel 1

Skizzieren Sie den Graphen der Funktion f mit $f(x) = 3 \cdot \sin(x)$. Geben Sie die Amplitude an.

Lösung:
Markieren Sie die Schnittpunkte des Graphen mit der x-Achse bei 0, π und 2π sowie die Punkte $\left(\frac{\pi}{2}\middle|3\right)$ und $\left(\frac{3}{2}\pi\middle|-3\right)$. Verbinden Sie die Punkte zum Graphen der Funktion.

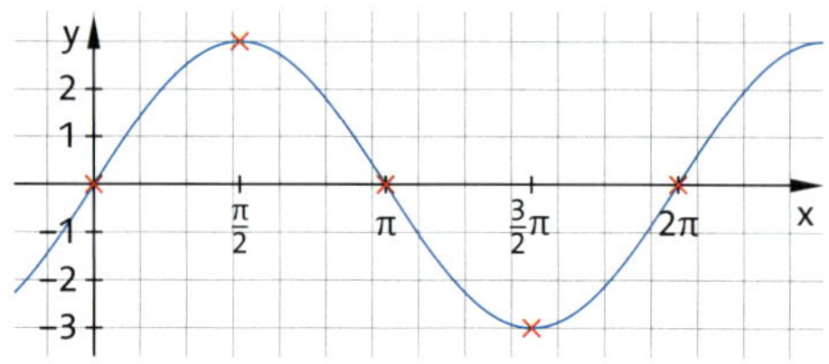

Geben Sie die Amplitude an.

Amplitude: 3

Basisaufgaben

1 Skizzieren Sie den Graphen der Funktion f mit $f(x) = -2 \cdot \sin(x)$. Geben Sie die Amplitude an.

2 Ordnen Sie die Graphen den Funktionen f, g und h passend zu. Begründen Sie.

$f(x) = 1{,}5 \cdot \sin(x)$ $g(x) = \frac{1}{5} \cdot \sin(x)$ $h(x) = 0{,}8 \cdot \sin(x)$

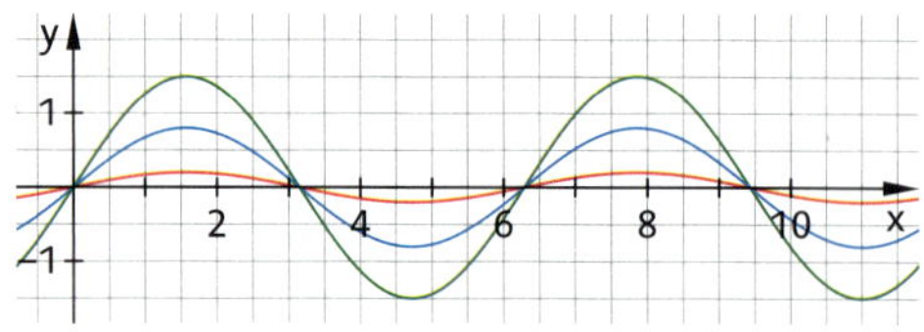

3 a) Der Graph von f ist eine Sinusfunktion mit der Amplitude 3,5. Geben Sie eine Funktionsgleichung von f an.
b) Der Graph von g entsteht aus dem Graphen zu $y = \sin(x)$ durch Stauchung mit dem Faktor 0,5 und Spiegelung an der x-Achse. Geben Sie die Funktionsgleichung von g an.

4 Ermitteln Sie alle Stellen x, an denen die Funktion f mit $f(x) = 4 \cdot \sin(x)$ den Funktionswert 1 (den Funktionswert 3,6) annimmt.

Strecken und Stauchen in x-Richtung

Den Graphen einer Sinusfunktion kann man nicht nur in y-Richtung, sondern auch in x-Richtung strecken:
Streckt man den Graphen von f mit $f(x) = \sin(x)$ um den Faktor 3 in x-Richtung, so erhält man den Graphen der Funktion g.

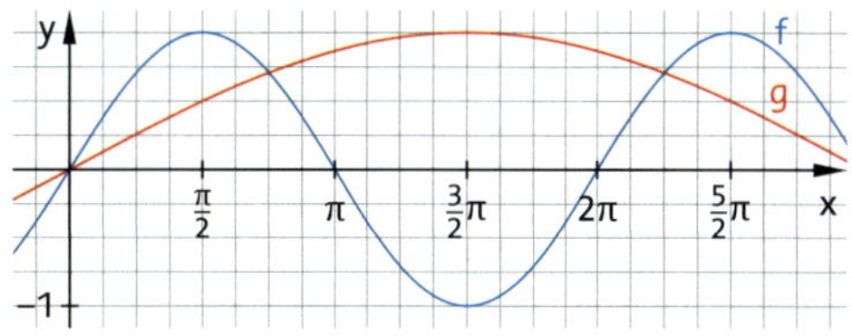

Durch die Streckung verlängert sich die Periode von g zu $3 \cdot 2\pi = 6\pi$. Es gilt also z. B.:

$$g(6\pi) = 0 = f(2\pi) = \sin(2\pi) = \sin\left(\tfrac{1}{3} \cdot 6\pi\right) \qquad g\left(\tfrac{3}{2}\pi\right) = 1 = f\left(\tfrac{\pi}{2}\right) = \sin\left(\tfrac{\pi}{2}\right) = \sin\left(\tfrac{1}{3} \cdot \tfrac{3}{2}\pi\right)$$

Es ergibt sich die Funktionsgleichung $g(x) = \sin\left(\frac{1}{3}x\right)$. Die Amplituden von f und g sind gleich.

Wissen

Der Graph der Funktion g mit $g(x) = \sin(b \cdot x)$ entsteht aus dem Graphen der Sinusfunktion f mit $f(x) = \sin(x)$ durch eine **Streckung oder Stauchung entlang der x-Achse**:

$0 < |b| < 1$ Streckung in x-Richtung um den Faktor $\frac{1}{|b|}$

$|b| > 1$ Stauchung in x-Richtung um den Faktor $\frac{1}{|b|}$

Für $b < 0$ wird der Graph zusätzlich an der y-Achse **gespiegelt**.

Die Periode von g beträgt $p = \frac{2\pi}{|b|}$, die Amplitude ist 1.

Merkhilfe

Ist der Betrag des Faktors vor x kleiner als 1, wird die Periode länger, ist er größer als 1, wird sie kürzer.

Beispiel 2 Geben Sie die Periode von g an und skizzieren Sie den Graphen.

a) $g(x) = \sin(2 \cdot x)$ b) $g(x) = \sin\left(\frac{2}{3} \cdot x\right)$

Lösung:

a) Bestimmen Sie zuerst die Periode von g. Der Graph von g entsteht aus dem Graphen von f mit $f(x) = \sin(x)$ durch Stauchung um den Faktor $\frac{1}{2}$ in x-Richtung. Markieren Sie die Schnittpunkte mit der x-Achse bei $0, \frac{\pi}{2}$ und π sowie die Punkte $\left(\frac{\pi}{4} \middle| 1\right)$ und $\left(\frac{3}{4}\pi \middle| -1\right)$. Verbinden Sie die Punkte zum Graphen der Funktion.

Periode: $p = \frac{2\pi}{2} = \pi$

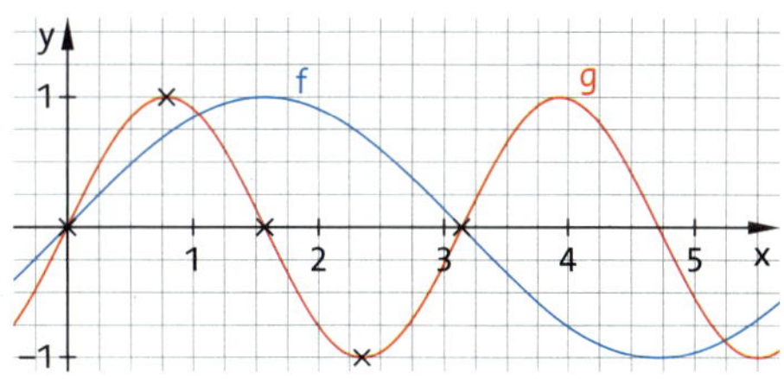

b) Der Graph von g entsteht aus dem Graphen von f mit $f(x) = \sin(x)$ durch Streckung um den Faktor $\frac{3}{2}$ in x-Richtung. Markieren Sie die Schnittpunkte mit der x-Achse bei $0, \frac{3}{2}\pi$ und 3π sowie die Punkte $\left(\frac{3}{4}\pi \middle| 1\right)$ und $\left(\frac{9}{4}\pi \middle| -1\right)$. Verbinden Sie die Punkte zum Graphen der Funktion.

Periode: $p = \frac{2\pi}{\frac{2}{3}} = \frac{6\pi}{2} = 3\pi$

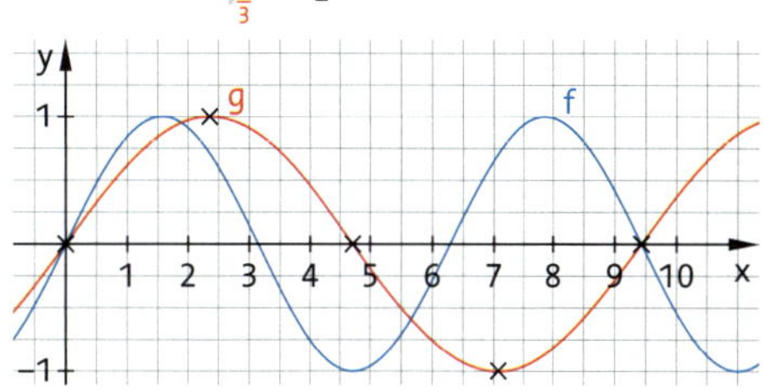

Basisaufgaben

5 Geben Sie die Periode von g an und skizzieren Sie den Graphen.

a) $g(x) = \sin(3x)$ b) $g(x) = \sin\left(\frac{1}{4}x\right)$ c) $g(x) = \sin\left(-\frac{x}{\pi}\right)$

6 Ordnen Sie die Graphen den Funktionen f, g und h passend zu. Begründen Sie.

$f(x) = \sin(0{,}5x)$ $g(x) = \sin(2x)$ $h(x) = \sin(4x)$

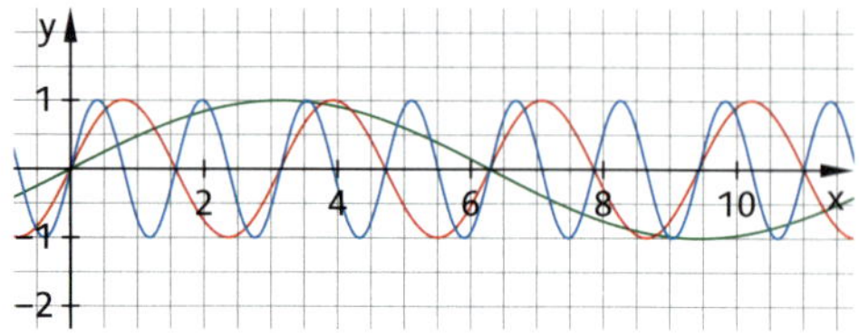

7 Geben Sie eine passende Funktionsgleichung zum abgebildeten Graphen an.

a)
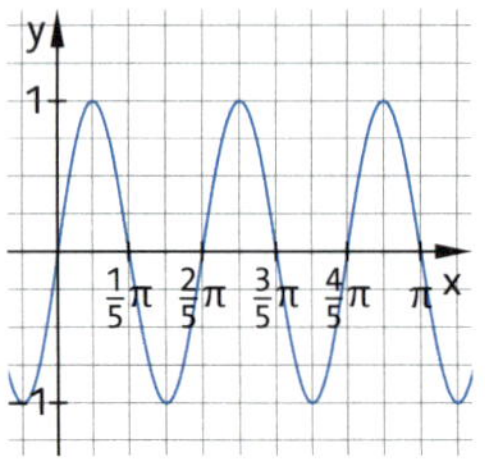

b)
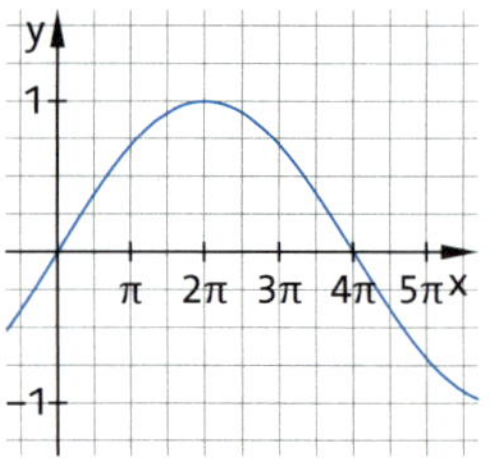

c)
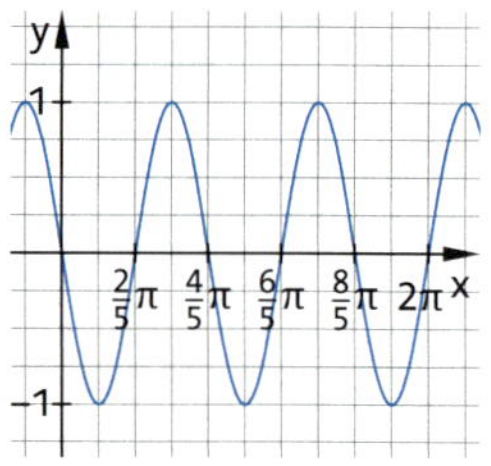

8 Der Graph der Funktion g entsteht aus dem Graphen zu $y = \sin(x)$ durch Streckung mit dem Faktor 3,5 in x-Richtung und Spiegelung an der y-Achse. Geben Sie die Funktionsgleichung von g an.

9 Ermitteln Sie alle Stellen x, an denen die Funktion f mit $f(x) = \sin(4x)$ den Funktionswert 1 (den Funktionswert 0,5) annimmt.

Weiterführende Aufgaben

Zwischentest

Beispiel

10 Ermitteln Sie anhand der Amplitude A und der Periode p eine passende Funktionsgleichung der Form $f(x) = a \cdot \sin(b \cdot x)$.

a) $A = 6$; $p = 2\pi$ b) $A = 4{,}5$; $p = 6\pi$ c) $A = 0{,}1$; $p = \pi$

Hilfe

11 Geben Sie die Funktionsgleichung von zwei Sinusfunktionen mit den angegebenen Eigenschaften an.

a) Die Periode beträgt 4π.
b) Die Periode beträgt $0{,}8\pi$ und die Amplitude 2.

12 **Stolperstelle:** Lars hat zum Funktionsgraphen die Amplitude a, die Periode p und die Funktionsgleichung ermittelt. Erklären und korrigieren Sie seinen Fehler.

a)
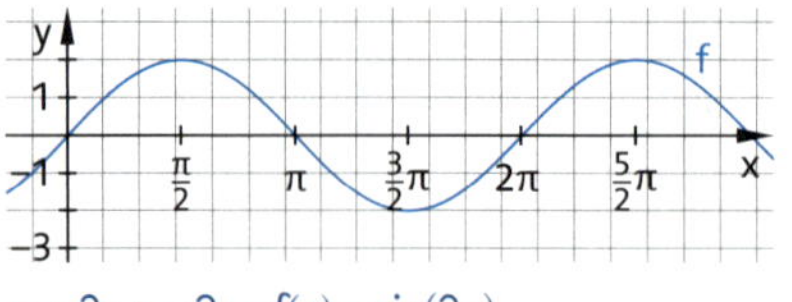

$a = 2$; $p = 2\pi$; $f(x) = \sin(2x)$

b)
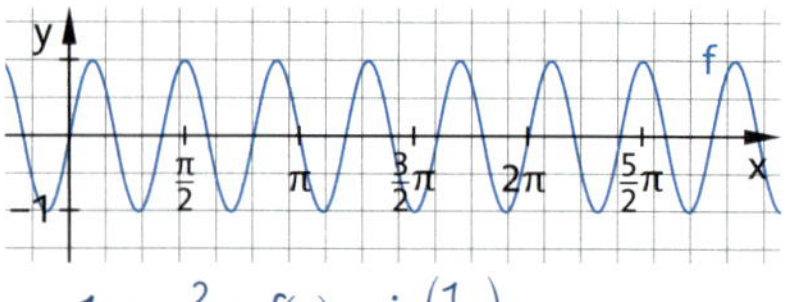

$a = 1$; $p = \frac{2}{5}\pi$; $f(x) = \sin\left(\frac{1}{5}x\right)$

Beispiel

13 Bestimmen Sie die Nullstellen der Funktion f.

a) $f(x) = 4 \cdot \sin(0{,}6x)$ b) $f(x) = -0{,}3 \cdot \sin(9x)$ c) $f(x) = \frac{2}{3} \cdot \sin\left(\frac{1}{6}x\right)$

14 **Ausblick: Streckung des Graphen der Tangensfunktion**

a) Zeichnen Sie mit einem CAS den Graphen der Funktion f mit $f(x) = \tan(x)$.
b) Stellen Sie eine Vermutung auf, wie der Graph der Funktion g mit $g(x) = 2 \cdot \tan(x)$ ($h(x) = 0{,}5 \cdot \tan(x)$; $i(x) = -\tan(x)$) aus dem Graphen von f mit $f(x) = \tan(x)$ hervorgeht.
c) Überprüfen Sie Ihre Vermutung aus b) mithilfe eines CAS und weiteren Beispielen.

5.5 Allgemeine Sinusfunktion

In dem Koordinatensystem sind der Graph der Sinusfunktion f mit $f(x) = \sin(x)$ sowie Graphen der Funktionen g, h und i dargestellt, die sich mithilfe geeigneter Veränderungen der Funktionsgleichung von f beschreiben lassen.
Ermitteln Sie je eine passende Funktionsgleichung zu den Graphen von g, h und i.

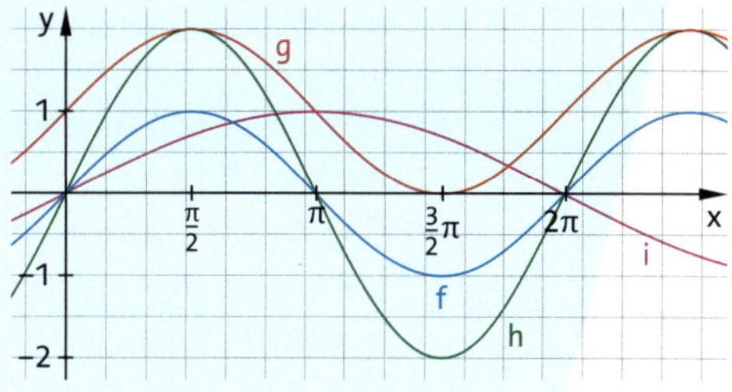

Die Verknüpfung von Verschieben, Strecken und Stauchen der Sinusfunktion führt auf die Funktionsgleichung der allgemeinen Sinusfunktion mit den Parametern a, b, c und d.

Hinweis

Dies gilt ebenso für die allgemeine Kosinusfunktion mit $g(x) = a \cdot \cos(b \cdot (x - c)) + d$ zu $f(x) = \cos(x)$.

Wissen

Die **allgemeine Sinusfunktion** hat die Gleichung $g(x) = a \cdot \sin(b \cdot (x - c)) + d$. Ihr Graph entsteht aus dem Graphen der Sinusfunktion f mit $f(x) = \sin(x)$ durch Verschieben, Strecken und Stauchen in x- bzw. y-Richtung:

Parameter a	Streckung/Stauchung um den Faktor $\lvert a\rvert$ in y-Richtung. Die Amplitude der Funktion ist $\lvert a\rvert$.
Parameter b	Streckung/Stauchung um den Faktor $\frac{1}{\lvert b\rvert}$ in x-Richtung. Aus b lässt sich die Periode berechnen: $p = \frac{2\pi}{\lvert b\rvert}$
Parameter c	Verschiebung um $\lvert c\rvert$ LE entlang der x-Achse.
Parameter d	Verschiebung um $\lvert d\rvert$ LE entlang der y-Achse.

Beispiel 1 Durch die Gleichung $g(x) = 2 \cdot \sin(4x - \pi) + 1$ ist eine Sinusfunktion gegeben.
a) Formen Sie die Funktionsgleichung um und geben Sie die Parameter a, b, c und d an.
b) Beschreiben Sie den Einfluss der Parameter auf den Funktionsgraphen.

Lösung:

a) Lesen Sie die Parameter a und d aus der Funktionsgleichung ab. Bringen Sie den Term $(4x - \pi)$ in die Form $b \cdot (x - c)$ und lesen Sie die Parameter b und c ab.

$g(x) = 2 \cdot \sin(4x - \pi) + 1 \quad a = 2, d = 1$
$4x - \pi = 4 \cdot x - 4 \cdot \frac{\pi}{4}$
$= 4 \cdot \left(x - \frac{\pi}{4}\right) \quad b = 4, c = \frac{\pi}{4}$

b) Interpretieren Sie die Parameter und beschreiben Sie deren Einfluss auf den Graphen. Berechnen Sie mithilfe des Parameters b die Periode $p = \frac{2\pi}{\lvert b\rvert}$.

Die Funktion hat die Amplitude 2.
Sie ist um 1 LE nach oben verschoben ($d > 0$).
Sie ist um $\frac{\pi}{4}$ nach rechts verschoben ($c > 0$).
Sie ist in x-Richtung gestaucht; $p = 0{,}5\pi$.

Basisaufgaben

1 Zeichnen Sie den Graphen der Funktion im Bereich $-\pi \le x \le 2\pi$ anhand der Parameter.
a) $f(x) = 2\sin(3x)$ b) $g(x) = \sin(0{,}5x) - 1$ c) $h(\alpha) = \sin(2 \cdot (\alpha - 60°))$

Beispiel

2 Formen Sie die Gleichung der Funktion um und geben Sie die Parameter a, b, c und d an. Beschreiben Sie den Einfluss der Parameter auf den Funktionsgraphen.
a) $f(x) = \sin(3(x - \pi)) + 0{,}5$ b) $g(x) = 0{,}5 \cdot \sin(2x + 4\pi) + 2$ c) $h(x) = \sin(0{,}5x - \pi) - 2{,}5$

3 Durch die Gleichung $f(x) = 2{,}5 \cdot \sin(1{,}5x - 0{,}75 \cdot \pi)$ ist eine Funktion f gegeben.
a) Ermitteln Sie die Parameter a, b, c und d der Funktion.
b) Zeichnen Sie mit den Parametern den Graphen von f im Bereich $-2 \le x \le 7$.

4 Ordnen Sie den Graphen die passenden Funktionsgleichungen zu. Zwei Gleichungen bleiben übrig.

$f(x) = \sin(x)$
$g(x) = \sin\left(\frac{1}{3}x\right)$
$h(x) = \sin(3x)$
$i(x) = \sin(x) + 1$
$j(x) = \sin(x) + 3$
$k(x) = 3\sin(x)$
$m(x) = \frac{1}{3}\sin(x)$

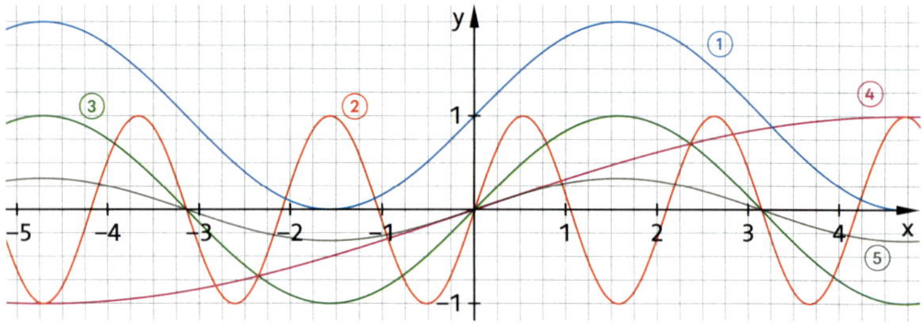

Weiterführende Aufgaben

Zwischentest

5 Ermitteln Sie anhand der Amplitude A und der Periode p zwei verschiedene passende Funktionsgleichungen der Form $f(x) = a \cdot \sin(b \cdot (x - c)) + d$.
a) $A = 6$; $p = 2\pi$
b) $A = 4{,}5$; $p = 6\pi$
c) $A = 0{,}1$; $p = \pi$
d) $A = \frac{1}{4}$; $p = 0{,}8\pi$
e) $A = 2$; $p = 5$
f) $A = \frac{1}{1000}$; $p = \frac{1}{1000}\pi$

Hilfe

6 Bestimmen Sie anhand des Graphen der Funktion f eine passende Funktionsgleichung der Form $f(x) = a \cdot \sin(b \cdot (x - c)) + d$.

a)
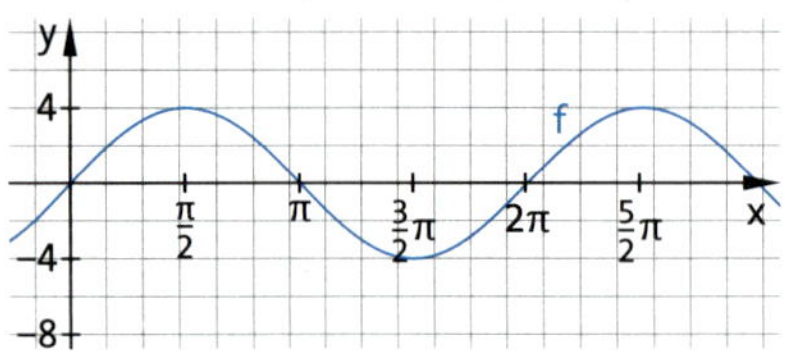

b)
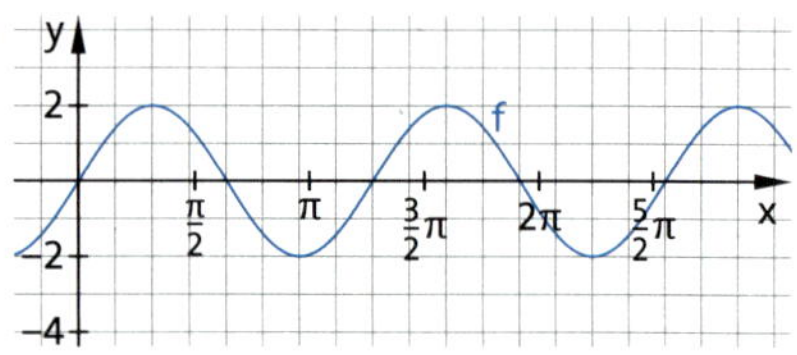

c)
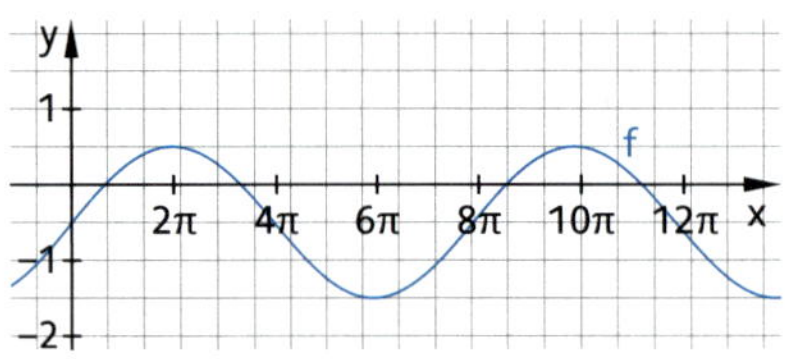

d)
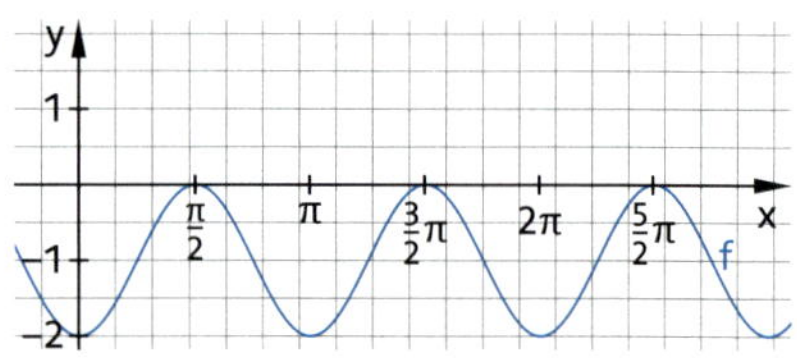

7 Ermitteln Sie den größten und den kleinsten Funktionswert, den die Funktion f annehmen kann. Geben Sie alle Punkte an, an denen die Funktion diese Funktionswerte annimmt.
a) $f(x) = 8 \cdot \sin(3x)$
b) $f(x) = 0{,}1 \cdot \sin(-5x)$
c) $f(x) = \frac{4}{3} \cdot \sin\left(\frac{5}{6}x\right)$

8 Ermitteln Sie, in welchen Bereichen von -2π bis 2π der Graph der Funktion f über bzw. unter der x-Achse verläuft. Geben Sie auch an, wo der Graph steigt und wo er fällt.
a) $f(x) = 6 \cdot \sin(2x)$
b) $f(x) = -2 \cdot \sin(0{,}4x)$
c) $f(x) = 0{,}5 \cdot \sin(-3x)$

9 a) Zeichnen Sie den im Steckbrief beschriebenen Graphen über zwei Periodenlängen.
b) Erstellen Sie einen eigenen Steckbrief. Tauschen Sie mit Ihrem Nachbarn und zeichnen Sie den Graphen.

Steckbrief
des Graphen einer Sinusfunktion:
- um $\frac{\pi}{2}$ Einheiten nach rechts verschoben
- um den Faktor 0,5 in x-Richtung gestreckt
- um den Faktor 1,5 in y-Richtung gestreckt
- um 2 Einheiten nach oben verschoben

10 Eine Sinusfunktion hat die Periodenlänge $\frac{2}{3}\cdot\pi$. Zwischen den beiden benachbarten Nullstellen $x_1 = 0$ und $x_2 = \frac{\pi}{3}$ liegt ihr Hochpunkt $H\left(\frac{\pi}{6}\middle|0{,}5\right)$. Der Graph ist in y-Richtung um 1,5 Einheiten nach unten verschoben. Bestimmen Sie die Funktionsgleichung.

11 **Stolperstelle:** Sarah hat versucht, zum Funktionsgraphen die Parameter und die Funktionsgleichung zu ermitteln. Erklären und korrigieren Sie ihre Fehler.

a)

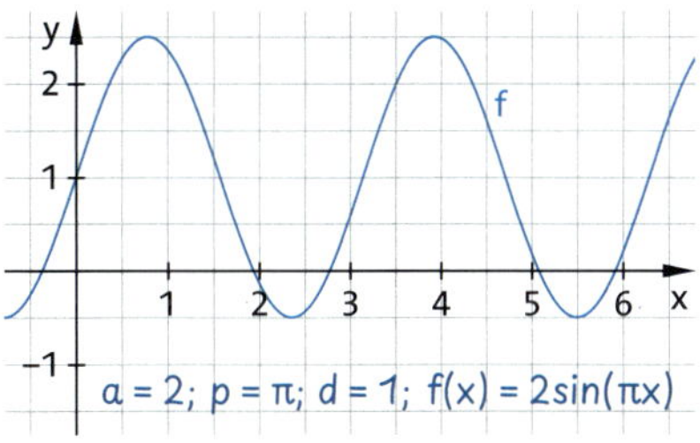

b)

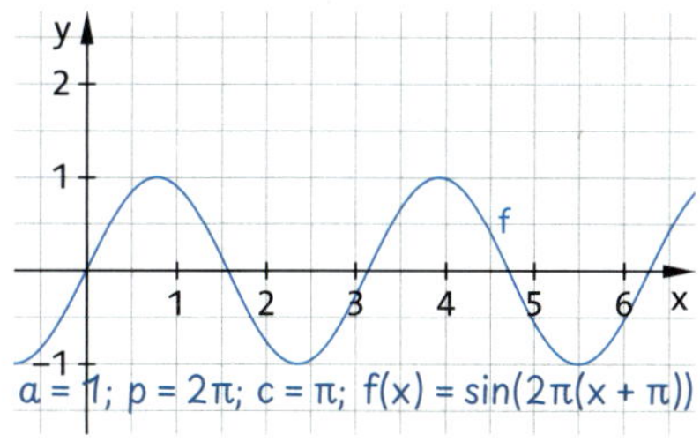

12 **Sinusfunktion im Gradmaß:** Der Graph der Funktion g entsteht, indem der Graph von f mit $f(x) = \sin(x)$ im Gradmaß um den Faktor 7 in y-Richtung und um den Faktor 0,5 in x-Richtung gestreckt wird. Geben Sie die Funktionsgleichung, die Amplitude und die Periode von g an.

CAS **13** **Kosinusfunktion mit Parametern:** Zeichnen Sie die Graphen der Funktionen f, g und h. Beschreiben Sie, wie sie aus dem Graphen der Kosinusfunktion hervorgehen.

$f(x) = \cos(2x)$ $\quad$ $g(x) = 3\cdot\cos(-x) + 1$ $\quad$ $h(x) = -0{,}5\cdot\cos\left(4\left(x - \frac{\pi}{2}\right)\right)$

14 Aus der allgemeinen Sinusfunktion f mit $f(x) = a\cdot\sin(b\cdot(x - c)) + d$ kann die Funktion g mit $g(x) = \cos(x)$ erzeugt werden. Geben Sie die Parameter a, b, c und d an.

15 Beschreiben Sie die Einflüsse der Parameter p, q, r und s auf den Verlauf des Graphen der Funktion, die durch ihre Funktionsgleichung gegeben ist.

a) $f(x) = p\cdot\cos(x)$ mit $p > 0$
b) $g(x) = \sin(x - r)$ mit $r > 0$
c) $h(x) = \cos(x - q) + q$ mit $q > 0$
d) $i(x) = \sin(s\cdot x)$ mit $s > 0$

Hilfe

16 Die Abbildung zeigt die Graphen zweier Kosinusfunktionen.
Geben Sie ihre Funktionsgleichungen an.

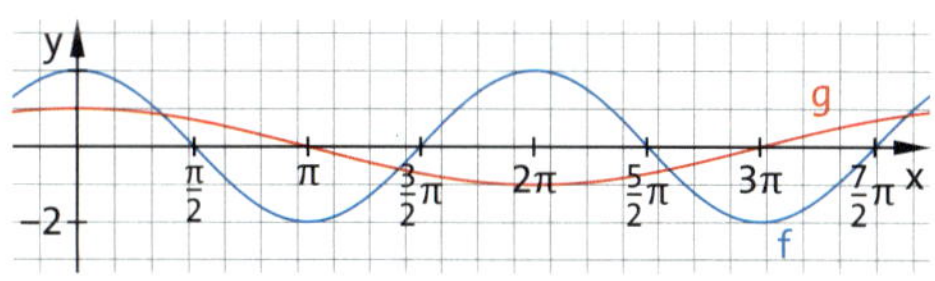

17 Interpretieren Sie den abgebildeten Graphen einmal als den einer Sinusfunktion und einmal als den einer Kosinusfunktion. Ermitteln Sie zwei unterschiedliche Funktionsgleichungen für den Graphen.

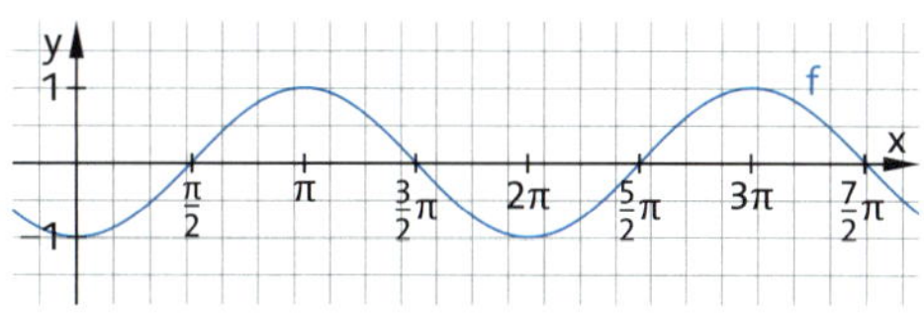

18 **Ausblick:** Punkte der Form $P(t\cdot\sin(t)\,|\,t\cdot\cos(t))$, $t \geq 0$, bilden eine besondere Kurve.

a) Vervollständigen Sie die Wertetabelle.

t	0	$\frac{\pi}{4}$	$\frac{\pi}{2}$	$\frac{3\pi}{4}$	π	...	4π
$t\cdot\sin(t)$		$\frac{\pi}{4}\cdot\sin\left(\frac{\pi}{4}\right) \approx 0{,}56$					
$t\cdot\cos(t)$		$\frac{\pi}{4}\cdot\cos\left(\frac{\pi}{4}\right) \approx 0{,}56$					

b) Übertragen Sie die Wertepaare in ein Koordinatensystem (x-Achse: 1 cm entspricht π). Beschreiben Sie den Verlauf der Kurve.

5.6 Periodische Vorgänge modellieren

In der Polarregion geht im arktischen Sommer die Sonne tagsüber nicht unter.
Im stündlichen Abstand wurde der Sonnenstand über dem Horizont fotografiert.
Erklären Sie, wie man den Sonnenverlauf mit einer Sinusfunktion beschreiben könnte.
Geben Sie die Bedeutungen der Parameter, der Argumente und der Funktionswerte an.

Viele zeitabhängige Vorgänge wie der Sonnenstand oder Wasserpegel sind periodisch. Sie lassen sich daher mit Sinusfunktionen modellieren.

Wissen

Zum Modellieren zeitlich periodischer Vorgänge verwendet man die allgemeine Sinusfunktion f in der Form $f(t) = a \cdot \sin(b \cdot (t - c)) + d$.

Um die Funktionsgleichung zu einem solchen Vorgang aufzustellen, benötigt man seinen größten Wert y_{max} und seinen kleinsten Wert y_{min} sowie seine Periode p:
1. Die Amplitude ist $|a| = \frac{y_{max} - y_{min}}{2}$
2. b ergibt sich aus der Periode p: $|b| = \frac{2\pi}{p}$
3. d ergibt sich als Mittelwert von y_{max} und y_{min}: $d = \frac{y_{max} + y_{min}}{2}$
4. c ergibt sich aus der Verschiebung in x-Richtung, die man bei y = d ablesen kann.

Beispiel 1 Die Tabelle zeigt die Durchschnittstemperaturen für die einzelnen Monate eines Jahrs in einer Stadt. Skizzieren Sie einen Graphen, der die Temperaturentwicklung näherungsweise darstellt, und ermitteln Sie eine Gleichung einer Sinusfunktion.

Jan	Feb	März	Apr	Mai	Jun	Jul	Aug	Sep	Okt	Nov	Dez
3,0 °C	3,9 °C	6,5 °C	10,0 °C	13,5 °C	16,1 °C	17,0 °C	16,1 °C	13,5 °C	10,0 °C	6,5 °C	3,9 °C

Lösung:

Gehen Sie davon aus, dass die angegebenen Durchschnittstemperaturen jährlich in etwa wiederkehren und es sich somit um einen periodischen Vorgang handelt.
Zeichnen Sie ein geeignetes Koordinatensystem und tragen Sie die Wertepaare ein. Wählen Sie den Januar als Startzeitpunkt. Bezeichnen Sie den größten Wert als y_{max} und den kleinsten Wert als y_{min}.

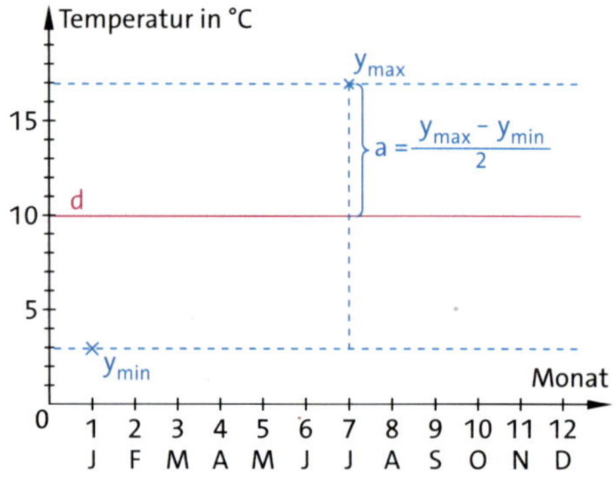

Gesucht ist eine Gleichung der Form $f(x) = a \cdot \sin(b \cdot (x - c)) + d$.

Berechnen Sie zunächst die Amplitude |a|. Der größte Abstand $y_{max} - y_{min}$ der Werte entspricht dem doppelten Wert der Amplitude. Um die Amplitude zu berechnen, muss $y_{max} - y_{min}$ also halbiert werden.

$|a| = \frac{y_{max} - y_{min}}{2} = \frac{17 - 3}{2} = 7$

Da es sich um einen periodischen Vorgang handelt, der sich über ein Jahr erstreckt, beträgt die Periode $p = 12$ Monate. Stellen Sie die Formel $p = \frac{2\pi}{b}$ um und berechnen Sie b.

$p = \frac{2\pi}{b} \quad |:p \cdot b$

$b = \frac{2\pi}{p} = \frac{2\pi}{12} \approx 0{,}524$

Der Graph der Sinusfunktion wird um d in y-Richtung verschoben. Berechnen Sie d als Mittelwert von y_{max} und y_{min}.

$d = \frac{y_{max} + y_{min}}{2} = \frac{17 + 3}{2} = 10$

Setzen Sie die Werte für a, b und d in die Gleichung $f(x) = a \cdot \sin(b \cdot (x - c)) + d$ ein. Es ergibt eine Funktionsgleichung, in der die Verschiebung c in x-Richtung noch unbekannt ist.

Setzen Sie daher zunächst $c = 0$ und skizzieren Sie den Graphen. Lesen Sie bei $y = d$ ab, wie weit dieser Graph noch in x-Richtung verschoben werden muss, um mit der Temperaturkurve zur Deckung zu kommen.

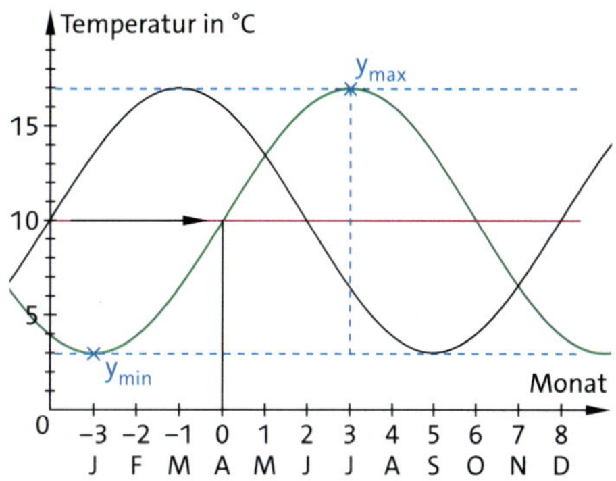

Setzen Sie die Verschiebung um 4 nach rechts in die Funktionsgleichung ein.

$f(x) = 7 \cdot \sin(0{,}524 \cdot (x - 4)) + 10$

Hinweis

Es bietet sich an, zum Zeichnen des Graphen ein CAS zu verwenden.

Basisaufgaben

1 Der rechts abgebildete Graph stellt einen periodischen Vorgang dar. Die Gleichung der zugehörigen Funktion f hat die Form $f(x) = a \cdot \sin(b \cdot (x - c)) + d$. Ermitteln Sie die Parameter a, b, c und d, und geben Sie die Funktionsgleichung an.

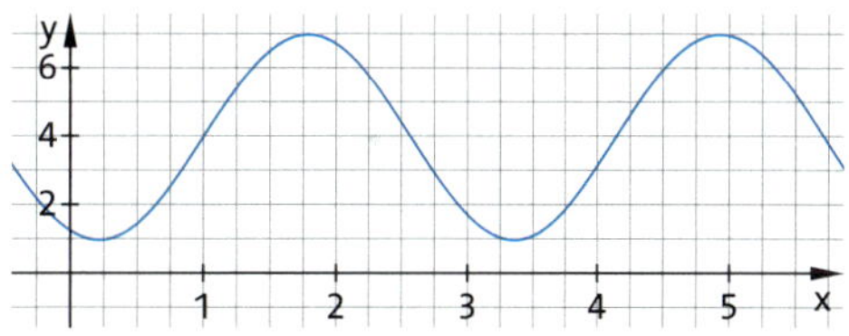

2 Die Tabelle zeigt die monatlichen Durchschnittstemperaturen in Kapstadt (Südafrika). Skizzieren Sie einen Graphen, der die Temperaturentwicklung näherungsweise beschreibt, und ermitteln Sie eine Funktionsgleichung. Berechnen Sie die fehlenden Werte.

Jan	Feb	März	Apr	Mai	Jun	Jul	Aug	Sep	Okt	Nov	Dez
22 °C	23 °C	21 °C		16 °C	13 °C	14 °C	14 °C			19 °C	20 °C

Weiterführende Aufgaben

Zwischentest

3 Im Hamburger Hafen schwanken die Pegelstände in regelmäßigen Abständen. An einem Tag im Juli wurde der erste Niedrigstand am Messpunkt St. Pauli um 4:03 Uhr mit 305 cm gemessen. Um 10:23 Uhr erreichte der Pegel den Hochstand von 695 cm.

a) Skizzieren Sie einen Graphen für den Pegelstand zwischen 4:03 Uhr und 10:23 Uhr.

b) Geben Sie eine Funktionsgleichung an, die den Graphen aus a) beschreibt.

c) Ermitteln Sie die Zeitpunkte für den jeweils folgenden Niedrig- bzw. Hochstand des Wassers.

d) Recherchieren Sie im Internet nach Diagrammen mit stundenaktuellen Darstellungen des Pegelstands am Messpunkt St. Pauli und beurteilen Sie damit Ihre Ergebnisse.

Hinweis

NHN steht für Normalhöhennull und bezeichnet die Höhe über dem Meeresspiegel.

⚠ ◐ **4** **Stolperstelle:** Die Drachenfelsbahn verbindet die Altstadt von Königswinter mit dem Berggipfel Drachenfels. Die Strecke hat eine konstante Steigung, beginnt auf einer Höhe von 69 m NHN und endet auf einer Höhe von 289 m NHN. Die Bahn fährt mit gleichbleibender Geschwindigkeit und benötigt für die etwa 1,5 km lange Strecke aufwärts wie abwärts 8 Minuten. Der abgebildete Graph soll die erreichte Höhe in Abhängigkeit von der Zeit darstellen.

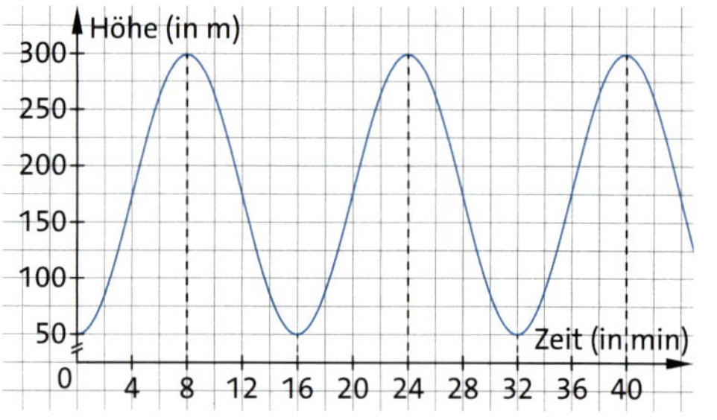

a) Beurteilen Sie, ob der Graph den Sachverhalt angemessen darstellt. Skizzieren Sie, wenn nötig, einen geeigneteren Graphen.
b) Erläutern Sie mögliche Fehlerquellen bei der Modellierung des Sachverhalts.

Hilfe

◐ **5** Die Höhe eines Tons in der Musik lässt sich durch die Periodenlänge T der entsprechenden Schwingung charakterisieren. Die Umrechnung von T in die Anzahl der Perioden pro Zeiteinheit ergibt eine neue Größe, die **Frequenz** f genannt wird. Die Formel lautet $f = \frac{1}{T}$. Die Frequenz wird in der Einheit Hertz (Abkürzung: Hz) gemessen. Ein Hertz ist eine vollständige Schwingung pro Sekunde.

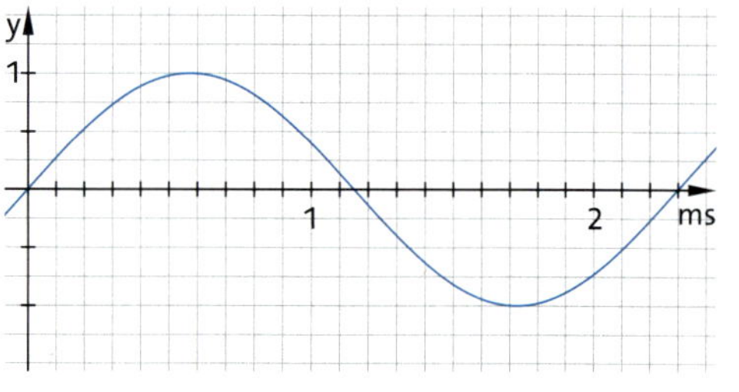

a) Lesen Sie aus dem Graphen rechts die Amplitude und die Periodenlänge T (in Millisekunden) ab. Stellen Sie eine passende Funktionsgleichung auf.
b) Berechnen Sie für die dargestellte Schwingung die Anzahl der Perioden pro Sekunde. Vergleichen Sie mit der Frequenz des Kammertons a' (440 Hz).
c) Zeichnen Sie in ein gemeinsames Koordinatensystem je eine Sinusfunktion zu den Tönen mit den (gerundeten) Frequenzen
① $f_1 = 260$ Hz, ② $f_2 = 350$ Hz, ③ $f_3 = 440$ Hz.

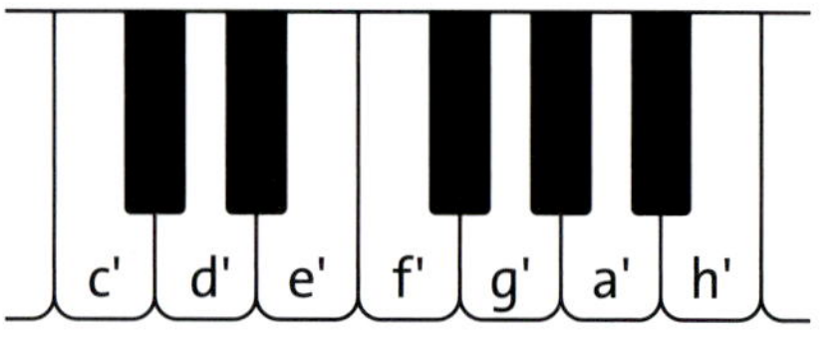

d) Berechnen Sie die Periodenlängen dieser Töne.
e) Die Frequenzen aus c) gehören zu den Tönen c', f' und a'. Formulieren Sie einen Zusammenhang zwischen Tonhöhe und Periodenlänge.

CAS ● **6** **Ausblick: Regression**

Am Äquator hat jeder Tag 12 Stunden lang Tageslicht. In Kiruna (Schweden) gibt es dagegen Tage ganz ohne Tageslicht und Tage, an denen die Sonne gar nicht untergeht. Die Tabelle zeigt die durchschnittlichen Tageslängen in Kiruna (in h) pro Monat.

Jan.	Feb.	März	Apr.	Mai	Juni	Juli	Aug.	Sep.	Okt.	Nov.	Dez.
3,2	7,54	11,44	15,49	20,26	24	23,08	17,17	13,09	9,17	5,09	0

a) Stellen Sie die Daten mit einem CAS als Punkte in einem Koordinatensystem dar. Wählen Sie einen geeigneten Startpunkt t = 0.
b) Legen Sie eine Regressionskurve durch die Punkte und ermitteln Sie ihre Gleichung.
c) Vergleichen Sie den Graphen zur Funktionsgleichung aus b) mit der ursprünglichen Kurve und beurteilen Sie, wie gut die Funktion die Daten modelliert.

5.7 Ableitung der Sinus- und Kosinusfunktion

Erklären Sie anhand des Graphen der Sinusfunktion, um welchen Funktionstyp es sich bei der Ableitung der Sinusfunktion handeln muss. Nennen Sie einige Eigenschaften der Ableitung.

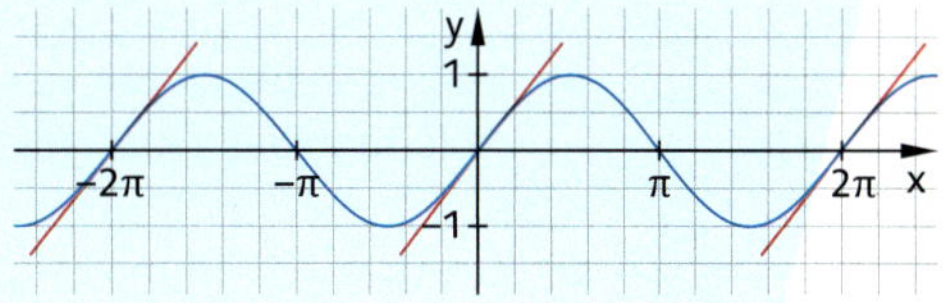

Leitet man die Sinusfunktion f mit f(x) = sin(x) grafisch ab, so ergibt sich folgendes Bild:

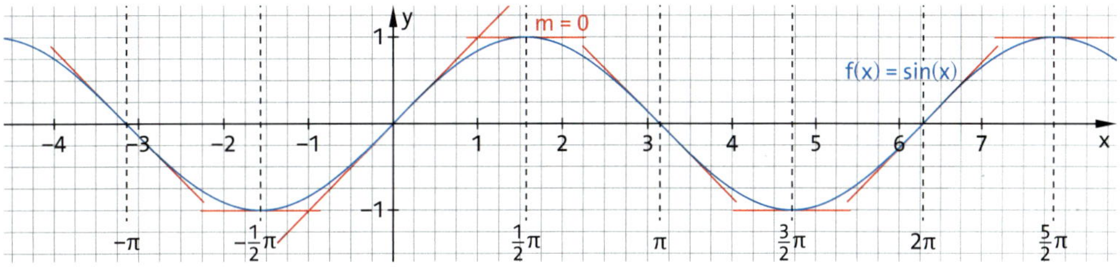

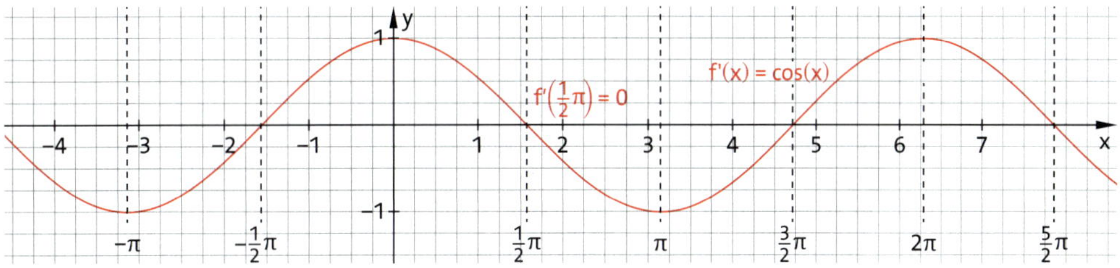

Die Punkte der Ableitung liegen auf dem Graphen der Kosinusfunktion. Tatsächlich gilt:

Satz

Die **Sinusfunktion** f mit f(x) = sin(x) hat die Ableitung f'(x) = cos(x).
Die **Kosinusfunktion** f mit f(x) = cos(x) hat die Ableitung f'(x) = −sin(x).

Erinnerung

Die x-Werte sind im **Bogenmaß** angegeben. Stellen Sie Ihren Taschenrechner daher auf das Bogenmaß (RAD oder 2π) ein.

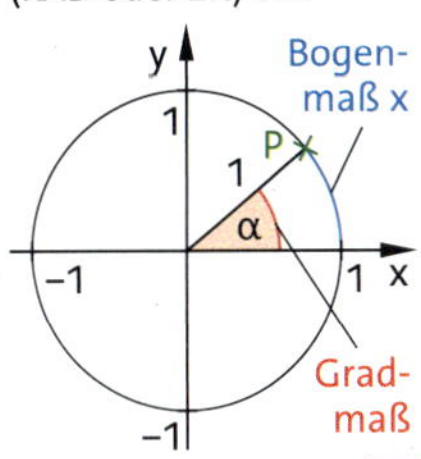

Basisaufgaben

1 Ermitteln Sie mithilfe der Steigungsdreiecke der Tangenten Näherungswerte für die Ableitung der Sinusfunktion bei x = 0,3, x = 0,6, x = 0,9 und x = 1,2. Vergleichen Sie mit den entsprechenden Werten des Kosinus' und erklären Sie die Abweichungen.

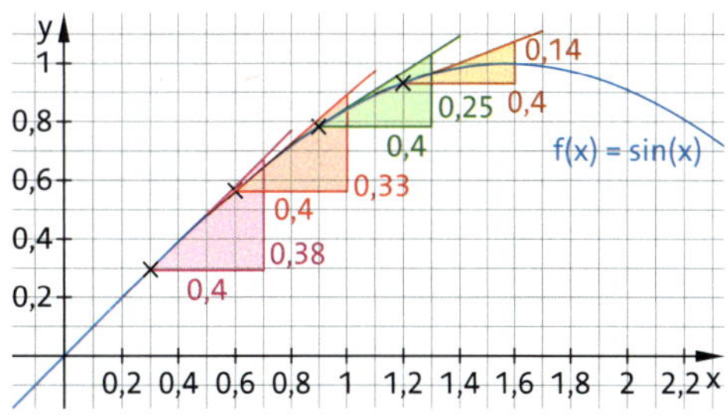

2 Bestimmen Sie die Steigungen der Sinus- und der Kosinusfunktion an der Stelle x.
a) $x = \frac{\pi}{2}$ b) $x = \pi$ c) $x = 0{,}8$ d) $x = -4$ e) $x = 10$ f) $x = 90$

3 Geben Sie mit Begründung an, welche der Funktionen f, g und h die Sinusfunktion als Ableitung hat.

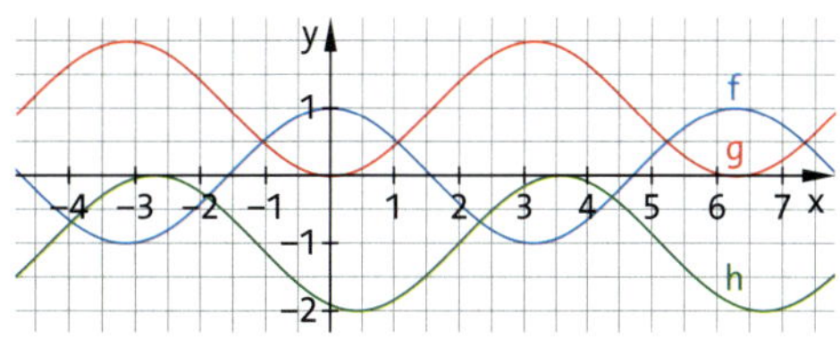

4 Geben Sie alle Intervalle an, in denen die Steigung des Graphen der Sinusfunktion positiv bzw. negativ ist. Begründen Sie mithilfe des Graphen der Kosinusfunktion.

5 Bilden Sie die ersten vier Ableitungen der Sinusfunktion. Geben Sie die 10., 13. und 97. Ableitung der Sinusfunktion an.

Hinweis

Wählen Sie für die Graphen links $f(x) = a \cdot \sin(b \cdot (x - c)) + d$ bzw. $f(x) = a \cdot \cos(b \cdot (x - c)) + d$.

6 Die linke Abbildung zeigt die Graphen von vier Funktionen, die rechte Abbildung zeigt die Graphen der Ableitungen. Ordnen Sie jedem Funktionsgraphen den passenden Graphen der Ableitung zu und begründen Sie Ihre Entscheidung.

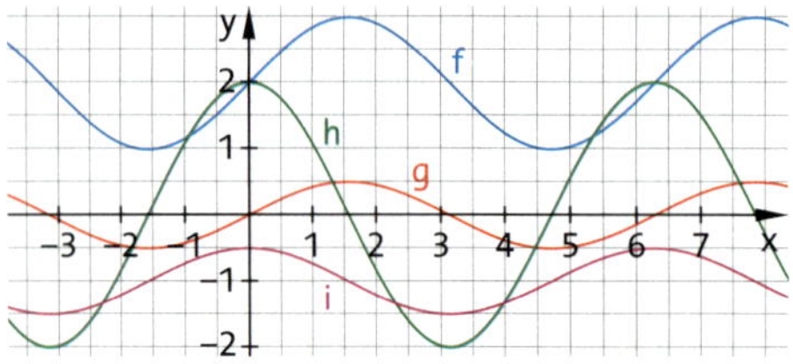

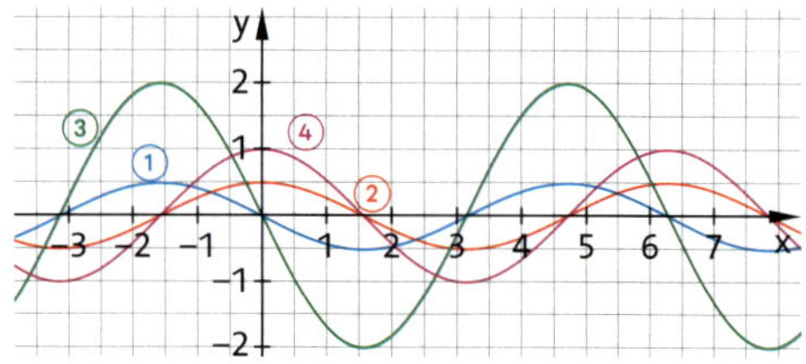

Weiterführende Aufgaben

Zwischentest

7 Bestimmen Sie die Ableitung der Funktion.
a) $f(x) = 2\sin(x)$
b) $f(x) = \sin(x) + \cos(x)$
c) $v(x) = \cos(x) + x$
d) $h(t) = -\sin(t)$
e) $f(x) = 2\sin(x) + x^2$
f) $f(z) = \sin(z) - \cos(z) + 1$

Hilfe

8 Bestimmen Sie die Stellen x im Intervall $[0; 2\pi]$, an denen die Tangente an den Graphen der Sinusfunktion die angegebene Steigung hat.
a) 1
b) $\frac{1}{2}$
c) -1
d) 0

CAS **9** Plotten Sie den Graphen der Funktion f mit $f(x) = \cos(x)$ mit einem CAS. Definieren Sie einen Punkt A auf dem Graphen. Legen Sie anschließend eine Tangente durch A an den Graphen und lassen Sie ihre Steigung anzeigen.

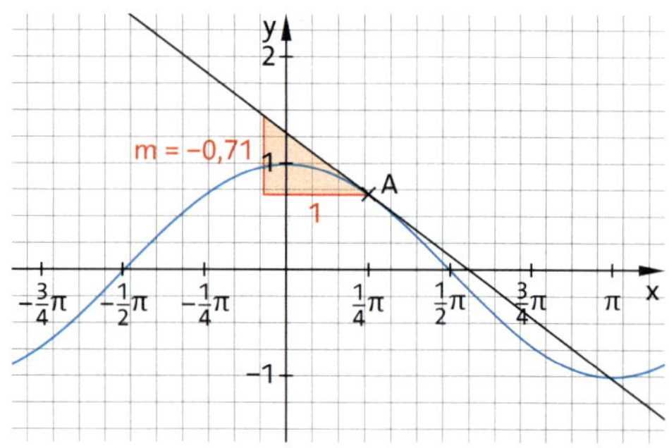

a) Verändern Sie die Lage des Punktes A und beobachten Sie die Steigung. Vervollständigen Sie dabei die folgende Wertetabelle in Ihrem Heft.

x_0	...	$-\frac{\pi}{2}$	0	$\frac{\pi}{4}$	$\frac{\pi}{2}$	$\frac{3}{4}\pi$	π	$\frac{5}{4}\pi$	$\frac{3}{2}\pi$	$\frac{7}{4}\pi$	2π	$\frac{5}{2}\pi$	...
m													

b) Definieren Sie einen Punkt B, der dieselbe x-Koordinate wie A hat, aber als y-Koordinate die zugehörige Steigung m: $B(x_A | m(x_A))$. Verändern Sie wieder die Lage von A und lassen Sie dabei die Spur von B anzeigen. Beschreiben Sie, welche Kurve B durchläuft.
c) Geben Sie den Funktionsterm der Ableitung f′ der Funktion $f: x \mapsto \cos(x)$ an.

10 **Stammfunktionen:** Bestimmen Sie eine Stammfunktion F der Funktion f.
a) $f(x) = \cos(x)$
b) $f(x) = \frac{1}{3}x^3 + 4\sin(x)$
c) $f(x) = 3x^2 - 2\cos(x)$

11 **Stolperstelle:** Maik überlegt: „Die Stammfunktion der Sinusfunktion ist auch eine periodische Funktion. Also ist die Stammfunktion der Sinusfunktion die Kosinusfunktion.“ Nehmen Sie Stellung zu dieser Behauptung.

12 Bestimmen Sie die Koordinaten der Wendepunkte der Funktion f und beschreiben Sie das Krümmungsverhalten des Graphen von f.

a) $f(x) = \cos(x)$ b) $f(x) = 2\sin(x) + x$

13 Bestimmen Sie die Stellen, an denen die Tangente an den Graphen der Kosinusfunktion parallel zur angegebenen Gerade verläuft.

a) Gerade mit $y = -\frac{1}{2}x + 7$

b) Tangente an die Normalparabel im Punkt $P\left(-\frac{1}{2}\middle|\frac{1}{4}\right)$

14 Gegeben ist die Funktion $f\colon x \mapsto \frac{1}{2}x + \sin(x)$ auf dem Definitionsbereich $[0; 2\pi]$.

a) Bestimmen Sie die Intervalle, in denen f monoton steigt bzw. monoton fällt.

b) Bestimmen Sie die Art und Lage der Extrempunkte des Graphen von f.

c) Berechnen Sie $f(0)$, $f(\pi)$ und $f(2\pi)$. Treffen Sie eine Aussage über die Nullstellen von f.

d) Bestimmen Sie die Stellen, an denen der Graph von f am steilsten ist.

e) Skizzieren Sie den Graphen von f unter Verwendung Ihrer bisherigen Ergebnisse.

f) Geben Sie eine Stammfunktion von f an.

15 Gegeben ist die Funktion f mit $f(x) = \sin(x) + \cos(x)$.

a) Untersuchen Sie die Funktion f im Intervall $[-2\pi; 2\pi]$ auf Nullstellen und Extrempunkte.

b) Bestimmen Sie die Winkel, unter denen der Graph von f die x-Achse schneidet.

c) Bestimmen Sie die Stellen mit maximaler bzw. minimaler Steigung von f.

d) Berechnen Sie $f(-2\pi)$ und $f(2\pi)$. Skizzieren Sie den Graphen von f im Intervall $[-2\pi; 2\pi]$ unter Verwendung Ihrer bisherigen Ergebnisse.

e) Weisen Sie nach, dass sich die Funktion f in der Form $f(x) = a \cdot \sin(x - c)$ darstellen lässt. Bestimmen Sie a und c. Überprüfen Sie Ihr Ergebnis mit einem Funktionenplotter.

Hilfe

16 Die Bodenwelle einer BMX-Bahn lässt sich durch die Funktion f mit $f(x) = 0{,}8\sin(x) + 0{,}4x$ im Intervall $[-0{,}5\pi; 2{,}5\pi]$ modellieren.

a) Bestimmen Sie die Art und Lage der lokalen Extrempunkte des Graphen von f.

b) Bestimmen Sie die Stellen mit dem steilsten Anstieg bzw. Abfall der Bodenwelle. Geben Sie die jeweilige Steigung in Prozent an.

Hinweis zu b)

Beachten Sie, in welche Richtung der Radfahrer fährt.

17 Ein Schwimmer treibt sich beim Kraulschwimmen mit dem linken und dann mit dem rechten Arm an. Seine Geschwindigkeit v (in m/s) in Abhängigkeit von der Zeit t (in s) während des linken und des rechten Armzugs wird näherungsweise beschrieben durch $v(t) = -0{,}1\cos(2\pi t) + 1$ mit $0 \le t \le 2$.

a) Skizzieren Sie den Graphen von v.

b) Beschreiben Sie den zugehörigen Schwimmvorgang. Gehen Sie darauf ein, wann sich welche Hand wo befindet. Geben Sie auch an, wann der Schwimmer am stärksten beschleunigt.

c) Geben Sie an, wie viel Zeit der Schwimmer für eine 25-m-Bahn benötigt. Erläutern Sie, warum Sie die Zeit für eine Strecke wie 20,5 m nicht ohne weiteres angeben können.

18 Bestimmen Sie die Ableitung von f.

a) $f(x) = \sin(x^3)$ b) $f(x) = \sqrt{\cos(x)}$ c) $f(x) = e^{\sin(x)}$ d) $f(x) = \cos(e^x)$

e) $f(x) = e^x \cdot \cos(x)$ f) $f(x) = \ln(x) \cdot \sin(-x)$ g) $f(x) = \frac{1}{\sin(3x)}$ h) $f(x) = \sqrt[3]{(\sin(x))^2}$

19 An einer Küste mit Ebbe und Flut verändert sich der Wasserstand periodisch mit einer Periodenlänge von 12,4 Stunden. Ein 8 km langer Wattwanderweg verbindet die nordfriesischen Inseln Amrum und Föhr. Die Funktion w beschreibt den Wasserstand in m in Abhängigkeit von der Zeit t in h an jeder Stelle des Wanderwegs.

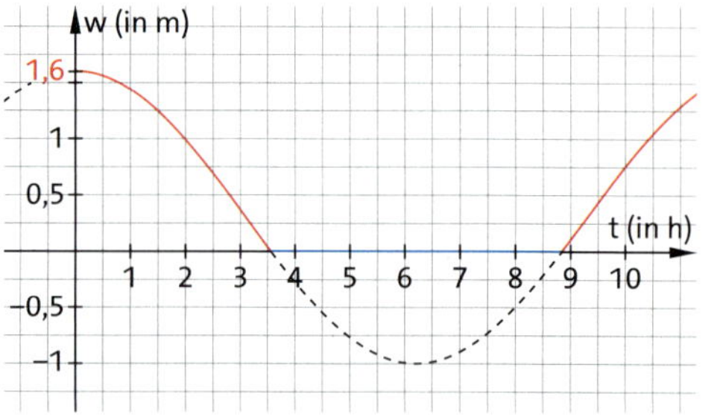

a) Auf dem Weg wurde an einem Tag um 8 Uhr der höchste Wasserstand erreicht. Bestimmen Sie den Wasserstand um 10 Uhr und um 13.30 Uhr.

b) Eine Reisegruppe möchte am Tag aus a) von Amrum nach Föhr wandern. Prüfen Sie, ob die Gruppe Föhr erreichen kann, wenn sie erst 15 Uhr auf Amrum startet.

c) Im Intervall [0; 12,4] lässt sich w für positive Werte näherungsweise darstellen als $w(t) = a \cdot \cos(bt) + c$. Die Funktion nimmt keine negativen Werte an. Bestimmen Sie möglichst passende Werte für a, b und c.

d) Bestimmen Sie die Zeitspanne während einer Periode, in der der Wanderweg trockengelegt ist.

e) Bestimmen Sie, um wie viele Zentimeter pro Minute das Wasser steigt, wenn es den Weg zu überfluten beginnt.

f) Der Graph gehört zur Funktion w bei Vollmond. Bei Halbmond beträgt der Unterschied zwischen dem höchsten und dem niedrigsten Funktionswert nur 1,0 m. Finden Sie verschiedene Funktionen, die den Verlauf bei Halbmond beschreiben könnten, und diskutieren Sie die Unterschiede der gefundenen Funktionen.

20 Im Punkt B eines Riesenrads ist eine Gondel aufgehängt. Der Radius des Riesenrads beträgt 1 LE, der Drehwinkel (im Bogenmaß) entspricht einer Zeiteinheit.

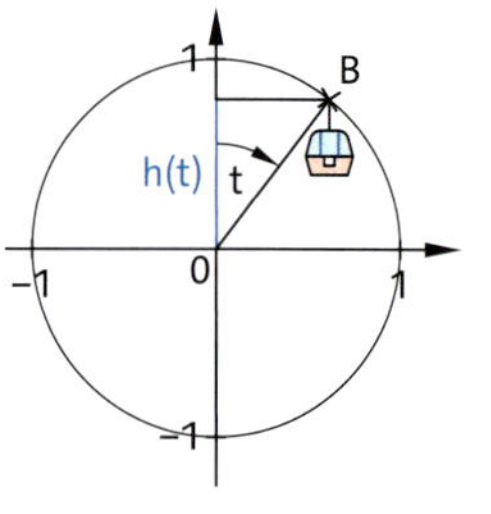

a) Begründen Sie, dass die Höhe von B durch $h(t) = \cos(t)$ gegeben ist.

b) Geben Sie die Ableitungsfunktion $h'(t)$ an und erläutern Sie ihre Bedeutung. Beschreiben Sie das Vorzeichenverhalten von $h'(t)$ im Sachzusammenhang.

21 Gegeben ist die Funktion f mit $f(x) = \sin(x) + \cos(x)$.

a) Bestimmen Sie die Gleichungen der Tangente und der Normale im Punkt $P(0|1)$.

b) Geben Sie die Symmetriebeziehung zwischen den beiden Geraden aus a) an.

22 Ausblick:

a) Weisen Sie nach, dass die Funktion g mit $g(x) = \sin(x) - x \cdot \cos(x)$ eine Stammfunktion zur Funktion f mit $f(x) = x \cdot \sin(x)$ ist. Berechnen Sie $g(\pi) - g(0)$.

b) Erstellen Sie den Graphen von f mit einer Mathematik-Software. Berechnen Sie mit diesem Werkzeug auch das Integral von f im Intervall $0 \le x \le \pi$. Vergleichen Sie den Inhalt der Fläche zwischen dem Graphen von f und der x-Achse mit der Differenz $g(\pi) - g(0)$.

5.8 Klausur- und Abiturtraining

Aufgaben ohne Hilfsmittel

1 Die Abbildung zeigt den Einheitskreis (Radius 1).

a) Geben Sie den Umfang des Kreises an und erläutern Sie mithilfe der Abbildung die Formel $b = \pi \cdot \frac{\alpha}{180°}$.

b) Ordnen Sie die Winkel einander passend zu. Berechnen Sie für den übrigbleibenden Winkel den zugehörigen Winkel im Gradmaß.

40°	135°	270°	120°	30°	
$\frac{2\pi}{3}$	$\frac{3}{2}\pi$	$\frac{\pi}{6}$	$\frac{3}{4}\pi$	$\frac{\pi}{3}$	$\frac{2\pi}{9}$

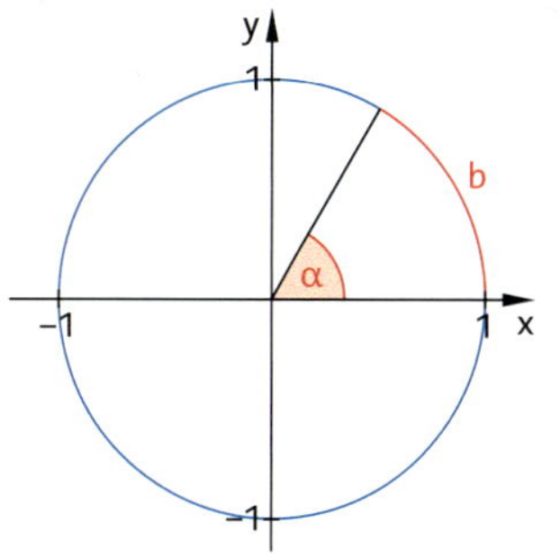

2 a) Ordnen Sie jedem Graphen die passende Funktionsgleichung zu.

$f(x) = 2\sin(3x)$ $g(x) = \frac{1}{2}\sin(3x)$ $h(x) = 2\sin\left(\frac{1}{3}x\right)$ $k(x) = \frac{1}{2}\sin\left(\frac{1}{3}x\right)$

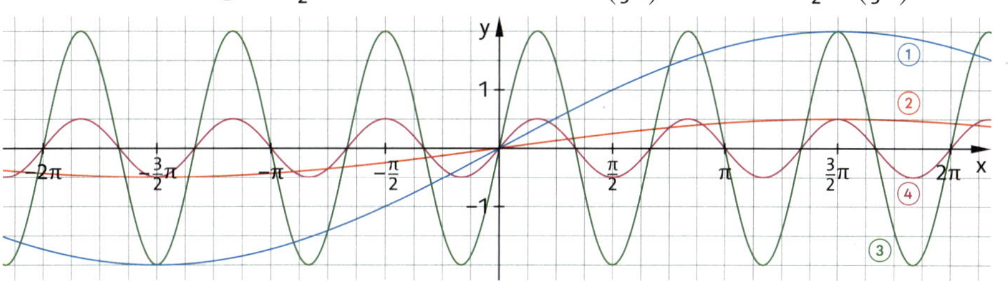

b) Erklären Sie anhand der Abbildung den Einfluss der Parameter a und b auf die Amplitude und Periodenlänge des Graphen einer Funktion der Form $f(x) = a \cdot \sin(b \cdot x)$. Begründen Sie außerdem, dass $f(x) = -f(-x)$ für alle $x \in \mathbb{R}$ gilt.

3 Die Abbildung zeigt der Graphen einer Sinusfunktion.

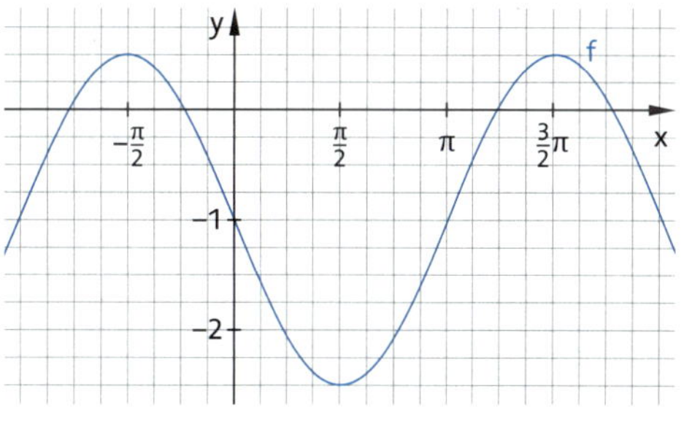

a) Ermitteln Sie die Periodenlänge und die Amplitude.

b) Geben Sie für den abgebildeten Bereich die Koordinaten des zweiten Tiefpunktes sowie des zweiten Hochpunktes mit positivem x-Wert an.

c) Bestimmen Sie eine passende Funktionsgleichung zum Graphen.

d) Weisen Sie Ihre Angaben aus b) rechnerisch mithilfe der Funktionsgleichung aus c) nach.

4 Gegeben ist eine nicht verschobene Sinusfunktion f mit der Periodenlänge 6π und einer Amplitude von 2.

a) Geben Sie eine Funktionsgleichung von f an.

b) Geben Sie eine von null verschiedene Nullstelle sowie die Koordinaten eines Hoch- und eines Tiefpunktes des Graphen von f an.

c) Der Graph von f schneidet die waagerechte Gerade $y = 1$. Geben Sie begründet an, wie viele Schnittpunkte es gibt und bestimmen Sie kleinste positive Schnittstelle.
$\left[\text{Hinweis: } \sin\left(\frac{\pi}{6}\right) = \frac{1}{2}\right]$

5 Es gilt $\cos(x) = \sin\left(\frac{\pi}{2} - x\right)$. Leiten Sie die rechte Seite dieser Gleichung ab, um aus der Ableitung des Sinus die Ableitung des Kosinus herzuleiten.

6 Bestimmen Sie die Ableitung von f.

a) $f(x) = \sin(x^3)$ b) $f(x) = \sqrt{\cos(x)}$ c) $f(x) = e^{\sin(x)}$ d) $f(x) = \cos(e^x)$

e) $f(x) = e^x \cdot \cos(x)$ f) $f(x) = \ln(x) \cdot \sin(-x)$ g) $f(x) = \frac{1}{\sin(3x)}$ h) $f(x) = \sqrt[3]{(\sin(x))^2}$

7 Geben Sie an, welcher Zusammenhang zwischen den Funktionen f, g und h besteht.

a) $f(x) = 1 - 2(\cos(x))^2$
$g(x) = -\sin(x) \cdot \cos(x)$
$h(x) = -(\cos(x))^2 + (\sin(x))^2$

b) $f(x) = (\sin(x))^2 + x$
$g(x) = (\sin(x) + \cos(x))^2$
$h(x) = 2 \cdot \cos(x) \cdot \sin(x) + 1$

8 a) Beschreiben Sie, wie der Graph von $g\colon x \mapsto a \cdot \sin b(x - c) + d$ aus dem Graphen zu $f\colon x \mapsto \sin(x)$ hervorgeht.
b) Bestimmen Sie mithilfe von a) anschaulich die Ableitung von g.
c) Überprüfen Sie Ihr Ergebnis aus b) mit der Kettenregel.
d) Geben Sie die Ableitung von h mit $h(x) = -4\sin(3x - 1) + 2$ an.

9 Der Graph von g geht aus dem Graphen von f mit $f(x) = \cos(x)$ hervor. Bestimmen Sie eine Funktionsgleichung von g, wenn der Graph von f
a) so in y-Richtung gestaucht wird, dass er durch den Punkt $P(\pi \mid -0{,}25)$ verläuft.
b) so in x-Richtung gestaucht wird, dass die zweite positive Nullstelle bei $x = \frac{3}{4}\pi$ liegt.
c) so in x-Richtung gestreckt wird, dass er durch den Punkt $P(4\pi \mid -1)$ verläuft.

10 a) Untersuchen Sie mit den Methoden der Differenzialrechnung die Funktionen $f\colon x \mapsto \sin(3x + 2)$ und $g\colon x \mapsto -4\cos(x) + 1$ auf ihr Monotonie- und Krümmungsverhalten.
b) Beschreiben Sie sich gegenseitig, wie Sie die Ergebnisse aus a) auch ohne die Methoden der Differenzialrechnung erhalten können.

11 Gegeben ist die Funktion f mit $f(x) = \sin(x) + \cos(x)$.
a) Untersuchen Sie die Funktion f im Intervall $[-2\pi; 2\pi]$ auf Nullstellen und Extrempunkte.
b) Bestimmen Sie die Winkel, unter denen der Graph von f die x-Achse schneidet.
c) Bestimmen Sie die Stellen mit maximaler bzw. minimaler Steigung von f.
d) Berechnen Sie $f(-2\pi)$ und $f(2\pi)$. Skizzieren Sie den Graphen von f im Intervall $[-2\pi; 2\pi]$ unter Verwendung Ihrer bisherigen Ergebnisse.
e) Weisen Sie nach, dass sich die Funktion f in der Form $f(x) = a \cdot \sin(x - c)$ darstellen lässt. Bestimmen Sie a und c.

12 Die Tangensfunktion ist festgelegt durch $\tan(x) = \frac{\sin(x)}{\cos(x)}$.
a) Berechnen Sie $\tan'(x)$. Zeigen Sie, dass auch gilt: $\tan'(x) = \frac{1}{(\cos(x))^2}$
b) Berechnen Sie die Ableitung der Kotangensfunktion mit $\cot(x) = \frac{\cos(x)}{\sin(x)}$.

13 Gegeben sind ein Punkt P auf dem Einheitskreis im ersten Quadranten und der Koordinatenursprung O. Die Punkte P_1 und P_2 liegen auf der x-Achse bzw. der y-Achse und bilden mit O und P das Rechteck OP_1PP_2. Zwischen der Diagonalen $\overline{OP}$ und der x-Achse wird der Winkel α eingeschlossen.
a) Fertigen Sie eine Skizze an.
b) Untersuchen Sie, für welche Größe des Winkels α der Flächeninhalt des Rechtecks OP_1PP_2 maximal wird. Geben Sie den maximalen Flächeninhalt des Rechtecks an.

14 Bestimmen Sie eine Stammfunktion zur gegebenen Funktion g_a mit $g_a(x) = (3 - a)x^3 + 12x^2 - a^2 + 9 \cdot \sin(x)$.

Aufgaben mit Hilfsmitteln

15 Ein Federpendel vollzieht, wenn es in Schwingungen versetzt wird, eine periodische Auf- und Abwärtsbewegung. Die Bewegung wird durch die sogenannte Federhärte und durch die anhängende Masse beeinflusst. Die Auslenkung eines Federpendels aus der Ruhelage wurde in einem Experiment in Abhängigkeit von der Zeit gemessen und tabellarisch erfasst.

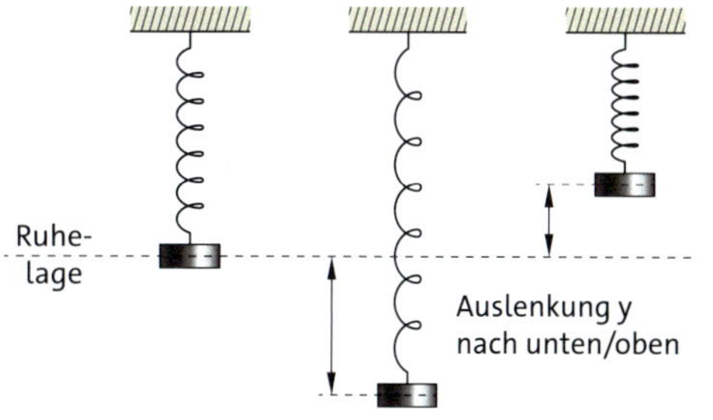

Zeit t (in s)	0	0,5	1	1,8	2,1	2,5	3	3,3	3,9	4,2
Auslenkung y (in cm)	0	4,2	6, 2	−1, 9	−0,9	−4,3	−5,9	−5,2	−0,8	0,1

a) Übertragen Sie die Daten in ein Koordinatensystem und zeichnen Sie eine Kurve durch die Punkte. Die Kurve kann als Graph einer Funktion f mit $f(t) = a \cdot \sin(b(t - c)) + d$ aufgefasst werden. Bestimmen Sie die Parameter a, b, c, d und geben Sie f(t) an.

b) Geben Sie an, welcher mathematische Fachbegriff dem Begriff der „Schwingungsdauer" entspricht. Bestimmen Sie die Schwingungsdauer des Pendels und berechnen Sie seine Auslenkung nach 1,5 und nach 4,5 Sekunden.

c) Bestimmen Sie, nach wie vielen Sekunden die Auslenkung das erste Mal genau 5 cm beträgt. Geben Sie an, wann die Auslenkung zum zweiten Mal diesen Wert annimmt.

d) Skizzieren Sie zu dem Graphen in a) einen zweiten Graphen für eine Feder mit größerer Federhärte. Notieren Sie dazu eine passende Gleichung.
Erklären Sie den Zusammenhang zwischen der Schwingungsdauer und der Federhärte. Erläutern Sie, welchen Einfluss die Größe des Massestücks auf die Schwingungsdauer eines Federpendels hat.

e) Begründen Sie, warum die Schwingung eines Federpendels in der Realität nur näherungsweise durch eine Sinusfunktion modelliert werden kann.

16 Die wissenschaftlich nicht belegte Theorie zum Biorhythmus besagt, dass die körperliche und geistige Leistungsfähigkeit sowie die emotionale Verfassung eines Menschen jeweils einem sinusförmigen Rhythmus folgt, der bei der Geburt beginnt. Nach dieser Theorie hat der körperliche Rhythmus bei jedem Menschen eine Periode von 23 Tagen, der emotionale Rhythmus von 28 Tagen und der geistige Rhythmus von 33 Tagen. Die Amplitude der Rhythmen beträgt jeweils 100.

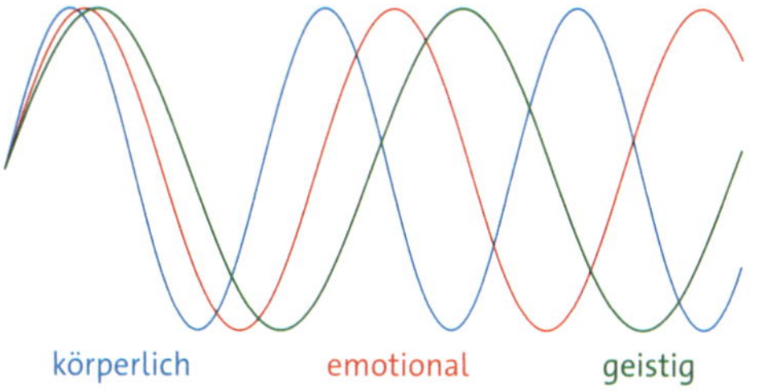

a) Stellen Sie für jeden Rhythmus eine passende Funktionsgleichung auf, die den jeweiligen Zustand in Abhängigkeit von der Anzahl t der Tage nach der Geburt beschreibt.

b) Beschreiben Sie für jeden Rhythmus, wie der zugehörige Graph aus dem Graphen der Sinusfunktion hervorgeht.

c) Ermitteln Sie, wann die drei Rhythmen erstmals nach der Geburt wieder gleichzeitig den Wert 0 annehmen.

d) Alina möchte an ihrem 20. Geburtstag mit Freunden etwas unternehmen. Zur Auswahl stehen der Besuch eines Escape-Rooms mit anspruchsvollen Rätseln oder eine Kletterpartie in einer Boulderhalle. Ermitteln Sie, welche der beiden Unternehmungen gemäß der Biorhythmustheorie für sie geeigneter wäre.

Prüfen Sie Ihr neues Fundament

Lösungen → S. 292

1 Geben Sie begründet an, ob die Aussage wahr oder falsch ist.
a) Die Sinusfunktion ist achsensymmetrisch zur y-Achse.
b) Die Kosinusfunktion ist achsensymmetrisch zur y-Achse.
c) Die Sinusfunktion ist achsensymmetrisch zur x-Achse.
d) Die Kosinusfunktion ist punktsymmetrisch zum Koordinatenursprung.
e) Die Sinusfunktion ist punktsymmetrisch zum Koordinatenursprung.
f) Die Sinusfunktion ist achsensymmetrisch zur Parallelen zur y-Achse durch $P\left(\frac{\pi}{2}\middle|0\right)$.

2 a) Berechnen Sie mit dem Taschenrechner cos(15°).
b) Ermitteln Sie alle weiteren Winkel α, die den gleichen Kosinuswert haben wie 15°.
c) Bestimmen Sie drei Winkel β mit sin(β) = cos(15°).

3 Gegeben sind einige Winkel im Grad- bzw. Bogenmaß.
a) Ordnen Sie alle Winkel einander zu, die den gleichen ① Sinuswert, ② Kosinuswert haben.
b) Geben Sie alle Winkel im jeweils anderen Maß an.

45°	$\frac{9}{4}\pi$	$\frac{35}{36}\pi$	185°	190°	95°	$\frac{17}{36}\pi$	170°
3π	260°	900°	40°	$\frac{5}{18}\pi$	370°	280°	140°

4 Bestimmen Sie die Lösungen der trigonometrischen Gleichung.
a) $3 \cdot \sin(0{,}75x) = 0$ b) $0{,}7 \cdot \sin(4(x - 0{,}5)) = 0$ c) $\frac{5}{3} \cdot \sin\left(\frac{1}{7}x\right) = 0$

5 a) Der Graph der Sinusfunktion wurde mit dem Faktor 2 in y-Richtung gestreckt und mit dem Faktor 6 in x-Richtung gestreckt. Geben Sie die passende Funktionsgleichung an.
b) Der Graph der Kosinusfunktion wurde mit dem Faktor 0,25 in y-Richtung gestaucht und an der y-Achse gespiegelt. Geben Sie die passende Funktionsgleichung an.

6 Skizzieren Sie den Graphen der Funktion f. Geben Sie die Periode und die Amplitude an.
a) $f(x) = 2{,}5 \cdot \sin(5x)$ b) $f(x) = \cos(0{,}5(x - \pi))$ c) $f(x) = 3 \cdot \cos(2x) - 1$

7 Bestimmen Sie die Funktionsgleichung des Graphen.

a)
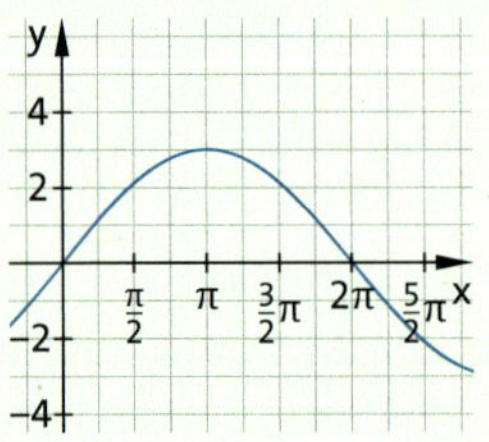

b)
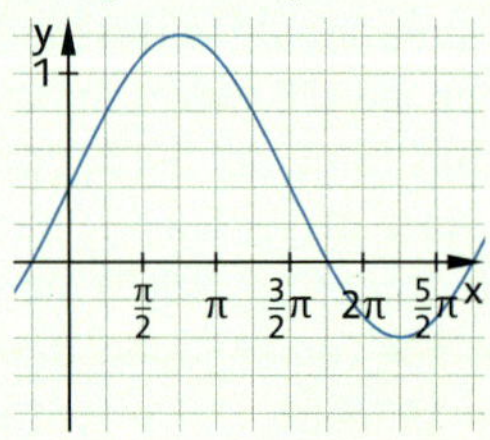

c)
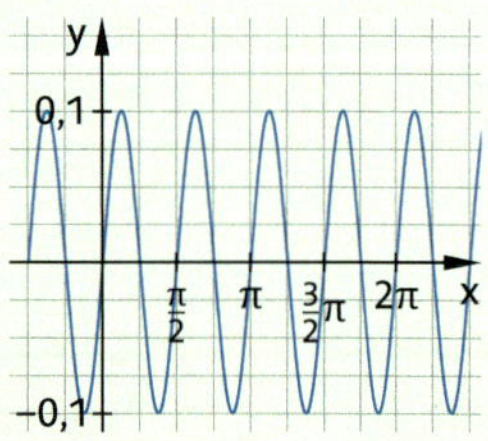

8 Ebbe und Flut verursachen in Häfen unterschiedliche Pegelstände. Dabei gibt der Tidenhub den Unterschied zwischen dem niedrigsten und dem höchsten Pegelstand an. Im Hafen von Bremerhaven beträgt der Tidenhub 3 m. Ein Zyklus aus Ebbe und Flut dauert 12 h 24 min.

a) Die Abweichungen vom Normalpegel kann man durch eine Sinusfunktion beschreiben. Geben Sie ihre Amplitude, ihre Periode und die Funktionsgleichung an.
b) Ermitteln Sie, nach wie vielen Tagen der Normalpegel wieder zur gleichen Zeit erreicht wird.

Lösungen
→ S. 292/293

9 Die Höhe von Tönen wird als Frequenz f der Schwingungen angegeben. Dabei gilt $f = \frac{1}{T}$ mit der Periodenlänge T der Schwingung. Die Einheit der Frequenz ist Hertz $\left(1\,\text{Hz} = \frac{1}{\text{s}}\right)$. Die Schwingung eines Tons wird durch eine Sinusfunktion mit der Amplitude 1 beschrieben.

a) Bestimmen Sie die Periodenlänge eines Tons der Frequenz 150 Hz. Stellen Sie die zugehörige Funktionsgleichung auf.

b) Bestimmen Sie die Frequenz eines Tons mit der Periodenlänge 0,2 ms. Stellen Sie die zugehörige Funktionsgleichung auf.

c) Das menschliche Ohr kann Frequenzen von 20 Hz bis etwa 20 000 Hz wahrnehmen. Delfine kommunizieren mit Klicklauten, deren Periode 0,001 ms bis 0,005 ms beträgt. Prüfen Sie, ob Menschen diese Klicklaute hören können.

10 Formen Sie die Funktionsgleichung $f(x) = 0{,}2 \cdot \sin(10x + 5) + 1{,}08$ so um, dass man die Parameter a, b, c und d der allgemeinen Form ablesen kann.
Erläutern Sie die Bedeutung der Parameter für den Graphen. Geben Sie auch eine Kosinusfunktion mit ihren Parametern dazu an.

11 Bestimmen Sie die Ableitung der Funktion.

a) $f(x) = \sin(4x + 7)$
b) $g(x) = \cos(9x - 3)$
c) $h(x) = -8\sin(4x^2)$
d) $f(t) = 2\cos(t^3 + 5t)$
e) $f(x) = \sin(6x + 3)$
f) $f(x) = \sin(x^2)$

12 Bestimmen Sie die erste und zweite Ableitung der Funktion.

a) $f(x) = \sin(x) \cdot (2x + 3)$
b) $f(x) = (5x - 6)\cos(x)$
c) $f(x) = x^2\sin(x)$
d) $f(x) = 4x \cdot \sin(2x)$
e) $f(x) = \sin(x) + \cos(x)$
f) $f(x) = -\cos(x^2)$

13 Berechnen Sie die Nullstellen sowie die Extrem- und Wendepunkte der Funktion f.

a) $f(x) = \sin(2x - \pi)$
b) $f(x) = \cos\left(0{,}5x + \frac{3}{2}\pi\right)$
c) $f(x) = x \cdot \sin(x)$ für $-\pi \le x \le 2\pi$

Wo stehe ich?

	Ich kann...	Aufgabe	Nachschlagen
5.1	... die Definition des Sinus und Kosinus am Einheitskreis erläutern. ... mit der Sinusfunktion und Kosinusfunktion umgehen.	1, 2	S. 198 Beispiel 1, S. 199 Beispiel 2, S. 200 Beispiel 3
5.2	... Winkel vom Gradmaß ins Bogenmaß umrechnen und umgekehrt. ... die Sinus- und Kosinusfunktion im Bogenmaß nutzen. ... einfache trigonometrische Gleichungen lösen.	3, 4	S. 222 Beispiel 1, S. 223 Beispiel 2, S. 204 Beispiel 3
5.3	... den Graphen der Sinus- und Kosinusfunktion in y-Richtung und in x-Richtung verschieben.	6, 7	S. 208 Beispiel 1
5.4	... den Graphen der Sinus- und Kosinusfunktion in y-Richtung und in x-Richtung strecken und stauchen.	5, 6, 7	S. 210 Beispiel 1, S. 211 Beispiel 2
5.5	... Parameter in der Funktionsgleichung einer Sinus- und Kosinusfunktion bestimmen und interpretieren.	10	S. 213 Beispiel 1
5.6	... mithilfe von Sinus- und Kosinusfunktion periodische Vorgänge modellieren.	8, 9	S. 216 Beispiel 1
5.7	... trigonometrische Funktionen ableiten und hinsichtlich ihrer Eigenschaften untersuchen.	11, 12, 13	S. 219 Satz

Sinus- und Kosinusfunktion

Die **Sinusfunktion** ist die Funktion f mit $f(\alpha) = \sin(\alpha)$. Sie ist periodisch mit der **Periodenlänge** 360° und der **Amplitude** 1.
Es gilt:
$\sin(\alpha) = \sin(\alpha + 360°)$
$\sin(-\alpha) = \sin(360° - \alpha)$

Die **Sinusfunktion** ist **punktsymmetrisch zum Ursprung.** Für alle α gilt:
$\sin(-\alpha) = -\sin(\alpha)$
Für $0° \le \alpha \le 90°$ gilt zudem
$\sin(\alpha) = \sin(180° - \alpha)$.

Graph von f mit $f(x) = \sin(x)$

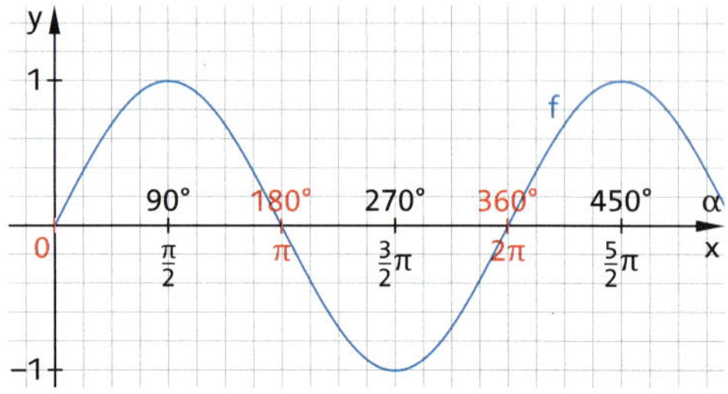

Nullstellen: $k \cdot 180°, k \in \mathbb{Z}$

Die **Kosinusfunktion** ist die Funktion f mit $f(\alpha) = \cos(\alpha)$. Sie ist periodisch mit der **Periodenlänge** 360° und der **Amplitude** 1.
Es gilt:
$\cos(\alpha) = \cos(\alpha + 360°)$
$\cos(-\alpha) = \cos(360° - \alpha)$

Die **Kosinusfunktion** ist **achsensymmetrisch zur y-Achse.** Für alle α gilt:
$\cos(-\alpha) = \cos(\alpha)$
Für $0° \le \alpha \le 90°$ gilt zudem
$\cos(\alpha) = -\cos(180° - \alpha)$.

Graph von f mit $f(x) = \cos(x)$

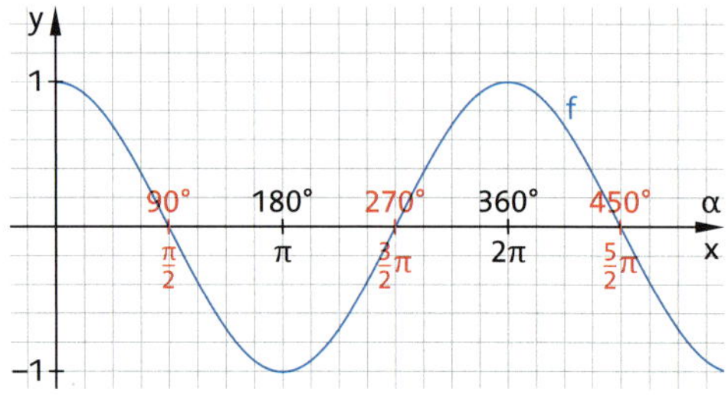

Nullstellen: $90° + k \cdot 180°, k \in \mathbb{Z}$

Winkel im Bogenmaß

Das **Bogenmaß** eines Winkels α ist die zugehörige Bogenlänge x am Einheitskreis:
$$x = \pi \cdot \frac{\alpha}{180°}$$

Für $\alpha = 270°$ gilt $x = \pi \cdot \frac{270°}{180°} = \frac{3}{2}\pi \approx 4{,}71$

Für $x = 4{,}5$ ist $\alpha = x \cdot \frac{180°}{\pi} = 4{,}5 \cdot \frac{180°}{\pi} \approx 257{,}8°$

Allgemeine Sinusfunktion

Durch die Einführung von Parametern kann die Sinusfunktion variiert werden. Ihr Graph wird dadurch gestreckt bzw. gestaucht und verschoben.
Gleichung der **allgemeinen Sinusfunktion** f:
$f(x) = a \cdot \sin(b \cdot (x - c)) + d$

Auswirkungen der Parameter:
a: Streckung bzw. Stauchung um den Faktor $|a|$ in y-Richtung; falls $a < 0$ gilt, wird der Graph zusätzlich an der x-Achse gespiegelt.
b: Streckung bzw. Stauchung um den Faktor $\frac{1}{|b|}$ in x-Richtung; falls $b < 0$ gilt, wird der Graph zusätzlich an der y-Achse gespiegelt.
c: Verschiebung um $|c|$ LE in x-Richtung, für $c > 0$ nach rechts, für $c < 0$ nach links
d: Verschiebung um $|d|$ LE in y-Richtung, für $d > 0$ nach oben, für $d < 0$ nach unten

Gleichung zum Graphen von f bestimmen:

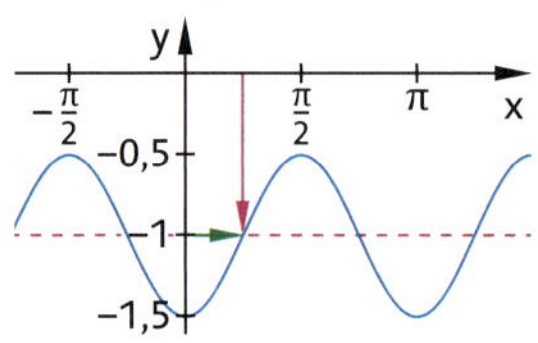

Amplitude $a = 0{,}5$;
Periode $p = \pi$, also $b = \frac{2\pi}{p} = \frac{2\pi}{\pi} = 2$;
Verschiebung um $\frac{\pi}{4}$ nach rechts, also $c = \frac{\pi}{4}$;
Verschiebung um 1 nach unten, also $d = -1$;

Also: $f(x) = 0{,}5 \cdot \sin\left(2 \cdot \left(x - \frac{\pi}{4}\right)\right) - 1$

Trigonometrische Funktionen ableiten

Für die Ableitungen und Stammfunktionen der Sinus- und Kosinusfunktion gilt:

$f(x) = \sin(x)$	$g(x) = \cos(x)$
$f'(x) = \cos(x)$	$g'(x) = -\sin(x)$
$F(x) = -\cos(x) + c$	$G(x) = \sin(x) + c$

$f(x) = 2\sin(x) - 3\cos(x)$
$f'(x) = 2\cos(x) + 3\sin(x)$
$F(x) = -2\cos(x) - 3\sin(x) + c$

6

Weitere Verfahren zum Lösen von Gleichungen

Nach diesem Kapitel können Sie

→ mit verschiedenen Verfahren wie Polynomdivision und Faktorisieren oder näherungsweise mit dem Bisektionsverfahren, Newton-Verfahren und der Regula falsi Gleichungen lösen, insbesondere zur Nullstellenbestimmung.

Lösungen → S. 293

Erklärvideo

Funktionen

1 Ordnen Sie die angegebenen Nullstellen den Funktionsgleichungen zu und geben Sie eine Funktionsgleichung an zu den Nullstellen, die nicht zugeordnet werden können.

$x = -1$	$x = 4$	$x = 1$	$x = 2$	$x = \frac{3}{2}$
$x = 0$	$x = -\sqrt{2}$	$x = \sqrt{2}$	$x = -2$	$x = -\frac{1}{2}$

$f(x) = x^3 - 5x^2 + 2x + 8$ $\quad g(x) = x^3 - x^2 - \frac{3}{4}x$ $\quad h(x) = x^4 - 3x^2 + 2$

2 Gegeben sind die Funktion f mit $f(x) = \frac{1}{5}x^3 - \frac{4}{5}x$ und die beiden Punkte $A(2|0)$ und $B(-3|-3)$.

a) Bestimmen Sie die Schnittpunkte des Graphen mit der x-Achse.
b) Zeigen Sie, dass die Punkte A und B auf dem Graphen liegen.
c) Bestimmen Sie die Sekante durch die Punkte A und B und deren Steigung.
d) Prüfen Sie, ob an der Stelle $x = -5$ oder $x = -4$ ein weiterer Schnittpunkt der Tangente mit dem Funktionsgraphen vorliegt.

3 Bestimmen Sie möglichst geschickt die Nullstellen der Funktion und ihrer Ableitungsfunktion. Geben Sie an, welches Verfahren Sie verwenden.

a) $f(x) = -2x^2 + 8$ b) $f(x) = x^3 - 9x$ c) $f(x) = x^4 + 3x^3 + 2x^2$

Gleichungen und Ungleichungen

~~-1~~	~~-9~~
3	3
-3	-3

4 Ben löst eine quadratische Gleichung wie $x^2 - 10x + 9 = 0$ mit dem Satz von Vieta. Teiler des Absolutglieds notiert er in einer Tabelle wie $9 = (-1)\cdot(-9)$ in der ersten Zeile links. Wenn das Produkt der zugehörigen Linearfaktoren nicht die Gleichung ergibt, wie z. B. $(x + 1)\cdot(x + 9) = x^2 + 10x + 9$, dann streicht er die Zahlen durch.
Prüfen Sie die weiteren Faktoren. Ergänzen Sie die Tabelle, falls nötig.

5 Zur Lösung einer quadratischen Gleichung verwendet Anita die p-q-Formel und Ben den Satz von Vieta.

a) Geben Sie die quadratische Gleichung an und überprüfen Sie die Lösungen.

① A: $x_{1,2} = -\frac{-6}{2} \pm \sqrt{\left(-\frac{6}{2}\right)^2 - 9} = 3 \pm \sqrt{0} = 3$, $L = \{3\}$

B: $q = 9 = x_1 \cdot x_2$, $-p = -6 = -(x_1 + x_2)$, $x_1 = x_2 = 3$, $L = \{3\}$

② A: $x_{1,2} = -\frac{1}{2} \pm \sqrt{\left(\frac{1}{2}\right)^2 - (-12)} = -\frac{1}{2} \pm \sqrt{\frac{49}{4}} = -\frac{1}{2} \pm \frac{7}{2}$, $L = \{3; -4\}$,

B: $q = -12 = x_1 \cdot x_2$, $p = 1 = -(x_1 + x_2)$, $x_1 = 3$, $x_2 = -4$, $L = \{3; -4\}$

b) Lösen Sie mit beiden Verfahren: ① $x^2 - x - 20 = 0$ ② $x^2 + 9 \cdot x = -20$

6 Bestimmen Sie die Lösungsmenge der Ungleichung.

a) $\frac{1}{4}x - 2 < 0$ b) $-2x \geq -6$ c) $-4 + 4x \leq x^2$
d) $x^2 > 6x - 9$ e) $x^2 > 0{,}25$ f) $3x^2 < 1$

7 Bestimmen Sie möglichst geschickt die Lösungsmenge der Gleichung.

a) $-2x^4 + 8x^2 = 0$ b) $x^4 - 9x^2 = 0$ c) $x^4 - x^3 = 20x^2$
d) $x^4 - 5x^2 = -x^4$ e) $x^6 - x^5 = 0$ f) $x^7 - 1 = 0$

Lösungen → S. 293/294

8 Betrachten Sie die Abbildung.
a) Geben Sie eine quadratische Gleichung an, die hier grafisch gelöst wird.
b) Lesen Sie die Lösung ab. Prüfen Sie das Ergebnis durch eine Rechnung.
c) Bestimmen Sie für beide Graphen die Schnittpunkte mit dem Graphen von h mit $h(x) = \frac{1}{5}(x + 15)^2$.

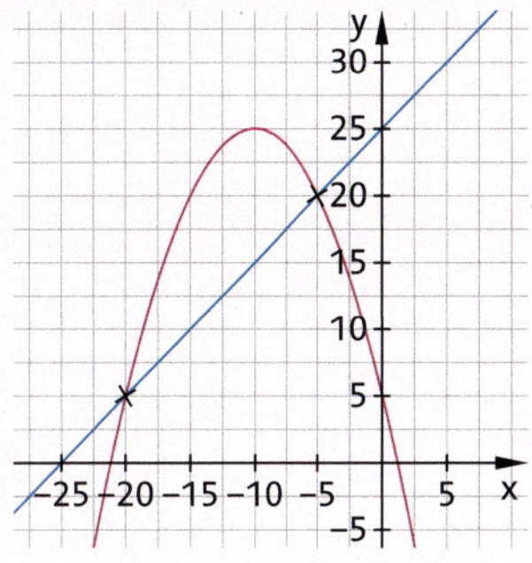

9 Bestimmen Sie die Lösungsmenge der Gleichung.
a) $x^2 + 8x = -16$
b) $3x^2 - 18x + 1 = 0$
c) $\frac{1}{2} \cdot x^2 + x = 1$
d) $2 \cdot x^2 + 2 = 8 \cdot x$

10 Bestimmen Sie, falls vorhanden, die Schnittpunkte der Funktionsgraphen.
a) $f(x) = -x^2 + 4;\ g(x) = x^2 + 2x - 8$
b) $f(x) = -x^2 + 4;\ g(x) = x^4 - 2$
c) $f(x) = -x^2 + 4;\ g(x) = \frac{1}{4}x + 4$
d) $f(x) = x^2 - 4;\ g(x) = -4{,}25$

Erklärvideo

Lineare Gleichungssysteme

11 Bestimmen Sie die Lösungsmenge des linearen Gleichungssystems. Geben Sie an, welches Verfahren Sie verwenden.
a) $\left| \begin{array}{l} 2x + y = 3 \\ 4y - 2 = -4x \end{array} \right|$
b) $\left| \begin{array}{l} 6x - 5y = 1 \\ -3x + y = -2 \end{array} \right|$
c) $\left| \begin{array}{l} 4x - 7y = 2 \\ 4 - 14y = -8x \end{array} \right|$
d) $\left| \begin{array}{l} 5x + 2y = 3 \\ y = 1{,}5 - 2{,}5x \end{array} \right|$

Erklärvideo

Exponentialgleichungen

12 Berechnen Sie die reelle Zahl t so, dass f mit $f(t) = 5 \cdot 1{,}3^t$ den Wert 10,985 annimmt.

13 Lösen Sie die Gleichung grafisch.
a) $3^{x+2} - 1 = 0$
b) $\left(\frac{1}{5}\right)^x = \frac{1}{10}x^2$
c) $3^x = x^3$
d) $3^{x-2} = x^4$

Vermischtes

14 Lösen Sie die Gleichung.
a) $x^3 = \frac{8}{125}$
b) $x^8 = \frac{1}{256}$
c) $2^x = \frac{1}{1024}$
d) $\left(\frac{1}{3}\right)^x = -81$
e) $7^x = \sqrt[5]{7^2}$
f) $x = \frac{14^2 - 7^2}{49}$
g) $7 \cdot 9^x = 45927$
h) $\left(\frac{1}{4}\right)^x = \frac{1}{4}x$
i) $3 \cdot 4^x = 0{,}1875$
j) $1000 \cdot 1{,}5^x = 5062{,}5$
k) $900 \cdot 2{,}5^x - 35000 = 156{,}25$

15 Jana hat eine schriftliche Division durchgeführt. Überprüfen Sie diese. Erläutern Sie jeden Schritt. Korrigieren Sie, falls nötig, in Ihrem Heft.

```
 5 7 2 7 : 3 = 1 9 0 9
-3
 2 7
-2 7
   0 2
  -  0
     2 7
    -2 7
       0
```

6.1 Polynomdivision

Die Abbildung zeigt die Graphen von f und g mit $f(x) = x^3 - 2{,}5x^2 + 0{,}96x + 0{,}54$ und $g(x) = x^2 - 1{,}5x - 0{,}54$.
Beschreiben Sie die Gemeinsamkeiten der Graphen. Multiplizieren Sie den Funktionsterm von g mit $(x - 1)$ und erläutern Sie, was Ihnen auffällt.

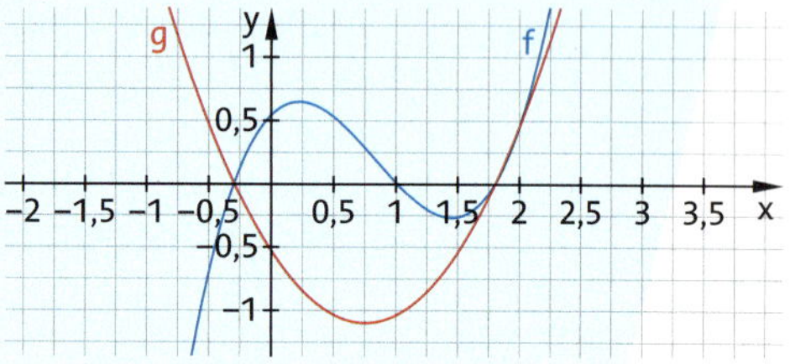

Hinweis

Es gibt allgemeine Lösungsformeln für Gleichungen 3. und 4. Grades, diese sind aber sehr kompliziert. Der Norweger Niels Henrik Abel (1802–1829) hat bewiesen, dass es für Gleichungen vom Grad 5 und höher keine allgemeine Lösungsformel geben kann.

Hinweis

Bei Polynomen ohne absolutes Glied können Potenzen ausgeklammert werden – eine Polynomdivision durch x bzw. $(x - 0)$ ist nicht nötig.

Hinweis

Sind alle Koeffizienten und die Nullstelle ganzzahlig, dann gilt: Jede Nullstelle muss ein Teiler des Absolutglieds sein, hier im Beispiel Teiler der Zahl 90; daher muss z. B. 7 nicht getestet werden.

Es ist bereits bekannt, dass sich Nullstellen quadratischer Funktionen mithilfe der p-q-Formel berechnen lassen. Jetzt geht es darum, wie man die Nullstellen von Polynomen dritten oder höheren Grades rechnerisch bestimmen kann.

In der **Linearfaktordarstellung** (1) kann man die Nullstellen von f direkt ablesen.
Ist die Gleichung in ausmultiplizierter Form (3) gegeben und kennt man eine Nullstelle x_1, so wird durch die Division $f(x) : (x - x_1)$ ein Restterm erzeugt, mit dem man die fehlenden Nullstellen berechnen kann.

(1) $f(x) = (x - 1)(x + 2)(x - 3)$
(2) $f(x) = (x^2 + x + 2)(x - 3)$
(3) $f(x) = x^3 - 2x^2 - 5x + 6$

Wegen
$(x^2 + x + 2) \cdot (x - 3) = x^3 - 2x^2 - 5x + 6$ gilt:
$(x^3 - 2x^2 - 5x + 6) : (x - 3) = x^2 + x + 2$

Wissen

Ist ein Polynom f vom Grad n nach der Größe der Potenzen sortiert und eine Nullstelle x_N bekannt, dann kann die Polynomdivision durch den Linearfaktor $(x - x_N)$ durchgeführt werden: $f(x) : (x - x_N) = r(x)$. Das Ergebnis ist ein Polynom r vom Grad n-1.

Beispiel 1 Ermitteln Sie die Nullstellen von f mit $f(x) = 3x^3 - 12x^2 - 33x + 90$ mithilfe der Polynomdivision.

Lösung:

Ermitteln Sie eine Nullstelle von f durch systematisches Probieren: 0; 1; −1; 2; −2 ...

$f(0) = 90 \neq 0$; $f(1) = 48 \neq 0$;
$f(-1) = 108 \neq 0$; $f(2) = 0$
Nullstelle: $x_1 = 2$

Bilden Sie den zu dieser Nullstelle gehörenden Linearfaktor.

Linearfaktor: $(x - 2)$

Dividieren Sie f(x) durch den Linearfaktor: Teilen Sie den Term $3x^3$ durch x. Es ergibt sich $3x^2$. Multiplizieren Sie dies zurück mit dem Linearfaktor $(x - 2)$. Es ergibt sich $3x^3 - 6x^2$. Subtrahieren Sie diesen Term von $3x^3 - 12x^2$ und ergänzen Sie im Ergebnis den nächsten Summanden von f(x). Setzen Sie das Verfahren mit dem Term $-6x^2 - 33x$ fort.

$$
\begin{array}{l}
(3x^3 - 12x^2 - 33x + 90) : (x - 2) = 3x^2 - 6x - 45 \\
\underline{-(3x^3 - 6x^2)} \\
\quad -6x^2 - 33x \\
\quad \underline{-(-6x^2 + 12x)} \\
\qquad -45x + 90 \\
\qquad \underline{-(-45x + 90)} \\
\qquad\qquad 0
\end{array}
$$

Setzen Sie den Restterm gleich null und lösen Sie die quadratische Gleichung.
Geben Sie alle Nullstellen von f an.

$3x^2 - 6x - 45 = 0 \quad | :3$
$x^2 - 2x - 15 = 0 \quad |$ p-q-Formel
$x_2 = -3, x_3 = 5$
Nullstellen von f: $x_1 = 2$, $x_2 = -3$ und $x_3 = 5$

Basisaufgaben

1 Vervollständigen Sie die Polynomdivision in Ihrem Heft.

$(x^3 - 7x^2 + 7x + 15) : (x + 1) = x^2 - 8x$

$-(x^3 + x^2)$ ↓

$-8x^2 + 7x$

$-(-8x^2$ ■ ■)

$15x$ ■ ■

-(■ ■ ■)

0

Beispiel

2 Führen Sie eine Polynomdivision durch.
Tipp: Falls beim linken Term der Summand mit x^2 oder x fehlt, kann man zur besseren Übersicht $0x^2$ bzw. 0x ergänzen.

a) $(x^3 + 6x^2 + 3x - 10) : (x + 5)$
b) $(2x^3 - 20x^2 - 18x + 180) : (x - 3)$
c) $(x^3 - 12x + 16) : (x + 4)$
d) $(-3x^3 - 9x^2 - 9x + 496{,}125) : (x - 4{,}5)$
e) $(x^4 - 1) : (x - 1)$
f) $(2x^3 - 5x^2 - 11x - 4) : \left(x + \frac{1}{2}\right)$

3 Es ist eine Nullstelle des Polynoms gegeben. Ermitteln Sie durch Polynomdivision alle Nullstellen von f. Geben Sie, falls möglich, die Funktionsgleichung von f als Produkt von Linearfaktoren an.

a) $f(x) = x^3 + 6x^2 - 7x - 60;\quad x_1 = -5$
b) $f(x) = 2x^3 - 38x^2 + 208x - 280;\quad x_1 = 10$
c) $f(x) = -x^3 + 5x^2 + 13x + 7;\quad x_1 = -1$
d) $f(x) = -2x^3 + 8x^2 - 18x + 72;\quad x_1 = 4$

4 Ermitteln Sie durch Probieren eine Nullstelle von f und berechnen Sie anschließend mit Polynomdivision die restlichen Nullstellen.

a) $f(x) = 2x^3 - 14x^2 + 30x - 18$
b) $f(x) = x^3 - 13x + 12$
c) $f(x) = 0{,}5x^3 - 3{,}5x^2 - 76{,}5x + 247{,}5$
d) $f(x) = x^3 - 7x^2 + 36$
e) $f(x) = x^4 - 6x^3 + 13x^2 - 12x + 4$
f) $f(x) = x^4 - 5x^3 - x^2 + 5x$

Weiterführende Aufgaben

Zwischentest

5 Erläutern Sie die Screenshots. Gehen Sie dabei insbesondere auf Nullstellen und deren Vielfachheit ein. Geben Sie an, wo es weitere reelle, nicht ganzzahlige Lösungen gibt.

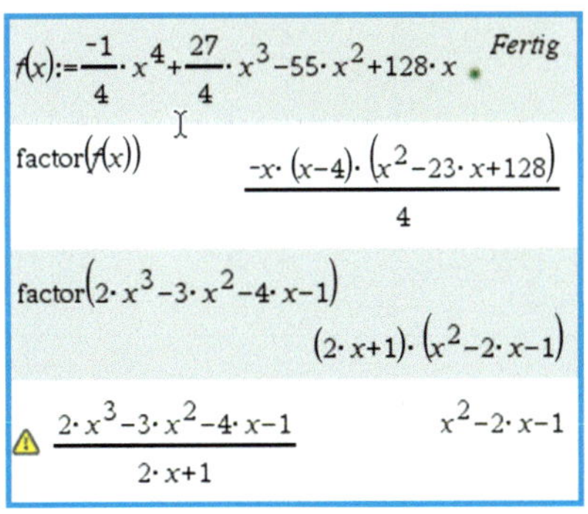

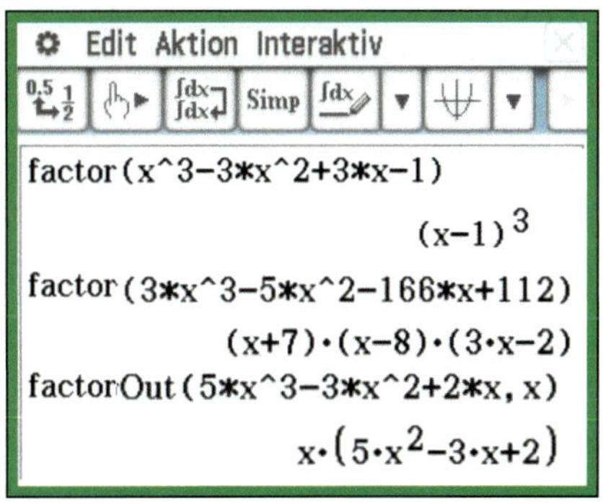

6 Berechnen Sie m so, dass die Funktion d mit $d(x) = f(x) - g(x)$ für $f(x) = x^3$ und $g(x) = m(x - 1) + 1$, der Tangente an f in $P_0(1, f(1))$, die doppelte Nullstelle $x_0 = 1$ hat.

⚠ ◐ **7** **Stolperstelle:** Stella sagt: „Die Polynomdivision kann ich immer anwenden, auch ohne eine Nullstelle zu kennen oder durch systematisches Probieren zu finden.“ Nehmen Sie begründet Stellung zu dieser Aussage.

● **8** a) Beschreiben Sie, wie Sie die Nullstellen des abgebildeten Graphen von f mit der Gleichung $f(x) = -x^3 + 3{,}1x^2 + 0{,}2x - 4{,}08$ ermitteln würden.
b) Führen Sie die Polynomdivision durch. Beschreiben Sie, was Ihnen auffällt, und finden Sie eine Erklärung.
c) Ermitteln Sie die Nullstellen von f mit einem CAS und erläutern Sie Ihr Ergebnis aus b).

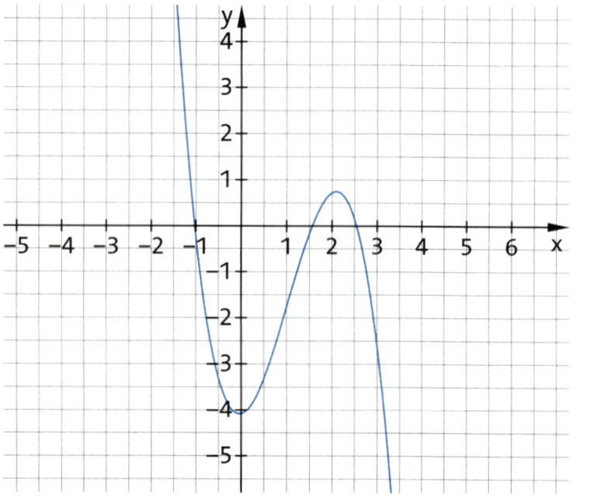

● **9** Gesucht sind alle Nullstellen der Polynome. Führen Sie alle möglichen Polynomdivisionen mit den Linearfaktoren durch - oder begründen Sie, warum das nicht nötig ist. Begründen Sie, dass es nicht notwendig ist, weitere Linearfaktoren zu ergänzen.

$x + 5$ | $x + 1$ | $x - 0$ | $x - 5$ | $x - 1$

① $x^2 - 4 \cdot x - 5$
② $x^5 + 5 \cdot x^4 - 2 \cdot x^3 - 10 \cdot x^2 + x + 5$
③ $x^3 - 5 \cdot x^2 - x - 5$
④ $x^4 - 2 \cdot x^3 - 24 \cdot x^2 + 50 \cdot x - 25$
⑤ $x^3 + 3 \cdot x^2 + 3 \cdot x + 1$
⑥ $x^3 - 6 \cdot x^2 + 5 \cdot x$

◐ **10** Gesucht sind die Nullstellen der Funktion f. Beurteilen Sie zuerst, ob die Anwendung der Polynomdivision sinnvoll ist. Bestimmen Sie dann die Nullstellen mit dem Verfahren Ihrer Wahl.

a) $f(x) = x^3 - 1$
b) $f(x) = x^2 + 4x + 4$
c) $f(x) = 2x^3 - 16$
d) $f(x) = x^3 + 6x^2 - 16x$
e) $f(x) = x^5 + 6x^2$
f) $f(x) = x \cdot (x^4 - 4x^2)^2$
g) $f(x) = x^3 - 31x - 30$
h) $f(x) = x^3 + 5x^2 + 3x - 9$

Hilfe

◐ **11** Beurteilen Sie anhand des Graphen, ob die Nullstellen der Funktion rechnerisch durch Polynomdivision bestimmt werden können.

a)
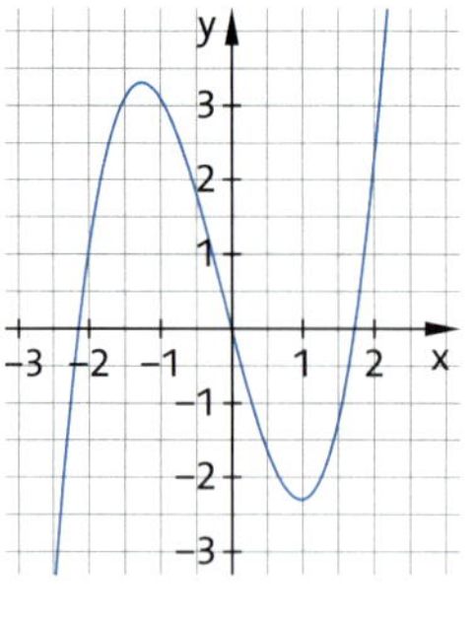
b)
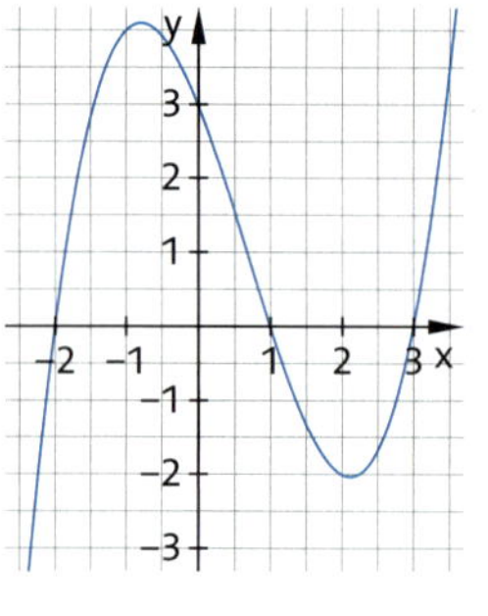
c)
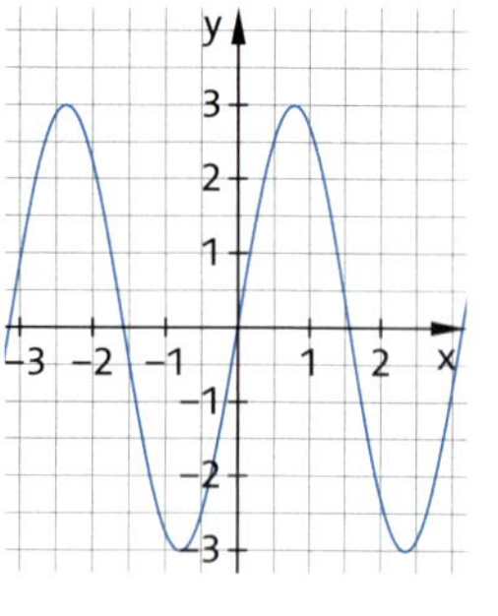

● **12** **Ausblick:** Gesucht sind die Nullstellen der Funktion f mit $f(x) = x^5 - 4x^3 - 5x$. Andrea sagt: „Mit Ausklammern und Substitution erhalte ich drei Nullstellen.“ Bea erwidert: „Ich kann eine Polynomdivision mit $(x^2 + 1)$ durchführen, dann kann ich die Lösungen direkt ablesen.“ – Nehmen Sie begründet Stellung zu diesen Aussagen.

6.2 Bisektionsverfahren

Paolo meint: „Schau mal! Aber für den Gewinn muss man ja vielleicht 999 Fragen stellen!“ Zelda widerspricht: „Nein, mehr als 10 Fragen brauche ich nicht. Ich frage, ob die Zahl größer als 500 ist. Wenn nicht, frage ich, ob sie größer als 250 ist...“
Prüfen Sie dieses Vorgehen.

GEWINN
Die richtige ganze Zahl zwischen 1 und 1000 ist gesucht – maximal 10 Fragen sind erlaubt!

Das Bisektionsverfahren wird auch **Intervallhalbierungsverfahren** genannt. Es kann zur näherungsweisen Bestimmung der Nullstellen von Funktionen, zum Lösen von Gleichungen und z. B. auch zur näherungsweisen Bestimmung von Wurzeln genutzt werden.

Hinweis

Eine Funktion ist **stetig**, wenn ihr Graph keinen Sprung und keine Definitionslücke hat.

Wissen **Nullstellensatz**

Wenn eine Funktion f in einem Intervall $[a; b]$ stetig ist und $f(a)$ und $f(b)$ unterschiedliche Vorzeichen haben, dann hat f im gegebenen Intervall mindestens eine Nullstelle.

Aus dem Nullstellensatz lässt sich das Bisektionsverfahren (Intervallhalbierungsverfahren) zur näherungsweisen Bestimmung von Nullstellen ableiten.

Wissen

Wenn für eine stetige Funktion für ein Intervall $[a; b]$ gilt $f(a) \cdot f(b) < 0$, dann wird $c = \frac{a+b}{2}$ gewählt.
Wenn $f(a) \cdot f(c) < 0$ ist, dann wird b durch c ersetzt, sonst wird a durch c ersetzt.
Führen Sie das Verfahren so lange durch, bis die Länge des Intervalls kleiner als die geforderte Genauigkeit ε ist.

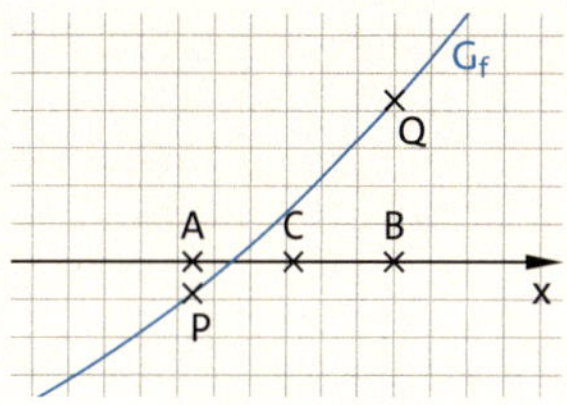

Beispiel 1

Gesucht ist die Lösung der Gleichung $x^3 = 10$ bzw. die Nullstelle der Funktion f mit $f(x) = x^3 - 10$.

a) Geben Sie ein geeignetes Startintervall $[a; b]$ an.

b) Nutzen Sie den Algorithmus des Bisektionsverfahrens, um mittels einer Tabellenkalkulation die gesuchte Stelle mit einer Genauigkeit von mindestens 0,05 zu ermitteln.

Lösung:

a) Das kleinstmögliche ganzzahlige Intervall ist $[2; 3]$, da $2^3 = 8$ und $3^3 = 27$ und $8 < 10 < 27$ gilt.

b) In Zelle A1 wird die linke und in C1 die rechte Intervallgrenze eingetragen und dann wird in E1 der Mittelwert, in den Spalten B, D und F die jeweiligen Funktionswerte und in G die Differenz C1-A1 berechnet. Da $f(a) \cdot f(c) < 0$ gilt, wird der Mittelwert zur neuen rechten Intervallgrenze. Dieses Verfahren wird so lange wiederholt, bis die gewünschte Genauigkeit erreicht ist.

	A x_li	B f_li	C x_re	D f_re	E x_mi	F f_mi	G diff
=		=a[]^3		=c[]^3			
1	2	-2	3	17	2.5	5.625	1
2	2	-2	2.5	5.625	2.25	1.39...	0.5
3	2	-2	2.25	1.39...	2.125	-0.4...	0.25
4	2.125	-0.4...	2.25	1.39...	2.18...	0.46...	0.125
5	2.125	-0.4...	2.18...	0.46...	2.15...	0.02...	0.06...
6	2.125	-0.4...	2.15...	0.02...	2.14...	-0.1...	0.03...

Die gewünschte Genauigkeit wird in Zeile 6 erreicht.

Basisaufgaben

1 Bestimmen Sie den in Beispiel 1 gesuchten Wert mit einer Genauigkeit von 0,01.

2 Ronja sollte die Nullstelle von f mit $f(x) = -x^3 + x + 1$ mit dem Bisektionsverfahren lösen und hat die Tabelle erstellt. Überprüfen und erläutern Sie ihr Vorgehen.

a	1	1	$\frac{5}{4}$	$\frac{5}{4}$	$\frac{21}{16}$	$\frac{21}{16}$	$\frac{21}{16}$	$\frac{169}{128}$	$\frac{339}{256}$
b	2	$\frac{3}{2}$	$\frac{3}{2}$	$\frac{11}{8}$	$\frac{11}{8}$	$\frac{43}{32}$	$\frac{85}{64}$	$\frac{85}{64}$	
f(a)	1	1	0,3	0,3	0,05	0,05	0,05	0,02	0
f(b)	−5	−0,88	−0,88	−0,22	−0,22	−0,08	−0,01	−0,01	

3 Mit dem Bisektionsverfahren soll $\sqrt{20}$ näherungsweise bestimmt werden.
a) Geben Sie ein geeignetes Startintervall an.
b) Bestimmen Sie den Wert von $\sqrt{20}$ mithilfe einer Tabellenkalkulation für $\varepsilon = 0,01$.

Beispiel 2

Ermitteln Sie die Lösung der Gleichung $x = \cos(x)$ mit dem Bisektionsverfahren.

Lösung:
Betrachtet man die linke und die rechte Seite der Gleichung als Funktionen, also f und g mit $f(x) = x$ und $g(x) = \cos(x)$, so erkennt man, dass die Lösung der Ausgangsgleichung zwischen 0,7 und 0,8 liegen muss.

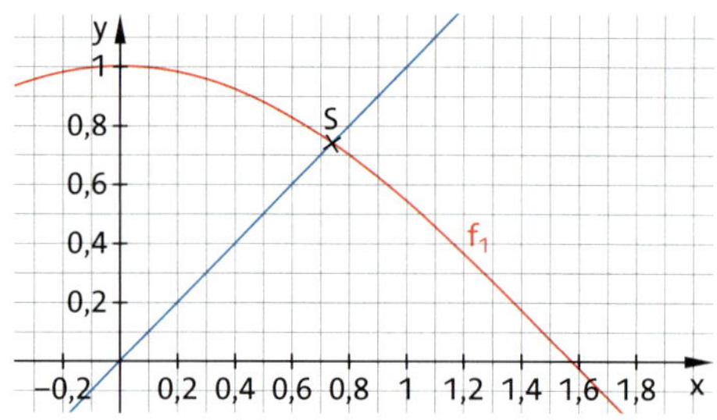

Verwendet man nun die Funktion d mit $d(x) = x - \cos(x)$, so kann man wie in Beispiel 1 mithilfe einer Tabellenkalkulation die Lösung finden.

	A links	B rechts	C f(li)	D f(re)	E f(mi)
1	0,7	0,8	-0,0648...	0,103293	0,018311
2	0,7	0,75	-0,0648...	0,018311	-0,0234...
3	0,725	0,75	-0,0234...	0,018311	-0,0026...
4	0,7375	0,75	-0,0026...	0,018311	0,007815
5	0,7375	0,74375	-0,0026...	0,007815	0,002578
6	0,7375	0,740625	-0,0026...	0,002578	-0,0000...
7	0,739063	0,740625	-0,0000...	0,002578	0,00127
8	0,739063	0,739844	-0,0000...	0,00127	0,000616

Nutzt man ein CAS zur Berechnung der Nullstelle, so erhält man eine Lösung wie hier (abhängig von den Einstellungen):

$d(x):=x-\cos(x)$	*Fertig*
⚠ solve$(d(x)=0,x)$	$x=0.739085$

Basisaufgaben

4 Gegeben ist die Funktion $x^3 + 2x - 2$.
a) Zeigen Sie, dass im Intervall $[0,6; 0,8]$ mindestens eine Nullstelle liegt.
b) Bestimmen Sie diese Nullstelle mithilfe des Bisektionsverfahren so, dass die erste und zweite Dezimalstelle mit dem von einem CAS ausgegebenen Wert 0,77091699706 übereinstimmen.

5 Ermitteln Sie die Lösung der Gleichung $x - 1 = \sin(x)$ mit dem Bisektionsverfahren.

6 Abgebildet sind Graphen zweier Funktionen. Geben Sie begründet die Schnittpunkte an, für deren Bestimmung das Bisektionsverfahren sinnvoll angewendet werden kann.

a)
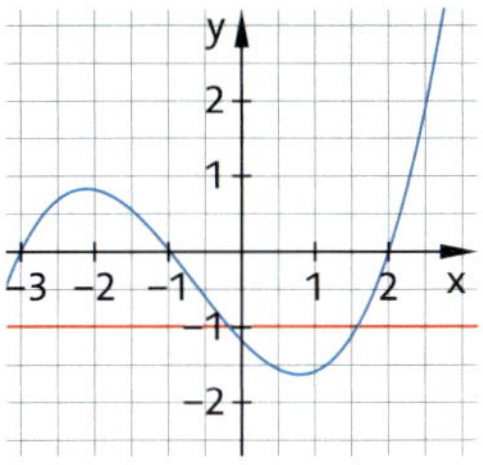

b)
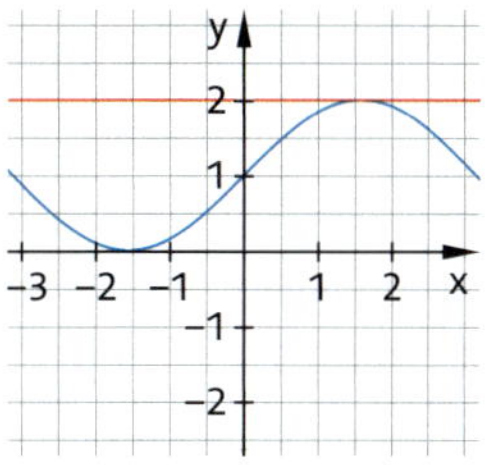

c)
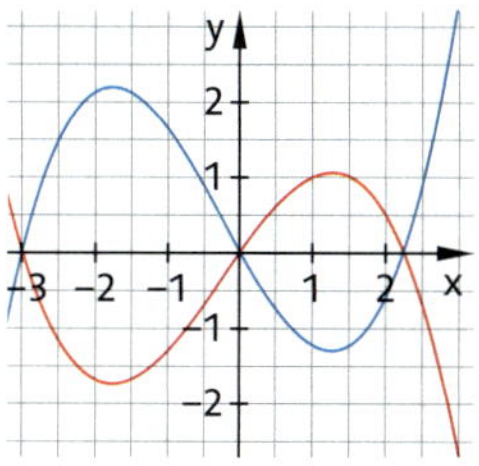

Weiterführende Aufgaben

Zwischentest

Hilfe

7 Entscheiden Sie, ob das Bisektionsverfahren zur Nullstellenfindung bei den folgenden Beispielen anwendbar bzw. nicht anwendbar ist. Begründen Sie Ihre Entscheidung.

a)
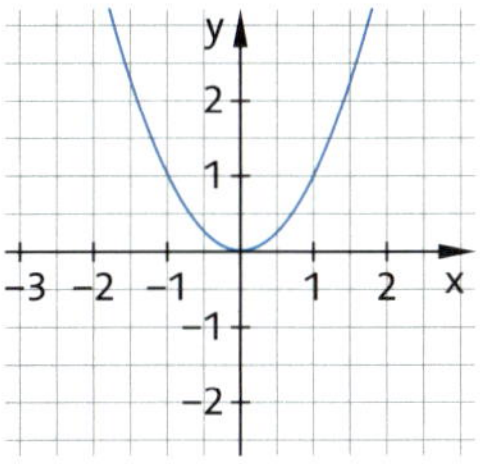

b)
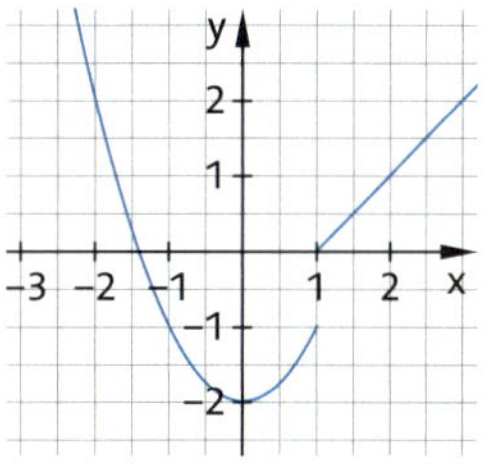

c)
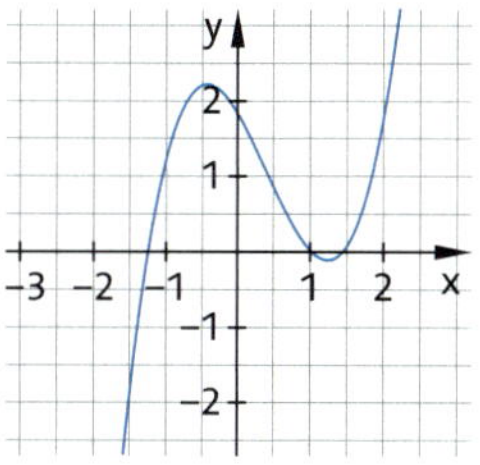

8 Ermitteln Sie alle Lösungen der Gleichung $2^x = x^3$ mit dem Bisektionsverfahren. Erstellen Sie vor der Rechnung eine Skizze, um entscheiden zu können, wie viele Lösungen existieren.

9 **Stolperstelle:** Untersuchen Sie die Aussage auf ihren Wahrheitswert.

a) Da die Funktion $f(x) = \sin(x)$ unendlich viele Nullstellen hat, kann das Bisektionsverfahren nicht angewendet werden.

b) Da die Funktion $g(x) = \tan(x)$ Unstetigkeitsstellen besitzt, kann das Bisektionsverfahren nicht angewendet werden.

c) Wendet man das Bisektionsverfahren richtig an, so kommt man mit jedem Schritt der gesuchten Lösung näher.

10 Abgebildet ist der Graph von f mit $f(x) = \sqrt{x}$.

a) Erläutern Sie anhand der Abbildung die Anwendung eines Intervallhalbierungsverfahrens.

b) Bestimmen Sie damit $\sqrt{2}$ und $\sqrt{3}$.

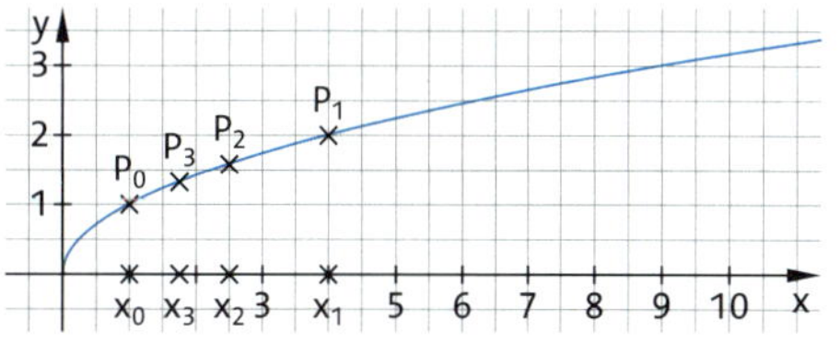

11 Begründen Sie die folgende Aussage: Wenn beim Bisektionsverfahren die Intervalllänge 1 ist, dann genügen 10 Iterationsschritte, damit der Fehler kleiner als 0,001 wird.

12 Setzen Sie den Algorithmus des Bisektionsverfahrens in eine Ihnen bekannte Programmiersprache um und testen Sie es z. B. an der Funktion f mit $f(x) = x^2 - 4$.

13 **Ausblick:** Erstellen Sie ein Plakat zum Bisektionsverfahren. Gehen Sie dabei auch auf die Grenzen des Verfahrens ein.

6.3 Newton-Verfahren

Bestimmen Sie die Nullstellen der Funktion f. Begründen Sie, dass Sie dazu ein Hilfsmittel benötigen.

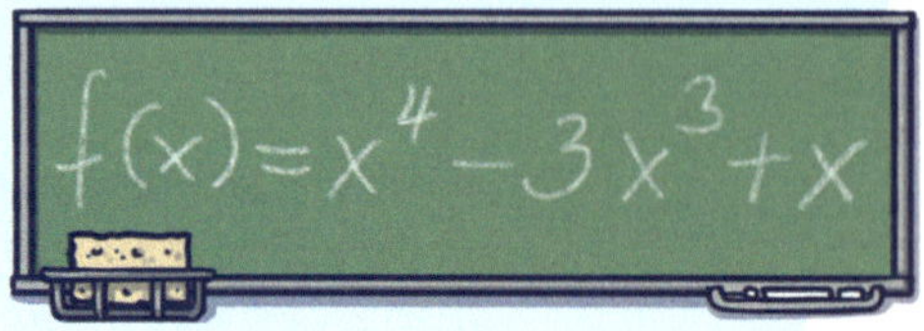

Isaac Newton (1643–1727)

Nicht bei allen Funktionen lassen sich Nullstellen durch Rechenverfahren sofort bestimmen. Isaac Newton gab schon um 1670 ein Verfahren an, mit dem man Nullstellen ganzrationaler Funktionen mit beliebig vorgegebener Genauigkeit näherungsweise bestimmen kann.

Man sucht die Nullstelle einer Funktion f, indem man mit einem beliebigen Anfangswert x_0 startet. Im Allgemeinen wird $f(x_0)$ nicht null sein. Aus der Zeichnung erkennt man, dass die Nullstelle x_1 der Tangente im Punkt $P_0(x_0 | f(x_0))$ an den Graphen G_f ein besserer Näherungswert für die gesuchte Nullstelle ist als der Anfangswert x_0.
Nun wird x_1 als neuer Anfangswert gewählt. Man erhält die Nullstelle x_2 der Tangente im Punkt $P_1(x_1 | f(x_1))$ an den Graphen G_f als noch besseren Näherungswert für die gesuchte Nullstelle. Dieses Vorgehen lässt sich beliebig oft fortsetzen.

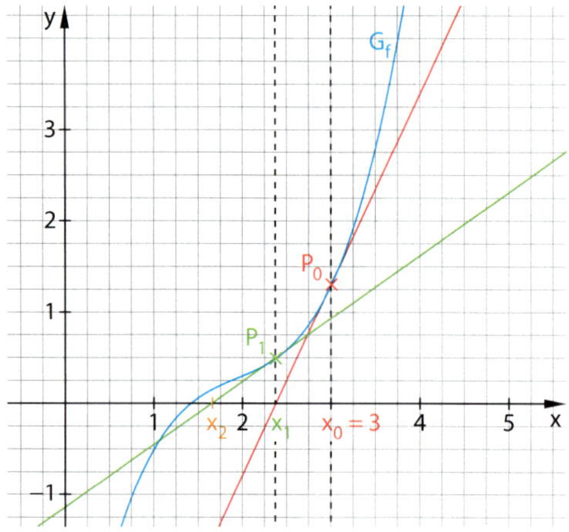

Das Verfahren wird nun auf eine differenzierbare Funktion f verallgemeinert.
Für die Steigung der Tangente im Punkt $P_0(x_0 | f(x_0))$ an den Graphen G_f gilt:
$f'(x_0) = m = \frac{f(x_0) - 0}{x_0 - x_1}$.

Auflösen nach x_1 ergibt: $f'(x_0) \cdot (x_0 - x_1) = f(x_0) \Rightarrow x_1 = x_0 - \frac{f(x_0)}{f'(x_0)}$ mit $f'(x_0) \neq 0$

Da nun diese Rechenschritte mit anderen Zahlen wiederholt durchgeführt werden, handelt es sich um ein Iterationsverfahren.

Wissen **Newton-Verfahren**

Ist x_n ein Näherungswert einer Nullstelle der Funktion f und $f'(x_n) \neq 0$, dann ist $x_{n+1} = x_n - \frac{f(x_n)}{f'(x_n)}$ im Allgemeinen ein besserer Näherungswert für diese Nullstelle.

Beispiel 1

Bestimmen Sie unter Verwendung eines Tabellenkalkulationsprogramms näherungsweise die Nullstelle der Funktion f mit $f(x) = x^3 + x^2 - 5$. Wählen Sie als Anfangswert 2.

Lösung:
Setzen Sie in Zelle B2 den Anfangswert 2.
Geben Sie dann folgende Formeln ein:
=B2^3+B2^2–5 in Zelle C2,
=3*B2^2+2*B2 in Zelle D2,
=B2–C2/D2 in Zelle E2 und
=E2 in Zelle B3.
Kopieren Sie nun diese Formeln in die jeweils darunter liegenden Zellen.

	A	B	C	D	E
1		x	f(x)=x^3+x^2-5	f'(x)=3x^2+2x	x-f(x)/f'(x)
2	0.	2,00000000	7,00000000	16,00000000	1,56250000
3	1.	1,56250000	1,25610352	10,44921875	1,44228972
4	2.	1,44228972	0,08045018	9,12517835	1,43347343
5	3.	1,43347343	0,00041336	9,03148512	1,43342767
6	4.	1,43342767	0,00000001	9,03099994	1,43342766
7	5.	1,43342766	0,00000000	9,03099993	1,43342766

Der 5. Näherungswert entspricht bis zur 8. Nachkommastelle dem Wert der Nullstelle.

Basisaufgaben

1 Die positive Nullstelle der Funktion f mit $f(x) = x^2 - 2$ soll zeichnerisch bestimmt werden.
a) Beschreiben Sie das Vorgehen mit dem Newton-Verfahren für den Startwert $x_0 = 5$.
b) Setzen Sie Ihre Beschreibung in eine Zeichnung um und ermitteln Sie damit die ersten beiden Näherungswerte auf eine Dezimale genau.

2 Die Nullstelle der Funktion f mit $f(x) = x^5 - 2$ soll näherungsweise berechnet werden.
a) Berechnen Sie mit dem Taschenrechner nach dem Newton-Verfahren die ersten drei Näherungswerte. Wählen Sie als Startwert eine ganze Zahl. Begründen Sie Ihre Wahl.
b) Berechnen Sie die prozentuale Abweichung des dritten Näherungswerts von der Nullstelle $\sqrt[5]{2}$.

3 Begründen Sie, dass die Funktion f mit $f(x) = x^3 + x + 1$ genau eine Nullstelle besitzt. Ermitteln Sie mit einem Funktionenplotter gemäß dem Newton-Verfahren die ersten drei Näherungswerte für die Nullstelle von f mit Anfangswert $x_0 = 1$.

Beispiel TK **4** Berechnen Sie mit dem Newton-Verfahren unter Verwendung eines Tabellenkalkulationsprogramms die Nullstellen der Funktion.
a) $f(x) = x^3 - 2x + 3$
b) $g(x) = x^4 - 3x - 1$. Begründen Sie auch, dass g genau zwei Nullstellen hat.
c) $h(x) = x^5 - 4x^2 - 2$
d) $k(x) = 0{,}5x^3 + 2x^2 - 1$. Begründen Sie auch, dass k genau drei Nullstellen hat.

Weiterführende Aufgaben

Zwischentest

5 **Stolperstelle:** Lea will die Nullstelle der Funktion $f(x) = x^3 - 3x + 1$ näherungsweise mit dem Newton-Verfahren bestimmen und erhält dieses Ergebnis:

	A	B	C	D	E
1		x	f(x)=x^3-3x+1	f'(x)=3x^2-3	x-f(x)/f'(x)
2	0.	1,00000000	-1,00000000	0,0000000000	#DIV/0!
3	1.	#DIV/0!	#DIV/0!	#DIV/0!	#DIV/0!

Erklären Sie, warum das Newton-Verfahren hier versagt.

6 Jan hat versucht, das Newton-Verfahren mit einer dynamischen Geometrie-Software zu veranschaulichen. Er hat die nebenstehende Situation erhalten. Erläutern Sie unter Verwendung der Bezeichnungen in der Abbildung, welches Problem sich hier ergibt.

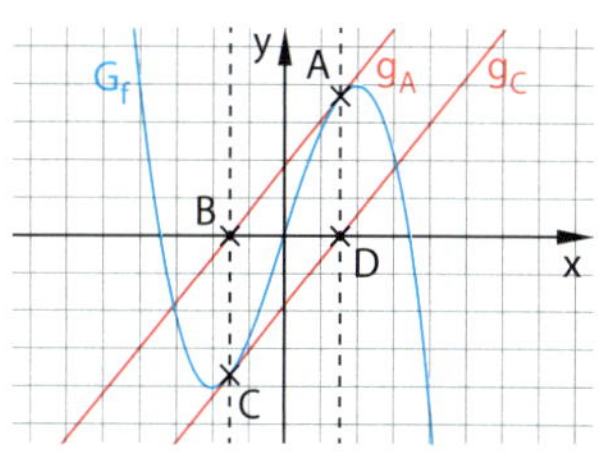

Hilfe **7** **Einfluss des Startwerts:** Björn meint: „Zu $f(x) = -x^3 + x + 2$ finde ich keine Nullstelle mit dem Startwert $x_0 = -2$.“ Stella entgegnet: „Ich erhalte nach drei Schritten mit $x_0 = 2$ den Näherungswert $x_N \approx 1{,}52$.“ Nehmen Sie begründet Stellung dazu.

8 **Ausblick:** Erstellen Sie ein Plakat zum Thema Newton-Verfahren. Gehen Sie dabei auch auf die Grenzen des Verfahrens ein.

6.4 Regula falsi und Vergleich der Verfahren

Tim: „Die Funktion f mit $f(x) = x^3 - 2$ hat zwischen 1 und 2 eine Nullstelle. Wie finde ich die?“ Shirin: „Ich habe das Newton-Verfahren verwendet. Dabei ist mir aufgefallen, dass die Funktionswerte an den verwendeten Stellen in jedem Schritt verschiedene Vorzeichen haben.“
Bestimmen Sie die Nullstelle und überprüfen Sie die Behauptung.

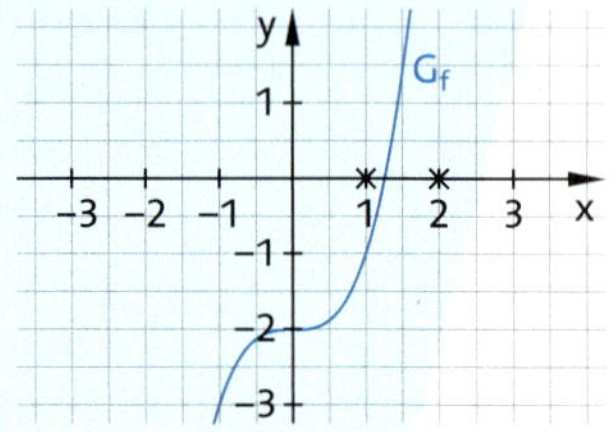

Info

Ursprünglich wurde das Verfahren dazu benutzt, um die Nullstelle einer linearen Funktion ohne algebraische Umformungen zu bestimmen.

Die Regula falsi ist ein weiteres Verfahren zur schrittweisen Bestimmung einer Nullstelle. Der Nullstellensatz liefert auch für dieses Verfahren die Voraussetzung. Betrachtet wird ein Intervall $[a; b]$, in dem die Funktion stetig ist, also keine Sprünge oder Definitionslücken hat, und in dem die Funktionswerte $f(a)$ und $f(b)$ verschiedene Vorzeichen haben.

Regula falsi

Mit der Regula Falsi werden Sekanten durch die Punkte $A(a\,|\,f(a))$ und $B(b\,|\,f(b))$ bestimmt. Die Nullstelle der Sekante wird zu einer der neuen Stellen, und zwar so, dass die Funktionswerte weiterhin unterschiedliche Vorzeichen haben.

Wissen

Gilt für eine Funktion f und für zwei Stellen a und b in der Nähe der Nullstelle $f(a) \cdot f(b) < 0$, dann ist
$x_1 = a - \frac{b - a}{f(b) - f(a)} \cdot f(a)$
ein Näherungswert für die Nullstelle im Intervall $[a; b]$.
Ist das Vorzeichen von $f(x_1)$ das gleiche wie von $f(a)$, dann wird x_1 zum neuen Wert von a, ansonsten wird x_1 zum neuen Wert von b.
Das Verfahren wird so lange durchgeführt, bis die gewünschte Genauigkeit ε erreicht ist und für einen Näherungswert x_i gilt
$f\left(x_i - \frac{\varepsilon}{2}\right) \cdot f\left(x_i + \frac{\varepsilon}{2}\right) < 0$.

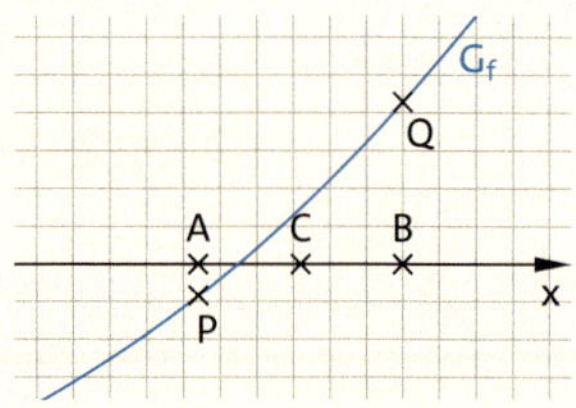

Beispiel 1

Gesucht ist die Nullstelle der Funktion f mit $f(x) = x^3 - 10$.

a) Geben Sie ein geeignetes Startintervall $[a; b]$ an.
b) Ermitteln Sie die Nullstelle mit einer Genauigkeit von mindestens 0,001.

Hinweis

Die Nullstelle der Funktion f ist auch Lösung der Gleichung $x^3 = 10$.

Lösung:

a) Man wählt zwei Stellen a und b mit $f(a) \cdot f(b) < 0$, in diesem Fall z. B. $a = 2$ und $b = 2,5$.

```
f(x):=x^3-10 ▸ Fertig
a:=2 ▸ 2
b:=2.5 ▸ 2.5
f(a) ▸ -2
f(b) ▸ 5.625
```

b) Nun wird mithilfe der Rechenvorschrift die nächste Stelle bestimmt sowie der zugehörige Funktionswert und insbesondere sein Vorzeichen.
Da das Vorzeichen negativ ist, wird die Stelle a ersetzt und das Verfahren erneut durchgeführt.
Nach weiteren Schritten erhält man einen Näherungswert von $x_n \approx 2{,}15394$.
Um zu testen, ob die Nullstelle in dem geforderten Genauigkeitsbereich von $\varepsilon = 0{,}001$ liegt, werden $f\left(x_n + \frac{\varepsilon}{2}\right)$ und $f\left(x_n - \frac{\varepsilon}{2}\right)$ auf einen Vorzeichenwechsel geprüft. Dieser liegt vor, daher kann das Verfahren abgebrochen werden.

$$a-\frac{b-a}{f(b)-f(a)}\cdot f(a) \;\blacktriangleright\; 2.13115$$
$$f\left(a-\frac{b-a}{f(b)-f(a)}\cdot f(a)\right) \;\blacktriangleright\; -0.320776$$

$$a:=2.1539445841862 \;\blacktriangleright\; 2.15394$$
$$f\left(a-\frac{b-a}{f(b)-f(a)}\cdot f(a)\right) \;\blacktriangleright\; -0.000987$$
$$f\left(a-\frac{b-a}{f(b)-f(a)}\cdot f(a)+\frac{0.001}{2}\right) \;\blacktriangleright\; 0.005977$$
$$f\left(a-\frac{b-a}{f(b)-f(a)}\cdot f(a)-\frac{0.001}{2}\right) \;\blacktriangleright\; -0.007947$$

Basisaufgaben

1 Bestimmen Sie mit der Regula falsi die Nullstelle der Funktion f mit $f(x) = x^2 - 2$.
a) Wählen Sie zwei geeignete Startwerte, lassen Sie dazu zunächst den Graphen der Funktion anzeigen.
b) Bestimmen Sie die Nullstelle mit einer Genauigkeit von $\varepsilon = 0{,}01$.
c) Prüfen Sie, ob für den ermittelten Wert x_i gilt $|f(x_i)| < \varepsilon$.

2 Bestimmen Sie die Nullstelle der Funktion $f(x) = x^3 - 4$ auf zwei Dezimalstellen genau.

3 Bestimmen Sie mit dem Verfahren der Regula falsi die Nullstelle der Funktion f mit $f(x) = \ln(x) - x^2 + 0{,}9$ auf drei Dezimalstellen genau.

4 Beurteilen Sie, ob die Regula falsi zur Nullstellenbestimmung in den folgenden Beispielen anwendbar ist.

a)
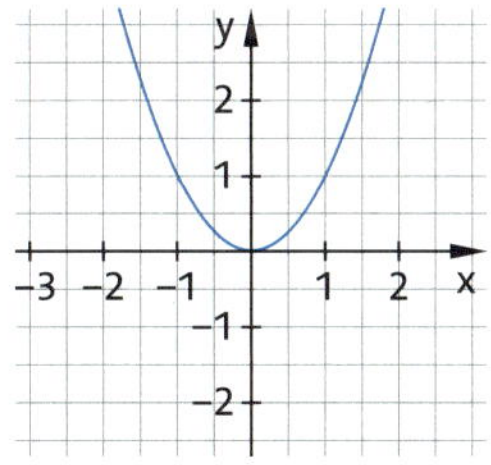

b)
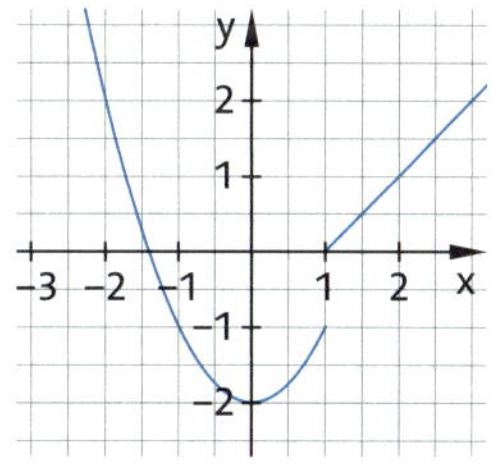

c)
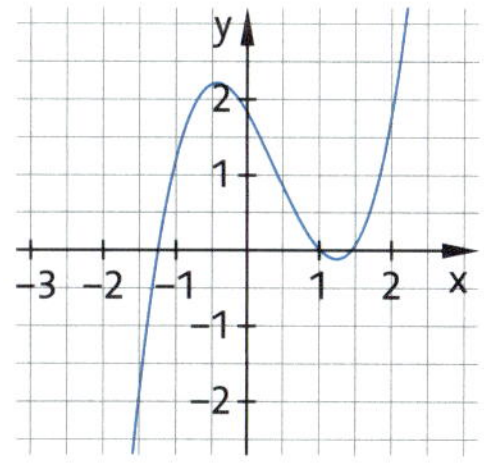

5 Erläutern Sie die Tabelle.

Regula falsi		f(x)=x^3-5			epsilon= 0,001					
a	b	f(a)	f(b	x_1	f(x_1)	|f(x)|	genau?	f(x_1+eps/2)	f(x_1-eps/2)	Produkt < 0 ?
1	2	-4	3	1,571429	-1,1195	1,11953	FALSCH	-1,11582827	-1,12323643	FALSCH
1,57142857	2	-1,11953	3	1,687898	-0,1912	0,19118	FALSCH	-0,18690365	-0,19545065	FALSCH
1,68789809	2	-0,19118	3	1,706596	-0,0296	0,02959	FALSCH	-0,02522387	-0,03396127	FALSCH
1,70659562	2	-0,02959	3	1,709462	-0,0045	0,00451	FALSCH	-0,00012526	-0,00889204	FALSCH
1,70946167	2	-0,00451	3	1,709898	-0,0007	0,00069	WAHR	0,003701263	-0,00506999	WAHR
1,70989778	2	-0,00069	3	1,709964	-0,0001	0,0001	WAHR	0,004283048	-0,00448888	WAHR
1,70996407	2	-0,0001	3	1,709974	-2E-05	1,6E-05	WAHR	0,004371465	-0,00440057	WAHR
1,70997414	2	-1,6E-05	3	1,709976	-2E-06	2,4E-06	WAHR	0,004384901	-0,00438715	WAHR

Beispiel 2

Bestimmen Sie den Schnittpunkt der Funktionen f und g mit f(x) = ln(x) und g(x) = sin(x) mit dem Verfahren der Regula falsi mit einer Genauigkeit von ε = 0,01.

Lösung:
Zunächst werden die beiden Funktionen und ihre Differenzfunktion d definiert und anschließend gezeichnet.
Die Nullstelle der Differenzfunktion ist die gesuchte Schnittstelle der beiden Funktionen f und g.

$\mathbf{f}(x):=\ln(x)$ ▸ *Fertig*
$\mathbf{g}(x):=\sin(x)$ ▸ *Fertig*
$\mathbf{d}(x):=\mathbf{f}(x)-\mathbf{g}(x)$ ▸ *Fertig*

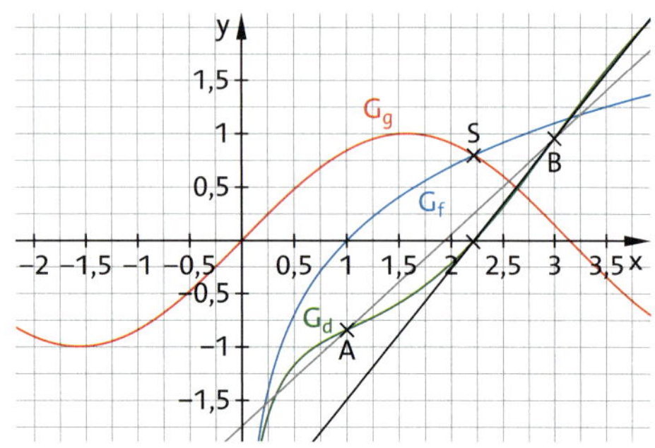

Die Berechnung kann auf einer *Notes*-Seite durchgeführt werden. Die Startwerte a und b werden so gewählt, dass f(a) und f(b) unterschiedliche Vorzeichen haben.
Nun wird die Nullstelle der Sekante berechnet und überprüft, ob die Differenzfunktion an dieser Stelle positiv oder negativ ist. Da $d(x_1) < 0$ ist, wird für den nächsten Schritt a = 1,94 gesetzt.

$\mathbf{a}:=1.$ ▸ 1. $\mathbf{d}(\mathbf{a})$ ▸ -0.841
$\mathbf{b}:=3.$ ▸ 3. $\mathbf{d}(\mathbf{b})$ ▸ 0.957
$\mathbf{x1}:=\mathbf{a}-\frac{\mathbf{b}-\mathbf{a}}{\mathbf{d}(\mathbf{b})-\mathbf{d}(\mathbf{a})}\cdot \mathbf{d}(\mathbf{a})$ ▸ 1.94
$\mathbf{d}(\mathbf{x1})$ ▸ -0.274

Dazu wird das Ergebnis als neues a definiert. Die Berechnung läuft dann automatisch ab und als nächste Nullstelle der Differenzfunktion ergibt sich 2,17.
Um zu prüfen, ob die Iteration bereits die geforderte Genauigkeit liefert, werden die Funktionswerte der Differenzfunktion $d\left(x_1-\frac{\varepsilon}{2}\right)$ und $d\left(x_1+\frac{\varepsilon}{2}\right)$ auf einen Vorzeichenwechsel überprüft, mit ε = 0,01. Da noch kein VZW vorliegt, wird das Verfahren erneut durchgeführt.

$\mathbf{a}:=1.94$ ▸ 1.94 $\mathbf{d}(\mathbf{a})$ ▸ -0.27
$\mathbf{b}:=3$ ▸ 3. $\mathbf{d}(\mathbf{b})$ ▸ 0.957
$\mathbf{x1}:=\mathbf{a}-\frac{\mathbf{b}-\mathbf{a}}{\mathbf{d}(\mathbf{b})-\mathbf{d}(\mathbf{a})}\cdot \mathbf{d}(\mathbf{a})$ ▸ 2.17
$\mathbf{d}(\mathbf{x1})$ ▸ -0.048
$\mathbf{d}\left(\mathbf{x1}-\frac{0.01}{2}\right)$ ▸ -0.053 $\mathbf{d}\left(\mathbf{x1}+\frac{0.01}{2}\right)$ ▸ -0.043

Nun liegt der Vorzeichenwechsel vor. Das Näherungsergebnis ist $x_1 = 2{,}22 \pm \frac{0{,}01}{2}$.

$\mathbf{a}:=2.21202$ ▸ 2.21202 $\mathbf{d}(\mathbf{a})$ ▸ -0.007458
$\mathbf{b}:=3$ ▸ 3 $\mathbf{d}(\mathbf{b})$ ▸ $\ln(3)-\sin(3)$
$\mathbf{x1}:=\mathbf{a}-\frac{\mathbf{b}-\mathbf{a}}{\mathbf{d}(\mathbf{b})-\mathbf{d}(\mathbf{a})}\cdot \mathbf{d}(\mathbf{a})$ ▸ 2.21811
$\mathbf{d}(\mathbf{x1})$ ▸ -0.001051 $\mathbf{d}\left(\mathbf{x1}-\frac{0.01}{2}\right)$ ▸ -0.006313
$\mathbf{d}\left(\mathbf{x1}+\frac{0.01}{2}\right)$ ▸ 0.004226

Basisaufgaben

6 Bestimmen Sie den Schnittpunkt der Funktionen f und g mit $f(x) = \sqrt{x}$ und $g(x) = \cos(x)$ mit einer Genauigkeit von 0,01.

7 Gegeben sind die Funktionen f und g mit $f(x) = x^3 - 2 \cdot x^2$ und $f(x) = 1 - x$.
a) Zeigen Sie, dass im Intervall $[0; 3]$ mindestens eine Schnittstelle liegt.
b) Bestimmen Sie diese mithilfe der Regula falsi mit einer Genauigkeit von 0,001.

Vergleich der numerischen Verfahren

Bisher wurden verschiedene numerische Verfahren zur Bestimmung einer Nullstelle einzeln betrachtet, jetzt werden sie gemeinsam untersucht und verglichen.

Hinweis

Die Effizienz eines Verfahrens hängt von der **Konvergenzgeschwindigkeit** ab. Man sagt, ein Verfahren konvergiert quadratisch, wenn sich die Anzahl korrekter Dezimalstellen in jedem Schritt etwa verdoppelt. **Bedingung** für die Konvergenz des Newton-Verfahrens: $f'(x) \neq 0$, $f''(x) \neq 0$, $|f(x) \cdot f''(x)| < |f'(x)|^2$.

Verfahren	verwendet	Grenzen	Effizienz	Vorteile
Newton	Tangente $x_{n+1} = x_n - \frac{f(x_n)}{f'(x_n)}$	Horizontale Tangenten, fehlende Differenzierbarkeit, abhängig von der Wahl der Startwerte ist Divergenz oder falsches Ergebnis möglich	konvergiert schnell („quadratisch"), falls Startwert nah genug an der Nullstelle	sehr schnell bei geeignetem Startwert und differenzierbarer Funktion
Bisektion	Arithmetisches Mittel $x_{n+1} = \frac{a+b}{2}$, falls $f(a) \cdot f(b) < 0$	Nur bei geeignetem Startintervall: Stetigkeit und verschiedene Vorzeichen der Funktionswerte	relativ langsam	garantierte Konvergenz bei Erfüllung der Voraussetzungen, Berechnung sehr einfach
Regula falsi	Sekante $x_{n+1} = a - \frac{b-a}{f(b)-f(a)} \cdot f(a)$, falls $f(a) \cdot f(b) < 0$	Nur bei geeignetem Startintervall: verschiedene Vorzeichen der Funktionswerte	meist recht langsam	teilweise schneller als Bisektion

Beispiel 3

Geben Sie an, welches numerische Verfahren nicht anwendbar ist.
a) $f'(x_n) = 0$ b) $f(a) \cdot f(b) > 0$ für alle a, b in der Nähe der Nullstelle

Lösung:
Prüfen Sie, ob die Voraussetzungen der Verfahren erfüllt sind.
a) Newton-Verfahren (Division durch 0)
b) Bisektion, Regula falsi

Basisaufgaben

8 Bestimmen Sie die Nullstelle der Funktion möglichst schnell und geschickt mit einer Genauigkeit von 0,01. Verwenden Sie begründet eines der numerischen Verfahren oder ein anderes Verfahren.
a) $f(x) = -x^2 - x - 0{,}48$ b) $g(x) = f(x) + 0{,}5$ c) $h(x) = f(x) - 2{,}31$
d) $i(x) = |x| \cdot x$ e) $j(x) = i(x) - 0{,}1$ f) $k(x) = j(x) \cdot (3x - 0{,}5)$

9 Bestimmen Sie einen Schnittpunkt der Funktionen f und g mit $f(x) = \sqrt{x}$ und $g(x) = 2 \cdot \sin\left(x + \frac{\pi}{4}\right)$ mit einer Genauigkeit von 0,001.
Geben Sie alle geeigneten Verfahren an und wählen Sie eines der Verfahren.

10 Bestimmen Sie den Schnittpunkt der Funktionen f und g mit $f(x) = -x^2 - x - 0{,}48$ und $g(x) = |x| - \frac{1}{2}$ mit einer Genauigkeit von 0,01 mit dem Verfahren ihrer Wahl. Begründen Sie Ihre Wahl.

Weiterführende Aufgaben

Zwischentest

11 Die Gerade g verläuft durch die Punkte $A(a|f(a))$ und $B(b|f(b))$
a) Bestimmen Sie allgemein eine Gleichung der Gerade g und ihre Nullstelle.
b) Erläutern Sie in diesem Zusammenhang die Rechenvorschrift für den Näherungswert einer Nullstelle $x_1 = a - \frac{b-a}{f(b)-f(a)} \cdot f(a)$.

12 Beurteilen Sie, bei welcher Funktion Sie zur Bestimmung der Nullstelle keines der numerischen Verfahren verwenden würden.
a) $f(x) = x^3 - 8$
b) $f(x) = x^3 + 7x^2 + 1$
c) $f(x) = x^3 - 8x^2 + 16x$

13 Nehmen Sie Stellung zu folgender Behauptung: Die Steigung der Sekanten bei der Bestimmung einer Nullstelle mit dem Verfahren der Regula falsi nähert sich der Steigung der Funktion in der Nullstelle.

Hilfe

14 Ermitteln Sie alle Lösungen der Gleichung $2^x = x^3$ mit der Regula falsi. Vergleichen Sie die Anzahl der notwendigen Schritte für die Genauigkeiten 0,01 und 0,001 mit den Anzahlen der Schritte bei Verwendung des Bisektionsverfahrens.

15 **Stolperstelle:** Untersuchen Sie die Aussagen auf ihren Wahrheitswert.
a) Die Nullstelle der Funktion $f(x) = x^2$ kann nicht mit der Regula falsi bestimmt werden.
b) Um die Nullstellen der Funktion g mit $g(x) = \tan(x) - 1$ zu bestimmen, ist es notwendig, ein Näherungsverfahren zu verwenden.

16 Anca sagt: „Ich nenne die Startwerte x_0 und x_1 und bestimme jeweils zu x_{n-1} und x_n den Wert $x_{n+1} = \frac{x_{n-1} \cdot f(x_n) - x_n \cdot f(x_{n-1})}{f(x_n) - f(x_{n-1})}$ für $n \in \mathbb{N}, n > 0$. Das ist die Regula falsi."
a) Prüfen Sie Ancas Verfahren anhand der Nullstelle der Funktion in Beispiel 1.
b) Nehmen Sie begründet Stellung zu Ancas Behauptung.

17 Bestimmen Sie eine Nullstelle der Funktion f mit $f(x) = x^5 - 8x^2 + 3$ mit dem Newtonverfahren, dem Bisektionsverfahren und der Regula falsi auf zwei Dezimalstellen genau. Vergleichen Sie die Konvergenzgeschwindigkeit, d. h. geben Sie die Anzahl der benötigten Schritte an.

Hinweis

Heron von Alexandria war ein griechischer Mathematiker und Ingenieur. Zu seinen Erfindungen zählt eine mit Windkraft betriebene Orgel.

18 Der Wert von $\sqrt{3}$ kann als Nullstelle von f mit $f(x) = x^2$ näherungsweise bestimmt werden. Gewünscht ist eine Genauigkeit von 0,01.
a) Informieren Sie sich über das Heron-Verfahren. Bestimmen Sie $\sqrt{3}$ mit dem Heron-Verfahren. Geben Sie die Anzahl der benötigten Schritte an.
b) Bestimmen Sie, falls möglich, $\sqrt{3}$ mit dem Bisektionsverfahren, der Regula falsi und dem Newton-Verfahren. Geben Sie jeweils die Anzahl der benötigten Schritte an.
c) Beurteilen Sie Eignung der verschiedenen Verfahren zur Lösung dieser Aufgabe.

19 **Ausblick:** Erstellen Sie ein Plakat zu den verschiedenen Verfahren zum Lösen von Gleichungen bzw. Bestimmung von Nullstellen und bereiten Sie einen Vortrag vor.

6.5 Klausur- und Abiturtraining

Aufgaben ohne Hilfsmittel

1 Gegeben ist die Funktion f mit $f(x) = x^3 - 2x$.

a) Beurteilen Sie die Aussage: „Es gibt mindestens eine Nullstelle."

b) Beurteilen Sie die Aussage: „Zwischen −2 und −1 liegt eine Nullstelle von f."

c) Berechnen Sie alle Nullstellen der Funktion.

2 Gegeben ist die Funktion g mit $g(x) = \frac{1}{24}x^5 - \frac{5}{2}x^2 + 1$. Gesucht ist der Wendepunkt mit einer Genauigkeit von $\varepsilon = 0{,}1$.
Erläutern Sie die Rechnung einschließlich der Tabelle für $f(x) = \frac{5}{6}x^3 - 5$. Geben Sie den Wendepunkt an.

a	b	f(a)	f(b)	x	f(x)	$f\left(x - \frac{\varepsilon}{2}\right)$	$f\left(x + \frac{\varepsilon}{2}\right)$
1	2	$-\frac{25}{6} < 0$	$\frac{5}{3} > 0$	$\frac{12}{7}$	$-\frac{275}{343} < 0$	< 0	< 0
$\frac{12}{7}$	2	$-\frac{275}{343} < 0$	$\frac{5}{3} > 0$	$\frac{459}{254}$	$-\frac{2699675}{32774128} < 0$	< 0	> 0

3 Berechnen Sie alle Lösungen der Gleichung. Verwenden Sie eine Polynomdivision oder begründen Sie, warum das nicht notwendig ist.

a) $x^3 + 4x^2 - 5x = 20$
b) $x^4 - 6x^2 = -9$
c) $x^4 + 7x^3 = 0$
d) $x^3 - 2x^2 - 3x + 6 = 0$
e) $4x^3 + 8x^2 - 4x = 8$
f) $-2x^3 - 2x^2 + 6x = -6$

Aufgaben mit Hilfsmitteln

4 Berechnen Sie alle Lösungen der Gleichung mit einem Verfahren Ihrer Wahl und mit einer Genauigkeit von mindestens $\varepsilon = 0{,}1$. Beurteilen Sie, wo der Einsatz eines numerischen Verfahrens sinnvoll ist.

a) $x^7 - 16 \cdot x^5 = 0$
b) $x^4 - 2x^2 = 8$
c) $3x^6 = -5$
d) $3x^3 - 18x^2 = 21x - 180$
e) $x^4 - 3x^3 = -1$
f) $\frac{1}{3}x^5 = 5$

5 Gegeben ist die Funktion f mit $f(x) = x^3 - x + 2$.

a) Geben Sie begründet an, in welchem der folgenden Intervalle eine Nullstelle liegt: $[-3;-2]$, $[-2;-1]$, $[-1;0]$, $[0;2]$.

b) Wählen Sie einen geeigneten Startwert und berechnen Sie eine Nullstelle mithilfe des Newton-Verfahrens mit einer Genauigkeit von $\varepsilon = 0{,}01$.

6 Gegeben ist die Funktion f mit $f(x) = x^3 - 2x^2 - 4x - 2$.

a) Geben Sie die Anzahl der Nullstellen mit Begründung an.

b) Bestimmen Sie zwei Stellen a und b so, dass $f(a) \cdot f(b) < 0$ gilt.

c) Berechnen Sie das arithmetische Mittel $\frac{a+b}{2}$ und den zugehörigen Funktionswert.

d) Ersetzen Sie entweder a oder b durch das arithmetische Mittel so, dass weiterhin $f(a) \cdot f(b) < 0$ gilt.

e) Wiederholen Sie die Schritte c) und d) so lange, bis der Betrag des Funktionswertes kleiner als $\varepsilon = 0{,}01$ ist. Geben Sie den Näherungswert für die Nullstelle an (Bisektionsverfahren oder Intervallhalbierungsverfahren).

Lösungen → S. 294

1 Gegeben sind Funktionsterme und Nullstellen. Ordnen Sie diese einander zu und begründen Sie Ihre Zuordnung. Erläutern Sie, inwiefern die Zuordnung zur Anwendung einer Polynomdivision beiträgt. Führen Sie diese, wenn möglich, durch.

① $x^3 - 8x^2 + 10x - 3$	② $x_N = -1$	③ $x^3 + 2x^2 - 1$
④ $x_N = 1$	⑤ $x^3 - x^2 - 6x + 8$	⑥ $x_N = 2$

2 Gegeben ist die Funktion f mit $f(x) = x^3 + 9x^2 + 2x - 12$.
a) Prüfen Sie, ob $x_0 = 1$ eine Nullstelle von f ist.
b) Führen Sie eine Polynomdivision durch.
c) Bestimmen Sie alle Nullstellen von f. Geben Sie die verwendete Methode an.

3 Elias hat eine Polynomdivision durchgeführt. Korrigieren Sie alle Fehler im Heft.

$$(6x^3 - 9x^2 + 2x - 16) : (x - 2) = 6x^2 - 21x + 21$$
$$-(6x^3 - 12x^2) \quad \downarrow$$
$$-21x^2 - 21x$$
$$-(-21x^2 - 42x)$$
$$21x - 16$$
$$-(21x - 42)$$
$$26$$

4 Berechnen Sie alle Nullstellen der Funktion f möglichst geschickt und schnell. Erläutern Sie Ihr Vorgehen.
a) $f(x) = 6x^4 - 48x^3 + 126x^2 - 108x$
b) $f(x) = 6x^3 - 27x^2 + 2$
c) $f(x) = 6x^4 - 24x^2$
d) $f(x) = 6x^4 + 12x^2 - 210$

5 Mit dem Bisektionsverfahren soll $\sqrt[3]{7}$ näherungsweise bestimmt werden.
a) Geben Sie ein geeignetes Startintervall an.
b) Bestimmen Sie den Wert von $\sqrt[3]{7}$ mithilfe einer Tabellenkalkulation für $\varepsilon = 0{,}1$.

6 Gegeben sind die Funktionen f und g mit $f(x) = x^2 + 4x + 1$ und $g(x) = \sin(x)$. Verwenden Sie das Bisektionsverfahren zur Bestimmung einer Schnittstelle ($\varepsilon = 0{,}1$).

7 Beurteilen Sie, ob das das Newton-Verfahren zur Bestimmung der Nullstelle der Funktion f mit $f(x) = x^3 - x^2 - 5$ geeignet und der Startwert $x_0 = 2$ sinnvoll gewählt ist. Bestimmen Sie die Nullstelle anschließend damit, wenn möglich.

8 Gesucht ist die Nullstelle der Funktion f mit $f(x) = x^3 - x^2 - 1$. Begründen Sie, dass die Regula falsi anwendbar ist. Bestimmen Sie die Nullstelle mithilfe der Regula falsi.

9 Zeigen Sie, dass die Graphen der Funktionen f und g mit $f(x) = x^3 - x^2 - 3$ und $g(x) = x^2$ einen Schnittpunkt haben. Prüfen Sie, ob die Voraussetzungen zur Anwendung der Regula falsi gegeben sind. Bestimmen Sie die Schnittstelle damit.

Lösungen → S. 294/295

10 Gegeben ist die Funktion f mit $f(x) = x^3 + 2x - 4$. Bestimmen Sie die Nullstelle mit einem Verfahren Ihrer Wahl. Begründen Sie Ihre Wahl.

11 Begründen Sie anhand des Graphen, inwieweit die Anwendung numerischer Verfahren zur Nullstellenbestimmung
a) möglich,
b) sinnvoll ist.

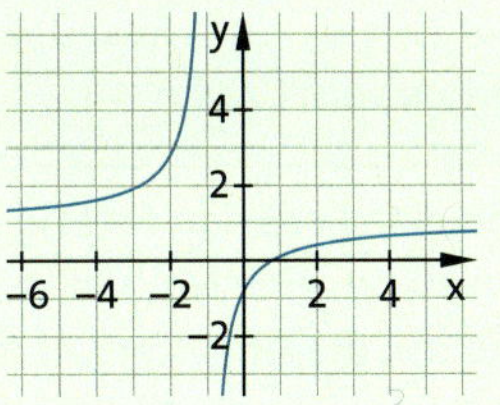

12 Gegeben sind unten sechs Funktionsgleichungen und rechts in der Abbildung zugehörige Graphen.
a) Ordnen Sie jedem Graphen eine der Funktionsgleichungen zu.
b) Beurteilen Sie, ob die Funktion an der Stelle $x_0 = 2$ differenzierbar ist und welche Auswirkungen dies auf die Anwendung numerischer Verfahren zur Nullstellenbestimmung hat.

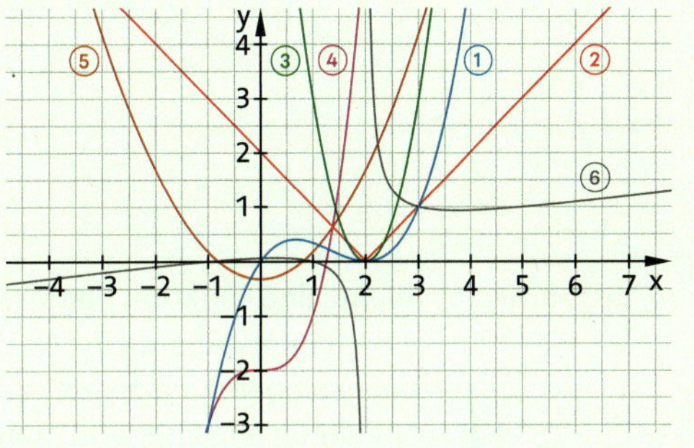

$a(x) = 3 \cdot (x - 2)^2$ $\quad b(x) = x^3 - 2$

$c(x) = \frac{1}{3}x^3 - \frac{4}{3}x^2 + \frac{4}{3}x$ $\quad d(x) = |x - 2|$

$e(x) = \begin{cases} \frac{1}{2} \cdot x^2 - \frac{1}{3}, & x \neq 2 \\ 1, & x = 2 \end{cases}$ $\quad f(x) = \frac{x^2 - 1}{8(x - 2)}$

c) Geben Sie zur Bestimmung jeder Nullstelle begründet das Verfahren ihrer Wahl an.
d) Geben Sie für jedes numerische Verfahren (Newton, Bisektion, Regula falsi) eine Schnittstelle an, die Sie mithilfe dieses Verfahrens bestimmen könnten.

Wo stehe ich?

	Ich kann...	Aufgabe	Nachschlagen
6.1	...Nullstellen mithilfe der Polynomdivision ermitteln.	1, 2, 3, 4	S. 232 Beispiel 1
6.2	... das Bisektionsverfahren anwenden, um eine Nullstelle zu bestimmen, wenn die Voraussetzungen erfüllt sind. ... das Bisektionsverfahren zur Bestimmung einer Schnittstelle anwenden, wenn die Voraussetzungen erfüllt sind.	5, 6	S. 235 Beispiel 1 S. 236 Beispiel 2
6.3	... eine Nullstelle mithilfe des Newton-Verfahrens ermitteln, wenn die Voraussetzungen erfüllt sind.	7	S. 238 Beispiel 1
6.4	... eine Nullstelle mithilfe der Regula falsi ermitteln, wenn die Voraussetzungen erfüllt sind. ... die Regula falsi zur Bestimmung einer Schnittstelle anwenden, wenn die Voraussetzungen erfüllt sind. ... mich begründet für eines der Verfahren anhand ihrer Grenzen und Vorteile entscheiden.	8, 9, 10, 11, 12	S. 240 Beispiel 1 S. 242 Beispiel 2 S. 243 Beispiel 3

Polynomdivision

Wenn für ein Polynom vom Grad n eine Nullstelle x_N gefunden wird, dann führt eine Division des Polynoms durch den Linearfaktor $(x - x_N)$ (mit Rest 0) zu einem Polynom vom Grad n − 1.

$$(x^3 - x^2 + 5x - 5) : (x - 1) = x^2 + 5$$
$$-(x^3 - x^2)$$
$$0 + 5x - 5$$
$$-(5x - 5)$$
$$0$$

Bisektionsverfahren

Wenn eine Funktion f stetig auf einem Intervall um eine Nullstelle ist und es Stellen a und b in diesem Intervall mit $f(a) \cdot f(b) < 0$ gibt, dann kann die Nullstelle iterativ bestimmt werden durch das arithmetische Mittel $x_{n+1} = \frac{a+b}{2}$.

Bestimmen Sie die Nullstelle von f mit $f(x) = x^3 - 2$ mithilfe des Bisektions- oder Intervallhalbierungsverfahrens.
$a = 1, b = 2,$
$f(a) = -1, f(b) = 6, f(a) \cdot f(b) < 0,$
$x_0 = \frac{3}{2}; x_1 = \frac{5}{4}; x_2 = \frac{11}{8}; x_3 = \frac{21}{16};$
$x_4 = \frac{41}{32}; x_5 = \frac{81}{64}; x_6 = \frac{161}{128}; x_7 = \frac{323}{256};$
$x_8 = \frac{645}{512} \approx 1{,}2597656$ mit $\varepsilon < 0{,}01$

Newton-Verfahren

Wenn eine Funktion f differenzierbar auf einem Intervall um eine Nullstelle ist und ein geeigneter Startwert in der Nähe der Nullstelle gewählt wird, dann kann die Nullstelle iterativ mithilfe der Tangente bestimmt werden durch

$$x_{n+1} = x_n - \frac{f(x_n)}{f'(x_n)}.$$

Mithilfe des Newton-Verfahrens soll die Nullstelle der Funktion f mit $f(x) = x^3 - 2$ mit einer Genauigkeit von mindestens $\varepsilon = 0{,}01$ bestimmt werden.
$f'(x) = 3x^2;$
$x_0 = 1; x_1 = 1 - \frac{-1}{3} = \frac{4}{3};$
$x_2 = \frac{4}{3} - \frac{\frac{10}{27}}{\frac{16}{3}} = \frac{91}{72};$
$x_3 = \frac{1126819}{894348} \approx 1{,}2599$ mit $\varepsilon \leq 0{,}001.$

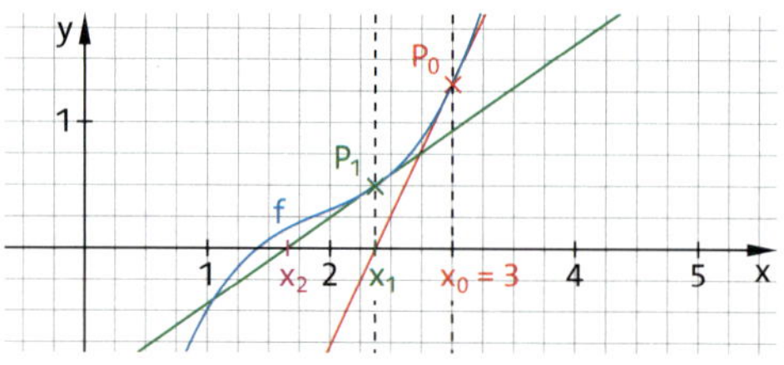

Regula falsi

Wenn eine Funktion f auf einem Intervall [a; b] gegeben ist mit $f(a) \cdot f(b) < 0$, dann kann die Nullstelle iterativ mithilfe der Sekante bestimmt werden durch
$x_{n+1} = a - \frac{b-a}{f(b) - f(a)} \cdot f(a).$
(Genauigkeit ε: $f\left(x_i - \frac{\varepsilon}{2}\right) \cdot f\left(x_i + \frac{\varepsilon}{2}\right) < 0$)

Bestimmen Sie die Nullstelle von f mit $f(x) = x^3 - 2$ mithilfe der Regula falsi.
$a = 1, b = 2, f(a) \cdot f(b) < 0;$
$x_0 = \frac{8}{7}; x_1 = \frac{75}{62}; x_2 = \frac{37538}{39301}; \ldots;$
$x_8 \approx 1{,}2598$

Vergleich der numerischen Verfahren

Das **Bisektionsverfahren** funktioniert zuverlässig, aber nicht schnell. Die **Regula falsi** kann schneller zum Ergebnis führen als das Bisektionsverfahren, aber nur, wenn die Voraussetzungen erfüllt sind. Das **Newton-Verfahren** kann sehr schnell zum Ergebnis führen, wenn die Voraussetzungen erfüllt sind, der Startwert gut gewählt wird und keine horizontalen Tangenten vorliegen – sonst kann es auch Divergenz oder ein falsches Ergebnis liefern.

Nullstellen von f mit $f(x) = x^3 - 2$:
Geben Sie begründet an, welche der Werte nicht als Startwerte für das Newton-Verfahren geeignet sind:
$a = 1; b = 2; c = -1; d = -2; e = 0.$
Nicht geeignet sind $e = 0$ und $c = -1$, denn diese Startwerte führen direkt bzw. nach wenigen Schritten zu einer Division durch 0.

7

Folgen und Reihen

Nach diesem Kapitel können Sie
- → Folgenglieder von explizit und rekursiv definierten Folgen bestimmen und Bildungsgesetze aufstellen,
- → Folgen auf Monotonie, Beschränktheit und Konvergenz untersuchen,
- → Grenzwertsätze anwenden,
- → arithmetische und geometrische Folgen und Reihen erkennen und untersuchen.

Lösungen
→ S. 295/296

Erklärvideo

Terme

1 Berechnen Sie den Wert des Terms für $n = 1$, $n = 5$ und $n = 20$.
a) $5n + 3$ b) $\frac{n + 10}{n}$ c) $2^n + 6$ d) $n^2 - 4n$

2 Stellen Sie einen passenden Term auf.
a) Das Doppelte von a wird um das Dreifache von a + 1 vermindert.
b) Das Vierfache von x wird zur Hälfte von x addiert.
c) Das Produkt aus m, seinem Vorgänger und seinem Nachfolger wird gebildet ($m \in \mathbb{N}$).
d) Der Kehrwert von z wird verfünffacht und dann zu 2 addiert.
e) Der Wert von q wird um 2 vermehrt, das Ergebnis wird verdreifacht.

3 Beschreiben Sie den Term in Worten ($k, n \in \mathbb{N}$, $x, a \in \mathbb{R}$).
a) $6x + 3$ b) $(n + 1)(n + 2)$ c) $2a^2 + 1$ d) $\frac{k}{k - 1}$

4 Bestimmen Sie den Term, der nicht äquivalent zu den anderen Termen ist.
a) ① $2x + 3 + 5x$ ② $3 + 7x$ ③ $5 + 5x$ ④ $x(5 + 2) + 3$
b) ① $\frac{n^2 - 1}{n - 1}$ ② $\frac{n^2 - 1}{n} - n^2 + 1$ ③ $n + 1$ (für $n \neq 1$) ④ $\frac{(n - 1)(n + 1)}{n - 1}$
c) ① $a^2 + 6$ ② $a(a + 2) + 4$ ③ $a^2 + 2a + 4$ ④ $(a + 2)^2 - 2a$

5 Vereinfachen Sie den Term.
a) $4x - 2 + 3x + 1 - x$
b) $(y + 1)(y - 3) + 4y - 2$
c) $(2n + 1)(n + 2) + n^2$
d) $(k + 2)^2 - k(k + 1) + k$
e) $a^2 - 4 - (a - 2)$
f) $9b^2 + b - b(b + 2) + (b + 1)(b - 1)$

6 Fassen Sie zusammen.
a) $\frac{n^2 + 2n + 2}{n + 1} - 2$ b) $\frac{(n + 1)(n + 2)}{n} - n - 2$ c) $\frac{1}{n} + \frac{1}{n + 1}$ d) $\frac{n + 1}{n^2} - \frac{n - 2}{n}$

Monotonie und Asymptoten

7 a) Erklären Sie, wann eine Funktion streng monoton steigend ist.
b) Erklären Sie anschaulich die Bedeutung einer Asymptote eines Graphen.

8 Prüfen Sie, ob die Funktion f auf ihrem maximalen Definitionsbereich streng monoton ist. Falls ja, geben Sie die Art der Monotonie an. (Hinweis: Sie müssen die Funktion nicht ableiten.)
a) $f(x) = 2x + 3$ b) $f(x) = x^2$ c) $f(x) = 3$ d) $f(x) = 1 + \frac{1}{x}$

9 Begründen Sie anhand der Graphen, ob die Funktionen f und g streng monoton sind und ob Asymptoten existieren. Gehen Sie davon aus, dass sich das Verhalten der Graphen wie im gezeigten Ausschnitt fortsetzt.

a)
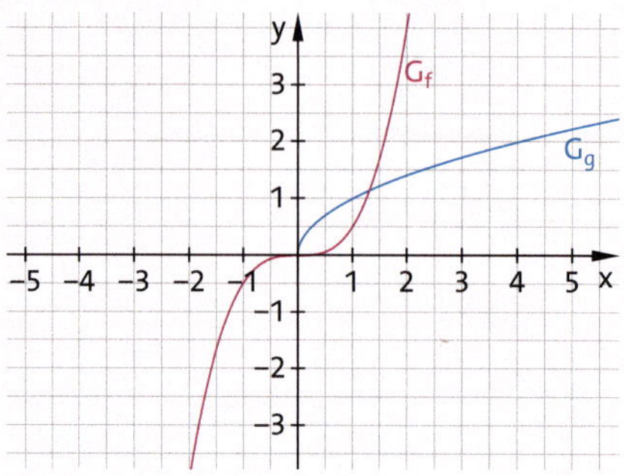

b)
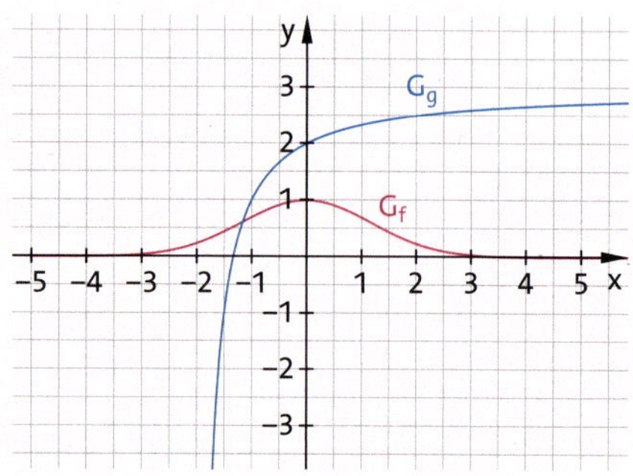

Lösungen → S. 296

10 Geben Sie das Verhalten der Funktion für $x \to \infty$ an.
a) $f(x) = x^3 - 2$ b) $f(x) = 2^{-x}$ c) $f(x) = \sin(x)$ d) $f(x) = \frac{3}{x-1} + 4$

11 Die Funktion f hat eine Asymptote parallel zur x-Achse. Bestimmen Sie den Grenzwert.
a) $f(x) = \frac{2}{x^2} - 1$ b) $f(x) = 2 \cdot 3^x$ c) $f(x) = 2 - \frac{1}{x+3}$ d) $f(x) = \frac{3x-1}{x}$

12 Skizzieren Sie den Graphen einer Funktion mit folgenden Eigenschaften.
a) Die Funktion ist monoton steigend und hat die x-Achse als Asymptote.
b) Die Funktion ist nicht monoton, aber hat die x-Achse als Asymptote.
c) Die Funktion ist monoton fallend und die Funktionswerte fallen für $x \to \infty$.

Erklärvideo

Ableitungen

13 Leiten Sie die Funktion f ab.
a) $f(x) = 3x^2$ b) $f(x) = x^5 + 3x^4 - x$ c) $f(x) = 2x^6 - 3x^5 + x^2 - 1$

14 Bestimmen Sie die Ableitung der Funktion f.
a) $f(x) = e^x$ b) $f(x) = \sin(x)$ c) $f(x) = \cos(x)$
d) $f(x) = \sin(2x) + x$ e) $f(x) = 2\cos(x) + e^x$ f) $f(x) = e^{2x+1}$

15 Berechnen Sie $f'(0)$.
a) $f(x) = \cos(3x)$ b) $f(x) = 2\sin(x+1)$ c) $f(x) = -e^x$

16 Bestimmen Sie die ersten drei Ableitungen der Funktion f.
a) $f(x) = -\sin(x)$ b) $f(x) = \cos(x) + e^x$ c) $f(x) = e^{(x^2)}$

17 Berechnen Sie $f(0)$, $f'(0)$, $f''(0)$ und $f'''(0)$ von f mit $f(x) = \sin(x)$.

Beweise

18 Stellen Sie einen Term zur Situation auf und beweisen Sie durch Termumformungen die Aussage.
a) Die Summe dreier aufeinanderfolgender natürlicher Zahlen ist stets durch 3 teilbar.
b) Das um 1 verminderte Quadrat einer ungeraden Zahl ist stets durch 4 teilbar.
c) Addiert man den Vorgänger einer natürlichen Zahl zum Nachfolger der Zahl, so ist das Ergebnis immer gerade.
d) Das Quadrat einer geraden Zahl ist stets durch 4 teilbar.

19 Beweisen Sie mit einem indirekten Beweis, dass jede Primzahl $p > 2$ ungerade ist.

20 Beweisen Sie, dass für alle Zahlen $x \neq 0$ gilt: $(1 - x)(1 + x) < 1$

21 Über jeder Seite eines rechtwinkligen Dreiecks ABC mit $\gamma = 90°$ werden gleichseitige Dreiecke mit den Flächeninhalten A_1, A_2 und A_3 mit den Seitenlängen c, b und a gebildet. Beweisen Sie, dass dann $A_1 = A_2 + A_3$ gilt.

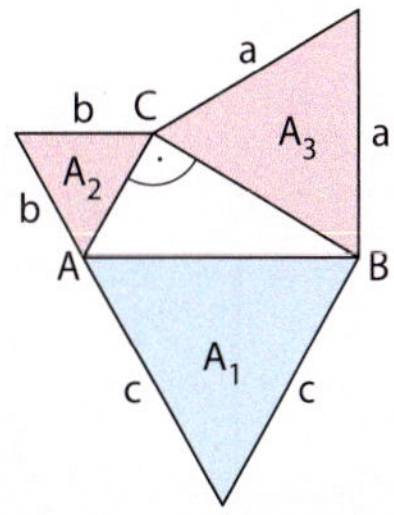

Vollständige Induktion

Leander berechnet den Wert des Terms $n^2 + n + 41$ für verschiedene natürliche Zahlen. Er stellt fest: „43, 47, 53 und 61 sind Primzahlen. Mit der Formel $n^2 + n + 41$ erhält man also nur Primzahlen.“ Nehmen Sie Stellung. Setzen Sie dazu n = 40 in die Formel ein und formen Sie den Term um.

n	$n^2 + n + 41$
1	43
2	47
3	53
4	61

Hinweis

Im Allgemeinen werden Induktionsbeweise ab n = 1 geführt. Daher sind in diesem Kapitel mit den natürlichen Zahlen nur die natürlichen Zahlen $n \geq 1$ gemeint.

Es gibt verschiedene Methoden, um Formeln für Zusammenhänge zwischen natürlichen Zahlen zu beweisen, z. B. Formeln für die Summe der ersten n natürlichen Zahlen oder der ersten n Quadratzahlen.
Sehr häufig wird dazu das Prinzip der **vollständigen Induktion** verwendet. Dabei zeigt man zunächst, dass die zu beweisende Aussage für eine konkrete natürliche Zahl richtig ist, z. B. für $n_0 = 1$. Anschließend beweist man: Wenn die Aussage für eine beliebige natürliche Zahl gilt, dann gilt sie auch für ihren Nachfolger. Da jede natürliche Zahl $n \geq 2$ durch das schrittweise Bilden des Nachfolgers aus n_0 erzeugt werden kann, ist die Aussage damit für alle natürlichen Zahlen $n \geq n_0$ bewiesen.

Wissen

Vorgehen beim Beweisen von Aussagen mit vollständiger Induktion:
① Induktionsanfang: Die Aussage wird für eine natürliche Zahl n_0 bewiesen.
② Induktionsschritt: Es wird bewiesen: Wenn die Behauptung für ein beliebiges n mit $n \geq n_0$ gilt (**Induktionsvoraussetzung**), dann gilt sie auch für n + 1.

In Induktionsbeweisen werden häufig die Zeichen für Summen und Produkte verwendet:

Summenzeichen: $\sum_{k=1}^{n} a_k = a_1 + a_2 + \ldots + a_{n-1} + a_n$

Produktzeichen: $\prod_{k=1}^{n} a_k = a_1 \cdot a_2 \cdot \ldots \cdot a_{n-1} \cdot a_n$

Beispiel 1

Beweisen Sie, dass für jede natürliche Zahl n gilt: $\sum_{k=1}^{n} k = 1 + 2 + \ldots + n = \frac{n(n+1)}{2}$

Lösung:

① Weisen Sie nach, dass die Aussage für n = 1 gilt.

Induktionsanfang: n = 1

$\sum_{k=1}^{1} k = 1 = \frac{1 \cdot 2}{2}$ (wahre Aussage)

② Setzen Sie nun voraus, dass die Behauptung für eine beliebige Zahl $n \geq 1$ gilt.

Induktionsvoraussetzung: Es gilt $\sum_{k=1}^{n} k = \frac{n(n+1)}{2}$ für eine natürliche Zahl n.

Weisen Sie nach, dass die Behauptung dann auch für n + 1 gilt, indem Sie den Term für die Summe der ersten n + 1 natürlichen Zahlen umformen. Wenden Sie beim 2. Gleichheitszeichen die Induktionsvoraussetzung an und klammern Sie anschließend n + 1 im Zähler aus.

Induktionsschritt:

$\sum_{k=1}^{n+1} k = (n+1) + \sum_{k=1}^{n} k$

$= \frac{n(n+1)}{2} + (n+1) = \frac{n(n+1) + 2(n+1)}{2}$

$= \frac{(n+1)(n+2)}{2} = \frac{(n+1)((n+1)+1)}{2}$

Also gilt die Behauptung auch für n + 1 und damit für alle natürlichen Zahlen.

Aufgaben

1 Schreiben Sie mit einem Summen- oder Produktzeichen:
a) die Summe der ersten 50 natürlichen Zahlen
b) das Produkt der ersten n geraden Zahlen
c) die Summe der ersten n Quadratzahlen

2 Beweisen Sie, dass für jede natürliche Zahl n gilt: ① $\sum_{k=1}^{n}(2k-1)=n^2$, ② $\sum_{k=1}^{n}(2k)=n^2+n$

3 Beweisen Sie die Gültigkeit der Formel für alle natürlichen Zahlen n.
a) $\sum_{k=1}^{n}k^2=\frac{n(n+1)(2n+1)}{6}$ b) $\sum_{k=1}^{n}k^3=\frac{n^2(n+1)^2}{4}$

4 Beweisen Sie, dass $n^3+(n+1)^3+(n+2)^3$ für alle natürlichen Zahlen n durch 9 teilbar ist.

5 Beweisen Sie, dass n^2-1 für alle ungeraden Zahlen n durch 8 teilbar ist.
(Hinweis: Gehen Sie im Induktionsschritt zur nächsten ungeraden Zahl über.)

Hinweis

Manchmal gelten Aussagen noch nicht ab n = 1.
In diesem Fall muss eine andere Zahl als Induktionsanfang gewählt werden.

6 **Stolperstelle:** Jordi beweist die Abschätzung $n^2 \le 2^n$. Erklären Sie den Fehler in seinem Beweis und zeigen Sie, für welche natürlichen Zahlen diese Abschätzung richtig ist.
Induktionsanfang: n = 1: $1^2 = 1 \le 2 = 2^1$ (wahre Aussage)
Induktionsvoraussetzung: $n^2 \le 2^n$
Induktionsschritt: $(n+1)^2 = n^2 + 2n + 1 \overset{\text{Ind.-Vor.}}{\le} 2^n + 2n + 1$
Es gilt $2n + 1 \le 2^n$, da Potenzfunktionen schneller wachsen als lineare Funktionen.
Also folgt: $(n+1)^2 \le 2^n + 2^n = 2^{n+1}$ q.e.d.

7 a) Berechnen Sie den Wert von n! und 2^n für n = 1, 2, 3, 4, 5.
b) Stellen Sie eine Vermutung auf, für welche natürlichen Zahlen die Abschätzung $n! > 2^n$ gilt, und beweisen Sie sie.

8 Beweisen Sie die **Ungleichung von Bernoulli**: $(1+x)^n \ge 1 + nx$ für alle $x \ge -1$, $n \in \mathbb{N}$

9 **Indexverschiebungen:** Begründen Sie, welche Terme äquivalent sind.
① $\sum_{k=1}^{n}k$ ② $2+\sum_{k=2}^{n}(k+1)$ ③ $\sum_{k=2}^{n+1}(k-1)$ ④ $n+\sum_{k=1}^{n}(k+1)$
⑤ $\sum_{k=1}^{n}(k+2)$ ⑥ $\sum_{k=0}^{n-1}(k+1)$ ⑦ $\sum_{k=0}^{n}k$ ⑧ $n+\sum_{k=0}^{n}k$

10 a) Zeichnen Sie 3, 4 und 5 Geraden. Zählen Sie die jeweils entstehenden Schnittpunkte.
b) Stellen Sie eine Vermutung auf, wie viele Schnittpunkte n Geraden höchstens haben können, und beweisen Sie sie.

11 a) Berechnen Sie $\sum_{k=1}^{n}2^k$ für verschiedene Werte von n.
b) Finden Sie eine Formel für die Summe aus a) und beweisen Sie ihre Gültigkeit.

12 **Forschungsauftrag:** Für beliebige natürliche Zahlen m und n ist die Doppelsumme $\sum_{k=1}^{n}\sum_{l=1}^{m}(k+l)$ gegeben.
a) Berechnen Sie den Wert der Summe für m = n = 2 und für m = 3, n = 4.
b) Beweisen Sie, dass für alle natürlichen Zahlen m und n gilt: $\sum_{k=1}^{n}\sum_{l=1}^{m}(k+l)=\frac{mn(m+n+2)}{2}$

7.1 Zahlenfolgen

In einer Gartenanlage sollen quadratische Gehwegplatten verlegt werden. Die entstandene Fläche soll selbst auch wieder quadratisch sein.
Am Anfang legt man in die linke obere Ecke die erste Platte. Um eine quadratische Fläche zu erhalten, kann man weitere Platten nach dem abgebildeten Schema anlegen. Es kommt also in jedem Schritt eine horizontale und eine vertikale Reihe an Platten hinzu.

a) Beschreiben Sie, wie viele Platten bei jedem Schritt neu hinzukommen.
b) Geben Sie an, wie viele Platten im n-ten Schritt zusätzlich verlegt werden.
c) Beschreiben Sie, was nach dem n-ten Schritt getan werden muss, um auf den (n + 1)-ten Schritt zu kommen.

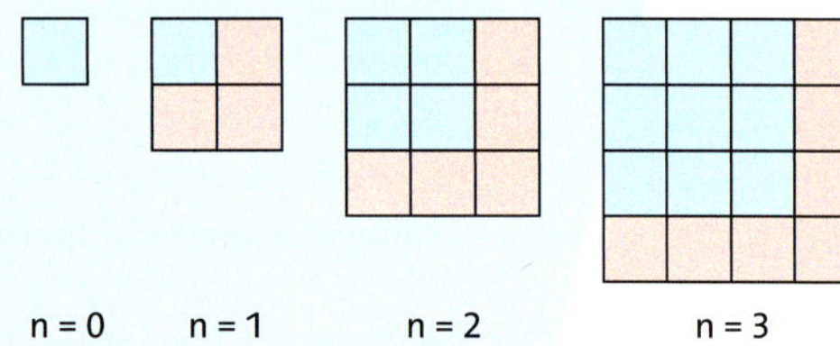

Explizite und rekursive Darstellung

Familie Müller legt für ihr Kind ein Sparkonto mit einem Startkapital von 1000 Euro an. Das Konto wird mit 2 % p. a. verzinst. Nach einem Jahr Verzinsung beträgt das Kapital auf dem Konto $K(1) = 1000 \cdot (1{,}02)^1 = 1020$. Das Kapital nach n Jahren lässt sich mit der Zinsformel berechnen: $K(n) = K_0 \cdot \left(1 + \frac{p}{100}\right)^n = 1000 \cdot (1{,}02)^n$.
Hierbei ist p der Zinssatz.
Setzt man in diese Formel n = 1, 2 ... ein, so lässt sich die Entwicklung des Kapitals als Folge von Werten beschreiben:
$K_0 = 1000$
$a_1 = K(1) = 1000 \cdot (1{,}02)^1 = 1020{,}00$
$a_2 = K(2) = 1000 \cdot (1{,}02)^2 = 1040{,}40$
...

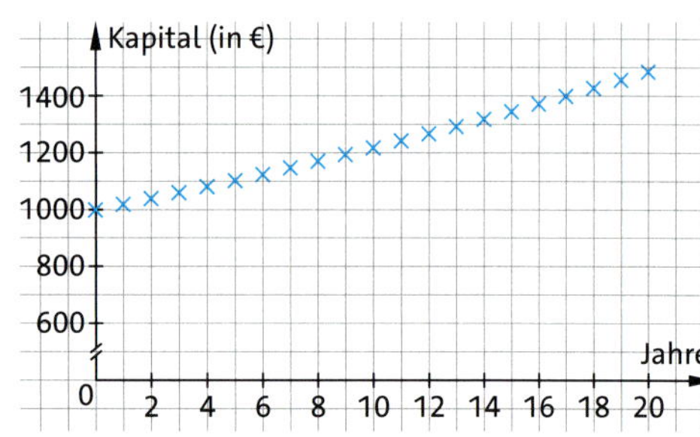

Hinweis

Folgenglieder werden traditionell mit Kleinbuchstaben geschrieben, die einen Indexbuchstaben tragen, z. B. a_n oder b_n.

Mithilfe der Darstellung von $a_n = K(n) = 1000 \cdot (1{,}02)^n$ lässt sich jeder beliebige Wert der Folge berechnen. Daher spricht man von einer **expliziten Darstellung**: Mit ihr kann der Wert für jedes n direkt berechnet werden.
Der zugrundeliegende Definitionsbereich ist die Menge der natürlichen Zahlen. Bei der grafischen Darstellung erhält man einzelne Punkte, welche nicht verbunden werden dürfen. Daher erhält man keinen durchgezogenen Funktionsgraphen.

Erinnerung

Natürliche Zahlen: 1, 2, 3 ... (Die Menge der natürlichen Zahlen ist $\mathbb{N} = \{1, 2, 3, ...\}$)

Jedes Jahr wird das bereits vom Vorjahr vorhandene Kapital um den Zins von 2 % erhöht. Kennt man den Wert des Kapitals nach n Jahren, also a_n, so ergibt sich der Wert für das folgende Jahr durch $a_{n+1} = a_n \cdot 1{,}02$. (Dabei wird a_n in € angegeben.)
Diese Darstellung bezeichnet man als **rekursiv**, da man den Wert für jedes n nur dann bestimmen kann, wenn man den Wert des vorangegangenen Werts für n – 1 kennt. Insbesondere muss ein Startwert K_0 bekannt sein.

n	Formel	a_n
1	$a_0 \cdot 1{,}02$	1020,00
2	$a_1 \cdot 1{,}02$	1040,40
3	$a_2 \cdot 1{,}02$	1061,21
4	$a_3 \cdot 1{,}02$	1082,43
5	$a_4 \cdot 1{,}02$	1104,08

Info

Lateinisch: recurrere – zurücklaufen, sich rückbeziehen

Hinweis

Teilweise werden Folgen nicht für alle natürlichen Zahlen definiert bzw. für $\mathbb{N}_0 = \{0, 1, 2, ...\}$. Als Schreibweise wird (a_n) oder auch $(a_n)_{n \in \mathbb{N}}$ verwendet.

Definition **Zahlenfolgen**

Eine **Zahlenfolge** (kurz: **Folge**) (a_n) ist eine Funktion, die jeder natürlichen Zahl n eine reelle Zahl a_n zuordnet. Der Definitionsbereich ist $\mathbb{N}$, der Wertebereich eine Teilmenge von $\mathbb{R}$. Die Elemente des Wertebereichs heißen Folgenglieder. Jedes **Folgenglied** a_n hat einen **Nachfolger** a_{n+1}, und jedes Folgenglied a_n – außer dem ersten – hat einen **Vorgänger** a_{n-1}.

Beispiel: Folge der Potenzen von 3: $a_1 = 3$; $a_2 = 9$; $a_3 = 27$; $a_4 = 81$ ...

Wissen **Explizite und rekursive Darstellung**

Explizite Bildungsvorschrift: In der Bildungsvorschrift für (a_n) wird a_n allein in Abhängigkeit von n angegeben.
Rekursive Bildungsvorschrift: In der Bildungsvorschrift für (a_n) wird a_{n+1} in Abhängigkeit von a_n und bei Bedarf weiteren vorherigen Folgengliedern angegeben, dazu ist a_1 bekannt.

Beispiel 1 Banken erheben im Allgemeinen Kontoführungsgebühren. Frau Schmidt erbt von ihrem Vater ein Konto, auf das es zwar keine Zinsen gab, von dem die Bank jedes Jahr jedoch 24 Euro an Gebühren abgezogen hat. Im Jahr 2020 betrug der Kontostand 3013 Euro.

a) Berechnen Sie die Werte für die ersten drei Jahre nach 2020.
b) Geben Sie eine rekursive Darstellung an.
c) Stellen Sie die Entwicklung des Kontostandes von 2020 bis 2040 grafisch dar.
d) Ermitteln Sie eine explizite Darstellung.

Lösung:

a) Berechnen Sie die Werte der ersten drei Jahre. Der Startwert ist 3013 Euro. In den darauffolgenden Jahren werden jeweils 24 Euro vom Restbetrag abgezogen.

Startwert: $K_0 = 3013$
Nach dem 1. Jahr: $a_1 = K_0 - 24 = 2989$
Nach dem 2. Jahr : $a_2 = a_1 - 24 = 2965$
Nach dem 3. Jahr: $a_3 = a_2 - 24 = 2941$

b) Im (n + 1)-ten Jahr werden 24 Euro vom vorigen Betrag abgezogen.

$a_{n+1} = a_n - 24$

c) Tragen Sie auf der Abszissenachse n und auf der Ordinatenachse die Werte der Folgenglieder a_n auf.

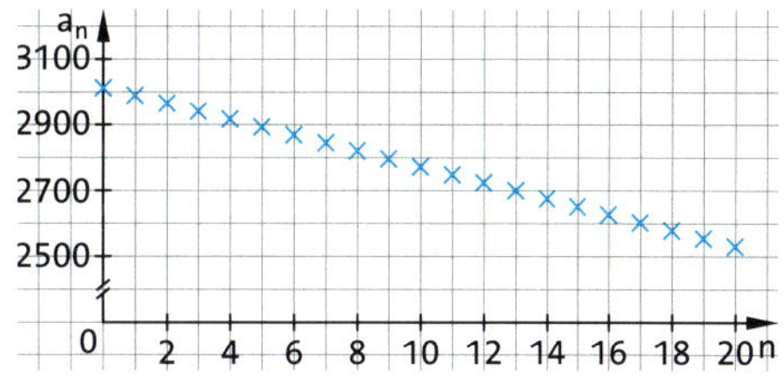

d) Ziehen Sie nach n Jahren vom Ausgangsbetrag das n-Fache von 24 Euro ab.

$a_n = 3013 - 24 \cdot n$

Beispiel 2

a) Schreiben Sie die Folge der Potenzen von 2 mit $a_1 = 2^1 = 2$, $a_2 = 2^2 = 4$, $a_3 = 2^3 = 8$, $a_4 = 2^4 = 16$ ... in expliziter Darstellung.
b) Ermitteln Sie eine rekursive Darstellung der Folge aus a).

Lösung:

a) Drücken Sie den Exponenten mithilfe von n aus.

$a_n = 2^n$

b) Untersuchen Sie, wie ein Folgenglied aus dem vorherigen Folgenglied hervorgeht. Geben Sie zudem den Startwert an.

$a_2 = 2a_1$; $a_3 = 2a_2$; $a_4 = 2a_3$ ...
$a_{n+1} = a_n \cdot 2$; $a_1 = 2$

Basisaufgaben

1 Die geraden natürlichen Zahlen sollen nacheinander addiert werden, also: $a_0 = 0$, $a_1 = 2$ und $a_{n+1} = 2a_n - a_{n-1} + 2$ für $n \geq 1$. Als explizite Form lässt sich $a_n = n \cdot (n + 1)$ angeben. Berechnen Sie die ersten fünf Folgenglieder

a) mit der expliziten Form
b) mit der rekursiven Form

2 Schreiben Sie für die nachfolgende Beschreibung zunächst die ersten fünf Folgenglieder auf und geben Sie danach eine explizite und rekursive Darstellung an.

a) Man startet mit dem Wert 1. Danach wird der Vorgänger in jedem Schritt verfünffacht.
b) Der Startwert ist 0. Danach wird vom Vorgänger in jedem Schritt die Zahl 1 subtrahiert.

3 Betrachten Sie die Folge der ungeraden Zahlen, also $a_n = 2 \cdot n + 1$. Geben Sie die ersten fünf Folgenglieder an. Formulieren Sie eine rekursive Folgenbeschreibung.

4 Eine Lebensversicherung wird mit 2 % p. a. auf einem Konto verzinst. Eingezahlt wurde zu Beginn ein Betrag von 10 000 Euro und danach wurde nichts abgehoben. Die Folge lässt sich rekursiv angeben über $a_{n+1} = a_n \cdot (1 + 0{,}02)$ mit $a_0 = 10\,000$.

a) Geben Sie den Kontostand für die ersten fünf Jahre an.
b) Bestimmen Sie eine explizite Folgendarstellung und den Kontostand nach 30 Jahren.

Hinweis

Auch durch die Vorgabe einer anderen endlichen Anzahl an Folgengliedern ist eine Folge nicht eindeutig bestimmt.

5 Sind von einer Folge nur die beiden ersten Folgenglieder bekannt, so gibt es mehrere Möglichkeiten, die Folge fortzusetzen, z. B. $a_1 = 1$ und $a_2 = 4$.
Beschreiben Sie verbal mindestens zwei Möglichkeiten, wie die Folge fortgesetzt werden könnte. Geben Sie die ersten fünf Folgenglieder dieser Folgen an.
Formulieren Sie – soweit möglich – eine explizite und rekursive Darstellung.

6 Geben Sie die in den Screenshots dargestellte Folge in expliziter und rekursiver Darstellung an und erzeugen Sie mit einem CAS eine grafische Darstellung.

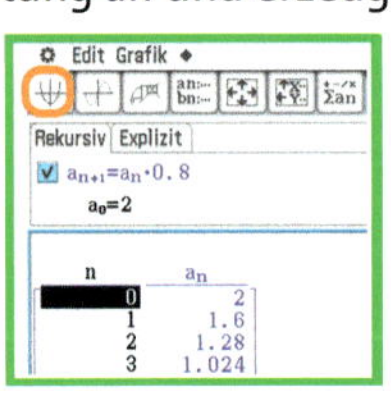

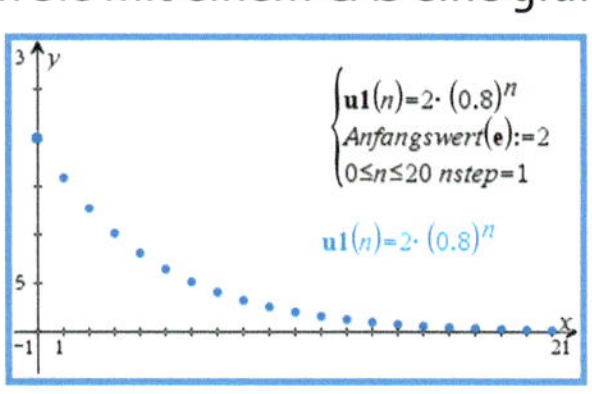

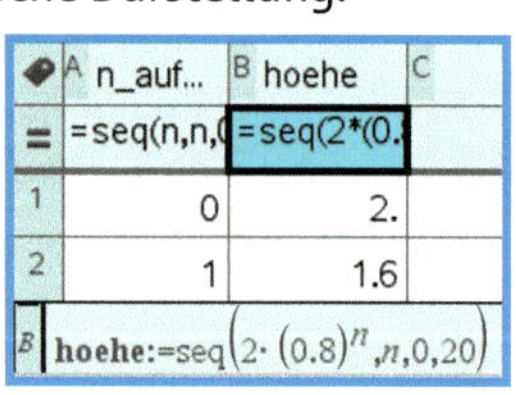

7 Beurteilen Sie, ob die Grafik eine Folge darstellen kann. Ordnen Sie ggf. eine rekursive Darstellung zu und geben Sie eine explizite Darstellung dazu an.

a) 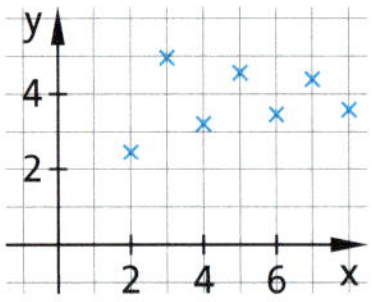

b) 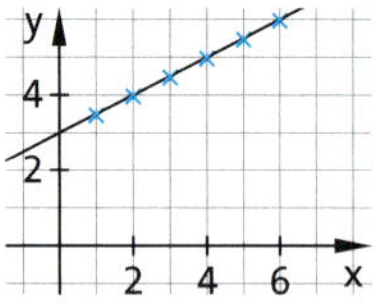

① $a_1 = 2{,}5$;
$a_{n+1} = a_n + (-1)^n \cdot \left(\frac{3}{n} + \frac{3}{n+1}\right)$

② $a_1 = 1$; $a_{n+1} = a_n + 1$

8 Geben Sie zwei unterschiedliche Fortsetzungen der Folge 5, 10, 15, 20 ... und, wenn möglich, jeweils eine zugehörige Bildungsvorschrift an.
Prüfen Sie Ihre Lösung mit einem digitalen Mathematikwerkzeug für 100 Folgenglieder.

9 Das Papierformat DIN-A beginnt mit A0: Dieses Rechteck hat einen Flächeninhalt von 1 m² und seine Seitenlängen verhalten sich wie $1 : \sqrt{2}$. Die weiteren Formate A1, A2 usw. entstehen jeweils durch Halbieren der längeren Seite des vorherigen Formats. Geben Sie eine rekursive und eine explizite Bildungsvorschrift für die Seitenlängen der Rechtecke an.

Monotonie und Beschränktheit von Zahlenfolgen

Definition

Eine Zahlenfolge (a_n) heißt genau dann **streng monoton steigend (bzw. fallend)**, wenn für alle $n \in \mathbb{N}$ gilt: $a_{n+1} > a_n$ (bzw. $a_{n+1} < a_n$).
Gilt lediglich $a_{n+1} \geq a_n$ (bzw. $a_{n+1} \leq a_n$), so heißt die Zahlenfolge **monoton steigend (bzw. fallend)**.
Eine Folge heißt genau dann **alternierend**, wenn für alle $n \in \mathbb{N}$ gilt: a_n und a_{n+1} haben verschiedene Vorzeichen, d. h. $a_n \cdot a_{n+1} < 0$.

Prüfung auf Monotonie durch Vergleich mit dem Nachfolger:
Gilt für alle n die Ungleichung $a_{n+1} - a_n < 0$ oder $\frac{a_{n+1}}{a_n} < 1$, dann ist die Zahlenfolge streng monoton fallend. Es gilt z. B. für $a_n = \frac{n+1}{n}$:
$a_{n+1} - a_n = \frac{n+2}{n+1} - \frac{n+1}{n} = \frac{n^2+2n-n^2-n-n-1}{n\cdot(n+1)} = -\frac{1}{n^2+n} < 0$ für alle n.

Beispiel 3 Untersuchen Sie die Zahlenfolge auf Monotonie.

a) (a_n) mit $a_n = \frac{1}{n}$ b) (a_n) mit $a_n = -\left(\frac{1}{2}\right)^n$ c) (a_n) mit $a_n = (-1)^n \cdot n$

Lösung:

a) Berechnen Sie die ersten Folgenglieder und stellen Sie eine Vermutung auf. Weisen Sie Ihre Vermutung für allgemeine Folgenglieder a_n und a_{n+1} nach.

$a_1 = 1$; $a_2 = \frac{1}{2}$; $a_3 = \frac{1}{3}$
Vermutung: (a_n) ist monoton fallend.
Begründung: $a_n = \frac{1}{n}$ und $a_{n+1} = \frac{1}{n+1}$.
Es gilt $\frac{1}{n} > \frac{1}{n+1}$, da $n < n+1$ (Nenner wird größer); (a_n) ist streng monoton fallend.

b) Berechnen Sie die ersten Folgenglieder und stellen Sie eine Vermutung auf. Formen Sie den Term eines allgemeinen Folgenglieds a_{n+1} so um, dass ein Verhältnis zu a_n erkennbar wird.

$a_1 = -\frac{1}{2}$; $a_2 = -\frac{1}{4}$; $a_3 = -\frac{1}{8}$
Vermutung: (a_n) ist streng monoton steigend.
Begründung: $a_{n+1} = -\left(\frac{1}{2}\right)^{n+1} = -\left(\frac{1}{2}\right)^n \cdot \frac{1}{2}$
$= \frac{1}{2}a_n$
Da alle a_n negativ sind, gilt $a_n < a_{n+1}$.

c) Durch den Faktor $(-1)^n$ wechselt das Vorzeichen der Folgenglieder jeweils; die Folge ist nicht monoton.

$a_1 = -1$; $a_2 = 2$; $a_3 = -3$
Es gilt $a_0 > a_1$ und $a_1 < a_2$, also keine Monotonie (alternierende Folge).

Hinweis

Die kleinste aller oberen Schranken heißt **Supremum**, die größte aller unteren Schranken heißt **Infimum**. Falls eine obere Schranke S_o existiert, ist jede reelle Zahl $r \geq S_o$ ebenfalls eine obere Schranke. Analog gibt es unendlich viele untere Schranken, falls eine existiert.

Definition **Beschränktheit von Zahlenfolgen**

Eine Folge (a_n) heißt **nach oben beschränkt**, wenn es eine Zahl $S_o \in \mathbb{R}$ gibt, sodass für alle $n \in \mathbb{N}$ gilt: $\mathbf{a_n \leq S_o}$. Die Zahl S_o heißt **obere Schranke**.
Eine Folge (a_n) heißt **nach unten beschränkt**, wenn es eine Zahl $S_u \in \mathbb{R}$ gibt, sodass für alle $n \in \mathbb{N}$ gilt: $\mathbf{a_n \geq S_u}$. Die Zahl S_u heißt **untere Schranke**.
Eine Folge (a_n) heißt **beschränkt** genau dann, wenn sie nach oben und nach unten beschränkt ist.

Beispiel 4

Untersuchen Sie die Zahlenfolge (a_n) mit $a_n = \frac{1}{n}$ und $n > 0$, $n \in \mathbb{N}$ auf Beschränktheit. Geben Sie eine obere und eine untere Schranke an, falls diese existieren.

Lösung:

Argumentieren Sie mithilfe der Monotonie und mit dem ersten Wert von a_n.

(a_n) ist monoton fallend, also $S_o = a_1 = 1$.
Für alle $n \in \mathbb{N}$ ist $\frac{1}{n} > 0$, also $S_u = 0$.
Die Zahlenfolge ist beschränkt.

Basisaufgaben

10 Die Abbildung zeigt grafische Darstellungen der ersten zwanzig Folgenglieder von vier verschiedenen Folgen.
Ordnen Sie der Folge den korrekten Graphen zu und treffen Sie Aussagen zur Beschränktheit und Monotonie.

a) $a_n = 20 - \frac{20}{n}$ b) $a_n = \frac{n^2 + 20}{n^2}$

c) $a_n = n$ d) $a_n = 20 - n$

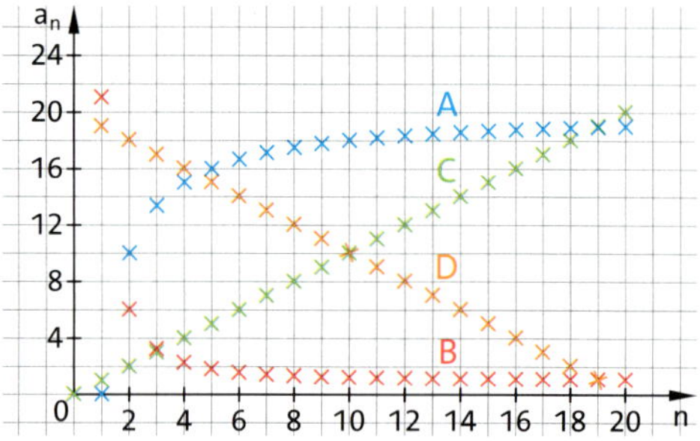

11 Untersuchen Sie die durch den Funktionsterm gegebene Zahlenfolge (a_n) auf Monotonie und Beschränktheit.

a) $\left(-\frac{1}{n}\right)$ b) $((-1)^{2n})$ c) $(-\sin(2n))$ d) $\left(\frac{(-1)^n}{\sqrt{n}}\right)$ e) $\left(\frac{n}{n+2}\right)$

12 Trennen Sie den Folgenterm in zwei getrennte Brüche auf und untersuchen Sie die Folge im Anschluss auf Monotonie und Beschränktheit.
Beispiel: $\frac{n-1}{n} = \frac{n}{n} - \frac{1}{n} = 1 - \frac{1}{n}$

a) $a_n = \frac{n+1}{n}$ b) $a_n = \frac{4n-3}{2n}$ c) $a_n = \frac{n^2+2}{n^2}$ d) $a_n = \frac{2^n - 1}{2^n}$

Arithmetische und geometrische Folgen

Definitionen

Eine Folge (a_n) ist eine **arithmetische Folge**, wenn es ein $d \in \mathbb{R}$ gibt, sodass für alle $n \in \mathbb{N}$ gilt: $a_{n+1} - a_n = d$

Eine Folge (a_n) ist eine **geometrische Folge**, wenn es ein $q \in \mathbb{R}$, $q \neq 0$, gibt, sodass für alle $n \in \mathbb{N}$ gilt: $\frac{a_{n+1}}{a_n} = q$ mit $a_n \neq 0$

Basisaufgaben

13 Gegeben ist die Folge (a_n) mit

① $a_1 = 2; a_{n+1} = a_n + 2$, ② $a_n = 3^n$, ③ $a_1 = 100; a_{n+1} = a_n - 5$,
④ $a_1 = 2; a_{n+1} = 3 \cdot a_n$, ⑤ $a_n = 300 - 3n$, ⑥ $a_1 = 2024; a_{n+1} = \frac{1}{2} \cdot a_n$.

a) Beurteilen Sie, ob es eine arithmetische oder geometrische Folge ist.
b) Geben Sie an, ob die Folge monoton oder beschränkt ist.
c) Geben Sie fehlende explizite bzw. rekursive Darstellungen an.

14 Beurteilen Sie die Aussage.

a) Alle arithmetischen Folgen sind entweder nach oben oder nach unten beschränkt.
b) Nicht jede geometrische Folge ist monoton steigend oder monoton fallend.

15 Für eine geometrische Folge (a_n) gilt: Das erste Folgenglied ist $a_1 = a$. Der Quotient $\frac{a_{n+1}}{a_n}$ des $(n+1)$-ten und des n-ten Folgenglieds hat den Wert q.

a) Bestimmen Sie für a = 10 und q = 2 die ersten fünf Folgenglieder.
b) Geben Sie eine explizite und eine rekursive Darstellung der Folge (a_n) an.

Weiterführende Aufgaben

Zwischentest

Hinweis zu 16

Zwei Folgen (a_n) und (b_n) werden addiert, indem man ihre Folgenglieder addiert.

16 **Stolperstelle:** Beurteilen Sie folgende Aussage: *Wenn man eine monoton fallende Folge (a_n) und eine monoton steigende Folge (b_n) addiert, erhält man eine Folge, die nicht mehr monoton ist.*

17 Beurteilen Sie die Aussage.
Bei einer falschen Aussage genügt die Angabe eines Gegenbeispiels.
a) Die explizite Darstellung einer Folge hat gegenüber der rekursiven Darstellung den Vorteil, dass man den Wert jedes Folgenglieds direkt berechnen kann.
b) Monoton fallende Folgen sind immer nach oben und nach unten unbeschränkt.
c) Es gibt keine Folge, die nach oben und unten unbeschränkt ist.

Hilfe

18 Jonas sagt: „Bei der Folge (a_n) mit $a_n = -n^2 + n - 1$ weiß ich sofort Bescheid: Der Graph besteht aus Punkten auf einer nach unten geöffneten Parabel mit dem Scheitelpunkt $S\left(\frac{1}{2}\middle|-\frac{3}{4}\right)$. Daher gibt es nur eine obere Schranke $S_o = -\frac{3}{4}$." Beurteilen Sie seine Aussage.

19 Marie meint: „Bei der Folge (a_n) mit $a_n = \frac{2n-1}{n}$ verwende ich eine Abschätzung. Wegen $\frac{2n-1}{n} < \frac{2n}{n} = 2$ ist $S_o = 2$ eine obere Schranke. Für alle $n \in \mathbb{N}$, $n \geq 1$, gilt $a_n = \frac{2n-1}{n} > 0$, also ist $S_u = 0$ eine untere Schranke und die Folge ist beschränkt."
Beurteilen Sie ihre Vorgehensweise.

20 Beurteilen Sie folgende Aussage: Wenn für alle $n \in \mathbb{N}$ gilt $a_{n+1} > a_n$, dann gilt auch für alle $m \in \mathbb{N}$, $m > n$: $a_m > a_n$. Prüfen Sie, ob dies analog für $a_{n+1} < a_n$ gilt.

21 **Fibonacci-Zahlen:** Leonardo von Pisa, genannt Fibonacci (ca. 1170 – 1240 n. Chr.), beschrieb mithilfe einer speziellen Folge im Jahr 1202 das Wachstum von Kaninchenpopulationen. Für diese Folge sind die zwei Startwerte $a_1 = 0$ und $a_2 = 1$ vorgegeben.
Die rekursive Rechenvorschrift lautet $a_{n+1} = a_n + a_{n-1}$.

a) Geben Sie die nächsten sechs Folgenglieder, beginnend mit a_3, an.
b) Untersuchen Sie die Folge auf Beschränktheit und Monotonie.
c) Die Folge lässt sich auch explizit angeben:
$$a_n = \frac{1}{\sqrt{5}} \cdot \left(\left(\frac{1+\sqrt{5}}{2}\right)^n - \left(\frac{1-\sqrt{5}}{2}\right)^n\right).$$
Geben Sie den Ausdruck als Funktionsvorschrift in eine Mathematik-Software ein und lassen Sie sich für die Werte 1 bis 10 für n mit Schrittweite 1 die Werte anzeigen.

22 **Ausblick:** Zwei aufeinanderfolgende Fibonacci-Zahlen können dividiert werden.
a) Berechnen Sie in einer Tabellenkalkulation in der ersten Spalte die Fibonacci-Zahlen.
b) Bilden Sie in der zweiten Spalte den Quotienten der jeweiligen Zahl und ihres Vorgängers.
c) Stellen Sie die Werte aus b) grafisch dar. Beschreiben Sie Ihre Beobachtung.
d) Recherchieren Sie zum Thema Fibonacci-Folge in der Kunst und in der Natur. Bereiten Sie einen Vortrag bzw. eine Präsentation über Leonardo von Pisa und die Fibonacci-Zahlen vor.

7.2 Grenzwerte von Zahlenfolgen

Wird eine Saite einer Gitarre gezupft, so schwingt diese mit einer gewissen Auslenkung um ihre Ruhelage hin und her. Mit der Zeit nimmt der Abstand der schwingenden Saite zu ihrer Ruhelage ab und damit auch die Lautstärke des Tons. Die Maximalausschläge können annähernd durch die Folge (a_n) mit $a_n = (-1)^n \cdot \frac{1}{n}$ für die n-te Schwingung beschrieben werden (a_n in mm).
Man erkennt, dass alle Folgenglieder mit geradem Index positiv sind, alle mit ungeradem Index jedoch negativ.

a) Erklären Sie die Bedeutung der negativen Werte ungerader Folgenglieder.
b) Erstellen Sie eine Wertetabelle.
c) Skizzieren Sie die Folgenglieder bis n = 10 in einem Koordinatensystem.
d) Beschreiben Sie das Verhalten der Folgenglieder mit wachsendem n.

Grenzwert einer Zahlenfolge – Konvergente Zahlenfolgen

Dargestellt ist die Folge (a_n) mit $a_n = 2 + \frac{1}{n}$. Mit wachsendem n verringert sich der Abstand der Folgenglieder zum Wert 2. Man sagt, die Folge nähert sich dem Wert 2 an. Ab $n_0 = 4$ liegen alle Folgenglieder in dem grünen Streifen: Sie haben einen Abstand zum Wert 2, der kleiner als 0,3 ist. Der Streifen kann beliebig schmal gewählt werden, aber man wird immer ein entsprechendes n_0 finden, ab dem alle weiteren Folgenglieder darin liegen. Man sagt, die Folge **konvergiert gegen den Grenzwert** 2.

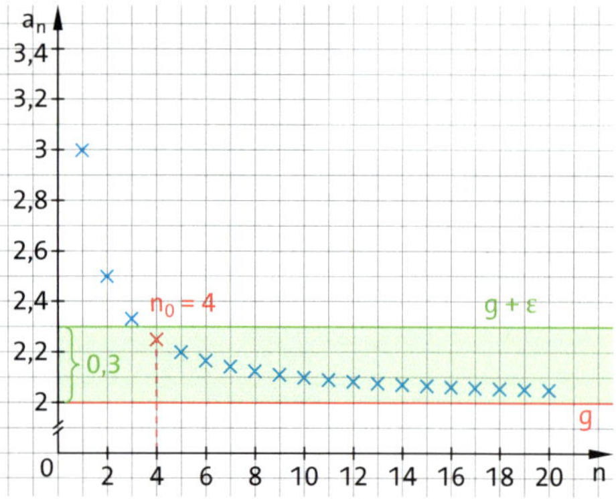

Hinweis

Die Aussage gilt für alle Folgenglieder a_n für $n \in \mathbb{N}$ und $n > n_0$, das heißt, sie gilt für **alle bis auf endlich viele** Folgenglieder.

Die alternierende Folge (a_n) mit $a_n = 1 + \frac{(-1)^n}{n}$ konvergiert gegen den Grenzwert 1. In der Grafik ist zu erkennen, dass sich die Folgenglieder von oben und unten diesem Wert annähern. Ab $n_0 = 6$ liegen alle weiteren Folgenglieder im grünen Streifen. Ihr Abstand zum Grenzwert ist kleiner als 0,2. Auch hier kann der Streifen beliebig schmal gewählt werden, man wird immer ein entsprechendes n_0 finden.

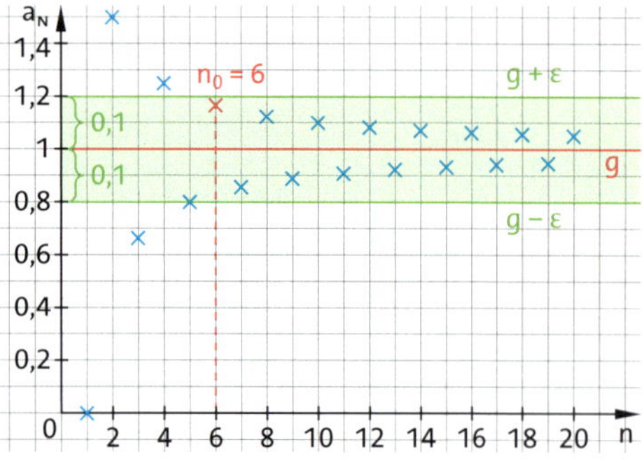

Hinweis

Mithilfe der Definition kann man eine Zahlenfolge auf Konvergenz bezüglich eines gegebenen Grenzwerts g überprüfen, diesen jedoch nicht ermitteln.

Definition

Eine Folge (a_n) heißt **konvergent** mit dem **Grenzwert** $g \in \mathbb{R}$, wenn für alle $\varepsilon > 0$ ein bestimmtes $n_0 \in \mathbb{N}$ existiert, sodass für alle $n \in \mathbb{N}$, $n \geq n_0$ gilt: $|a_n - g| < \varepsilon$. Eine Folge, die nicht konvergiert, heißt **divergent** $\lim\limits_{n \to \infty} a_n = \infty$

Eine Folge hat also den Grenzwert g, wenn für jede beliebig kleine Zahl $\varepsilon > 0$ ab einem n_0 der Abstand (Betrag) jedes nachfolgenden Folgenglieds zu g kleiner als ε ist.

Hinweis

Wenn eine Folge den Grenzwert 0 hat, dann wird sie **Nullfolge** genannt.

Beispiel 1

a) Zeigen Sie, dass die Folge (a_n) mit $a_n = 2 + \frac{(-1)^n}{n}$ den Grenzwert 2 hat.
b) Die Folge (a_n) mit $a_n = \frac{\sin(n)}{n}$ hat den Grenzwert 0. Bestimmen Sie einen Index $n_0 \in \mathbb{N}$, ab welchem alle Folgenglieder weniger als 0,001 vom Grenzwert abweichen.

Lösung:

a) Setzen Sie die Folge und den Grenzwert in die Definition ein: $|a_n - g| < \varepsilon$. Formen Sie die Ungleichung äquivalent so um, dass n allein auf einer Seite steht.

$\left|2 + \frac{(-1)^n}{n} - 2\right| < \varepsilon$ für $\varepsilon > 0$ beliebig
$\Leftrightarrow \left|\frac{(-1)^n}{n}\right| < \varepsilon \Leftrightarrow \frac{|(-1)^n|}{n} < \varepsilon \Leftrightarrow \frac{|(-1)^n|}{\varepsilon} < n$
$\Leftrightarrow \frac{1}{\varepsilon} < n$: Die Ungleichung gilt für alle $n > \frac{1}{\varepsilon}$, daher ist 2 Grenzwert der Folge.

b) Setzen Sie in die Definition ein: $|a_n - g| < \varepsilon$. Der Grenzwert g ist 0. Für $n > 0$ gilt $|n| = n$. Lösen Sie die Ungleichung nach n auf. Der Sinus oszilliert zwischen −1 und 1, also gilt $|\sin(n)| \leq 1$. Es reicht, einen möglichen Wert von n_0 anzugeben.

$\left|\frac{\sin(n)}{n} - 0\right| < 0{,}001$
$\Leftrightarrow \frac{|\sin(n)|}{n} < 0{,}001 \Leftrightarrow n > \frac{|\sin(n)|}{0{,}001}$
$|\sin(n)| \leq 1$, also $n > \frac{1}{0{,}001}$ und damit
$n > 1000$
Ab $n_0 = 1001$ weichen alle Folgenglieder weniger als 0,001 vom Grenzwert 0 ab.

Hinweis

Wenn eine Zahlenfolge monoton und beschränkt ist, dann ist sie konvergent.

Satz **Monotoniekriterium**

Eine monoton steigende (fallende) Zahlenfolge konvergiert genau dann, wenn sie nach oben (unten) beschränkt ist.

Beispiel 2 Untersuchen Sie die Folge (a_n) mit $n > 0$ auf Konvergenz.

a) $a_n = \frac{1}{n}$

b) $a_n = \frac{n}{2}$

c) $a_n = \begin{cases} \frac{1}{n}, & n \text{ gerade} \\ -\frac{2}{n^2}, & n \text{ ungerade} \end{cases}$

Lösung:

a) Wenden Sie das Monotoniekriterium an: Prüfen Sie, ob die Folge monoton und beschränkt ist.

Es gilt $a_{n+1} = \frac{1}{n+1} < \frac{1}{n} = a_n$ für alle $n \in \mathbb{N}$, also ist die Folge monoton fallend. Wegen $n > 0$ ist $\frac{1}{n} = a_n > 0$ für alle n, also ist die Folge nach unten beschränkt mit $S_u = 0$. Somit ist sie konvergent.

b) Begründen Sie, dass die Folge monoton steigend ist. Prüfen Sie dann, ob die Folge beschränkt ist, und wenden Sie das Monotoniekriterium an.

Die Folge ist streng monoton steigend, da $\frac{n+1}{2} = \frac{n}{2} + \frac{1}{2} > \frac{n}{2}$ für alle $n \in \mathbb{N}$ gilt. Da n beliebig groß wird, wird auch a_n beliebig groß, also ist die Folge nicht nach oben beschränkt und daher divergent.

c) Die Folge ist alternierend, also nicht monoton. Sie können daher das Monotoniekriterium nicht anwenden. Untersuchen Sie die Folge mithilfe der Definition auf Konvergenz.

Für eine beliebige Zahl $\varepsilon > 0$ und $n > 0$ gilt:
$\left|\frac{1}{n}\right| < \varepsilon \Leftrightarrow n > \frac{1}{\varepsilon}$ und $\left|-\frac{2}{n^2}\right| < \varepsilon \Leftrightarrow n > \sqrt{\frac{2}{\varepsilon}}$
Die Folgen $\left(\left|\frac{1}{n}\right|\right)$ und $\left(\left|-\frac{2}{n^2}\right|\right)$ sind monoton fallend. Es folgt für jedes n_0 mit $n_0 \geq \frac{1}{\varepsilon}$ und $n_0 \geq \sqrt{\frac{2}{\varepsilon}}$ für alle $n > n_0$: $|a_n - 0| < \varepsilon$. Also konvergiert die Folge.

Satz

Wenn eine Zahlenfolge (a_n) konvergent ist, dann hat sie genau einen Grenzwert g.
Schreibweise: $\lim\limits_{n \to \infty} a_n = g$ (sprich: „Limes von a_n für n gegen unendlich")

Basisaufgaben

1 a) Ordnen Sie den Zahlenfolgen die passenden Darstellungen zu. Geben Sie anhand der Graphen jeweils eine Vermutung für den Grenzwert an.

① (a_n) mit $a_n = -1 - \frac{1}{n}$

② (a_n) mit $a_n = 5 - \frac{1}{n}$

③ (a_n) mit $a_n = \frac{n+1}{n}$

b) Überprüfen Sie Ihre Vermutungen aus a) anhand der Bildungsvorschrift der Folge und der Definition des Grenzwerts.

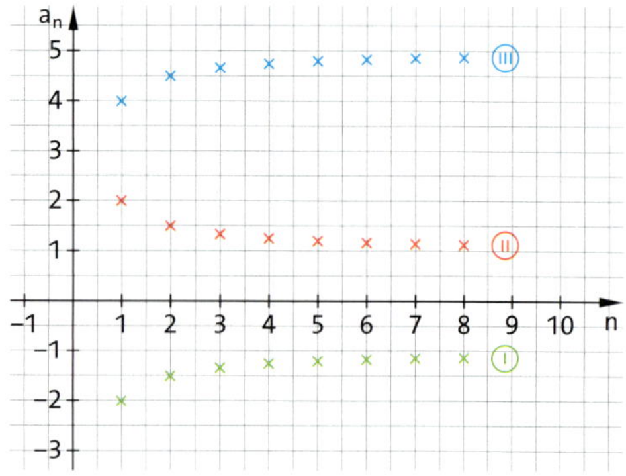

2 Gegeben ist die Folge (a_n) mit $a_n = \frac{n}{n+1}$.

a) Berechnen Sie die ersten acht Folgenglieder.

b) Stellen Sie die Zahlenfolge in einem geeigneten Koordinatensystem grafisch dar.

c) Stellen Sie aufgrund des Graphen oder anhand einer Wertetabelle eine Vermutung an, gegen welchen Grenzwert die Folge konvergiert.

d) Bestimmen Sie das Folgenglied, ab welchem alle nachfolgenden Folgenglieder in einem ε-Streifen mit ε = 0,2 liegen.

3 Gegeben ist die Folge (a_n) mit $a_n = 1 - \frac{\cos(n)}{n+1}$.

a) Geben Sie den Grenzwert der Folge an.

b) Bestimmen Sie für n = 10 ein ε, sodass die nachfolgenden Folgenglieder innerhalb des ε-Streifens liegen.

c) Bestimmen Sie einen Index $n_0 \in \mathbb{N}$, ab welchem alle Folgenglieder weniger als 0,001 vom Grenzwert abweichen.

Lösungen zu 4

4 −2 3 −7 0

4 Die Zahlenfolge (a_n) konvergiert gegen einen Grenzwert a. Bestimmen Sie a.

a) $a_n = \frac{5-2n}{n}$ b) $a_n = 3 + 2^{(-n)}$ c) $a_n = 4 \cdot \frac{n-1}{n}$ d) $a_n = \frac{6n+1}{n^2}$ e) $a_n = -7$

5 Untersuchen Sie die Zahlenfolge (a_n) auf Konvergenz. Geben Sie den Grenzwert an, falls die Folge konvergiert.

a) $a_n = \frac{3n+2}{n^2}$ b) $a_n = \sin(n)$ c) $a_n = \frac{3n^2}{n+1}$ d) $a_n = 1 - 4^{(-n)}$ e) $a_n = \frac{2^n}{3^n}$

6 Die Voraussetzung „Die Folge ist monoton und beschränkt." ist hinreichend, aber nicht notwendig für „Die Folge konvergiert."

a) Begründen Sie diese Aussage am Beispiel der Folge (a_n) mit $a_n = \frac{(-1)^n}{n}$.

b) Geben Sie mindestens ein weiteres Beispiel einer konvergenten Folge an, für die die Voraussetzung „Die Folge ist monoton und beschränkt." nicht erfüllt ist.

7 Erläutern Sie die Screenshots für die Folge (e_n). Beurteilen Sie, ob die Folge monoton, beschränkt bzw. konvergent ist.

$e(n) := \left(1+\frac{1}{n}\right)^n$ ▸ *Fertig* $e(1)$ ▸ 2 $e(2)$ ▸ $\frac{9}{4}$

$e(10)$ ▸ $\frac{25937424601}{10000000000}$

$e(1000000)$ ▸ 2.71828 $e(10^{12})$ ▸ 2.71828

$\lim\limits_{n\to\infty} (e(n) - 2.71828)$ ▸ 0.000002

	A nn	B en
=		=e(a[])*1.
1	1	2.
2	2	2.25
3	3	2.37037
4	4	2.44141
5	5	2.48832

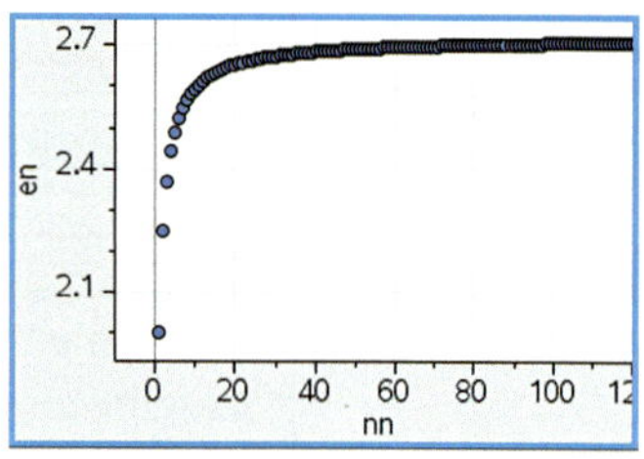

Grenzwertsätze

Die Folge (a_n) mit $a_n = 1 - \frac{1}{n}$ hat den Grenzwert $g = 1$, da für immer größere Werte n der Nenner immer größer wird und damit der Wert des Bruchs abnimmt.
Wie aber sieht es aus, wenn man diese Folge mit 5 multipliziert, also $b_n = 5 \cdot a_n = 5 - \frac{5}{n}$? Dann nimmt entsprechend auch der Grenzwert den fünffachen Wert an.
Die Abbildung veranschaulicht die beiden konvergenten Folgen (a_n) und (b_n) mit $a_n = 3 - \frac{1}{n^2}$ und $b_n = 4 + \frac{1}{n}$. Die Summe dieser beiden Folgen ist (c_n) mit $c_n = a_n + b_n$.
Wegen der Konvergenz beider Folgen existieren Grenzwerte der einzelnen Folgen und deren Summe ist der Grenzwert der Folge (c_n).

Analog werden Differenzen und Quotienten von Folgen behandelt.

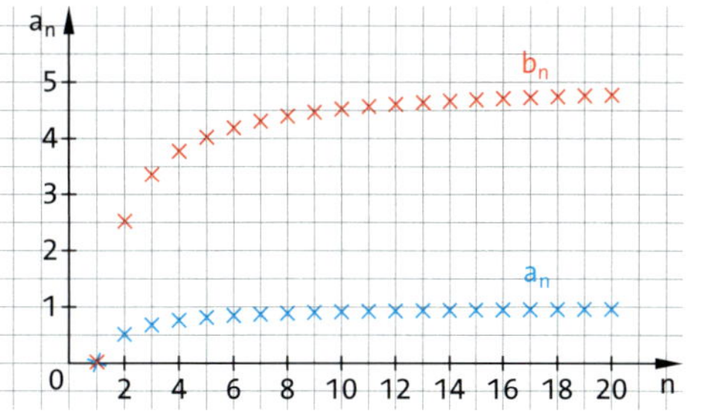

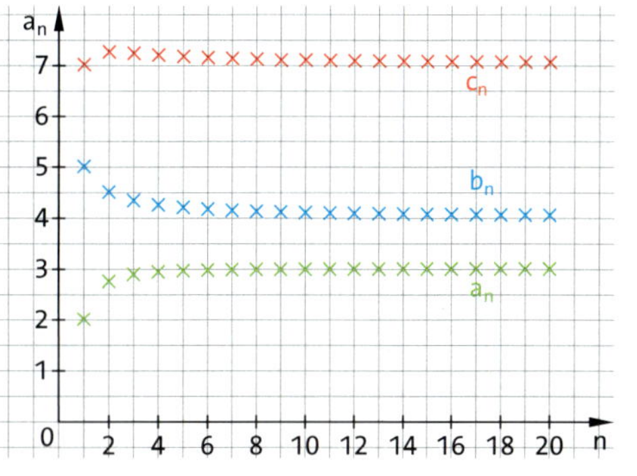

Hinweis

Die Grenzwertsätze dürfen nur auf konvergente Folgen angewendet werden.

Wissen **Grenzwertsätze für Zahlenfolgen**

Es seien (a_n) und (b_n) konvergente Folgen mit den Grenzwerten g_a bzw. g_b. Dann gilt:

① $\lim\limits_{n \to \infty} (a_n + b_n) = \lim\limits_{n \to \infty} (a_n) + \lim\limits_{n \to \infty} (b_n) = g_a + g_b$

② $\lim\limits_{n \to \infty} (a_n - b_n) = \lim\limits_{n \to \infty} (a_n) - \lim\limits_{n \to \infty} (b_n) = g_a - g_b$

③ $\lim\limits_{n \to \infty} (a_n \cdot b_n) = \lim\limits_{n \to \infty} (a_n) \cdot \lim\limits_{n \to \infty} (b_n) = g_a \cdot g_b$

④ $\lim\limits_{n \to \infty} \left(\frac{a_n}{b_n}\right) = \frac{\lim\limits_{n \to \infty} (a_n)}{\lim\limits_{n \to \infty} (b_n)} = \frac{g_a}{g_b}$, wobei $g_b \neq 0$

Beweis des ersten Grenzwertsatzes:

Nach Voraussetzung sind die Folgen (a_n) und (b_n) konvergent mit den Grenzwerten g_a und g_b.
Nach der Definition existiert also für alle $\varepsilon_a > 0$ ein $n_0 \in \mathbb{N}$, sodass $|a_n - g_a| < \varepsilon_a$ für alle $n \geq n_0$ gilt.
Ebenso existiert für alle $\varepsilon_b > 0$ ein $n_1 \in \mathbb{N}$, sodass $|b_n - g_b| < \varepsilon_b$ für alle $n \geq n_1$ gilt.
Für eine beliebige Zahl ε wählt man nun $\varepsilon_a = \varepsilon_b = \frac{\varepsilon}{2}$.
Damit wird gezeigt, dass die Folge (c_n) mit $c_n = a_n + b_n$ gegen den Grenzwert $g_a + g_b$ konvergiert.

Erinnerung

Der Betrag einer Summe ist immer kleiner oder gleich den Beträgen der einzelnen Summanden:
$|a + b| \leq |a| + |b|$.
(Dreiecksungleichung)

Für alle n mit $n \geq n_0$ und $n \geq n_1$ gilt:

$\lvert(a_n + b_n) - (g_a + g_b)\rvert$	Summen der Folgen und Grenzwerte bilden
$= \lvert a_n + b_n - g_a - g_b\rvert$	Auflösen der Klammern
$= \lvert a_n - g_a + b_n - g_b\rvert$	Anwendung des Kommutativgesetzes
$= \lvert(a_n - g_a) + (b_n - g_b)\rvert$	Setzen von Klammern
$\leq \lvert a_n - g_a\rvert + \lvert b_n - g_b\rvert$	Auftrennung in zwei getrennte Beträge (Dreiecksungleichung)
$< \varepsilon_a + \varepsilon_b$	da $\lvert a_n - g_a\rvert < \varepsilon_a$ und $\lvert b_n - g_b\rvert < \varepsilon_b$, da $n \geq n_0$ und $n \geq n_1$
$= \varepsilon$	wegen der Wahl von $\varepsilon_a = \varepsilon_b = \frac{\varepsilon}{2}$

Somit ist die Folge (c_n) konvergent mit dem Grenzwert $g_c = g_a + g_b$. q.e.d.

Die anderen drei Grenzwertsätze können analog bewiesen werden.

Beispiel 3 Bestimmen Sie den Grenzwert der konvergenten Zahlenfolge mithilfe der Grenzwertsätze.

a) (a_n) mit $a_n = \frac{1}{n^2} + \frac{1}{n^3} + \frac{1}{2^n}$

b) (a_n) mit $a_n = \frac{-1 + 2^n}{2^{n+1}}$

c) (a_n) mit $a_n = \frac{1 - n^2}{3n^2 - 4n}$

d) (a_n) mit $a_n = \frac{\frac{1}{n^2}}{2 + \frac{1}{n}}$

Lösung:

Achten Sie darauf, die Grenzwertsätze nur auf konvergente Folgen anzuwenden.

a) Die Folgen der einzelnen Summanden sind konvergent. Wenden Sie den ersten Grenzwertsatz an.

$$\lim_{n\to\infty}\left(\frac{1}{n^2} + \frac{1}{n^3} + \frac{1}{2^n}\right)$$
$$= \lim_{n\to\infty}\frac{1}{n^2} + \lim_{n\to\infty}\frac{1}{n^3} + \lim_{n\to\infty}\frac{1}{2^n} = 0 + 0 + 0 = 0$$

b) Zerlegen Sie den Term in zwei Brüche. Wenden Sie anschließend den ersten Grenzwertsatz an.

$$\lim_{n\to\infty}\frac{-1 + 2^n}{2^{n+1}} = \lim_{n\to\infty}\left(-\frac{1}{2^{n+1}} + \frac{2^n}{2^{n+1}}\right)$$
$$= \lim_{n\to\infty} -\frac{1}{2^{n+1}} + \lim_{n\to\infty}\frac{2^n}{2^{n+1}} = 0 + \lim_{n\to\infty}\frac{1}{2^1} = \frac{1}{2}$$

c) Sortieren Sie die Terme in Zähler und Nenner nach ihren Potenzen. Dividieren Sie sowohl den Zähler als auch den Nenner durch die höchste Potenz (hier n^2). Formen Sie Zähler und Nenner um. Wenden Sie dann Grenzwertsätze an (hier den ersten, zweiten und vierten Grenzwertsatz).

$$\frac{1 - n^2}{3n^2 - 4n} = \frac{-n^2 + 1}{3n^2 - 4n}$$
$$= \frac{\frac{-n^2 + 1}{n^2}}{\frac{3n^2 - 4n}{n^2}} = \frac{-1 + \frac{1}{n^2}}{3 - \frac{4}{n}}$$
$$\lim_{n\to\infty}\frac{1 - n^2}{3n^2 - 4n} = \lim_{n\to\infty}\frac{-1 + \frac{1}{n^2}}{3 - \frac{4}{n}} = \frac{\lim\limits_{n\to\infty}\left(-1 + \frac{1}{n^2}\right)}{\lim\limits_{n\to\infty}\left(3 - \frac{4}{n}\right)}$$
$$= \frac{-1 + \lim\limits_{n\to\infty}\frac{1}{n^2}}{3 - \lim\limits_{n\to\infty}\frac{4}{n}} = \frac{-1 + 0}{3 - 0} = \frac{-1}{3}$$

d) Betrachten Sie Zähler und Nenner zunächst einzeln. Wenden Sie dabei den ersten Grenzwertsatz und dann auf den gesamten Bruch den vierten Grenzwertsatz an.

$$\lim_{n\to\infty}\left(\frac{1}{n^2}\right) = 0;$$
$$\lim_{n\to\infty}\left(2 + \frac{1}{n}\right) = \lim_{n\to\infty}(2) + \lim_{n\to\infty}\left(\frac{1}{n}\right) = 2 + 0 = 2$$
$$\lim_{n\to\infty}\left(\frac{\frac{1}{n^2}}{2 + \frac{1}{n}}\right) = \frac{\lim\limits_{n\to\infty}\left(\frac{1}{n^2}\right)}{\lim\limits_{n\to\infty}\left(2 + \frac{1}{n}\right)} = \frac{0}{2} = 0$$

Erinnerung

Potenzgesetze, z. B.: $\frac{a^n}{a^m} = a^{n-m}$

Basisaufgaben

8 Geben Sie den Grenzwert der Folge (a_n) und die verwendeten Grenzwertsätze an.

a) $a_n = 6 - \frac{2}{n}$ b) $a_n = \left(1 + \frac{1}{n^2}\right) - \left(1 - \frac{2}{n}\right)$ c) $a_n = \frac{2^{-n}}{n^3}$

d) $a_n = 2^{-n} \cdot 3^{-n}$ e) $a_n = 3^{-n} \cdot n^{-4}$ f) $a_n = 2^{\frac{n}{2}} \cdot 2^{-n} \cdot \frac{1}{n}$

g) $a_n = 2 + \frac{3}{n} - \frac{4}{n^2} + \frac{5}{n^3} - \frac{6}{n^4}$ h) $a_n = -\frac{10 \cdot 10^{2n}}{100 \cdot 10^{(2n-1)}}$ i) $a_n = \frac{8n^3 + 2n}{3n^2 - 4n^3}$

j) $a_n = \frac{n + n^2 + n^3}{3n - 5n^3}$ k) $a_n = \frac{1 + 10^n}{100 + 10^n}$ l) $a_n = \frac{2^n + 4^n}{4^n + 12^n}$

Weiterführende Aufgaben

Zwischentest

9 Gegeben ist die Folge (a_n) mit $a_n = 1 - 0{,}1^n$.

a) Bestimmen Sie die ersten fünf Folgenglieder und den Grenzwert der Folge.

b) Erklären Sie den Zusammenhang zwischen der Folge (a_n) und $0{,}\overline{9} = 1$.

10 Bestimmen Sie mithilfe der vorgegebenen Folgen neue Folgen mit dem Grenzwert −2.

Folgenterme: $a_n = \frac{n - 1}{-n + 1}$, $b_n = \frac{n^2 - 5}{2n^2}$, $c_n = \frac{6n^3 - 3}{1 - n^3}$, $d_n = 6 - \frac{3n}{n - 6}$, $e_n = \frac{4n - 8}{2 + n}$, $f_n = \frac{n^2 - 4}{-2n^2}$

11 Berechnen Sie den Grenzwert. Erläutern Sie Ihr Vorgehen.

a) $\lim\limits_{n \to \infty}\left(\frac{2}{4+\frac{1}{n}}\right)$
b) $\lim\limits_{n \to \infty}\left(\frac{2n^2+3n-1}{n-n^2}\right)$
c) $\lim\limits_{n \to \infty}\left(\frac{2n+1}{4n^2+4n+1}\right)$
d) $\lim\limits_{n \to \infty}\left(\frac{2n^2-4}{n^3+2n+1}\right)$
e) $\lim\limits_{n \to \infty}\left(\frac{(n+1)\cdot(n-1)}{5n^3-5n}\right)$
f) $\lim\limits_{n \to \infty}\left(\frac{3\cdot 10n^4+2}{7\cdot 10n^6}\right)$
g) $\lim\limits_{n \to \infty}\left(\frac{6n^3-2n^2+8}{7n^3-5}\right)$
h) $\lim\limits_{n \to \infty}\left(\frac{n^2+7n}{n^3+6}\right)$
i) $\lim\limits_{n \to \infty}\left(\frac{n+1}{2n^2+4n+2}\right)$

12 Ordnen Sie jedem Grenzwert den richtigen Wert zu.

① $\lim\limits_{n \to \infty}\left(\frac{n+n}{4n}\right)$	② $\lim\limits_{n \to \infty}\left(\frac{n-4}{2n}\right)$	③ $\lim\limits_{n \to \infty}\left(\frac{3n-1}{6n+5}\right)$	④ $\lim\limits_{n \to \infty}\left(\frac{15n^2-2n}{3(n+1)^3}\right)$	5	0
⑤ $\lim\limits_{n \to \infty}\left(\frac{5n-2}{n}\right)$	⑥ $\lim\limits_{n \to \infty}\left(\frac{2n}{n(n+2)}\right)$	⑦ $\lim\limits_{n \to \infty}\left(\frac{n+1}{n^2-1}\right)$	⑧ $\lim\limits_{n \to \infty}\left(\frac{15n-2}{3n}\right)$	$\frac{1}{2}$	$\frac{1}{5}$

13 Stolperstelle: Beurteilen Sie die Aussage. Untersuchen Sie die Folge auf Konvergenz und bestimmen Sie, sofern möglich, den Grenzwert.

a) Marco untersucht den Grenzwert der Zahlenfolge (a_n) mit $a_n = \frac{n}{n+n^2}$.
Er sagt: *„Der Zähler ist n und wird für $n \to \infty$ unendlich groß. Der Nenner ist $n + n^2$ und wird für $n \to \infty$ auch unendlich groß. Die Zahlenfolge kann keinen Grenzwert haben, weil man nicht unendlich durch unendlich dividieren kann."* Marina meint: *„Der Quotient ist dann doch 1!"*

b) Tina sagt: *„Die Folge (a_n) mit $a_n = (-1)^n \cdot \frac{100}{n}$ ist für $n \to \infty$ divergent, weil die Folgenglieder abwechselnd positiv und negativ sind."*

14 Geben Sie eine Folge mit den geforderten Eigenschaften an.

a) Die Folge (a_n) ist monoton steigend und es gilt $\lim\limits_{n \to \infty} a_n = 3$.
b) Die Folge (b_n) ist monoton fallend und es gilt $\lim\limits_{n \to \infty} b_n = g$.
c) Die Folge (c_n) ist divergent und nach unten unbeschränkt.
d) Die Folge (d_n) ist konvergent mit unendlich vielen positiven und unendlich vielen negativen Folgengliedern.

15 Beurteilen Sie die Aussage.

a) Alle konvergenten Folgen sind monoton steigend oder fallend.
b) Alle nach oben oder unten unbeschränkten Folgen sind divergent.
c) Die Summe zweier divergenter Folgen ist immer divergent.
d) Das Produkt einer konvergenten und einer divergenten Folge ist immer divergent.
e) Der Quotient zwei divergenter Folgen ist immer konvergent.
f) Die Differenz einer nach oben beschränkten Folge und einer konvergenten Folge ist immer konvergent.

16 Einige exponentielle Prozesse können mithilfe von Zahlenfolgen modelliert werden. Gegeben sind die Zahlenfolgen (a_n) mit $a_n = 100 - 10\cdot 0{,}75^n$, (b_n) mit $b_n = 25 + 13\cdot 0{,}4^n$ und (c_n) mit $c_n = 45 - 100\cdot 0{,}15^n$.

a) Erstellen Sie geeignete Wertetabellen zu den Folgen. Stellen Sie damit Vermutungen über die Grenzwerte der Folgen auf.
b) Untersuchen Sie jeweils, ab welchem Wert für n der Abstand zum Grenzwert kleiner als 0,1 (kleiner als 0,01; kleiner als 0,001) ist.
c) Veranschaulichen Sie die Ergebnisse aus Aufgabe b) grafisch.

Hinweis

Um das Verhalten von Folgen zu verstehen, können Sie einige Graphen plotten lassen.

17 Grenzwert einer geometrischen Folge: Zeigen Sie für die Folge (a_n) mit $a_n = q^n$, $q \in \mathbb{R}$:

a) Für $0 < |q| < 1$ ist die Folge monoton fallend und beschränkt.
b) Für $|q| < 1$ konvergiert die Folge gegen 0.
c) Für $q < -1$ ist die Folge weder monoton noch beschränkt.
d) Für $|q| > 1$ divergiert die Folge. Betrachten Sie dazu getrennt die Fälle $q > 1$ und $q < -1$.

Hilfe

18 Beweisen oder widerlegen Sie die Behauptung: Wenn für alle $n \in \mathbb{N}$ gilt $a_n > 0$ und $\lim\limits_{n \to \infty} a_n = a$, dann gilt auch $a > 0$.

19 Von einer geometrischen Zahlenfolge ist bekannt, dass die Summe der ersten drei Glieder 21 beträgt.

a) Vermindert man das größte der drei Glieder um 3, so entsteht eine arithmetische Zahlenfolge. Ermitteln Sie für die geometrische und die arithmetische Zahlenfolge jeweils eine Bildungsvorschrift.

b) Die geometrische Zahlenfolge soll alternierend sein. Ermitteln Sie auch für diesen Fall eine Bildungsvorschrift.

20 Annas Eltern lassen sich bei einer Bank für ein Sparkonto ihrer Tochter beraten. Der Berater schlägt ihnen ein Zinsmodell vor, bei dem für das Kapital in n-ten Jahr gilt: $K(n) = K(0) \cdot \left(1 + \frac{1}{n}\right)^n$.

a) Erstellen Sie eine Wertetabelle für das Kapital in den ersten zehn Jahren.

b) Zeigen Sie, dass die Folge (a_n) mit $a_n = \left(1 + \frac{1}{n}\right)^n$ monoton ist.
Zeigen Sie dazu $\frac{a_n}{a_n - 1} = \frac{n}{n-1} \cdot \left(1 - \frac{1}{n^2}\right)^n$, verwenden Sie die bernoullische Ungleichung. Man kann zeigen, dass die Folge gegen eine irrationale Zahl $e \approx 2{,}718$ konvergiert.

c) Ermitteln Sie, welchem gleichbleibendem jährlichen Zinssatz das vorgeschlagene Zinsmodell bei einer Laufzeit von 2 Jahren (10 Jahren; 50 Jahren) entspricht.

d) Erstellen Sie mithilfe einer Mathematiksoftware eine grafische Darstellung der Folge.

Hinweis 19b

Bernoullische Ungleichung:
Für $n \in \mathbb{N}$ und $x \in \mathbb{R}$ mit $x \geq -1$ gilt:
$(1 + x)^n \geq 1 + n \cdot x$.

21 **Heron-Verfahren:** Bereits die Babylonier kannten vor rund 4000 Jahren ein sehr gutes Verfahren, um aus einer beliebigen Zahl x die Quadratwurzel mittels einer rekursiven Folge zu ziehen: $a_{n+1} = \frac{1}{2} \cdot \left(a_n + \frac{x}{a_n}\right)$. Als Startwert a_0 kann man fast jede beliebige Zahl wählen. Es empfiehlt sich, die Zahl, aus der die Wurzel gezogen werden soll, oder 1 zu verwenden.

a) Begründen Sie, warum der Startwert $a_0 = 0$ nicht gewählt werden kann.

b) Überprüfen Sie das Verfahren an einigen Beispielen wie etwa $\sqrt[2]{2}$, $\sqrt[2]{3}$ und $\sqrt[2]{4}$.

c) Arbeiten Sie mit einer Tabelle. Experimentieren Sie mit $x = 99$ bzw. $x = 101$, wobei $a_0 = 10$ sein soll, indem Sie jeweils in einer zusätzlichen Spalte Ihrer Tabelle die Differenz zu $\sqrt[2]{99}$ und $\sqrt[2]{101}$ bilden.

22 **Ausblick:** Bildet man jeweils die Summe der ersten n + 1 Folgenglieder einer Folge (a_n), $s_n = a_0 + a_1 + ... + a_n$, dann erhält man eine Folge von Partialsummen (s_n). Diese wird **Reihe** genannt. Zum Beispiel gibt es die Reihe, die alle natürlichen Zahlen ab 1 addiert: $s_n = 1 + 2 + ... + n$. Damit ist $s_4 = 1 + 2 + 3 + 4 = 10$. Aber s_{100} so zu berechnen, wäre sehr aufwendig. Carl Friedrich Gauß fand die explizite Darstellung $s_n = \frac{n \cdot (n+1)}{2}$.

a) Berechnen Sie s_{100} mit einer Tabellenkalkulation auf zwei verschiedene Weisen.

b) Addieren Sie nun in einer Tabellenkalkulation alle Kehrwerte der natürlichen Zahlen ab 1: $h_n = \frac{1}{1} + \frac{1}{2} + ... + \frac{1}{n}$. Diese Folge wird als **harmonische Reihe** bezeichnet. Untersuchen Sie Ihre Eigenschaften.

c) Tauscht man in der Reihe aus b) jedes zweite Vorzeichen, so konvergiert die Reihe (c_n) mit $c_n = \frac{1}{1} - \frac{1}{2} + \frac{1}{3} - \frac{1}{4} ... \pm \frac{1}{n}$ sehr langsam. Überprüfen Sie dies in einer Tabellenkalkulation und zeigen Sie, dass $c_{1000} \approx 0{,}692647431$.

d) Begründen Sie, weshalb der Mittelwert von c_{1000} und c_{1001} einen besseren Näherungswert für den Grenzwert liefert als c_{1000} oder c_{1001} allein.

7.3 Reihen und ihre Grenzwerte

Die Zahlenfolge (a_n) ist definiert durch $a_1 = 1$ und $a_n = a_{n-1} + n$ für $n \geq 2$. Bestimmen Sie eine explizite Bildungsvorschrift für die Folge.

$a_1 = 1$ $a_5 = 15$
$a_2 = 3$ ...
$a_3 = 6$
$a_4 = 10$ $a_{20} = 210$

Partialsummen und Reihen

Aus den Summen über die ersten n Glieder einer Zahlenfolge kann eine neue Zahlenfolge definiert werden. Beispielsweise ist (s_n) mit $s_1 = 1$, $s_2 = 1 + 2$, $s_3 = 1 + 2 + 3$, $s_n = \sum_{k=1}^{n} k$ die Folge der Summen über die ersten n natürlichen Zahlen.

Die Folgenglieder $\sum_{k=1}^{n} k$ heißen **Partialsummen**, die Folge der Partialsummen heißt **Reihe**.

Definition

Für eine beliebige Zahlenfolge (a_n) heißt $s_n = \sum_{k=1}^{n} a_k$ **Partialsumme.**
Die Folge von Partialsummen (s_n) heißt **Reihe.** Man schreibt dafür kurz $\sum_{k=1}^{\infty} a_k$.
Falls der Grenzwert existiert, so heißt $\lim_{n \to \infty} s_n = \sum_{k=1}^{\infty} a_k$ **Summe der Reihe.**

Hinweis

Der Ausdruck $\sum_{k=1}^{\infty} a_k$ bezeichnet also sowohl die Reihe selbst als auch ihren Grenzwert, falls er existiert.

Wie andere Zahlenfolgen auch können Reihen auf Monotonie, Beschränktheit und Konvergenz untersucht werden.

Beispiel 1 Untersuchen Sie die Reihe auf Monotonie, Beschränktheit und Konvergenz. Geben Sie den Grenzwert an, falls vorhanden.

a) $\sum_{k=1}^{\infty} \frac{1}{3k}$ b) $\sum_{k=1}^{\infty} \frac{1}{2^k}$

Lösung:

a) Prüfen Sie zuerst die Monotonie. Betrachten Sie dazu die einzelnen Summanden.

Alle Summanden sind positiv, also wachsen die Partialsummen mit jedem Summanden. Die Reihe ist streng monoton steigend.

Fassen Sie die Summanden zu Gruppen zusammen, um die Beschränktheit zu prüfen.
Bilden Sie Teilsummen, von denen jede größer ist als ein konstanter Wert. Da es unendlich viele Summanden gibt, gibt es unendlich viele solcher Teilsummen.

Es gilt: $\frac{1}{3 \cdot 1} = \frac{1}{3} > \frac{1}{4}$

$$\frac{1}{3 \cdot 2} + \frac{1}{3 \cdot 3} + \frac{1}{3 \cdot 4} > 3 \cdot \frac{1}{3 \cdot 4} = \frac{1}{4}$$

$$\frac{1}{3 \cdot 5} + \frac{1}{3 \cdot 6} + \ldots + \frac{1}{3 \cdot 16} > 12 \cdot \frac{1}{3 \cdot 16} = \frac{1}{4}$$

Allgemein ist die Summe der nächsten $3 \cdot 4^n$ Summanden immer größer als $\frac{1}{4}$. Es gibt unendlich viele solcher Teilsummen, also wird „unendlich oft ein größerer Wert als $\frac{1}{4}$ summiert". Daher ist die Reihe nach oben unbeschränkt.

Beurteilen Sie die Reihe dann auf Konvergenz.

Da die Reihe nach oben unbeschränkt ist, konvergiert sie nicht.

b) Prüfen Sie die Reihe auf Monotonie.	Alle Summanden sind positiv, also ist die Reihe streng monoton steigend.
Geben Sie die ersten Partialsummen der Reihe an und finden Sie eine Regelmäßigkeit in den Termen.	$s_1 = \frac{1}{2} = \frac{2^1 - 1}{2^1}$; $s_2 = \frac{3}{4} = \frac{2^2 - 1}{2^2}$; $s_3 = \frac{7}{8} = \frac{2^3 - 1}{2^3}$; $s_4 = \frac{15}{16} = \frac{2^4 - 1}{2^4}$ Mit vollständiger Induktion folgt für alle n: $s_n = \frac{2^n - 1}{2^n} = 1 - \frac{1}{2^n}$
Untersuchen Sie, wie sich der Abstand der einzelnen Partialsummen zur 1 verändert. Folgern Sie daraus auf die Beschränktheit und Konvergenz der Reihe.	Es gilt also stets $s_n < 1$ und für $n \to \infty$ nähern sich die Werte von s_n der 1 beliebig nah an. Die Reihe ist also nach oben beschränkt und konvergiert gegen 1.

Basisaufgaben

1 Berechnen Sie die ersten 5 Folgenglieder der Folge von Partialsummen (s_n) mit $s_n = \sum_{k=1}^{n} a_k$.

a) $a_k = k$ b) $a_k = k^2 + 1$ c) $a_k = 2^k$ d) $a_k = 9 \cdot 10$

2 Die Zahlenfolge (s_n) ist rekursiv definiert durch $s_1 = 3$ und $s_n = s_{n-1} + 3^n$ für $n \geq 2$. Geben Sie eine explizite Bildungsvorschrift für s_n sowie die zugehörige Reihe in Summenschreibweise an.

3 **Harmonische Reihe:** Die Reihe $\sum_{k=1}^{\infty} \frac{1}{k}$ heißt harmonische Reihe.

a) Zeigen Sie, dass die Folge $\left(\sum_{k=1}^{n} \frac{1}{k}\right)$ monoton steigt.

b) Zeigen Sie mithilfe geeigneter Abschätzungen, dass die harmonische Reihe divergiert.

4 Untersuchen Sie die Reihe auf Monotonie, Beschränktheit und Konvergenz.

a) $\sum_{k=1}^{\infty} \frac{3}{4k}$ b) $\sum_{k=1}^{\infty} (9 \cdot 10^{-k})$ c) $\sum_{k=1}^{\infty} \frac{1}{k^2}$ d) $\sum_{k=1}^{\infty} \frac{1}{k!}$

Geometrische Reihen

Eine **geometrische Zahlenfolge** ist eine Zahlenfolge, bei der der Quotient zweier benachbarter Folgenglieder stets gleich groß ist, z. B. (a_n) mit $a_n = 5 \cdot 4^n$: 5; 20; 80; 320; ...
Bei dieser Folge gilt für alle n: $\frac{a_{n+1}}{a_n} = 4$

Eine Reihe, deren Summanden die Glieder einer solchen Zahlenfolge (a_n) mit $n \in \mathbb{N}_0$ sind, heißt **geometrische Reihe**.

Definition

Eine **geometrische Reihe** ist eine Reihe der Form $\sum_{k=0}^{\infty} a_0 q^k$ mit $a_0, q \in \mathbb{R} \setminus \{0\}$.

Üblicherweise beginnt man bei geometrischen Reihen bereits mit dem Index 0. Da stets $q^0 = 1$ gilt, ist das erste Summenglied einer geometrischen Reihe immer a_0.
Der Wert der Reihe lässt sich auch darstellen als $a_0 \sum_{k=0}^{\infty} q^k$.

Mittels vollständiger Induktion kann man eine Formel für die Partialsummen einer geometrischen Reihe herleiten und damit eine geometrische Reihe auf Konvergenz prüfen.

Hinweis

Die Herleitung erfolgt in Aufgabe 14.

Satz

Die geometrische Reihe $\sum_{k=0}^{\infty} a_0 q^k$ **konvergiert** für $|q| < 1$ und **divergiert** für $|q| \geq 1$.
Es gilt für alle $n \in \mathbb{N}$ und $q \neq 1$: $\sum_{k=0}^{n} a_0 q^k = a_0 \frac{1 - q^{n+1}}{1 - q}$
Damit folgt für die Reihe für $|q| < 1$: $\sum_{k=0}^{\infty} a_0 q^k = \frac{a_0}{1 - q}$

Beispiel 2

Prüfen Sie, ob die geometrische Reihe konvergiert. Falls ja, bestimmen Sie den Grenzwert.

a) $\sum_{k=0}^{\infty} 3 \cdot 4^k$ b) $\sum_{k=0}^{\infty} 2 \cdot \left(\frac{3}{5}\right)^k$

Lösung:

a) Bestimmen Sie $|q|$ und prüfen Sie damit, ob die Reihe konvergiert.
$q = 4$, also $|q| = 4 > 1$, also konvergiert die Reihe nicht.

b) Bestimmen Sie $|q|$ und prüfen Sie damit, ob die Reihe konvergiert.
$|q| = \frac{3}{5} < 1$: die Reihe konvergiert
Nutzen Sie die Formel aus dem Satz, um den Grenzwert zu berechnen.
$\sum_{k=0}^{\infty} 2 \cdot \left(\frac{3}{5}\right)^k = \frac{2}{1 - \frac{3}{5}} = 5$

Basisaufgaben

5 Prüfen Sie, ob die geometrische Reihe konvergiert.

a) $\sum_{k=0}^{\infty} 5^k$ b) $\sum_{k=0}^{\infty} 2{,}1 \cdot 0{,}3^k$ c) $\sum_{k=0}^{\infty} -4 \cdot \left(\frac{2}{7}\right)^k$ d) $\sum_{k=0}^{\infty} \frac{9}{2} \cdot \left(\frac{8}{3}\right)^k$

6 Die geometrische Reihe konvergiert. Bestimmen Sie den Grenzwert.

a) $\sum_{k=0}^{\infty} \left(\frac{1}{4}\right)^k$ b) $\sum_{k=0}^{\infty} 3 \cdot 0{,}2^k$ c) $\sum_{k=0}^{\infty} \frac{6}{7} \cdot \left(\frac{5}{7}\right)^k$ d) $\sum_{k=0}^{\infty} -7 \cdot \left(\frac{2}{5}\right)^k$

Lösungen zu 6

$-\frac{1}{7}$ $\frac{15}{4}$ 3 $\frac{4}{3}$ $-\frac{35}{3}$

7 Prüfen Sie, ob die geometrische Reihe konvergiert. Falls ja, bestimmen Sie den Grenzwert.

a) $\sum_{k=0}^{\infty} \frac{2}{7} \cdot \left(\frac{9}{5}\right)^k$ b) $\sum_{k=0}^{\infty} \frac{3}{8} \cdot \left(\frac{4}{11}\right)^k$ c) $\sum_{k=0}^{\infty} 3 \cdot \left(\frac{11}{13}\right)^k$ d) $\sum_{k=0}^{\infty} 1{,}2 \cdot 0{,}85^k$

8 Berechnen Sie die Partialsummen s_5 und s_{20} der Folge $(s_n)_n$.

a) $s_n = \sum_{k=0}^{n} 4 \cdot 5^k$ b) $s_n = \sum_{k=0}^{n} -2 \cdot 3^k$ c) $s_n = \sum_{k=0}^{n} 5 \cdot 0{,}8^k$ d) $s_n = \sum_{k=0}^{n} 0{,}1 \cdot 2^k$

Arithmetische Reihen

Eine arithmetische Reihe entsteht durch das Summieren einer arithmetischen Folge. Arithmetische Reihen sind divergent (außer für konstante Nullfolgen). Deshalb betrachtet man die Partialsummen, die auch endliche arithmetische Reihen genannt werden.

Definition

Wenn (a_n) eine arithmetische Folge ist, dann ist die Folge der Partialsummen (s_n) mit $s_n = \sum_{i=1}^{n} a_i$ eine **arithmetische Reihe.**

Es gilt $s_n = \sum_{i=1}^{n} a_1 + (i - 1) \cdot d = n \cdot a_1 + \frac{n(n-1)}{2} \cdot d$ bzw. $s_n = n \cdot \frac{a_1 + a_n}{2}$
(Dies kann mit vollständiger Induktion bewiesen werden.)

Beispiel 3

Bestimmen Sie die ersten fünf Partialsummen zur arithmetischen Folge (a_n) mit $a_1 = 1$, $a_{n+1} = a_n + 3$.

Lösung:

Berechnen Sie zunächst die ersten Glieder der arithmetischen Folge: a_1, a_2, a_3, a_4, a_5.
Berechnen Sie dann $s_1 = a_1$, $s_2 = s_2 + a_2$, usw. bzw. allgemein $s_n = \sum_{i=1}^{n} a_i$.

$a_1 = 1, a_2 = 4, a_3 = 7, a_4 = 10, a_5 = 13,$
$s_1 = a_1 = 1, s_2 = a_1 + a_2 = 1 + 4 = 5,$
$s_3 = 1 + 4 + 7 = 12, s_4 = 12 + 10 = 22,$
$s_5 = 22 + 13 = 35, s_6 = 35 + 16 = 51$

Basisaufgaben

9 Gegeben ist die Folge der Partialsummen (s_n) zu (a_n) mit $a_n = 1 + 3 \cdot (n - 1)$.
a) Bestimmen Sie s_7 und n mit $s_n \geq 1000$.
b) Untersuchen Sie die Folgen (a_n) und (s_n) auf Beschränktheit und Monotonie.
c) Untersuchen Sie die Folgen (a_n) und (s_n) auf Konvergenz.
d) Prüfen Sie die Behauptung für $n \leq 7$: Die Punkte $P_n(n \mid s_n)$ liegen auf dem Graphen der Funktion f mit $f(x) = \frac{3}{2}x^2 + \frac{5}{2}x + 1$.

10 Konvergenz arithmetischer Folgen und Reihen: Gegeben ist die Folge der Partialsummen (s_n) zur arithmetischen Folge (a_n) mit $a_{n+1} = a_n + d$, $a_1 = c$.
a) Untersuchen Sie die Folgen (a_n) und (s_n) auf Beschränktheit und Monotonie.
Hinweis: Unterscheiden Sie dabei die Fälle $d = 0$, $d > 0$, $d < 0$, ebenso für c.
b) Untersuchen Sie die Folgen (a_n) und (s_n) auf Konvergenz.
c) Jasmin behauptet: Es gilt $s_n = (n + 1) \cdot \left(a_1 + \frac{n}{2} \cdot d\right)$. Überprüfen Sie die Behauptung für Beispiel 3. Beweisen Sie sie, wenn möglich. Beurteilen Sie dies in Hinblick auf die Konvergenz arithmetischer Reihen.

Weiterführende Aufgaben

Zwischentest

11 Stolperstelle: Laura bestimmt den Grenzwert der Reihe $\sum_{k=0}^{\infty} 2 \cdot 6^k$:
Es handelt sich um eine geometrische Reihe, also gilt: $\sum_{k=0}^{\infty} 2 \cdot 6^k = \frac{2}{1-6} = -\frac{2}{5}$.
Nehmen Sie Stellung.

12 Eine geometrische Reihe konvergiert gegen den Grenzwert 5.
a) Geben Sie zwei passende Reihen an.
b) Die zweite Partialsumme der Reihe hat den Wert $\frac{117}{25}$. Bestimmen Sie eine mögliche Reihe.

13 Beweisen Sie, dass $0{,}\overline{9} = 1$ gilt.

14 Beweisen Sie, dass für alle $n > 2$ gilt: $\sum_{k=1}^{n} \left(\frac{1}{\sqrt{k}}\right) > \sqrt{n+1}$

15 Ein Kettenbrief wird am ersten Tag an fünf Empfänger verschickt. Jeder Empfänger leitet den Kettenbrief am nächsten Tag an fünf weitere Empfänger weiter.
a) Beschreiben Sie die Zahl der insgesamt abgesendeten Kettenbriefe mit einem Term.
b) Berechnen Sie die Gesamtzahl der abgesendeten Kettenbriefe nach 10 Tagen.

Hilfe

16 Untersuchen Sie die Reihe auf Konvergenz. Formen Sie dazu den Term geeignet um.

a) $\sum_{k=0}^{\infty} 2 \cdot 3^k \left(\frac{1}{4}\right)^{k+1}$ b) $\sum_{k=0}^{\infty} \frac{3 \cdot 5^{k-1}}{4 \cdot 3^{k+2}}$ c) $\sum_{k=0}^{\infty} 2^k \cdot 3^{k+1} \cdot 7^{-k-1}$

17 Periodische Dezimalzahlen in Brüche umwandeln: Periodische Dezimalzahlen lassen sich als Reihen darstellen und damit in Brüche umwandeln.

a) Erklären Sie das Vorgehen an folgendem Beispiel:

$$1{,}5\overline{24} = 1{,}5 + 0{,}024 + 0{,}00024 + \ldots = \frac{3}{2} + 24 \cdot \left(\frac{1}{10}\right)^3 + 24 \cdot \left(\frac{1}{10}\right)^5 + \ldots$$

$$= \frac{3}{2} + \sum_{k=0}^{\infty} 24 \cdot \left(\frac{1}{10}\right)^{3+2k} = \frac{3}{2} + \sum_{k=0}^{\infty} \frac{24}{1000}\left(\frac{1}{10}\right)^{2k} = \frac{3}{2} + \sum_{k=0}^{\infty} \frac{24}{1000}\left(\frac{1}{100}\right)^{k} = \frac{3}{2} + \frac{4}{165} = \frac{503}{330}$$

b) Wandeln Sie die periodischen Dezimalzahlen in Brüche um.

① $1{,}8\overline{73}$ ② $0{,}42\overline{5}$ ③ $12{,}\overline{13}$ ④ $2{,}1\overline{479}$ ⑤ $1{,}233\overline{233}$

Hinweis

Die vollständige Induktion ist auf S. 248 erläutert.

18 Beweis der Formeln für geometrische Reihen:

a) Zeigen Sie mittels vollständiger Induktion, dass für alle $n \in \mathbb{N}$ und $q \neq 1$ gilt:

$$\sum_{k=0}^{n} a_0 q^k = a_0 \frac{1-q^{n+1}}{1-q}$$

b) Zeigen Sie, dass für alle q mit $|q| < 1$ gilt: $\sum_{k=0}^{\infty} a_0 q^k = \frac{a_0}{1-q}$

19 a) Geben Sie eine Formel für $\sum_{k=0}^{n} a_0 q^k$ für $q = 1$ an.

b) Begründen Sie, dass die Reihe $\sum_{k=0}^{\infty} a_0 q^k$ für $q = 1$ divergiert.

20 Beweisen Sie, dass für alle $n \in \mathbb{N}$ und $q \neq 1$ gilt: $\sum_{k=0}^{n} k \cdot q^k = \frac{n \cdot q^{n+2} - (n+1) \cdot q^{n+1} + q}{(q-1)^2}$

Info

Ein Paradoxon ist ein scheinbar unmöglicher Sachverhalt.

21 Der griechische Philosoph Zenon stellte im 5. Jahrhundert v. Chr. folgendes Paradoxon auf: Achilles lief ein Wettrennen gegen eine Schildkröte, die mit einem Vorsprung startete. Sobald Achilles den Punkt erreichte, an dem die Schildkröte startete, war die Schildkröte ein Stück weitergelaufen. Hatte Achilles diesen nächsten Punkt erreicht, war die Schildkröte wieder ein Stück gelaufen usw. Folglich konnte Achilles die Schildkröte nie einholen.

a) Für $n \in \mathbb{N}$ wird die Summe $s_n = \sum_{k=0}^{n} \left(\frac{1}{2}\right)^k$ definiert.

Prüfen Sie, ob s_n für $n \to +\infty$ konvergiert oder divergiert.

b) Berechnen Sie s_n für verschiedene Werte von n und tragen Sie die Ergebnisse auf einem Zahlenstrahl ein.

c) Erklären Sie den Zusammenhang des Paradoxons von Zenon mit den Summen s_n.

22 Teleskopreihen: Eine Teleskopsumme ist eine Summe, bei der sich die einzelnen Summanden gegenseitig aufheben. Eine Teleskopreihe ist eine Reihe, deren Partialsummen Teleskopsummen sind.

a) Zeigen Sie, dass für alle k gilt: $\frac{1}{k(k+1)} = \frac{1}{k} - \frac{1}{k+1}$

b) Berechnen Sie mithilfe von a) die Summe $\sum_{k=1}^{n} \frac{1}{k(k+1)}$ in Abhängigkeit von n.

c) Bestimmen Sie $\sum_{k=1}^{\infty} \frac{1}{k(k+1)}$.

d) Finden Sie eine geeignete Zerlegung von $\frac{2}{k(k+2)}$. Berechnen Sie damit die Summe $\sum_{k=1}^{n} \frac{2}{k(k+2)}$ in Abhängigkeit von n und bestimmen Sie $\sum_{k=1}^{\infty} \frac{2}{k(k+2)}$.

23 Das **Sierpiński-Dreieck** ist ein Fraktal, das erstmals vom polnischen Mathematiker Wacław Sierpiński (1882–1969) beschrieben wurde. Man erhält das Sierpiński-Dreieck, indem man aus einem gleichseitigen Dreieck mit der Seitenlänge a schrittweise Teildreiecke entfernt.

a) Beschreiben Sie anhand der Abbildung, wie das Sierpiński-Dreieck entsteht.

b) Begründen Sie, dass im n-ten Schritt 3^{n-1} Dreiecke entfernt werden, die jeweils die Seitenlänge $a \cdot 2^{-n}$ haben.

c) Bestimmen Sie den Flächeninhalt der im n-ten Schritt gelöschten Dreiecke.

d) Bestimmen Sie den Flächeninhalt der bis zum n-ten Schritt insgesamt gelöschten Dreiecke. Berechnen Sie mit dem Grenzwert dieser Flächeninhalte den Flächeninhalt des Sierpiński-Dreiecks.

e) Bestimmen Sie, nach wie vielen Schritten sich der Flächeninhalt insgesamt nur noch um weniger als $\frac{1}{1000}a$ ändert.

Erinnerung

Der Flächeninhalt A eines gleichseitigen Dreiecks mit der Seitenlänge s ist $A = \frac{\sqrt{3}}{4}s^2$.

24 Die **Koch'sche Schneeflockenkurve** ist ein Fraktal, das erstmals vom schwedischen Mathematiker Helge von Koch beschrieben wurde. Man erhält die Schneeflockenkurve aus einem gleichseitigen Dreieck, indem man in jedem Schritt jede Strecke durch vier neue Teilstrecken ersetzt: Dazu wird jede Strecke gedrittelt, dann wird der mittlere Streckenabschnitt durch zwei Strecken der gleichen Länge ersetzt, sodass ein gleichseitiges Dreieck entsteht.

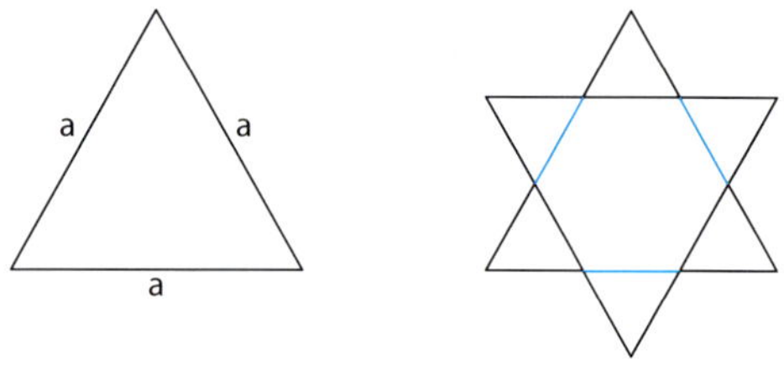

a) Skizzieren Sie die Kurve nach dem nächsten Iterationsschritt.

b) Begründen Sie, dass sich der Umfang der Kurve in jedem Schritt um den Faktor $\frac{4}{3}$ erhöht. Erklären Sie, was das für den Grenzwert des Umfangs bedeutet.

c) Untersuchen Sie, ob der Flächeninhalt, den die Schneeflockenkurve einschließt, endlich ist. Falls ja, bestimmen Sie diesen Grenzwert in Abhängigkeit von a.

25 Joshua zahlt zu Beginn jedes Jahres 250 € in einen Sparvertrag mit 0,5 % Zinsen p. a. ein. Geben Sie eine Formel an, mit der man Joshuas Guthaben nach n Jahren berechnen kann, und berechnen Sie das Guthaben nach 10 Jahren.

26 Frau Yildirim legt 1000 € in einem Sparvertrag mit 0,9 % Zinsen p. a. an. Zu Beginn jedes Jahres zahlt sie einen um jeweils 100 € erhöhten Betrag ein (1100 €, dann 1200 € usw.).

a) Berechnen Sie Frau Yildirims Guthaben nach einem, zwei und drei Jahren.

b) Leiten Sie eine Formel für das Guthaben nach n Jahren her.

27 **Ausblick:** Die Konvergenz einer Reihe lässt sich z. B. mit dem **Quotientenkriterium** untersuchen: Eine Reihe $\sum_{k=1}^{\infty} a_k$ (mit $a_k \neq 0$ für fast alle k) konvergiert, wenn es ein $q < 1$ gibt, sodass für fast alle k gilt: $\left|\frac{a_{k+1}}{a_k}\right| \leq q$. Ist dagegen $\left|\frac{a_{k+1}}{a_k}\right| \geq 1$ für fast alle k, so divergiert die Reihe.

a) Recherchieren Sie, was man in der Mathematik unter „fast alle" versteht.

b) Prüfen Sie anhand des Quotientenkriteriums, ob die Reihen konvergieren.

① $\sum_{k=1}^{\infty} \frac{k}{2^k}$ ② $\sum_{k=1}^{\infty} \frac{k^2}{k!}$ ③ $\sum_{k=1}^{\infty} \frac{3^k}{k+1}$

c) Begründen Sie anhand von zwei Beispielen, dass man keine Aussage über die Konvergenz einer Reihe treffen kann, wenn lediglich $\left|\frac{a_{k+1}}{a_k}\right| < 1$ für fast alle k gilt.

7.4 Klausur- und Abiturtraining

Aufgaben ohne Hilfsmittel

1 Gegeben sind die konvergenten Folgen (a_n), (b_n) und (c_n) mit

$a_n = 2 + \frac{n}{n + n^2}$, $b_n = \frac{9n^3 + 2n}{3n^3 - n^2}$, $c_n = (-1)^n \cdot \frac{3}{n} - 1$.

a) Bestimmen Sie die Grenzwerte der Folgen (a_n), (b_n) und (c_n).

b) Erzeugen Sie mithilfe der Folgen (a_n), (b_n) und (c_n) jeweils eine konvergente Folge mit dem geforderten Grenzwert.

① (x_n) mit $\lim\limits_{n \to \infty} x_n = 1$ ② (y_n) mit $\lim\limits_{n \to \infty} y_n = -\frac{1}{2}$ ③ (z_n) mit $\lim\limits_{n \to \infty} z_n = -6$

2 **Leibniz-Kriterium:** Das Leibniz-Kriterium besagt: Wenn $(a_n)_n$ eine monoton fallende oder monoton steigende Zahlenfolge mit dem Grenzwert 0 ist, dann ist die Reihe $\sum\limits_{k=1}^{\infty} (-1)^k \cdot a_k$ konvergent.

a) Begründen Sie, dass die **alternierende harmonische Reihe** $\sum\limits_{k=1}^{\infty} (-1)^{k+1} \cdot \frac{1}{k}$ konvergiert.

b) Begründen Sie anhand eines Gegenbeispiels, dass die Voraussetzung der Monotonie notwendig ist.

Aufgaben mit Hilfsmitteln

3 Bei einer Medikamentenstudie erhalten die Probanden zu Beginn 100 mg eines Wirkstoffs. Im Laufe der Zeit baut der Körper diesen Wirkstoff ab, wodurch sich die Konzentration im Blut verringert. Um die Konzentration im Blut möglichst konstant zu halten, wird den Probanden jede Woche eine neue Dosis verabreicht. Diese Wirkstoffdosis ist im Vergleich zur Vorwoche um 20 % reduziert. Die Folge (a_n) beschreibt die Menge des verabreichten Wirkstoffs nach n Wochen.

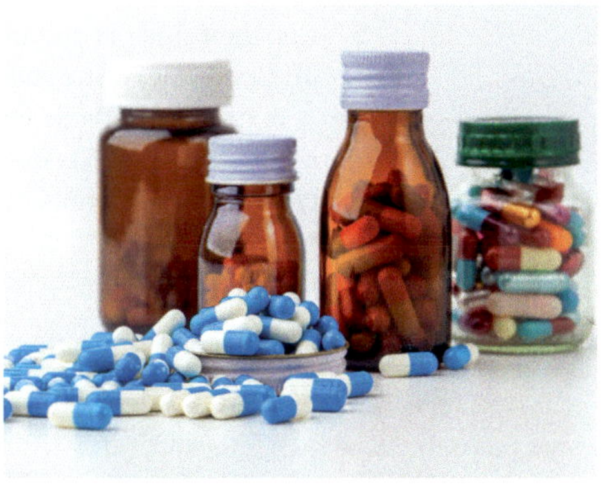

a) Geben Sie eine explizite oder rekursive Darstellung (Bildungsvorschrift) für a_n an.

b) Berechnen Sie die Folgenglieder a_3 und a_5. Beschreiben Sie die Bedeutung dieser Werte im Sachzusammenhang.

c) Untersuchen Sie die Folge (a_n) auf Monotonie und Beschränktheit.

d) Bestimmen Sie, nach wie vielen Wochen die verabreichte Wirkstoffmenge zum ersten Mal kleiner als 20 mg ist. Zeigen Sie, dass nach 20 Wochen weniger als 2 % der Anfangsdosis von 100 mg verabreicht werden.

e) Begründen Sie, dass die Folge konvergent ist, und geben Sie ihren Grenzwert an.

f) Innerhalb einer Woche werden 50 % des vorhandenen Wirkstoffs im Körper abgebaut. Geben Sie eine Folge (b_n) an, mit der die Menge des Wirkstoffs im Körper eines Probanden nach n Wochen berechnet werden kann, wenn kein weiterer Wirkstoff verabreicht wird. Untersuchen Sie die Folge (b_n) auf Monotonie, Beschränktheit und Konvergenz. Geben Sie, falls vorhanden, den Grenzwert der Folge an.

g) Geben Sie eine Folge (c_n) an, die den wöchentlichen Verlauf der Wirkstoffmenge im Körper eines Probanden während der Studie beschreibt. Dabei gibt c_n für $n \geq 0$ die Menge des Wirkstoffs an, die sich zu Beginn der n-ten Woche nach der Verabreichung der wöchentlichen Dosis im Körper eines Probanden befindet. Untersuchen Sie die Folge (c_n) auf Monotonie, Beschränktheit und Konvergenz.

Lösungen
→ S. 296/297

1 Beurteilen Sie, ob eine Zahlenfolge beschrieben wird.

a) $a(n) = n^2$, $D = \mathbb{R}$, $W = \{y \in \mathbb{R} \mid y \geq 0\}$

b) $f(x) = \frac{1}{x}$, $D = \mathbb{N}$, $W = \mathbb{R}^+$

c) $c(n) = \begin{cases} 1, & n \text{ gerade} \\ -1, & n \text{ ungerade} \end{cases}$ für $n \in \mathbb{N}$

2 Gegeben ist eine rekursive Darstellung einer Folge (a_n) mit $a_1 = 8$ und $a_{n+1} = a_n + 3$.

a) Berechnen Sie die ersten fünf Folgenglieder.

b) Geben Sie eine explizite Darstellung an.

3 Betrachten Sie die Folge (a_n) der ungeraden natürlichen Zahlen mit $a_n = 2 \cdot (n - 1) + 1$.

a) Geben Sie die ersten fünf Folgenglieder an.

b) Formulieren Sie eine rekursive Folgenbeschreibung.

4 Untersuchen Sie die Folge (a_n) mit $n > 0$ auf Monotonie und Beschränktheit.

a) $a_n = \frac{n-1}{n}$

b) $a_n = \frac{-1}{n^3}$

c) $a_n = \begin{cases} 0, & n \leq 5 \\ 1, & n > 5 \end{cases}$

d) $a_n = \begin{cases} 0, & n \text{ gerade} \\ \frac{1}{n}, & n \text{ ungerade} \end{cases}$

e) $a_n = \begin{cases} 0, & n \text{ gerade} \\ 1, & n \text{ ungerade} \end{cases}$

f) $a_n = n - 1$

g) $a_n = \begin{cases} n, & n \text{ gerade} \\ -n, & n \text{ ungerade} \end{cases}$

5 Gegeben sind die ersten beiden Folgenglieder $a_1 = 2$ und $a_2 = 4$.

a) Geben Sie, wenn möglich, eine arithmetische und eine geometrische Zahlenfolge in expliziter und rekursiver Form dazu an.

b) Untersuchen Sie jede Folge auf Konvergenz.

c) Stellen Sie jeweils mindestens die ersten fünf Folgenglieder graphisch dar.

6 Gegeben sei die Folge (a_n) mit $a_n = \frac{(-1)^n - 1}{n^2}$ mit $n > 0$.

a) Zeigen Sie mithilfe der Definition, dass die Folge den Grenzwert 0 hat.

b) Bestimmen Sie den Wert n_0, ab welchem die Folgenglieder dieser Nullfolge weniger als 0,01 vom Grenzwert abweichen.

7 Prüfen Sie, ob die Folge (mit $n > 0$) konvergent oder divergent ist, und bestimmen Sie im Falle der Konvergenz den Grenzwert.

a) $a_n = \frac{2}{n^2} + 2$

b) $a_n = \frac{3n^2 - 3}{n}$

c) $a_n = \frac{1}{n} \cdot n^n$

d) $a_n = \frac{10(n+1)}{n^2}$

8 Bestimmen Sie den Grenzwert der Folge mithilfe der Grenzwertsätze.

a) $a_n = -\frac{3}{n} + 1$ $(n > 0)$

b) $a_n = \frac{2n^4}{2n^2 - 4n^4}$ $(n > 0)$

c) $a_n = \frac{10^{2n}}{1000 \cdot 10^{2n-1} + 2022}$

9 In einem See sind $2\,m^2$ von einer Seerose bedeckt. In den folgenden Wochen ist jeweils eine doppelt so große Fläche wie in der Vorwoche bedeckt. Nach 20 Wochen ist der See zur Hälfte mit Seerosen bedeckt.

a) Geben Sie eine rekursive und eine explizite Darstellung dieses Wachstums an.

b) Berechnen Sie die Fläche, die die Seerose nach 21 Wochen bzw. einen Monat vor Beobachtungsbeginn bedeckte. Interpretieren Sie die Ergebnisse im Sachzusammenhang.

Lösungen → S. 287/298

10 Berechnen Sie die ersten fünf Folgenglieder der Folge von Partialsummen (s_n) mit $s_n = \sum_{k=1}^{n} a_k$.

a) $a_k = 2k$ b) $a_k = k^2 + k$ c) $a_k = 3^k$ d) $a_k = \frac{k^2}{k+1}$

11 Untersuchen Sie die Reihe auf Monotonie, Beschränktheit und Konvergenz.

a) $\sum_{k=1}^{\infty} \frac{-1}{k}$ b) $\sum_{k=1}^{\infty} \frac{1}{k^3}$ c) $\sum_{k=1}^{\infty} \frac{(-1)^{k+1}}{4k}$ d) $\sum_{k=1}^{\infty} \frac{1}{\sqrt{k}}$

12 Berechnen Sie die Partialsummen s_6 und s_{10} der Folge (s_n).

a) $s_n = \sum_{k=0}^{n} 2 \cdot 3^k$ b) $s_n = \sum_{k=0}^{n} -3 \cdot 4^k$ c) $s_n = \sum_{k=0}^{n} 1{,}5 \cdot 0{,}2^k$ d) $s_n = \sum_{k=0}^{n} 0{,}1 \cdot 0{,}5^k$

13 Beurteilen Sie, ob die geometrische Reihe konvergiert. Bestimmen Sie ggf. den Grenzwert.

a) $\sum_{k=0}^{\infty} \frac{3}{5} \cdot \left(\frac{7}{8}\right)^k$ b) $\sum_{k=0}^{\infty} \frac{8}{7} \cdot \left(\frac{13}{9}\right)^k$ c) $\sum_{k=0}^{\infty} 1{,}1 \cdot \left(\frac{4}{7}\right)^k$ d) $\sum_{k=0}^{\infty} 25 \cdot 0{,}75^k$

14 Berechnen Sie den Grenzwert der Reihe $\sum_{k=0}^{\infty} \left(\frac{1}{2} \cdot \left(\frac{3}{5}\right)^k + 7 \cdot \left(\frac{2}{3}\right)^{k+1}\right)$.

15 Berechnen Sie den Wert von $\sum_{k=0}^{n} (2 \cdot 3^k + k - 2 + k^2 - 5^{k-1})$ für $n = 10$.

16 Beweisen Sie, dass für alle natürlichen Zahlen $n > 1$ gilt: $3n < 3^n$

17 Geben Sie an, ob $(s_n)_{n \in \mathbb{N}}$ mit $s_n = \sum_{i=1}^{n} a_i$ eine arithmetische oder geometrische Reihe ist. Bestimmen Sie den Grenzwert – oder begründen Sie, dass kein Grenzwert existiert.

a) $a_n = 3 \cdot 2^{n-1}$ b) $a_n = 2 + a_{n-1}$; $a_1 = 0$

18 Bestimmen Sie den Grenzwert der Folge (a_n), falls er existiert.

a) $a_n = \frac{7n^2 - 3}{8n + 1}$ b) $a_n = 3 - \frac{3n^3}{-2n^4}$ c) $a_n = \frac{3n^2 - 3}{3^n}$ d) $a_n = \frac{3\sin(n)}{n^2}$

19 Bestimmen Sie, falls möglich, den Grenzwert der Zahlenfolge (a_n).

a) $a_n = \frac{n^2 - 2}{3n^2 + n + 1}$ b) $a_n = \frac{3n^2 - 1}{3n - 2}$ c) $a_n = \frac{6n^2 - 2n - 61}{18n^3 - 2n - 61}$

20 Geben Sie eine explizite Bildungsvorschrift einer Folge mit dem gegebenen Grenzwert an.

a) $\lim_{n \to \infty} a_n = 0$ b) $\lim_{n \to \infty} b_n = 7$

Wo stehe ich?

	Ich kann...	Aufgabe	Nachschlagen
1.1	... Folgen definieren und rekursive und explizite Darstellungen angeben. ... Folgen auf Monotonie und Beschränktheit untersuchen. ... arithmetische und geometrische Folgen erkennen.	1, 2, 3 4, 9 5	S. 251 Beispiel 1, S. 251 Beispiel 2, S. 253 Beispiel 3, S. 253 Beispiel 4
1.2	... Folgen auf Konvergenz untersuchen. ... Grenzwerte von Folgen berechnen. ... mithilfe der Grenzwertsätze Grenzwerte berechnen.	6, 7 8	S. 257 Beispiel 1, S. 257 Beispiel 2, S. 260 Beispiel 3
1.3	... Reihen als Folgen von Partialsummen interpretieren und Partialsummen berechnen. ... mit arithmetischen und geometrischen Reihen umgehen, ... Reihen auf Monotonie, Beschränktheit und Konvergenz untersuchen. ... Grenzwerte konvergenter geometrischer Reihen berechnen.	10, 11, 12, 13, 14, 15, 17	S. 263 Beispiel 1, S. 265 Beispiel 2

Zahlenfolgen und explizite und rekursive Darstellung von Folgen

Eine Folge (a_n) oder $(a_n)_{n \in \mathbb{N}}$ ist eine Funktion, die jeder natürlichen Zahl n eine reelle Zahl a_n zuordnet; ihr Definitionsbereich ist $\mathbb{N}$ (oder alle natürlichen Zahlen mit $n \geq n_0$ für ein $n_0 \in \mathbb{N}$), ihr Wertebereich ist eine Teilmenge von $\mathbb{R}$.
Es gibt explizite und rekursive Darstellungen von Folgen (Bildungsvorschrift abhängig nur von n bzw. von a_{n-1} mit Angabe von a_1 (und ggf. weiteren vorherigen Folgengliedern).

Beispiel: Die Folge (a_n) der geraden Zahlen
Explizite Darstellung: $a_n = 2n$
Rekursive Darstellung: $a_1 = 2$, $a_{n+1} = a_n + 2$

Eigenschaften der Folge (b_n) mit $b_n = \frac{1}{n}$:

(b_n) ist monoton fallend, da $b_{n+1} \leq b_n$ für alle $n \in \mathbb{N}$ gilt, und (b_n) ist nach unten und oben beschränkt, da $0 \leq b_n \leq b_1$ für alle $n \in \mathbb{N}$ gilt, also 0 eine untere Schranke und 1 eine obere Schranke ist.

Grenzwerte und Grenzwertsätze von Folgen

Eine Zahl $g \in \mathbb{R}$ heißt genau dann Grenzwert einer Folge (a_n), wenn für alle $\varepsilon > 0$ ein $n_0 \in \mathbb{N}$ existiert, sodass für alle $n \in \mathbb{N}$, $n \geq n_0$ gilt: $|a_n - g| < \varepsilon$. Eine Folge, die einen Grenzwert hat, heißt **konvergent**. Eine Folge, die nicht konvergent ist, heißt **divergent**.
Der Grenzwert ist eindeutig: $\lim\limits_{n \to \infty} (a_n) = g$.

Beispiel: (a_n) mit $a_n = -\frac{1}{n^2}$, $n > 0$: $g = 0$, denn z. B. für $\varepsilon = \frac{1}{10}$ gilt

$$|a_n - g| = \left|-\frac{1}{n^2} - 0\right| = \left|\frac{1}{n^2}\right| < \frac{1}{10} \text{ ab } n_0 = 4$$

oder für $\varepsilon = \frac{1}{1000}$ ab $n_0 = 32$.

(a_n) mit $g = 0$ ist eine Nullfolge.

Wenn (a_n) und (b_n) konvergente Folgen mit den Grenzwerten g_a und g_b sind, dann gilt:

① $\lim\limits_{n \to \infty} (a_n + b_n) = \lim\limits_{n \to \infty} (a_n) + \lim\limits_{n \to \infty} (b_n) = g_a + g_b$

② $\lim\limits_{n \to \infty} (a_n - b_n) = \lim\limits_{n \to \infty} (a_n) - \lim\limits_{n \to \infty} (b_n) = g_a - g_b$

③ $\lim\limits_{n \to \infty} (a_n \cdot b_n) = \lim\limits_{n \to \infty} (a_n) \cdot \lim\limits_{n \to \infty} (b_n) = g_a \cdot g_b$

④ $\lim\limits_{n \to \infty} \left(\frac{a_n}{b_n}\right) = \frac{\lim\limits_{n \to \infty} (a_n)}{\lim\limits_{n \to \infty} (b_n)} = \frac{g_a}{g_b}$ mit $b_n, g_b \neq 0$

Beispiel: (a_n) mit $a_n = \frac{1}{n} + \frac{\frac{3}{n}}{2 - \frac{1}{n}}$
Nach ①, ②, ③, ④:

$$\lim_{n \to \infty} \left(\frac{1}{n} + \frac{\frac{3}{n}}{2 - \frac{1}{n}}\right) = \lim_{n \to \infty} \left(\frac{1}{n}\right) + \frac{\lim\limits_{n \to \infty} \left(3 \cdot \frac{1}{n}\right)}{\lim\limits_{n \to \infty} \left(2 - \frac{1}{n}\right)}$$

$$= \lim_{n \to \infty} \left(\frac{1}{n}\right) + \frac{\lim\limits_{n \to \infty} (3) \cdot \lim\limits_{n \to \infty} \left(\frac{1}{n}\right)}{\lim\limits_{n \to \infty} (2) - \lim\limits_{n \to \infty} \left(\frac{1}{n}\right)}$$

$$= 0 + \frac{3 \cdot 0}{2 - 0} = 0$$

Reihen

Für eine beliebige Zahlenfolge (a_n) heißt $s_n = \sum\limits_{k=1}^{n} a_k$ **Partialsumme**. Die Folge von Partialsummen (s_n) heißt **Reihe.**

Beispiel: (a_n) mit $a_n = \frac{1}{n} (n > 0)$,
$a_1 = 1$, $a_2 = \frac{1}{2}$, $a_3 = \frac{1}{3}$, $a_4 = \frac{1}{4}$, $a_5 = \frac{1}{5}$

Harmonische Reihe: $\sum\limits_{k=1}^{\infty} \frac{1}{k}$

$s_1 = 1$, $s_2 = \frac{3}{2}$, $s_3 = \frac{11}{6}$, $s_4 = \frac{25}{12}$, $s_5 = \frac{137}{60}$

Arithmetische und geometrische Folgen und Reihen

Eine Folge (a_n) heißt **arithmetisch**, wenn es ein $d \in \mathbb{R}$ gibt, sodass für alle $n \in \mathbb{N}$ gilt: $a_{n+1} - a_n = d$.
Die zugehörige Folge von Partialsummen heißt **arithmetische Reihe** (s_n).

Beispiel: (a_n) mit $a_n = -1 + 2 \cdot (n - 1)$,
$a_1 = -1$, $a_2 = 1$, $a_3 = 3$, $a_4 = 5$, $a_5 = 7$
$s_1 = -1$, $s_2 = 0$, $s_3 = 3$, $s_4 = 8$, $s_5 = 15$
$s_n = (n - 1)^2 - 1$
Es gilt: $\lim\limits_{n \to \infty} s_n = \infty$, die Reihe divergiert.

Eine Folge (a_n) heißt geometrisch, wenn es ein $q \in \mathbb{R}$, $q \neq 0$, gibt, sodass für alle $n \in \mathbb{N}$ gilt: $\frac{a_{n+1}}{a_n} = q$ mit $a_n \neq 0$.

Die **geometrische Reihe** $\sum\limits_{k=0}^{\infty} a_0 q^k$ **konvergiert** für $|q| < 1$ und **divergiert** für $|q| \geq 1$.
Es gilt für alle $n \in \mathbb{N}$ und $q \neq 1$:

$$\sum_{k=0}^{n} a_0 q^k = a_0 \frac{1 - q^{n+1}}{1 - q}$$

Für $|q| < 1$ folgt: $\sum\limits_{k=0}^{\infty} a_0 q^k = \frac{a_0}{1 - q}$

Beispiel:
(a_n) mit $a_n = 2 \cdot \left(\frac{3}{5}\right)^n$ ist eine geometrische Folge, da $\frac{a_{n+1}}{a_n} = \frac{3}{5} \neq 0$ für alle $n \in \mathbb{N}$ gilt.

$\sum\limits_{k=0}^{\infty} 2 \cdot \left(\frac{3}{5}\right)^k$ ist eine geometrische Reihe mit $q = \frac{3}{5}$.

Da $|q| < 1$ ist, konvergiert die Reihe. Es gilt:

$$\sum_{k=0}^{\infty} 2 \cdot \left(\frac{3}{5}\right)^k = \frac{2}{1 - \frac{3}{5}} = 5$$

8

Methoden

Kopieren Sie die Seiten in diesem Abschnitt und schneiden Sie die Methodenkarten aus. Dann können Sie die Karten länger verwenden und mit eigenen Notizen ergänzen.

Methodenkarte 11 A Graphen mit einem Funktionenplotter verändern

Sie können den Einfluss von Parametern auf Funktionsgraphen gut mit einem Funktionenplotter sichtbar machen.

1. Klicken Sie in die Eingabezeile.
2. Geben Sie einen Funktionsterm ein, z. B. $f(x) = x^2$. Bestätigen Sie die Eingabe.
3. Definieren Sie Variablen a, d und e. Sie können oft einfach in der Eingabezeile Werte festlegen.

Eingabe: a = 0.6

4. Erstellen Sie Schieberegler zu den Variablen. Öffnen Sie dazu ein Kontextmenü zur Variable, z. B. mittels Klick mit der rechten Maustaste in der Objektübersicht. Manchmal erzeugt schon die Eingabe der Variablen einen Schieberegler.
5. Lassen Sie die Funktion g mit $g(x) = a \cdot f(x - d) + e$ anzeigen. Für $f(x) = x^2$ ergibt sich $g(x) = a(x - d)^2 + e$.

   Ändern Sie die Werte der Variablen über die Schieberegler und beobachten Sie, wie sich der Graph verändert.

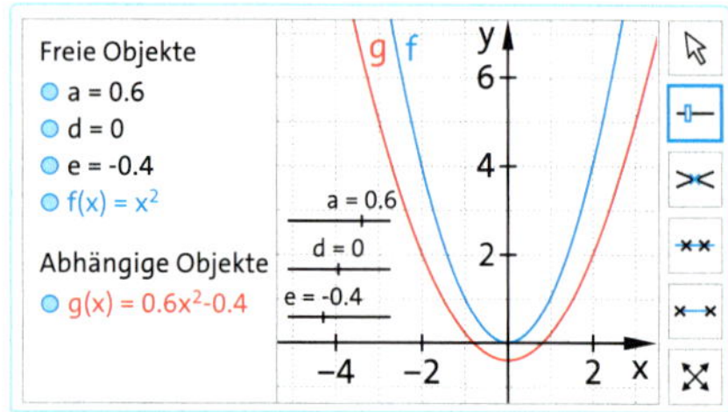

Methodenkarte 11 B Extrem- und Wendepunkte mit einem Plotter bestimmen

Sie können Extrem- und Wendepunkte eines Graphen mit einem Funktionenplotter bestimmen und damit z. B. Ergebnisse kontrollieren.
Funktionenplotter enthalten meist eigene Befehle für:
- Ableitungen
- Nullstellen
- Extrempunkte
- Wendepunkte

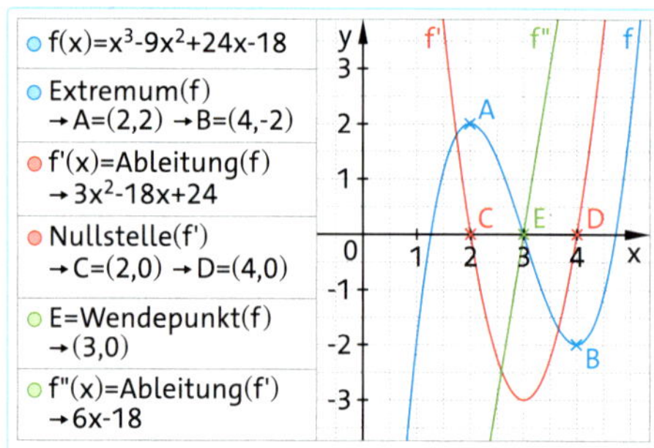

Funktionenplotter geben in der Regel nur lokale Extrema aus.

Sie können Funktionen auch auf Intervalle einschränken, dann sucht der Funktionenplotter lediglich im angegebenen Intervall nach Extrem- oder Wendepunkten.

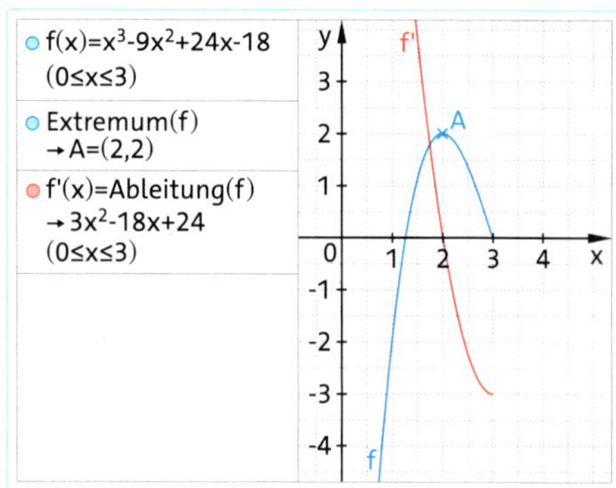

Ganzrationale Funktionen lassen sich mit diesen Befehlen schnell untersuchen. Bei anderen Funktionsklassen kann es nötig sein, Intervalle vorzugeben, in denen der Plotter Extrem- und Wendepunkte suchen soll.

Methodenkarte 11 C Recherche

Niemand kann sich alle Formeln und Fachbegriffe merken. Daher ist es wichtig zu wissen, wie man schnell etwas nachschlagen kann.

Wissenskästen und Zusammenfassungen im Buch nutzen: Hier finden Sie am schnellsten Hilfe. Die wichtigsten Formeln, Definitionen und Sätze dieses Schuljahres sind hier übersichtlich dargestellt.

Register/Stichwortverzeichnis nutzen: Hier sind alle wichtigen Fachbegriffe alphabetisch sortiert aufgelistet. Schlagen Sie auf den dort angegebenen Seiten nach.

Formelsammlung nutzen: Formelsammlungen enthalten alle Formeln, die für Ihren Unterricht wichtig sind – und noch mehr! Sie werden nicht alle dieser Formeln brauchen. Nutzen Sie das Inhaltsverzeichnis und das Stichwortverzeichnis, um gezielt nach bestimmten Formeln zu suchen.

Im Internet suchen: Auch über Suchmaschinen oder Online-Enzyklopädien können Sie etwas nachschlagen. Suchen Sie vor allem nach Seiten, die sich direkt an Schülerinnen und Schüler richten, denn Enzyklopädien setzen oft Wissen voraus, das Ihnen noch fehlt.

Methodenkarte 11 D Regression

Bei Experimenten erhält man oft Messwerte, die dann durch eine geeignete Funktion modelliert werden sollen. Dabei ist es sehr selten, dass eine Funktion alle Messwerte exakt „trifft". Man sucht eine Funktion, die die Punkte möglichst gut annähert. Das Verfahren, so eine Funktion zu finden, heißt **Regression**. Funktionenplotter und Computer-Algebra-Systeme haben dafür meist Befehle integriert.

Beispiel: Die Tabelle zeigt Messwerte des Wasserspiegels in einem großen Seehafen. Geben Sie mithilfe einer Regression eine passende Funktionsgleichung an.

Uhrzeit	6:00 Uhr	12:00 Uhr	18:00 Uhr	0:00 Uhr	6:00 Uhr
Wasserstand	3,46 m	4,33 m	3,41 m	4,31 m	3,42 m

Lösung: Tragen Sie die Punkte in einem Funktionenplotter in ein Koordinatensystem ein. Beachten Sie, dass die beiden letzten Zeitpunkte die x-Koordinaten 24 und 30 haben.

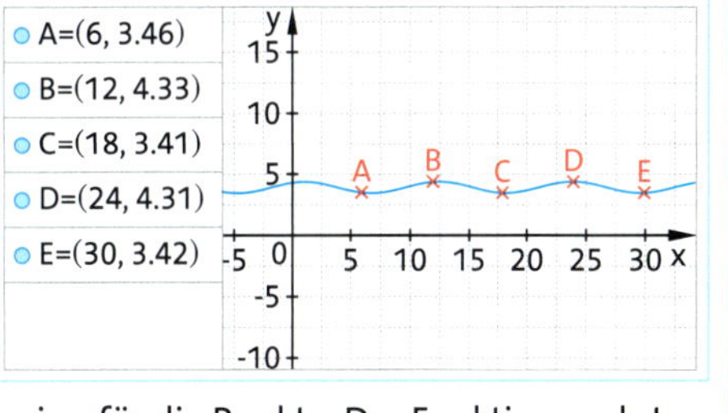

Da sich die Werte annähernd wiederholen, liegt die Vermutung nahe, dass eine Sinusfunktion die Werte gut annähern würde.
Wählen Sie deshalb eine trigonometrische Regression für die Punkte. Der Funktionenplotter gibt als Funktionsgleichung $f(x) = 0{,}46\sin(0{,}55x + 0{,}95) + 3{,}87$ an.

Methodenkarte 11 E Richtiger Umgang mit Operatoren

Je nach Operator wird Unterschiedliches in einer Aufgabe verlangt. Lesen Sie deshalb jede Aufgabe genau.

- „Berechnen Sie die Wendepunkte von f." erfordert einen nachvollziehbaren Lösungsweg. „Geben Sie die Wendepunkte von f an." fordert hingegen nur das Ergebnis – Sie können die Wendepunkte auch ohne Rechnung bestimmen, z. B. mit einer Mathematik-Software oder durch Ablesen.
- „Entscheiden Sie, ob A auf dem Graphen von f liegt." erfordert keine Begründung und keinen rechnerischen Nachweis, „Beurteilen Sie, ob A auf dem Graphen von f liegt." hingegen schon.
- Für „Skizzieren Sie den Graphen." soll eine grafische Darstellung so angefertigt werden, dass die wesentlichen Eigenschaften deutlich werden: Form des Graphen (z. B. Gerade, Parabel, Sinusfunktion), Verhalten im Unendlichen und weitere relevante Punkte, die in der Aufgabe gefordert werden, z. B. Schnittpunkte mit den Koordinatenachsen, Extrem- oder Wendepunkte.
  „Zeichnen Sie den Graphen." fordert hingegen eine möglichst exakte Darstellung. Dafür kann es hilfreich sein, weitere Punkte des Graphen mit einer Wertetabelle oder einer Mathematik-Software zu bestimmen.
- „Beschreiben Sie den Verlauf des Graphen." fordert eine Angabe in ganzen Sätzen. Es muss nicht z. B. am Funktionsterm begründet werden, warum der Graph so aussieht.
- Wichtig: Informieren Sie sich genau über die aktuell gültigen Operatoren und ihre Bedeutung. Fragen Sie Ihre Lehrkraft danach.

Methodenkarte 11 F Beweisen

Mathematische Aussagen haben eine Voraussetzung und eine Behauptung. Oft sind sie in „Wenn ... dann ..."-Form gegeben, z. B.: „Wenn die Quersumme einer natürlichen Zahl durch 3 teilbar ist, dann ist die Zahl durch 3 teilbar."

Durch einen Beweis wird belegt, dass eine mathematische Aussage wahr ist. Ein Beweis wird durch logische Schlussfolgerungen aus Bekanntem geführt. Es gibt dabei verschiedene Beweismethoden, unter anderem:

- Direkter Beweis: Die Aussage wird z. B. durch Termumformungen direkt aus der Voraussetzung bewiesen.
  Beispiel: Die Summe dreier aufeinanderfolgender Zahlen ist durch 3 teilbar.
  Wegen $n + (n + 1) + (n + 2) = 3n + 3 = 3(n + 1)$ ist die Aussage wahr.
- Widerspruchsbeweis: Das Gegenteil der zu beweisenden Aussage wird angenommen. Daraus wird dann ein Widerspruch konstruiert.
  Beispiel: $\sqrt{2}$ ist irrational. Man nimmt an, dass es zwei natürliche Zahlen p und q gibt, sodass $\sqrt{2} = \frac{p}{q}$ vollständig gekürzt ist. Man kann dann zeigen, dass dann p und q beide gerade sein müssen, also ist $\frac{p}{q}$ nicht vollständig gekürzt, und das ist ein Widerspruch.

Auch notwendige und hinreichende Bedingungen können beim Beweisen helfen.

- Ist die notwendige Bedingung nicht erfüllt, so ist die Aussage widerlegt.
  Beispiel: Gilt $f'(x_0) = 0$ nicht, dann liegt bei x_0 kein Extrempunkt vor.
- Ist die hinreichende Bedingung erfüllt, so ist die Aussage bewiesen.
  Beispiel: Gilt gleichzeitig $f'(x_0) = 0$ und $f''(x_0) \neq 0$, so liegt bei x_0 ein Extrempunkt vor.

9

Anhang

Lösungen zu
→ Ihr Fundament
→ Prüfen Sie Ihr neues Fundament
Bildnachweis
Stichwortverzeichnis
Impressum

Lösungen zu Kapitel 1: Funktionen und ihre Darstellung

Ihr Fundament (S. 6/7)

S. 6, 1.

a) $\frac{1}{4}\cdot\frac{1}{4}=\frac{1}{16}$

b) $\frac{1}{\left(\frac{1}{5}\right)^2}=\frac{1}{\frac{1}{5}}\cdot\frac{1}{\frac{1}{5}}=5\cdot5=25$

c) $-\left(\frac{1}{2}\cdot\frac{1}{2}\cdot\frac{1}{2}\right)=-\frac{1}{8}$

d) $\frac{2}{2\cdot2\cdot2}=\frac{1}{2}\cdot\frac{1}{2}=\frac{1}{4}$

e) $\frac{1}{\frac{3}{4}\cdot\frac{3}{4}}=\frac{4}{3}\cdot\frac{4}{3}=\frac{16}{9}$

f) $-2\cdot2\cdot2\cdot2=-16$

g) $(-2)\cdot(-2)\cdot(-2)\cdot(-2)=16$

h) $(-1)^{892}\cdot(-1)=-1$

i) 1

j) 1

S. 6, 2.

a) 2 b) 1 c) $\frac{1}{3}$ d) nicht definiert

e) 7 f) 3 g) 9 h) $\frac{1}{3}$

i) 2 j) 2 k) $-\frac{3}{4}$ l) $\frac{1}{5}$

S. 6, 3.

a) 0; 2; 32

b) −1; 1; 8

c) 0,75; 0,5; 0,54

d) −0,001; 0; 0,008

S. 6, 4.

a) $L=\left\{\frac{5}{3}\right\}$ b) $L=\left\{-\frac{13}{2}\right\}$ c) $L=\{\ \}$

d) $L=\{1\}$ e) $L=\{\ \}$ f) $L=\left\{-\frac{1}{2};\frac{1}{2}\right\}$

g) $L=\{-1;5\}$ h) $L=\{-3;3\}$ i) $L=\{3\}$

S. 6, 5.

a) $L=\{5\}$

b) $L=\{-4{,}2;0\}$

c) $L=\{-0{,}3;0{,}3\}$

d) $L=\{-1;1\}$

e) $L=\{-3;0;3\}$

f) $L=\{\ \}$

g) $L=\{-4\}$

h) $L=\mathbb{R}$

i) $L=\{-1;3\}$

S. 6, 6.

Beispiele:

Genau eine Lösung: $A = 1$

Keine Lösung: $A = -x$

Unendlich viele Lösungen: $A = -x + 4$

S. 6, 7.

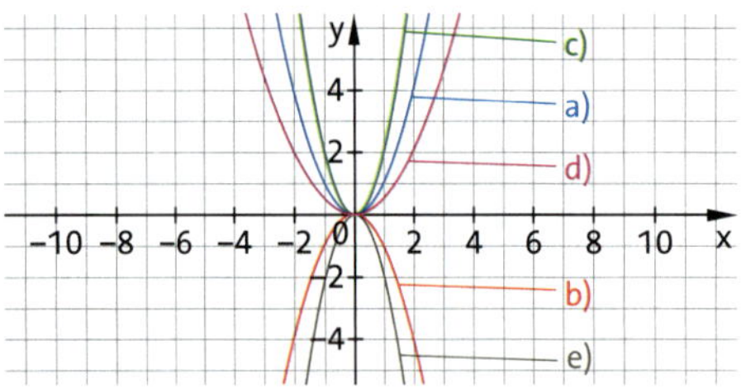

S. 6, 8.

Für $t > 0$ hat f keine Nullstelle, da dafür $(x-3)^2 = -t < 0$ sein müsste, Quadrate aber nie negativ sind.

Für $t = 0$ hat f genau eine Nullstelle $x = 3$, da dann $(x-3)^2 = 0$ gilt.

Für $t < 0$ hat f zwei Nullstellen, da dafür $(x-3)^2 = -t > 0$ sein muss und diese Gleichung 2 Lösungen hat.

S. 6, 9.

$f(x) = 0$:

$-x^2 - 4x - 2 = 0$

$x_1 = -2 + \sqrt{2} \approx -0{,}59$

$x_2 = -2 - \sqrt{2} \approx -3{,}41$

x_1 und x_2 sind die Nullstellen der Funktion f, also die Stellen, an denen der Graph von f die x-Achse schneidet.

$f(0) = y$:

$y = -2$

Der Graph der Funktion f schneidet die y-Achse im Punkt $S_y(0\,|-2)$.

$f(x) = -2$:

$-x^2 - 4x - 2 = -2$

$x_1 = 0$

$x_2 = -4$

Der Graph von f wird an den Stellen $x_1 = 0$ und $x_2 = -4$ von der Gerade mit der Gleichung $y = -2$ geschnitten.

S. 6, 10.

a) Durch Gleichsetzen der Funktionsterme zu den beiden Graphen ergibt sich die Gleichung:
$(x-5)^2 + 2 = 2x$

b) $x_1 = 3$ (ablesbar), $x_2 = 9$

S. 6, 11.

$$\left|\begin{array}{r} a+b+c=-3 \\ c=0 \\ a-b+c=5 \end{array}\right| \Rightarrow \left|\begin{array}{r} a+b=-3 \\ c=0 \\ a-b=5 \end{array}\right|$$

$\Rightarrow a = 1,\ b = -4,\ c = 0$

$f(x) = x^2 - 4x$

S. 7, 12.

a) $f(x) = -3(x-2)(x+1) = -3x^2 + 3x + 6$

b) $f(x) = 2x(x-4) = 2x^2 - 8x$

c) $f(x) = -\frac{1}{2}(x+3)(x+5) = -\frac{1}{2}x^2 - 4x - \frac{15}{2}$

S. 7, 13.

$D = \{x \in \mathbb{R} \mid x \geq -4\}$, $W = \mathbb{R}_0^+$

$S_x(-4\,|\,0)$, $S_y(0\,|\,2)$, $f(5) = 3$, $f(21) = 5$

S. 7, 14.

a) $x = \frac{1}{3}$

b) $x = 0$

c) keine Nullstelle

d) $x_1 = 0;\ x_2 = -4$

e) $x_1 = -5;\ x_2 = 2$

f) keine Nullstelle

g) $x = 2$

h) $x_1 = \frac{1}{2};\ x_2 = -\frac{1}{2}$

i) $x = -\frac{1}{2}$

S. 7, 15.

a) $b > 0$ b) $b = 0$ c) $b < 0$

S. 7, 16.

a) Der Graph einer linearen Funktion ist punktsymmetrisch zum Ursprung, wenn für den y-Achsenabschnitt b gilt $b = 0$ (z. B. $y = 3x$). Er ist achsensymmetrisch zur y-Achse, wenn für die Steigung m gilt $m = 0$ (z. B. $y = 1$).

b) Der Graph einer quadratischen Funktion ist achsensymmetrisch zur y-Achse, wenn es keine Verschiebung in x-Richtung gibt (z. B. $y = x^2 + 3$). Er kann aber nicht punktsymmetrisch zum Ursprung sein, da Parabeln stets achsensymmetrisch sind.

S. 7, 17.

a) $(x + y)^2 = x^2 + 2xy + y^2$
b) $4x^2 + 12xy + 9y^2 = (2x + 3y)^2$
c) $d^2 + 8d + 16 = (d + 4)^2$
d) $(3b + 2a)(3b - 2a) = 9b^2 - 4a^2$
e) $64a^2 - 48ab + 9b^2 = (8a - 3b)^2$
f) $81x^2 - 49y^2 = (9x + 7y) \cdot (9x - 7y)$

S. 7, 18.

a) $x(x - 2)$
b) $(y - 2x)(y - 2x)$
c) $\left(2z - \frac{1}{2}x\right)\left(2z + \frac{1}{2}x\right)$
d) $2n^2(n + 2)$

S. 7, 19.

a) $x^3(x^2 + 2x - 1)$
b) $3x^2(-2x^2 + 1 - 4x^3)$
c) $(x + 9)^2$
d) $(x^2 - 5)(x^2 + 5) = (x - \sqrt{5})(x + \sqrt{5})(x^2 + 5)$

S. 7, 20.

a) $f(x) = x + 2$; $g(x) = 0{,}5x + 4$; $h(x) = -2x - 1$
Schnittpunkt zwischen den Graphen von
- f und g: $S(4|6)$
- f und h: $S(-1|1)$
- g und h: $S(-2|3)$

b) $f(x) = -0{,}5(x + 1)^2 + 6$; $g(x) = -x + 1$; $h(x) = 0{,}5(x - 3)^2 - 2$
Schnittpunkte zwischen den Graphen von
- f und g: $S_1(-3|4)$; $S_2(3|-2)$
- f und h: $S_1(-1|6)$; $S_2(3|-2)$
- g und h: $S_1(1|0)$; $S_2(3|-2)$

Prüfen Sie Ihr neues Fundament (S. 50/51)

S. 50, 1.

Funktionsgleichung: $f(x) = -\frac{6}{10}x + 6,\ 0 \le x \le 10$
Zuordnung: $x \mapsto -\frac{6}{10}x + 6$
Wertetabelle:

x	0	1	2	3	4	5
f(x)	6	5,4	4,8	4,2	3,6	3

x	6	7	8	9	10
f(x)	2,4	1,8	1,2	0,6	0

Verbalisierung: Jedem Zeitpunkt der Brenndauer von 0 bis 10 Stunden wird die Höhe der ursprünglich 6 cm hohen Kerze zugeordnet.
Graph:

$D = [0; 10]$, $W = [0; 6]$, Nullstelle: $x_N = 10$

S. 50, 2.

$f(x) = -(x + 1)^3 + 2$

S. 50, 3.

a) Der Graph ist an der x-Achse gespiegelt, um den Faktor 2 in y-Richtung gestreckt und um 3 LE nach links und 1 LE nach unten verschoben.
b) Der Graph ist um den Faktor 3 in y-Richtung gestreckt und um 2 LE nach unten verschoben.
c) Der Graph ist um den Faktor 3 in y-Richtung gestreckt sowie um 1 LE nach rechts und 2 LE nach oben verschoben.
d) Der Graph ist an der y-Achse gespiegelt, mit dem Faktor $\frac{1}{2}$ in y-Richtung gestaucht und um 1 LE nach oben verschoben.

S. 50, 4.

a) Grad: $n = 3$; Koeffizienten: $a_3 = 2$, $a_2 = -3$, $a_1 = 0$, $a_0 = 2{,}5$
b) Grad: $n = 4$; Koeffizienten: $a_4 = -1$, $a_3 = 1$, $a_2 = 0$, $a_1 = -6$, $a_0 = 0$
c) Grad: $n = 5$; Koeffizienten: $a_5 = -1$, $a_4 = 0$, $a_3 = 0$, $a_2 = 1$, $a_1 = -1$, $a_0 = 5$
d) Grad: $n = 3$; Koeffizienten: $a_3 = b$, $a_2 = -2$, $a_1 = 0$, $a_0 = c - 1$
e) $f(x) = x^3 - x$; Grad: $n = 3$; Koeffizienten: $a_3 = 1$, $a_2 = 0$, $a_1 = -1$, $a_0 = 0$
f) Grad: $n = 1$; Koeffizienten: $a_1 = -1$, $a_0 = t^2 + 2t$

S. 50, 5.

Der Graph von f entsteht aus dem Graphen von g mit $g(x) = \sqrt{x}$ durch Streckung mit dem Faktor 2, Verschiebung um 3 LE nach rechts und um 1 LE nach unten.

S. 50, 6.

a) $x_1 = \sqrt{-5}$; $x_2 = 0$; $x_3 = 5$
b) $x = 0$
c) $x_1 = 0$; $x_2 = 1$
d) $x_1 = \sqrt{2}$; $x_2 = -\sqrt{2}$
e) $a_1 = -2$; $a_2 = 0$; $a_3 = 2$
f) $x_1 = 0$; $x_2 = 4$; $x_3 = 100$

S. 50, 7.

$f(x) = -\frac{1}{16}x(x + 3)(x - 5)^2$

S. 50, 8.

Einfache Nullstelle: $x = 3$
Doppelte Nullstelle: $x = 2$
Dreifache Nullstelle: $x = 0$

S. 50, 9.

a) streng monoton steigend für $-2 < x < 0$ und $x > 1$, streng monoton fallend für $x < -2$ und $0 < x < 1$.
b) $H(0|0)$, $T_1(-2|-2{,}7)$, $T_2(1|-0{,}4)$
lokales Maximum: 0, lokale Minima: $-2{,}7$ und $-0{,}4$
c) Das globale Minimum ist das kleinere lokale Minimum: $-2{,}7$. Ein globales Maximum existiert nicht, da $f(x) \to \infty$ für $x \to \pm\infty$.

S. 50, 10.

$f(x) = 2x^4 - 8x^2 + 8$

S. 51, 11.

f: ③, denn der Graph ist achsensymmetrisch zur y-Achse und im Funktionsterm von f treten nur gerade Exponenten auf

g: ④, denn der Graph ist punktsymmetrisch zum Ursprung und im Funktionsterm von g treten nur ungerade Exponenten auf

h: ②, denn es gilt $h(x) \to -\infty$ für $x \to \pm\infty$

i: ①, denn es gilt $i(x) \to -\infty$ für $x \to -\infty$ und $i(x) \to +\infty$ für $x \to +\infty$

S. 51, 12.

Wegen $f(0) = 0$ ist $S(0\,|\,0)$ sowohl ein Schnittpunkt mit der y-Achse als auch mit der x-Achse.

$x^3 - 3x^2 + 3x = x(x^2 - 3x + 3)$

Da $x^2 - 3x + 3 = 0$ keine Lösung hat, gibt es keine weiteren Schnittpunkte mit der x-Achse.

Für $x \to -\infty$ gilt $f(x) \to -\infty$.

Für $x \to +\infty$ gilt $f(x) \to +\infty$.

Der Graph von f ist punktsymmetrisch zu $(1\,|\,1)$.

Lösungen zu Kapitel 2: Einführung des Ableitungsbegriffs

Ihr Fundament (S. 54/55)

S. 54, 1.

a) $\frac{1}{2}$ b) $-\frac{7}{6}$ c) 0,1 d) $\frac{4}{15}$ e) $-\frac{5}{12}$

f) 10 g) 5 h) −9 i) −3 j) 7

S. 54, 2.

a) $\frac{1+2a}{2a}$ für $a \neq 0$ b) nicht möglich

c) nicht möglich d) $\frac{2x^2-1}{2-x}$ für $x \neq 0$

S. 54, 3.

a) $\frac{(x-y)(x+y)}{(x-y)} = x + y$

b) $\frac{(u^2+6u+9)-9}{u} = \frac{u^2+6u}{u} = \frac{u(u+6)}{u} = u + 6$

c) $\frac{y(2x+y)}{y} = 2x + y$

S. 54, 4.

a) Die Umformung ist für $x \neq 0$ richtig, denn es gilt:
$\frac{(2+x)^2-4}{x} = \frac{4+4x+x^2-4}{x} = \frac{4x+x^2}{x} = \frac{x(4+x)}{x} = x + 4$

b) Die Umformung ist falsch. Richtig ist:
$\frac{(1+x)^2-1}{1+x} = \frac{1+2x+x^2-1}{1+x} = \frac{2x+x^2}{1+x} = \frac{x(x+2)}{x+1}$

c) Die Umformung ist für $a \neq -2$ richtig, denn es gilt:
$\frac{-4a^2-(-4\cdot 2^2)}{a-2} = \frac{(-4)(a^2-2^2)}{a-2} = -4\frac{(a+2)(a-2)}{a-2} = -4(a+2)$

S. 54, 5.

a) $\frac{x+1}{x+3}$ b) $\frac{3}{x-2}$ c) $\frac{5}{6y}$ d) $\frac{10a-6}{3a^2}$

e) $\frac{4xy-3y^2+5x^2}{x^2y^2}$ f) $\frac{1}{x(x-3)}$ g) $\frac{4-x}{x-3}$ h) $\frac{3xy-x^2}{y(x-y)}$

S. 54, 6.

a) $x = -3$ b) $x_1 = 1$; $x_2 = -4$

c) $x_1 = 3$; $x_2 = -3$ d) $x_1 = 2$; $x_2 = -1$

e) $x = 2$ f) $x_1 = 1$; $x_2 = -0{,}5$

g) $x_1 = \frac{1}{2}$; $x_2 = -\frac{3}{2}$ h) $x_1 = 2$; $x_2 = -2$

S. 54, 7.

a) $x = 1$ b) $x = 0$ c) $x_1 = 0$; $x_2 = 1$

d) $x_1 = 0$; $x_2 = 1$; $x_3 = -1$

S. 54, 8.

$f(x) = x + 1$ Nullstelle: $x = -1$

$g(x) = -x + 0{,}5$ Nullstelle: $x = 0{,}5$

$h(x) = 0{,}5x + 1{,}5$ Nullstelle: $x = -3$

S. 54, 9.

a) $f(x) = 0{,}5x - 2$ b) $f(x) = -x - 2$

c) $f(x) = 0{,}25x - 2$ d) $f(x) = 2x + 0{,}5$

S. 54, 10.

a) $f(x) = x - 1$ b) $f(x) = -x$ c) $f(x) = 2x - 1$

d) $f(x) = x + 3$ e) $f(x) = \frac{1}{2}x - 5$ f) $f(x) = -\frac{1}{3}x - \frac{7}{3}$

S. 55, 11.

$f(x) = x^2 - 2$ Nullstellen: $x_1 = \sqrt{2}$; $x_2 = -\sqrt{2}$

$g(x) = -x^2$ Nullstelle: $x = 0$

$h(x) = 2x^2$ Nullstelle: $x = 0$

$i(x) = (x + 1)^2 + 1$ keine Nullstelle

S. 55, 12.

a) Schnittpunkt mit der y-Achse: $S_y(0\,|\,-3)$
Schnittpunkte mit der x-Achse: $S_{x_1}(3\,|\,0)$; $S_{x_2}(-1\,|\,0)$

b) $S_1(1\,|\,-4)$, $S_2(-2\,|\,5)$

S. 55, 13.

	im Vergleich zur Normalparabel	Wertebereich	Nullstellen	
a)	gestreckt	$[0; \infty[$	$x_0 = 0$	Kleinster Funktionswert: 0
b)	an der x-Achse gespiegelt und gestreckt	$]-\infty; 0]$	$x_0 = 0$	Größter Funktionswert: 0
c)	an der x-Achse gespiegelt und um 1 LE nach unten verschoben	$]-\infty; -1]$	keine	Größter Funktionswert: −1
d)	um 2 LE nach rechts verschoben	$[0; \infty[$	$x_0 = 2$	Kleinster Funktionswert: 0
e)	um 2 LE nach links und um 9 LE nach unten verschoben	$[-9; \infty[$	$x_1 = -5$, $x_2 = 1$	Kleinster Funktionswert: −9
f)	um 2 LE nach rechts und um 1 LE nach unten verschoben	$[-1; \infty[$	$x_1 = 1$, $x_2 = 3$	Kleinster Funktionswert: −1

S. 55, 14.

a) $\frac{\text{Höhenunterschied}}{\text{Entfernung}} = \frac{80\,m}{4000\,m} = 0{,}02$

b) −0,02, da der Weg bergab führt

S. 55, 15.

$m = \frac{200}{400} = 0{,}5 = 50\,\%$

$\alpha = \arctan(0{,}5) \approx 26{,}57°$

S. 55, 16.

a) $g(x) = 2x$

b) $\alpha = \arctan(2) \approx 63{,}43°$ $m = 200\,\%$

S. 55, 17.

$v = \frac{24\,\text{km}}{\frac{5}{4}\text{h}} = \frac{24 \cdot 4}{5}\frac{\text{km}}{\text{h}} = 19{,}2\,\frac{\text{km}}{\text{h}}$

S. 55, 18.

a)

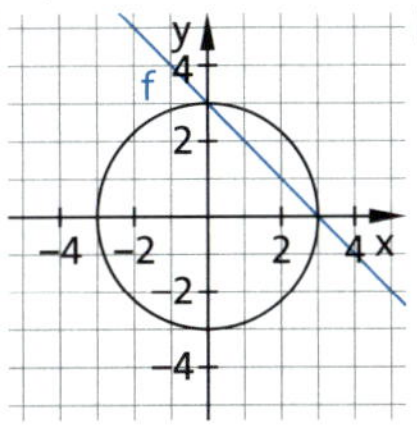

$f(x) = -x + 3$

b)

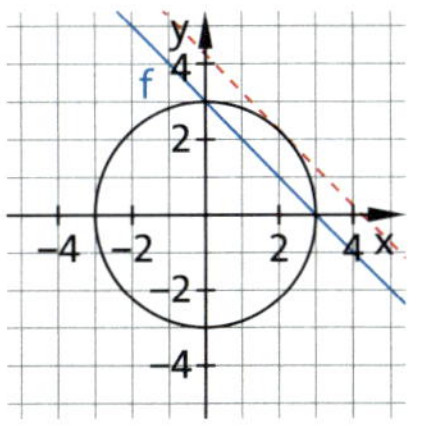

$m = -1$

S. 55, 19.

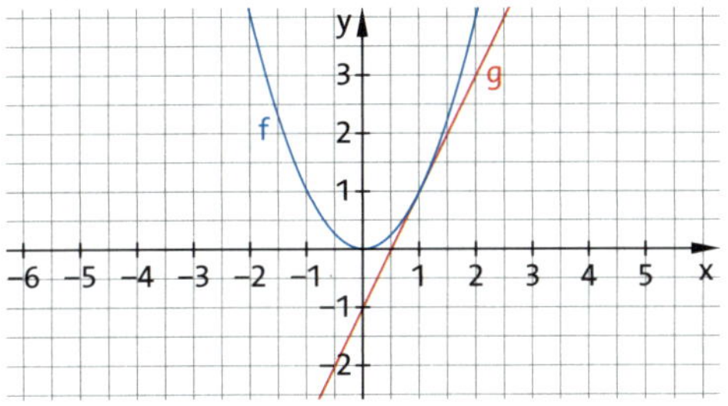

Die Gerade ist eine Tangente an die Parabel, da sie sich im Berührpunkt (1 | 1) an die Parabel anschmiegt.

S. 55, 20.

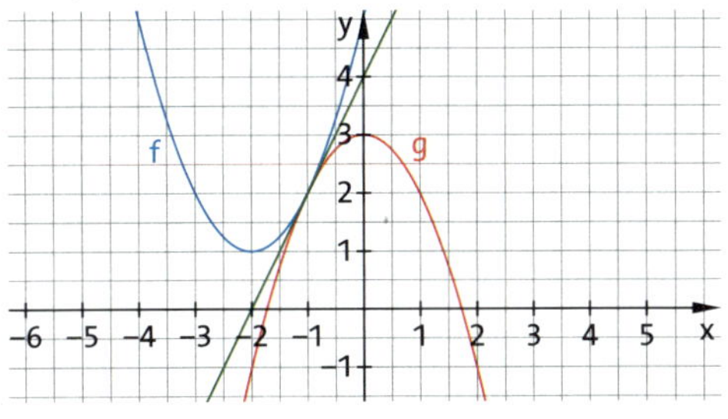

Die Gerade ist eine Tangente an die Graphen von f und g im Punkt (−1 | 2).

Prüfen Sie Ihr neues Fundament (S. 96/97)

S. 96, 1.

Die Beschleunigung ist die Ableitung der Geschwindigkeit. So steigt bei konstanter Beschleunigung die Geschwindigkeit linear, insbesondere für $f(x) = 0$ und $f(x) = 1$, also wenn die Beschleunigung konstant 0 bzw. 1 ist, dann ist die Geschwindigkeit $g(x) = c$ bzw. $g(x) = x + c$ für die Startgeschwindigkeit c.

S. 96, 2.

a) Durchschnittlicher jährlicher Zuwachs:

$\frac{10\,\text{Mrd.} - 600\,\text{Mio.}}{2100 - 1700} = \frac{9{,}4\,\text{Mrd.}}{400} = 23{,}5\,\text{Mio.}$

b) Im Intervall [1900; 2000] wuchs die Erdbevölkerung am stärksten (um 4,4 Milliarden/im Durchschnitt um 44 Millionen pro Jahr).
Im Intervall [1700; 1800] wuchs die Erdbevölkerung am wenigsten (um 300 Millionen/im Durchschnitt um 3 Millionen pro Jahr).

S. 96, 3.

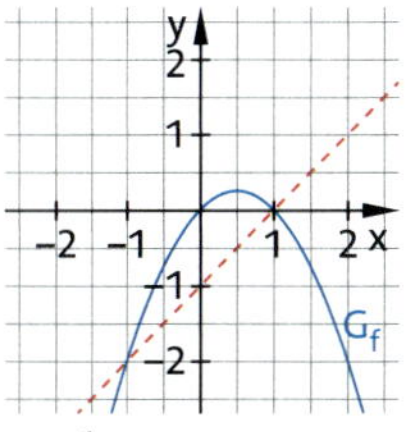

a) und b)
Gleichung der Sekante:
$y = mx + t$

$m = \frac{f(1) - f(-1)}{1 - (-1)} = \frac{0 - (-2)}{2} = 1$

$y = 1 \cdot x + t$ mit $P(1 | 0)$

$\Rightarrow t = -1 \Rightarrow s(x) = x - 1$

c) Steigung von f an der Stelle $x_0 = 1$:

$$\lim_{h \to 0} \frac{(1+h) - (1+h)^2}{h} = \lim_{h \to 0} \frac{(1+h) - (1 + 2h + h^2)}{h}$$
$$= \lim_{h \to 0} \frac{-h - h^2}{h}$$
$$= \lim_{h \to 0} (-1 - h)$$
$$= -1$$

d) $g(x) = -x + 1$

S. 96, 4.

a) $\frac{f(1) - f(0)}{1 - 0} = \frac{\frac{1}{4} - 0}{1} = \frac{1}{4}$

b) Grenzwert des Differenzenquotienten:

$$\lim_{h \to 0} \frac{f(x+h) - f(x)}{h} = \lim_{h \to 0} \frac{\frac{1}{4}(x+h)^2 - \frac{1}{4}x^2}{h}$$
$$= \lim_{h \to 0} \frac{1}{4} \cdot \frac{x^2 + 2xh + h^2 - x^2}{h}$$
$$= \lim_{h \to 0} \frac{1}{4} \cdot \frac{2xh + h^2}{h}$$
$$= \lim_{h \to 0} \frac{1}{4}(2x + h)$$
$$= \frac{1}{2}x$$

S. 96, 5.

a) $f'(x) = 2x$; $f'(5) = 10$

b) $f'(x) = 3x^2$; $f'(\sqrt{2}) = 6$

c) $f'(x) = 16x^3$; $f'(-0{,}5) = -2$

d) $f'(x) = 0$; $f'(\pi) = 0$

S. 96, 6.

a) $f'(x) = 3x^2$ b) $f'(x) = 2$

c) $f'(t) = 6t$ d) $f'(x) = x^2$

e) $f'(x) = \frac{n}{3}x^{n-1}$ f) $f'(u) = 0$

g) $f'(x) = 3ax^2$ h) $f'(x) = 0$

i) $f'(x) = (n+2)x^{n+1}$ j) $f'(p) = (n-1)p^{n-2}$

k) $f'(t) = nt^{2n-1}$ l) $f'(v) = a^n(n+1)v^n$

S. 96, 7.

Beispiele:

$f(x) = 5x$

$f(x) = 5x - 6$

S. 96, 8.

a) Momentangeschwindigkeit v $\left(\text{in } \frac{m}{s}\right)$ nach t Sekunden:
$v = s'(t) = 10t \qquad s'(0{,}5) = 5 \qquad s'(1) = 10$
Die Momentangeschwindigkeit des Wasserspringers beträgt nach einer halben Sekunde $5\,\frac{m}{s}$ und nach einer Sekunde $10\,\frac{m}{s}$.

b) $10 = s(t) = 5t^2 \Rightarrow t_0 = \sqrt{2} \Rightarrow v(t_0) = s'(t_0) = 10 \cdot \sqrt{2}$
Der Wasserspringer taucht mit einer Geschwindigkeit von ca. $14{,}1\,\frac{m}{s}$ in das Wasser ein.

S. 97, 9.

Zu ① gehört Ⓒ. Zu ② gehört Ⓑ. Zu ③ gehört Ⓐ.

S. 97, 10.

a) $f'(x) = 9x^2 + 4x$
b) $f'(t) = 4t^3 - 1$
c) $f'(x) = -2x$
d) $f'(x) = 9x^2 - 4x$
e) $f'(x) = 6x$
f) $f'(a) = -8a$
g) $f'(x) = 4x - 4a$
h) $f'(t) = 4$

S. 97, 11.

Zur x-Achse parallele Tangenten haben die Steigung null und es gilt an diesen Stellen $f'(x) = 0$.
$f'(x) = 0{,}6x^2 - 0{,}6x - 3{,}6 = 0{,}6(x^2 - x - 6)$
$= 0{,}6(x + 2)(x - 3)$
Die Tangenten an den Graphen der Funktion f verlaufen an den Stellen $x = -2$ und $x = 3$ parallel zur x-Achse.

S. 97, 12.

Nullstellen von f: $x_1 = -0{,}5$; $x_2 = 1{,}5$
$f'(x) = 2x - 1$; $f'(-0{,}5) = -2$; $f'(1{,}5) = 2$
Tangenten: $g_1(x) = -2x - 1$; $g_2(x) = 2x - 3$
$\tan(\alpha_1) = -2$, also $\alpha_1 \approx -63{,}43°$
$\tan(\alpha_2) = 2$, also $\alpha_2 \approx 63{,}43°$

S. 97, 13.

a) Steigung: $\frac{f(4) - f(0)}{4 - 0} = \frac{0 - 3{,}2}{4} = -0{,}8$
Das durchschnittliche Gefälle beträgt 0,8.

b) $\tan(\alpha) = f'(2) = -1{,}2$, also $\alpha \approx -50{,}19°$

Lösungen zu Kapitel 3: Anwendungen des Ableitungsbegriffs

Ihr Fundament (S. 100/101)

S. 100, 1.

a) Der Graph fällt für $x < 1$ und steigt für $x > 1$.
b) Der Graph fällt für $x < -1$ sowie für $x > 1$ und steigt für $-1 < x < 1$.
c) Der Graph steigt für $x < 0$ und fällt für $x > 0$.

S. 100, 2.

a) Der Graph fällt für alle $x \in \mathbb{R}$.
b) Der Graph fällt für $x < -3$. Er steigt für $x > -3$.
c) Der Graph fällt für $x < 0$ und steigt für $x > 0$.
d) Der Graph steigt für $x < 1$ und fällt für $x > 1$.
e) Der Graph fällt für $x < 0$ und für $x > 0$.
f) Der Graph steigt für $x < -3$ und für $x > -3$.

S. 100, 3.

Beispiel: $f(x) = -x + 1$

S. 100, 4.

Beispiele:

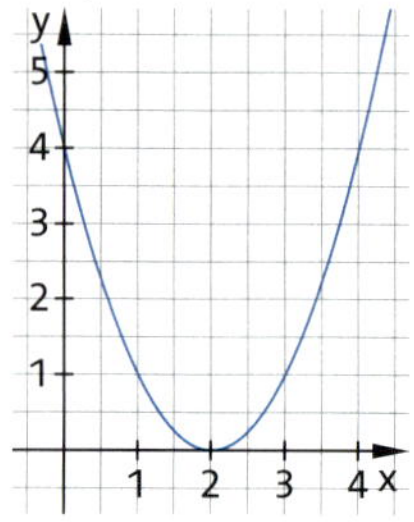

$f(x) = (x - 2)^2$

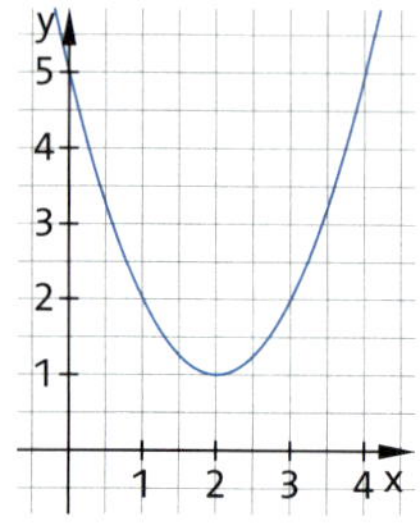

$f(x) = (x - 2)^2 + 1$

S. 100, 5.

a) globales Minimum: −2
Ein globales Maximum gibt es nicht.
b) Ein globales Minimum gibt es nicht.
globales Maximum: −3
c) Es gibt weder ein globales Minimum noch ein globales Maximum.
d) globales Minimum: −2
Ein globales Maximum gibt es nicht.

S. 100, 6.

	größter Funktionswert	kleinster Funktionswert
a)	① 1 (für x = 1) ② 1 (für x = 1)	① 0 (für x = 0) ② 0 (für x = 0 und für x = 2)
b)	① 1,25 (für x = −0,5) ② 0 (für x = 0)	① −1 (für x = 1) ② −1 (für x = 1)
c)	① 2 (für x = −1) ② 2 (für x = −1)	① −2 (für x = −3) ② 1 (für x = 0,5)

S. 100, 7.

	größter Funktionswert	kleinster Funktionswert
a)	−5 (für x = 0)	−11 (für x = 2)
b)	4 (für x = 0)	0 (für x = −2)
c)	0 (für x = −2)	−3 (für x = −1)

S. 100, 8.

a) Beispiel:

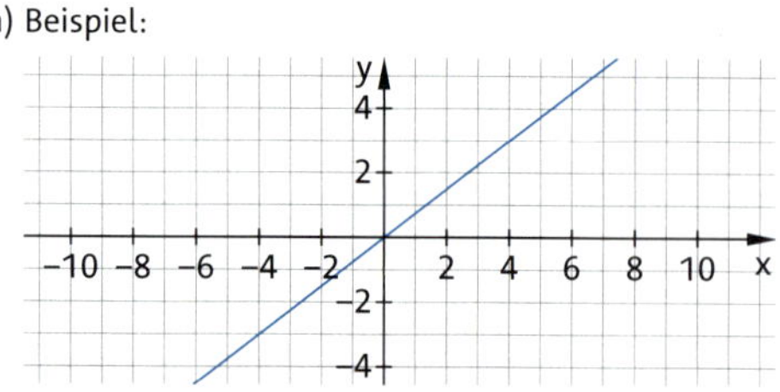

b) Beispiel:

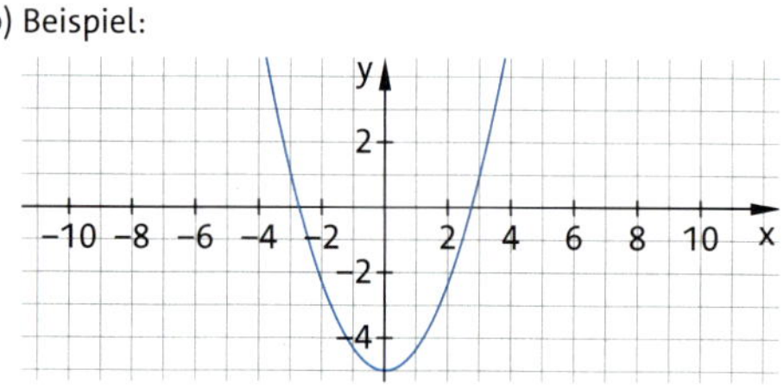

S. 101, 9.

a) $L = \{-3\}$
b) $L = \{-5; 0\}$
c) $L = \{-\sqrt{(8)}; \sqrt{(8)}\}$
d) $L = \{-2; 0; 4\}$
e) $L = \{-9; 9\}$
f) $L = \{\ \}$

S. 101, 10.

a) $x = -1{,}5$
b) $x_1 = -1; x_2 = 1$
c) keine Nullstelle
d) $x = 0$
e) $x_1 = -3; x_2 = 4$
f) $x_1 = 3; x_2 = 5$

S. 101, 11.

a) $x(x-3) = 0$ b) $(x-4)^2 = 0$ c) $x^2 + 2 = 0$

S. 101, 12.

a) $b > 0$ b) $b = 0$ c) $b < 0$

S. 101, 13.

a) $f(x) = x(x^2 + 3)$
Da $x^2 + 3$ nie null wird, gilt $f(x) = 0$ nur für $x = 0$ (Satz vom Nullprodukt).

b) $f(x) = x\left(\frac{1}{3}x^2 + x + 1\right)$
Da $\frac{1}{3}x^2 + x + 1$ nie null wird, gilt $f(x) = 0$ nur für $x = 0$ (Satz vom Nullprodukt).

c) $f(x) = -x^3(3x^2 + 5)$
Da $3x^2 + 5$ nie null wird, gilt $f(x) = 0$ nur für $x = 0$ (Satz vom Nullprodukt).

S. 101, 14.

a) $x_1 = 0; x_2 = 7$
b) $x_1 = -5; x_2 = 0; x_3 = 5$
c) $x_1 = -3; x_2 = 0; x_3 = \frac{1}{2}$

S. 101, 15.

	positiv	negativ	null
a)	$x > 2{,}5$	$x < 2{,}5$	$x = 2{,}5$
b)	$x > -0{,}5$	$x < -0{,}5$	$x = -0{,}5$
c)	$x < -1$ oder $x > 1$	$-1 < x < 1$	$x = -1$ oder $x = 1$
d)	$x > -1$	$x < -1$	$x = -1$

S. 101, 16.

	positiv	negativ
a)	$x > 0{,}75$	$x < 0{,}75$
b)	$x < -1{,}5$	$x > -1{,}5$
c)	$-2 < x < 2$	$x < -2$ oder $x > 2$

S. 101, 17.

a) $x < -6$ b) $-4 < x < 4$ c) $x > 1$

S. 101, 18.

a) $S_x\left(\frac{3}{7}\middle|0\right); S_y(0|3)$
b) Kein Schnittpunkt mit der x-Achse; $S_y(0|4)$
c) $S_x(0|0) = S_y(0|0)$

S. 101, 19.

a) $f'(x) = 5x^4 - 9x^2 + 2$
b) $f'(x) = 14x^6 + 4x^3$
c) $f'(x) = -6x^5 + 8x - 1$
d) $f'(x) = 2x + 2$
e) $f'(x) = -4x^3 + 8x$
f) $f'(x) = 12x$

S. 101, 20.

a) $g(x) = -3x - 1$; Nullstelle: $x_0 = -\frac{1}{3}$
b) $g(x) = -4x + 8$; Nullstelle: $x_0 = 2$
c) $g(x) = 4x - 6$; Nullstelle: $x_0 = 1{,}5$

S. 101, 21.

Ansatz über Nullstellen: $f(x) = a(x-2)(x+1)$
$f(0) = -2a = 6$, also $a = -3$
$f(x) = -3(x-2)(x+1)$

Prüfen Sie Ihr neues Fundament (S. 152–154)

S. 152, 1.

a) $f'(x) = 4 - x$
f' hat bei $x = 4$ eine Nullstelle, daher gibt es zwei Monotonieintervalle.
Für $x < 4$ ist z. B. $f'(3) = 1 > 0$, also ist f streng monoton steigend.
Für $x > 4$ ist z. B. $f'(5) = -1 < 0$, also ist f streng monoton fallend.

b) $f'(x) = 3x^2 - 6x$
f' hat bei $x_1 = 0$ und $x_2 = 2$ Nullstellen, daher gibt es drei Monotonieintervalle.
Für $x < 0$ ist z. B. $f'(-1) = 9 > 0$, also ist f streng monoton steigend.
Für $0 < x < 2$ ist z. B. $f'(1) = -3 < 0$, also ist f streng monoton fallend.
Für $x > 2$ ist z. B. $f'(3) = 9 > 0$, also ist f streng monoton steigend.

c) $f'(x) = 8x^3 + 8x$
f' hat bei $x = 0$ eine Nullstelle, daher gibt es zwei Monotonieintervalle.
Für $x < 0$ ist z. B. $f'(-1) = -16 < 0$, also ist f streng monoton fallend.
Für $x > 0$ ist z. B. $f'(1) = 16 > 0$, also ist f streng monoton steigend.

S. 152, 2.

Beispiel:

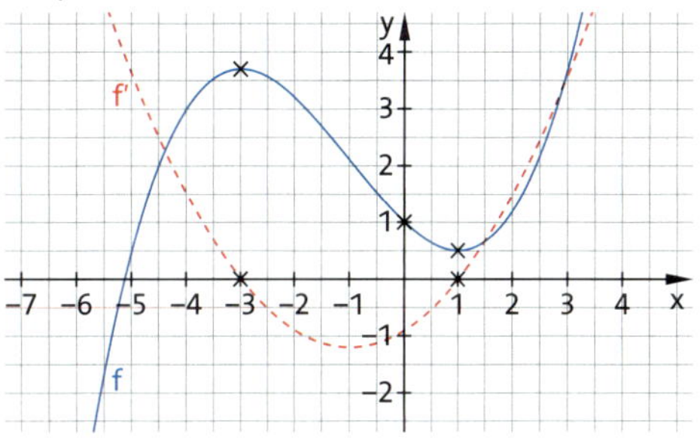

S. 152, 3.

a) Eine notwendige Bedingung an eine Stelle ist eine Voraussetzung, die erfüllt sein muss, damit an dieser Stelle ein lokales Minimum vorliegen kann. Wenn eine hinreichende Bedingung an eine Stelle erfüllt ist, genügt das, um zu entscheiden, dass an dieser Stelle ein lokales Minimum vorliegt. Die Bedingung „$f'(x_m) = 0$ und $f''(x_m) > 0$" ist eine hinreichende Bedingung.

b) Umkehrung: „Wenn die Funktion an einer Stelle x_m ein lokales Minimum hat, dann gilt $f'(x_m) = 0$ und $f''(x_m) > 0$." Diese Aussage ist falsch, Gegenbeispiel: f mit $f(x) = x^4$ hat bei $x = 0$ ein lokales Minimum, aber es gilt $f''(0) = 0$.

S. 152, 4.

a) Der Graph ist für $x < -1$ streng monoton fallend und für $x > -1$ streng monoton steigend.
Tiefpunkt: bei $x = -1$; Sattelpunkt: bei $x = 2$
Der Graph von f hat keinen Hochpunkt.

b) Der Graph von f ist für $x < -2$ und für $1 < x < 3$ streng monoton fallend, für $-2 < x < 1$ und für $x > 3$ ist er streng monoton steigend.
Tiefpunkte: bei $x = -2$ und $x = 3$; Hochpunkt: bei $x = 1$
Der Graph von f hat keinen Sattelpunkt.

c) Der Graph ist auf ganz $\mathbb{R}$ streng monoton steigend.
Er hat keine Hoch- oder Tiefpunkte.
Sattelpunkte: bei $x = -1$ und $x = 2$

S. 152, 5.

a) Für alle reellen Zahlen x gilt $f(x) > 0$ und $g(x) = -(x-3)^2 < 0$. Also gilt $f(x) > g(x)$ für alle x.
Daher kann die geringste Distanz als Minimum der Funktion d mit $d(x) = f(x) - g(x) = 2x^2 - 6x + 11$ ermittelt werden. $d'(x) = 4x - 6$; $d''(x) = 4$
$d'(x) = 0 \Rightarrow x = 1{,}5$
Wegen $d''(1{,}5) = 4 > 0$ liegt an der Stelle $x = 1{,}5$ ein lokales Minimum vor.
An der Stelle $x = 1{,}5$ unterscheiden sich die Funktionswerte am wenigsten.

b) Die Graphen von f und g haben keinen Schnittpunkt und es gilt $f(0) > g(0)$, außerdem sind f und g ganzrational. Also gilt für alle reellen Zahlen x: $f(x) > g(x)$. Daher kann die geringste Distanz mit der Funktion d mit
$d(x) = f(x) - g(x) = 2x^2 + 2x + 2$ ermittelt werden.
$d'(x) = 4x + 2$; $d''(x) = 4$
$d'(x) = 0$ für $x = -0{,}5$
Wegen $d''(-0{,}5) = 4 > 0$ liegt an der Stelle $x = -0{,}5$ ein lokales Minimum vor. An dieser Stelle unterscheiden sich die Funktionswerte von f und g am wenigsten.

S. 152, 6.

a) $f'(x) = 3x^2 + 8x - 3$
lokale Extremstellen: $x_1 = \frac{1}{3}$; $x_2 = -3$
lokale Extrema: $y_{min} = -\frac{230}{27} \approx -8{,}52$; $y_{max} = 10$
globale Extrempunkte:
- auf I_1: $T\left(\frac{1}{3}\middle|-\frac{230}{27}\right)$; $H(-3|10)$
- auf I_2: $T(0|-8)$; $H(-2|6)$
- auf I_3: $T\left(\frac{1}{3}\middle|-\frac{230}{27};\right)$ $H(3|46)$

b) $f'(x) = -\frac{3}{10}x^2 + \frac{3}{2}x$
lokale Extremstellen: $x_1 = 0$; $x_2 = 5$
lokale Extrema: $y_{min} = 0$; $y_{max} = 6{,}25$
globale Extrempunkte:
- auf I_1: $T(8|-3{,}2)$; $H(5|6{,}25)$
- auf I_2: $T(0|0)$; $H(-3|9{,}45)$
- auf I_3: $T(0|0)$; $H(3|4{,}05)$

S. 152, 7.

Individuelle Lösungen, z. B.:

a)
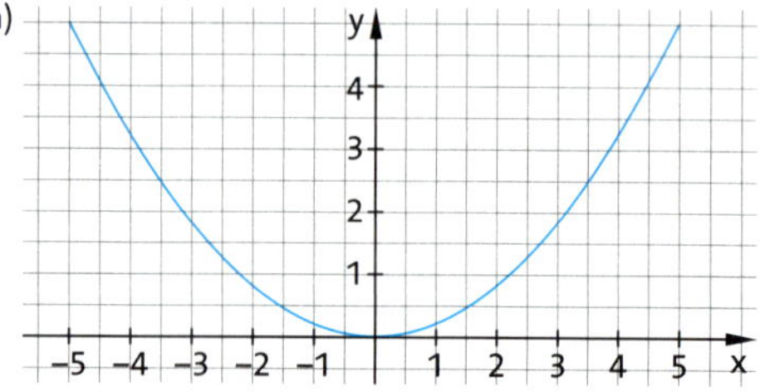

b)
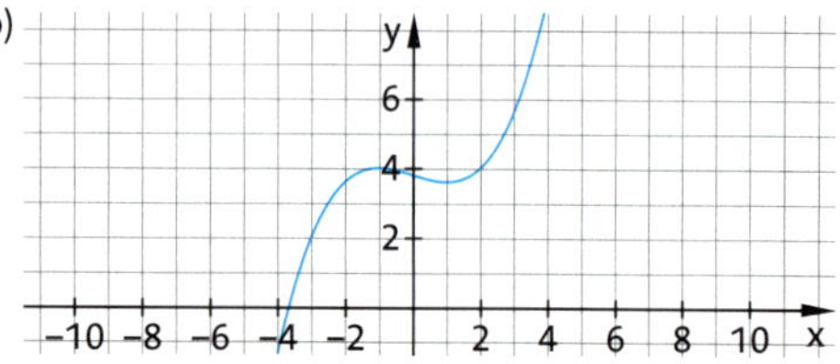

c)
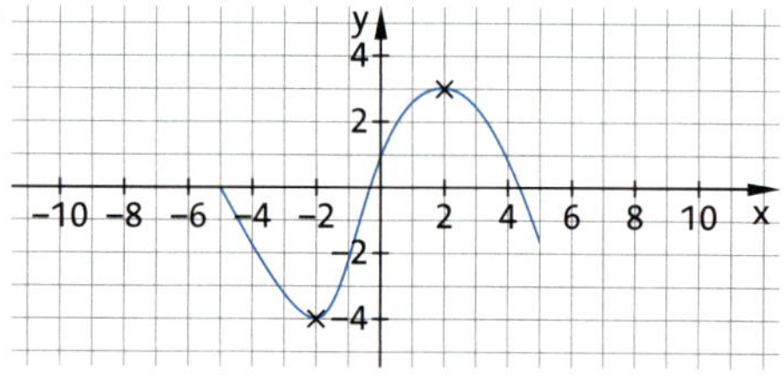

S. 152, 8.

a) $H(0|0)$ $T(2|-4)$ $W(1|-2)$
$w(x) = -3x + 1$

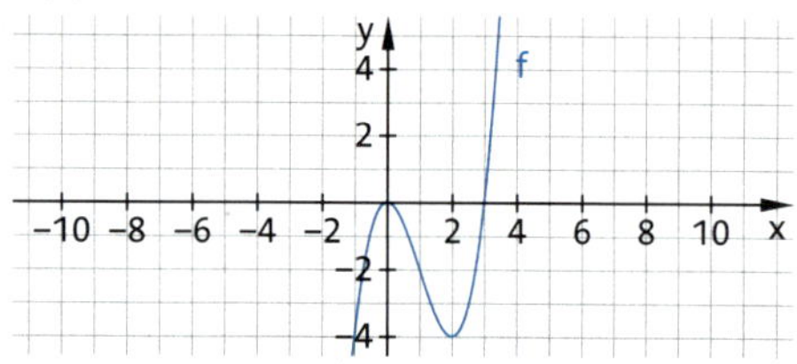

b) $T(3|-3{,}75)$ $W(2|-1)$ $S(0|3)$
$w_W(x) = -4x + 7$; $w_S(x) = 3$

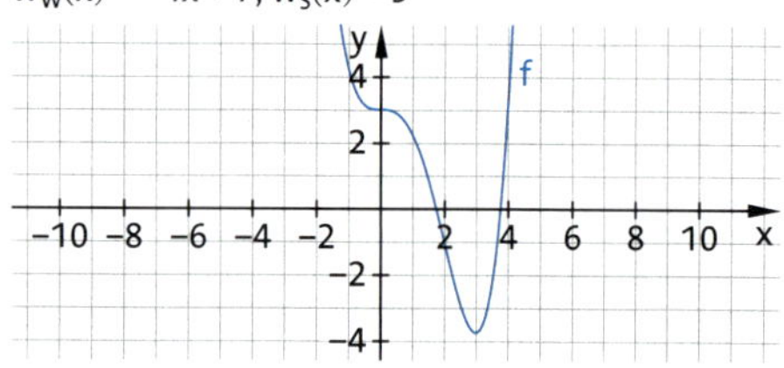

c) $H\left(1\middle|\frac{4}{3}\right)$ $T(3|0)$ $W\left(2\middle|\frac{2}{3}\right)$
$w(x) = -x + \frac{8}{3}$

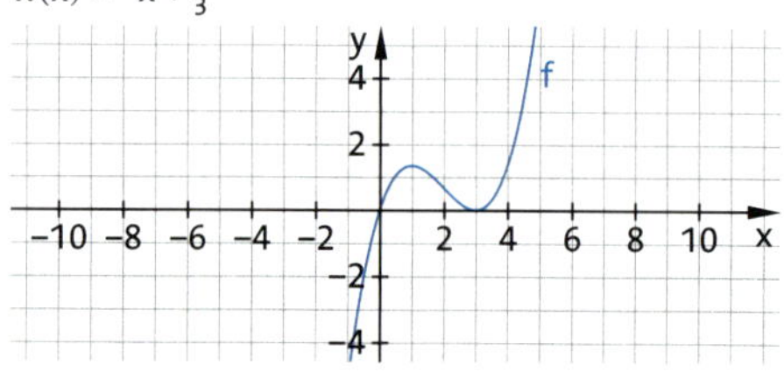

d) $\approx H(-\sqrt{3}\,|\,-3{,}92)$ $\approx T(\sqrt{3}\,|\,-8{,}08)$
$\approx W_1\left(-\frac{\sqrt{6}}{2}\,\middle|\,-4{,}71\right)$ $\approx W_2\left(\frac{\sqrt{6}}{2}\,\middle|\,-7{,}29\right)$ $S(0\,|\,-6)$
$w_1(x) \approx -2{,}25x - 7{,}47$ $w_2(x) \approx -2{,}25x - 4{,}53$
$w_S(x) = -6$

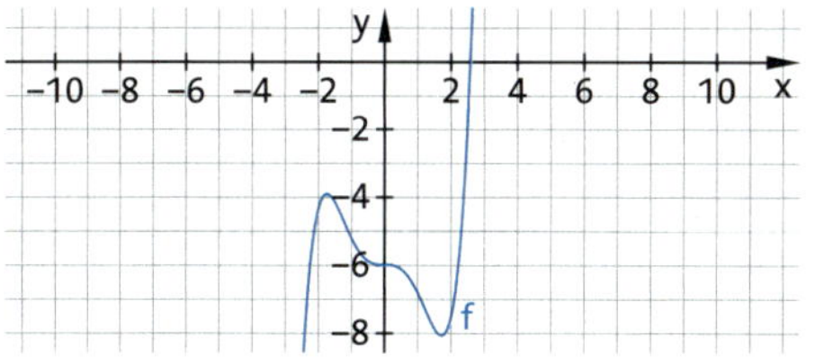

e) $S(-4\,|\,0)$ $w(x) = 0$

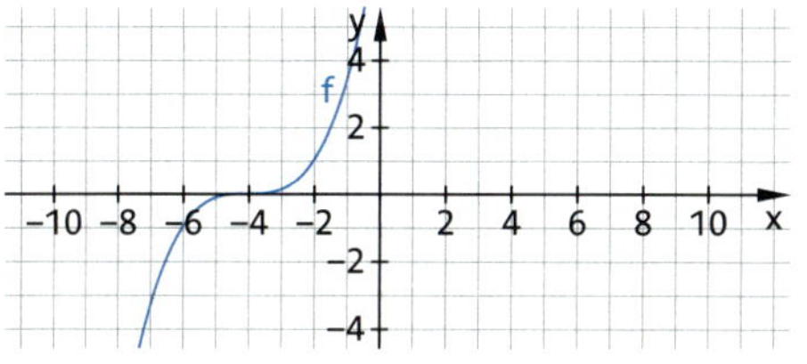

f) $\approx T(0{,}61\,|\,6{,}75)$

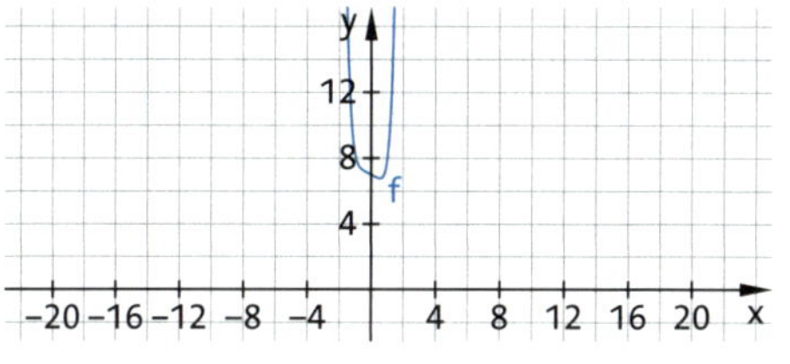

S. 152, 9.

a) $f''(x) = -12x^2 + 12$
$f''(x) = 0$ für $x_{1/2} = \pm 1$
Teststellen: $f''(-2) = -36$; $f''(0) = 12$; $f''(2) = -36$
$f''(x) < 0$ für $x < -1$ bzw. $x > 1$: Der Graph von f ist in diesen Intervallen rechtsgekrümmt.
$f''(x) > 0$ für $-1 < x < 1$: Der Graph von f ist in diesem Intervall linksgekrümmt.

b) $f''(x) = 12x^2 - 48x + 48$
$f''(x) = 0$ für $x = 2$
Teststellen: $f''(1) = 12$; $f''(3) = 12$
$f''(x) > 0$ für $x < 2$ bzw. $x > 2$: Der Graph von f ist linksgekrümmt.

c) $f''(x) = -30x^4$
$f''(x) = 0$ für $x = 0$
Teststellen: $f''(-1) = -30$; $f''(1) = -30$
$f''(x) < 0$ für $x < 0$ bzw. $x > 0$: Der Graph von f ist rechtsgekrümmt.

S. 153, 10.

a)

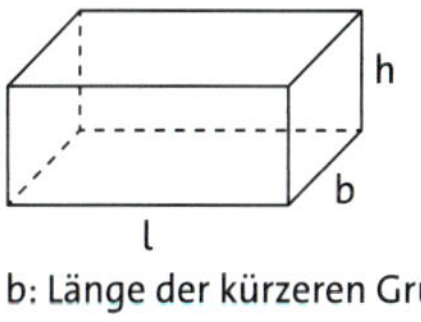

b: Länge der kürzeren Grundseite (in m)
l: Länge der längeren Grundseite (in m); $l = 2b$
h: Höhe des Bassins (in m)
Nebenbedingung:
$V = b \cdot l \cdot h = 32 \Rightarrow 32 = 2b^2 \cdot h \Rightarrow h = \frac{16}{b^2}$
Zielfunktion:
$A = 4b^2 + 6bh$
$A(b) = 4b^2 + \frac{96}{b}\ (b > 0)$

b) $A'(b) = 8b - \frac{96}{b^2}$
Aus $A'(b) = 0$ folgt $b^3 = 12$ und damit $b = \sqrt[3]{12} \approx 2{,}29$.
$A''(b) = 8 + \frac{192}{b^3}$
$A''(\sqrt[3]{12}) = 24 > 0 \Rightarrow b = \sqrt[3]{12}$ ist lokale Minimalstelle.
Da $A(b) \to \infty$ für $b \to 0$ mit $b > 0$ und für $b \to \infty$ gilt, ist das einzige lokale Minimum an der Stelle $b = \sqrt[3]{12}$ auch das globale Minimum.
Das Bassin ist ca. 2,29 m breit, 4,58 m lang und 3,05 m hoch.

S. 153, 11.

a) $\frac{h(10) - h(0)}{10 - 0} = \frac{29 - 4}{10} = 2{,}5$
Innerhalb der ersten 10 Tage wächst die Pflanze durchschnittlich um 2,5 cm/Tag.

b) $h'(t) = -0{,}15t^2 + \frac{3}{2}t$
Scheitelpunkt (und damit lokaler Hochpunkt) von h': $S(5\,|\,3{,}75)$
Die größte Wachstumsgeschwindigkeit wird nach 5 Tagen erreicht und beträgt 3,75 cm/Tag.

S. 153, 12.

a) Flächeninhalt: $A = \frac{1}{2}g \cdot h$
Nebenbedingungen: $g = a - 0 = a$ und $h = f(a)$
Zielfunktion: $A(a) = \frac{1}{2}a \cdot f(a) = -\frac{1}{16}a^4 + a^2$
a liegt zwischen der y-Achse und der positiven Nullstelle von f.
$f(x) = -\frac{1}{8}x(x^2 - 16) = 0$ ergibt $x_1 = 0$; $x_2 = 4$ und $x_3 = -4$.
Definitionsbereich von A: $0 \le a \le 4$

b) $A'(a) = -\frac{1}{4}a^3 + 2a$
$A'(a) = -\frac{1}{4}a(a^2 - 8) = 0$ ergibt $a_1 = 0$; $a_2 = \sqrt{8} \approx 2{,}83$ und $a_3 = -\sqrt{8}$.
$A''(a) = -\frac{3}{4}a^2 + 2$
$A''(0) = 2 > 0$, also lokales Minimum bei 0
$A''(\sqrt{8}) = -4 < 0$, also lokales Maximum bei $\sqrt{8}$;
$A(\sqrt{8}) = 4$
Randwerte: $A(0) = 0$ und $A(4) = 0$, also kein Randmaximum
Das lokale Maximum 4 bei $a = \sqrt{8}$ ist auch globales Maximum.
Der Flächeninhalt wird für $a = \sqrt{8} \approx 2{,}83$ mit 4 FE maximal.

S. 153, 13.

zu a), b) und d): $f(x) = ax^3 + bx^2 + cx + d$

a) $f(5) = 18$ $a \cdot 5^3 + b \cdot 5^2 + c \cdot 5 + d = 18$

b) $f(0) = 3$ $a \cdot 0^3 + b \cdot 0^2 + c \cdot 0 + d = 3$

c) $f(x) = ax^4 + bx^3 + cx^2 + dx + e$
$f(5) = 0$ und $f'(5) = 0$
$a \cdot 5^4 + b \cdot 5^3 + c \cdot 5^2 + d \cdot 5 + e = 0$
$4 \cdot a \cdot 5^3 + 3 \cdot b \cdot 5^2 + 2 \cdot c \cdot 5 + d = 0$

d) $f(3) = -1$ und $f'(3) = 4$
$a \cdot 3^3 + b \cdot 3^2 + c \cdot 3 + d = -1$
$3 \cdot a \cdot 3^2 + 2 \cdot b \cdot 3 + c = 4$

e) $f(x) = ax^4 + bx^3 + cx^2 + dx + e$
$f(2) = 1$ und $f'(2) = 0$
$a \cdot 2^4 + b \cdot 2^3 + c \cdot 2^2 + d \cdot 2 + e = 1$
$4a \cdot 2^3 + 3b \cdot 2^2 + 2c \cdot 2 + d = 0$

S. 153, 14.

① $f(x) = x^3 - x$

② $f(x) = \frac{5}{9}x^3 - \frac{5}{3}x^2$

③ $f(x) = -\frac{3}{125}x^4 + \frac{4}{25}x^3$

④ $f(x) = \frac{1}{27}x^4 - \frac{2}{3}x^2 + 3$

S. 154, 15.

Die Flugbahn lässt sich modellieren mithilfe der Funktion f mit $f(x) = -0{,}054x^2 + x + 2{,}2$. Der Graph von f hat den Hochpunkt $H(9{,}26\,|\,6{,}83)$. Die Halle muss für den Wurf mindestens 6,83 m hoch sein.

S. 154, 16.

a) $f_a(x) = ax^3 - 3ax + 4$ mit $a \in \mathbb{R}$; $a \neq 0$

b) Individuelle Lösungen; z. B. ergibt die Eigenschaft, dass der Graph den Punkt $P(2\,|\,6)$ enthält, $a = 1$ und $f_1(x) = x^3 - 3x + 4$.

c) $f_a'(x) = 3ax^2 - 3a$ $\quad f_a'(-2) = 9a \neq 0$, da $a \neq 0$
Es gibt keine Lösung mit einem weiteren Extrempunkt bei $x = -2$.

S. 154, 17.

a) $f(x) = 0{,}001x^4 - 0{,}2x^2 + 10$

b) $g(x) = -10^{-5}x^6 + 0{,}003x^4 - 0{,}3x^2 + 10$

c) Beide Funktionen verbinden den Punkt a sprungfrei und knickfrei mit der Bahntrasse, aber nur g verbindet ihn auch ruckfrei.

Lösungen zu Kapitel 4: Exponentialfunktionen

Ihr Fundament (S. 158/159)

S. 158, 1.

a) 8 b) 243 c) ≈ 7,73 d) ≈ 2,31 e) ≈ 1,04

S. 158, 2.

a) $17^2 = 289$ b) $3^3 = 27$ c) $6^2 = 36$
d) $10^2 \cdot 2^2 = 20^2 = 400$ e) 6

S. 158, 3.

a) Grundwert: 10 €; Prozentwert: 2 €; Prozentsatz: 20 %

b)

Grundwert G	250 €	120 m	**200 kg**
Prozentwert W	**187,50 €**	30 m	40 kg
Prozentsatz p %	75 %	**25 %**	20 %

Grundwert G	80 g	12 cm	**16,20 €**
Prozentwert W	24 g	**1,44 cm**	9,72 €
Prozentsatz p %	**30 %**	12 %	60 %

S. 158, 4.

a) 35,88 € b) 56 €

c) 10,80 € Kind; 13,50 € Rentner; 19,80 € erhöht; Kind mit Erhöhung: 13,07 €, Rentner mit Erhöhung: 16,34 €

S. 158, 5.

a) 1202,40 € b) 24617 €

S. 158, 6.

a) 2091,36 €

b) K_{alt} steht für das Ausgangskapital, K_{neu} für das neue Kapital nach n Jahren, p für den Zinssatz. In jedem Jahr wird das bis dahin vorhandene Kapital mit dem Faktor $1 + \frac{p}{100}$ multipliziert.

c) 1912,48 €

S. 158, 7.

a) $4 \cdot 2 - 2 = 6 \neq 10$: A liegt nicht auf dem Graphen.
$4 \cdot 5 - 2 = 18$: B liegt auf dem Graphen.

b) $x_0 = 0{,}5$

S. 158, 8.

a) f(x) steht für die noch abzunehmende Menge Blut in mℓ, −50 bedeutet, dass pro Minute 50 mℓ Blut abgenommen werden, 500 steht für die insgesamt abzunehmende Blutmenge von 500 mℓ.

b) ca. 10 min

S. 159, 9.

$f(x) = (x + 1)^2 - 2$; $g(x) = -2(x - 1)^2 + 3$

S. 159, 10.

a) $x_1 = 2$; $x_2 = -1$ b) $x_1 = 3$; $x_2 = -1{,}5$ c) $x = 3$

S. 159, 11.

a) Die Bälle werden in 1,2 m Höhe abgeschossen und kommen in 12 m Abstand auf dem Boden auf (Nullstelle).

b) $H(5\,|\,2{,}45)$

S. 159, 12.

a) lineares Wachstum, denn
$B(2) - B(1) = B(3) - B(2) = 2$
und $B(5) - B(3) = B(7) - B(5) = 4 = 2 \cdot 2$

b) exponentielles Wachstum, denn
$\frac{B(2)}{B(1)} = \frac{B(3)}{B(2)} = \frac{B(4)}{B(3)} = \frac{1}{2}$ und
$B(6) = \frac{1}{64} = \frac{1}{16} \cdot \frac{1}{4} = B(4) \cdot \left(\frac{1}{2}\right)^2$

S. 159, 13.

a) exponentielles Wachstum mit Wachstumsfaktor 0,8

b) kein exponentielles Wachstum, sondern lineares Wachstum, da Zunahme konstant 50 €/Monat

c) exponentielles Wachstum mit Wachstumsfaktor 7

d) exponentielles Wachstum mit Wachstumsfaktor $\sqrt{2}$

S. 159, 14.

a) 1,053 b) 0,83 c) 1,065 d) 0,57

S. 159, 15.

a) $2x + 3$ b) $2^x + 3$

S. 159, 16.

a) $x^2 + 6x - 7 = 0$, also $x = 1$ oder $x = -7$

b) $3x + 9 = 4x - 8$, also $x = 17$

c) $x \cdot (x^2 + 6x + 9) = 0$, also $x = 0$ oder $x = -3$

d) $x + 1 = \frac{1}{4}$ oder $x + 1 = -\frac{1}{4}$, also $x = -\frac{3}{4}$ oder $x = -\frac{5}{4}$

S. 159, 17.

a) $s = v \cdot t$ und $t = \frac{s}{v}$ b) $r = \sqrt{\frac{V}{\pi h}}$

c) $B = G \cdot \frac{b - f}{f}$ und $b = \frac{Bf}{G} + f$

d) $a = \frac{2A}{h} - c$ und $h = \frac{2A}{a + c}$

Prüfen Sie Ihr neues Fundament (S. 192/193)

S. 192, 1.

linear: $g(x) = -5x + 30$, exponentiell: $f(x) = 30 \cdot e^{-c \cdot x}$ mit $c \approx 0{,}18232155$.

S. 192, 2.

① $f(x) = 2 \cdot 1{,}5^x$ ② $f(x) = 2^x$
③ $f(x) = 4 \cdot 0{,}5^x$ ④ $f(x) = 4 \cdot 0{,}25^x$

S. 192, 3.

$S(0{,}56 \mid 4{,}89)$

S. 192, 4.

a) $x = \sqrt[5]{36} \approx 2{,}05$ b) $x = \sqrt[7]{\frac{50}{6}} \approx 1{,}35$
c) $x = \log_{1{,}04}(2) \approx 17{,}67$ d) $x = \log_{1{,}08}\left(\frac{200}{15}\right) \approx 33{,}66$
e) $\frac{b^7}{b^4} = \frac{32}{25}$, also $b = \sqrt[3]{\frac{32}{25}} \approx 1{,}09$

S. 192, 5.

a) $f'(x) = -3e^x$ $f''(x) = -3e^x$ $f'''(x) = -3e^x$
b) $f'(x) = -e^{2x}$ $f''(x) = -2e^{2x}$ $f'''(x) = -4e^{2x}$
c) $f'(x) = -4e^{-t+1}$ $f''(t) = 4e^{-t+1}$ $f'''(x) = -4e^{-t+1}$
d) $f'(x) = 5e^x$ $f''(x) = 5e^x$ $f'''(x) = 5e^x$

S. 192, 6.

a) ① (blau): f; ② (rot): g bzw. h; ③ (grün): k
b) Spiegelung an der y-Achse und an der x-Achse
c) ① $y = -e^x + 2$ ② $y = -e^x - 2$

S. 192, 7.

a) Tangente: $m = 0{,}5 \cdot e^{0{,}5 \cdot 2} \approx 1{,}36$; $t = e - m \cdot 2 = 0$
$g(x) \approx 1{,}36x$
Normale: $n(x) \approx 0{,}74x + 4{,}19$
b) Tangente: $m = e^{-1} \approx 0{,}37$; $t = -e^{-1} - m \approx -0{,}74$
$g(x) \approx 0{,}37x - 0{,}74$
Normale: $n(x) \approx -2{,}72x + 2{,}35$

S. 192, 8.

a) $f'(x) = (2x+2)e^x$, $f''(x) = (2x+4)e^x$
b) $f'(x) = (-2x^2 - 2x + 2)e^{2x}$; $f''(x) = (-4x^2 - 8x + 2)e^{2x}$
c) $f'(t) = \left(-\frac{1}{2}t^2 + \frac{5}{2}t - 1\right)e^{-0{,}5t}$;
$f''(t) = \left(\frac{1}{4}t^2 - \frac{9}{4}t + 3\right)e^{-0{,}5t}$

S. 192, 9.

a) $f(x) = e^{\ln(3) \cdot x}$; $f'(x) = \ln(3)e^{\ln(3) \cdot x} = \ln(3) \cdot 3^x$
b) $f(x) = -3e^{\ln(5) \cdot x}$; $f'(x) = -3\ln(5) \cdot 5^x$
c) $f(t) = -4e^{\ln(0{,}5) \cdot t}$; $f'(t) = -4\ln(0{,}5) \cdot 0{,}5^t$
$= 4 \cdot \ln(2)e^{-x \cdot \ln(2)}$
d) $f(x) = 3 \cdot e^{\ln(2) \cdot (5x+1)}$; $f'(x) = 15\ln(2) \cdot 2^{5x+1}$

S. 192, 10.

a) $L = \{-4\}$ b) $L = \left\{\frac{\ln(6)}{3}\right\}$
c) $L = \{0\}$ d) $L = \left\{\frac{\ln(2)}{2}\right\}$
e) $L = \left\{\frac{\ln(2)-3}{2}\right\}$ f) $L = \{\ \}$

S. 193, 11.

a) $2e^x = 4$, also $x = \ln(2) \approx 0{,}69$
b) $2e^x = 2$, also $x = 0$
c) $2e^x = 3e^{2x} \Rightarrow \ln(2) + x = \ln(3) + 2x$,
also $x = \ln\left(\frac{2}{3}\right) \approx -0{,}41$
Schnittpunkt: $S\left(\ln\left(\frac{2}{3}\right) \mid \frac{4}{3}\right)$

S. 193, 12.

a) $T_H = \frac{\ln(0{,}5)}{-0{,}15} = 4{,}62$ Stunden; Nach jeweils etwa 4,62 Stunden halbiert sich die Menge des Medikaments im Körper.
b) $1 + \frac{r}{100} = b = e^{-0{,}15} \Rightarrow r = -13{,}93$
Pro Stunde werden 13,93 % des Medikaments abgebaut.
c) ① $f(t) = 25 \Rightarrow t = 9{,}24$ h
② $f'(t) = 7 \Rightarrow t = 5{,}08$ h

S. 193, 13.

Anfangsbestand: $b = 200$
$f(2) = 200 \cdot a^2 = 260$, also $a = \frac{\sqrt{130}}{10} \approx 1{,}14$
$f(x) \approx 200 \cdot 1{,}14^x = 200 \cdot e^{\ln(1{,}14) \cdot x}$
Verdopplungszeit: $T_V \approx \frac{\ln(2)}{\ln(1{,}14)} \approx 5{,}29$

Die Zahl der Pinguine verdoppelt sich etwa alle 5,3 Jahre.

S. 193, 14.

Halbwertszeit: 5,3 Jahre

S. 193, 15.

a) −2 b) 216 c) 3,5 d) 4

S. 193, 16.

a) $f(x) = e^{x \cdot \ln(4)}$ b) $f(x) = e^{x \cdot \ln\left(\frac{1}{3}\right)}$
c) $f(x) = 5 \cdot e^{x \cdot \ln\left(\frac{1}{4}\right)}$ d) $f(x) = 7 \cdot e^{x \cdot \ln(3)}$

Lösungen zu Kapitel 5: Trigonometrische Funktionen

Ihr Fundament (S. 196/197)

S. 196, 1.

a) $\sin(\alpha) = \frac{a}{5\,\text{cm}}$; $\sin(\beta) = \frac{b}{5\,\text{cm}}$
b) $\beta = 55°$; $a \approx 2{,}87$ cm; $b \approx 4{,}10$ cm

S. 196, 2.

a) $\beta = 30°$ b) $\alpha \approx 20{,}49°$ c) $\varepsilon = 45°$ d) $\delta = 0°$

S. 196, 3.

$d \approx 4{,}95$ m; $f \approx 5{,}34$ m

S. 196, 4.

a) etwa 1,29 m b) etwa 2,13 m

S. 196, 5.

a) $\cos(\alpha) = \frac{3\,\text{cm}}{c}$; $\cos(\beta) = \frac{a}{c}$
b) $\beta = 30°$; $c = 6$ cm; $a \approx 5{,}20$ cm

S. 196, 6.

a) $\alpha = 60°$ b) $\varphi \approx 88{,}28°$ c) $\varepsilon = 30°$ d) $\delta = 0°$

S. 196, 7.

$\varphi = 65°$; $x \approx 3{,}03$ cm; $y \approx 7{,}17$ cm

S. 196, 8.

a) $x \approx 7{,}26$ m b) $h \approx 4{,}37$ m

S. 196, 9.

a) $\sin(\varphi) = \frac{f}{e}$ oder $\sin(\delta) = \frac{d}{e}$
b) $\cos(\delta) = \frac{f}{e}$
c) $\sin(\delta) = \cos(\varphi) = \frac{d}{e}$

S. 196, 10.

a) $c \approx 7{,}24$ cm; $\alpha \approx 41{,}08°$; $\beta \approx 66{,}92°$
b) $\alpha \approx 45{,}52°$; $\beta \approx 85{,}41°$; $\gamma \approx 49{,}07°$
c) $b \approx 31{,}82$ mm; $\gamma = 100°$

S. 197, 11.

a) $A \approx 12{,}57\,\text{cm}^2$ b) $u \approx 25{,}13$ cm

S. 197, 12.

a) $A \approx 78{,}54\,\text{cm}^2$

b) Anteil: etwa 15,28 %; $A \approx 12{,}00\,\text{cm}^2$

c) $b = \frac{\alpha}{360°} \cdot 2\pi r = \frac{55°}{360°} \cdot 2 \cdot \pi \cdot 5 \approx 4{,}80\,\text{cm}$

S. 197, 13.

a) $\alpha \approx 22{,}52°$ b) $\alpha \approx 150{,}00°$

S. 197, 14.

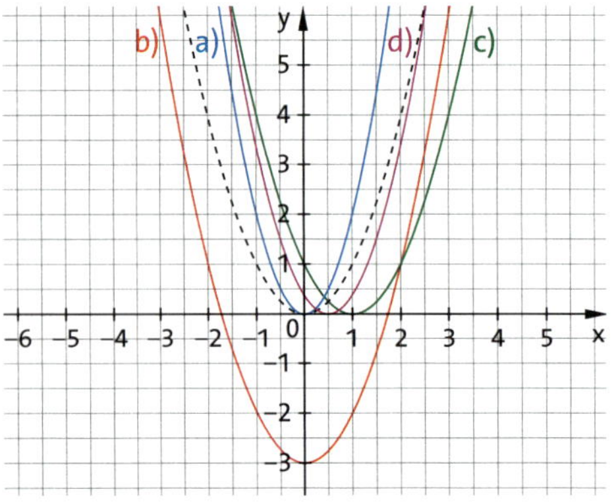

a) $f(x) = 2x^2$ b) $f(x) = x^2 - 3$

c) $f(x) = (x - 1)^2$ d) $f(x) = 1{,}5(x - 0{,}5)^2$

S. 197, 15.

a) $S(4\,|\,7)$

b) Verschiebung um 4 Einheiten nach rechts und 7 Einheiten nach unten, Streckung um den Faktor 3.

c) $g(x) = -3(x - 3)^2 + 9$

S. 197, 16.

a)

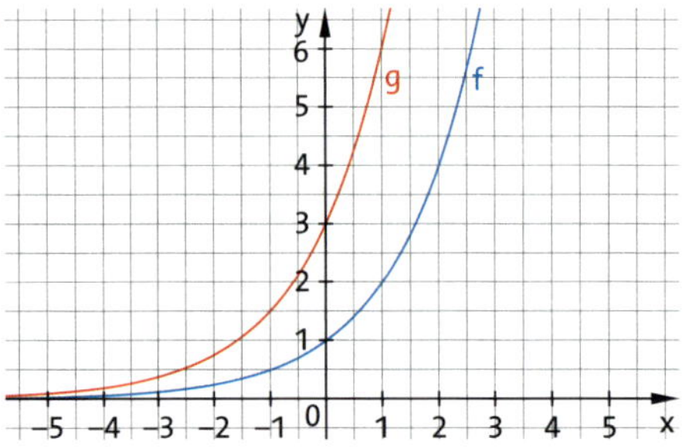

b) Streckung um den Faktor 3

c) $h(x) = 3 \cdot 0{,}5^x$ d) $k(x) = -3 \cdot 2^x$

S. 197, 17.

a) $f(x) = 2x; g(x) = -2x + 4; h(x) = 0{,}5x - 1{,}5$

b) $f(x) = (x - 1)^2 - 0{,}5; g(x) = 0{,}5x^2 - 1; h(x) = -x^2$

c) $f(x) = 2^x; g(x) = 3^x$

Prüfen Sie Ihr neues Fundament (S. 226/227)

S. 226, 1.

a) falsch, da z. B. $\sin\left(\frac{\pi}{2}\right) = 1$, aber $\sin\left(-\frac{\pi}{2}\right) = -1$

b) wahr, da $\cos(\alpha) = \cos(-\alpha)$ für alle α

c) falsch; eine Funktion, die von 0 verschiedene y-Werte hat, kann nicht achsensymmetrisch zur x-Achse sein, da jedem x-Wert genau ein y-Wert zugeordnet wird.

d) falsch, da z. B. $\cos(\pi) = -1$, aber $\cos(-\pi) = -1$

e) wahr, da $\sin(\alpha) = -\sin(-\alpha)$ für alle α

f) wahr, da $\sin\left(\frac{\pi}{2} - \alpha\right) = \sin\left(\frac{\pi}{2} + \alpha\right)$ für alle α

S. 226, 2.

a) etwa 0,967

b) $\alpha = 15° + k \cdot 360°$ und $\alpha = -15° + k \cdot 360°$

c) z. B. 75°; 105°; −285°

S. 226, 3.

a) $\sin(45°) = \sin\left(\frac{9}{4}\pi\right), \sin(190°) = \sin(95°)$,
$\sin(170°) = \sin(370°), \sin(3\pi) = \sin(900°)$,
$\sin(260°) = \sin(280°), \sin(40°) = \sin(140°)$
$\cos(45°) = \cos\left(\frac{9}{4}\pi\right), \cos\left(\frac{35}{36}\pi\right) = \cos(185°) =$
$\cos(3\pi) = \cos(900°), \cos(190°) = \cos(170°)$

b)

45°	405°	175°	185°	190°	95°	85°	170°
$\frac{1}{4}\pi$	$\frac{9}{4}\pi$	$\frac{35}{36}\pi$	$\frac{37}{36}\pi$	$\frac{19}{18}\pi$	$\frac{19}{36}\pi$	$\frac{17}{36}\pi$	$\frac{17}{18}\pi$

540°	260°	900°	40°	50°	370°	280°	140°
3π	$\frac{13}{9}\pi$	5π	$\frac{2}{9}\pi$	$\frac{5}{18}\pi$	$\frac{37}{18}\pi$	$\frac{14}{9}\pi$	$\frac{7}{9}\pi$

S. 226, 4.

a) $L = \left\{\frac{4}{3} \cdot \pi \cdot k \,\middle|\, k \in \mathbb{Z}\right\}$

b) $L = \left\{\frac{1}{2} + \frac{1}{4} \cdot \pi \cdot k \,\middle|\, k \in \mathbb{Z}\right\}$

c) $L = \{7 \cdot \pi \cdot k \,|\, k \in \mathbb{Z}\}$

S. 226, 5.

a) $f(x) = 2\sin(6x)$ b) $f(x) = -0{,}25\sin(x)$

S. 226, 6.

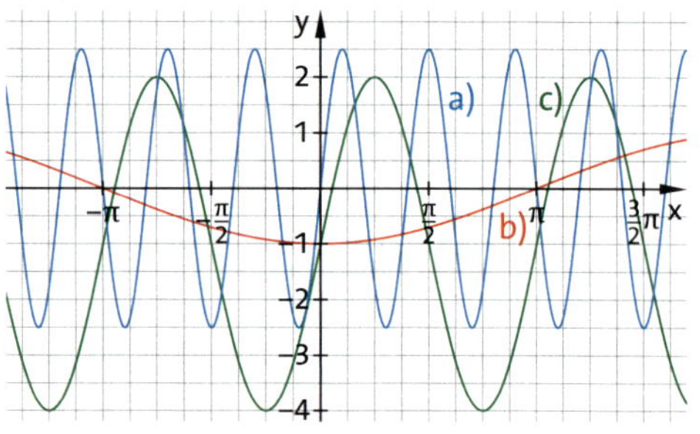

a) Periode: $\frac{2}{5}\pi$, Amplitude: 2,5

b) Periode: 2π, Amplitude: 1

c) Periode: π, Amplitude: 3

S. 226, 7.

a) $f(x) = 3 \cdot \sin(0{,}5x)$

b) $f(x) = 0{,}8 \cdot \sin\left(\frac{2}{3}x\right) + 0{,}4$

c) $f(x) = 0{,}1 \cdot \sin(4x)$

S. 226, 8.

a) Amplitude: 1,5 m; Periode: 12,4 Stunden
$f(x) = 1{,}5\sin(0{,}507x)$

b) Nach 24 : 0,4 = 60 Zyklen ist der Normalpegel wieder zur gleichen Zeit erreicht. Das entspricht $60 \cdot \frac{12{,}4}{24} = 31$ Tagen.

S. 227, 9.

a) Periodenlänge: etwa 0,00667 s = 6,67 ms
$f(x) = \sin(150x)$

b) Frequenz: 5000 Hz $f(x) = \sin(5000x)$

c) Die Klicklaute haben eine Frequenz zwischen 200 000 Hz und 1 000 000 Hz. Menschen können sie nicht hören.

S. 227, 10.
$f(x) = 0{,}2 \cdot \sin(10 \cdot (x - (-0{,}5))) + 1{,}08$ mit $a = 0{,}2$; $b = 10$; $c = -0{,}5$; $d = 1{,}08$,
Amplitude $|a| = 0{,}2$, b: Periode $p = \frac{1}{5} \cdot \pi$; c: Verschiebung entlang der x-Achse um 0,5 LE nach links;
d: Verschiebung entlang der y-Achse um 1,08 LE nach oben

S. 227, 11.
a) $f'(x) = 4 \cdot \cos(4 \cdot x + 7)$
b) $g'(x) = -9 \cdot \sin(9 \cdot x - 3)$
c) $h'(x) = -64 \cdot x \cdot \cos(4 \cdot x^2)$
d) $f'(t) = -6 \cdot t^2 \cdot \sin(t^3 + 5 \cdot t) - 10 \cdot \sin(t^3 + 5 \cdot t)$
e) $f'(x) = 6 \cdot \cos(6 \cdot x + 3)$
f) $f'(x) = 2 \cdot x \cdot \cos(x^2)$

S. 227, 12.
a) $f'(x) = 2 \cdot x \cdot \cos(x) + 2 \cdot \sin(x) + 3 \cdot \cos(x)$,
$f''(x) = -2 \cdot x \cdot \sin(x) - 3 \cdot \sin(x) + 4 \cdot \cos(x)$
b) $f'(x) = -5 \cdot x \cdot \sin(x) + 6 \cdot \sin(x) + 5 \cdot \cos(x)$,
$f''(x) = -5 \cdot x \cdot \cos(x) - 10 \cdot \sin(x) + 6 \cdot \cos(x)$
c) $f'(x) = 2 \cdot x \cdot \sin(x) + x^2 \cdot \cos(x)$,
$f''(x) = 4 \cdot x \cdot \cos(x) - x^2 \cdot \sin(x) + 2 \cdot \sin(x)$
d) $f'(x) = 8 \cdot x \cdot \cos(2 \cdot x) + 4 \cdot \sin(2 \cdot x)$,
$f''(x) = -16 \cdot x \cdot \sin(2 \cdot x) + 16 \cdot \cos(2 \cdot x)$
e) $f'(x) = -\sin(x) + \cos(x)$, $f''(x) = -\sin(x) - \cos(x)$
f) $f'(x) = 2 \cdot x \cdot \sin(x^2)$, $f''(x) = 4 \cdot x^2 \cdot \cos(x^2) + 2 \cdot \sin(x^2)$

S. 227, 13.
a) Nullstellen und Wendestellen: $\frac{n}{2} \cdot \pi$, $n \in \mathbb{Z}$;
Extremstellen: $\frac{(2k-1) \cdot \pi}{4}$, $k \in \mathbb{Z}$
b) Nullstellen und Wendestellen: $2 \cdot k \cdot \pi$, $k \in \mathbb{Z}$,
Extremstellen: $(2 \cdot k + 1) \cdot \pi$, $k \in \mathbb{Z}$
c) Nullstellen und Wendestellen: $k \cdot \pi$, $k \in \mathbb{Z}$; Näherungswerte der Extremstellen im Intervall $[-\pi; 2\pi]$:
$-2{,}03$; 0; $2{,}03$; $4{,}91$

Lösungen zu Kapitel 6: Weitere Verfahren zum Lösen von Gleichungen

Ihr Fundament (S. 230/231)

S. 230, 1.
a) $x = -1$: f, h; $x = 4$: f; $x = 1$: h, $x = 2$: f, $x = \frac{3}{2}$: g;
$x = 0$: g; $x = -\sqrt{2}$: h, $x = \sqrt{2}$: h; $x = -\frac{1}{2}$: g;
übrig bleibt $x = -2$, z. B. $i(x) = (x + 2)^3$

S. 230, 2.
a) $(-2|0)$, $(2|0)$, $(0|0)$
b) Einsetzen führt zu wahren Aussagen:
$\frac{2}{5} \cdot 2^3 - \frac{4}{5} \cdot 2 = 0$,
$\frac{2}{5} \cdot (-3)^3 - \frac{4}{5} \cdot (-3) = -3$
c) $s(x) = 0{,}6x - 1{,}2$ mit $m = 0{,}6$
d) $t(x) = 1{,}6x - 3{,}2$; $S(-4|-9{,}6)$

S. 230, 3.
a) -2; 2; Ableitung: 0
b) -3; 0; 3; Ableitung: $\pm\sqrt{3}$
c) -2; 1; 0; Ableitung: $\frac{-9 \pm \sqrt{17}}{8}$
Verfahren: a) Substitution, b) Ausklammern, binomische Formel, c) Ausklammern

S. 230, 4.
$(x - 3) \cdot (x - 3) = x^2 - 6x + 9 \neq x^2 - 10x + 9$
$(x + 3) \cdot (x + 3) = x^2 + 6x + 9 \neq x^2 - 10x + 9$
Tabelle ergänzen mit 1 und 9:
$(x - 1) \cdot (x - 9) = x^2 - 10x + 9$
$L = \{1; 9\}$

S. 230, 5.
a) ① $x^2 - 6x + 9 = 0$, korrekt gelöst
② $x^2 + x - 12 = 0$, korrekt gelöst
b) ① $L = \{-4; 5\}$ ② $L = \{-5; -4\}$

S. 230, 6.
a) $L = \{x \in \mathbb{R} \mid x < 8\}$
b) $L = \{x \in \mathbb{R} \mid x \leq 3\}$
c) $L = \mathbb{R}$
d) $L = \{x \in \mathbb{R} \mid x \neq 3\}$
e) $L = \{x \in \mathbb{R} \mid x \geq 0{,}5$ oder $x \leq -0{,}5\}$
f) $L = \left\{x \in \mathbb{R} \mid -\sqrt{\left(\frac{1}{3}\right)} < x < \sqrt{\left(\frac{1}{3}\right)}\right\}$

S. 230, 7.
a) $L = \{-2; 0; 2\}$
b) $L = \{-3; 0; 3\}$
c) $L = \{-4; 0; 5\}$
d) $L = \left\{-\frac{\sqrt{(10)}}{2}; 0; \sqrt{\frac{(10)}{2}}\right\}$
e) $L = \{0; 1\}$
f) $L = \{1\}$

S. 231, 8.
a) $-\frac{1}{5}(x + 10)^2 + 25 = x + 25$ bzw.
$-\frac{1}{5}x^2 - 4x + 5 = x + 25$
b) $L = \{-20; -5\}$, Einsetzen führt zu wahren Aussagen:
$-\frac{1}{5}(-20)^2 - 4(-20) + 5 = (-20) + 25$
$-80 + 80 + 5 = 5$ w. A.
$-\frac{1}{5}(-5)^2 - 4(-5) + 5 = (-5) + 25$
$-5 - 20 + 5 = 20$ w. A.
$S_1(-20|5)$, $S_2(-5|20)$

S. 231, 9.
a) $L = \{-4\}$
b) $L = \left\{3 - \sqrt{\frac{26}{3}}; 3 + \sqrt{\frac{26}{3}}\right\}$
c) $L = \{-1 - \sqrt{3}; -1 + \sqrt{3}\}$
d) $L = \{2 - \sqrt{3}; 2 + \sqrt{3}\}$

S. 231, 10.
a) $S_1(-3|-5)$, $S_2(2|0)$
b) $S_1(-\sqrt{2}|2)$, $S_2(\sqrt{2}|2)$
c) $S_1(0|4)$, $S_2\left(\frac{-1}{4}\middle|\frac{63}{16}\right)$
d) kein Schnittpunkt

S. 231, 11.
a) $L = \{(2{,}5|-2)\}$
b) $L = \{(1|1)\}$
c) $L = \{\ \}$
d) $L = \mathbb{R}$

S. 231, 12.
$t = 3$

S. 231, 13.
a) $L = \{-2\}$

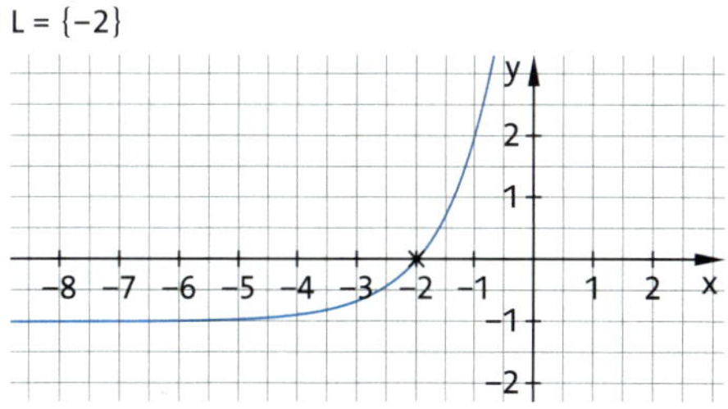

b) $L = \{1{,}2\}$

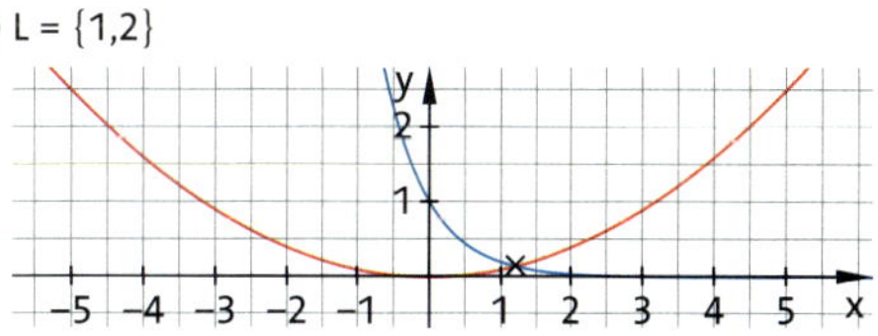

c) $L = \{3\}$

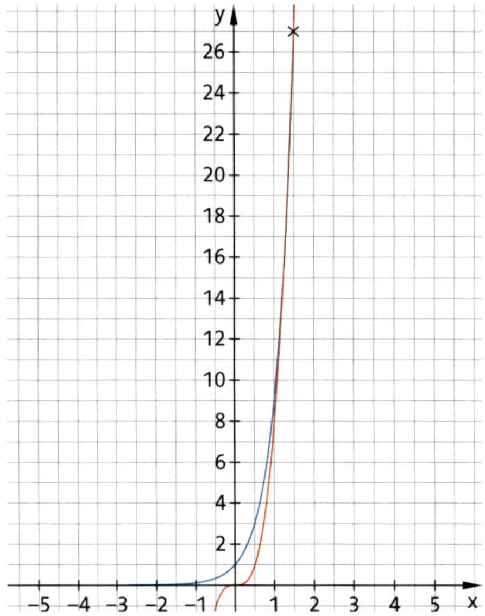

d) $L = \left\{-\frac{1}{2}; \frac{7}{10}\right\}$

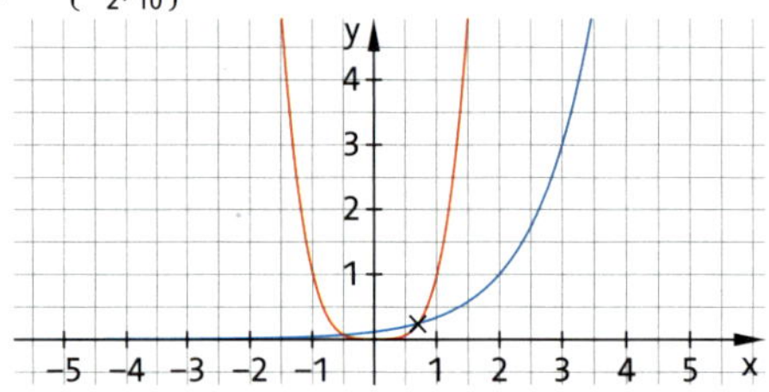

S. 231, 14.

a) $L = \left\{\frac{2}{5}\right\}$
b) $L = \left\{\frac{1}{2}\right\}$
c) $L = \{-10\}$
d) $L = \{\,\}$; $\left(\frac{1}{3}\right)^{-4} = +81$
e) $L = \left\{\frac{2}{5}\right\}$
f) $L = \{3\}$
g) $L = \{4\}$
h) $L = \{1\}$
i) $L = \{-2\}$
j) $L = \{4\}$
k) $L = \{4\}$

S. 231, 15.

korrekt; schrittweise Division: 5 : 3 = 1, Rest 2; 7 runter, 27 : 3 = 9, Rest 0; 2 runter, 2 : 3 = 0; 7 runter; 27 : 3 = 9, Rest 0

Prüfen Sie Ihr neues Fundament (S. 246/247)

S. 246, 1.

④ zu ①, ② zu ③, ⑥ zu ⑤

⑥ ist nicht möglich für ① oder ③, weil 2 kein Teiler von −3 bzw. −1 ist. Einsetzen zeigt, ob der angegebene Wert tatsächlich eine Nullstelle der Funktion ist. Ist eine Nullstelle x_N bekannt, so kann Polynomdivision mit dem Linearfaktor $(x - x_N)$ durchgeführt werden.

$(x^3 - 8x^2 + 10x - 3) : (x - 1) = x^2 - 7x + 3$

$(x^3 + 2x^2 - 1) : (x + 1) = x^2 + x - 1$

$(x^3 - x^2 - 6x + 8) : (x - 2) = x^2 + x - 4$

S. 246, 2.

a) Ja, denn $f(1) = 1^3 + 9 \cdot 1^2 + 2 \cdot 1 - 12 = 0$

b) $(x^3 + 9x^2 + 2x - 12) : (x - 1) = x^2 + 10x + 12$

c) neben $x_0 = 0$ z. B. mit der p-q-Formel:
$x_1 = -5 - \sqrt{13} \approx -8{,}61$, $x_2 = -5 + \sqrt{13} \approx -1{,}39$

S. 246, 3.

$(6x^3 - 9x^2 + 2x - 16) : (x - 2) = 6x^2 + 3x + 8$

1. Vorzeichenfehler bei der Rechnung: $+12x^2$ statt $-12x^2$ in der 2. Zeile, daher wäre in der 3. Zeile $3x^2$ korrekt statt $-21x^2$.
2. falsch übertragen: $-21x$ statt $+2x$.
3. aus beiden Punkten resultierende Folgefehler

S. 246, 4.

a) Nullstellen: 0; 2; 3
mit Ausklammern von 6x

b) Nullstellen: näherungsweise −0,26; 0,28; 4,48
mit Näherungsverfahren wie Newton oder Regula falsi

c) Nullstellen: −2; 0; 2
mit Substitution $z = x^2$ bzw. Ausklammern von $6x^2$

d) Nullstellen: $-\sqrt{(5)} \approx -2{,}24$; $\sqrt{(5)} \approx 2{,}24$
mit Substitution $z = x^2$

S. 246, 5.

a) Startintervall: [1; 2], da für f mit $f(x) = x - \sqrt[3]{7}$ gilt
$f(1) = 1 - \sqrt[3]{7} \approx -0{,}91 < 0$ und
$f(2) = 2 - \sqrt[3]{7} \approx 0{,}09 > 0$

b) $\sqrt[3]{7} \approx 1{,}91$

S. 246, 6.

Für eine Schnittstelle gilt: $x^2 + 4x + 1 = \sin(x)$ bzw. $x^2 + 4x + 1 - \sin(x) = 0$

Mit dem Bisektionsverfahren kann man die Nullstelle der Differenzfunktion d mit $d(x) = x^2 + 4x + 1 - \sin(x)$ näherungsweise mit einer Tabelle bestimmen.
Nullstellen ca. −3,93; −0,38 (Genauigkeit $\varepsilon = 0{,}1$)

S. 246, 7.

Die Funktion ist differenzierbar und ohne waagerechte Tangente in der Nähe der Nullstelle, das Newton-Verfahren kann angewendet werden und führt relativ schnell zum Ziel. Die Nullstelle liegt zwischen 2 und 2,5, der Startwert ist daher sinnvoll gewählt. Die Nullstelle ist näherungsweise 2,12.

S. 246, 8.

Die Regula falsi kann angewendet werden, weil $f(1) = -1 < 0$ und $f(2) = 3 > 0$ gilt. Jeweils die linke Intervallgrenze kann ersetzt werden, und nach 16 Schritten erhält man als Näherungswert für die Nullstelle $x_N \approx 1{,}47$.

S. 246, 9.

Es existiert ein Schnittpunkt, weil f und g beide stetig auf ℝ sind und weil $f(0) = -3 < g(0) = 0$ bzw. $f(2) = 1 < g(2) = 4$, aber $f(3) = 15 > g(3) = 9$ gilt.
Für die Differenzfunktion d mit $d(x) = g(x) - f(x)$ sind die Voraussetzungen der Regula falsi erfüllt, weil $d(2) = 3$, $d(3) = -6$, also $d(2) \cdot d(3) < 0$ gilt.
Näherungswert für die Schnittstelle: $x_S \approx 2{,}49$.

S. 247, 10.

Individuelle Wahl des Verfahrens, Voraussetzungen sind erfüllt für die Regula falsi $(f(1) = -1 < 0$, $f(2) = 8 > 0)$, auch für das Newton-Verfahren und das langsamere Bisektionsverfahren. Näherungswert der Nullstelle: 1,18.

S. 247, 11.

a) Keine Stetigkeit an der Polstelle $x_0 = -1$, da $\lim\limits_{x \to -1^-} f(x) = \infty$ und $\lim\limits_{x \to -1^+} f(x) = -\infty$ gilt.

b) Stetigkeit an der Stelle $x_0 = -1$, da der linksseitige und der rechtsseitige Grenzwert der Funktionswerte 0 ist.

c) Keine Stetigkeit an der Sprungstelle $x_0 = -1$, da $\lim\limits_{x \to -1^-} f(x) = -\frac{1}{2}$ und $\lim\limits_{x \to -1^+} f(x) = -\frac{5}{2}$ gilt.

Auswirkungen auf die Anwendung numerischer Verfahren zur Nullstellenbestimmung: Bei b) können Newton-Verfahren, Regula falsi und Bisektionsverfahren angewendet werden, bei a) kann es zu Problemen bei der Bestimmung der Nullstelle $x_N \approx 0{,}8$ führen. Dies wäre auch bei c) bei $x_N \approx -1{,}5$, aber kaum bei $x_N \approx 1{,}5$ möglich.

S. 247, 12.

a) Zuordnung: a – grün③; b – orange⑤; c – blau①; d – rot②; e – grau⑥; f – lila④

b) Differenzierbar an der Stelle $x_0 = 2$ sind a, b und c. Nicht stetig und nicht differenzierbar an der Stelle $x_0 = 2$ sind e sowie f ($x_0 = 2$ ist Polstelle), stetig, aber nicht differenzierbar ist d. Auswirkungen auf die Anwendung numerischer Verfahren zur Nullstellenbestimmung gibt es keine bei e, da die Nullstellen nicht in der Nähe liegen, bei f können nur Intervalle links von der Polstelle betrachtet werden, bei d kann man die Näherungsverfahren nicht anwenden (aber den Funktionswert bestimmen).

c) Nullstellenbestimmung mit Satz vom Nullprodukt/ Faktorisierung bei a: 2; Newton-Verfahren oder einem anderen numerischen Verfahren bei b: ca. 1,2; Ausklammern von $\frac{1}{3} \cdot x$ und 2. binomische Formel bei c: −2; 0; 2; Fallunterscheidung und Äquivalenzumformung bei d: 2, Äquivalenzumformung und Wurzelziehen bei e: $\pm\sqrt{\frac{2}{3}} \approx \pm 0{,}82$; Faktorzerlegung/3. binomische Formel und Einsetzung bei f: −1; 1

d) z. B. Schnittstelle von a und f mit dem Newton-Verfahren: 2,63, von e und f mit Bisektionsverfahren: −0,83; 0,85; 2,23, von a und b oder von c und f mit Regula falsi: 1,44 bzw. 0,05.

Lösungen zu Kapitel 7: Folgen und Reihen

Ihr Fundament (S. 250/251)

S. 250, 1.

	n = 1	n = 5	n = 20
a)	8	28	103
b)	11	3	1,5
c)	8	38	1 048 582
d)	−3	5	320

S. 250, 2.

a) $2a - 3(a + 1)$
b) $0{,}5x + 4x$
c) $m \cdot (m - 1) \cdot (m + 1)$
d) $2 + 5 \cdot \frac{1}{z}$
e) $(q + 2) \cdot 3$

S. 250, 3.

Beispiellösungen:

a) 3 wird zum Sechsfachen von x addiert.

b) Der Nachfolger von n wird mit der Summe von n und 2 multipliziert.

c) Das Quadrat von a wird verdoppelt und dann um 1 vermehrt.

d) k wird durch den Vorgänger von k geteilt.

S. 250, 4.

a) ③, denn $2x + 3 + 5x = 3 + 7x = 7x + 3 = x(5 + 2) + 3 \neq 5 + 5x$, z. B. für $x = 0$ gilt $3 \neq 5$

b) ②, denn $n^2 - 1 = (n + 1)(n - 1)$, also sind die anderen drei Terme äquivalent (für $n \neq 1$), aber für z. B. $n = 2$ hat ② den Wert −1,5 und ③ den Wert 3

c) ①, denn $(a + 2)^2 - 2a = a^2 + 4a + 4 - 2a = a^2 + 2a + 4 = a(a + 2) + 4 \neq a^2 + 6$

S. 250, 5.

a) $6x - 1$
b) $y^2 + 2y - 5$
c) $3n^2 + 5n + 2$
d) $4k + 4$
e) $a^2 - a - 2$
f) $9b^2 - b - 1$

S. 250, 6.

a) $\frac{n^2}{n+1}$
b) $\frac{n+2}{n}$
c) $\frac{2n+1}{n(n+1)}$
d) $\frac{-n^2+3n+1}{n^2}$

S. 250, 7.

a) Eine Funktion f ist streng monoton steigend, wenn die Funktionswerte für zunehmende Argumente immer größer werden: Für alle x_1 und x_2 mit $x_1 < x_2$ gilt $f(x_1) < f(x_2)$.

b) Eine Funktion konvergiert an einer bestimmten Stelle oder am Rande des Definitionsbereiches gegen einen Grenzwert, wenn sich die Funktionswerte dort diesem Grenzwert beliebig annähern.

S. 250, 8.

a) streng monoton steigend

b) nicht monoton, denn z. B. $f(-1) > f(0)$ und $f(1) > f(0)$

c) nicht streng monoton, da konstant

d) nicht monoton, denn z. B. $f(1) > f(2) > f(-1)$

S. 250, 9.

a) Die Funktion f ist streng monoton steigend, da der Graph ohne Sprünge von links unten nach rechts oben verläuft und dabei keinen Funktionswert mehrfach annimmt. Die Funktion konvergiert nicht, da der Graph im Unendlichen beliebig kleine bzw. große Funktionswerte annimmt und sich keiner waagerechten Asymptote nähert. Die Funktion g ist streng monoton steigend, da der Graph ohne Sprünge von links unten nach rechts oben verläuft und dabei keinen Funktionswert mehrfach annimmt.
Für $x \to 0$ nähert sich der Graph beliebig nah dem Wert 0, also konvergiert die Funktion für $x \to 0$ gegen 0. Im Unendlichen konvergiert sie nicht, da sich der Graph dort keiner waagerechten Asymptote nähert.

b) Die Funktion f ist nicht monoton, denn es gilt z. B. $f(0) > f(1)$ und $f(0) > f(-1)$. Die Funktion konvergiert gegen 0, da sich der Graph im Unendlichen der x-Achse beliebig annähert.
Die Funktion g ist streng monoton steigend, da der Graph ohne Sprünge von links unten nach rechts oben verläuft und dabei keinen Funktionswert mehrfach annimmt. Für $x \to -\infty$ konvergiert die Funktion nicht, da sich der Graph keiner waagerechten Asymptote nähert, sondern beliebig kleine Funktionswerte annimmt. Für $x \to \infty$ nähert sich der Graph der Asymptote $y = 3$ beliebig nah an, also konvergiert die Funktion gegen 3.

S. 251, 10.

a) $f(x) \to \infty$ b) $f(x) \to 0$
c) unbestimmte Divergenz d) $f(x) \to 4$

S. 251, 11.

a) -1 b) 0 c) 2 d) 3

S. 251, 12.

Individuelle Lösungen, z. B.

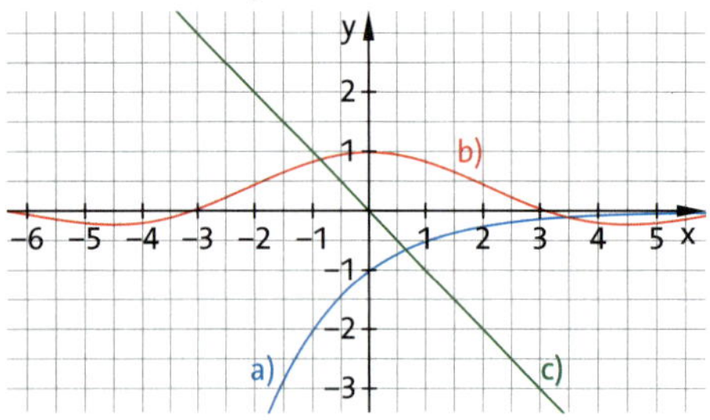

S. 251, 13.

a) $f'(x) = 6x$
b) $f'(x) = 5x^4 + 12x^3 - 1$
c) $f'(x) = 12x^5 - 15x^4 + 2x$

S. 251, 14.

a) $f'(x) = e^x$ b) $f'(x) = \cos(x)$
c) $f'(x) = -\sin(x)$ d) $f'(x) = 2\cos(2x) + 1$
e) $f'(x) = -2\sin(x) + e^x$ f) $f'(x) = 2e^{2x+1}$

S. 251, 15.

a) $f'(x) = -3\sin(3x)$; $f'(0) = 0$
b) $f'(x) = 2\cos(x + 1)$; $f'(0) = 2\cos(1) \approx 1{,}08$
c) $f'(x) = -e^x$; $f'(0) = -1$

S. 251, 16.

a) $f'(x) = -\cos(x)$; $f''(x) = \sin(x)$; $f'''(x) = \cos(x)$
b) $f'(x) = -\sin(x) + e^x$; $f''(x) = -\cos(x) + e^x$; $f'''(x) = \sin(x) + e^x$
c) $f'(x) = 2xe^{(x^2)}$; $f''(x) = 2e^{(x^2)} + 4x^2e^{(x^2)}$; $f'''(x) = 12xe^{(x^2)} + 8x^3e^{(x^2)}$

S. 251, 17.

$f'(x) = \cos(x)$; $f''(x) = -\sin(x)$; $f'''(x) = -\cos(x)$
$f(0) = f''(0) = 0$; $f'(0) = 1$; $f'''(0) = -1$

S. 251, 18.

a) $n + (n + 1) + (n + 2) = n + n + 1 + n + 2 = 3n + 3 = 3(n + 1)$ ist durch 3 teilbar.
b) Jede ungerade Zahl kann man in der Form $2n + 1$ schreiben.
$(2n + 1)^2 - 1 = 4n^2 + 4n + 1 - 1 = 4(n^2 + n)$ ist durch 4 teilbar.
c) $(n - 1) + (n + 1) = n - 1 + n + 1 = 2n$
$2n$ ist durch 2 teilbar, also gerade.
d) Jede gerade Zahl kann man in der Form $2n$ schreiben.
$(2n)^2 = 2^2 \cdot n^2 = 4n^2$ ist durch 4 teilbar.

S. 251, 19.

Angenommen, es gäbe eine Primzahl $p > 2$, die gerade ist. Dann wäre p durch 2 teilbar. Da $p > 2$ gilt, ist p aber von 2 verschieden. Also hat p einen Teiler, der verschieden von 1 und p ist. Damit ist p keine Primzahl. Folglich ist jede Primzahl $p > 2$ ungerade.

S. 251, 20.

Mit der 3. binomischen Formel gilt $(1 - x)(1 + x) = 1 - x^2$. Für $x \neq 0$ ist $x^2 > 0$, also ist $1 - x^2 < 1$.

S. 251, 21.

Die Höhe des Dreiecks über der Seite c ist nach Pythagoras $h_c = \frac{\sqrt{3}}{2}c$, also hat das Dreieck den Flächeninhalt $A_1 = \frac{\sqrt{3}}{4}c^2$.
Analog erhält man $A_2 = \frac{\sqrt{3}}{4}b^2$ und $A_3 = \frac{\sqrt{3}}{4}a^2$. Da das Dreieck ABC rechtwinklig ist, gilt außerdem nach Pythagoras $a^2 + b^2 = c^2$, damit folgt:
$A_2 + A_3 = \frac{\sqrt{3}}{4}b^2 + \frac{\sqrt{3}}{4}a^2 = \frac{\sqrt{3}}{4}(a^2 + b^2) = \frac{\sqrt{3}}{4}c^2 = A_1$ q.e.d.

Prüfen Sie Ihr neues Fundament (S. 274/275)

S. 274, 1.

a) keine Zahlenfolge ($D \neq \mathbb{N}$)
b) und c) Zahlenfolgen ($D = \mathbb{N}\setminus\{0\}$, W ist Teilmenge von $\mathbb{R}$)

S. 274, 2.

a) $a_1 = 8$; $a_2 = 11$; $a_3 = 14$; $a_4 = 17$; $a_5 = 20$
b) $a_n = 5 + 3n$

S. 274, 3.

a) $a_1 = 1$; $a_2 = 3$; $a_3 = 5$; $a_4 = 7$; $a_5 = 9$
b) $a_1 = 1$; $a_{n+1} = a_n + 2$

S. 274, 4.

a) $a_n = 1 - \frac{1}{n}$;
Monotonie:
$a_{n+1} - a_n = 1 - \frac{1}{n+1} - 1 + \frac{1}{n} = -\frac{1}{n+1} + \frac{1}{n} > 0$. Somit folgt $a_{n+1} > a_n$, (a_n) streng monoton wachsend.
Beschränktheit: $S_o = 1$; $S_u = 0$, die Folge ist also nach oben und unten beschränkt.

b) $a_n = \frac{-1}{n^3}$;
Monotonie: $a_{n+1} - a_n = -\frac{1}{(n+1)^3} + \frac{1}{n^3} > 0$,
also $a_{n+1} > a_n$; (a_n) streng monoton wachsend.
Beschränktheit: $S_o = 0$; $S_u = -1$, die Folge ist beschränkt.

c) $a_n = \begin{cases} 0, n \leq 5 \\ 1, n > 5 \end{cases}$
Monotonie: Die Folge ist monoton wachsend, da für alle n gilt: $a_{n+1} - a_n \geq 0$.
Beschränktheit: $S_o = 1$; $S_u = 0$, die Folge ist beschränkt.

d) $a_n = \begin{cases} 0, n \text{ gerade} \\ \frac{1}{n}, n \text{ ungerade} \end{cases}$
Monotonie: Die Folge ist weder monoton wachsend noch fallend.
Beschränktheit: $S_o = 1$; $S_u = 0$, die Folge ist beschränkt.

e) $a_n = \begin{cases} 0, n \text{ gerade} \\ 1, n \text{ ungerade} \end{cases}$

Monotonie: Die Folge ist weder monoton wachsend noch fallend.
Beschränktheit: $S_o = 1$; $S_u = 0$, die Folge ist beschränkt.

f) $a_n = n - 1$

Monotonie: $a_{n+1} - a_n = n + 1 - 1 - (n - 1) = 1$, also $a_{n+1} > a_n$; (a_n) streng monoton wachsend.
Beschränktheit: $S_u = -1$, es gibt keine obere Schranke.

g) $a_n = \begin{cases} n, n \text{ gerade} \\ -n, n \text{ ungerade} \end{cases}$

Monotonie: Die Folge ist alternierend, somit weder monoton wachsend noch fallend.
Beschränktheit: Die Folge ist nicht beschränkt.

S. 274, 5.

a) arithmetische Folge in rekursiver Darstellung: $a_{n+1} = a_n + 2$; $a_1 = 2$ und in expliziter Darstellung: $a_n = 2 \cdot n$; geometrische Folge in rekursiver Darstellung: $a_{n+1} = a_n \cdot 2$; $a_1 = 2$ und in expliziter Darstellung: $a_n = 2^n$

b) $\lim\limits_{n \to \infty} 2 \cdot n = \infty$, $\lim\limits_{n \to \infty} 2^n = \infty$

c) Die Punkte liegen auf den Graphen von $a(x) = 2 \cdot x$ bzw. $g(x) = 2^x$.

S. 274, 6.

a) Sei $\varepsilon > 0$ beliebig, aber fest gewählt. Sei $n_0 = \sqrt{\frac{4}{\varepsilon}}$, dann gilt für alle $n \geq n_0$:

$$[a_n - 0] = \left|\frac{(-1)^n - 1}{n^2}\right| \leq \frac{2}{n^2} \leq \frac{2}{n_0^2} = \frac{2}{\frac{4}{\varepsilon}} = \frac{\varepsilon}{2} < \varepsilon.$$

Die Folge (a_n) ist daher konvergent mit dem Grenzwert 0.

b) $\left|\frac{(-1)^n - 1}{n^2}\right| < 0{,}01$; für jedes gerade n ist die Ungleichung erfüllt. Wenn n ungerade, so folgt $\left|\frac{(-1)^n - 1}{n^2}\right| = \frac{2}{n^2} < 0{,}01$; $\frac{2}{0{,}01} < n^2$; somit muss $n > \sqrt{200}$ sein, also mindestens 15, da es ungerade sein muss.

S. 274, 7.

a) Konvergent, da beschränkt und monoton fallend. Grenzwert ist 2.

b) Divergent, da unbeschränkt und monoton wachsend.

c) Divergent, da monoton wachsend und unbeschränkt.

d) Konvergent, da beschränkt und monoton fallend, mit dem Grenzwert 0.

S. 274, 8.

a) Mit dem ersten Grenzwertsatz erhält man 1 als Grenzwert.

b) Nach dem Kürzen von n^4 erhält man mit dem vierten Grenzwertsatz $\frac{-1}{2}$ als Grenzwert.

c) Nach dem Kürzen von 10^{2n} erhält man mit dem vierten Grenzwertsatz $\frac{1}{100}$ als Grenzwert.

S. 274, 9.

a) Explizite Darstellung: $a_n = N_0 \cdot 2^n$, wobei n die Wochenanzahl und N_0 der Anfangsbestand der Seerosen ist.
Rekursive Darstellung: $a_{n+1} = 2 \cdot a_n$ mit $a_0 = N_0$

b) $a_{21} = 2 \cdot 2^{21} = 2^{22}$. Da nach 20 Wochen die Hälfte bedeckt ist, ist nach 21 Wochen der gesamte See mit Seerosen bedeckt.
$a_{-4} = 2 \cdot 2^{-4} = \frac{1}{32}$
Vier Wochen vor der ersten Messung waren $0{,}175\,m^2$ der Seefläche mit Seerosen bedeckt.

S. 275, 10.

a) 2; 6; 12; 20; 30

b) 2; 8; 20; 40; 70

c) 3; 12; 39; 120; 363

d) $\frac{1}{2}; \frac{11}{6}; \frac{49}{12}; \frac{437}{60}; \frac{229}{20}$

S. 275, 11.

a) Da alle Summanden negativ sind, ist die Reihe streng monoton fallend. Da die harmonische Reihe $\sum\limits_{k=1}^{\infty} \frac{1}{k}$ nach oben unbeschränkt und nicht konvergent ist, ist auch die Reihe $\sum\limits_{k=1}^{\infty} \frac{-1}{k} = -\sum\limits_{k=1}^{\infty} \frac{1}{k}$ nicht konvergent und entsprechend nach unten unbeschränkt.

b) Da alle Summanden positiv sind, ist die Reihe streng monoton steigend. Die Reihe ist außerdem nach oben beschränkt durch z. B. 2 (das ist nicht die kleinstmögliche Schranke), da für alle k gilt $\frac{1}{k^3} \leq \frac{1}{k^2}$ und die Reihe über $\frac{1}{k^2}$ beschränkt ist.
Als monoton steigende, nach oben beschränkte Folge ist die Reihe konvergent.

c) Da die Summanden abwechselnd positiv und negativ sind, ist die Reihe nicht monoton. Da die Beträge der Summanden immer kleiner werden, ist die Reihe nach oben beschränkt durch $s_1 = \frac{1}{4}$ und nach unten durch $s_2 = \frac{1}{8}$.
Für jede ungerade natürliche Zahl k gibt es eine ganze Zahl $m \geq 0$ mit $k = 2m + 1$. Damit lassen sich je zwei aufeinanderfolgende Summanden zusammenfassen:

$$\frac{(-1)^{k+1}}{4k} + \frac{(-1)^{(k+1)+1}}{4(k+1)} = \frac{(-1)^{(2m+1)+1}}{4(2m+1)} + \frac{(-1)^{((2m+1)+1)+1}}{4((2m+1)+1)}$$
$$= \frac{1}{4(2m+1)} - \frac{1}{8(m+1)}$$
$$= \frac{8(m+1) - 4(2m+1)}{4(2m+1) \cdot 8(m+1)} = \frac{4}{4(2m+1) \cdot 8(m+1)}$$
$$= \frac{1}{8(m+1)(2m+1)}$$

Man kann die Reihe also auch schreiben als:
$\sum\limits_{k=1}^{\infty} \frac{(-1)^{k+1}}{4k} = \sum\limits_{m=0}^{\infty} \frac{1}{8(m+1)(2m+1)}$
Die Summanden $\frac{1}{8(m+1)(2m+1)}$ sind alle positiv, also ist diese Reihe streng monoton steigend und nach oben beschränkt, also konvergent.
Damit konvergiert auch die Reihe $\sum\limits_{k=1}^{\infty} \frac{(-1)^{k+1}}{4k}$.

d) Da alle Summanden positiv sind, ist die Reihe streng monoton steigend. Es gilt für alle natürlichen Zahlen k: $\frac{1}{\sqrt{k}} \geq \frac{1}{k}$, also $\sum\limits_{k=1}^{n} \frac{1}{\sqrt{k}} \geq \sum\limits_{k=1}^{n} \frac{1}{k}$ für alle n.
Da $\sum\limits_{k=1}^{\infty} \frac{1}{k}$ nach oben unbeschränkt ist, ist auch $\sum\limits_{k=1}^{\infty} \frac{1}{\sqrt{k}}$ nach oben unbeschränkt und damit nicht konvergent.

S. 275, 12.

a) $s_6 = 2 \cdot \frac{1 - 3^7}{1 - 3} = 2186$; $s_{10} = 2 \cdot \frac{1 - 3^{11}}{1 - 3} = 177\,146$

b) $s_6 = -16\,383$; $s_{10} = -4\,194\,303$

c) $s_6 = \frac{58\,593}{31\,250} = 1{,}874976$; $s_{10} = \frac{36\,621\,093}{19\,531\,250} =$ 1,8749999616

d) $s_6 = \frac{127}{640} = 0{,}1984375$; $s_{10} = \frac{2047}{10\,240} = 0{,}19990234375$

S. 275, 13.

a) Die Reihe konvergiert, da $\left|\frac{7}{8}\right| < 1$ ist.

Grenzwert: $a = \frac{3}{5} \cdot \frac{1}{1 - \frac{7}{8}} = \frac{24}{5}$

b) Die Reihe konvergiert nicht, da $\left|\frac{13}{9}\right| \geq 1$ ist.

c) Die Reihe konvergiert, da $\left|\frac{4}{7}\right| < 1$ ist.

Grenzwert: $a = \frac{1{,}1}{1 - \frac{4}{7}} = \frac{77}{30}$

d) Die Reihe konvergiert, da $|0{,}75| < 1$ ist.
Grenzwert: $a = \frac{25}{1 - 0{,}75} = 100$

S. 275, 14.

$$\sum_{k=0}^{\infty}\left(\frac{1}{2}\cdot\left(\frac{3}{5}\right)^k + 7\cdot\left(\frac{2}{3}\right)^{k+1}\right)$$
$$= \sum_{k=0}^{\infty}\frac{1}{2}\cdot\left(\frac{3}{5}\right)^k + \sum_{k=0}^{\infty}7\cdot\left(\frac{2}{3}\right)^{k+1}$$
$$= \sum_{k=0}^{\infty}\frac{1}{2}\cdot\left(\frac{3}{5}\right)^k + \sum_{k=0}^{\infty}\frac{14}{3}\cdot\left(\frac{2}{3}\right)^k = \frac{1}{2}\cdot\frac{1}{1-\frac{3}{5}} + \frac{14}{3}\cdot\frac{1}{1-\frac{2}{3}} = \frac{61}{4}$$

S. 275, 15.

$$\sum_{k=0}^{10}\left(2\cdot 3^k + k - 2 + k^2 - 5^{k-1}\right)$$
$$= \sum_{k=0}^{10} 2\cdot 3^k + \sum_{k=0}^{10} k - \sum_{k=0}^{10} 2 + \sum_{k=0}^{10} k^2 - \sum_{k=0}^{10} 5^{k-1}$$
$$= \sum_{k=0}^{10} 2\cdot 3^k + \sum_{k=1}^{10} k - \sum_{k=0}^{10} 2 + \sum_{k=1}^{10} k^2 - \sum_{l=0}^{9} 5^l - \frac{1}{5}$$
$$= 2\cdot\frac{1-3^{11}}{1-3} + \frac{10\cdot 11}{2} - 11\cdot 2 +$$
$$(1 + 4 + 9 + 16 + 25 + 36 + 49 + 64 + 81 + 100)$$
$$-\frac{1-5^{10}}{1-5} - \frac{1}{5} = \frac{354\,292}{2} + \frac{110}{2} - 22 + 385 - \frac{9\,765\,624}{4} - \frac{1}{5}$$
$$= \frac{-11\,319\,211}{5}$$

S. 275, 16.

Induktionsanfang: $n = 2$
$3 \cdot 2 = 6 < 9 = 3^2$ (wahre Aussage)
Induktionsvoraussetzung: Es gilt $3n < 3^n$ für eine natürliche Zahl n.
Induktionsschritt: $n \to n + 1$

$$3(n+1) = 3n + 3 \overset{\text{Ind.vor.}}{<} 3^n + 3 \overset{n\geq 2}{<} 3^n + 3^n = 2\cdot 3^n$$
$$< 3\cdot 3^n = 3^{n+1}$$

Also gilt die Behauptung auch für n + 1 und damit für alle natürlichen Zahlen.

S. 275, 17.

a) Geometrische Reihe
$(a_0 = 3 \neq 0, q = 2 \neq 0)$;
wegen $|q| = 2 > 1$ divergent
(Grenzwert: $\lim\limits_{n\to\infty} s_n = +\infty$)

b) Arithmetische Reihe,
divergent (Grenzwert: $\lim\limits_{n\to\infty} s_n = +\infty$)

S. 275, 18.

a) Die Folge ist divergent $\lim\limits_{n\to\infty} a_n = \infty$

b) $\lim\limits_{n\to\infty}\left(3 - \frac{3n^3}{-2n^4}\right) = 3$

c) $\lim\limits_{n\to\infty}\left(\frac{3n^2-3}{3^n}\right) = 0$

d) $\lim\limits_{n\to\infty}\left(\frac{3\sin(n)}{n^2}\right) = 0$

S. 275, 19.

a) $\lim\limits_{n\to\infty}\left(\frac{n^2-2}{3n^2+n+1}\right) = \frac{1}{3}$

divergent $\lim\limits_{n\to\infty}\left(\frac{3n^2-1}{3n-2}\right) = \infty$

b) $\lim\limits_{n\to\infty}\left(\frac{6n^2-2n-61}{18n^3-2n-61}\right) = 0$

S. 275, 20.

a) z. B. $a_n = -\frac{2}{n}$

b) z. B. $a_n = \frac{14n-5}{2n}$

Technische Zeichnungen:
Cornelsen/Christian Böhning

Illustrationen:
Cornelsen/Stefan Bachmann (14, 15, 16 o., 29, 43, 56, 69 o., 78, 85 u., 88, 89 o., 91 Mi., 95 (2),110 o., 117 Mi., 123 u., 128, 150 (2), 160, 162, 166, 170, 191 o., 202, 206 o., 216, 221, 226, 227, 238 o., 271)

Screenshots:
Cornelsen/Inhouse/@ Casio. Nutzung mit Genehmigung von Casio: 141 (o.), 234 (o. re.), 256 (li.)
Cornelsen/Inhouse/@Texas Instruments. Nutzung mit Genehmigung von Texas Instruments: 63, 82, 132, 133, 140 (2), 141 (3), 234, 235, 236, 240, 241 (2), 242 (4), 256 (2), 262 (3)
Cornelsen/Inhouse/@Microsoft Office. Nutzung mit Genehmigung von Microsoft: 174, 241

Abbildungen:
Cover stock.adobe.com/sutichak; **1** Cornelsen/Inhouse/Anne Weingarten; **2 o.** Shutterstock.com/guys_who_shoot; **2 Mi.** Shutterstock.com/Monkey Business Images; **2 u.** Shutterstock.com/Lee Yiu Tung; **3 o.** Shutterstock.com/Yuriy Kulik; **3 u.** Shutterstock.com/ArliftAtoz2205; **4 o.** Shutterstock.com/Aleksandr Simonov; **4 Mi.1** Shutterstock.com/jbieger; **4 Mi. 2** Shutterstock.com/l i g h t p o e t; **4 Mi.** Shutterstock.com/arka38; **5** Shutterstock.com/guys_who_shoot; **8** Shutterstock.com/Olga Nayashkova; **11** mauritius images/STELLA; **16 Mi.** Shutterstock.com/photopixel; **22** Shutterstock.com/Kurt-Georg Rabe; **28** stock.adobe.com/Marco2811; **31** stock.adobe.com/adempercem; **32** stock.adobe.com/aldorado; **37** Shutterstock.com/milanzeremski; **47** Shutterstock.com/sirtravelalot; **49 Mi.** Shutterstock.com/Gorodenkoff; **53** Shutterstock.com/Monkey Business Images; **60** stock.adobe.com/ARochau; **65** Shutterstock.com/Air images; **69 Mi.** stock.adobe.com/kolotype; **72** Shutterstock.com/GrayWallStudio; **74 Mi.** Shutterstock.com/aapsky; **74 u.** Shutterstock.com/svetok30; **85 Mi.** Shutterstock.com/AerialVision_it; **93** Shutterstock.com/kan_khampanya; **96** Shutterstock.com/Dimitris Leonidas; **99** Shutterstock.com/Lee Yiu Tung; **104** stock.adobe.com/M.E.A; **105** Shutterstock.com/wavebreakmedia; **110 u.** stock.adobe.com/Production Perig; **111** Shutterstock.com/YJ.K; **113** Shutterstock.com/Apolinariy; **118** Shutterstock.com/MAEWJPHO; **121** Shutterstock.com/Andrey Armyagov; **122** Shutterstock.com/Aleksei Ignatov; **124** Shutterstock.com/YanLev; **127 o.** Shutterstock.com/asharkyu; **127 u.** Shutterstock.com/KuLouKu; **129 Mi.** Shutterstock.com/olko1975; **133 o.** Shutterstock.com/Pixel-Shot; **133 u.** Shutterstock.com/W. Scott McGill; **143** Shutterstock.com/Ursatii; **144 u.** Cornelsen/Christian Böhning, Berlin/shutterstock/bump23; **145 Mi.** Shutterstock.com/ESB Professional; **147** Cornelsen/Christian Böhning/Shutterstock.com/Thorben Ecke; **148** Shutterstock.com/Dudarev Mikhail; **153** Shutterstock.com/kram-9; **157** Shutterstock.com/Shchipkova Elena; **169** Shutterstock.com/Vixit; **171** Shutterstock.com/KF photo; **172 o.** Shutterstock.com/Elena Sherenovskaya; **172 u.** Shutterstock.com/Swisty242; **175** Shutterstock.com/KuLouKu; **178** stock.adobe.com/Georgios Kollidas; **189** Shutterstock.com/iPics; **191 u.** Shutterstock.com/Karel Bartik; **193** Shutterstock.com/zahidul hoque karim; **195** Shutterstock.com/Arlift-Atoz2205; **198** Shutterstock.com/Nearcited; **205** Shutterstock.com/AstroStar; **206** stock.adobe.com/claudiozacc; **218** Shutterstock.com/Tommy Alven; **221 u.** Shutterstock.com/TeamDAF; **222** Shutterstock.com/bluecrayola; **229** Shutterstock.com/Aleksandr Simonov; **238** Shutterstock.com/Morphart Creation; **249** Shutterstock.com/jbieger; **254** Shutterstock.com/WD Stock Photos; **259** Shutterstock.com/William Booth; **266** Shutterstock.com/fizkes; **270** Shutterstock.com/Dirima; **273** Shutterstock.com/BigKhem; **274** Shutterstock.com/Stefano Benanti; **277** Shutterstock.com/l i g h t p o e t; **281** Shutterstock.com/arka38; **304** PEFC Deutschland e. V.

Fundamente
der Mathematik

Autoren: Prof. Dr. Ralf Benölken, Jan Block, Carola Buddensiek, Brigitte Distel, Anne-Kristina Durstewitz, Dr. Rolf Ebel, Sabine Fischer, Dr. Lothar Flade, Carina Freytag, Nico Friese, Jan Füller, Marco Grees, Gerhard Hillers, Bernhard Hummel, Friedrich Kammermeyer, Martin Klauer, Roman-Philipp Knost, Markus Krysmalski, Dr. Hubert Langlotz, Joachim Lippert, Renatus Lütticken, Arne Mentzendorff, Thorsten Niemann, Reinhard Oselies, Dr. habil Manfred Pruzina, Sebastian Rauh, Dr. Marco Schmidt, Sebastian Schweitzer, Volker Seibt, Dr. Annalisa Steinecke, Ugur Yasar, Dr. Christian Wahle, Dr. Wilfried Zappe

Berater: Dr. Frank Becker
Redaktion: Felix Arndt, Maya Brandl
Rechteprüfung: Kai Mehnert
Gesamtgestaltung: Golnar Mehboubi Nejati, Berlin
Illustration: Stefan Bachmann
Grafik: Christian Böhning
Umschlaggestaltung: Studio SYBERG, Berlin
Layoutkonzept: klein & halm GbR
Technische Umsetzung: Compuscript Ireland and Chennai

Begleitmaterialien zum Lehrwerk
für Schülerinnen und Schüler
Arbeitsheft Einführungsphase 978-3-06-002555-8
für Lehrerinnen und Lehrer
Unterrichtsmanager Plus 1100034694
Lösungsheft Einführungsphase 978-3-06-002554-1

www.cornelsen.de

1. Auflage, 1. Druck 2025

Alle Drucke dieser Auflage sind inhaltlich unverändert und können im Unterricht nebeneinander verwendet werden.

Druck und Bindung: Mohn Media Mohndruck, Gütersloh

ISBN 978-3-06-002553-4 **(Schülerbuch)**
ISBN 1100034667 **(E-Book)**

PEFC
PEFC/04-31-1033

PEFC-zertifiziert
Dieses Produkt stammt aus nachhaltig bewirtschafteten Wäldern und kontrollierten Quellen
www.pefc.de